ENCYCLOPEDIA OF PHYSICS

EDITED BY

S. FLÜGGE

VOLUME I

MATHEMATICAL METHODS I

WITH 37 FIGURES

SPRINGER-VERLAG
BERLIN HEIDELBERG GMBH
1956

HANDBUCH DER PHYSIK

HERAUSGEGEBEN VON

S. FLÜGGE

BAND I

MATHEMATISCHE METHODEN I

MIT 37 FIGUREN

SPRINGER-VERLAG
BERLIN HEIDELBERG GMBH
1956

ISBN 978-3-642-45834-7   ISBN 978-3-642-45833-0 (eBook)
DOI 10.1007/ 978-3-642-45833-0

Inhaltsverzeichnis.

Der ursprünglich für Band I oder II vorgesehene Artikel über: „Wahrscheinlichkeitsrechnung, Ausgleichsrechnung und mathematische Statistik" muß aus äußeren Gründen in einem anderen Band dieses Handbuches erscheinen.

Grundbegriffe der klassischen Analysis, gewöhnliche Differentialgleichungen, Funktionentheorie.

Von

J. LENSE.

Mit 17 Figuren.

I. Reelle Funktionen einer reellen Veränderlichen.

1. Mengen. Eine Gesamtheit von Dingen heißt eine *Menge*, wenn von jedem Ding festgestellt werden kann, ob es zur Menge gehört oder nicht, und die zur Menge gehörigen Dinge, ihre *Elemente*, voneinander wohl unterscheidbar sind. Eine Menge M_1 ist *Teilmenge* der Menge M, wenn jedes Element von M_1 auch Element von M ist.

Im folgenden betrachten wir Mengen von reellen Zahlen oder, falls wir die reellen Zahlen als Abszissen der Punkte der Abszissenachse eines Koordinatensystems deuten, *Punktmengen auf einer Geraden.* Unter einem *abgeschlossenen Intervall* $[a, b]$ versteht man die Menge aller reellen Zahlen x, für die $a \leq x \leq b$ gilt. Sollen die Endpunkte des Intervalls nicht in die Menge aufgenommen werden ($a < x < b$), so spricht man vom *offenen Intervall* (a, b), dagegen vom *halboffenen Intervall* $[a, b)$ oder $(a, b]$, falls $a \leq x < b$ bzw. $a < x \leq b$ gelten soll.

Umgebung eines Punktes ist ein den Punkt enthaltendes offenes Intervall. Liegen in einer noch so kleinen Umgebung eines Punktes x_0 unendlich viele Punkte einer Menge M, so heißt x_0 ein *Häufungspunkt* oder eine *Häufungsstelle* der Menge (der Häufungspunkt braucht nicht zu M zu gehören).

Sind die Zahlen einer Menge M sämtlich $\leq b$, so nennt man M *nach oben beschränkt*, b eine *obere Schranke* von M; sind sie alle $\geq a$, so heißt die Menge *nach unten beschränkt*, a eine *untere Schranke.* Im ersten Fall gibt es eine kleinste obere Schranke G, die sog. *obere Grenze* oder das *Supremum* von M, im zweiten eine größte untere Schranke g, die *untere Grenze* oder das *Infimum.* G und g müssen nicht zur Menge gehören.

Eine Menge heißt *beschränkt*, wenn sie nach oben und unten beschränkt ist. Sie hat eine größte Häufungsstelle U, den sog. *limes superior* (geschrieben $\overline{\lim}$) und eine kleinste u, den *limes inferior* ($\underline{\lim}$). Es ist $g \leq u \leq U \leq G$. Ist die Menge nach oben nicht beschränkt, so schreibt man $U = G = + \infty$, ist sie nach unten nicht beschränkt, $u = g = - \infty$.

2. Funktionen einer Veränderlichen. Ist jeder Zahl x einer Menge M eine und nur eine Zahl y zugeordnet, so nennt man y eine *(eindeutige) Funktion* von x und schreibt $y = f(x)$. Statt des Buchstabens f können auch andere gewählt werden, manchmal pflegt man auch $y = y(x)$ zu schreiben. x heißt die *unabhängige*, y die *abhängige Veränderliche*, die Menge M ist der *Definitionsbereich* der Funktion.

$\overline{M}$ sei die Menge aller Werte y, welche die Funktion in ihrem Definitionsbereich annimmt, der *Wertevorrat* der Funktion, wobei aber Funktionswerte, die zu verschiedenen x-Werten gehören, im Sinne der obigen Definition der Menge (Ziff. 1) als unterschieden gelten sollen. Man überträgt nun die in Ziff. 1 definierten Begriffe beschränkt, obere Grenze usw. von $\overline{M}$ auf die Funktion, nennt also z.B die Funktion beschränkt, wenn $\overline{M}$ beschränkt ist, die obere Grenze G von $\overline{M}$ bezeichnet man als obere Grenze der Funktion usw. Gehört G bzw. g zu $\overline{M}$, so ist G der *größte*, g der *kleinste Wert* der Funktion in M. $G-g=s\geqq0$ heißt die *Schwankung (Oszillation)* der Funktion in M. Ähnlich werden diese Begriffe für jede Teilmenge M_1 von M definiert. Kennzeichnen wir sie durch den Zeiger 1, so gilt

$$g \leqq g_1 \leqq G_1 \leqq G \quad \text{und} \quad s_1 \leqq s.$$

Deutet man x und y als rechtwinkelige Koordinaten eines Punktes in der Ebene, so erhält man eine Punktmenge in der Ebene, das geometrische Bild der Funktion. Jede Zahl a, für die $f(a)=0$ ist, heißt eine *Nullstelle* der Funktion (Schnittpunkt des geometrischen Bildes mit der Abszissenachse). Gilt die Gleichung $f(x)=0$ für alle Werte des Definitionsbereiches, so sagt man: die Gleichung ist *identisch* erfüllt. Ist für eine in einem Intervall definierte Funktion für je zwei beliebige Werte $x_1 < x_2$ des Intervalls immer $f(x_1)\leqq f(x_2)$ bzw. $f(x_1)\geqq f(x_2)$, so nennt man die Funktion *monoton wachsend* bzw. *abnehmend*, und zwar *fortwährend* oder *im strengen Sinn*, wenn in den beiden letzten Gleichungen nur das Ungleichheitszeichen gilt.

Ist für eine Funktion identisch in x die Gleichung $f(x+a)=f(x)$ erfüllt, so heißt die Funktion *periodisch* mit der *Periode* a; jedes ganzzahlige Vielfache einer Periode ist ebenfalls Periode.

Eine Funktion nennt man *gerade*, wenn die Gleichung $f(-x)=f(x)$ identisch in x gilt; ist dagegen $f(-x)=-f(x)$ identisch in x, so heißt die Funktion *ungerade*. Das Kurvenbild einer geraden Funktion ist spiegelbildlich zur y-Achse, das einer ungeraden spiegelbildlich zum Nullpunkt.

Eine Funktion von der Gestalt $\sum\limits_{\nu=0}^{n} a_\nu x^\nu$ mit festen Koeffizienten a_ν nennt man ein *Polynom* oder eine *ganze rationale Funktion vom Grad n*, falls $a_n \neq 0$ ist. Eine *gebrochene rationale Funktion* ist der Quotient zweier Polynome.

3. Grenzwert. x_0 sei eine Häufungstelle des Definitionsbereiches einer Funktion $f(x)$. Man sagt, die Funktion hat in x_0 den *Grenzwert A* oder sie *konvergiert* gegen A, wenn sich zu jeder beliebigen Zahl $\varepsilon > 0$ eine Zahl $\delta > 0$ finden läßt, so daß $|f(x)-A| < \varepsilon$ ist, sobald $0 < |x-x_0| < \delta$ ist, d.h. wenn man den Unterschied zwischen dem Funktionswert und Grenzwert dem Betrage nach dadurch beliebig klein machen kann, daß man x hinreichend nahe an x_0 wählt[1]. Man schreibt $\lim\limits_{x \to x_0} f(x) = A$ oder $f(x) \to A$ für $x \to x_0$. Notwendig und hinreichend für das Vorhandensein eines Grenzwertes ist folgende Bedingung: Zu jeder Zahl $\varepsilon > 0$ muß sich eine Zahl $\delta > 0$ bestimmen lassen, so daß $|f(x')-f(x'')| < \varepsilon$ für alle x' und x'' ist, für die $0 < |x'-x_0| < \delta$ und $0 < |x''-x_0| < \delta$ ist (*Konvergenzkriterium von* Cauchy). Erfolgt die Annäherung von Werten $x < x_0$ bzw. $x > x_0$, so spricht man von einem *linksseitigen* bzw. *rechtsseitigen Grenzwert* und schreibt $f(x_0-0) = A$ bzw. $f(x_0+0) = A$. Eine in einem Intervall definierte beschränkte monotone Funktion hat bei unbegrenzter Annäherung an die Endpunkte des Intervalls immer je einen rechtsseitigen bzw. linksseitigen Grenzwert.

Haben $f(x)$ und $g(x)$ für $x \to x_0$ die Grenzwerte A und B, so sind auch die Grenzwerte der Funktionen $f(x)+g(x)$, $f(x)g(x)$, $\dfrac{f(x)}{g(x)}$ (falls $B \neq 0$), $|f(x)|$, $|g(x)|$

---

[1] $|a|$ bedeutet in bekannter Weise den *absoluten Betrag* von a, also $|a|=a$ für $a>0$, $|a|=-a$ für $a<0$, $|0|=0$. Es ist immer $||a|-|b|| \leqq |a\pm b| \leqq |a|+|b|$, $|ab|=|a||b|$, $\left|\dfrac{a}{b}\right| = \dfrac{|a|}{|b|}$.

vorhanden und bzw. gleich $A \pm B$, AB, A/B, $|A|$, $|B|$. Ferner ist $A \gtrless B$, falls $f(x) \gtrless g(x)$ ist, wobei zu beachten ist, daß $A = B$ sein kann, wenn auch $f(x) > g(x)$ ist.

Ist der Definitionsbereich von x nicht beschränkt, so sagt man $\lim\limits_{x \to +\infty} f(x) = A$ oder $f(x) \to A$ für $x \to +\infty$, wenn sich zu jeder beliebigen Zahl $\varepsilon > 0$ eine Zahl $N > 0$ so finden läßt, daß $|f(x) - A| < \varepsilon$, sobald $x > N$ ist, und ähnlich $\lim\limits_{x \to -\infty} f(x) = A$, sobald $x < -N$ ist, d. h. wenn sich $f(x)$ dem Wert A unbegrenzt nähert, falls x dem Betrage nach über alle Schranken wächst und dabei immer positiv oder negativ bleibt.

Neben den bisher besprochenen *eigentlichen Grenzwerten* betrachtet man auch *uneigentliche*, d. h. man definiert $\lim\limits_{x \to x_0} f(x) = +\infty$ bzw. $-\infty$ oder $f(x) \to +\infty$ bzw. $-\infty$ für $x \to x_0$, wenn sich zu jeder Zahl $N > 0$ eine Zahl $\delta > 0$ angeben läßt, so daß $f(x) > N$ bzw. $f(x) < -N$, wenn $0 < |x - x_0| < \delta$, d. h. wenn $f(x)$ dem Betrage nach über alle Schranken wächst und dabei immer positiv oder negativ bleibt falls sich x der Zahl x_0 unbegrenzt nähert. Auch diese Grenzwerte können einseitig sein, wenn die Annäherung an x_0 nur von einer Seite erfolgt und ebenso kann $\pm\infty$ an Stelle von x_0 treten.

Aus dieser Definition ergeben sich folgende Formeln: Aus $f(x) \to +\infty$ folgt $-f(x) \to -\infty$, $\dfrac{1}{f(x)} \to 0$; aus $f(x) \to +\infty$ und $g(x) \to c > 0$ folgt $f(x) \pm g(x) \to +\infty$, $f(x)g(x) \to +\infty$, $\dfrac{f(x)}{g(x)} \to +\infty$; aus $f(x) \to +\infty$ und $g(x) \to +\infty$ folgt $f(x) + g(x) \to +\infty$, $f(x)g(x) \to +\infty$.

4. Stetigkeit. Eine Funktion $f(x)$ heißt *stetig* an einer Stelle x_0 ihres Definitionsbereiches, wenn $\lim\limits_{x \to x_0} f(x)$ vorhanden und gleich $f(x_0)$ ist, d. h. wenn sich bei unbegrenzter Annäherung an die Stelle x_0 auch die Funktionswerte dem Funktionswert an der Stelle x_0 unbegrenzt nähern. Die Funktion heißt stetig in einem Intervall, wenn sie an jeder Stelle des Intervalls stetig ist. Summe, Differenz, Produkt, Quotient von stetigen Funktionen sind ebenfalls stetig, wenn man beim Quotienten die Nullstellen des Nenners ausschließt. Ebenso ist der Betrag einer stetigen Funktion stetig. Ist $u = g(x)$ stetig an der Stelle x_0 und $y = f(u)$ stetig an der Stelle $u_0 = g(x_0)$, so ist die zusammengesetzte Funktion $y = f[g(x)]$ stetig an der Stelle x_0, also $\lim\limits_{x \to x_0} f[g(x)] = f[g(x_0)] = f(u_0) = \lim\limits_{u \to u_0} f(u)$.

Verwendet man in der obigen Definition der Stetigkeit nur einen einseitigen Grenzwert, so sagt man, die Funktion sei stetig bei einseitiger Annäherung an x_0, hat also $f(x_0 - 0) = f(x_0)$ bzw. $f(x_0 + 0) = f(x_0)$. Läßt sich das Definitionsintervall einer Funktion in eine endliche Anzahl von Teilintervallen einteilen, so daß die Funktion in jedem offenen Teilintervall stetig ist und die eigentlichen links- und rechtsseitigen Grenzwerte bei Annäherung an die Endpunkte jedes Teilintervalls vorhanden sind, so nennt man die Funktion *abteilungsweise* oder *stückweise stetig*.

Jede in einem abgeschlossenen Intervall stetige Funktion ist beschränkt, nimmt in diesem Intervall mindestens je einmal einen größten und kleinsten Wert an und ist *gleichmäßig stetig*, d. h. zu jeder Zahl $\varepsilon > 0$ läßt sich eine Zahl $\delta > 0$ angeben, so daß $|f(x_1) - f(x_2)| < \varepsilon$ für alle Wertepaare x_1, x_2 des Intervalls ist, die der Gleichung $0 < |x_1 - x_2| < \delta$ genügen. Ist $f(x)$ in x_0 stetig und $f(x_0) \neq 0$, so läßt sich eine Umgebung der Stelle x_0 angeben, so daß in dieser Umgebung die Funktion nicht null ist und ihr Vorzeichen mit dem von $f(x_0)$ übereinstimmt.

Ist $f(x)$ in $[a, b]$ stetig, so nimmt die Funktion jeden zwischen $f(a)$ und $f(b)$ gelegenen Wert innerhalb des Intervalls mindestens einmal an.

Ist $y = f(x)$ in einem Intervall im strengen Sinn monoton und stetig, so ist jedem y der Menge der Funktionswerte genau ein x-Wert zugeordnet, d.h. es ist die *eindeutige Umkehrungsfunktion* $x = g(y)$ vorhanden und diese Funktion ist in ihrem Definitionsintervall ebenfalls im strengen Sinn monoton und stetig.

Die rationalen Funktionen sind stetig für alle Werte der Veränderlichen x, abgesehen von den Nullstellen des Nenners.

5. Potenz. $y = x^n$ (n positiv ganz) ist für $x \geq 0$ eine stetige, fortwährend wachsende Funktion von x und hat daher eine ebensolche Umkehrungsfunktion, die mit $x = y^{1/n} = \sqrt[n]{y}$ bezeichnet wird. Definiert man für positive x in bekannter Weise

$$x^0 = 1, \qquad x^{-n} = \frac{1}{x^n} \qquad \text{und} \qquad x^{\frac{p}{q}} = \left(x^{\frac{1}{q}}\right)^p = (x^p)^{\frac{1}{q}} = \left(x^{\frac{1}{mq}}\right)^{mp}$$

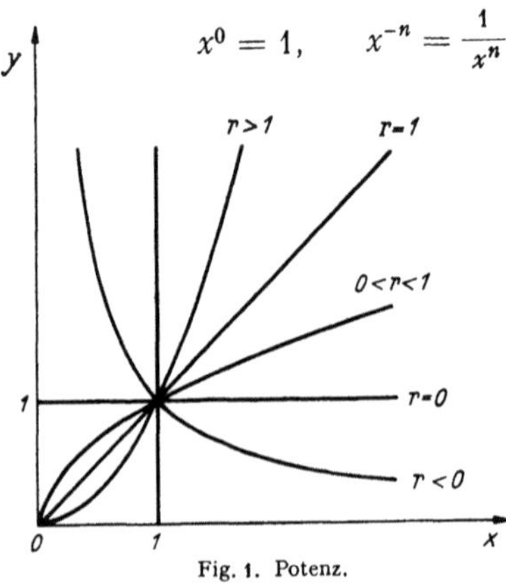

Fig. 1. Potenz.

(m, q positiv ganz, p ganz, p und q teilerfremd), so gelten die Rechenregeln des Potenzierens nun auch für beliebige rationale Exponenten. Für die verschiedenen Werte der rationalen Zahl $r = p/q$ ergeben sich die Kurven der Fig. 1. Alle auftretenden Funktionen sind monoton.

Berücksichtigt man auch negative x-Werte, so hat man die Kurven an der y-Achse zu spiegeln, falls p gerade, q ungerade ist, am Nullpunkt, falls beide ungerade sind. Ist p ungerade, q gerade, so erhält man für negative x-Werte keinen Funktionswert. Weil aber in diesem Fall die Gleichung $\eta^q = \xi$ für gegebenes positives ξ zwei entgegengesetzt bezeichnete reelle Lösungen η hat, erhält man in diesem Fall noch einen zweiten Kurvenzug, der sich durch Spiegelung an der x-Achse ergibt.

Ist β eine irrationale Zahl und r rational, so ist $\lim_{r \to \beta} x^r$ für $x > 0$ vorhanden. Man definiert dann $x^\beta = \lim_{r \to \beta} x^r$ und kann damit die Gültigkeit der Rechenregeln für das Potenzieren auch auf irrationale Exponenten bei positiver Basis ausdehnen. Es gelten folgende Ungleichungen für positive Basis und beliebige reelle Exponenten:

Aus $a > b$ folgt $a^\beta \gtreqless b^\beta$, je nachdem $\beta \gtreqless 0$ ist.

Aus $\alpha > \beta$ folgt $a^\alpha \gtreqless a^\beta$, je nachdem $a \gtreqless 1$ ist.

Daraus erkennt man, daß Fig. 1 auch für den Fall irrationaler Exponenten die betreffenden Kurvenbilder liefert. Die Funktionen sind auch in diesem Fall stetig und monoton. Die einzelnen Kurven folgen stetig aufeinander im Sinne wachsender bzw. abnehmender Exponenten. Für die entsprechenden Umkehrungsfunktionen bedarf es keiner neuen Kurvenbilder. Statt von der x-Achse auszugehen, verwendet man die y-Achse und sucht den entsprechenden x-Wert (Umklappen um die Winkelhalbierende des ersten Quadranten). Ebenso kann das Verhalten im Unendlichen aus der Abbildung entnommen werden.

6. Exponentialfunktion und Logarithmus. Für die Funktion $y = a^x$ ($a > 0$) ergibt sich Fig. 2, entsprechend den verschiedenen Werten der Basis a. Die Funktionen sind stetig und im strengen Sinn monoton und haben ebensolche

Umkehrungsfunktionen, ausgenommen für $a = 1$. Man bezeichnet die Umkehrungsfunktion mit $x = {}^a\!\log y$ (*Logarithmus* von y mit der *Basis a*). Dadurch ergeben sich aus den Rechenregeln und Ungleichungen für die Potenz die des Logarithmus:

$$ {}^a\!\log (x_1 x_2) = {}^a\!\log x_1 + {}^a\!\log x_2, $$

$$ {}^a\!\log \frac{x_1}{x_2} = {}^a\!\log x_1 - {}^a\!\log x_2, $$

$$ {}^a\!\log (x_1^{x_2}) = x_2 \cdot {}^a\!\log x_1. $$

Fig. 2 liefert auch die Kurvenbilder für den Logarithmus, wenn man statt von der x-Achse von der y-Achse ausgeht (Umklappen um die Winkelhalbierende).

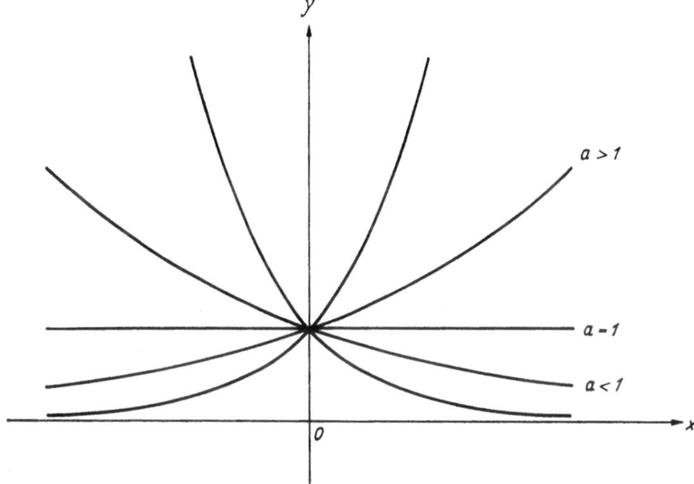

Fig. 2. Exponentialfunktion.

Ebenso liest man die Ungleichungen und das Verhalten im Unendlichen aus der Abbildung ab. Die Kurven folgen aufeinander stetig im Sinne wachsender bzw. abnehmender Werte der Basis.

Umrechnung der Logarithmensysteme ineinander:

$$ {}^b\!\log y = {}^a\!\log y \cdot {}^b\!\log a, \qquad {}^b\!\log a \cdot {}^a\!\log b = 1. $$

Besondere Fälle.

a) *Natürliche* oder NEPER*sche Logarithmen*, gewöhnlich log geschrieben.

$$ \text{Basis } e = \lim_{k \to \pm\infty} \left(1 + \frac{1}{k}\right)^k = \lim_{h \to 0} (1 + h)^{1/h} = 2{,}7182818284\ldots $$

ist irrational und genügt keiner Gleichung $\sum_{\nu=0}^{n} a_\nu x^\nu = 0$ mit beliebigen ganzzahligen Koeffizienten a_ν und beliebigem, positivem, ganzem n, ist also keine *algebraische*, sondern eine *transzendente* Zahl.

$$ \log 10 = 2{,}3025850930\ldots, $$

$$ e^x = \lim_{\nu \to \pm\infty} \left(1 + \frac{x}{\nu}\right)^\nu = \lim_{\delta \to 0} (1 + \delta x)^{1/\delta}, $$

$$ a^x = e^{x \log a}, \qquad {}^a\!\log y = \frac{\log y}{\log a}. $$

b) *Gewöhnliche, dekadische* oder Briggssche *Logarithmen*, gewöhnlich Log geschrieben.

$$\text{Basis } 10, \quad \text{Log } e = 0{,}4342944819\ldots.$$

7. Kreisfunktionen. Unter dem *Bogenmaß* eines Winkels α versteht man die Länge des Bogens, den die Schenkel des Winkels auf einem Kreis vom Halbmesser 1 (Einheitskreis) ausschneiden, dessen Mittelpunkt mit dem Scheitel des Winkels zusammenfällt. Zwischen dem Bogenmaß arc α (gelesen arcus = Bogen) und dem Gradmaß $\alpha°$ bestehen die Beziehungen

$$\alpha° = \frac{180}{\pi} \text{ arc } \alpha = 57{,}29578\ldots \text{ arc } \alpha,$$

$$\text{arc } \alpha = \frac{\pi}{180}\, \alpha° = 0{,}017453292\ldots \alpha°.$$

Das Bogenmaß 1 hat also der Winkel von $180/\pi$ Graden $= 57°17'44{,}8\ldots''$.

Wir zeichnen im Einheitskreis $\xi^2 + \eta^2 = 1$ (Fig. 3) zwei senkrechte Durchmesser ($A\,OA_1 = \xi$-Achse, $BOB_1 = \eta$-Achse), sowie die Tangenten in A und B (a-Achse und b-Achse). Ist x das Bogenmaß des Winkels AOP, wobei der positive Drehsinn im Einheitskreis dem Uhrzeigersinn entgegengesetzt läuft, so definiert man die *Kreis-* oder *trigonometrischen Funktionen* durch die gerichteten Strecken

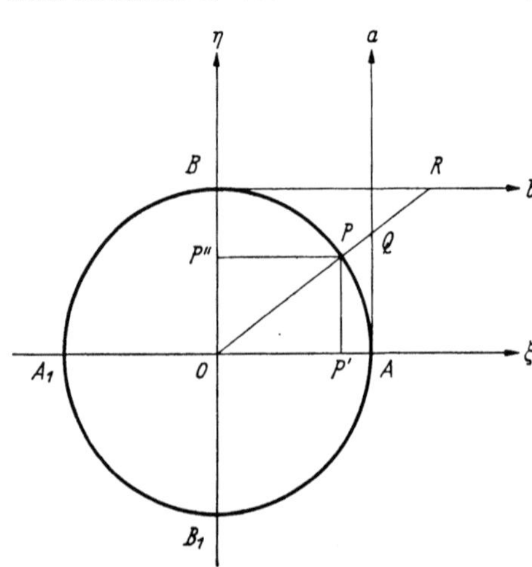

Fig. 3. Kreisfunktionen am Einheitskreis.

$$\sin x = \overrightarrow{OP''}, \quad \cos x = \overrightarrow{OP'}, \quad \tan x = \overrightarrow{AQ}, \quad \cot x = \overrightarrow{BR}.$$

Es bestehen die Beziehungen

$$\sin^2 x + \cos^2 x = 1, \quad \tan x = \frac{\sin x}{\cos x}, \quad \cot x = \frac{\cos x}{\sin x}, \quad \tan x \cdot \cot x = 1,$$

$$\sin(x + 2\pi) = \sin x, \quad \cos(x + 2\pi) = \cos x,$$

$$\tan(x + \pi) = \tan x, \quad \cot(x + \pi) = \cot x,$$

d.h. Sinus und Cosinus sind periodische Funktionen mit der Periode 2π, Tangens und Cotangens solche mit der Periode π,

$$\sin(-x) = -\sin x, \quad \cos(-x) = \cos x,$$

$$\tan(-x) = -\tan x, \quad \cot(-x) = -\cot x,$$

d.h. Sinus, Tangens und Cotangens sind ungerade Funktionen, Cosinus ist eine gerade Funktion.

$$\sin\left(x + \frac{\pi}{2}\right) = \cos x, \quad \cos\left(x + \frac{\pi}{2}\right) = -\sin x,$$

$$\sin\left(\frac{\pi}{2} - x\right) = \cos x, \quad \cos\left(\frac{\pi}{2} - x\right) = \sin x,$$

$$\tan\left(\frac{\pi}{2} - x\right) = \cot x, \quad \cot\left(\frac{\pi}{2} - x\right) = \tan x,$$

$$\sin(x + \pi) = -\sin x, \quad \cos(x + \pi) = -\cos x,$$

$$\sin(\pi - x) = \sin x, \quad \cos(\pi - x) = -\cos x.$$

Damit ergibt sich Fig. 4. Alle Funktionen sind in den betreffenden Intervallen stetig und monoton, Tangens bzw. Cotangens haben in den ungeraden Vielfachen von $\pi/2$ bzw. den Vielfachen von π die uneigentlichen Grenzwerte $\pm\infty$, je nach der Seite der Annäherung.

Manchmal werden auch die Funktionen Secans und Cosecans verwendet, die durch die Gleichungen $\sec x = \dfrac{1}{\cos x}$ und $\operatorname{cosec} x = \dfrac{1}{\sin x}$ definiert sind.

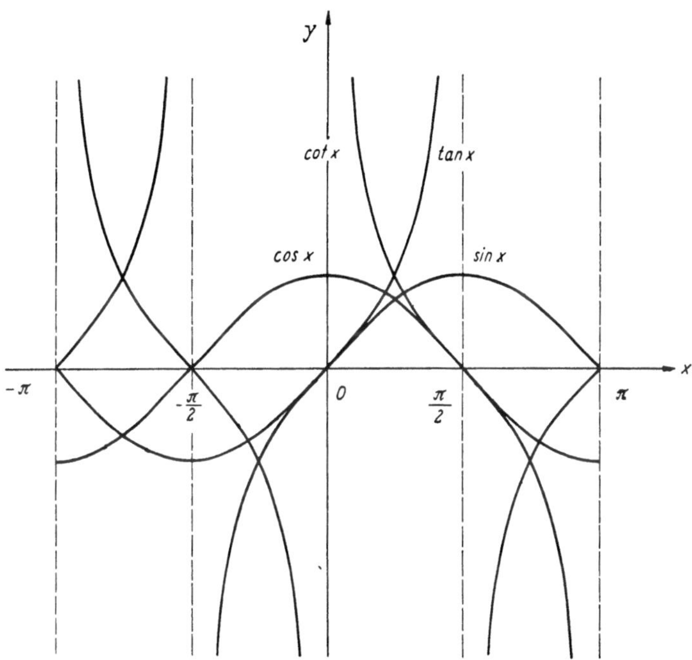

Fig. 4. Kreisfunktionen.

Wichtige Formeln (die *Additionstheoreme*):

$$\sin (u \pm v) = \sin u \cos v \pm \cos u \sin v,$$

$$\cos (u \pm v) = \cos u \cos v \mp \sin u \sin v,$$

$$\tan (u \pm v) = \frac{\tan u \pm \tan v}{1 \mp \tan u \tan v},$$

$$\sin 2x = 2 \sin x \cos x, \qquad \cos 2x = \cos^2 x - \sin^2 x,$$

$$1 - \cos x = 2 \sin^2 \frac{x}{2}, \qquad 1 + \cos x = 2 \cos^2 \frac{x}{2},$$

$$\sin u + \sin v = 2 \sin \frac{u+v}{2} \cos \frac{u-v}{2},$$

$$\sin u - \sin v = 2 \cos \frac{u+v}{2} \sin \frac{u-v}{2},$$

$$\cos u + \cos v = 2 \cos \frac{u+v}{2} \cos \frac{u-v}{2},$$

$$\cos u - \cos v = -2 \sin \frac{u+v}{2} \sin \frac{u-v}{2},$$

$$\sin n x = \sin x \left[\sin^{n-1} x - (n-2) \sin^{n-3} x + \frac{(n-3)(n-4)}{1 \cdot 2} \sin^{n-5} x - \right.$$
$$\left. - \frac{(n-4)(n-5)(n-6)}{1 \cdot 2 \cdot 3} \sin^{n-7} x + \cdots \right],$$

$$\cos n x = \frac{1}{2} \left[(2 \cos x)^n - n (2 \cos x)^{n-2} + n \frac{n-3}{2} (2 \cos x)^{n-4} - \right.$$
$$\left. - n \frac{(n-4)(n-5)}{2 \cdot 3} (2 \cos x)^{n-6} + n \frac{(n-5)(n-6)(n-7)}{2 \cdot 3 \cdot 4} (2 \cos x)^{n-8} - \cdots \right],$$

$$\sin x + \sin 2 x + \sin 3 x + \cdots + \sin n x = \sin \frac{n x}{2} \frac{\sin \frac{n+1}{2} x}{\sin \frac{x}{2}},$$

$$1 + \cos x + \cos 2 x + \cdots + \cos n x = \cos \frac{n x}{2} \frac{\sin \frac{n+1}{2} x}{\sin \frac{x}{2}},$$

$$\sin x + \sin 3 x + \sin 5 x + \cdots + \sin (2 n - 1) x = \frac{\sin^2 n x}{\sin x},$$

$$\cos x + \cos 3 x + \cos 5 x + \cdots + \cos (2 n - 1) x = \frac{\sin n x \cos n x}{\sin x}.$$

Fig. 4 liefert wieder, wenn man von der y-Achse ausgeht, die Umkehrungsfunktionen der Kreisfunktionen, die sog. *zyklometrischen Funktionen*. Gemäß der Periodizität der Kreisfunktionen erhält man als Umkehrung einer Kreisfunktion unendlich viele Funktionen, die sich um Vielfache der Periode unterscheiden, und beim Sinus und Cosinus außerdem noch eine zweite unendliche Schar von Umkehrungsfunktionen infolge der Beziehungen $\sin (\pi - x) = \sin x$ und $\cos (- x) = \cos x$. Die Umkehrungsfunktionen sind also *unendlich vieldeutig* und man hat anzugeben, welcher Zweig der Umkehrungsfunktion jeweils in Frage kommt. Für die Umkehrungsfunktionen der Funktionen

$$y = \sin x, \quad y = \cos x, \quad y = \tan x, \quad y = \cot x$$

schreibt man

$$x = \text{arc} \sin y, \quad x = \text{arc} \cos y,$$
$$x = \text{arc} \tan y, \quad x = \text{arc} \cot y.$$

Sie sind in den betreffenden Intervallen stetig und monoton. Mit Rücksicht auf die Tatsache, daß bei zwei Winkeln, die sich auf $\pi/2$ ergänzen, der Sinus des einen gleich dem Cosinus des anderen und der Tangens des einen gleich dem Cotangens des anderen ist, gelten bis auf Vielfache der Periode die Beziehungen

$$\text{arc} \sin y + \text{arc} \cos y = \frac{\pi}{2}, \qquad \text{arc} \tan y + \text{arc} \cot y = \frac{\pi}{2}.$$

Man ist übereingekommen, die Gültigkeit dieser Beziehungen exakt zu fordern (ohne Vielfache der Periode), indem man erklärt: Wenn unter den unendlich vielen Werten von arc sin y für ein bestimmtes y einer gewählt ist, soll unter arc cos y derjenige verstanden werden, welcher durch $\frac{\pi}{2} - $ arc sin y gegeben ist, und ähnlich für arc cot y, so daß man also die Funktionen arc cos y und arc cot y

entbehren kann, indem sie einfach durch $\frac{\pi}{2} - \text{arc sin } y$ und $\frac{\pi}{2} - \text{arc tan } y$ ersetzt werden.

Unter den unendlich vielen Werten von arc sin y für ein bestimmtes y zeichnet man den sog. *Hauptwert* aus, d. h. denjenigen, welcher zwischen $-\frac{\pi}{2}$ und $+\frac{\pi}{2}$ liegt, und ebenso beim arc tan y. Damit ergeben sich folgende Behauptungen: Durchläuft x wachsend das abgeschlossene Intervall von $-\frac{\pi}{2}$ bis $+\frac{\pi}{2}$, so durchläuft $y = \sin x$ wachsend das abgeschlossene Intervall von -1 bis $+1$ und die Beziehung zwischen x und y ist umkehrbar eindeutig, d. h. jedem x entspricht genau ein y-Wert.

Durchläuft x wachsend das offene Intervall von $-\frac{\pi}{2}$ bis $+\frac{\pi}{2}$, so durchläuft $y = \tan x$ wachsend alle reellen Zahlen und die Beziehung zwischen x und y ist wieder umkehrbar eindeutig.

Sämtliche Lösungen der Gleichung $y = \sin x$ im Intervall $-1 \leq y \leq +1$ (außerhalb gibt es keine) sind demnach gegeben durch $x = \text{arc sin } y + 2k\pi$ und $x = \pi - \text{arc sin } y + 2k\pi$, wobei arc sin y den Hauptwert und k irgendeine ganze Zahl bedeuten. Ebenso sind sämtliche Lösungen der Gleichung $y = \tan x$ durch $x = \text{arc tan } y + k\pi$ gegeben, wobei arc tan y den Hauptwert und k irgendeine ganze Zahl bedeuten.

8. Hyperbelfunktionen. In Fig. 5 sei $\xi \perp \eta$, $a \perp b$, AP Bogen der gleichseitigen Hyperbel $\xi^2 - \eta^2 = 1$, x die doppelte Fläche des Ausschnittes AOP (nach unten negativ gezählt). Wir definieren die Hyperbelfunktionen durch die gerichteten Strecken

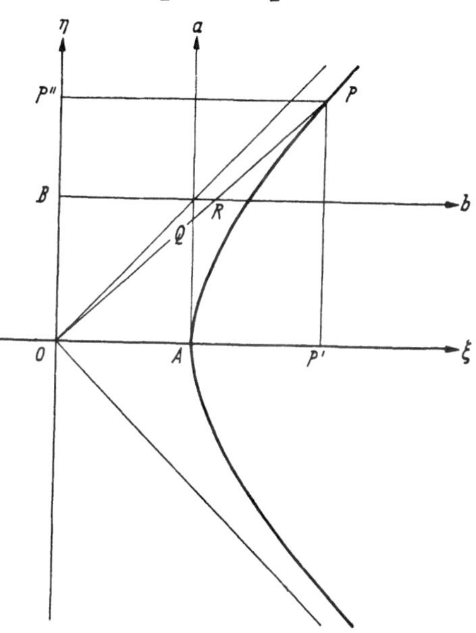

Fig. 5. Hyperbelfunktionen an der gleichseitigen Hyperbel.

$$\text{Sin } x = \overrightarrow{OP''}, \quad \text{Cos } x = \overrightarrow{OP'}, \quad \text{Tan } x = \overrightarrow{AQ}, \quad \text{Cot } x = \overrightarrow{BR}.$$

Bedenkt man, daß x in Fig. 3 nicht nur den Bogen AP, sondern auch die doppelte Fläche des Kreisausschnittes OAP bedeutet, so erkennt man die vollkommene Analogie zwischen den Hyperbel- und Kreisfunktionen. Wenn der Punkt P über den ganzen Hyperbelzweig von unten nach oben wandert, durchläuft x wachsend alle reellen Zahlen.

Es bestehen die Beziehungen:

$$\text{Cos}^2 x - \text{Sin}^2 x = 1, \quad \text{Tan } x = \frac{\text{Sin } x}{\text{Cos } x}, \quad \text{Cot } x = \frac{\text{Cos } x}{\text{Sin } x}, \quad \text{Tan } x \cdot \text{Cot } x = 1,$$

$$\text{Sin }(-x) = -\text{Sin } x, \quad \text{Cos }(-x) = \text{Cos } x,$$

$$\text{Tan }(-x) = -\text{Tan } x, \quad \text{Cot }(-x) = -\text{Cot } x,$$

d. h. Sin, Tan, Cot sind ungerade Funktionen, Cos ist eine gerade Funktion.

Den Verlauf der Funktionen zeigt Fig. 6. Sie sind stetig und monoton in den betreffenden Intervallen, $y = \pm 1$ sind Asymptoten für Tan x und Cot x.

Die Additionstheoreme lauten:

$$\text{Sin } (u + v) = \text{Sin } u \text{ Cos } v + \text{Cos } u \text{ Sin } v,$$

$$\text{Cos } (u + v) = \text{Cos } u \text{ Cos } v + \text{Sin } u \text{ Sin } v.$$

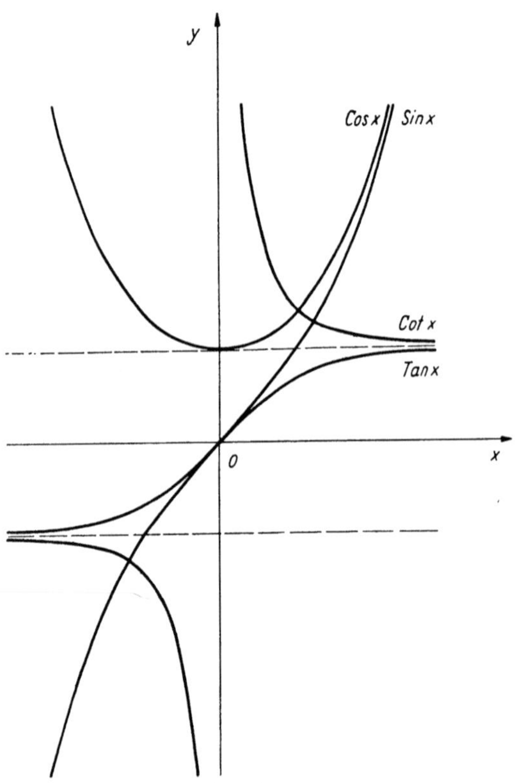

Fig. 6. Hyperbelfunktionen.

Für die Umkehrungsfunktionen erhält man folgendes: Die Gleichung $y = \text{Sin } x$ hat für jedes reelle y genau eine Lösung $x = \text{Ar Sin } y$ (Ar gelesen area = Fläche). Die Gleichung $y = \text{Cos } x$ hat für jedes $y > 1$ genau zwei Lösungen $x = \text{Ar Cos } y$, die sich durch das Vorzeichen unterscheiden und für $y = 1$ mit $x = 0$ zusammenfallen, für $y < 1$ keine Lösung. Die Gleichung $y = \text{Tan } x$ hat für jedes y im offenen Intervall $(-1, +1)$ genau eine Lösung $x = \text{Ar Tan } y$, für die anderen y keine, die Gleichung $y = \text{Cot } x$ hat für jedes $y > 1$ und jedes $y < -1$ genau eine Lösung $x = \text{Ar Cot } y$, für die anderen y keine.

Es ist

$$\text{Sin } x = \frac{e^x - e^{-x}}{2},$$

$$\text{Cos } x = \frac{e^x + e^{-x}}{2},$$

$$\text{Tan } x = \frac{e^x - e^{-x}}{e^x + e^{-x}},$$

$$\text{Cot } x = \frac{e^x + e^{-x}}{e^x - e^{-x}},$$

$$\text{Ar Sin } y = \log (y + \sqrt{y^2 + 1}), \quad \text{Ar Cos } y = \log (y \pm \sqrt{y^2 - 1}),$$

$$\text{Ar Tan } y = \frac{1}{2} \log \frac{1 + y}{1 - y}, \qquad \text{Ar Cot } y = \frac{1}{2} \log \frac{y + 1}{y - 1}.$$

II. Differentialrechnung.

9. Differentialquotient. $y = f(x)$ sei stetig in einem Intervall, x_0 und x_1 seien zwei Punkte dieses Intervalls. Die entsprechenden Werte von y mögen $y_0 = f(x_0)$ und $y_1 = f(x_1)$ sein.

Man bezeichnet (Fig. 7) $\Delta x = x_1 - x_0$ als *Differenz der unabhängigen Veränderlichen*, $\Delta y = \Delta f(x) = y_1 - y_0$ als *Differenz der Funktion oder abhängigen Veränderlichen*, $\frac{y_1 - y_0}{x_1 - x_0}$ als *Differenzenquotienten* oder *mittlere Steigung der Funktion* im Intervall $[x_0, x_1]$ (er ist ja die Steigung der Geraden $P_0 P_1$).

Wenn ein eigentlicher Grenzwert des Differenzenquotienten für $x_1 \to x_0$ vorhanden ist, nennt man ihn die *Ableitung* oder den *Differentialquotienten* der Funktion an der Stelle x_0 und schreibt

$$\lim_{x_1 \to x_0} \frac{y_1 - y_0}{x_1 - x_0} = \lim_{\Delta x \to 0} \frac{f(x_0 + \Delta x) - f(x_0)}{\Delta x} = f'(x_0) \quad \text{(Bezeichnung von Lagrange)}.$$

Er bedeutet die Steigung der Geraden $P_0 Q$, der *Tangente* der Kurve $y = f(x)$ im Punkte P_0, und wird daher auch die *Steigung* der Kurve im Punkt P_0 genannt. Unter dem *Differential* der Funktion im Punkte P_0 bei Veränderung der unabhängigen Veränderlichen um Δx versteht man $dy = f'(x_0) \Delta x$. Δy ist also die Änderung der Funktion, wenn man auf der Kurve, dy die Änderung von y, wenn man auf der Tangente der Kurve im Punkte P_0 weiter schreitet.

Da sich für die besondere Funktion $y = x$ in jedem Punkt $f'(x) = 1$, also $dy = dx = \Delta x$ ergibt, schreibt man für die Änderung der unabhängigen Veränderlichen Δx ·auch dx und damit im allgemeinen Fall $dy = f'(x)\, dx$ oder $f'(x) = \dfrac{dy}{dx}$, woraus sich der Name Differentialquotient erklärt (Bezeichnung von Leibniz). Von Newton stammt die Bezeichnung *Fluxion $\dot{y}$* für die Ableitung.

Nach der Definition des Grenzwertes ist $\dfrac{\Delta y}{\Delta x} = f'(x_0) + \varepsilon$, wobei $\varepsilon \to 0$ mit $\Delta x \to 0$, somit $\Delta y = f'(x_0) \Delta x + \varepsilon \Delta x = dy + \varepsilon \Delta x$, d.h. der Unterschied $\varepsilon \Delta x$ zwischen Δy und dy wird, wie man zu sagen pflegt, von höherer Ordnung klein als Δx; man kann somit in erster Annäherung die Kurve in der Nähe des Punktes P_0 durch ihre Tangente ersetzen.

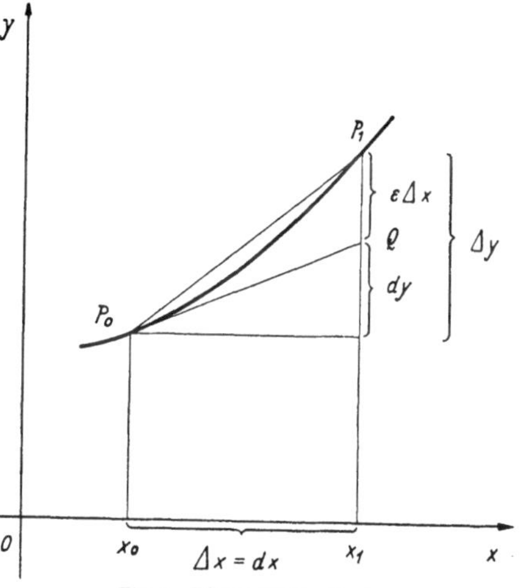

Fig. 7. Differentialquotient.

Bildet man die Ableitung in allen Punkten des Intervalls, falls sie vorhanden ist, so erhält man wieder eine Funktion von x, die Ableitung $f'(x)$. Ist die Ableitung in einem Punkt bzw. in einem Intervall vorhanden, so nennt man die Funktion im Punkt bzw. im Intervall *differenzierbar*. Jede differenzierbare Funktion ist auch stetig (die Umkehrung dieses Satzes braucht nicht richtig zu sein). Ist auch $f'(x)$ noch stetig, so heißt die Funktion *stetig differenzierbar*. Wird bei der Definition der Ableitung nur der links- oder rechtsseitige Grenzwert herangezogen, so spricht man von einer *links- oder rechtsseitigen Ableitung*, also z. B. in den Endpunkten eines Definitionsintervalls der Funktion. Stückweise stetige Funktionen mit stückweise stetiger Ableitung werden manchmal als *stückweise glatt* bezeichnet.

Ergibt sich als Grenzwert einer der beiden uneigentlichen Grenzwerte $\pm \infty$, so heißt die Funktion an der betreffenden Stelle *uneigentlich differenzierbar*. Die Tangente steht in diesem Fall auf der x-Achse senkrecht. Wenn man sagt, die Funktion sei differenzierbar, wird der Fall der uneigentlichen Differenzierbarkeit ausgeschlossen.

Ist $f'(x_0) > 0$, so gibt es eine Umgebung von x_0, in der $f(x) \gtrless f(x_0)$ für $x \gtrless x_0$, doch braucht die Funktion in dieser Umgebung nicht monoton zu sein. Ähnlich ist in einer Umgebung $f(x) \lessgtr f(x_0)$ für $x \gtrless x_0$, falls $f'(x_0) < 0$.

10. Differentiationsregeln. Sind die Funktionen u und v differenzierbar, so sind auch Summe, Differenz, Produkt und Quotient (falls $v \neq 0$) dieser Funktionen differenzierbar, und zwar hat man für die Ableitung folgende Regeln:

$$(u + v)' = u' + v', \qquad (uv)' = u'v + v'u, \qquad \left(\frac{u}{v}\right)' = \frac{vu' - uv'}{v^2}.$$

Ist c eine Konstante, so ist $c' = 0$ und $(cu)' = cu'$. Ein Produkt von n differenzierbaren Faktoren wird differenziert, indem man nur je einen Faktor differenziert, die übrigen unverändert läßt und die n Ergebnisse addiert.

Ist $y = f(u)$, $u = g(x)$ und sind beide Funktionen differenzierbar, so ist auch $y = f[g(x)]$ differenzierbar, und zwar erhält man

$$\frac{dy}{dx} = f'[g(x)]\, g'(x) = \frac{dy}{du} \cdot \frac{du}{dx} \qquad (Kettenregel).$$

Ist eine in einem Intervall stetige, im strengen Sinn monotone Funktion $y = f(x)$ differenzierbar, so ist auch ihre Umkehrungsfunktion $x = g(y)$ differenzierbar, falls $f'(x) \neq 0$ ist, und zwar ergibt sich

$$\frac{dx}{dy} = g'(y) = \frac{1}{f'[g(y)]} = \frac{1}{\dfrac{dy}{dx}}.$$

Die Formel ist auch an Stellen uneigentlicher Differenzierbarkeit richtig, d.h. der Ableitung $\pm \infty$ der einen Funktion entspricht die Ableitung 0 der anderen.

Für die in den vorhergehenden Ziffern definierten elementaren Funktionen gelten folgende Differentiationsregeln:

$$(x^\alpha)' = \alpha\, x^{\alpha-1}, \qquad (e^x)' = e^x, \qquad (\log x)' = \frac{1}{x},$$

$$(\sin x)' = \cos x, \qquad (\cos x)' = -\sin x,$$

$$(\tan x)' = \frac{1}{\cos^2 x}, \qquad (\cot x)' = -\frac{1}{\sin^2 x},$$

$$(\text{arc sin } x)' = \frac{1}{\sqrt{1 - x^2}} \qquad \text{(für den Hauptwert des Arcussinus)},$$

$$(\text{arc tan } x)' = \frac{1}{1 + x^2},$$

$$(\text{Sin } x)' = \text{Cos } x, \qquad (\text{Cos } x)' = \text{Sin } x,$$

$$(\text{Tan } x)' = \frac{1}{\text{Cos}^2 x}, \qquad (\text{Cot } x)' = -\frac{1}{\text{Sin}^2 x},$$

$$(\text{Ar Sin } x)' = \frac{1}{\sqrt{x^2 + 1}}, \qquad (\text{Ar Cos } x)' = \pm \frac{1}{\sqrt{x^2 - 1}} \qquad \text{für Ar Cos } x \gtrless 0,$$

$$(\text{Ar Tan } x)' = \frac{1}{1 - x^2}, \qquad (\text{Ar Cot } x)' = \frac{1}{1 - x^2}.$$

Manchmal ist es von Vorteil, logarithmisch zu differenzieren:

$$f'(x) = f(x)\, \frac{d \log f(x)}{dx}.$$

11. Ableitungen höherer Ordnung. Da die Ableitung einer Funktion von x wieder eine Funktion von x ist, kann man, falls die betreffenden Grenzwerte vorhanden sind, den Differentiationsprozeß wiederholen und kommt so zu den Ableitungen höherer Ordnung, die man der Reihe nach die *zweite, dritte, ..., n-te Ableitung* nennt. Die ursprüngliche Ableitung wird dann als *erste Ableitung* bezeichnet, die Funktion manchmal als *nullte*.

Man schreibt für die höheren Ableitungen

$$y'' = \frac{d^2 y}{d x^2}, \qquad y''' = \frac{d^3 y}{d x^3}, \ldots, \qquad y^{(n)} = \frac{d^n y}{d x^n}.$$

Dabei bedeutet $d x^n$ die n-te Potenz von $d x$, $d^n y$ das n-mal iterierte Differential von y. Für die n-te Ableitung des Produktes zweier Funktionen u und v ergibt sich die Regel von Leibniz:

$$(u v)^{(n)} = u^{(n)} v + \binom{n}{1} u^{(n-1)} v' + \binom{n}{2} u^{(n-2)} v^{(2)} + \cdots + u v^{(n)}.$$

$$\binom{n}{k} = \frac{n(n-1)(n-2)\ldots(n-k+1)}{1 \cdot 2 \cdot 3 \ldots k}$$

ist der in der *binomischen Entwicklung*

$$(a + b)^n = \sum_{k=0}^{n} \binom{n}{k} a^{n-k} b^k$$

auftretende Koeffizient *(Binomialkoeffizient)* von $a^{n-k} b^k$. Mit Hilfe der *Fakultät* $n! = 1 \cdot 2 \cdot 3 \cdot \ldots \cdot n$ kann man schreiben

$$\binom{n}{k} = \frac{n!}{k!\,(n-k)!},$$

wenn man $0! = 1$ setzt.

Es möge darauf aufmerksam gemacht werden, daß die zweite Ableitung der Umkehrungsfunktion einer Funktion $y = f(x)$ nicht etwa in Analogie zur ersten Ableitung (Ziff. 10) der reziproke Wert von $d^2 y / d x^2$ ist, sondern man erhält:

$$\frac{d^2 x}{d y^2} = \frac{d}{d y}\left(\frac{d x}{d y}\right) = \frac{d}{d y}\left(\frac{1}{\frac{d y}{d x}}\right) = \frac{d}{d x}\left(\frac{1}{\frac{d y}{d x}}\right)\frac{d x}{d y}$$

$$= - \frac{\frac{d^2 y}{d x^2}}{\left(\frac{d y}{d x}\right)^2} \frac{1}{\frac{d y}{d x}} = - \frac{\frac{d^2 y}{d x^2}}{\left(\frac{d y}{d x}\right)^3}.$$

12. Mittelwertsätze. Die Funktionen $f(x)$ und $g(x)$ seien im offenen Intervall (a, b) differenzierbar und noch stetig an den Endpunkten, ferner sei in (a, b) überall $g'(x) \neq 0$. Dann gibt es mindestens eine Stelle ξ im Innern des Intervalls, so daß

$$\frac{f(b) - f(a)}{g(b) - g(a)} = \frac{f'(\xi)}{g'(\xi)} \qquad \text{(Cauchy)}.$$

Insbesondere erhält man für $g(x) = x$:

$$\frac{f(b) - f(a)}{b - a} = f'(\xi) \qquad \textit{(Mittelwertsatz der Differentialrechnung)},$$

also $f'(\xi) = 0$, wenn außerdem $f(b) = f(a)$ ist *(Satz von Rolle)*. Der Mittelwertsatz ist auch richtig, wenn man für $f(x)$ uneigentliche Differenzierbarkeit zuläßt.

Aus dem Satz von Cauchy läßt sich die sog. *Regel von* Johann Bernoulli *und* de l'Hospital zur Berechnung der Grenzwerte von gewissen Quotienten herleiten: Die Funktionen $f(x)$ und $g(x)$ seien in einer Umgebung von x_0 stetig und

$f(x_0) = g(x_0) = 0$, ferner in dieser Umgebung für $x \neq x_0$ differenzierbar, $g'(x) \neq 0$ und es sei $\lim\limits_{x \to x_0} \dfrac{f'(x)}{g'(x)}$ vorhanden. Dann existiert auch $\lim\limits_{x \to x_0} \dfrac{f(x)}{g(x)}$ und ist gleich $\lim\limits_{x \to x_0} \dfrac{f'(x)}{g'(x)}$.

Doch kann der Grenzwert des Quotienten der Funktion vorhanden sein, ohne daß der Grenzwert des Quotienten der Ableitungen existiert. Die Regel gilt auch, wenn $\pm \infty$ an Stelle von x_0 tritt, wenn nur ihre Voraussetzungen in einer Umgebung von $z = 0$ erfüllt sind, wobei $z = 1/x$ ist. Ferner gilt sie, wenn unter Beibehaltung der übrigen Voraussetzungen

$$\lim_{x \to x_0} f(x) = \lim_{x \to x_0} g(x) = \pm \infty,$$

wobei auch hier wieder $\pm \infty$ an Stelle von x_0 treten kann. Ebenso bei entsprechender einseitiger Annäherung an die betreffende Stelle.

Die Regel kann auch dazu verwendet werden, den Grenzwert von $\varphi(x)\,\psi(x)$ für $\varphi(x) \to \pm \infty$, $\psi(x) \to 0$ zu bestimmen, falls er überhaupt vorhanden ist, indem man das Produkt in der Form eines Quotienten $\varphi(x) : \dfrac{1}{\psi(x)}$ oder $\psi(x) : \dfrac{1}{\varphi(x)}$ schreibt. Ähnlich kann man bei $\varphi(x)^{\psi(x)}$ in den Fällen

$$\varphi(x) \to 0, \quad \psi(x) \to 0; \quad \varphi(x) \to +\infty, \quad \psi(x) \to 0; \quad \varphi(x) \to 1, \quad \psi(x) \to \pm \infty$$

vorgehen, indem man den Grenzwert von $\psi(x) \log \varphi(x)$ zu bestimmen versucht. Schließlich kann man auch den Fall $\varphi(x) - \psi(x)$ für $\varphi(x) \to +\infty$, $\psi(x) \to +\infty$ behandeln, indem man z.B.

$$\varphi(x) - \psi(x) = \left[\frac{1}{\psi(x)} - \frac{1}{\varphi(x)} \right] : \frac{1}{\varphi(x)\,\psi(x)}$$

beachtet. Doch erledigen sich alle Fälle (auch der Quotient) meistens einfacher, indem man die betreffenden Funktionen in passende Potenzreihen entwickelt, was bei den in der Praxis auftretenden Aufgaben fast immer möglich ist.

Die Regel liefert unter anderem folgende wichtige Grenzwerte für $\alpha > 0$:

$$\lim_{x \to 0} (x^\alpha \log x) = 0, \qquad \lim_{x \to +\infty} (x^{-\alpha} \log x) = 0, \qquad \lim_{x \to +\infty} (x^\alpha e^{-x}) = 0.$$

Man pflegt das so auszudrücken, daß man sagt: e^x wird für $x \to +\infty$ von höherer Ordnung unendlich als jede Potenz von x mit einem noch so großen Exponenten, dagegen wird $\log x$ für $x \to +\infty$ von niedrigerer Ordnung unendlich als jede solche Potenz mit einem noch so kleinen positiven Exponenten.

Aus dem Mittelwertsatz entnimmt man folgende Behauptung: Ist in einem Intervall dauernd $f'(x) \gtrless 0$, so ist $f(x)$ in diesem Intervall im strengen Sinne monoton zu- bzw. abnehmend, ist $f'(x) = 0$ im ganzen Intervall, so ist die Funktion in diesem Intervall konstant.

13. Taylorsche Entwicklung. $f(x)$ möge in einem offenen Intervall stetig sein und stetige Ableitungen bis zur Ordnung $n+1$ haben. Dann läßt sich der Mittelwertsatz für irgend zwei Punkte x_0 und x_1 innerhalb dieses Intervalls zur sog. *Entwicklung von Taylor* erweitern:

$$f(x_0 + h) = f(x_0) + \frac{h}{1!} f'(x_0) + \frac{h^2}{2!} f''(x_0) + \cdots + \frac{h^n}{n!} f^{(n)}(x_0) + R_n,$$

wobei

$$R_n = \frac{h^{n+1}}{n!} \int_0^1 (1 - t)^n f^{(n+1)}(x_0 + ht)\, dt$$

ist. Das *Restglied* R_n läßt sich auch in der Gestalt

$$R_n = \frac{h^{n+1}}{(n+1)!}\, f^{(n+1)}\,(x_0 + \vartheta h) \qquad \text{(LAGRANGE)}$$

oder

$$R_n = \frac{h^{n+1}}{n!}\,(1-\vartheta)^n\, f^{(n+1)}\,(x_0 + \vartheta h) \qquad \text{(CAUCHY)}$$

schreiben, wobei jedesmal ϑ eine zwischen 0 und 1 gelegene Zahl bedeutet, natürlich nicht notwendig in beiden Formeln dieselbe. Man sieht sofort, daß die TAYLORsche Entwicklung für $n = 0$ in den Mittelwertsatz übergeht.

14. Maxima und Minima. Aus dem Mittelwertsatz erhält man außerdem noch die bekannten Regeln über die Maxima und Minima einer Funktion: Wenn in einer Umgebung von x_0 die Ableitung $f'(x) \gtrless 0$ für alle $x < x_0$, dagegen $f'(x) \lessgtr 0$ für alle $x > x_0$ und außerdem $f'(x_0) = 0$ ist, so ist $f(x_0) \gtrless f(x)$ für alle $x \neq x_0$ dieser Umgebung (*Maximum* bzw. *Minimum*). Wenn dagegen in dieser Umgebung $f'(x)$ ohne Zeichenwechsel bei $x = x_0$ durch Null geht, ist die Funktion in dieser Umgebung im strengen Sinne monoton zunehmend bzw. abnehmend, je nachdem $f'(x) \gtrless 0$ für alle $x \neq x_0$ der Umgebung, also weder ein Maximum noch ein Minimum für $x = x_0$ vorhanden (die Kurve hat an dieser Stelle einen *Wendepunkt* mit einer Tangente parallel zur x-Achse).

Aus der TAYLORschen Entwicklung ergibt sich: Ist $f^{(k)}(x_0) = 0$ für $k = 1, 2, \ldots, n-1$, dagegen $f^{(n)}(x_0) \lessgtr 0$ und n gerade, so ist $f(x_0) \gtrless f(x)$ für alle $x \neq x_0$ einer genügend kleinen Umgebung von x_0 (Maximum bzw. Minimum), ist dagegen n ungerade, so ist die Funktion im strengen Sinne monoton zu- bzw. abnehmend (Wendepunkt mit einer Tangente parallel zur x-Achse).

Für ein Maximum oder Minimum im Innern eines Intervalls einer differenzierbaren Funktion ist also das Verschwinden ihrer Ableitung an der betreffenden Stelle eine notwendige, aber keine hinreichende Bedingung. Dagegen ist die Bedingung für die Endpunkte des Intervalls nicht notwendig, wie das einfache Beispiel $y = x$ im Intervall $0 \leq x \leq 1$ zeigt. In diesem Fall würde man auch gemäß der Definition nicht von einem Maximum oder Minimum sprechen, weil solche nur im Innern eines Intervalls definiert sind, sondern vom größten oder kleinsten Funktionswert.

III. Reelle Funktionen von mehreren reellen Veränderlichen.

15. Funktionen von mehreren Veränderlichen. Ähnlich wie bei einer unabhängigen Veränderlichen kann man auch Funktionen von zwei oder mehreren unabhängigen Veränderlichen definieren. Wir wollen es bei zwei Veränderlichen näher ausführen. Wir ordnen z. B. jedem Punkt mit den rechtwinkeligen Koordinaten (x_1, x_2) einer Punktmenge der Ebene eine bestimmte reelle Zahl y zu und sagen, y ist eine *Funktion der beiden unabhängigen Veränderlichen* x_1, x_2, schreiben z. B. $y = f(x_1, x_2)$. Betrachten wir statt der ebenen eine räumliche Punktmenge, wobei jeder Punkt durch seine rechtwinkeligen Koordinaten (x_1, x_2, x_3) gegeben ist, so erhalten wir eine *Funktion* $y = f(x_1, x_2, x_3)$ *der drei unabhängigen Veränderlichen* x_1, x_2, x_3.

In Analogie damit nennen wir ein geordnetes System von n reellen Zahlen, ein *n-tupel* $(x_1, x_2, x_3, \ldots, x_n)$, einen *Punkt des n-dimensionalen Raumes* R_n, die n Zahlen seine *Koordinaten*. Der Raum R_n ist dann die Gesamtheit aller möglichen solchen n-tupel. Der Definitionsbereich einer Funktion ist eine aus allen diesen Systemen oder n-tupeln herausgegriffene Menge M von n-tupeln. Ordnen wir jedem n-tupel dieser Menge, also in unserer Schreibweise jedem Punkt dieser Menge, eine bestimmte, reelle Zahl y zu, so sprechen wir von einer *Funktion der n unabhängigen Veränderlichen* $y = f(x_1, x_2, \ldots, x_n)$. In diesem Sinn brauchen wir auch bei zwei oder drei Veränderlichen nicht mehr die geometrische Deutung durch Punkte der Ebene oder des Raumes vorzunehmen, sondern es wird dann in einer bestimmten Teilmenge der Menge aller möglichen solchen Paare oder Tripel von reellen Zahlen jedem solchen Paar oder Tripel eine bestimmte reelle Zahl zugeordnet.

16. Punktmengen. Die Verallgemeinerung des Intervallbegriffes auf n Dimensionen führte zum *abgeschlossenen* oder *offenen Parallelotop*, d.h. zu allen n-tupeln, deren Koordinaten den Ungleichungen $a_\nu \leq x_\nu \leq b_\nu$ ($\nu = 1, 2, \ldots, n$) mit oder ohne Gleichheitszeichen genügen (Rechteck für $n = 2$, Quader oder Parallelepiped für $n = 3$). *Umgebung* eines Punktes des R_n ist jedes den Punkt enthaltendes offenes Parallelotop. Gehört eine Punktmenge ganz einem Parallelotop an, so heißt sie *beschränkt*. Liegen in jeder Umgebung eines Punktes unendlich viele Punkte der Menge, so heißt der Punkt ein *Häufungspunkt* der Menge, er selbst braucht nicht zur Menge zu gehören. Jede beschränkte unendliche Punktmenge hat mindestens einen Häufungspunkt (Satz von Bolzano-Weierstrass). Ein Punkt der Menge, der kein Häufungspunkt ist, heißt *isoliert*.

Eine Punktmenge wird *abgeschlossen* genannt, wenn sie alle ihre Häufungspunkte enthält, *in sich dicht*, wenn jeder ihrer Punkte Häufungspunkt ist, *perfekt*, wenn sie abgeschlossen und in sich dicht ist. Ein Punkt heißt *innerer Punkt* einer Menge, wenn mit ihm auch eine Umgebung dieses Punktes zur Menge gehört, *äußerer Punkt*, wenn er samt einer Umgebung nicht zur Punktmenge gehört, und *Randpunkt*, wenn in jeder Umgebung Punkte der Menge liegen und auch solche, die nicht zur Menge gehören. Der Randpunkt selbst kann zur Menge gehören, muß es aber nicht. Eine Punktmenge, die nur aus inneren Punkten besteht, heißt *offen*.

Unter einer *Strecke* mit den Randpunkten $(a_1, a_2, \ldots, a_n)$ und $(b_1, b_2, \ldots, b_n)$ im R_n versteht man die Menge aller n-tupel $[a_1 + t(b_1 - a_1), a_2 + t(b_2 - a_2), \ldots, a_n + t(b_n - a_n)]$, wobei t das abgeschlossene Intervall $[0, 1]$ durchläuft. Endlich viele Strecken, bei denen der Endpunkt der ersten der Anfangspunkt der zweiten, der Endpunkt der zweiten der Anfangspunkt der dritten usw. ist, bilden einen *Streckenzug*.

Eine Punktmenge heißt *zusammenhängend*, wenn sich jeder ihrer Punkte mit jedem anderen durch einen Streckenzug verbinden läßt, der nur aus Punkten der Menge besteht. Eine offene, zusammenhängende Punktmenge nennt man ein *Gebiet*.

Sind die Koordinaten x_ν stetige Funktionen einer reellen Veränderlichen t, so spricht man von einer *Jordanschen Kurve* des R_n. Sind sie z.B. im Intervall $a \leq t \leq b$ definiert und ist für je zwei Werte $t_1 \neq t_2$ im Innern des Intervalls niemals $x_\nu(t_1) = x_\nu(t_2)$ gleichzeitig für alle ν, dagegen $x_\nu(a) = x_\nu(b)$ für alle ν, so nennt man die Kurve wegen der ersten Eigenschaft *einfach* oder *doppelpunktfrei*, wegen der zweiten *geschlossen*.

17. Grenzwert, Stetigkeit. Im folgenden sollen die Begriffe Stetigkeit und Grenzwert für $n = 2$ näher erläutert werden, ihre Verallgemeinerung auf beliebiges n liegt dann auf der Hand. (x_0, y_0) sei eine Häufungsstelle des Definitionsbereiches der Funktion $z = f(x, y)$ der beiden unabhängigen Veränderlichen x, y. Man sagt, A ist der *Grenzwert* der Funktion an dieser Stelle und schreibt $A = \lim\limits_{(x, y) \to (x_0, y_0)} f(x, y)$ oder $f(x, y) \to A$ für $x \to x_0$, $y \to y_0$, wenn man zu jeder Zahl $\varepsilon > 0$ eine Zahl $\delta > 0$ finden kann, so daß $|f(x, y) - A| < \varepsilon$ für alle x, y, die den Ungleichungen $0 < |x - x_0| < \delta$ und $0 < |y - y_0| < \delta$ genügen, oder kurz gesagt, wenn sich die Funktionswerte der Zahl A unbegrenzt nähern, sobald sich der Punkt (x, y) dem Punkte (x_0, y_0) unbegrenzt nähert. Ist die Funktion im Punkte (x_0, y_0) definiert und dort $=A$, so nennt man die Funktion *stetig* an der Stelle (x_0, y_0). Dieser *simultane Grenzübergang* ist wohl zu unterscheiden von den *sukzessiven Grenzübergängen* $\lim\limits_{y \to y_0} \left[\lim\limits_{x \to x_0} f(x, y)\right]$ und $\lim\limits_{x \to x_0} \left[\lim\limits_{y \to y_0} f(x, y)\right]$. Diese beiden letzteren Grenzwerte können vorhanden sein, brauchen nicht gleich zu sein und der simultane Grenzwert braucht überhaupt nicht vorhanden zu sein. Das alles kann man aus dem Beispiel $f(x, y) = \dfrac{A\,x + B\,y}{C\,x + D\,y}$ mit $x_0 = y_0 = 0$ leicht erkennen.

Die Begriffe beschränkt, obere und untere Grenze, Schwankung, gleichmäßig stetig aus Ziff. 2 und 4 lassen sich nun ohne weiteres auf Funktionen von zwei oder mehreren Veränderlichen übertragen, ebenso die Sätze über Summe, Differenz, Produkt, Quotient, absoluten Betrag, zusammengesetzte stetige Funktion, ebenso über Funktionen, die an einer Stetigkeitsstelle nicht verschwinden. Auch hier gilt: Jede in einer beschränkten, abgeschlossenen Punktmenge definierte stetige Funktion ist beschränkt, gleichmäßig stetig und nimmt in ihr mindestens je einmal ihren größten und kleinsten Wert an.

18. Rationale Funktionen. Einen Ausdruck von der Gestalt $x_1^{\alpha_1} x_2^{\alpha_2} \ldots x_n^{\alpha_n}$ mit ganzzahligen nicht-negativen Exponenten $\alpha_\nu (\nu = 1, 2, \ldots, n)$ nennt man ein *Potenzprodukt*. Eine Summe von endlich vielen solchen Potenzprodukten, jedes noch mit einem bestimmten reellen Koeffizienten versehen, heißt ein *Polynom* oder eine *ganze rationale Funktion* der n unabhängigen Veränderlichen $x_1, x_2, \ldots, x_n$. Potenzprodukte mit gleichen Exponenten α_ν denken wir uns in ein Potenzprodukt zusammengezogen, das Polynom also, wie man sagt, in *reduzierter Form*. Zwei Polynome in reduzierter Form stimmen dann und nur dann für alle Werte der Veränderlichen überein, wenn in beiden die Potenzprodukte mit gleichen Exponenten auch gleiche Koeffizienten haben *(Koeffizientenvergleichung)*.

Ein Polynom, dessen Potenzprodukte alle die gleiche Exponentensumme haben, nennt man *homogen* oder eine *Form*. Sie heißt *positiv* bzw. *negativ definit*, wenn sie nur dann gleich null ist, wenn alle Veränderlichen gleich null gesetzt werden, und sonst entweder nur positive bzw. nur negative Werte annimmt. Sie heißt *positiv* bzw. *negativ semidefinit*, wenn sie nur positive bzw. negative Werte oder den Wert null annimmt, *indefinit*, wenn sowohl positive als auch negative Funktionswerte vorhanden sind. Eine *gebrochene rationale Funktion* ist der Quotient zweier Polynome. Sie ist stetig, wenn man von den Stellen absieht, an denen der Nenner null ist.

19. Partielle Ableitungen und Differential. Unter der *partiellen Ableitung* einer Funktion von n unabhängigen Veränderlichen $y = f(x_1, x_2, \ldots, x_n)$ nach der Veränderlichen x_μ versteht man die Ableitung dieser Funktion nach dieser Veränderlichen, falls sie (die Ableitung) vorhanden ist, wenn dabei die übrigen Veränderlichen als konstant betrachtet werden. Man schreibt nach JACOBI dafür $\partial f / \partial x_\mu$ oder auch f_{x_μ}. Sie ist eine Funktion der n Veränderlichen und kann vielleicht wieder nach irgendeiner der Veränderlichen, sagen wir x_ν, partiell differenziert werden. Dann schreibt man $\dfrac{\partial^2 f}{\partial x_\mu \partial x_\nu}$ oder $f_{x_\mu x_\nu}$. Sind die Funktion und die bei den Differentiationen auftretenden Ableitungen stetig, so ist die Reihenfolge dieser Differentiationen für das Ergebnis gleichgültig. Die Differenzierbarkeit einer Funktion nach sämtlichen Veränderlichen an einer bestimmten Stelle zieht hier im allgemeinen nicht wie bei einer Veränderlichen die Stetigkeit der Funktion nach sich.

Unter dem *vollständigen* oder *totalen Differential* der Funktion versteht man den Ausdruck

$$dy = \frac{\partial f}{\partial x_1}\,dx_1 + \frac{\partial f}{\partial x_2}\,dx_2 + \cdots + \frac{\partial f}{\partial x_n}\,dx_n = \sum_{\nu=1}^{n} \frac{\partial f}{\partial x_\nu}\,dx_\nu,$$

wobei die dx_ν beliebige Änderungen der Veränderlichen bedeuten. Sind die Funktion und ihre Ableitungen erster Ordnung nach sämtlichen Veränderlichen stetig, so hat man für die Änderung der Funktion

$$\Delta y = f(x_1 + \Delta x_1,\, x_2 + \Delta x_2,\, \ldots,\, x_n + \Delta x_n) - f(x_1,\, x_2,\, \ldots,\, x_n)$$

$$= \frac{\partial f}{\partial x_1}\,\Delta x_1 + \frac{\partial f}{\partial x_2}\,\Delta x_2 + \cdots + \frac{\partial f}{\partial x_n}\,\Delta x_n + \varepsilon_1\,\Delta x_1 + \varepsilon_2\,\Delta x_2 + \cdots + \varepsilon_n\,\Delta x_n,$$

wobei die Ableitungen an der Stelle $x_1,\, x_2,\, \ldots,\, x_n$ zu bilden sind und sämtliche $\varepsilon_\nu \to 0$, wenn alle $\Delta x_\nu \to 0$, d.h. die Funktionsänderung ist unter diesen Voraussetzungen in erster Näherung durch das Differential der Funktion gegeben, da $dx_\nu = \Delta x_\nu\,(\nu = 1,\, 2,\, \ldots,\, n)$, wie sich aus den besonderen Funktionen $y = x_\nu$ ergibt.

Geometrisch bedeutet die Gleichung $y = f(x_1,\, x_2,\, \ldots,\, x_n)$ für $n = 2$, wenn $x_1,\, x_2,\, y$ als rechtwinkelige Koordinaten im Raume gedeutet werden, die Gleichung einer Fläche, Δy die Änderung von y, wenn man auf der Fläche, dy die Änderung von y, wenn man auf der Tangentialebene im Punkte $(x_1,\, x_2,\, y)$ so fortschreitet, daß sich x_1 und x_2 um Δx_1 und Δx_2 ändern.

Bildet man das Differential d von dy, das sog. *zweite Differential* $d^2 y$, dann wieder das Differential von $d^2 y$, also $d^3 y$ usw., schließlich das *m-te Differential* $d^m y$, wobei, wie es sein soll, die dx_ν als Konstante betrachtet werden, so erhält man

$$d^m y = \left(\sum_{\nu=1}^{n} \frac{\partial}{\partial x_\nu}\,dx_\nu \right)^{m} f.$$ Der Klammerausdruck ist so zu verstehen, daß man ihn formal nach dem polynomischen Lehrsatz in die m-te Potenz erhebt, f zu jedem Potenzprodukt

$$\frac{\partial^{\alpha_1 + \alpha_2 + \cdots + \alpha_n}}{\partial x_1^{\alpha_1}\,\partial x_2^{\alpha_2}\,\ldots\,\partial x_n^{\alpha_n}}\,dx_1^{\alpha_1}\,dx_2^{\alpha_2}\,\ldots\,dx_n^{\alpha_n} \qquad (\alpha_1 + \alpha_2 + \cdots + \alpha_n = m)$$

als Faktor hinzufügt und im Ergebnis dann

$$\frac{\partial^{\alpha_1 + \alpha_2 + \cdots + \alpha_n} f}{\partial x_1^{\alpha_1}\,\partial x_2^{\alpha_2}\,\ldots\,\partial x_n^{\alpha_n}}$$

als Differentialquotienten auffaßt.

Verwendet man bei mehreren Funktionen von n Veränderlichen für die Differentiale der unabhängigen Veränderlichen immer dieselben Größen, so ergeben sich für das Differential von Summe, Differenz, Produkt, Quotient dieselben Regeln wie bei einer Veränderlichen, nämlich z.B.

$$d(f \pm g) = df \pm dg, \qquad d(fg) = g\,df + f\,dg,$$

$$d\left(\frac{f}{g}\right) = \frac{g\,df - f\,dg}{g^2} \qquad (g \neq 0).$$

Die Verallgemeinerung der *Kettenregel* für die zusammengesetzte Funktion von einer auf mehrere unabhängige Veränderliche lautet so: Sind die x_ν selbst Funktionen von m unabhängigen Veränderlichen $u_1,\, u_2,\, \ldots,\, u_m$, also

$$x_\nu = \varphi_\nu(u_1,\, u_2,\, \ldots,\, u_m) \qquad (\nu = 1,\, 2,\, \ldots,\, n),$$

so ist

$$\frac{\partial f}{\partial u_\mu} = \frac{\partial f}{\partial x_1}\,\frac{\partial \varphi_1}{\partial u_\mu} + \frac{\partial f}{\partial x_2}\,\frac{\partial \varphi_2}{\partial u_\mu} + \cdots + \frac{\partial f}{\partial x_n}\,\frac{\partial \varphi_n}{\partial u_\mu}.$$

Man erhält in diesem Fall

$$df = \sum_{\mu=1}^{m} \frac{\partial f}{\partial u_\mu}\, du_\mu = \sum_{\mu=1}^{m} \sum_{\nu=1}^{n} \frac{\partial f}{\partial x_\nu}\, \frac{\partial \varphi_\nu}{\partial u_\mu}\, du_\mu = \sum_{\nu=1}^{n} \frac{\partial f}{\partial x_\nu}\, dx_\nu,$$

d. h. die Formel für das Differential ist unabhängig davon, ob die x_ν unabhängige Veränderliche oder selbst Funktionen von m unabhängigen Veränderlichen sind. Bei der Bildung z. B. des zweiten Differentials hat man hier darauf zu achten, daß jetzt die dx_ν keine Konstanten mehr sind, also die Glieder mit $d^2 x_\nu$ wirklich auftreten.

Nicht jeder Ausdruck von der Gestalt $\sum_{\nu=1}^{n} g_\nu(x_1, x_2, \ldots, x_n)\, dx_\nu$ mit stetig differenzierbaren Funktionen g_ν der n unabhängigen Veränderlichen x_ν ist das Differential einer Funktion von $x_1, x_2, \ldots, x_n$. Denn dann muß $g_\nu = \dfrac{\partial f}{\partial x_\nu}$, also $\dfrac{\partial g_\nu}{\partial x_\mu} = \dfrac{\partial^2 f}{\partial x_\nu\, \partial x_\mu} = \dfrac{\partial g_\mu}{\partial x_\nu}$ für alle $\mu, \nu = 1, 2, \ldots, n$ sein.

Diese Bedingungen sind auch hinreichend, f ist dann bis auf eine additive Konstante bestimmt, falls der Definitionsbereich *einfach zusammenhängend* ist, d. h. wenn sich in ihm jede geschlossene Kurve stetig auf einen beliebigen Punkt des Bereiches zusammenziehen läßt.

$f(x_1, x_2, \ldots, x_n)$ heißt *homogen vom Grad k*, wenn für die in Betracht kommenden Werte von x_ν und t, also identisch die Beziehung $f(t x_1, t x_2, \ldots, t x_n) = t^k f(x_1, x_2, \ldots, x_n)$ gilt. Dazu ist notwendig und hinreichend, daß identisch in den x_ν die Gleichung $\sum_{\nu=1}^{n} x_\nu \dfrac{\partial f}{\partial x_\nu} = k f$ erfüllt ist, falls die Funktion samt ihren Ableitungen erster Ordnung stetig ist (EULER). Die Ableitungen erster Ordnung einer homogenen Funktion vom Grade k sind homogen vom Grade $k - 1$.

Wenn die Ableitungen erster Ordnung einer Funktion in einer Umgebung eines Punktes verschwinden, dann ist die Funktion in dieser Umgebung konstant. Wenn die Funktion samt ihren Ableitungen bis zur Ordnung $m + 1$ in einem Parallelotop stetig ist, in dem die Punkte mit den Koordinaten x_ν und $x_\nu + \Delta x_\nu$ ($\nu = 1, 2, \ldots, n$) liegen, erhält man unter Verwendung des früher eingeführten Zeichens Δy und des Operators $\sum_{\nu=1}^{n} \dfrac{\partial}{\partial x_\nu} \Delta x_\nu$ die TAYLORsche Entwicklung

$$\Delta y = \sum_{k=1}^{m+1} \frac{1}{k!} \left(\sum_{\nu=1}^{n} \frac{\partial}{\partial x_\nu} \Delta x_\nu \right)^k f,$$

wobei im letzten Glied der Summe über k, also für $k = m + 1$, die Ableitungen für den Punkt mit den Koordinaten $x_\nu + \vartheta \Delta x_\nu$ ($0 < \vartheta < 1$), dagegen in allen anderen für den Punkt mit den Koordinaten x_ν zu bilden sind. Es lauten z. B. für $n = 2$ die Anfangsglieder der Entwicklung

$$\Delta y = \frac{\partial f}{\partial x_1} \Delta x_1 + \frac{\partial f}{\partial x_2} \Delta x_2 + \frac{1}{2} \frac{\partial^2 f}{\partial x_1^2} (\Delta x_1)^2 + \frac{\partial^2 f}{\partial x_1\, \partial x_2} \Delta x_1\, \Delta x_2 + \frac{1}{2} \frac{\partial^2 f}{\partial x_2^2} (\Delta x_2)^2 + \cdots.$$

20. Unentwickelte Funktionen. Die Funktion $F(y, x_1, x_2, \ldots, x_n)$ der $n + 1$ unabhängigen Veränderlichen $y, x_1, x_2, \ldots, x_n$ sei in einer Umgebung der Stelle $y = b$, $x_\nu = a_\nu$ ($\nu = 1, 2, \ldots, n$) stetig und habe dort stetige Ableitungen erster Ordnung nach allen Veränderlichen, sei also, wie wir kurz sagen wollen, *stetig differenzierbar*. Ferner sei $F(b, a_1, a_2, \ldots, a_n) = 0$, dagegen $F_y(b, a_1, a_2, \ldots, a_n) \neq 0$. Dann gibt es in einer entsprechenden kleinen Umgebung U der Stelle $x_\nu = a_\nu$

$(\nu = 1, 2, \ldots, n)$ genau eine stetig differenzierbare Funktion $y = f(x_1, x_2, \ldots, x_n)$ der n unabhängigen Veränderlichen x_ν, so daß $b = f(a_1, a_2, \ldots, a_n)$ und

$$F[f(x_1, x_2, \ldots, x_n), x_1, x_2, \ldots, x_n] = 0$$

für alle Punkte von U ist. Wir sagen: $y = f(x_1, x_2, \ldots, x_n)$ ist durch die Gleichung $F(y, x_1, x_2, \ldots, x_n) = 0$ *implizit* definiert.

Die Ableitungen dieser Funktion findet man, indem man die Gleichung $F(y, x_1, x_2, \ldots, x_n) = 0$ z.B. nach x_k differenziert, wobei man y als Funktion der x_ν anzusehen hat, also

$$\frac{\partial F}{\partial y}\frac{\partial f}{\partial x_k} + \frac{\partial F}{\partial x_k} = 0 \quad \text{und daraus} \quad \frac{\partial f}{\partial x_k} = -\frac{\dfrac{\partial F}{\partial x_k}}{\dfrac{\partial F}{\partial y}} \, .$$

Die Verallgemeinerung dieses Satzes auf m Funktionen von $n+m$ unabhängigen Veränderlichen lautet so: $F_\mu(y_1, y_2, \ldots, y_m, x_1, x_2, \ldots, x_n)$ seien m stetig differenzierbare Funktionen der $n+m$ unabhängigen Veränderlichen y_μ ($\mu = 1, 2, \ldots, m$), x_ν ($\nu = 1, 2, \ldots, n$) in einer Umgebung der Stelle $y_\mu = b_\mu$, $x_\nu = a_\nu$. Ferner sollen die Funktionen an dieser Stelle verschwinden, die Determinante

$$\begin{vmatrix} \dfrac{\partial F_1}{\partial y_1} & \dfrac{\partial F_1}{\partial y_2} & \cdots & \dfrac{\partial F_1}{\partial y_m} \\[2ex] \dfrac{\partial F_2}{\partial y_1} & \dfrac{\partial F_2}{\partial y_2} & \cdots & \dfrac{\partial F_2}{\partial y_m} \\[2ex] \cdots & \cdots & \cdots & \cdots \\[1ex] \cdots & \cdots & \cdots & \cdots \\[1ex] \dfrac{\partial F_m}{\partial y_1} & \dfrac{\partial F_m}{\partial y_2} & \cdots & \dfrac{\partial F_m}{\partial y_m} \end{vmatrix}$$

dagegen, die man als *Funktionaldeterminante* der F_μ nach den y_μ bezeichnet und kurz $\dfrac{\partial(F_1, F_2, \ldots, F_m)}{\partial(y_1, y_2, \ldots, y_m)}$ schreibt, an der Stelle von Null verschieden sein. Dann gibt es in einer Umgebung U der Stelle $x_\nu = a_\nu$ ($\nu = 1, 2, \ldots, n$) genau ein System von m stetig differenzierbaren Funktionen

$$y_\mu = f_\mu(x_1, x_2, \ldots, x_n),$$

so daß

$$b_\mu = f_\mu(a_1, a_2, \ldots, a_n)$$

und

$$F_\mu[f_1(x_1, x_2, \ldots, x_n), f_2(x_1, x_2, \ldots, x_n), \ldots, f_m(x_1, x_2, \ldots, x_n), x_1, x_2, \ldots, x_n] = 0$$

für alle Punkte von U ist, d.h. man kann die Gleichungen $F_\mu = 0$ nach den y_μ auflösen.

Die Ableitungen der f_μ erhält man wieder, indem man die Gleichungen $F_\mu = 0$ z.B. nach x_k differenziert, wobei die y_μ als Funktionen der x_ν anzusehen sind. Damit ergeben sich m Gleichungen ersten Grades für $\partial f_\mu/\partial x_k$, deren Koeffizientendeterminante die in U nicht verschwindende Funktionaldeterminante $\dfrac{\partial(F_1, F_2, \ldots, F_m)}{\partial(y_1, y_2, \ldots, y_m)}$ ist.

Ein besonderer Fall ist die umkehrbar eindeutige Abbildung zweier ebener Bereiche. $x = x(u, v)$, $y = y(u, v)$ seien stetig differenzierbare Funktionen in einem einfach zusammenhängenden Gebiet G der (u, v)-Ebene, das von einer doppelpunktfreien, geschlossenen Jordanschen Kurve C begrenzt sein soll. Den Punkten des Gebietes G entspricht eine Punktmenge G' der (x, y)-Ebene. Sie möge von einer Randkurve C' mit denselben Eigenschaften wie C begrenzt sein und in G soll die Funktionaldeterminante $\dfrac{\partial(x, y)}{\partial(u, v)} \neq 0$ sein. Dann ist die Abbildung von G auf G' *umkehrbar eindeutig*, d.h. jedem Punkt von G entspricht genau ein Punkt von G'. u und v sind in G' stetig differenzierbare Funktionen von x und y.

Die partiellen Ableitungen von u und v nach x und y sind nicht, wie man vielleicht in Analogie zu einer unabhängigen Veränderlichen (Ziff. 10) glauben könnte, die reziproken Werte von $\dfrac{\partial x}{\partial u}, \dfrac{\partial x}{\partial v}, \dfrac{\partial y}{\partial u}, \dfrac{\partial y}{\partial v}$, sondern man erhält, indem man die Gleichungen $x = x(u, v)$, $y = y(u, v)$, durch die u und v implizit als Funktionen von x und y definiert sind, nach x und y differenziert:

$$1 = \frac{\partial x}{\partial u}\frac{\partial u}{\partial x} + \frac{\partial x}{\partial v}\frac{\partial v}{\partial x}, \qquad 0 = \frac{\partial y}{\partial u}\frac{\partial u}{\partial x} + \frac{\partial y}{\partial v}\frac{\partial v}{\partial x},$$

$$0 = \frac{\partial x}{\partial u}\frac{\partial u}{\partial y} + \frac{\partial x}{\partial v}\frac{\partial v}{\partial y}, \qquad 1 = \frac{\partial y}{\partial u}\frac{\partial u}{\partial y} + \frac{\partial y}{\partial v}\frac{\partial v}{\partial y},$$

und daraus

$$\frac{\partial u}{\partial x} = \frac{\dfrac{\partial y}{\partial v}}{\dfrac{\partial(x, y)}{\partial(u, v)}}, \qquad \frac{\partial v}{\partial x} = -\frac{\dfrac{\partial y}{\partial u}}{\dfrac{\partial(x, y)}{\partial(u, v)}},$$

$$\frac{\partial u}{\partial y} = -\frac{\dfrac{\partial x}{\partial v}}{\dfrac{\partial(x, y)}{\partial(u, v)}}, \qquad \frac{\partial v}{\partial y} = \frac{\dfrac{\partial x}{\partial u}}{\dfrac{\partial(x, y)}{\partial(u, v)}}.$$

21. Funktionaldeterminanten. $f_\nu(y_1, y_2, \ldots, y_n)$ $(\nu = 1, 2, \ldots, n)$ seien n in einer Umgebung der Stelle $y_\nu = b_\nu$ stetig differenzierbare Funktionen der n unabhängigen Veränderlichen der y_ν, die y_ν selbst in einer Umgebung der Stelle $x_\nu = a_\nu$ stetig differenzierbare Funktionen $y_\nu(x_1, x_2, \ldots, x_n)$ der n unabhängigen Veränderlichen x_ν, wobei $b_\nu = y_\nu(a_1, a_2, \ldots, a_n)$ sein soll. Durch Einsetzen der Funktionen y_ν in die Funktionen f_ν werden diese stetig differenzierbare Funktionen der x_ν. Es ist

$$\frac{\partial(f_1, f_2, \ldots, f_n)}{\partial(x_1, x_2, \ldots, x_n)} = \frac{\partial(f_1, \ldots, f_n)}{\partial(y_1, \ldots, y_n)} \frac{\partial(y_1, \ldots, y_n)}{\partial(x_1, \ldots, x_n)}.$$

Hat man in einer Umgebung eines Punktes n stetig differenzierbare Funktionen $y_\nu = y_\nu(x_1, x_2, \ldots, x_n)$ mit nichtverschwindender Funktionaldeterminante $\dfrac{\partial(y_1, y_2, \ldots, y_n)}{\partial(x_1, x_2, \ldots, x_n)}$, so kann man die Gleichungen $y_\nu = f_\nu$ gemäß Ziff. 20 nach den x_ν auflösen: $x_\nu = x_\nu(y_1, y_2, \ldots, y_n)$, und es ergibt sich nach dem obigen

$$\frac{\partial(y_1, y_2, \ldots, y_n)}{\partial(x_1, x_2, \ldots, x_n)} \cdot \frac{\partial(x_1, x_2, \ldots, x_n)}{\partial(y_1, y_2, \ldots, y_n)} = 1.$$

22. Funktionalmatrix. $f_\mu(x_1, x_2, \ldots, x_n)$ $(\mu = 1, 2, \ldots, m)$ seien in einer Umgebung U eines Punktes stetig differenzierbare Funktionen der n unabhängigen Veränderlichen x_ν. Unter ihrer *Funktionalmatrix* versteht man die Matrix ihrer ersten Ableitungen

$$\left\| \frac{\partial f_\mu}{\partial x_\nu} \right\| \qquad (\mu = 1, 2, \ldots, m; \quad \nu = 1, 2, \ldots, n).$$

Man sagt, diese Matrix hat in U den *Rang r*, wenn in U alle ihre Determinanten mit mehr als r Zeilen und Spalten identisch verschwinden, dagegen mindestens eine ihrer Determinanten mit r Zeilen und Spalten von Null verschieden ist. Es sei dies z. B. $\dfrac{\partial(f_1, \ldots, f_r)}{\partial(x_1, \ldots, x_r)}$, was man durch passende Numerierung immer erreichen kann. Dann sind in einer entsprechend kleinen Umgebung des Punktes f_{r+1}, $f_{r+2}, \ldots, f_m$ stetig differenzierbare Funktionen von $f_1, f_2, \ldots, f_r$, dagegen ist keine der Funktionen $f_1, f_2, \ldots, f_r$ durch die übrigen unter diesen in dieser Weise darstellbar oder, wie man kurz zu sagen pflegt, die Funktionen $f_1, f_2, \ldots, f_r$ sind voneinander *unabhängig*, die übrigen von ihnen *abhängig*.

Unter einer *Mannigfaltigkeit V_r der Dimension r des R_n* versteht man die Menge aller Punkte, die durch die Gleichungen $x_\nu = x_\nu(t_1, t_2, \ldots, t_r)$ mit stetig differenzierbaren Funktionen x_ν in einer Umgebung U eines Punktes des Raumes der Parameter $t_\varrho (\varrho = 1, 2, \ldots, r)$ gegeben sind, wenn ihre Funktionalmatrix vom Rang r ist. Nach Ziff. 20 kann man r dieser Gleichungen nach den t_ϱ auflösen. Setzt man die Ergebnisse in die übrigen Gleichungen ein, so ergeben sich $n - r$ unabhängige Gleichungen zwischen den x_ν.

Es ist $0 \leq r \leq n$. Im Falle $r = 0$ sind alle x_ν konstant, wir erhalten einen Punkt, für $r = 1$ eine Kurve, $r = 2$ eine Fläche. Den Fall $r = n - 1$ bezeichnet man als *Hyperfläche*, $r = n$ liefert den Teil des ganzen R_n, in dem die Auflösung möglich ist. Man kommt also auf diese Weise von einer Parameterdarstellung der V_r zu einer Darstellung durch $n - r$ unabhängige Gleichungen.

Hat man umgekehrt $n - r$ unabhängige solcher Gleichungen, also z. B. $f_\mu(x_1, x_2, \ldots, x_n) = 0 \, (\mu = 1, 2, \ldots, n - r)$ mit stetig differenzierbaren Funktionen f_μ in einer Umgebung U eines Punktes des R_n, in dem die Gleichungen befriedigt sind und in dem ihre Funktionaldeterminante nach $n -$ der x_ν gemäß der Voraussetzung der Unabhängigkeit der Gleichungen von null verschieden ist, so kann man die Gleichungen nach Ziff. 20 nach diesen $n - r$ unter den x_ν auflösen und hat dann sämtliche x_ν als stetig differenzierbare Funktionen der übrigen r der x_ν mit einer Funktionalmatrix vom Rang r dargestellt, also eine *Parameterdarstellung* der V_r gewonnen.

23. Extrema. Man sagt, eine in einem Punkt P des R_n differenzierbare Funktion hat in P ein *Extremum*, wenn ihre Ableitungen erster Ordnung in P verschwinden. Eine Funktion hat in P ein *Maximum* bzw. ein *Minimum*, wenn der Funktionswert in P größer bzw. kleiner ist als alle Funktionswerte einer Umgebung U von P. Ist die Funktion in P differenzierbar, so ist das Verschwinden ihrer Ableitungen erster Ordnung in P notwendig dafür, daß sie in P ein Maximum oder Minimum hat, aber im allgemeinen nicht hinreichend.

Hat die Funktion in U stetige Ableitungen bis zur dritten Ordnung, so hat sie in P ein Maximum bzw. Minimum, wenn die quadratische Form

$$\sum_{\mu, \nu=1}^{n} \left(\frac{\partial^2 f}{\partial x_\mu \, \partial x_\nu}\right)_P \xi_\mu \, \xi_\nu$$

negativ bzw. positiv definit ist (Ziff. 18), wobei für die Ableitungen die Werte im Punkte P einzusetzen sind; ist dagegen diese Form indefinit, so ist weder ein Maximum noch ein Minimum vorhanden.

Für $n = 2$ ergibt sich, wenn wir x, y statt x_1, x_2 schreiben, folgende hinreichende Bedingung für ein Maximum bzw. Minimum der Funktion in P:

$$f_x = f_y = 0, \quad f_{xx} f_{yy} - f_{xy}^2 > 0, \quad f_{xx}, f_{yy} \lessgtr 0$$

in P (f_{xx} und f_{yy} haben in diesem Falle von selbst immer gleichzeitig dasselbe Zeichen). Ist dagegen $f_{xx} f_{yy} - f_{xy}^2 < 0$, so ist weder ein Maximum noch ein Minimum vorhanden.

Sollen die Extrema einer Funktion $f(x_1, x_2, \ldots, x_n)$ $(v = 1, 2, \ldots, n)$ von n Veränderlichen bestimmt werden, zwischen denen noch m unabhängige Beziehungen *(Nebenbedingungen)*

$$\varphi_\mu(x_1, x_2, \ldots, x_n) = 0 \qquad (\mu = 1, 2, \ldots, m)$$

bestehen, so bildet man $F = f + \sum_{\mu=1}^{m} \lambda_\mu \varphi_\mu$ mit m willkürlichen Konstanten λ_μ *(Multiplikatoren* von LAGRANGE) und bestimmt die Extrema von F bezüglich der x_v. Dann hat man die $n + m$ Gleichungen

$$\frac{\partial f}{\partial x_v} + \sum_{\mu=1}^{m} \lambda_\mu \frac{\partial \varphi_\mu}{\partial x_v} = 0 \quad \text{und} \quad \varphi_\mu = 0$$

zur Berechnung der Unbekannten x_v und λ_μ.

IV. Integralrechnung.

24. Unbestimmte Integrale. Unter einem *unbestimmten Integral* einer stetigen Funktion $f(x)$ versteht man jede Funktion $F(x)$, die der Gleichung $F'(x) = f(x)$ identisch in x genügt. Es gibt unendlich viele solcher Funktionen, sie sind selbst stetig und unterscheiden sich voneinander nur durch additive Konstanten *(Integrationskonstante)*. Man schreibt aus später zu erläuternden Gründen (Ziff. 31): $F(x) = \int f(x)\, dx$ und hat also $dF(x) = d\int f(x)\, dx = F'(x)\, dx = f(x)\, dx$ und $\int f(x)\, dx = \int dF(x)$.

Eine Funktion *integrieren* heißt eines ihrer unbestimmten Integrale finden. Aus den Differentiationsformeln und Rechenregeln für das Differenzieren ergeben sich folgende unbestimmte Integrale und Regeln für das Integrieren (die Integrationskonstante ist immer weggelassen):

$$\int x^\alpha\, dx = \frac{x^{\alpha+1}}{\alpha+1} \qquad (\alpha \neq -1),$$

$$\int \frac{dx}{x} = \log|x|, \qquad \int e^x\, dx = e^x,$$

$$\int \sin x\, dx = -\cos x,$$

$$\int \cos x\, dx = \sin x,$$

$$\int \frac{dx}{\cos^2 x} = \tan x, \qquad \int \frac{dx}{\sin^2 x} = -\cot x,$$

$$\int \operatorname{Sin} x\, dx = \operatorname{Cos} x, \qquad \int \operatorname{Cos} x\, dx = \operatorname{Sin} x,$$

$$\int \frac{dx}{\operatorname{Cos}^2 x} = \operatorname{Tan} x, \qquad \int \frac{dx}{\operatorname{Sin}^2 x} = -\operatorname{Cot} x,$$

$$\int \frac{dx}{1 + x^2} = \arctan x,$$

$$\int \frac{dx}{1 - x^2} = \frac{1}{2} \log\left|\frac{1+x}{1-x}\right| = \begin{cases} \operatorname{Ar Tan} x \\ \operatorname{Ar Cot} x \end{cases} \quad \text{für } |x| \lessgtr 1,$$

$$\int \frac{dx}{\sqrt{1 - x^2}} = \arcsin x \quad \text{(Hauptwert)},$$

$$\int \frac{dx}{\sqrt{1 + x^2}} = \operatorname{Ar Sin} x,$$

$$\int \frac{dx}{\sqrt{x^2 - 1}} = \operatorname{Ar Cos}|x| \gtrless 0, \quad \text{je nachdem } x > 1 \quad \text{bzw} \quad x < -1 \text{ ist,}$$

$$\int \frac{dx}{\sqrt{x^2 + c}} = \log\left|x + \sqrt{x^2 + c}\right|,$$

$$\int \frac{dx}{\sin x} = \log\left|\tan\frac{x}{2}\right|,$$

$$\int \frac{dx}{\cos x} = \log\left|\tan\left(\frac{x}{2} + \frac{\pi}{4}\right)\right|,$$

$$\int [f(x) \pm g(x)]\,dx = \int f(x)\,dx \pm \int g(x)\,dx,$$

$$\int c\,f(x)\,dx = c \int f(x)\,dx,$$

$$\int f(x)\,g'(x)\,dx = f(x)\,g(x) - \int f'(x)\,g(x)\,dx \text{ (\textit{teilweise} oder \textit{partielle Integration}),}$$

$$\int f(x)\,dx = \int f[\varphi(t)]\,\varphi'(t)\,dt \text{ [\textit{Einführung einer neuen Veränderlichen} } x = \varphi(t)$$
mit streng monotonem $\varphi(t)$ und stetigem $\varphi'(t)$],

$$\int f(ax + b)\,dx = \frac{1}{a} F(ax + b),$$

$$\int \frac{f'(x)}{f(x)}\,dx = \log|f(x)|.$$

Nach diesen Regeln läßt sich jedes Polynom integrieren, aber auch jede rationale Funktion, wenn man die sog. *Partial-* oder *Teilbruchzerlegung* vornimmt.

25. Partialbruchzerlegung. Die rationale Funktion $\frac{f(x)}{g(x)}$ sei in einer reduzierten Form gegeben, d.h. Zähler und Nenner ohne gemeinsamen Teiler. Ist der Zähler von gleichem oder höherem Grad als der Nenner, so spaltet man zuerst durch das Divisionsverfahren den ganzen Bestandteil $q(x)$ ab:

$$\frac{f(x)}{g(x)} = q(x) + \frac{r(x)}{g(x)},$$

wobei die Polynome $r(x)$ und $g(x)$ wieder teilerfremd sind und der Grad von $r(x)$ kleiner ist als der von $g(x)$. $q(x)$ läßt sich nach der vorigen Ziffer integrieren, man hat also nur mehr $\frac{r(x)}{g(x)}$ zu behandeln.

Nach dem *Fundamentalsatz der Algebra* läßt sich das Polynom $g(x)$ eindeutig in folgende Faktoren zerlegen:

$$g(x) = c(x - a_1)^{\alpha_1} \dots (x - a_r)^{\alpha_r} (x^2 + p_1 x + q_1)^{\beta_1} \dots (x^2 + p_s x + q_s)^{\beta_s};$$

dabei sind die $a_1, \dots, a_r$ seine reellen Nullstellen, $\alpha_1, \dots, \alpha_r, \beta_1, \dots, \beta_s$ positive ganze Zahlen. Die quadratischen Faktoren lassen sich nicht mehr reell in Linearfaktoren zerlegen (sie liefern die imaginären Nullstellen des Polynoms).

Den konstanten Faktor c denken wir uns im folgenden mit dem Zähler $r(x)$ vereinigt. Dann läßt sich $\frac{r(x)}{g(x)}$ in folgender Weise eindeutig in *Teilbrüche* zerlegen:

$$\frac{r(x)}{g(x)} = \frac{A_{11}}{(x - a_1)^{\alpha_1}} + \frac{A_{12}}{(x - a_1)^{\alpha_1 - 1}} + \dots + \frac{A_{1\alpha_1}}{x - a_1} + \dots$$

$$+ \frac{A_{r1}}{(x - a_r)^{\alpha_r}} + \frac{A_{r2}}{(x - a_r)^{\alpha_r - 1}} + \dots + \frac{A_{r\alpha_r}}{x - a_r}$$

$$+ \frac{P_{11} x + Q_{11}}{(x^2 + p_1 x + q_1)^{\beta_1}} + \frac{P_{12} x + Q_{12}}{(x^2 + p_1 x + q_1)^{\beta_1 - 1}} + \dots + \frac{P_{1\beta_1} x + Q_{1\beta_1}}{x^2 + p_1 x + q_1} + \dots$$

$$+ \frac{P_{s1} x + Q_{s1}}{(x^2 + p_s x + q_s)^{\beta_s}} + \frac{P_{s2} x + Q_{s2}}{(x^2 + p_s x + q_s)^{\beta_s - 1}} + \dots + \frac{P_{s\beta_s} x + Q_{s\beta_s}}{x^2 + p_s x + q_s}.$$

Dabei sind $A_{11}, \ldots, A_{r1}$ von null verschieden, P_{11} und Q_{11} nicht gleichzeitig null usw. ebenso P_{s1} und Q_{s1}, d.h. die in der ersten Spalte stehenden Glieder immer vorhanden. Man kann die auf der rechten Seite dieser Gleichung auftretenden unbekannten Konstanten $A_{11}, \ldots, Q_{s\beta_s}$ z.B. dadurch berechnen, daß man die Gleichung mit $g(x)$ multipliziert und dann die Koeffizienten gleich hoher Potenzen von x auf beiden Seiten einander gleichsetzt *(Koeffizientenvergleichung)*. Man erhält dadurch ebensoviele eindeutig auflösbare Gleichungen ersten Grades für die zu berechnenden Konstanten, als solche vorhanden sind. Ein anderes Verfahren der Konstantenbestimmung besteht darin, daß man für x passende besondere Werte einsetzt und aus den erhaltenen Gleichungen die Konstanten berechnet. Ist $\alpha_\nu = 1$, so ergibt sich für das zugehörige $A_{\nu 1} = \dfrac{r(a_\nu)}{g'(a_\nu)}$.

26. Integration rationaler Funktionen. Die Teilbrüche von der Gestalt $\dfrac{A}{(x-a)^\alpha}$ lassen sich nach Ziff. 24 leicht integrieren, die von der Gestalt $\dfrac{Px+Q}{(x^2+px+q)^\beta}$ kann man in folgender Weise behandeln:

$$\int \frac{Px+Q}{(x^2+px+q)^\beta}\,dx = \frac{P}{2}\int \frac{2x+p}{(x^2+px+q)^\beta}\,dx + \frac{2Q-Pp}{2}\int \frac{dx}{(x^2+px+q)^\beta},$$

$$\int \frac{2x+p}{(x^2+px+q)^\beta}\,dx = \begin{cases} -\dfrac{1}{(\beta-1)(x^2+px+q)^{\beta-1}} & \text{für } \beta > 1, \\[2mm] \log|x^2+px+q| & \text{für } \beta = 1. \end{cases}$$

Im zweiten Integral der rechten Seite setzt man

$$x = -\frac{p}{2} + \frac{1}{2}\sqrt{4q-p^2}\,t$$

$(4q-p^2 > 0$, weil x^2+px+q keine reellen Nullstellen hat),

dann erhält man

$$\int \frac{dx}{(x^2+px+q)^\beta} = \left(\frac{2}{\sqrt{4q-p^2}}\right)^{2\beta-1} \int \frac{dt}{(t^2+1)^\beta},$$

$$\int \frac{dt}{(t^2+1)^\beta} = \int \frac{dt}{(t^2+1)^{\beta-1}} - \int \frac{t^2\,dt}{(t^2+1)^\beta},$$

$$\int \frac{t}{(t^2+1)^\beta}\cdot t\,dt = -\frac{t}{2(\beta-1)(t^2+1)^{\beta-1}} + \frac{1}{2(\beta-1)}\int \frac{dt}{(t^2+1)^{\beta-1}},$$

also

$$J_\beta = \int \frac{dt}{(1+t^2)^\beta} = \frac{t}{2(\beta-1)(1+t^2)^{\beta-1}} + \frac{2\beta-3}{2(\beta-1)}\,J_{\beta-1}.$$

Damit hat man J_β auf ein Integral $J_{\beta-1}$ derselben Art zurückgeführt, in dem der Exponent β um 1 vermindert ist. Durch Fortsetzung dieses Verfahrens kommt man schließlich auf das bekannte Integral $J_1 = \int \dfrac{dt}{t^2+1}$.

Faßt man alles zusammen und führt wieder x als Veränderliche ein, so erhält man für $\int \dfrac{r(x)}{g(x)}\,dx$ einen von den mehrfachen Nullstellen herrührenden rationalen Bestandteil und dann noch Glieder mit Logarithmen und Arcustangens.

27. Verfahren von Hermite. Der rationale Bestandteil läßt sich nach Hermite ohne Teilbruchzerlegung und Integration in folgender Weise berechnen: Man bestimmt mit Hilfe des *euklidischen Algorithmus* (der *Kettendivision*) den *größten gemeinsamen Teiler* $Q(x)$ von $g(x)$ und $g'(x)$ und bildet $R(x) = \dfrac{g(x)}{Q(x)}$. $R(x)$ ist ein Polynom, enthält als Nullstellen genau jede Nullstelle von $g(x)$, aber nur einfach, ist also bis auf einen konstanten Faktor gleich

$$(x - a_1) \ldots (x - a_r)(x^2 + p\,x + q_1) \ldots (x^2 + p_s\,x + q_s).$$

Dann ergibt sich

$$\int \frac{r(x)}{g(x)}\,d x = \frac{P(x)}{Q(x)} + \int \frac{S(x)}{R(x)}\,d x,$$

wobei $P(x)$ und $S(x)$ von niedrigerem Grad als die entsprechenden Nenner sind. Man setzt sie mit unbestimmten Koeffizienten an, im Grad um 1 niedriger als die betreffenden Nenner, und differenziert dann die Gleichung. Befreit man die differenzierte Gleichung durch Multiplikation mit $g(x)$ von Brüchen und setzt hierauf die Koeffizienten gleich hoher Potenzen von x auf beiden Seiten einander gleich, so erhält man gerade so viele Gleichungen ersten Grades für die unbekannten Koeffizienten von $P(x)$ und $S(x)$, als deren vorhanden sind; sie lassen sich eindeutig nach diesen auflösen.

Damit ist der rationale Bestandteil $\dfrac{P(x)}{Q(x)}$ ohne Teilbruchzerlegung und Integration berechnet. Um noch $\int \dfrac{S(x)}{R(x)}\,d x$ zu berechnen, hat man das Verfahren von Ziff. 25 und 26 anzuwenden, das aber jetzt bedeutend einfacher ist, da der Nenner nur mehr Faktoren ersten Grades enthält, also sämtliche α_ν und $\beta_\nu = 1$ sind.

28. Integration von verschiedenen Klassen von Funktionen, die sich auf die rationalen zurückführen lassen. In dieser Ziffer soll der Buchstabe R immer eine rationale Funktion bedeuten.

1. $\int R(x, y)\,d x$ mit $y = \sqrt{a x^2 + b x + c}$, $a \neq 0$, $b^2 - 4ac \neq 0$. Man wähle einen Wert x_0, für den y reell ist:

$$y_0 = \sqrt{a x_0^2 + b x_0 + c} \quad \text{und bilde} \quad y^2 - y_0^2 = a(x^2 - x_0^2) + b(x - x_0),$$

setze

$$u = \frac{y - y_0}{x - x_0}, \quad \text{also} \quad u(y + y_0) = a(x + x_0) + b,$$

$$a x - u y = u y_0 - a x_0 - b,$$

$$u x - y = u x_0 - y_0.$$

Aus diesen beiden letzten Gleichungen erhält man x und y und damit auch $d x/d u$ als rationale Funktion von u, womit das Integral auf das Integral einer rationalen Funktion von u zurückgeführt ist.

Das Integral läßt sich, falls es die besondere Form $\int \dfrac{P(x)\,d x}{\sqrt{a x^2 + b x + c}}$ hat, wo $P(x)$ ein Polynom vom Grad n ist, einfacher durch folgenden Ansatz berechnen:

$$\int \frac{P(x)\,d x}{\sqrt{a x^2 + x + c}} = (A_0 x^{n-1} + A_1 x^{n-2} + \cdots + A_{n-1})\sqrt{a x^2 + b x + c} + B \int \frac{d x}{\sqrt{a x^2 + b x + c}},$$

Differentiation und darauf folgendes Wegschaffen des Nenners liefert eine Gleichung zwischen Polynomen und, hierauf das Verfahren der Koeffizientenvergleichung angewendet, $n+1$ Gleichungen ersten Grades für die $n+1$ unbekannten Koeffizienten A_ν und B, die sich eindeutig auflösen lassen.

Um $\int \dfrac{dx}{\sqrt{a\,x^2+b\,x+c}}$ zu berechnen, ergänzt man $a\,x^2+b\,x$ zu einem Quadrat und kommt dann durch Einführung einer passenden neuen Veränderlichen auf Integrale der Gestalt

$$\int \frac{dt}{\sqrt{1-t^2}} \quad \text{oder} \quad \int \frac{dt}{\sqrt{t^2+c}}\,.$$

Ein Integral von der Gestalt $\int \dfrac{dx}{(x-p)^n\sqrt{a\,x^2+b\,x+c}}$ geht durch Einführung von $x-p=1/t$ in Integrale der eben behandelten Form über.

2. $\int R(\sin x, \cos x)\,dx$. Man führe $u=\tan\dfrac{x}{2}$ als neue Veränderliche ein und erhält wegen $\sin x = \dfrac{2u}{1+u^2}$, $\cos x = \dfrac{1-u^2}{1+u^2}$, $\dfrac{dx}{du} = \dfrac{2}{1+u^2}$ das Integral einer rationalen Funktion von u.

Ist $R(\sin x, \cos x)$ der Quotient zweier homogener Polynome von $\sin x$ und $\cos x$ mit den Graden p und q und $p-q=2m$ (m ganz), so führe man $u=\tan x$ als neue Veränderliche ein. Hebt man aus dem Zähler $\cos^p x$ und aus dem Nenner $\cos^q x$ heraus, so entsteht eine rationale Funktion von $\tan x = u$, multipliziert mit $\cos^{2m} x$, wodurch das Integral wegen $\cos^{2m} x\,dx = \dfrac{du}{(1+u^2)^{m+1}}$ auf das Integral einer rationalen Funktion von u zurückgeführt ist.

3. $\int R(e^x)\,dx$. Man führe $u=e^x$ als neue Veränderliche ein und erhält wegen $dx/du = 1/u$ das Integral einer rationalen Funktion von u.

4. Hat man eine rationale Funktion von x und einer endlichen Anzahl von Ausdrücken der Gestalt

$$\left(\frac{A\,x+B}{C\,x+D}\right)^p, \quad \left(\frac{A\,x+B}{C\,x+D}\right)^q, \ldots \quad \text{mit} \quad AD \neq BC$$

und rationalen Exponenten p, q zu integrieren, so bringe man die Exponenten auf gemeinsamen Nenner n und führe $u=\left(\dfrac{A\,x+B}{C\,x+D}\right)^{1/n}$ als neue Veränderliche ein. Damit ist die Aufgabe auf die Integration einer rationalen Funktion von u zurückgeführt.

5. Die sog. *binomischen Integrale* $\int x^p (a\,x^q+b)^r\,dx$ mit rationalen p, q, r lassen sich in folgenden drei Fällen auf Integrale rationaler Funktionen zurückführen:

α) Ist r ganz, so ist man im Fall 4 mit $A=D=1$, $B=C=0$.

β) Ist $\dfrac{p+1}{q}$ ganz, so führe man $u=(a\,x^q+b)^{1/n}$ als neue Veränderliche ein, wobei n der positive Nenner des auf reduzierte Form gebrachten Bruches r ist.

γ) Ist $\dfrac{p+1}{q}+r$ ganz, so führe man $u=(a+b\,x^{-q})^{1/n}$ mit derselben Bedeutung von n als neue Veränderliche ein.

29. Rekursionsformeln. Im folgenden seien verschiedene sog. *Rekursionsformeln* angegeben, d.h. Formeln, durch die das Integral, wenn der Integrand von einer positiven ganzen Zahl n abhängt, auf ein solches derselben Art zurückgeführt wird, in dem n um eine oder mehrere Einheiten vermindert ist. Sie ergeben sich meist durch teilweise Integration.

$$\int \sin^n x\, dx = -\frac{\cos x \sin^{n-1} x}{n} + \frac{n-1}{n} \int \sin^{n-2} x\, dx,$$

$$\int \cos^n x\, dx = \frac{\sin x \cos^{n-1} x}{n} + \frac{n-1}{n} \int \cos^{n-2} x\, dx,$$

$$\int \frac{dx}{\sin^n x} = -\frac{\cos x}{(n-1)\sin^{n-1} x} + \frac{n-2}{n-1} \int \frac{dx}{\sin^{n-2} x},$$

$$\int \frac{dx}{\cos^n x} = \frac{\sin x}{(n-1)\cos^{n-1} x} + \frac{n-2}{n-1} \int \frac{dx}{\cos^{n-2} x},$$

$$\int \sin^m x \cos^n x\, dx = \frac{\sin^{m+1} x \cos^{n-1} x}{m+n} + \frac{n-1}{m+n} \int \sin^m x \cos^{n-2} x\, dx,$$

$$\int \frac{\sin^m x}{\cos^n x}\, dx = \frac{\sin^{m+1} x}{(n-1)\cos^{n-1} x} + \frac{n-m-2}{n-1} \int \frac{\sin^m x}{\cos^{n-2} x}\, dx \qquad (n>1)$$

$$\int \frac{\sin^m x}{\cos x}\, dx = -\frac{\sin^{m-1} x}{m-1} + \int \frac{\sin^{m-2} x}{\cos x}\, dx,$$

$$\int \frac{\cos^m x}{\sin^n x}\, dx = -\frac{\cos^{m+1} x}{(n-1)\sin^{n-1} x} + \frac{n-m-2}{n-1} \int \frac{\cos^m x}{\sin^{n-2} x}\, dx \qquad (n>1),$$

$$\int \frac{\cos^m x}{\sin x}\, dx = \frac{\cos^{m-1} x}{m-1} + \int \frac{\cos^{m-2} x}{\sin x}\, dx,$$

$$\int \frac{dx}{\sin^m x \cos^n x} = \int \frac{dx}{\sin^m x \cos^{n-2} x} + \int \frac{dx}{\sin^{m-2} x \cos^2 x},$$

$$\int \tan^n x\, dx = \frac{\tan^{n-1} x}{n-1} - \int \tan^{n-2} x\, dx,$$

$$\int \cot^n x\, dx = -\frac{\cot^{n-1} x}{n-1} - \int \cot^{n-2} x\, dx,$$

$$\int (\log x)^n x^\alpha\, dx = \frac{x^{\alpha+1}}{\alpha+1} (\log x)^n - \frac{n}{\alpha+1} \int (\log x)^{n-1} x^\alpha\, dx \qquad (\alpha \neq -1),$$

$$\int (\log x)^n x^{-1}\, dx = \frac{(\log x)^{n+1}}{n+1},$$

$$\int (\arctan \sin x)^n\, dx = x\, (\arcsin x)^n + n \sqrt{1-x^2}\, (\arcsin x)^{n-1} - $$
$$- n\,(n-1) \int (\arcsin x)^{n-2}\, dx.$$

Ferner sei erwähnt:

$$\int \cos a x \cos b x\, dx = \tfrac{1}{2} \int \cos (a+b)\, x.dx + \tfrac{1}{2} \int \cos (a-b)\, x\, dx,$$

$$\int \sin a x \cos b x\, dx = \tfrac{1}{2} \int \sin (a+b)\, x\, dx + \tfrac{1}{2} \int \sin (a-b)\, x\, dx,$$

$$\int \sin a x \sin b x\, dx = \tfrac{1}{2} \int \cos (a-b)\, x\, dx - \tfrac{1}{2} \int \cos (a+b)\, x\, dx,$$

$$\int e^{a x} \cos b x\, dx = \frac{a \cos b x + b \sin b x}{a^2 + b^2}\, e^{a x},$$

$$\int e^{a x} \sin b x\, dx = \frac{a \sin b x - b \cos b x}{a^2 + b^2}\, e^{a x},$$

$$\int \frac{dx}{a \sin x + b \cos x} = \int \frac{dx}{c\,(\cos \alpha \sin x + \sin \alpha \cos x)} = \frac{1}{c} \int \frac{dx}{\sin (x + \alpha)}.$$

In $\int x^n \sin a x\, dx$, $\int x^n \cos a x\, dx$, $\int x^n e^{a x}\, dx$ kann man den Exponenten n durch teilweise Integration (Ziff. 24) erniedrigen. Daraus erkennt man, daß sich $\int P(x)\, e^{a x}\, dx$, wobei $P(x)$ ein Polynom n-ten Grades in x ist, durch den Ansatz

$\int P(x)\,e^{ax}\,dx = \sum\limits_{\nu=0}^{n} c_\nu x^\nu e^{ax}$ berechnen läßt (differenzieren und dann Koeffizienten vergleichen). Hat man eine rationale Funktion von $\sin ax$, $\cos ax$, $\sin bx$, $\cos bx$, ... zu integrieren, wobei a, b, ... rationale Zahlen sind, so bringe man diese auf gemeinsamen Nenner $a = \dfrac{p}{n}$, $b = \dfrac{q}{n}$, ..., stelle alle Kreisfunktionen rational durch $\sin\dfrac{x}{n}$, $\cos\dfrac{x}{n}$ dar (Ziff. 7) und verfahre nach Fall 2 von Ziff. 28.

Hat man $e^{ax}\sin^m x \cos^n x$ mit nicht negativen ganzen m und n zu integrieren, so stelle man $\sin^m x \cos^n x$ nach der EULERschen Formel (Ziff. 54) durch Sinus und Cosinus der Vielfachen von x dar und kommt damit auf Integrale der Art $\int e^{ax}\sin bx\,dx$ bzw. $\int e^{ax}\cos bx\,dx$. Bei $x^p e^{ax}\sin^m x \cos^n x$ mit positivem ganzem p kann man den Exponenten p durch teilweise Integration erniedrigen. Eine große Sammlung von bestimmten Integralen findet man bei W. GRÖBNER und N. HOFREITER, Integraltafel 1. Teil, Unbestimmte Integrale, Wien und Innsbruck, Springer-Verlag 1949.

30. Bestimmte Integrale. Die Funktion $f(x)$ sei im abgeschlossenen Intervall $[a, b]$ definiert und beschränkt. Wir teilen das Intervall in n Teile $a = x_0 < x_1 < x_2 \cdots < x_n = b$, bestimmen für jedes Teilintervall $[x_{\nu-1}, x_\nu]$ die obere und untere Grenze G_ν und g_ν von $f(x)$ und bilden die Summen $S = \sum\limits_{\nu=1}^{n} G_\nu(x_\nu - x_{\nu-1})$ und $s = \sum\limits_{\nu=1}^{n} g_\nu(x_\nu - x_{\nu-1})$. Ist G obere und g untere Schranke von $f(x)$ im ganzen Intervall $[a, b]$, so hat man $g(b-a) \leqq s \leqq S \leqq G(b-a)$. Wenn man zu den Teilungspunkten neue hinzufügt, nimmt S nicht zu und s nicht ab.

Bildet man für jede mögliche Einteilung oder Zerlegung $\mathfrak{Z}$ obiger Art des Intervalls $[a, b]$ die entsprechenden Summen $S(\mathfrak{Z})$ und $s(\mathfrak{Z})$, so hat die Menge der $S(\mathfrak{Z})$ eine untere Grenze $\bar{J}$ und die Menge der $s(\mathfrak{Z})$ eine obere Grenze $\underline{J}$ mit folgenden Eigenschaften: Zu jedem $\varepsilon > 0$ läßt sich ein $\delta > 0$ finden, daß $0 \leqq S(\mathfrak{Z}) - \bar{J} < \varepsilon$ und $0 \leqq \underline{J} - s(\mathfrak{Z}) < \varepsilon$ für jede Zerlegung ist, bei der die Längen $x_\nu - x_{\nu-1}$ aller Intervalle $< \delta$ sind. Kurz gesagt, die oberen Summen $S(\mathfrak{Z})$ konvergieren gegen $\bar{J}$, die unteren Summen $s(\mathfrak{Z})$ gegen $\underline{J}$, sobald die entsprechenden Zerlegungen $\mathfrak{Z}$ genügend fein werden; $\bar{J}$ nennt man das *obere*, $\underline{J}$ das *untere* RIEMANNsche *Integral* der Funktion $f(x)$ im Intervall $[a, b]$ und schreibt

$$\bar{J} = \overline{\int\limits_a^b} f(x)\,dx, \qquad \underline{J} = \underline{\int\limits_a^b} f(x)\,dx.$$

Ist $\bar{J} = \underline{J}$, so spricht man vom *bestimmten* RIEMANNschen *Integral zwischen a und b schlechthin* und schreibt dafür $\int\limits_a^b f(x)\,dx$. $f(x)$ heißt der *Integrand*, a die *untere*, b die *obere Grenze* des Integrals, die Funktion ist in diesem Fall *im* RIEMANNschen *Sinn integrierbar zwischen a und b*. Dafür ist notwendig und hinreichend, daß die sog. *kritische Summe* $\sum\limits_{\nu=1}^{n}(G_\nu - g_\nu)(x_\nu - x_{\nu-1})$ dem Betrage nach beliebig klein gemacht werden kann für alle genügend feinen Zerlegungen. Es ist in diesem Fall das Integral der Grenzwert, dem die Summe $\sum\limits_{\nu=1}^{n} f(\xi_\nu)(x_\nu - x_{\nu-1})$ zustrebt, wenn die Zerlegung genügend fein wird, wobei ξ_ν eine beliebige Stelle im Intervall $[x_{\nu-1}, x_\nu]$ bedeutet.

Stetige oder stückweise stetige Funktionen sind immer integrierbar, ebenso monotone Funktionen.

Geometrisch wird durch das Integral der *Inhalt der Fläche* definiert, die von der x-Achse, den Geraden $x=a$ und $x=b$ und der Kurve $y=f(x)$ begrenzt ist, wobei die Teile oberhalb der x-Achse positiv, die unterhalb negativ gerechnet werden. Ist $b<a$, so hat man in Anlehnung an die Integraldefinition

$$\int\limits_a^b f(x)\,dx = -\int\limits_b^a f(x)\,dx, \quad \text{insbesondere} \quad \int\limits_a^a f(x)\,dx = 0$$

zu setzen. Damit ergibt sich

$$\int\limits_a^b f(x)\,dx + \int\limits_b^c f(x)\,dx = \int\limits_a^c f(x)\,dx$$

für beliebige reelle a, b, c, falls im gesamten Intervall die Funktion integrierbar ist, denn dann ist sie auch in jedem Teilintervall integrierbar.

Summe, Differenz, Produkt, Quotient und absoluter Betrag von integrierbaren Funktionen sind ebenfalls integrierbar, falls beim Quotienten der Nenner dem Betrage nach oberhalb einer festen Zahl bleibt. Man hat in diesen Fällen

$$\int\limits_a^b [f(x) \pm g(x)]\,dx = \int\limits_a^b f(x)\,dx \pm \int\limits_a^b g(x)\,dx,$$

$$\int\limits_a^b c\,f(x)\,dx = c\int\limits_a^b f(x)\,dx,$$

ferner

$$\left|\int\limits_a^b f(x)\,dx\right| \le \int\limits_a^b |f(x)|\,dx \quad \text{für} \quad b \ge a$$

und $\int\limits_a^b f(x)\,dx \ge \int\limits_a^b g(x)\,dx$, falls $f(x) \ge g(x)$ und $b \ge a$ ist. Sind im letzteren Fall beide Funktionen im Intervall $[a, b]$ stetig und ist fortwährend $f(x) \ge g(x)$, so folgt aus $\int\limits_a^b f(x)\,dx = \int\limits_a^b g(x)\,dx$ auch $f(x) = g(x)$ im ganzen Intervall.

Ist $f(x)$ stetig und ändert die integrierbare Funktion $g(x)$ im ganzen Intervall ihr Zeichen nicht, so gilt der *erste Mittelwertsatz*

$$\int\limits_a^b f(x)\,g(x)\,dx = f(\xi)\int\limits_a^b g(x)\,dx,$$

wobei ξ einen bestimmten Punkt im Intervall bedeutet. Ist auch $g(x)$ stetig, so liegt ξ im Innern des offenen Intervalls (a, b). Für $g(x) = 1$ hat man den besonderen Fall

$$\int\limits_a^b f(x)\,dx = f(\xi)\,(b - a).$$

Ist $f(x)$ integrierbar und $g(x)$ monoton, so gilt der *zweite Mittelwertsatz*

$$\int\limits_a^b f(x)\,g(x)\,dx = g(a+0)\int\limits_a^\xi f(x)\,dx + g(b-0)\int\limits_\xi^b f(x)\,dx,$$

wobei ξ eine bestimmte Stelle im Intervall ist.

31. Hauptsatz der Integralrechnung. $F(x) = \int\limits_a^x f(u)\,du$ ist stetige Funktion von x und außerdem ist $F'(x) = f(x)$ an den Stellen, an denen $f(x)$ stetig ist. $\int\limits_a^x f(u)$ ist also ein unbestimmtes Integral der stetigen Funktion $f(x)$ (daher die Bezeichnung von Ziff. 24: obere Grenze veränderlich, untere willkürlich). Daraus folgt der *Hauptsatz der Integralrechnung* für stetige Funktionen

$$\int_a^b f(x)\, dx = F(b) - F(a)$$

für jedes $F(x)$, sobald im ganzen Intervall $F'(x) = f(x)$ ist. Man schreibt dafür oft $[F(x)]_a^b$ und sagt, man nimmt die Funktion $F(x)$ zwischen den Grenzen a und b. Damit lassen sich die Regeln für die teilweise Integration und Einführung einer neuen Veränderlichen auf das bestimmte Integral erweitern:

$$\int_a^b f(x)\, g'(x)\, dx = [f(x)\, g(x)]_a^b - \int_a^b f'(x)\, g(x)\, dx,$$

falls beide Funktionen stetig differenzierbar sind,

$$\int_a^b f(x)\, dx = \int_\alpha^\beta f[\varphi(t)]\, \varphi'(t)\, dt,$$

wenn $f(x)$ stetig in $[a, b]$, $x = \varphi(t)$ stetig differenzierbar in $[\alpha, \beta]$ und $a = \varphi(\alpha)$, $b = \varphi(\beta)$ ist.

$f(x, y)$ sei stetig für $a \leq x \leq b$, $\alpha \leq y \leq \beta$. Dann ist $\int_a^b f(x, y)\, dx$ stetige Funktion von y und

$$\int_\alpha^\beta \left[\int_a^b f(x, y)\, dx\right] dy = \int_a^b \left[\int_\alpha^\beta f(x, y)\, dy\right] dx.$$

Ist außerdem auch $f_y(x, y)$ stetig in dem obigen Rechteck, so ist $\dfrac{d}{dy} \int_a^b f(x, y)\, dx = \int_a^b f_y(x, y)\, dx$. Sind die Grenzen a und b nicht konstant, sondern differenzierbare Funktion von y, so hat man

$$\frac{d}{dy} \int_a^b f(x, y)\, dx = \int_a^b f_y(x, y)\, dx + f(b, y)\, \frac{db}{dy} - f(a, y)\, \frac{da}{dy}.$$

Im folgenden seien noch einige bestimmte Integrale angeführt: Es gilt für positives ganzzahliges m und n

$$\int_0^{\pi/2} \sin^{2n} x\, dx = \int_0^{\pi/2} \cos^{2n} x\, dx = \frac{1 \cdot 3 \dots (2n-1)}{2 \cdot 4 \dots 2n}\, \frac{\pi}{2},$$

$$\int_0^{\pi/2} \sin^{2n+1} x\, dx = \int_0^{\pi/2} \cos^{2n+1} x\, dx = \frac{2 \cdot 4 \cdot 6 \dots 2n}{3 \cdot 5 \cdot 7 \dots (2n+1)}\, \frac{\pi}{2},$$

$$\int_0^{\pi/2} \sin^{2m} x \cos^{2n} x\, dx = \frac{1 \cdot 3 \dots (2m-1)\, 1 \cdot 3 \dots (2n-1)}{2 \cdot 4 \dots (2m+2n)}\, \frac{\pi}{2},$$

$$\int_0^{\pi/2} \sin^{2m} x \cos^{2n+1} x\, dx = \frac{2 \cdot 4 \dots 2n}{(2m+1)(2m+3)\dots(2m+2n+1)}\, \frac{\pi}{2},$$

$$\int_0^{\pi/2} \sin^{2m+1} x \cos^{2n+1} x\, dx = \frac{m!\, n!}{2 \cdot (m+n+1)!}\, \frac{\pi}{2},$$

$$\int_0^{\pi/2} \sin^{2m+1} x \cos^{2n} x\, dx = \frac{2 \cdot 4 \dots 2m}{(2n+1)(2n+3)\dots(2n+2m+1)}\, \frac{\pi}{2}.$$

32. Uneigentliche Integrale. Die Funktion $f(x)$ sei in $[a, b]$ nicht beschränkt, wohl aber in jedem Teilintervall $[a, b-\eta]$ $(0<\eta<b-a)$ von $[a, b]$ beschränkt und integrierbar. Dann definiert man

$$\int\limits_a^b f(x)\,dx = \lim_{\eta\to 0} \int\limits_a^{b-\eta} f(x)\,dx,$$

falls dieser Grenzwert als eigentlicher vorhanden ist und nennt das Integral ein *konvergentes uneigentliches Integral*. Ist der Grenzwert nicht vorhanden, so sagt man, das Integral sei *divergent*. Ist auch der eigentliche Grenzwert $\lim\limits_{\eta\to 0} \int\limits_a^{b-\eta} |f(x)|\,dx$ vorhanden, so heißt das Integral *absolut konvergent* und man schreibt dafür $\int\limits_a^b |f(x)|\,dx$. Ein konvergentes uneigentliches Integral braucht nicht absolut konvergent zu sein, wohl aber ist jedes absolut konvergente uneigentliche Integral auch im gewöhnlichen Sinn konvergent.

Notwendig und hinreichend für die Existenz des Grenzwertes ist folgende Bedingung: Es muß sich zu jeder Zahl $\varepsilon>0$ eine Zahl δ mit $0<\delta<b-a$ finden lassen, so daß $\int\limits_{b-\eta'}^{b-\eta''} f(x)\,dx < \varepsilon$ bzw. bei absoluter Konvergenz $\int\limits_{b-\eta'}^{b-\eta''} |f(x)|\,dx < \varepsilon$ für alle $0<\eta''<\eta'<\delta$ ist.

Demnach erhält man absolute Konvergenz, falls $|f(x)| < \dfrac{A}{(b-x)^\alpha}$ für $b-\delta\leq x<b$ bei genügend kleinem $\delta>0$ und $\alpha<1$, dagegen ergibt sich ein uneigentlicher Grenzwert, falls $|f(x)| > \dfrac{A}{(b-x)^\alpha}$ und $\alpha\geq 1$ ist, und zwar $\pm\infty$, je nachdem $f(x)\gtrless 0$ für alle x in $[b-\delta, b]$ ist. Dieser Fall tritt z.B. ein, wenn $\lim\limits_{x\to b} f(x)(b-x)^\alpha = B \neq 0$ $(\alpha>0)$ ist. Man sagt dann, die Funktion $f(x)$ wird für $x\to b$ *von der Ordnung* α *unendlich*. Damit ergeben sich die *Konvergenzkriterien von* CAUCHY-RIEMANN: Wird $f(x)$ für $x\to b$ von der Ordnung $\alpha<1$ unendlich, so konvergiert das Integral absolut, wird dagegen die Funktion von der Ordnung $\alpha\geq 1$ unendlich und hat für $b-\delta\leq x<b$ dauernd positives bzw. dauernd negatives Vorzeichen, so ist das Integral $+\infty$ bzw. $-\infty$.

Analog definiert man das uneigentliche Integral, falls $f(x)$ an der unteren Grenze nicht beschränkt, aber sonst in jedem Teilintervall $[a+\eta, b]$ $(0<\eta<b-a)$ beschränkt und integrierbar ist, durch

$$\int\limits_a^b f(x)\,dx = \lim_{\eta\to 0} \int\limits_{a+\eta}^b f(x)\,dx$$

und formuliert entsprechende Kriterien für die Existenz des Grenzwertes. Ist die Funktion an einer endlichen Anzahl von Stellen des Intervalls nicht beschränkt, aber in jedem abgeschlossenen Teilintervall, das diese Stellen nicht enthält, beschränkt, so zerlegt man das ganze Intervall derart in Teilintervalle, daß die Funktion in jedem Teilintervall nur an einem der beiden Endpunkte nicht beschränkt ist, und definiert das Integral als Summe der entsprechenden eigentlichen rechts- bzw. linksseitigen Grenzwerte, falls diese alle vorhanden sind.

Gibt es also z.B. nur eine solche Stelle (sie sei c und zwischen a und b gelegen), so versteht man gemäß dieser Definition unter dem uneigentlichen Integral der Funktion folgenden Ausdruck:

$$\int\limits_a^b f(x)\,dx = \lim_{\eta_1\to 0} \int\limits_a^{c-\eta_1} f(x)\,dx + \lim_{\eta_2\to 0} \int\limits_{c+\eta_2}^b f(x)\,dx,$$

falls bei positiven η_1 und η_2 jeder der beiden Grenzwerte als eigentlicher Grenzwert vorhanden ist.

Es kann nun sein, daß die beiden Grenzwerte nicht existieren, wenn, wie es nach der Definition sein soll, η_1 und η_2 unabhängig voneinander gegen null streben, wohl aber, wenn eine bestimmte Abhängigkeit zwischen ihnen besteht, z.B. $\eta_1 = \eta_2$ ist. Existiert also für $\eta > 0$ der eigentliche Grenzwert $\lim\limits_{\eta \to 0} \left[\int\limits_a^{c-\eta} f(x)\,dx + \int\limits_{c+\eta}^b f(x)\,dx \right]$, so kann man durch ihn abweichend von der obigen Definition das Integral $\int\limits_a^b f(x)\,dx$ definieren und nennt ihn den CAUCHYschen *Hauptwert* des Integrals.

Ist $f(x)$ in $[a, N]$ $(N \geq a)$ beschränkt und integrierbar, so definiert man

$$\int\limits_a^{+\infty} f(x)\,dx = \lim\limits_{N \to +\infty} \int\limits_a^N f(x)\,dx,$$

falls dieser Grenzwert als eigentlicher vorhanden ist. Das Integral heißt in diesem Fall *konvergent*, sonst *divergent*. Analog wie früher wird die *absolute Konvergenz* definiert und es gilt die entsprechende Behauptung. Notwendig und hinreichend für die Existenz des Grenzwertes ist folgende Bedingung: Es muß sich zu jeder Zahl $\varepsilon > 0$ eine Zahl $N > 0$ finden lassen, so daß $\left| \int\limits_{N'}^{N''} f(x)\,dx \right| < \varepsilon$ bzw. bei absoluter Konvergenz $\int\limits_{N'}^{N''} |f(x)|\,dx < \varepsilon$ für alle $N'' > N' > N$.

Demnach erhält man absolute Konvergenz, wenn $|f(x)| < \dfrac{A}{x^\alpha}$ für alle $x \geq N$ bei genügend großem N und $\alpha > 1$ ist, dagegen einen uneigentlichen Grenzwert, falls $|f(x)| > \dfrac{A}{x^\alpha}$ und $\alpha \leq 1$, und zwar $\pm \infty$, je nachdem $f(x) \gtrless 0$ für alle $x \geq N$ ist. Dieser Fall tritt z.B. ein, wenn $\lim\limits_{x \to +\infty} f(x)\,x^\alpha = B \neq 0$ $(\alpha > 0)$. Man sagt dann, die Funktion verschwindet für $x \to +\infty$ von der *Ordnung* α. Die CAUCHY-RIEMANN-schen Konvergenzkriterien lauten hier: Verschwindet $f(x)$ für $x \to +\infty$ von der Ordnung $\alpha > 1$, so konvergiert das Integral absolut; verschwindet die Funktion von der Ordnung $\alpha \leq 1$ und hat für $x \geq N$ dauernd positives bzw. dauernd negatives Vorzeichen, so ist das Integral $+\infty$ bzw. $-\infty$.

Für die praktische Anwendung sei noch darauf hingewiesen, daß nach Ziffer 12 die Exponentialfunktion für $x \to +\infty$ von höherer, der Logarithmus von niederer als jeder Ordnung α unendlich wird.

Man definiert $\int\limits_{-\infty}^a f(x)\,dx = \lim\limits_{N \to +\infty} \int\limits_{-N}^a f(x)\,dx$, falls $f(x)$ in $[-N, a]$ beschränkt und integrierbar und der eigentliche Grenzwert vorhanden ist. Die eben erwähnten Kriterien übertragen sich sinngemäß auf diesen Fall. Analog definiert man

$$\int\limits_{-\infty}^{+\infty} f(x)\,dx = \lim\limits_{N_1 \to +\infty} \int\limits_{-N_1}^a f(x)\,dx + \lim\limits_{N_2 \to +\infty} \int\limits_a^{N_2} f(x)\,dx,$$

falls $f(x)$ in $[-N_1, +N_2]$ beschränkt und integrierbar ist und beide Grenzwerte als eigentliche vorhanden sind.

Es ist

$$\int\limits_{-\infty}^{+\infty} \sin(x^2)\,dx = \int\limits_{-\infty}^{+\infty} \cos(x^2)\,dx = \sqrt{\frac{\pi}{2}}$$

und für $a > 0$:

$$\int_0^\infty \frac{\sin(ax)}{x}\,dx = \frac{\pi}{2},$$

$$\int_0^\infty e^{-ax^2}\,dx = \frac{1}{2}\sqrt{\frac{\pi}{a}},$$

$$\int_{-\infty}^{+\infty} e^{-(ax^2+2bx+c)}\,dx = \sqrt{\frac{\pi}{a}}\,e^{\frac{b^2-ac}{a}},$$

$$\int_0^\infty e^{-ax^2} x^{2n}\,dx = \frac{1\cdot 3\cdot 5\ldots(2n-1)}{2^{n+1}a^n}\sqrt{\frac{\pi}{a}},$$

$$\int_0^\infty e^{-ax^2} x^{2n+1}\,dx = \frac{n!}{2\,a^{n+1}},$$

$$\int_0^\infty e^{-ax}\sin bx\,dx = \frac{b}{a^2+b^2},$$

$$\int_0^\infty e^{-ax}\cos bx\,dx = \frac{a}{a^2+b^2}.$$

Eine große Sammlung von bestimmten Integralen findet man bei W. Gröbner und N. Hofreiter: Integraltafel, 2. Teil, Bestimmte Integrale, Wien, Innsbruck, Springer-Verlag 1950.

33. Gleichmäßig konvergente uneigentliche Integrale. $f(x,y)$ sei stetig im Bereich B: $a \leq x < b$, $\alpha \leq y \leq \beta$. Man sagt, ein uneigentliches Integral

$$\int_a^b f(x,y)\,dx = \lim_{\eta\to 0}\int_a^{b-\eta} f(x,y)\,dx \qquad (0 < \eta < b-a)$$

konvergiert gleichmäßig im abgeschlossenen Intervall J $(\alpha \leq y \leq \beta)$, falls der Grenzübergang *gleichmäßig* ist, d.h. wenn sich zu jeder Zahl $\varepsilon > 0$ eine von y unabhängige Zahl $\delta > 0$ finden läßt, so daß

$$\left|\int_a^b f(x,y)\,dx - \int_a^{b-\eta} f(x,y)\,dx\right| < \varepsilon$$

für alle $0 < \eta < \delta$ und alle y von J ist. Dazu ist notwendig und hinreichend, daß

$$\left|\int_{b-\eta'}^{b-\eta''} f(x,y)\,dx\right| < \varepsilon \text{ für alle } 0 < \eta'' < \eta' < \delta \text{ und alle } y \text{ von } J \text{ ist.}$$

In diesem Fall ist $\int_a^b f(x,y)\,dx$ stetige Funktion von y in J und

$$\int_{\alpha_1}^{\beta_1}\left[\int_a^b f(x,y)\,dx\right]dy = \int_a^b\left[\int_{\alpha_1}^{\beta_1} f(x,y)\,dy\right]dx$$

für alle α_1 und β_1 von J, wobei das Integral der rechten Seite als uneigentliches Integral in x gleichmäßig in bezug auf alle α_1 und β_1 von J konvergiert. Wenn $f_y(x,y)$ stetig im Bereich B ist und $\int_a^b f_y(x,y)\,dx$ gleichmäßig in J konvergiert, ist

$$\int_a^b f_y(x,y)\,dx = \frac{d}{dy}\int_a^b f(x,y)\,dx.$$

$f(x, y)$ sei stetig im Bereich B: $x \geq a$, $\alpha \leq y \leq \beta$. Man sagt, das uneigentliche Integral

$$\int_a^{+\infty} f(x, y)\, dx = \lim_{b \to +\infty} \int_a^b f(x, y)\, dx \qquad (b > a)$$

konvergiert gleichmäßig im abgeschlossenen Intervall J $(\alpha \leq y \leq \beta)$, falls der Grenzübergang *gleichmäßig* ist, d.h. wenn sich zu jeder Zahl $\varepsilon > 0$ eine von y unabhängige Zahl $N > 0$ finden läßt, so daß

$$\left| \int_a^{+\infty} f(x, y)\, dx - \int_a^b f(x, y)\, dx \right| < \varepsilon$$

für alle $b > N$ und alle y von J ist. Dazu ist notwendig und hinreichend, daß $\left| \int_{N'}^{N''} f(x, y)\, dx \right| < \varepsilon$ für alle $N'' > N' > N$ und alle y von J ist. In diesem Fall ist $\int_a^{+\infty} f(x, y)\, dx$ stetige Funktion von y in J und

$$\int_{\alpha_1}^{\beta_1} \left[\int_a^{+\infty} f(x, y)\, dx \right] dy = \int_a^{+\infty} \left[\int_{\alpha_1}^{\beta_1} f(x, y)\, dy \right] dx$$

für alle α_1 und β_1 von J, wobei das Integral der rechten Seite als uneigentliches Integral in x gleichmäßig in bezug auf alle α_1 und β_1 von J konvergiert. Ist auch $f_y(x, y)$ stetig in B und konvergiert $\int_a^{+\infty} f_y(x, y)\, dx$ gleichmäßig in J, so ist

$$\int_a^{+\infty} f_y(x, y)\, dx = \frac{d}{dy} \int_a^{+\infty} f(x, y)\, dx.$$

Die Übertragung dieser Begriffe und Sätze auf die übrigen in Ziff. 32 behandelten Fälle und auf Funktionen von mehreren Veränderlichen liegt auf der Hand.

34. Funktionen von beschränkter Gesamtschwankung. Die Funktion $f(x)$ sei im Intervall $[a, b]$ definiert und beschränkt. Wir teilen das Intervall in eine endliche Anzahl von Teilintervallen durch die Teilungspunkte $a = x_0 < x_1 < x_2 \ldots < x_m = b$ und bilden die Differenzen $f(x_\nu) - f(x_{\nu-1})$ $(\nu = 1, 2, \ldots, m)$. Unter ihnen kann es positive und negative geben; die Summe aller positiven sei mit p, die der Beträge aller negativen mit n und die Summe der Beträge aller dieser Differenzen mit t bezeichnet. Dann hat man $p - n = f(b) - f(a)$, $p + n = t$.

Ist bei allen möglichen derartigen Einteilungen eine dieser drei Summen beschränkt, so sind auch die beiden anderen beschränkt. Die oberen Grenzen der drei Summen für alle möglichen solchen Einteilungen seien P, N, T. Man nennt sie der Reihe nach die *positive Schwankung*, die *negative Schwankung*, die *Gesamtschwankung* und die Funktion in diesen Fällen nach C. Jordan von *beschränkter Gesamtschwankung*. Es ist $P - N = f(b) - f(a)$ und $P + N = T$.

Wenn man das Intervall $[a, b]$ durch einen Teilungspunkt c in die beiden Intervalle $[a, c]$ und $[c, b]$ teilt, so ist die Gesamtschwankung in $[a, b]$ gleich der Summe der Gesamtschwankungen in $[a, c]$ und $[c, b]$. Die Funktion ist also auch in jedem Teilintervall von beschränkter Gesamtschwankung. Ist x ein Punkt von $[a, b]$, so mögen $P(x)$, $N(x)$, $T(x)$ die drei Schwankungen für das Intervall $[a, x]$ bedeuten. Sie sind monoton zunehmende Funktionen von x (im allgemeinen nicht im strengen Sinn).

Eine Funktion von beschränkter Gesamtschwankung ist die Differenz zweier beschränkter monoton zunehmender Funktionen, wie sich sofort aus

$$f(x) = [f(a) + P(x)] - N(x)$$

ergibt. Addiert man zu beiden Gliedern der auf der rechten Seite dieser Gleichung stehenden Differenz z.B. $|f(a)| + x - a$, so sieht man, daß sich die Funktion sogar als Differenz von zwei positiven, im strengen Sinn monoton wachsenden Funktionen darstellen läßt. Umgekehrt ist die Differenz zweier beschränkter, monoton zunehmender Funktionen (sie brauchen es nicht im strengen Sinn zu sein) immer von beschränkter Gesamtschwankung.

Summe, Differenz, Produkt und Quotient zweier Funktionen von beschränkter Gesamtschwankung sind ebenfalls von beschränkter Gesamtschwankung, falls beim Quotienten der Nenner dem Betrage nach oberhalb einer festen Zahl bleibt. Ist eine Funktion von beschränkter Gesamtschwankung in einem Punkt oder Intervall stetig, so sind auch ihre drei Schwankungen in diesem Punkt oder Intervall stetig, sie selbst ist die Differenz von zwei positiven, stetigen, im strengen Sinn monotonen Funktionen. Eine Funktion von beschränkter Gesamtschwankung ist integrierbar und in ihrem Intervall „fast überall" differenzierbar. Damit ist folgendes gemeint: Die Menge der Punkte, in denen sie nicht differenzierbar ist, läßt sich in eine Menge von Intervallen $J_\nu (\nu = 1, 2, 3, \ldots)$ einschließen, bei denen die Summe ihrer Längen beliebig klein gemacht werden kann (Satz von Lebesgue). Jede stückweise glatte Funktion (Ziffer 9) ist von beschränkter Gesamtschwankung.

35. Bogenlänge. Die *Bogenlänge* eines im Intervall $[t_0, T]$ durch Parameterdarstellung gegebenen Kurvenstückes $x = \varphi(t)$, $y = \psi(t)$ wird folgendermaßen definiert: Man teilt das Intervall durch endlich viele Teilungspunkte

$$t_0 < t_1 < t_2 < \ldots < t_n = T$$

in eine endliche Anzahl von Teilintervallen, verbindet die den einzelnen Teilpunkten entsprechenden Kurvenpunkte durch Strecken und berechnet die Summe der Längen aller dieser Strecken

$$S = \sum_{\nu=1}^{n} \sqrt{[\varphi(t_\nu) - \varphi(t_{\nu-1})]^2 + [\psi(t_\nu) - \psi(t_{\nu-1})]^2}.$$

Wenn man zu den Teilungspunkten noch andere hinzufügt, nimmt S nicht ab. Wenn nun diese Summe für alle möglichen derartigen Einteilungen beschränkt bleibt, also eine endliche obere Grenze L besitzt, nennt man L die *Bogenlänge* des betrachteten Kurvenstückes. Man sagt dann, das Kurvenstück ist *rektifizierbar*. Wegen

$$\sum_{\nu=1}^{n} |\varphi(t_\nu) - \varphi(t_{\nu-1})|, \quad \sum_{\nu=1}^{n} |\psi(t_\nu) - \psi(t_{\nu-1})| \leq S \leq \sum_{r=1}^{n} \left[|\varphi(t_\nu) - \varphi(t_{\nu-1})| + |\psi(t_\nu) - \psi(t_{\nu-1})|\right]$$

ist dazu notwendig und hinreichend, daß $\varphi(t)$ und $\psi(t)$ von beschränkter Gesamtschwankung sind.

Sind diese Funktionen außerdem noch stetig, so unterscheidet sich S von L dem Betrage nach beliebig wenig, wenn die Längen $t_\nu - t_{\nu-1}$ der Teilintervalle hinreichend klein sind, oder anders ausgedrückt, die Summe S konvergiert gegen die Bogenlänge L, sobald die Einteilung genügend fein ist. Der Bogen ist also der eigentliche Grenzwert, dem die Länge eines dem Kurvenstücke eingeschriebenen Streckenzuges zustrebt, wenn die Strecken beliebig klein werden.

Teilt man das Intervall $[t_0, T]$ durch den Teilungspunkt τ in die beiden Teilintervalle $[t_0, \tau]$ und $[\tau, T]$, so ist die Gesamtlänge L des stetigen rektifizierbaren Kurvenstückes gleich der Summe der beiden Teilintervallen entsprechenden Bogenlängen. Die dem Teilintervall $[t_0, \tau]$ entsprechende Bogenlänge $L(\tau)$ ist eine stetige, mit τ fortwährend wachsende Funktion von τ.

Sind die Funktionen $\varphi(t)$ und $\psi(t)$ stetig differenzierbar, so erhält man für die dem Intervall $[t_0, t]$ entsprechende Bogenlänge $s(t) = \int\limits_{t_0}^{t} \sqrt{[\varphi'(u)]^2 + [\psi'(u)]^2}\, du$,

also $ds/dt = \sqrt{[\varphi'(t)]^2 + [\psi'(t)]^2}$ oder in der kurzen NEWTONschen Schreibweise $\dot{s} = \sqrt{\dot{x}^2 + \dot{y}^2}$. s ist in diesem Fall eine stetig differenzierbare, mit t fortwährend wachsende Funktion von t und hat daher eine ebensolche Umkehrungsfunktion. Damit werden x und y stetig differenzierbare Funktionen des Bogens.

Durch den Sinn wachsender t oder s ist auf der Kurve ein positiver Durchlaufungssinn festgelegt und damit sind auch die Tangenten der Kurve gerichtet. Für den Winkel α, den eine solche gerichtete Tangente mit der positiven x-Achse einschließt, erhält man

$$\cos\alpha = \frac{\dot{x}}{\sqrt{\dot{x}^2 + \dot{y}^2}} = \frac{dx}{ds}, \qquad \sin\alpha = \frac{\dot{y}}{\sqrt{\dot{x}^2 + \dot{y}^2}} = \frac{dy}{ds}.$$

Das Verhältnis von Bogenlänge und zugehöriger Sehne strebt gegen 1, wenn die beiden Endpunkte des Bogens sich einander unbegrenzt nähern. Die Sehne ist niemals größer als der Bogen.

Ist die Kurve in Polarkoordinaten $x = r\cos\varphi$, $y = r\sin\varphi$ mit $r = f(\varphi)$ gegeben, so erhält man $\dfrac{ds}{d\varphi} = \sqrt{r^2 + \left(\dfrac{dr}{d\varphi}\right)^2}$.

Diese Begriffsbildungen lassen sich leicht auf Kurven in Räumen von drei oder mehreren Dimensionen übertragen.

36. Flächeninhalt. Eine ebene, doppelpunktfreie, geschlossene JORDANsche Kurve teilt die Ebene in zwei Teile, das Innere der Kurve und das Äußere. Wir schreiben dieser Kurve ein Vieleck ein und können dabei die Eckpunkte so nahe aneinander wählen, daß sich die Seiten des Vieleckes nicht mehr überkreuzen. Strebt der Flächeninhalt dieses Vieleckes gegen einen eigentlichen Grenzwert, wenn alle Seitenlängen gegen null konvergieren, so nennen wir diesen Grenzwert den *Flächeninhalt* des von der Kurve begrenzten Bereiches. Der Bereich heißt in diesem Fall *quadrierbar*. Das ist z.B. der Fall, wenn die Randkurve rektifizierbar ist. Diese Definition ist für den in Ziff. 30 betrachteten Bereich mit der dort angegebenen gleichwertig.

Sind x und y stückweise glatte Funktionen von t, wobei die ganze geschlossene Kurve durchlaufen werden soll, wenn t das Intervall $[t_0, T]$ durchläuft und dabei das Innere zur linken Hand liegt, so erhält man für den Flächeninhalt

$$F = \tfrac{1}{2} \int\limits_{t_0}^{T} (x\dot{y} - y\dot{x})\, dt.$$

Für den Flächeninhalt des von der Kurve $r = r(\varphi)$ und den zu φ_1 und $\varphi_2\,(\varphi_2 > \varphi_1)$ gehörigen Radienvektoren begrenzten Sektors ergibt sich

$$F = \tfrac{1}{2} \int\limits_{\varphi_1}^{\varphi_2} r^2\, d\varphi.$$

37. STIELTJESsche Integrale. $f(x)$ sei stetig und $g(x)$ von beschränkter Gesamtschwankung im Intervall $[a, b]$, $\mathfrak{Z}$ eine Zerlegung dieses Intervalls in Teilintervalle durch die Teilungspunkte $a = x_0 < x_1 < x_2 < \ldots < x_n = b$, ξ_ν ein Punkt des Intervalls $[x_{\nu-1}, x_\nu]$ $(\nu = 1, 2, \ldots, n)$. Wir bilden die von der Zerlegung $\mathfrak{Z}$ abhängige Summe $S(\mathfrak{Z}) = \sum_{\nu=1}^{n} f(\xi_\nu)\,[g(x_\nu) - g(x_{\nu-1})]$.

Wenn die Zerlegungen beliebig fein werden, streben die zugehörigen Summen $S(\mathfrak{Z})$ gegen einen eigentlichen Grenzwert J, den man als STIELTJESsches Integral $J = \int_a^b f(x)\,dg(x)$ bezeichnet. Ist $g(x)$ stetig differenzierbar, so ergibt sich das gewöhnliche RIEMANNsche Integral $J = \int_a^b f(x)\,g'(x)\,dx$. Bedeutet z.B. $g(x)$ die größte ganze Zahl $\leq x$ und ist $f(x) = x^2$, so hat man

$$\int_0^3 f(x)\,dg(x) = 1^2 \cdot 1 + 2^2 \cdot 1 + 3^2 \cdot 1 = 14.$$

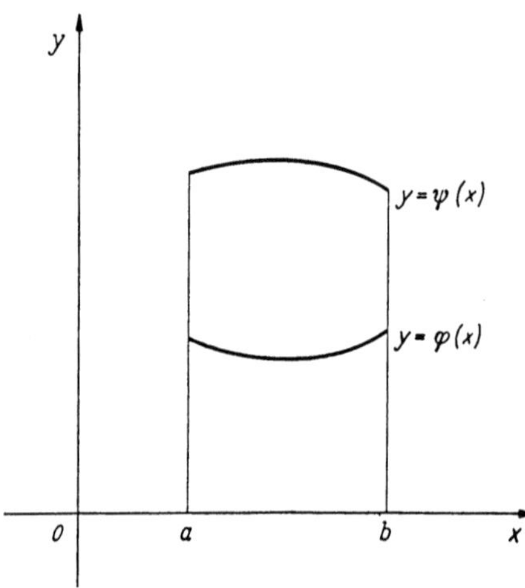

Fig. 8. Integrationsbereich bei einem Doppelintegral.

Bei hinreichend feiner Zerlegung werden ja alle Differenzen $g(x_\nu) - g(x_{\nu-1}) = 0$, außer wenn in $[x_{\nu-1}, x_\nu]$ ein Punkt mit ganzzahliger Abszisse liegt, in welchem Falle $g(x_\nu) - g(x_{\nu-1}) = 1$ ist.

38. Doppelintegrale. Die Begriffe und Überlegungen von Ziff. 30 lassen sich auf Funktionen von zwei Veränderlichen übertragen. An Stelle des Intervalls $[a, b]$ tritt ein von einer doppelpunktfreien, geschlossenen JORDANschen Kurve C begrenzter, abgeschlossener, quadrierbarer Bereich B, der durch doppelpunktfreie JORDANsche Kurven in eine endliche Anzahl von ebensolchen Teilbereichen B_ν zerlegt werden kann, an Stelle der Länge der Intervalle der Flächeninhalt der betreffenden Bereiche. Eine Teilung oder Zerlegung wird beliebig fein genannt, wenn die zugehörigen Teilbereiche in Kreisen mit beliebig kleinen Halbmessern liegen. An Stelle der einfachen RIEMANNschen Integrale erhält man das entsprechende *obere und untere RIEMANNsche Doppelintegral*, sowie das RIEMANNsche *Doppelintegral* schlechtweg, erstreckt über den Bereich B und schreibt für letzteres $\iint_B f(x, y)\,dx\,dy$. Geometrisch wird durch das Doppelintegral der *Inhalt eines räumlichen Bereiches* definiert, der von der xy-Ebene, dem darauf längs C senkrecht errichteten Zylinder und der Fläche $z = f(x, y)$ begrenzt ist. Dabei werden die Teile oberhalb der xy-Ebene positiv, die unterhalb negativ gerechnet.

Ein Unterschied besteht darin, daß es keine Analogie zu den Regeln von der Vertauschung der Integrationsgrenzen gibt, weil wir den Flächeninhalt eines Bereiches B nur als positive Größe und nicht wie die Längen der Intervalle als Größen mit Vorzeichen definiert haben. Natürlich haben auch die Formeln und Sätze keine Analogie, die sich auf monotone Funktionen beziehen, da für mehr als eine Veränderliche solche Funktionen nicht definiert sind.

Ist der abgeschlossene Bereich B von der Art wie in Fig. 8, begrenzt von den beiden Geraden $x = a$, $x = b$ und den beiden Kurven $y = \varphi(x)$, $y = \psi(x)$, wobei $\varphi(x)$ und $\psi(x)$ stetige Funktionen im Intervall $[a, b]$ sind, so gilt für eine in B stetige Funktion $f(x, y)$ die Formel

$$\iint_B f(x, y)\,dx\,dy = \int_a^b \left[\int_{\varphi(x)}^{\psi(x)} f(x, y)\,dy \right] dx.$$

In einem quadrierbaren Bereich B', begrenzt von einer doppelpunktfreien, geschlossenen JORDANschen Kurve C' seien $x = \varphi(u, v)$, $y = \psi(u, v)$ stetig differenzierbare Funktionen der Veränderlichen u, v mit nicht verschwindender Funktionaldeterminante $\dfrac{\partial(\varphi, \psi)}{\partial(u, v)}$. Dadurch wird der Bereich B' auf einen Bereich B der xy-Ebene abgebildet. Geht dabei die Kurve C' in eine doppelpunktfreie, geschlossene JORDANsche Kurve C über, so ist die Abbildung gemäß Ziff. 20 umkehrbar eindeutig. Man erhält für stetige Funktionen $f(x, y)$ die Transformationsformel

$$\iint_B f(x, y)\,dx\,dy = \iint_{B'} f[\varphi(u, v), \psi(u, v)] \left|\frac{\partial(\varphi, \psi)}{\partial(u, v)}\right| du\,dv.$$

Infolge der umkehrbar eindeutigen Abbildung gehen auch die quadrierbaren Teilbereiche B_ν in ebensolche B'_ν über. $\left|\dfrac{\partial(\varphi, \psi)}{\partial(u, v)}\right|$ ist der Grenzwert des Quotienten der Flächeninhalte von B_ν und B'_ν, wenn sich diese Bereiche jeweils auf einen Punkt zusammenziehen. Da die Flächeninhalte nur als positive Größen definiert sind, muß der absolute Betrag der Funktionaldeterminante in der Transformationsformel stehen. Für Polarkoordinaten $x = r \cos\varphi$, $y = r \sin\varphi$ lautet die Formel

$$\iint_B f(x, y)\,dx\,dy = \iint_{B'} f(r \cos\varphi, r \sin\varphi)\, r\,dr\,d\varphi.$$

Die Transformationsformel gilt auch noch, falls die Funktionaldeterminante in einer Punktmenge null ist, die sich in einen Bereich von beliebig kleinem Flächeninhalt einschließen läßt. Auch *uneigentliche Doppelintegrale* lassen sich ähnlich wie in Ziff. 32 durch passende Grenzwerte definieren.

39. Flächen im Raum. Drei in einem Bereich B mit den Voraussetzungen der vorigen Ziffer stetig differenzierbare Funktionen $x = \varphi(u, v)$, $y = \chi(u, v)$, $z = \psi(u, v)$, deren Funktionalmatrix (Ziff. 22) in B vom Range 2 ist, definieren ein Flächenstück $\overline{B}$ im Raum, wenn wir x, y, z als räumliche rechtwinkelige Koordinaten deuten. Jedem Punkt von B entspricht ein Punkt der Fläche $\overline{B}$.

Wir führen mit GAUSS die Bezeichnungen

$$E = x_u^2 + y_u^2 + z_u^2, \quad F = x_u x_v + y_u y_v + z_u z_v, \quad G = x_v^2 + y_v^2 + z_v^2$$

ein. Dann erhält man für die Winkel α, β, γ, welche die mit einem bestimmten Durchlaufungssinn versehene, im Punkte x, y, z auf der Tangentialebene der Fläche senkrecht stehende Gerade *(Flächennormale)* mit den positiven Koordinatenachsen einschließt:

$$\cos\alpha = \frac{y_u z_v - y_v z_u}{\sqrt{EG - F^2}}, \quad \cos\beta = \frac{z_u x_v - z_v x_u}{\sqrt{EG - F^2}}, \quad \cos\gamma = \frac{x_u y_v - x_v y_u}{\sqrt{EG - F^2}}.$$

Dabei ist $EG - F^2$ gleich der Summe der Quadrate der Zähler, also positiv, die drei Richtungskosinus sind somit stetig, die Fläche hat eine stetige Tangentialebene.

Den *Inhalt der Oberfläche* des Flächenstückes $\overline{B}$ definieren wir durch das Doppelintegral $O = \iint_B \sqrt{EG - F^2}\,du\,dv$. Diese Formel bedeutet geometrisch folgendes: Wir setzen z. B. voraus, daß das Flächenstück $\overline{B}$ durch die Gleichung $z = f(x, y)$ mit stetig differenzierbarer Funktion $f(x, y)$ gegeben sei. x, y spielen dann die Rolle der Parameter u, v, der Bereich B gehört der xy-Ebene an. Wir wählen in jedem Teilbereich B_ν einen Punkt (ξ_ν, η_ν). Ihm entspricht ein Punkt auf der Fläche $(\xi_\nu, \eta_\nu, \zeta_\nu)$. In diesem konstruiert man die Tangentialebene an die Fläche.

Der über der Berandung von B_ν auf der xy-Ebene senkrecht errichtete Zylinder schneidet aus dieser Tangentialebene ein ebenes Flächenstück $\overline{B}_\nu$ heraus. Sind $\alpha_\nu, \beta_\nu, \gamma_\nu$ die Winkel, welche die mit einem bestimmten Durchlaufungssinn versehene, im Punkte $(\xi_\nu, \eta_\nu, \zeta_\nu)$ auf der Tangentialebene errichtete Senkrechte mit den positiven Koordinatenachsen einschließt und bedeuten ω_ν und $\overline{\omega}_\nu$ die Flächeninhalte der Bereiche B_ν und $\overline{B}_\nu$, so ist

$$\overline{\omega}_\nu = \frac{\omega_\nu}{\cos \gamma_\nu} \qquad \left(\cos \gamma_\nu = \frac{1}{\sqrt{EG - F^2}} \neq 0\right).$$

Bei beliebig feiner Einteilung strebt die Summe über alle $\overline{\omega}_\nu$ gegen O.

Ist die Funktion $f(x, y, z)$ stetige Funktion auf dem Flächenstück $\overline{B}$ und bildet man $\sum_\nu f(\xi_\nu, \eta_\nu, \zeta_\nu)\, \overline{\omega}_\nu$, wobei $(\xi_\nu, \eta_\nu, \zeta_\nu)$ ein beliebiger Punkt des dem Bereich B_ν entsprechenden Flächenstückes ist und $\overline{\omega}_\nu$ den Inhalt dieses Flächenstückes bedeutet, so konvergiert diese Summe bei beliebig feiner Zerlegung gegen einen Grenzwert, den man als *Oberflächenintegral* bezeichnet und für den sich

$$\iint\limits_{\overline{B}} f(x, y, z)\, d\sigma = \iint\limits_B f\left[\varphi(u, v), \chi(u, v), \psi(u, v)\right] \sqrt{EG - F^2}\, du\, dv$$

ergibt.

Unter einer *geschlossenen Fläche* wollen wir im folgenden ein umkehrbar eindeutiges und stetiges Bild einer Kugel verstehen, genauer: jedem Punkt der Kugel soll ein und nur ein Punkt der Fläche zugeordnet sein, und zwar so, daß die Entfernung zweier Flächenpunkte gleichzeitig mit der Entfernung zweier Kugelpunkte gegen null konvergiert.

Den *Inhalt des von einer geschlossenen Fläche begrenzten räumlichen Bereiches* definieren wir so: Wir schreiben der Fläche ein Vielflach ein, wobei wir seine Eckpunkte so nahe beieinander wählen können, daß sich die Seitenflächen des Vielflaches nicht mehr durchsetzen. Strebt dann der Rauminhalt des Vielflaches gegen einen eigentlichen Grenzwert, sobald seine Eckpunkte einander genügend nahe kommen, so nennen wir diesen Grenzwert den Inhalt des von der geschlossenen Fläche begrenzten Bereiches. Diese Definition ist für den in Ziff. 38 betrachteten Bereich mit der dort angegebenen Definition gleichwertig.

40. Drehflächen. Entsteht die Fläche durch Drehung eines ebenen Kurvenstückes AB (Fig. 9) um die z-Achse, wobei x, z stetig differenzierbare Funktionen von t im Intervall $[t_0, T]$ sind und der Punkt A dem Wert t_0, der Punkt B dem Wert T entsprechen möge, so erhält man für die Oberfläche

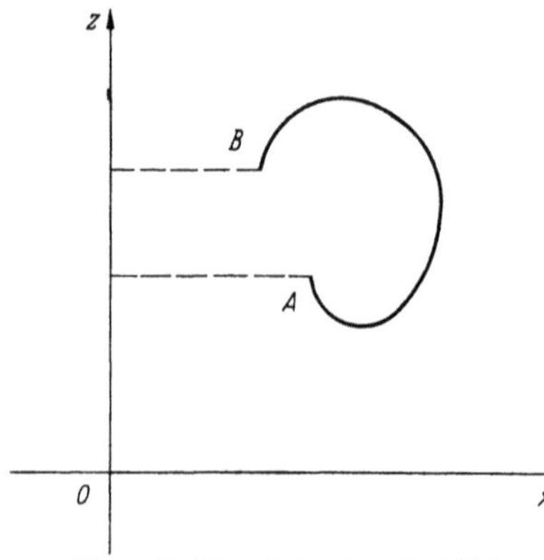

Fig. 9. Meridianschnitt einer Drehfläche.

$$O = 2\pi \int\limits_{t_0}^{T} x \dot{s}\, dt = 2\pi \int\limits_{t_0}^{T} x \sqrt{\dot{x}^2 + \dot{z}^2}\, dt = 2\pi \xi_L L$$

(Guldin).

Dabei ist ξ_L die x-Koordinate des Schwerpunktes, L die Bogenlänge des Kurvenstückes. Fällt man noch die Lote von A und B auf die z-Achse und läßt das so ergänzte Kurvenstück um die z-Achse rotieren, so ergibt sich für den Rauminhalt des entstehenden Drehkörpers die Formel

$$V = \pi \int\limits_{t_0}^{T} x^2 \dot{z}\, dt = 2\pi \xi_F F$$

(Guldin),

wobei ξ_{F} die x-Koordinate des Schwerpunktes der von der ergänzten Kurve und der z-Achse begrenzten Fläche und F ihren Inhalt bedeutet. Die Formeln gelten auch, wenn die beiden Punkte A und B zusammenfallen. Für den Rauminhalt des dabei entstehenden ringförmigen Drehkörpers kann man die Definition der vorigen Ziffer verwenden, wenn man die Begrenzungsfläche durch einen Meridianschnitt in eine geschlossene Fläche im Sinn der Definition von Ziff. 39 verwandelt. Bezüglich der Definition des Schwerpunktes siehe den Artikel über Mechanik.

41. Drei- und mehrfache Integrale. Die Erweiterung des Integralbegriffes auf drei und mehr Dimensionen liegt nun auf der Hand und braucht nicht eigens besprochen zu werden. So ergibt sich z. B. für einen räumlichen Bereich B, der von den beiden stetigen Flächen $z = \chi_1(x, y)$, $z = \chi_2(x, y)$ $(\chi_1 < \chi_2)$ und dem über der Berandung des Bereiches von Fig. 8 auf der $x\,y$-Ebene senkrecht errichteten Zylinders, also von den Ebenen $x = a$, $x = b$ und den stetigen Zylinderflächen $y = \varphi(x)$, $y = \psi(x)$ begrenzt ist, bei stetigem $f(x, y, z)$ die Formel

$$\iiint\limits_{B} f(x, y, z)\, dx\, dy\, dz = \int\limits_{a}^{b} \left\{ \int\limits_{\varphi(x)}^{\psi(x)} \left[\int\limits_{\chi_1(x, y)}^{\chi_2(x, y)} f(x, y, z)\, dz \right] dy \right\} dx,$$

ferner bei Einführung neuer Veränderlicher durch die Gleichungen $x_\nu = \varphi_\nu(y_1, y_2, \ldots, y_n)$ $(\nu = 1, 2, \ldots, n)$

$$\iint\limits_{B} \cdots \int f(x_1, x_2, \ldots, x_n)\, dx_1\, dx_2 \ldots dx_n = \iint\limits_{B'} \cdots \int f \left| \frac{\partial(\varphi_1, \varphi_2, \ldots, \varphi_n)}{\partial(y_1, y_2, \ldots, y_n)} \right| dy_1, dy_2 \ldots dy_n,$$

also z. B. für Polarkoordinaten

$$x = r \sin\vartheta \cos\varphi, \quad y = r \sin\vartheta \sin\varphi, \quad z = r \cos\vartheta$$

$$\iiint\limits_{B} f(x, y, z)\, dx\, dy\, dz = \iiint\limits_{B'} f\, r^2 \sin\vartheta\, dr\, d\vartheta\, d\varphi.$$

B sei ein abgeschlossener, dreidimensionaler Bereich, der von einer geschlossenen Fläche F begrenzt wird, die aus einer endlichen Anzahl von Flächenstücken F_ν mit stetigen Tangentialebenen besteht, und der sich in eine endliche Anzahl von derartigen Bereichen zerlegen läßt, bei denen die Berandung von jeder Parallelen zur z-Achse nur in zwei Punkten getroffen wird (Eintritts- und Austrittsstelle, die gegebenenfalls zusammenfallen können). In B sei $f(x, y, z)$ stetig und stetig nach z differenzierbar. Dann gilt die Formel

$$\iiint\limits_{B} \frac{\partial f}{\partial z}\, dx\, dy\, dz = \iint\limits_{F} f \cos\gamma\, d\sigma.$$

Das Integral der rechten Seite ist die Summe der über die F_ν erstreckten Oberflächenintegrale (Ziff. 39), γ der Winkel der nach außen positiv gezählten Flächennormalen mit der positiven z-Achse.

Für die Ebene lautet der analoge Satz so: Der abgeschlossene Bereich B sei von einer doppelpunktfreien, geschlossenen JORDANschen Kurve begrenzt, bei der x und y stückweise glatte Funktionen (Ziff. 9) eines Parameters t im Intervall $[t_0, T]$ sind, so daß bei wachsendem t die Randkurve so durchlaufen wird, daß die Fläche zur linken Hand liegt. Ferner möge sich B in eine endliche Anzahl von ebensolchen Teilbereichen zerlegen lassen, deren Berandung von jeder Parallelen zur y-Achse nur in zwei Punkten getroffen wird. $f(x, y)$ sei stetig in B und möge eine stetige Ableitung nach y haben.

Dann ist $\iint\limits_{B} \frac{\partial f}{\partial y}\, dx\, dy = -\int\limits_{t_0}^{T} f\dot{x}\, dt$, wobei im Integral der rechten Seite für x und y die betreffenden Funktionen von t einzusetzen sind. Ist $g(x, y)$ stetig in B

und nach x stetig differenzierbar, so hat man $\iint\limits_{B} \frac{\partial g}{\partial x}\, d x\, d y = \int\limits_{t_0}^{T} g\,\dot y\, dt$, falls sich in diesem Fall der Bereich in eine endliche Anzahl von Teilbereichen zerlegen läßt, deren Ränder von jeder Parallelen zur x-Achse nur in zwei Punkten getroffen werden. Sind beide Voraussetzungen erfüllt, ergibt sich der Satz von Green für die Ebene

$$\iint\limits_{B}\left(\frac{\partial g}{\partial x} - \frac{\partial f}{\partial y}\right) d x\, d y = \int\limits_{t_0}^{T} (f\,\dot x + g\,\dot y)\, dt.$$

V. Unendliche Reihen.

42. Folgen. Eine unendliche Menge von reellen Zahlen, die man numerieren kann, also $a_1, a_2, a_3, \ldots$, nennt man eine *Folge* von reellen Zahlen. Dabei gelten im Sinne der Definition der Menge zwei Elemente a_μ und a_ν der Folge als verschieden, sobald sie verschiedene Stellenzeiger $\mu \neq \nu$ haben, wenn auch ihre Zahlenwerte gleich sind $a_\mu = a_\nu$, wenn sie also nur an verschiedenen Stellen der Folge stehen. Man kann eine Folge als einen besonderen Fall einer Funktion auffassen $f(x) = a_x$, deren Definitionsbereich aus allen positiven ganzen Zahlen $x = \nu$ besteht. Damit lassen sich die Begriffe beschränkt, obere und untere Grenze, Häufungsstelle, Grenzwert, monoton auf Folgen übertragen (Ziff. 1 und 2) und durch folgende Eigenschaften kennzeichnen:

Obere Grenze G: Keine Zahl der Folge ist $> G$, aber es gibt für jedes $\varepsilon > 0$ mindestens eine Zahl a_ν der Folge, so daß $a_\nu > G - \varepsilon$ ist. *Untere Grenze g:* Keine Zahl der Folge ist $< g$, aber es gibt mindestens eine Zahl a_ν der Folge, so daß $a_\nu < g + \varepsilon$ ist. *Limes superior U* bzw. *limes inferior u:* In jeder noch so kleinen Umgebung von U bzw. u liegen unendlich viele Glieder der Folge, aber oberhalb $U + \varepsilon$ bzw. unterhalb $u - \varepsilon$ nur endlich viele (man schreibt $\overline{\lim\limits_{\nu \to \infty}}\, a_\nu = U$ bzw. $\underline{\lim\limits_{\nu \to \infty}}\, a_\nu = u$). *Grenzwert A:* In jeder noch so kleinen Umgebung von A liegen „fast alle" Glieder der Folge, d.h. alle höchstens mit Ausnahme einer endlichen Anzahl (man schreibt $\lim\limits_{\nu \to \infty} a_\nu = A$ oder $a_\nu \to A$).

Für eine nach oben nicht beschränkte Folge ist $G = U = + \infty$ für eine nach unten nicht beschränkte Folge $g = u = - \infty$. Hat eine Folge einen (eigentlichen) Grenzwert, so heißt sie *konvergent*, sonst *divergent*, insbesondere *oszillierend*, wenn $U \neq u$.

Eine Folge hat dann und nur dann einen (eigentlichen) Grenzwert, wenn sich zu jedem $\varepsilon > 0$ eine Zahl $N > 0$ finden läßt, so daß $|a_\mu - a_\nu| < \varepsilon$ für alle $\mu, \nu > N$ (*Konvergenzkriterium* von Cauchy). Eine konvergente Folge ist immer beschränkt. Eine Folge, deren Zahlen einer gegebenen Folge angehören, heißt eine *Teilfolge* dieser Folge. Jede Teilfolge einer konvergenten Folge konvergiert gegen denselben Grenzwert. Jede beschränkte monotone Folge konvergiert gegen ihre obere oder untere Grenze.

G_1 sei die obere Grenze der beschränkten Folge $a_1, a_2, a_3, \ldots$, G_2 die der Folge $a_2, a_3, a_4, \ldots$, G_3 die der Folge $a_3, a_4, a_5, \ldots$, usw. Dann ist $G_1 \geqq G_2 \geqq G_3 \geqq \ldots$. Die untere Grenze der G_ν ist $\overline{\lim\limits_{\nu \to \infty}}\, a_\nu$. Analog gilt für die unteren Grenzen: Es ist $g_1 \leqq g_2 \leqq g_3 \leqq \ldots$ und die obere Grenze der g_ν ist $\underline{\lim\limits_{\nu \to \infty}}\, a_\nu$.

Aus $a_\nu \to A$ und $b_\nu \to B$ folgt

$$a_\nu \pm b_\nu \to A \pm B, \quad a_\nu b_\nu \to AB, \quad |a_\nu| \to |A|, \quad |b_\nu| \to |B|.$$

Ist $B \neq 0$, so kann es in der Folge der b_ν nur endlich viele Glieder geben, die $= 0$ sind. Läßt man diese weg, so erhält man $\dfrac{a_\nu}{b_\nu} \to \dfrac{A}{B}$.

Ist für zwei Folgen immer $a_\nu > b_\nu$ und konvergieren die beiden Folgen gegen A bzw. B, so ist $A \geqq B$. Aus $a_\nu \to + \infty$ und $b_\nu \to B$ folgt $a_\nu \pm b_\nu \to + \infty$, $a_\nu b_\nu \to \pm \infty$, je nachdem $B \gtrless 0$ ist, $\dfrac{b_\nu}{a_\nu} \to 0$.

Aus $a_\nu \to + \infty$ und $b_\nu \to + \infty$ folgt $a_\nu + b_\nu \to + \infty$, $a_\nu b_\nu \to + \infty$.

43. Unendliche Reihen. $u_1, u_2, u_3, \ldots$ sei eine Folge. Wir bilden die sog. Teilsummen der Folge $s_n = u_1 + u_2 + u_3 + \cdots + u_n$ und betrachten die aus ihnen gebildete Folge $s_1, s_2, s_3, \ldots$. Falls diese Folge gegen einen Grenzwert s konvergiert, nennen wir s die *Summe* der unendlichen Reihe $u_1 + u_2 + u_3 + \cdots$ und schreiben $s = \sum\limits_{n=1}^{\infty} u_n$. Wir sagen in diesem Fall, die unendliche Reihe *konvergiert gegen* s. Ist kein solcher eigentlicher Grenzwert vorhanden, so nennen wir die Reihe *divergent*. Aus dem CAUCHYSCHEN Konvergenzkriterium für die Folgen ergibt sich das entsprechende Kriterium für die unendlichen Reihen: Die unendliche Reihe $u_1 + u_2 + u_3 + \cdots$ ist dann und nur dann konvergent, wenn sich zu jeder Zahl $\varepsilon > 0$ eine Zahl $N > 0$ finden läßt, so daß $|u_{n+1} + u_{n+2} + \cdots + u_{n+p}| < \varepsilon$ für alle $n \geqq N$ und alle p. Eine notwendige, aber keineswegs immer hinreichende Bedingung für die Konvergenz ist $u_n \to 0$ für $n \to \infty$.

Läßt man aus einer konvergenten unendlichen Reihe eine endliche Anzahl von Gliedern weg, so bleibt die Reihe konvergent. Insbesondere nennt man $r_n = \sum\limits_{\nu=n+1}^{\infty} u_\nu$ einen *Rest* der Reihe. Für eine konvergente Reihe ist $r_n \to 0$ für $n \to \infty$. Eine unendliche Reihe, deren sämtliche Glieder unter den Gliedern einer zweiten Reihe vorkommen, heißt eine *Teilreihe* der zweiten Reihe. Unter einer *alternierenden Reihe* versteht man eine Reihe, deren Glieder abwechselnd positives und negatives Vorzeichen haben. Wenn die Beträge dieser Glieder im strengen Sinn monoton gegen Null konvergieren, so konvergiert auch die Reihe.

Wenn $\sum\limits_{n=1}^{\infty} |u_n|$ konvergiert, so nennt man die Reihe *absolut konvergent*. Es konvergiert in diesem Fall auch $\sum\limits_{n=1}^{\infty} u_n$, und zwar ist $\left| \sum\limits_{n=1}^{\infty} u_n \right| \leqq \sum\limits_{n=1}^{\infty} |u_n|$. Man kann aber im allgemeinen aus der Konvergenz einer Reihe nicht auf ihre absolute Konvergenz schließen. Wenn eine Reihe absolut konvergiert, so konvergiert auch jede ihrer Teilreihen absolut.

In einer absolut konvergenten Reihe kann man die Reihenfolge der Glieder beliebig vertauschen, ihre Glieder in beliebiger Reihenfolge anordnen, ohne an dem Wert ihrer Summe etwas zu ändern. Das ist bei Reihen, die nicht absolut, sondern, wie man sagt, nur *bedingt* konvergieren, nicht der Fall. RIEMANN hat gezeigt, daß man bei einer solchen Reihe die Glieder so anordnen kann, daß der limes superior und inferior der Folge ihrer Teilsummen jeden beliebigen Wert annehmen, sogar $\pm \infty$ sein kann. In einer bedingt konvergenten Reihe gibt es unendlich viele Glieder mit positivem und unendlich viele mit negativem Vorzeichen, die Summe aller positiven Glieder ist $+ \infty$, die aller negativen $- \infty$.

Aus $\sum\limits_{n=1}^{\infty} a_n = A$ und $\sum\limits_{n=1}^{\infty} b_n = B$ folgt $\sum\limits_{n=1}^{\infty} (a_n \pm b_n) = A \pm B$. Konvergieren beide Reihen absolut, so konvergiert auch $\sum\limits_{n=1}^{\infty} |a_n \pm b_n|$, und zwar ist diese Summe

$$\leqq \sum\limits_{n=1}^{\infty} (|a_n| + |b_n|) = \sum\limits_{n=1}^{\infty} |a_n| + \sum\limits_{n=1}^{\infty} |b_n|.$$

Aus $\sum\limits_{n=1}^{\infty} a_n = A$ folgt $\sum\limits_{n=1}^{\infty} c\,a_n = c\,A$. Wenn die Reihe absolut konvergiert, so ist $\sum\limits_{n=1}^{\infty} |c\,a_n| = |c| \sum\limits_{n=1}^{\infty} |a_n|$.

Wenn man jedes Glied einer absolut konvergenten Reihe mit jedem Glied einer zweiten absolut konvergenten Reihe multipliziert und alle so erhaltenen Glieder in beliebiger Reihenfolge addiert, erhält man eine absolut konvergente Reihe, deren Summe das Produkt der Summen der beiden ursprünglichen Reihen ist.

Falls die unendlichen Reihen $\sum\limits_{n=1}^{\infty} a_{m\,n} = s_m$ $(m = 1, 2, 3, \ldots)$ absolut konvergieren, wobei $\sum\limits_{n=1}^{\infty} |a_{m\,n}| = \sigma_m$ sein möge, und auch $\sum\limits_{m=1}^{\infty} \sigma_m$ konvergiert, dann konvergiert auch die Reihe, die dadurch entsteht, daß man sämtliche $a_{m\,n}$ in beliebiger Reihenfolge addiert, absolut, und zwar ergibt sich dafür $\sum\limits_{m=1}^{\infty} s_m$ (sog. „großer Umordnungssatz").

Wenn man eine absolut konvergente Reihe in unendlich viele Teilreihen zerlegt, so daß jedes Glied genau einmal auftritt, jede dieser Teilreihen für sich summiert und dann die Summe der Summen dieser Teilreihen bildet, so erhält man die Summe der ursprünglichen Reihe.

Wenn von einem bestimmten $n = n_0$ ab für alle folgenden Zeiger $|a_n| \geq |b_n|$ ist 'und $\sum\limits_{n=1}^{\infty} |a_n|$ konvergiert, so konvergiert auch $\sum\limits_{n=1}^{\infty} |b_n|$, und zwar ist $\sum\limits_{n=n_0}^{\infty} |a_n| > \sum\limits_{n=n_0}^{\infty} |b_n|$, wenn $|a_n| > |b_n|$ für mindestens ein $n \geq n_0$ ist. Man nennt in diesem Fall $\sum\limits_{n=1}^{\infty} a_n$ eine *Oberreihe (Majorante)* der Reihe $\sum\limits_{n=1}^{\infty} b_n$, diese Reihe einer *Unterreihe (Minorante)* der Reihe $\sum\limits_{n=1}^{\infty} a_n$. Ist dagegen $\sum\limits_{n=1}^{\infty} |b_n| = +\infty$, so ist auch $\sum\limits_{n=1}^{\infty} |a_n| = +\infty$.

Wenn in einer unendlichen Reihe $\sum\limits_{n=1}^{\infty} u_n$ der Quotient $\left|\dfrac{u_{n+1}}{u_n}\right| \leq q < 1$ für alle n von einem bestimmten festen an ist, so konvergiert die Reihe absolut, ist dagegen dieser Quotient ≥ 1 unter derselben Bedingung, so ist $\sum\limits_{n=1}^{\infty} |u_n| = +\infty$. Man erhält aus diesem *Quotientenkriterium* das sog. *Wurzelkriterium*, wenn man an Stelle des Quotienten $|u_n|^{1/n}$ setzt.

Insbesondere hat man: $\sum\limits_{n=1}^{\infty} \dfrac{1}{n^\alpha}$ konvergiert für $\alpha > 1$, divergiert nach $+\infty$ für $\alpha \leq 1$, $\sum\limits_{n=1}^{\infty} \dfrac{(-1)^{n+1}}{n^\alpha}$ konvergiert für $\alpha > 0$, divergiert für $\alpha \leq 0$. Man verwendet diese Reihen sehr häufig als Ober- oder Unterreihen, um bei einer gegebenen Reihe Konvergenz oder Divergenz festzustellen.

44. Gleichmäßige Konvergenz. Die Glieder a_ν einer Folge sollen jetzt keine Konstanten, sondern Funktionen von einer oder mehreren Veränderlichen $f_\nu(x_1, x_2, \ldots, x_n)$ sein. Man sagt, die Funktionenfolge konvergiert in einer abgeschlossenen Punktmenge M *gleichmäßig* gegen eine Grenzfunktion $f(x_1, x_2, \ldots, x_n)$, wenn sich zu jeder Zahl $\varepsilon > 0$ eine Zahl $N > 0$ unabhängig von dem Punkt $(x_1, x_2, \ldots, x_n)$ finden läßt, so daß $|f(x_1, x_2, \ldots, x_n) - f_\nu(x_1, x_2, \ldots, x_n)| < \varepsilon$ für alle $\nu > N$ und alle Punkte der Menge M ist. Dazu ist notwendig und hinreichend, daß $\left|f_\mu(x_1, x_2, \ldots, x_n) - f_\nu(x_1, x_2, \ldots x_n)\right| < \varepsilon$ für alle $\mu, \nu > N$ und alle Punkte von M ist.

Sind die Funktionen $f_\nu(x_1, x_2, \ldots, x_n)$ stetig in M und konvergiert ihre Folge gleichmäßig, so ist auch $f(x_1, x_2, \ldots, x_n)$ in M stetig und man hat

$$\int\limits_a^b f(x_1, x_2, \ldots, x_n)\, d x_k = \lim_{\nu \to \infty} \int\limits_a^b f_\nu(x_1, x_2, \ldots, x_n)\, d x_k,$$

falls alle Punkte $(x_1, x_2, \ldots, x_n)$ mit $a \leq x_k \leq b$ der Menge angehören. Dieser Grenzübergang ist gleichmäßig für alle in Betracht kommenden Werte a und b und alle übrigen $x_\nu (\nu \neq k)$ der Menge M. Sind auch die Funktionen $\dfrac{\partial f_\nu}{\partial x_k}$ stetig in M und konvergiert ihre Folge gleichmäßig in M gegen eine Grenzfunktion, dann ist

$$\lim_{\nu \to \infty} \frac{\partial f_\nu}{\partial x_k} = \frac{\partial f}{\partial x_k}.$$

Diese Begriffe und Sätze lassen sich unmittelbar auf unendliche Reihen übertragen: Die Glieder u_ν einer unendlichen Reihe seien Funktionen der n unabhängigen Veränderlichen $x_1, x_2, \ldots, x_n$ in einer abgeschlossenen Punktmenge M. Man sagt, die Reihe konvergiert in M *gleichmäßig*, wenn die Folge ihrer Teilsummen gleichmäßig in M konvergiert. Sind die u_ν stetig in M und konvergiert die Reihe gleichmäßig, dann ist auch $\sum\limits_{\nu=1}^\infty u_\nu$ stetig in M und man hat

$$\int\limits_a^b \sum\limits_{\nu=1}^\infty u_\nu(x_1, x_2, \ldots, x_n)\, d x_k = \sum\limits_{\nu=1}^\infty \int\limits_a^b u_\nu(x_1, x_2, \ldots, x_n)\, d x_k,$$

falls alle Punkte $(x_1, x_2, \ldots, x_n)$ mit $a \leq x_k \leq b$ der Menge M angehören. Die letztere Reihe konvergiert gleichmäßig für alle in Betracht kommenden Werte von a und b und alle übrigen x_ν $(\nu \neq k)$ der Punktmenge M. Sind auch die Ableitungen $\dfrac{\partial u_\nu}{\partial x_k}$ stetig und konvergiert $\sum\limits_{\nu=1}^\infty \dfrac{\partial u_\nu}{\partial x_k}$ gleichmäßig in M, dann ist $\sum\limits_{\nu=1}^\infty \dfrac{\partial u_\nu}{\partial x_k} = \dfrac{\partial}{\partial x_k} \sum\limits_{\nu=1}^\infty u_\nu$, *(gliedweise Differentiation und Integration von unendlichen Reihen)*.

Hat eine unendliche Reihe mit veränderlichen Gliedern eine konvergente Majorante mit konstanten Gliedern, so konvergiert sie gleichmäßig (WEIERSTRASS). Wenn die Glieder einer konvergenten Reihe mit nicht negativen Zahlen multipliziert werden, die entweder monoton abnehmen oder monoton zunehmen und beschränkt sind, so konvergiert auch die neue Reihe (ABELsches *Reihenkriterium*). Wenn die Glieder der Reihe stetige Funktionen sind und die Reihe in einer abgeschlossenen Punktmenge M gleichmäßig konvergiert, dann konvergiert auch die neue Reihe in M gleichmäßig.

45. Unendliche Produkte. $u_1, u_2, u_3, \ldots$ sei eine Folge von reellen Zahlen oder Funktionen. Das unendliche Produkt $\prod\limits_{n=1}^\infty u_n = u_1 \cdot u_2 \cdot u_3 \cdot \ldots$ soll dann und nur dann (im engeren Sinne) *konvergent* heißen, wenn von einer Stelle ab — etwa für alle $n > m$ — kein Faktor mehr verschwindet und die hinter dieser Stelle beginnenden Teilprodukte $p_n = u_{m+1} u_{m+2} \cdot \ldots \cdot u_n$ $(n > m)$ für $n \to \infty$ gegen einen endlichen und von null verschiedenen Grenzwert P_m streben. Die Zahl $P = u_1 \cdot u_2 \cdot \ldots \cdot u_m \cdot P_m$, die ersichtlich von m unabhängig ist, wird als *Wert des unendlichen Produktes* angesehen. Dadurch erreicht man, daß ein unendliches Produkt dann und nur dann verschwindet, wenn einer seiner Faktoren null ist. Ferner ergibt sich $u_n \to 1$ für $n \to \infty$. Es ist daher zweckmäßiger, die Faktoren in der Gestalt $u_n = 1 + v_n$ zu schreiben, so daß also $v_n \to 0$ für $n \to \infty$ gilt.

Das Produkt $\prod\limits_{n=1}^{\infty}(1+v_n)$ ist dann und nur dann konvergent, wenn sich zu jeder Zahl $\varepsilon > 0$ eine Zahl $N > 0$ finden läßt, daß für alle $n > N$ und alle $k \geq 1$ stets $\left|(1+v_{n+1})(1+v_{n+2})\ldots(1+v_{n+k})-1\right| < \varepsilon$ ausfällt.

Das Produkt soll *absolut konvergent* heißen, falls $\prod\limits_{n=1}^{\infty}(1+|v_n|)$ konvergiert. Das ist dann und nur dann der Fall, wenn $\sum\limits_{n=1}^{\infty} v_n$ absolut konvergiert.

Das Produkt $\prod\limits_{n=1}^{\infty}(1+v_n)$ ist ferner dann und nur dann konvergent, wenn die hinter einem passenden Zeiger m begonnene Reihe $\sum\limits_{n=m+1}^{\infty}\log(1+v_n)$ konvergiert, und zwar ist die Konvergenz des Produktes dann und nur dann absolut, wenn es die der Reihe ist. Hat diese Reihe die Summe L_m, so ist $P=(1+v_1)\ldots(1+v_m)\,e^{L_m}$. Eine hinreichende Bedingung für die Konvergenz des Produktes wird durch die gleichzeitige Konvergenz der Reihen $\sum\limits_{n=1}^{\infty} v_n$ und $\sum\limits_{n=1}^{\infty} v_n^2$ geliefert (bei komplexem v_n muß die zweite Reihe absolut konvergieren). Ist $\sum\limits_{n=1}^{\infty} v_n^2$ absolut konvergent und für $n > m$ stets $|v_n| < 1$, so strebt der Quotient von $p_n = \prod\limits_{\nu=m+1}^{n}(1+v_\nu)$ und $s_n = \sum\limits_{\nu=m+1}^{n} v_\nu$ $(n > m)$ für $n \to \infty$ gegen einen endlichen, von null verschiedenen Grenzwert. Dabei kann $\sum\limits_{\nu=1}^{\infty} v_\nu$ konvergieren oder divergieren.

Ein unendliches Produkt ist dann und nur dann *unbedingt konvergent*, d.h. dann und nur dann bei jeder Umordnung der Faktoren konvergent mit ungeändertem Wert, wenn es absolut konvergiert.

Sind die Faktoren u_n Funktionen und konvergiert die Folge der Teilprodukte p_n gleichmäßig in einer abgeschlossenen Punktmenge M, so nennt man das unendliche Produkt *gleichmäßig in M konvergent*.

Als Beispiel für unendliche Produkte seien angeführt

$$\frac{\pi}{2} = \frac{2 \cdot 2 \cdot 4 \cdot 4 \cdot 6 \cdot 6 \ldots}{1 \cdot 3 \cdot 3 \cdot 5 \cdot 5 \cdot 7 \ldots} \qquad \text{(Formel von Wallis)},$$

$$\sin \pi x = \pi x \prod_{n=1}^{\infty}\left(1 - \frac{x^2}{n^2}\right) \qquad \text{(gilt auch für komplexe } x\text{)}.$$

VI. Funktionen von komplexen Veränderlichen.

46. Komplexe Zahlen. Die Rechenregeln für komplexe Zahlen sollen ebenso wie die für reelle Zahlen vorausgesetzt werden. Wir können eine komplexe Zahl $a + bi$ (a, b reell, $i^2 = -1$) nach Gauss als Punkt der Ebene mit den rechtwinkeligen Koordinaten a, b deuten oder als *ebenen Vektor* mit den Komponenten a, b. Der Summe und Differenz der Zahlen entsprechen dann die Summe oder Differenz der Vektoren *(geometrische Addition bzw. Subtraktion)*. An Stelle der rechtwinkeligen Koordinaten a, b führt man auch Polarkoordinaten r, φ ein: $a = r \cos \varphi$, $b = r \sin \varphi$. $r = \sqrt{a^2 + b^2}$ ist der *absolute Betrag* der komplexen Zahl oder des Vektors, $\varphi = \mathrm{arc}\,(a + bi)$ der zugehörige bis auf Vielfache von 2π bestimmte *Winkel*. Der Betrag der Differenz zweier komplexer Zahlen ist der Abstand der entsprechenden Punkte in der Zahlenebene.

Bei der Multiplikation bzw. Division werden die Beträge multipliziert bzw. dividiert, die Winkel addiert bzw. subtrahiert. Daraus ergibt sich für positive ganzzahlige n die MOIVRE*sche Formel*

$$(\cos\varphi + i\sin\varphi)^n = \cos n\varphi + i\sin n\varphi.$$

Aus ihr folgen die n Lösungen der Gleichung $z^n = 1$:

$$\zeta^k = \cos\frac{2k\pi}{n} + i\sin\frac{2k\pi}{n} \qquad (k = 0, 1, 2, \ldots, n-1),$$

die sog. *n-ten Einheitswurzeln*. Man erhält sie geometrisch als Teilungspunkte des *Einheitskreises*, d.h. des Kreises mit dem Punkt 0 als Mittelpunkt und dem Halbmesser 1, in n gleiche Teile, beginnend vom Punkt 1. Allgemein hat auch die Gleichung

$$z^n = a + bi$$

n Lösungen, nämlich

$$\sqrt[n]{r(\cos\varphi + i\sin\varphi)} = \sqrt[n]{r}\left(\cos\frac{\varphi}{n} + i\sin\frac{\varphi}{n}\right)\zeta^k,$$

die n Werte der n-ten Wurzel der komplexen Zahl $a + bi = r(\cos\varphi + i\sin\varphi)$. $a - bi$ heißt die zu $a + bi$ *konjugiert komplexe Zahl*. Die Zahl $a + bi$ ist *reell*, wenn $b = 0$, *imaginär*, wenn $b \neq 0$, *rein imaginär*, wenn $a = 0$, $b \neq 0$ ist.

47. Stereographische Projektion. Eine zweite geometrische Deutung der komplexen Zahlen ist die als Punkte auf der sog. RIEMANN*schen Zahlenkugel*. Zu diesem Zweck denken wir uns die Punkte der *Einheitskugel*, d.h. der Kugel mit der Gleichung $x^2 + y^2 + z^2 = 1$ aus ihrem Nordpol $(0, 0, 1)$ auf die xy-Ebene projiziert *(stereographische Projektion)*. Dem Punkt (x, y) der xy-Ebene entspricht auf der Kugel als Bildpunkt der Punkt mit den rechtwinkeligen Koordinaten

$$\xi = \frac{2x}{x^2 + y^2 + 1}, \qquad \eta = \frac{2y}{x^2 + y^2 + 1}, \qquad \zeta = \frac{x^2 + y^2 - 1}{x^2 + y^2 + 1}.$$

Die Auflösung nach x, y ergibt $x = \dfrac{\xi}{1 - \zeta}$, $y = \dfrac{\eta}{1 - \zeta}$, oder komplex geschrieben: $z = x + iy = \dfrac{\xi + i\eta}{1 - \zeta}$. Um die Abbildung ausnahmslos umkehrbar eindeutig zu machen, ordnen wir dem Nordpol der Kugel den Punkt ∞ der xy-Ebene zu.

Die stereographische Projektion ist *winkel-* und *kreistreu*, d.h. der Winkel, unter dem sich zwei Kurven in der Ebene schneiden, ist gleich dem Winkel, den die Bildkurven auf der Kugel miteinander einschließen, und Kreisen in der Ebene entsprechen Kreise auf der Kugel, den Kreisen durch den Nordpol die Kreise durch den Punkt ∞, d.h. die Geraden der Ebene. Beim Winkel wird allerdings der Drehsinn umgekehrt, d.h. dem positiven Drehsinn auf der Kugel (entgegengesetzt dem Uhrzeiger, wenn man sie von außen betrachtet) entspricht der negative Drehsinn in der xy-Ebene (im Sinne des Uhrzeigers, wenn man sie von oben betrachtet).

48. Funktionen von komplexen Veränderlichen. Ordnen wir jeder komplexen Zahl $z = x + iy$ einer Menge M, die wir nach GAUSS (Ziff. 46) als Punktmenge in der xy-Ebene (z-Ebene) deuten können, eine komplexe Zahl $w = u + iv$ der uv-Ebene oder w-Ebene in der Deutung von GAUSS zu, so sagen wir: w ist eine Funktion der komplexen Veränderlichen z, und schreiben ähnlich wie im Reellen (Ziff. 2) $w = f(z)$.

Wir übertragen nun die Begriffe und Sätze von Ziff. 3 und 4 vom Reellen ins Komplexe, also z.B. den Begriff des Grenzwertes: $z_0 = x_0 + iy_0$ sei ein Häufungspunkt der Menge M. Wir sagen: die Funktion $w = f(z)$ hat im Punkt z_0

den *Grenzwert* $c = a + bi$, falls sich zu jeder Zahl $\varepsilon > 0$ eine Zahl $\delta > 0$ finden läßt, so daß $|f(z) - c| < \varepsilon$ für alle $|z - z_0| < \delta$ ist, und schreiben $\lim\limits_{z \to z_0} f(z) = c$ oder $f(z) \to c$ für $z \to z_0$. Dabei ist $z \to z_0$ gleichwertig mit $x \to x_0$, $y \to y_0$ und $f(z) \to c$ gleichwertig mit $u \to a$, $v \to b$, d.h. der reelle Teil u der Funktion $f(z)$ konvergiert gegen den reellen und der imaginäre Teil v gegen den imaginären Teil des Grenzwertes. Ist $f(z_0) = c$, so nennen wir die Funktion *stetig* im Punkt z_0.

Die Übertragung der Sätze über stetige Funktionen aus Ziff. 4 bereitet nun keine Schwierigkeiten. Nur jene Begriffe und Sätze lassen sich nicht übertragen, die den Größerbegriff benützen, da dieser für komplexe Zahlen nicht definiert ist, also auch nicht der Begriff monotone Funktion. Wird dagegen der Größerbegriff nur für Aussagen über den absoluten Betrag benutzt, so ist die Übertragung möglich, weil der absolute Betrag von komplexen Zahlen ja selbst eine reelle Zahl ist.

Nun kann man auch Funktionen von mehreren unabhängigen komplexen Veränderlichen $z_\nu = x_\nu + i y_\nu$, $(\nu = 1, 2, \ldots, n)$ definieren, sowie Folgen und unendliche Reihen von komplexen Zahlen oder Funktionen samt ihrer gewöhnlichen, absoluten, gleichmäßigen Konvergenz (Ziff. 15, 17, 42, 43, 44). u und v sind dann entweder als reelle Funktionen der $2n$ reellen Veränderlichen x_ν, y_ν im R_{2n} oder in den n $(x_\nu y_\nu)$-Ebenen (z_ν-Ebenen) gegeben.

Die Begriffe $\pm \infty$ als uneigentliche Grenzwerte haben im Komplexen keinen Sinn, da sie sich nur auf reelle Zahlenfolgen oder reelle Funktionen beziehen. Umgekehrt hat der Begriff des Punktes ∞ der komplexen Zahlenebene keinen Sinn im Reellen, da er als Bildpunkt des Nordpols der Einheitskugel bei der stereographischen Projektion eingeführt ist.

49. Analytische Funktionen. $w = f(z)$ sei in einer Umgebung des Punktes z_0 definiert. Wir bilden den *Differenzenquotienten* $\dfrac{f(z) - f(z_0)}{z - z_0}$ für irgend einen Punkt $z \neq z_0$ dieser Umgebung. Ist der Grenzwert $\lim\limits_{z \to z_0} \dfrac{f(z) - f(z_0)}{z - z_0}$ unabhängig von der Art der Annäherung $z \to z_0$ vorhanden, so nennen wir ihn wie im Reellen die *Ableitung* der Funktion $f(z)$ im Punkte z_0 und schreiben dafür $f'(z_0)$. Die Funktion nennt man in diesem Fall *differenzierbar* im Punkte z_0; sie ist dann dort auch stetig.

Man setzt auch hier $dz = z - z_0$ (beliebige Änderung der Veränderlichen z), definiert das *Differential* der Funktion im Punkte z_0 bei der Veränderung dz durch $df(z) = f'(z_0)\, dz$, bekommt also für die Ableitung ebenfalls den *Differentialquotienten* $\dfrac{df(z)}{dz}$. Spalten wir z und w in ihre reellen und imaginären Teile $z = x + iy$, $w = u + iv$, so sind u, v reelle Funktionen der reellen Veränderlichen x, y, die im Punkte (x_0, y_0) nach beiden Veränderlichen differenzierbar sind und dort den Gleichungen $u_x = v_y$, $u_y = -v_x$ genügen (Cauchy-Riemannsche *Differentialgleichungen*).

Ist die Funktion $f(z)$ in allen Punkten eines Gebietes G (Ziff. 16) differenzierbar, so sagen wir, sie ist in G *analytisch* oder *regulär*. Dafür ist notwendig und hinreichend, daß u und v in G stetig und differenzierbar sind und dort den Cauchy-Riemann-schen Differentialgleichungen genügen. Man kann auch wie im Reellen (Ziff. 19) *partielle Ableitungen* einer Funktion von mehreren komplexen Veränderlichen definieren. Ist die Funktion in jedem Punkt einer Umgebung eines Punktes des R_{2n} (Ziff. 48) nach allen n komplexen Veränderlichen differenzierbar, so ist sie in dieser Umgebung auch stetig.

Die Rechenregeln für das Differenzieren sind dieselben wie im Reellen. Sind die Veränderlichen einer analytischen Funktion selbst analytische Funktionen von neuen Veränderlichen, so ist die ursprüngliche Funktion analytische Funktion dieser neuen Veränderlichen. Eine Funktion, deren Ableitungen nach ihren Veränderlichen in einem Gebiet verschwinden, ist dort konstant. Ebenso wie im Reellen definiert man *Ableitungen höherer Ordnung* (Ziff. 11). Eine analytische Funktion hat Ableitungen jeder beliebigen Ordnung.

50. Kurvenintegrale. Die beiden Punkte a und b eines Gebietes G der z-Ebene seien durch eine in G verlaufende rektifizierbare Kurve C (Ziff. 35) verbunden. In einer Parameterdarstellung $x = x(t)$, $y = y(t)$ der Kurve möge der Parameterwert α zum Punkt a, der Parameterwert β zum Punkt b gehören. $f(z) = u + iv$ sei auf C stetige Funktion der komplexen Veränderlichen $z = x + iy$. Wir wählen auf der Kurve $n - 1$ Punkte $z_1, z_2, \ldots, z_{n-1}$, die zusammen mit den Punkten a und b die Kurve C in n Teile C_ν ($\nu = 1, 2, \ldots, n$) zerlegen, auf den Teilstücken C_ν jeweils einen Punkt ζ_ν und bilden die Summe $S = \sum_{\nu=1}^{n} f(\zeta_\nu)(z_\nu - z_{\nu-1})$. Dann gibt es eine komplexe Zahl J mit der Eigenschaft, daß sich zu jedem $\varepsilon > 0$ ein $\delta > 0$ finden läßt, so daß $|J - S| < \varepsilon$ für alle Zerlegungen obiger Art ist, bei denen nur die Entfernungen der einzelnen Teilpunkte $|z_\nu - z_{\nu-1}|$ unterhalb δ liegen. Wir nennen J das über C erstreckte *Integral* der Funktion $f(z)$ *(Kurvenintegral)* und schreiben $J = \int_C f(z)\,dz$. Es ergibt sich, falls $x(t)$ und $y(t)$ stetig differenzierbar sind,

$$J = \int_\alpha^\beta (u\dot{x} - v\dot{y})\,dt + i\int_\alpha^\beta (v\dot{x} + u\dot{y})\,dt.$$

Die Rechenregeln für das Integrieren aus Ziff. 30 lassen sich ohne weiteres vom Reellen auf das Komplexe übertragen (natürlich nicht die Mittelwertsätze). Für den absoluten Betrag erhält man $|J| \leq \int_{\alpha_1}^{\beta_1} |f(z)|\,ds$, wobei s den Bogen auf C bedeutet, x, y als Funktionen des Bogens aufgefaßt werden und α_1, β_1, die zu den Punkten a, b gehörigen Werte von s sind.

Das Gebiet G sei nun einfach zusammenhängend (Ziff. 19), d.h. jede doppelpunktfreie geschlossene JORDANsche Kurve soll sich in G stetig auf einen Punkt zusammenziehen lassen. In diesem Fall hängt das Integral J dann und nur dann nicht von der die Punkte a und b verbindenden Kurve C ab oder ist, was damit gleichwertig ist, über jede geschlossene Kurve erstreckt, null, wenn $f(z)$ in G analytisch ist. Als Funktion seiner oberen Grenze z betrachtet, ist das Integral in diesem Fall eine analytische Funktion $F(z) = \int_a^z f(\zeta)\,d\zeta$ mit $F'(z) = f(z)$.

Damit lassen sich die Rechenregeln von Ziff. 31 auf das Komplexe übertragen. Bei der Einführung einer neuen Veränderlichen möge man folgendes beachten: Es sei $z = \varphi(\zeta)$ eine analytische Funktion von ζ, durch die das einfach zusammenhängende Gebiet G der z-Ebene umkehrbar eindeutig auf das Gebiet G' der ζ-Ebene abgebildet werden soll, den Punkten a, b mögen die Punkte α, β und der Kurve C von G die Kurve C' von G' entsprechen. Dann hat man

$$\int_C f(z)\,dz = \int_{C'} f[\varphi(\zeta)]\,d\zeta$$

oder, weil die Integrale in unserem Fall vom Weg nicht abhängen,

$$\int_a^b f(z)\,dz = \int_\alpha^\beta f[\varphi(\zeta)]\,d\zeta.$$

Integrale über geschlossene Kurven pflegt man in der Gestalt $\oint f(z)\,dz$ zu schreiben. Uneigentliche Integrale werden wie im Reellen (Ziff. 32) als Grenzwerte definiert.

51. Integralsatz von Cauchy. Das Gebiet G möge von einer oder mehreren rektifizierbaren Kurven berandet sein (braucht also jetzt nicht einfach zusammenhängend zu sein). Die (eindeutige) Funktion $f(z)$ sei in G analytisch und soll auf dem Rand solche Werte annehmen, die sich stetig an die Werte im Innern anschließen. Dann ist das Integral über $f(z)$, erstreckt über den gesamten Rand von G, gleich null, falls alle Randkurven so durchlaufen werden, daß das Gebiet entweder immer zur linken Hand oder immer zur rechten Hand liegt (Cauchy). Wird also z. B. das Gebiet G von den beiden Kurven C_1 und C_2 der Fig. 10 begrenzt, so ist $\int\limits_{C_1} f(z)\,dz =$ $\int\limits_{C_2} f(z)\,dz$, wenn die beiden Kurven im selben Sinne durchlaufen werden.

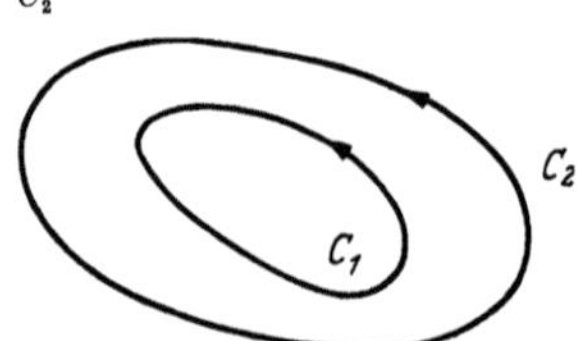
Fig. 10. Gebiet zum Integralsatz von Cauchy.

Ist G einfach zusammenhängend und von der Kurve C begrenzt, so erhält man unter denselben Voraussetzungen über die Funktion $f(z)$ wie oben für jeden Punkt z in G die sog. Cauchysche Integralformel

$$f(z) = \frac{1}{2\pi i}\int\limits_{C}\frac{f(\zeta)\,d\zeta}{\zeta - z} \quad \text{und} \quad f^{(n)}(z) = \frac{n!}{2\pi i}\int\limits_{C}\frac{f(\zeta)\,d\zeta}{(\zeta - z)^{n+1}},$$

wobei die Kurve C im positiven Sinne (entgegen dem Uhrzeiger) durchlaufen wird.

Ist $f(z)$ in einem beschränkten Gebiet G regulär und in dem Gebiet samt Rand noch stetig, so nimmt der Betrag von $f(z)$ seinen größten Wert auf dem Rand an und, wenn die Funktion in G nicht konstant ist, nur auf dem Rand an. Das Gleiche gilt vom kleinsten Wert, falls die Funktion nicht konstant und in G niemals null ist. Eine in der ganzen Ebene reguläre und beschränkte (eindeutige) analytische Funktion ist eine Konstante (Liouville). Daraus folgt der sog. Fundamentalsatz der Algebra von Gauss: Jedes nicht konstante Polynom hat mindestens eine Nullstelle.

52. Potentialfunktionen. Sowohl der reelle Teil u als auch der imaginäre Teil v einer analytischen Funktion $u + iv = f(x + iy)$ genügen der Laplaceschen Differentialgleichung (Potentialgleichung) $\dfrac{\partial^2 \varphi}{\partial x^2} + \dfrac{\partial^2 \varphi}{\partial y^2} = 0$ oder, kurz geschrieben mit Hilfe des Laplaceschen Operators, $\Delta\varphi = 0$. Die zweimal stetig differenzierbaren reellen Lösungen dieser Gleichung pflegt man als Potentialfunktionen zu bezeichnen.

Jede Potentialfunktion kann als reeller oder imaginärer Teil einer analytischen Funktion betrachtet werden, der zugehörige imaginäre oder reelle Teil ist dann bis auf eine additive Konstante eindeutig bestimmt. Ist z. B. u als Potentialfunktion in einem einfach zusammenhängenden Gebiet G gegeben (Ziff. 19), so erhält man die zugehörige Funktion v nach Ziff. 41 durch die Formel

$$v = \int\limits_{t_0}^{t} (-u_y\,\dot{x} + u_x\,\dot{y})\,dt + \text{Const.},$$

wobei das Integral über eine beliebige Kurve C von G zu erstrecken ist, die von einem festen Punkt P_0 zum Punkt $P(x, y)$ führt und in Parameterdarstellung dadurch gegeben ist, daß x und y stückweise glatte Funktionen (Ziff. 9) eines Parameters t sind, wobei der Wert t_0 dem Punkte P_0, der veränderliche Wert t dem Punkt P entspricht. Das Integral hängt nach Ziff. 50 von der Kurve C

nicht ab. Ist v als Potentialfunktion gegeben, so erhält man ähnlich u aus der Formel

$$u = \int\limits_{t_0}^{t} (v_y \dot{x} - v_x \dot{y})\, dt + \text{Const.}$$

53. Gleichmäßige Konvergenz im Komplexen. Die Definition der *gleichmäßigen Konvergenz* bei Folgen und Reihen, deren Glieder Funktionen von komplexen Veränderlichen sind, erfolgt wie im Reellen (Ziff. 44). Es gilt auch hier der Satz über die Stetigkeit der Grenzfunktion oder Summe der unendlichen Reihe, falls die Glieder der Folge oder Reihe stetig sind. Integriert man eine solche gleichmäßig konvergente Folge oder Reihe nach einer der Veränderlichen längs eines bestimmten Weges, so konvergiert die integrierte Folge oder Reihe gleichmäßig bezüglich der übrigen Veränderlichen gegen das Integral der Grenzfunktion oder der Reihensumme.

Dagegen läßt sich der Satz über die Differentiation nach WEIERSTRASS bedeutend verschärfen: Die Grenzfunktion einer gleichmäßig konvergenten Folge von analytischen Funktionen oder die Summe einer Reihe von solchen Funktionen ist selbst eine analytische Funktion im Innern des betreffenden Bereiches und die Ableitungen der Funktionen oder die gliedweise differenzierte Reihe konvergieren von selbst gleichmäßig gegen die Ableitung der Grenzfunktion oder der Reihensumme in jedem abgeschlossenen Teilbereich. Der Satz über die Reihen mit einer Majorante mit konstanten Gliedern von Ziff. 44 gilt auch hier im Komplexen.

Wird eine stetige Funktion von mehreren komplexen Veränderlichen nach einer von ihnen integriert, so ist das Integral eine stetige Funktion der übrigen, wird es nach einer zweiten dieser Veränderlichen integriert, so kann man die Reihenfolge der Integrationen vertauschen, ohne das Ergebnis zu ändern. Wird eine analytische Funktion von mehreren komplexen Veränderlichen nach einer von ihnen integriert, so ist das Integral eine analytische Funktion der übrigen und kann nach diesen unter dem Integral differenziert und integriert werden.

Die Begriffe und Sätze über *unentwickelte Funktionen, Funktionaldeterminante, Funktionalmatrix* (Ziff. 20, 21, 22) lassen sich ebenfalls ins Komplexe übertragen, wenn man analytisch statt stetig differenzierbar sagt.

54. Logarithmus und Exponentialfunktion.

Man definiert im Komplexen $\log z = \int\limits_{1}^{z} \dfrac{d\zeta}{\zeta}$.

Dieser Ausdruck geht bei reellem positivem z in den reellen natürlichen Logarithmus über. Für komplexe z ergibt sich $\log z = \log|z| + i \operatorname{arc} z$ (Fig. 11), d. h. der *natürliche Logarithmus* ist im Komplexen eine *unendlich vieldeutige* analy-

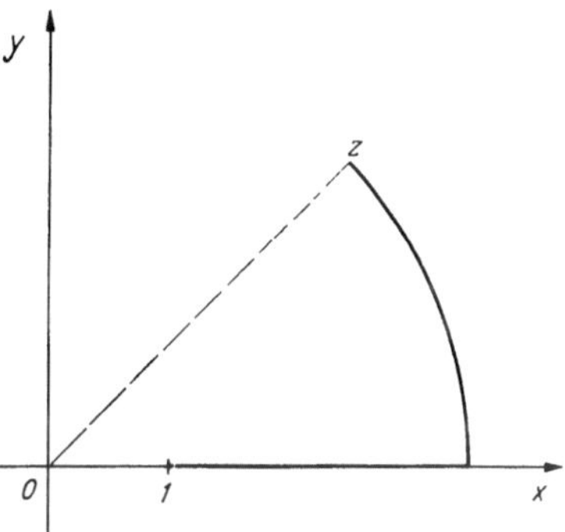

Fig. 11.　Integrationsweg zum Logarithmus.

tische Funktion; die zu einem bestimmten z gehörigen Werte unterscheiden sich um Vielfache von $2\pi i$. Das hängt damit zusammen, daß sich das Integral um Vielfache von $2\pi i$ ändert, wenn man den Nullpunkt entsprechend oft umläuft. Man zeichnet unter den unendlich vielen Werten des Logarithmus denjenigen aus, für welchen $-\pi < \operatorname{arc} z \leqq +\pi$ ist, und nennt ihn den *Hauptwert*. Für $z = 0$ ist die Funktion nicht definiert. Die Umkehrungsfunktion von $w = \log z$ bezeichnet man auch im Komplexen mit $z = e^w$ (*Exponentialfunktion*), sie ist entsprechend der unendlichen Vieldeutigkeit des Logarithmus eine *periodische* analytische Funktion mit der *Periode* $2\pi i$.

4*

Wie im Reellen hat man

$$\log (z_1 z_2) = \log z_1 + \log z_2 \quad \text{und} \quad \log \frac{z_1}{z_2} = \log z_1 - \log z_2,$$

nur ist hier folgendes zu beachten: Hat man sich bei den Logarithmen der rechten Seite dieser Gleichungen für bestimmte Vielfache von $2\pi i$ beim imaginären Teil entschieden, so ist das Vielfache auf der linken Seite damit bestimmt. Ferner ist gemäß der Definition $\frac{d \log z}{d z} = \frac{1}{z}$. Die *Potenz* definiert man wie im Reellen durch $a^z = e^{z \log a}$, erhält also im allgemeinen gemäß der unendlichen Vieldeutigkeit des Logarithmus eine *unendlich vieldeutige* analytische Funktion. Sie wird eindeutig, wenn z eine ganze Zahl ist, n-deutig, wenn z von der Gestalt m/n (m, n ganz und teilerfremd) ist (die n-Werte der *n-ten Wurzel* aus einer komplexen Zahl). Verwendet man in der Definition der Potenz für den Logarithmus seinen Hauptwert, so erhält man den sog. *Hauptwert der Potenz*. Die Rechenregeln sind dieselben wie im Reellen, nur hat man auf die Vieldeutigkeit des Logarithmus zu achten.

Für reelle φ ergibt sich die wichtige Eulersche *Formel:* $e^{i\varphi} = \cos \varphi + i \sin \varphi$. Damit läßt sich jede komplexe Zahl mit dem Betrag r und dem Winkel φ in der Gestalt $r\,e^{i\varphi}$ schreiben.

55. Kreis- und Hyperbelfunktionen. Man definiert

$$\sin z = \frac{e^{iz} - e^{-iz}}{2i}, \qquad \cos z = \frac{e^{iz} + e^{-iz}}{2},$$

$$\tan z = \frac{\sin z}{\cos z}, \qquad \cot z = \frac{\cos z}{\sin z},$$

$$\operatorname{Sin} z = \frac{e^z - e^{-z}}{2}, \qquad \operatorname{Cos} z = \frac{e^z + e^{-z}}{2},$$

$$\operatorname{Tan} z = \frac{\operatorname{Sin} z}{\operatorname{Cos} z}, \qquad \operatorname{Cot} z = \frac{\operatorname{Cos} z}{\operatorname{Sin} z}.$$

Gemäß der vorigen Ziffer stimmen die so definierten Funktionen im Reellen mit den *Kreis-* und *Hyperbelfunktionen* überein. Die Rechenregeln sind dieselben wie im Reellen. Zufolge dieser Definitionen kann man im Komplexen Kreis- und Hyperbelfunktionen entbehren.

Der Zusammenhang der Kreis- und Hyperbelfunktionen ist durch folgende Formeln gegeben:

$$i \operatorname{Sin} z = \sin iz, \qquad \operatorname{Cos} z = \cos iz,$$

$$i \operatorname{Tan} z = \tan iz, \qquad \operatorname{Cot} z = i \cot iz.$$

56. Potenzreihen einer Veränderlichen. Ist eine Funktion $f(z)$ in einem Gebiet G regulär und z_0 ein Punkt von G, so gibt es eine und nur eine *Potenzreihe* $\sum\limits_{\nu=1}^{\infty} c_\nu (z - z_0)^\nu$, die in einem gewissen Kreis mit z_0 als Mittelpunkt konvergiert und dort die Funktion darstellt. Sie ist nichts anderes als die Taylorsche *Reihe* der Funktion, d.h. ihre Koeffizienten sind $c_\nu = \frac{1}{\nu!} f^{(\nu)}(z_0)$. Die Reihe konvergiert sicher in dem größten Kreis K mit z_0 als Mittelpunkt, der noch ganz in G liegt. Ist $f(z_0) = f'(z_0) = f''(z_0) = \cdots = f^{(k-1)}(z_0) = 0$, aber $f^{(k)}(z_0) \neq 0$, d.h. beginnt die Entwicklung erst mit dem Glied $c_k (z - z_0)^k$, so nennt man z_0 eine *k-fache Nullstelle* oder *Nullstelle von der Ordnung k* der Funktion.

Ist M der größte Wert von $f(z)$ in K und r der Halbmesser des Kreises, so gilt die von CAUCHY herrührende Abschätzung $|c_\nu| \leq M r^{-\nu}$. Von der Möglichkeit, eine solche analytische Funktion so durch eine Potenzreihe darzustellen, stammt der Name analytisch.

Liegt umgekehrt eine Potenzreihe $\sum\limits_{\nu=0}^{\infty} c_\nu (z - z_0)^\nu$ vor, so gibt es einen bestimmten Kreis K mit dem Mittelpunkt z_0 und dem Halbmesser r, innerhalb dessen die Reihe absolut konvergiert, außerhalb dessen sie divergiert. Er heißt der *Konvergenzkreis* der Reihe, sein Halbmesser ihr *Konvergenzhalbmesser*. Innerhalb und auf jedem Kreis K' mit demselben Mittelpunkt und einem Halbmesser $r' < r$ konvergiert die Reihe gleichmäßig und stellt daher nach Ziff. 53 im Innern von K eine analytische Funktion dar. Dabei ist $\dfrac{1}{r} = \overline{\lim\limits_{\nu \to \infty}} \sqrt[\nu]{|c_\nu|}$. Man hat auch $\dfrac{1}{r} = \lim\limits_{\nu \to \infty} \left|\dfrac{c_{\nu+1}}{c_\nu}\right|$, falls dieser Grenzwert vorhanden ist. Auch die beiden Grenzfälle $r = 0$ und $r = \infty$ können auftreten. Im letzteren Fall konvergiert die Reihe in der ganzen Ebene und heißt *beständig konvergent*.

Die Ableitung einer durch eine Potenzreihe dargestellten analytischen Funktion erhält man durch gliedweise Differentiation der Reihe, die neue Reihe hat denselben Konvergenzkreis wie die ursprüngliche. Dasselbe gilt, wenn man die Reihe von z_0 bis zu einem Punkt z in K gliedweise integriert. Man gewinnt dadurch das entsprechende Integral über die durch die Reihe dargestellte Funktion.

Die Funktionen $f_\mu(z)$ $(\mu = 1, 2, 3, \ldots)$ seien im Kreis K regulär, $f_\mu = \sum\limits_{\nu=0}^{\infty} c_{\mu\nu} (z - z_0)^\nu$ ihre Potenzreihenentwicklungen. Ferner möge die Reihe $\sum\limits_{\mu=1}^{\infty} f_\mu(z)$ in jedem abgeschlossenen Kreis mit demselben Mittelpunkt und kleinerem Halbmesser gleichmäßig konvergieren. Sie stellt also eine in K reguläre analytische Funktion $F(z)$ dar. Man erhält ihre Potenzreihenentwicklung in K, indem man die Potenzreihen für die Funktionen f_μ in die Reihe für die Funktion $F(z)$ einsetzt und nach Potenzen von $z - z_0$ ordnet (*Doppelreihensatz von* WEIERSTRASS).

Den Quotienten zweier Potenzreihen entwickelt man formal am einfachsten in eine Potenzreihe, indem man diese mit unbestimmten Koeffizienten ansetzt, die Gleichung mit der Nennerpotenzreihe multipliziert und hierauf das Prinzip der *Koeffizientenvergleichung* anwendet (Ziff. 25). Den Ansatz mit unbestimmten Koeffizienten verwendet man auch mit Vorteil zur „*Reihenumkehr*" d.h. wenn aus $w = \sum\limits_{\nu=0}^{\infty} c_\nu (z - a)^\nu$ eine nach Potenzen von $w - c_0$ fortschreitende Reihe für $z - a$ berechnet werden soll.

57. Besondere Potenzreihen. Für die einfachen elementaren Funktionen ergeben sich folgende Reihenentwicklungen:

$$\left.\begin{aligned}
e^z &= 1 + z + \frac{z^2}{2!} + \frac{z^3}{3!} + \cdots\\[4pt]
\sin z &= z - \frac{z^3}{3!} + \frac{z^5}{5!} - \frac{z^7}{7!} + \cdots\\[4pt]
\cos z &= 1 - \frac{z^2}{2!} + \frac{z^4}{4!} - \frac{z^6}{6!} + \cdots\\[4pt]
\operatorname{Sin} z &= z + \frac{z^3}{3!} + \frac{z^5}{5!} + \frac{z^7}{7!} + \cdots\\[4pt]
\operatorname{Cos} z &= 1 + \frac{z^2}{2!} + \frac{z^4}{4!} + \frac{z^6}{6!} + \cdots
\end{aligned}\right\} \text{beständig konvergent,}$$

$$\left. \begin{aligned} \log(1+z) &= z - \frac{z^2}{2} + \frac{z^3}{3} - \frac{z^4}{4} + \cdots \\ (1+z)^\alpha &= 1 + \binom{\alpha}{1} z + \binom{\alpha}{2} z^2 + \binom{\alpha}{3} z^3 + \cdots \end{aligned} \right\} \quad \begin{aligned} &\text{Konvergenzkreis ist} \\ &\text{der Einheitskreis.} \end{aligned}$$

Die beiden letzten Reihen liefern den Hauptwert der betreffenden Funktionen. Ein besonderer Fall der letzten Reihe ist die sog. *geometrische Reihe*

$$\frac{1}{1-z} = 1 + z + z^2 + z^3 + \cdots .$$

Ist α eine positive ganze Zahl n, so ergibt sich die bekannte mit z^n abbrechende *binomische Entwicklung* in der allgemeinen Gestalt:

$$(a+b)^n = a^n + \binom{n}{1} a^{n-1} b + \binom{n}{2} a^{n-2} b^2 + \cdots + \binom{n}{n} b^n .$$

Die Reihe für $\log(1+z)$ konvergiert für $z=1$ und stellt dort $\log 2$ dar, für $z=-1$ divergiert sie (Ziff. 43).

Durch Integration der Reihe $\dfrac{1}{1+z^2} = 1 - z^2 + z^4 - z^6 + \cdots$ ergibt sich die Reihe für die Umkehrungsfunktion der Funktion $\tan z$:

$$\operatorname{arc\,tan} z = z - \frac{z^3}{3} + \frac{z^5}{5} - \frac{z^7}{7} + \cdots \qquad (\text{Konvergenzkreis} = \text{Einheitskreis}) .$$

Sie stellt den Hauptwert des *Arcustangens* dar, d.h. jenen, dessen reeller Teil zwischen $-\dfrac{\pi}{2}$ und $+\dfrac{\pi}{2}$ liegt und liefert für $z=1$ eine konvergente Reihe für $\dfrac{\pi}{4}$ (Leibniz).

Durch Integration der Reihe

$$\frac{1}{\sqrt{1-z^2}} = 1 + \frac{1}{2} z^2 + \frac{1\cdot 3}{2\cdot 4} z^4 + \frac{1\cdot 3\cdot 5}{2\cdot 4\cdot 6} z^6 + \cdots$$

ergibt sich für die Umkehrungsfunktion der Funktion $\sin z$:

$$\operatorname{arc\,sin} z = z + \frac{1}{2} \frac{z^3}{3} + \frac{1\cdot 3}{2\cdot 4} \frac{z^5}{5} + \frac{1\cdot 3\cdot 5}{2\cdot 4\cdot 6} \frac{z^7}{7} + \cdots$$

$$(\text{Konvergenzkreis} = \text{Einheitskreis}) .$$

Sie stellt den Hauptwert des *Arcussinus* dar, d.h. jenen, dessen reeller Teil zwischen $-\dfrac{\pi}{2}$ und $+\dfrac{\pi}{2}$ liegt.

Mit Hilfe der sog. Bernoullischen *Zahlen* B_n, die durch die Rekursionsformel

$$1 + \binom{n}{1} B_1 + \binom{n}{2} B_2 + \cdots + \binom{n}{n-1} B_{n-1} = 0 \quad \text{und} \quad B_0 = 1$$

definiert sind, erhält man die Reihe

$$\tan z = \sum_{\nu=1}^{\infty} (-1)^{\nu-1} \frac{2^{2\nu}(2^{2\nu}-1) B_{2\nu}}{(2\nu)!} z^{2\nu-1} = z + \frac{z^3}{3} + \frac{2}{15} z^5 + \frac{17}{315} z^7 + \cdots .$$

Sie konvergiert für $|z| < \dfrac{\pi}{2}$.

Die Bernoullischen Zahlen sind rational, alle mit ungeradem Zeiger von $n=3$ ab sind null, alle, deren Zeiger durch 2, aber nicht durch 4 teilbar ist, von $n=2$ ab sind positiv, alle, deren Zeiger durch 4 teilbar ist, von $n=4$ ab sind negativ.

Die ersten BERNOULLIschen Zahlen haben die Werte

$$B_0 = 1, \quad B_1 = -\frac{1}{2}, \quad B_2 = \frac{1}{6}, \quad B_4 = -\frac{1}{30}, \quad B_6 = \frac{1}{42},$$

$$B_8 = -\frac{1}{30}, \quad B_{10} = \frac{5}{66}, \quad B_{12} = -\frac{691}{2730}, \quad B_{14} = \frac{7}{6}.$$

Die BERNOULLIschen Zahlen treten auch in der Entwicklung $\dfrac{z}{e^z - 1} = \sum\limits_{\nu=0}^{\infty} \dfrac{B_\nu z^\nu}{\nu!}$ auf, die für $|z| < 2\pi$ konvergiert.

58. Verhalten auf dem Konvergenzkreis. a sei ein Punkt auf dem Konvergenzkreis K der Reihe $\sum\limits_{\nu=0}^{\infty} c_\nu (z - z_0)^\nu$ (Fig. 12). Sie möge in diesem Punkt konvergieren. Wir ziehen durch ihn die beiden Geraden g_1 und g_2, die mit der Tangente t im Punkt a an den Kreis je einen beliebig kleinen, aber festen Winkel einschließen sollen. Nähert sich der Punkt z vom Innern des Kreises dem Punkt a innerhalb des von diesen beiden Geraden begrenzten Winkelraumes, so ist

$$\lim_{z \to a} \sum_{\nu=0}^{\infty} c_\nu (z - z_0)^\nu = \sum_{\nu=0}^{\infty} c_\nu (a - z_0)^\nu$$

(ABELscher *Grenzwertsatz*).

Für das Konvergenzverhalten einer Potenzreihe auf dem Konvergenzkreis sei der für manche Konvergenzuntersuchungen wichtige *Satz von* FATOU erwähnt:

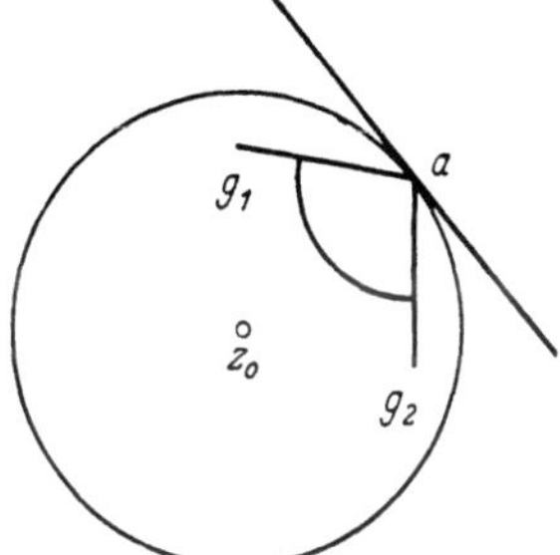

Fig. 12. ABELscher Grenzwertsatz.

Die Potenzreihe $\sum\limits_{\nu=0}^{\infty} c_\nu (z - z_0)^\nu$ möge den Konvergenzhalbmesser r haben, die durch sie in ihrem Konvergenzkreis dargestellte Funktion sei $f(z)$. Ferner sei $c_\nu r^\nu \to 0$ für $\nu \to \infty$. Ist die Funktion in einem Punkt auf dem Rande des Konvergenzkreises regulär, so konvergiert dort die Reihe und stellt nach dem ABELschen Grenzwertsatz die Funktion dar. Auf einem Bogen des Randes des Konvergenzkreises, dessen sämtliche Punkte samt den Endpunkten reguläre Stellen der Funktion sind, konvergiert die Reihe sogar gleichmäßig.

Bei einer beliebigen Potenzreihe haben im allgemeinen Konvergenz oder Divergenz auf dem Rande des Konvergenzkreises gar nichts damit zu tun, ob die durch sie dargestellte Funktion in dem betreffenden Randpunkt regulär ist oder nicht, wie folgende Beispiele zeigen (vgl. Ziff. 43): Die Funktion $\dfrac{1}{1 - z}$ ist für $z = 1$ nicht regulär, für $z = -1$ regulär, die Reihe $\sum\limits_{\nu=0}^{\infty} z^\nu$ divergiert in beiden Fällen.

Die Funktion $\log(1 - z)$ ist für $z = -1$ regulär, die Reihe $-\sum\limits_{\nu=1}^{\infty} \dfrac{z^\nu}{\nu}$ konvergiert dort. Die Funktion $-\displaystyle\int_0^z \dfrac{\log(1 - \zeta)\, d\zeta}{\zeta}$ ist für $z = 1$ nicht regulär, die zugehörige Reihe $\sum\limits_{\nu=1}^{\infty} \dfrac{z^\nu}{\nu^2}$ konvergiert für $z = 1$.

59. Potenzreihen von mehreren Veränderlichen. Für eine Funktion von mehreren unabhängigen komplexen Veränderlichen $z_1, z_2, \ldots z_n$, die in den Kreisen K_ν: $|z_\nu - a_\nu| < r_\nu$ ($\nu = 1, 2, \ldots, n$) analytisch ist, erhält man als *eindeutige Potenzreihenentwicklung* genau die TAYLORsche *Reihe für mehrere Veränderliche* (Ziff. 19).

$$f(z_1, z_2, \ldots, z_n) = c_0 + \sum_{m=1}^{\infty} \sum_{k_1 + k_2 + \cdots + k_n = m} c_{k_1 k_2 \ldots k_n} (z_1 - a_1)^{k_1} (z_2 - a_2)^{k_2} \ldots (z_n - a_n)^{k_n},$$

wobei

$$c_0 = f(a_1, a_2, \ldots, a_n), \qquad c_{k_1 k_2 \ldots k_n} = \frac{1}{k_1!\, k_2! \ldots k_n!} \left(\frac{\partial^n f}{\partial z_1^{k_1}\, \partial z_2^{k_2} \ldots \partial z_n^{k_n}} \right)_{z_\nu = a_\nu}$$

ist und in den Ableitungen für $z_\nu = a_\nu$ ($\nu = 1, 2, \ldots, n$) zu setzen ist. Bedeutet M den größten Wert des Betrages der Funktion in allen Kreisen K_ν, so gilt

$$\left| c_{k_1 k_2 \ldots k_n} \right| \leq M\, r_1^{-k_1}\, r_2^{-k_2} \ldots r_n^{-k_n}.$$

Die Reihe konvergiert in den Kreisen K_ν absolut, in und auf konzentrischen Kreisen K_ν' mit kleineren Halbmessern gleichmäßig. Durch gliedweises Differenzieren bzw. Integrieren erhält man die Potenzreihenentwicklungen der Ableitung bzw. des Integrals der Funktion, die in den K_ν absolut, in den K_ν' gleichmäßig konvergieren. Ebenso läßt sich der Doppelreihensatz übertragen. Dagegen kann man nicht sagen, daß die Reihe außerhalb der Kreise K_ν divergiert, wie folgendes Beispiel zeigt: Die Reihe $\sum\limits_{m=1}^{\infty} (z_1 - z_2)^m$ konvergiert für alle z_1 und z_2 der Kreise $|z_1| < \frac{1}{2}$ und $|z_2| < \frac{1}{2}$, divergiert für $z_1 = 1$, $z_2 = 0$, aber konvergiert für $z_1 = z_2 = c$, wo c eine beliebige Zahl bedeutet, wenn man die Gesamtheit der Glieder derselben Dimension als *ein* Reihenglied auffaßt.

60. Konforme Abbildung. Das Gebiet G sei von einer doppelpunktfreien Jordanschen Kurve C begrenzt und in ihm die analytische Funktion $w = f(z)$ definiert. Durch sie möge G auf ein Gebiet G' der w-Ebene abgebildet werden, das ebenfalls von einer solchen Jordanschen Kurve C' begrenzt sei, und ferner sei in G überall $f'(z) \neq 0$. Dann ist die Abbildung von G auf G' gemäß Ziff. 20 *umkehrbar eindeutig*. Sie ist ferner *winkeltreu mit Erhaltung des Drehsinns*, d.h. zwei Kurven in G, die sich im Punkte P unter einem Winkel α schneiden, haben in G' zwei Bildkurven, die sich im Bildpunkt P' von P ebenfalls unter dem Winkel α schneiden, wobei der Drehsinn erhalten bleibt.

Daraus erkennt man: Die Kurven der z-Ebene, auf denen der reelle Teil u der Funktion $f(z)$ konstant ist, schneiden die Kurven, auf denen der imaginäre Teil v konstant ist, unter rechten Winkeln.

PQ sei ein Bogen einer Kurve C in G, $P'Q'$ der Bogen der Bildkurve C' in G'. Läßt man den Punkt Q auf C unbegrenzt gegen P rücken, so nähert sich Q' unbegrenzt dem Punkte P'. Dabei strebt das Verhältnis der Bogenlängen $P'Q' : PQ$ einem Grenzwert zu, der nur vom Punkt P und nicht von der durch ihn gehenden Kurve C abhängt. Er heißt der *Maßstab* der Abbildung im Punkte P und ist gleich dem Betrag der Ableitung von $f(z)$ im Punkte P. Auch der Winkel dieser Ableitung im Punkte P hat eine geometrische Bedeutung. Er ist gleich dem Winkel, den die Kurve C' im Punkte P' mit der reellen Achse der w-Ebene bildet, vermindert um den Winkel, den die Kurve C im Punkte P mit der reellen Achse der z-Ebene bildet.

In erster Annäherung erfährt also eine hinreichend kleine Umgebung eines Punktes z_0 von G durch die Abbildung auf G' eine *Drehstreckung*, sie wird im Verhältnis $|f'(z_0)|$ vergrößert und um den Winkel arc $f'(z_0)$ gedreht. Darin spricht sich die Winkeltreue der Abbildung aus. Sie ist *konform* oder, wie man zu sagen pflegt, *in den kleinsten Teilen ähnlich*. Denkt man sich $|f(z)|$ in jedem Punkt des Gebietes G der z-Ebene als dritte Koordinate ζ eines räumlichen rechtwinkeligen Koordinatensystems (x, y, ζ) senkrecht zur xy-Ebene aufgetragen, so stellt die Gleichung $\zeta = |f(z)|$ eine Fläche im Raum dar. Die senkrechten Projektionen ihrer Schnittlinien mit den zur xy-Ebene parallelen Ebenen sind die Kurven $|w| = $ const, die man im Anschluß an die eben gegebene Deutung von $|f(z)|$ als

Höhenlinien zu bezeichnen pflegt. Sie sind die Bilder der Kreise $|w| = $ const der w-Ebene, werden also von den Bildern der durch den Nullpunkt der w-Ebene gehenden Geraden, den Kurven arc $w = $ const der z-Ebene senkrecht geschnitten. Diese Kurven arc $w = $ const sind die senkrechten Projektionen der *Fallinien* der Fläche $\zeta = |f(z)|$ auf die xy-Ebene und werden daher auch manchmal kurz *Fall-linien* genannt.

61. Abbildung durch eine linear gebrochene Funktion. Wir untersuchen die durch die *linear gebrochene Funktion* $w = \dfrac{Az + B}{Cz + D}$ vermittelte Abbildung der z-Ebene auf die w-Ebene; dabei soll $AD \neq BC$ vorausgesetzt werden, weil sich sonst die Funktion auf eine Konstante reduziert. Die obige Gleichung läßt sich eindeutig nach z auflösen. Durch die Bedingung $AD \neq BC$ ist es ausgeschlossen, daß Zähler und Nenner gleichzeitig verschwinden. Für den Fall, daß der Nenner verschwindet, der reziproke Wert also null ist, führen wir noch wie in Ziff. 47 den Punkt ∞ in beiden Ebenen ein und haben damit eine völlig umkehrbar eindeutige Abbildung der beiden jedes Mal durch diesen Punkt ∞ ergänzten Ebenen aufeinander. Wir wollen eine solche Abbildung kurz *linear* nennen.

Zwei solche lineare Abbildungen, hintereinander ausgeführt, liefern wieder eine lineare Abbildung, die linearen Abbildungen bilden eine *Gruppe*. Ordnet man drei verschiedenen Punkten der einen willkürlich drei verschiedene Punkte der anderen Ebene zu, so ist dadurch die lineare Abbildung eindeutig bestimmt. Das sog. *Doppelverhältnis* von vier Punkten z_1, z_2, z_3, z_4:

$$(z_1 z_2 z_3 z_4) = \frac{z_1 - z_3}{z_2 - z_3} : \frac{z_1 - z_4}{z_2 - z_4}.$$

ist bei einer linearen Abbildung gleich dem Doppelverhältnis der Bildpunkte, es ist gegenüber der Abbildung *invariant*. Es ist dann und nur dann reell, wenn die vier Punkte auf einem Kreis oder einer Geraden liegen. Die Abbildung ist *kreistreu*, d.h. Kreise gehen in Kreise über, wobei aber gerade Linien als Kreise durch den Punkt ∞ im Sinne von Ziff. 47 angesehen werden müssen.

Wir lassen nun die w-Ebene mit der z-Ebene zusammenfallen und können dann fragen: Gibt es Punkte, die bei der linearen Abbildung fest bleiben (*Fix-punkte*)? Die Antwort ist: Es gibt zwei Fixpunkte, die auch zusammenfallen können, oder jeder Punkt ist Fixpunkt, die Abbildung hat dann die Gestalt $w = z$.

Wir betrachten zuerst den Fall zweier verschiedener Fixpunkte a und b. Dann läßt sich die Abbildung in der Gestalt schreiben $\dfrac{w - a}{w - b} = A\, e^{i\alpha}\, \dfrac{z - a}{z - b}$ mit positivem A und reellem α. Ist insbesondere $\alpha = 0$, so gehen die Kreise durch die Fixpunkte in sich selbst über, d.h. ein Punkt eines solchen Kreises hat einen Bildpunkt, der ebenfalls auf diesem Kreis liegt. Man sagt, die Kreise des *Büschels* durch die beiden Fixpunkte sind die *Bahnkurven* der Abbildung, weil ein Punkt auf einem solchen Kreis wandern muß, um zu seinem Bildpunkt zu gelangen. Die Kreise, welche diese Bahnkurven senkrecht schneiden, ihre *orthogonalen Tra-jektorien*, werden durch die Abbildung ineinander übergeführt, d.h. alle Punkte eines solchen Kreises haben Bildpunkte, die sämtlich auf einem anderen Kreis des Büschels dieser orthogonalen Trajektorien liegen. Das Doppelverhältnis der beiden Fixpunkte und der beiden Punkte, in denen irgendeiner dieser orthogonalen Kreise die Gerade durch die beiden Fixpunkte schneidet, ist -1 *(vier harmonische Punkte)*. Die Abbildung heißt in diesem Fall *hyperbolisch*. Ist $\alpha \neq 0$, aber $A = 1$, so vertauschen die Kreise der beiden Büschel ihre Rollen, die Abbildung heißt *elliptisch*. Im allgemeinen Fall $A \neq 1$, $\alpha \neq 0$ erhält man an Stelle der beiden Kreis-büschel zwei Systeme von Spiralen. Eine solche Spirale schneidet alle durch die

Fixpunkte gehenden Kreise unter demselben Winkel, ist also eine *isogonale Trajektorie* oder *Loxodrome* dieser Kreise, daher nennt man die Abbildung in diesem Fall *loxodromisch*.

Wenn die beiden Fixpunkte im Punkte a zusammenfallen, läßt sich die Abbildung in der Form $\dfrac{1}{w-a} = \dfrac{1}{z-a} + c$ schreiben. In diesem Falle berühren einander die Kreise eines der früheren Büschel im Punkte a und ebenso die Kreise des zugehörigen Orthogonalbüschels; die Abbildung heißt *parabolisch*.

Der Fall, in denen einer der beiden Fixpunkte oder beide mit dem Punkte ∞ zusammenfallen, läßt sich durch Grenzübergang aus den besprochenen leicht herleiten.

Einer Drehung der Riemannschen Zahlenkugel (Ziff. 47) entspricht in der Gaussschen Zahlenebene eine lineare Abbildung, deren Fixpunkte diejenigen Punkte sind, welche den Endpunkten des Kugeldurchmessers entsprechen, um den die Kugel gedreht wurde.

$$w = e^{i\alpha}\,\frac{z-a}{z-\bar{a}} \qquad (\alpha \text{ reell, } \bar{a} \text{ konjugierter Wert zu } a)$$

ist die allgemeinste umkehrbar eindeutige und konforme Abbildung des Inneren des Einheitskreises auf die obere Halbebene.

$$w = \frac{Az - B}{\bar{B}z - \bar{A}} \quad \text{mit } A\bar{A} - B\bar{B} > 0 \quad \text{(Querstrich bedeutet wieder konjugierter Wert)}$$

ist die allgemeinste umkehrbar eindeutige und konforme Abbildung des Inneren des Einheitskreises auf sich selbst. $w = \dfrac{Az + B}{Cz + D}$ mit reellen Koeffizienten und $AD - BC > 0$ ist die allgemeinste umkehrbar eindeutige und konforme Abbildung der oberen Halbebene auf sich selbst.

62. Spiegelung am Kreis. A und B seien zwei Punkte auf dem Durchmesser eines Kreises K, dessen Mittelpunkt O und dessen Halbmesser r sein möge. Wir nennen sie *Spiegelpunkte* in bezug auf K, falls die Beziehung $\overline{OA} \cdot \overline{OB} = r^2$ besteht. Zieht man von einem außerhalb K gelegenen Punkt die Tangenten an den Kreis, so schneidet die Berührungssehne, die Polare des Punktes, den durch den Punkt gehenden Durchmesser im Spiegelpunkt des Punktes. Zwei Spiegelpunkte bezüglich K sind dadurch gekennzeichnet, daß alle durch sie gehenden Kreise den Kreis K senkrecht schneiden. Ordnet man jedem Punkt seinen Spiegelpunkt zu, so erhält man eine umkehrbar eindeutige Abbildung der ganzen Ebene auf sich selbst; dem Mittelpunkt O des Kreises K entspricht der Punkt ∞ der Ebene. Die Abbildung ist winkel- und kreistreu im Sinne der vorigen Ziffer, aber der Drehsinn der Winkel wird durch die Abbildung umgekehrt. Man nennt sie *Spiegelung am Kreis* oder wegen der obigen Beziehung *Transformation durch reziproke Radien*. Artet der Kreis K in eine Gerade aus, so entsteht die gewöhnliche Spiegelung an dieser Geraden. Eine lineare Abbildung führt Spiegelpunkte in bezug auf einen Kreis K in Spiegelpunkte in bezug auf den Bildkreis über.

63. Abbildung durch die Potenz. Durch die Funktion $w = z^n$ wird der Winkelraum I des Winkels $\dfrac{2\pi}{n}$ der z-Ebene (Fig. 13) auf die längs der positiven reellen Achse aufgeschlitzte w-Ebene abgebildet. Den beiden Schenkeln des Winkels entsprechen die beiden Ufer des Schlitzes. Denkt man sich den Winkelraum I an den oberen Schenkel als Winkelraum II angelegt, so kann man sich die Verhältnisse in der w-Ebene nach Riemann dadurch veranschaulichen, daß man sich die geschlitzte w-Ebene in einem zweiten Exemplar anfertigt und dieses so an

das erste anheftet, daß das untere Ufer des ersten Blattes mit dem oberen Ufer
des zweiten Blattes verbunden wird, wodurch der stetige Übergang vom ersten
ins zweite ermöglicht ist, was dem stetigen Übergang vom Winkelraum I in II
entspricht (einfachstes Beispiel einer sog. RIEMANNschen *Fläche*).

Ist n eine positive ganze Zahl, so füllen n Winkelräume gerade die ganze
z-Ebene aus (die n Werte der n-ten Wurzel aus w). Die w-Ebene hat man dann
in n Blättern herzustellen, jedes Blatt mit dem folgenden und schließlich das
n-te Blatt mit dem ersten auf die angegebene Art zu verbinden, wodurch gedank-
lich eine unberandete Fläche entsteht. Das zeigt sich besonders deutlich, wenn
man an Stelle der beiden Ebenen jedesmal die entsprechenden Zahlenkugeln verwendet. Die Abbildung der z-Ebene auf diese Fläche ist dann umkehrbar eindeutig, dabei entsprechen einander die beiden Nullpunkte und die beiden Punkte ∞.
Sie ist auch mit Ausnahme dieser beiden Punkte überall konform.

Diese beiden Punkte der w-Ebene, die Endpunkte der Schlitze, längs deren die Blätter zusammengeheftet sind, nennt man *Verzweigungs-*
punkte, weil sich in ihnen die Ebenen oder Kugeln
sozusagen in mehrere Blätter verzweigen. Die entsprechenden Punkte 0 und ∞ der z-Ebene heißen
Kreuzungspunkte, weil z. B. im Nullpunkt das
Bild der geradlinigen reellen Achse der w-Ebene
in die beiden Schenkeln eines Winkelraumes ge-
knickt wird, also aus zwei Halbstrahlen besteht,
die sich dort kreuzen. Einem Kreis mit dem
Mittelpunkt 0 und dem Halbmesser r der z-Ebene
entspricht in der w-Ebene ein Kreis mit dem

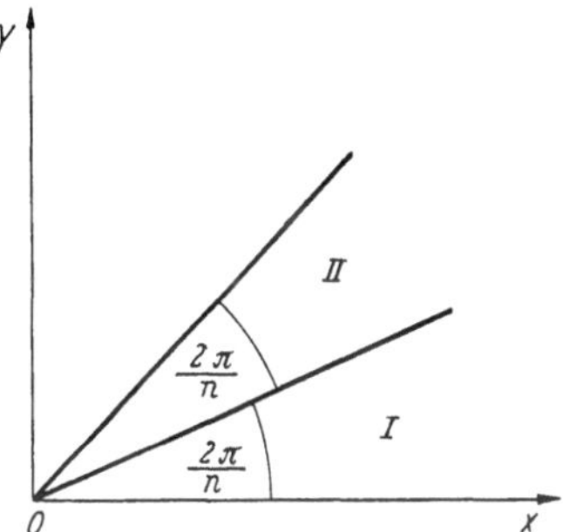

Fig. 13. Konforme Abbildung durch die
Potenz.

Mittelpunkt 0 und dem Halbmesser r^n, einem Halbstrahl im Nullpunkt der
z-Ebene, der mit der positiven reellen Achse der z-Ebene den Winkel φ einschließt, entspricht in der w-Ebene ein Halbstrahl im Nullpunkt der w-Ebene,
der mit der positiven reellen Achse den Winkel $n\varphi$ einschließt.

Hat man allgemein die Entwicklung $w - b = \sum_{\nu=0}^{\infty} c_\nu (z - a)^{n+\nu}$ mit $c_0 \neq 0$ und
positivem, ganzem n, so wird eine genügend kleine Umgebung des Punktes a auf
eine entsprechend kleine n-blättrige Umgebung des Punktes b der w-Ebene umkehrbar eindeutig und mit Ausnahme des Punktes a der z-Ebene auch konform
abgebildet. a ist Kreuzungspunkt, b Verzweigungspunkt von obiger Art. Die
Winkel in a werden im Punkte b auf das n-fache vergrößert. Das Bild der Kurve
$|w| = |b|$ (Höhenlinie nach Ziff. 60) besteht für $b \neq 0$ aus n durch a gehenden
Kurven, von denen je zwei unmittelbar aufeinanderfolgende den Winkel π/n einschließen. Dasselbe gilt von dem Bild der Kurve arc $w =$ arc b. Die betreffenden
Kurven (Fallinien nach Ziff. 60) halbieren den Winkel zweier unmittelbar auf-
einanderfolgender Höhenlinien. Man sagt, der Verzweigungspunkt ist von der
Ordnung $n - 1$.

64. Abbildung durch die Exponentialfunktion. Durch die Funktion $w = e^z$ wird
die längs der negativen reellen Achse aufgeschlitzte w-Ebene auf einen Parallelstreifen der z-Ebene abgebildet, und zwar entspricht dem oberen Ufer des Schlitzes
eine Gerade der oberen z-Halbebene, die im Abstand π parallel zur reellen Achse
der z-Ebene verläuft, dem unteren Ufer eine ebensolche Parallele der unteren
z-Halbebene im Abstande π. Die Punkte dieses Parallelstreifens samt *einem* Rand
liefern den Hauptwert von log w. Fügt man oben und unten an diesen Parallelstreifen weitere kongruente Parallelstreifen in unendlicher Anzahl an, so erhält

man als Bilder unendlich viele Blätter der geschlitzten w-Ebene, die derart aneinander zu heften sind, daß immer das obere Ufer eines Schlitzes mit dem unteren des nachfolgenden zu verbinden ist. Es entsteht dadurch eine unendlich vielblättrige Riemannsche Fläche über der w-Ebene, die man wegen ihrer Gestalt als *logarithmische Wendeltreppe* bezeichnet.

Die Abbildung der z-Ebene auf diese Fläche ist umkehrbar eindeutig und konform mit Ausnahme der Punkte 0 und ∞ der w-Ebene und des Punktes ∞ der z-Ebene. Einer Parallelen im Abstand ξ von der imaginären Achse der z-Ebene entspricht in der w-Ebene ein Kreis mit dem Mittelpunkt 0 und dem Halbmesser e^{ξ}, einer Parallelen im Abstande η von der reellen Achse der z-Ebene entspricht in der w-Ebene ein Halbstrahl im Nullpunkt der w-Ebene, der mit der positiven reellen Achse den Winkel η einschließt $(\xi, \eta \gtreqless 0)$.

65. Abbildung durch $w = \dfrac{1}{2}\left(z + \dfrac{1}{z}\right)$. Bei dieser Abbildung entsprechen den Kreisen der z-Ebene mit dem Mittelpunkt 0 die Ellipsen der w-Ebene mit den Brennpunkten ± 1, den Geraden der z-Ebene durch den Nullpunkt die Hyperbeln der w-Ebene mit denselben Brennpunkten, also ein sog. System von *konfokalen Ellipsen und Hyperbeln*. Die Hyperbeln schneiden die Ellipsen unter rechten Winkeln. Jede Ellipse ist Bild zweier Kreise mit reziproken Halbmessern, dem Einheitskreis entspricht die doppelt gezählte Strecke zwischen den Brennpunkten.

Wir brauchen demnach für die w-Ebene zwei Blätter, schneiden beide z. B. längs dieser Strecke auf und heften sie kreuzweise aneinander, dann ist die so entstandene zweiblättrige Riemannsche Fläche umkehrbar eindeutig auf die z-Ebene abgebildet. Den Punkten 0 und ∞ der z-Ebene entsprechen die beiden Punkte ∞ in den beiden Blättern der w-Ebene. In den Punkten $z = \pm 1$ ist $\dfrac{dw}{dz} = 0$, die Abbildung nicht mehr konform. Die Winkel werden in den entsprechenden Punkten $w = \pm 1$ verdoppelt. Die Nullstellen von w sind die Punkte $z = \pm i$, und zwar sind sie einfach. Die Kreise durch die Punkte $z = \pm 1$ gehen in Kreisschlitze durch die Punkte $w = \pm 1$ über. Durch diese Funktion kann man das Äußere einer Ellipse umkehrbar eindeutig und konform auf das Innere eines Kreises abbilden. Für das Innere einer Ellipse gelingt es durch elementare Funktionen nicht, dazu sind elliptische Funktionen erforderlich.

66. Laurentsche Reihenentwicklung. Wenn die Funktion $f(z)$ in dem Kreisring $r_1 < |z - a| < r_2$ analytisch ist, läßt sie sich nach Laurent eindeutig in eine Reihe von der Gestalt $\sum\limits_{\nu=-\infty}^{+\infty} c_\nu (z - a)^\nu$ entwickeln. Dabei konvergiert die Reihe $\sum\limits_{\nu=0}^{\infty} c_\nu (z - a)^\nu$ in dem Kreis $|z - a| < r_2$ absolut und in und auf jedem kleineren konzentrischen Kreis auch gleichmäßig, die Reihe $\sum\limits_{\nu=-1}^{-\infty} c_\nu (z - a)^\nu$ für $|z - a| > r_1$ ebenfalls absolut und außerhalb und auf jedem größeren konzentrischen Kreis auch gleichmäßig. Für die Koeffizienten c_ν erhält man die Formel

$$c_\nu = \frac{1}{2\pi i} \int\limits_C \frac{f(\zeta)\, d\zeta}{(\zeta - a)^{\nu+1}} \, ,$$

wobei das Integral über eine beliebige doppelpunktfreie, geschlossene, rektifizierbare Jordansche Kurve C zu erstrecken ist, die ganz im Inneren des Kreisringes liegt, also z. B. über einen konzentrischen Kreis des Ringes. Ist $|f(z)| \leq M$ im ganzen Kreisring, so gilt $|c_\nu| \leq M\, r^{-\nu}$ $(r_1 < r < r_2)$. Die aus den Gliedern mit negativen Exponenten gebildete Reihe wird als der zur Stelle a gehörige *Hauptteil* der Funktion $f(z)$ bezeichnet. Wenn die Funktion im ganzen Kreis $|z - a| < r_2$ analytisch ist, werden die Koeffizienten mit negativen Zeigern infolge des CAUCHYSCHEN Integralsatzes (Ziff. 51) null und man erhält die TAYLORSche Entwicklung (Ziff. 56).

Es sei nun $a = 0$, $r_1 < 1$, $r_2 > 1$. Wir führen die neue Veränderliche w durch die Gleichung $z = e^{iw}$ ein. Dann wird der Kreisring gemäß Ziff. 64 auf das in Fig. 14 gezeichnete Rechteck umkehrbar eindeutig und konform abgebildet, wenn man z. B. dessen linke Seite wegläßt. Aus $f(z)$ wird eine analytische Funktion $F(w)$ mit der Periode 2π und umgekehrt aus jeder solchen Funktion bei dieser Abbildung eine im Kreisring eindeutige analytische Funktion.

Die LAURENTSche Reihe nimmt jetzt folgende Gestalt an:

$$F(w) = \sum_{\nu=-\infty}^{+\infty} c_\nu e^{i\nu w} = \sum_{\nu=0}^{\infty} c_\nu e^{i\nu w} + \sum_{\nu=1}^{\infty} c_{-\nu} e^{-i\nu w},$$

wobei sich für c_ν z. B.

$$c_\nu = \frac{1}{2\pi} \int_{-\pi}^{+\pi} F(w) e^{-i\nu w} \, dw \qquad (\nu = 0, \pm 1, \pm 2, \ldots)$$

ergibt. Führt man

$$a_\nu = c_\nu + c_{-\nu} = \frac{1}{\pi} \int_{-\pi}^{+\pi} F(w) \cos \nu w \, dw,$$

$$b_\nu = i(c_\nu - c_{-\nu}) = \frac{1}{\pi} \int_{-\pi}^{+\pi} F(w) \sin \nu w \, dw$$

ein, so läßt sich die Reihe auch in der Form

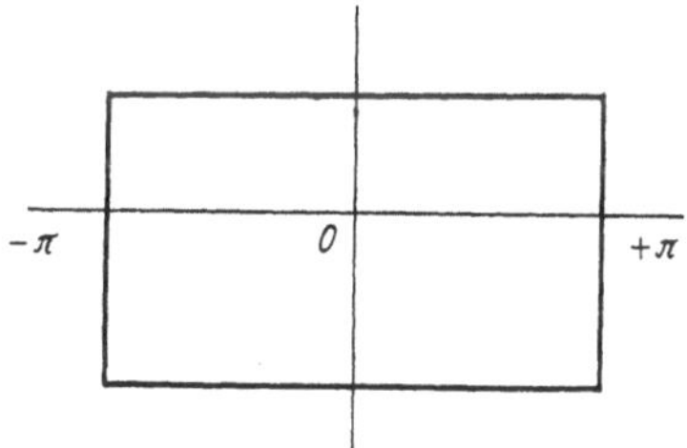

Fig. 14. Zur FOURIERschen Reihe.

$$F(w) = \frac{a_0}{2} + \sum_{\nu=1}^{\infty} (a_\nu \cos \nu w + b_\nu \sin \nu w)$$

(FOURIERsche Reihe) schreiben. Sie konvergiert wegen der Periodizität der Funktion absolut in dem Parallelstreifen, der aus dem Rechteck der Fig. 14 entsteht, wenn man ein kongruentes Rechteck unendlich oft rechts und links an das Rechteck der Fig. 14 ansetzt. Innerhalb und auf dem Rand jedes schmäleren Parallelstreifens konvergiert die Reihe sogar gleichmäßig. Durch die Entstehung aus Potenzreihen ist auch die gliedweise Differentiation und Integration gesichert. Dabei ist zu beachten, daß für die absolute und auch gleichmäßige Konvergenz und gliedweise Differentiation und Integration immer $a_\nu \cos \nu w + b_\nu \sin \nu w$ als *ein* Glied der Reihe aufzufassen ist.

Die vorigen Untersuchungen lassen sich auf Funktionen von mehreren unabhängigen Veränderlichen übertragen. Man hat dann z. B. für zwei Veränderliche eine Entwicklung der Art

$$\sum_{\mu=-\infty}^{+\infty} \sum_{\nu=-\infty}^{+\infty} c_{\mu\nu} (z_1 - a_1)^\mu (z_2 - a_2)^\nu$$

in je einem Kreisring der z_1- und z_2-Ebene mit

$$c_{\mu\nu} = \frac{1}{(2\pi i)^2} \int_{C_1} \int_{C_2} \frac{f(\zeta_1, \zeta_2) \, d\zeta_1 \, d\zeta_2}{(\zeta_1 - a_1)^{\mu+1} (\zeta_2 - a_2)^{\nu+1}}$$

oder

$$\sum_{\mu=-\infty}^{+\infty} \sum_{\nu=-\infty}^{+\infty} c_{\mu\nu} e^{i(u w_1 + v w_2)}$$

in zwei Parallelstreifen der w_1- und w_2-Ebene mit

$$c_{\mu\nu} = \frac{1}{(2\pi i)^2} \int\limits_{-\pi}^{+\pi} \int\limits_{-\pi}^{+\pi} F(w_1, w_2)\, e^{-i(\mu w_1 + \nu w_2)}\, dw_1\, dw_2.$$

67. Analytische Fortsetzung. $\mathfrak{P}(z-a)$ sei eine Potenzreihe, deren Konvergenzkreis K_a den Mittelpunkt a hat. Sie stellt also im Innern von K_a eine analytische Funktion dar. Wir entwickeln diese Funktion um einen Punkt b innerhalb des Kreises K_a in eine Potenzreihe $\mathfrak{P}_a(z-b)$ [*Umbildung* der Potenzreihe $\mathfrak{P}(z-a)$]. Sie konvergiert sicher in einem Kreis mit dem Mittelpunkt b, der den Kreis K_a von innen berührt. Es ist aber möglich, daß der Konvergenzkreis K_b dieser Reihe über den Kreis K_a hinausragt. Die Reihe $\mathfrak{P}_a(z-b)$ stellt in K_b eine analytische Funktion dar, die mit der ursprünglichen im gemeinsamen Gebiet von K_a und K_b übereinstimmt. Da aber der Kreis K_b unter Umständen über den Kreis K_a hinausragt, haben wir dadurch das Definitionsgebiet der ursprünglichen Funktion erweitert oder sie, wie man zu sagen pflegt, über K_a hinaus *analytisch fortgesetzt.*

Wenn man das auf alle möglichen Arten macht, erhält man dadurch das gesamte *Definitionsgebiet* der aus der gegebenen Potenzreihe entspringenden analytischen Funktion. Die zu den verschiedenen Punkten der Ebene gehörigen Potenzreihen nennt man ihre *Elemente.* Der gesamte Wertevorrat der Funktion entspringt also einem ihrer Funktionselemente durch analytische Fortsetzung, sie ist, wie man nach Weierstrass sagt, eine *monogene analytische Funktion.*

Es können zwei Fälle eintreten. Entweder man erhält, wenn man die Funktion von irgend einem Punkt ihres Definitionsgebietes längs irgend eines geschlossenen Weges fortsetzt und schließlich wieder in den Anfangspunkt zurückkehrt, immer denselben Funktionswert oder nicht. Im ersten Fall heißt die Funktion *eindeutig,* im zweiten *mehrdeutig.* Bei einer mehrdeutigen Funktion gehören also zu den z-Werten mehrere Wertevorräte von Funktionswerten, mehrere *Funktionszweige,* wie man zu sagen pflegt, die aber miteinander durch die analytische Fortsetzung zusammenhängen.

Denkt man sich die Konvergenzkreise der bei der Fortsetzung entstehenden Potenzreihen etwa aus Papier ausgeschnitten und dort aneinander geklebt, wo die entsprechenden Funktionswerte übereinstimmen, so entsteht die sog. Riemannsche *Fläche,* auf der die Funktion definiert ist, wenn man noch die Verzweigungspunkte dazunimmt.. Sie überdeckt die Teile der z-Ebene, wo die Funktion definiert ist, im Falle einer eindeutigen Funktion einfach (*schlicht*), im Falle einer mehrdeutigen mehrfach. Der Halbmesser der Konvergenzkreise ist eine stetige Funktion seines Mittelpunktes. Das Verhalten einer Funktion im Unendlichen wird erklärt durch das Verhalten der Funktion in der Umgebung des Punktes $t = 0$, wenn $t = 1/z$ ist.

$F(w_1, w_2, \ldots, w_m)$ sei in einem Bereich B eine analytische Funktion von m Veränderlichen, die identisch null sein soll, wenn man für die w_μ Potenzreihen nach $z-a$ oder ihre Ableitungen einsetzt. Wir setzen diese Reihen auf demselben Weg fort, wobei ihr Wertevorrat dem Bereich angehören möge. Dann verschwindet die Funktion F auch für die Fortsetzungen der Reihen identisch, d.h. eine *analytische Funktionalgleichung* bleibt bei gleichzeitiger analytischer Fortsetzung aller Potenzreihen auf gleichem Wege erhalten (*„Permanenz der Funktionalgleichung"*). So liefert z.B. die Reihe für $\log(1+z)$, die den Einheitskreis zum Konvergenzkreis hat, bei analytischer Fortsetzung den gesamten Wertevorrat der Funktion $\log(1+z)$, ebenso die Reihe für $(1+z)^\alpha$ den gesamten Wertevorrat dieser Funktion.

68. Singuläre Stellen. Auf dem Rande jedes Konvergenzkreises gibt es mindestens einen Punkt, der niemals im Innern eines bei der analytischen Fortsetzung auftretenden Konvergenzkreises liegt. Er wird als *singulärer Punkt* bezeichnet im Gegensatz zu den Punkten, die im Innern von mindestens einem dieser Konvergenzkreise liegen und die *regulär* genannt werden.

Ist der Punkt z_0 wohl für die Funktion singulär, aber nicht für die reziproke Funktion, so nennt man ihn einen *Pol*, weist dort der Funktion den Wert ∞ zu und hat damit das *Regularitätsgebiet* der Funktion zum *Rationalitätsgebiet* erweitert. Die reziproke Funktion muß in z_0 eine Nullstelle haben, weil sonst die Funktion in z_0 regulär wäre. Ist diese Nullstelle k-fach, d. h. beginnt die Potenzreihenentwicklung der reziproken Funktion mit der k-ten Potenz von $z - z_0$, so hat die LAURENTsche Entwicklung der Funktion die Gestalt $\sum\limits_{\nu=-k}^{+\infty} c_\nu (z - z_0)^\nu$, wobei $c_{-k} \neq 0$ ist, und konvergiert in einem bestimmten Kreis mit dem Mittelpunkt z_0, aber nicht im Punkte z_0. k heißt die *Ordnung des Poles*. Der Betrag der Funktion wächst bei unbegrenzter Annäherung an den Pol über alle Schranken.

Für die mit $(z - z_0)^k$ multiplizierte Funktion ist also der Pol z_0 eine reguläre Stelle und darum pflegt man einen Pol auch als *außerwesentlich singulär* zu bezeichnen, dagegen die Stellen, in denen auch die reziproke Funktion eine singuläre Stelle hat, als *wesentlich singulär*. In diesen hat die LAURENTsche Entwicklung der Funktion unendlich viele Glieder mit negativen Exponenten. Bei passender unbegrenzter Annäherung an eine solche Stelle kommt die Funktion jedem Wert beliebig nahe (*Satz von* CASORATI-WEIERSTRASS), ja sie nimmt sogar in genügend kleiner Umgebung jeden beliebigen Wert an, höchstens mit Ausnahme von zwei Werten (wenn man ∞ mitzählt) (*Satz von* PICARD). Die wesentlich singuläre Stelle kann *isoliert* sein, d. h. in einer genügend kleinen Umgebung gibt es keine singuläre Stelle mehr, oder nicht (z. B. eine Häufungsstelle von Nullstellen oder Polen).

Eine reguläre Nullstelle ist immer isoliert, ebenso ein Pol. Hat also eine analytische Funktion in einem Regularitätsbereich eine im Endlichen liegende Häufungstelle von Nullstellen, so ist sie identisch null oder anders gesprochen: Stimmen zwei analytische Funktionen in einem Regularitätsgebiet an unendlich vielen Stellen überein, die im Gebiet eine im Endlichen liegende Häufungsstelle haben, so sind sie identisch *(Identitätssatz)*. Eine in einem einfach zusammenhängenden Gebiet reguläre analytische Funktion ist dort eindeutig *(Monodromiesatz)*.

69. Besondere Funktionen. Man kann die analytische Funktion durch ihre singulären Stellen charakterisieren. Eine eindeutige analytische Funktion, die in der ganzen Ebene einschließlich des Punktes ∞ keine singuläre Stelle hat, ist eine Konstante. Die eindeutigen analytischen Funktionen, die in der ganzen Ebene regulär sind, aber im Punkte ∞ einen Pol n-ter Ordnung haben, sind die Polynome n-ten Grades. Jedes solche Polynom hat n Nullstellen, wenn man die mehrfachen nach ihrer Vielfachheit zählt *(Satz von* GAUSS). Die eindeutigen analytischen Funktionen, die in der ganzen Ebene einschließlich des Punktes ∞ nur eine endliche Anzahl von Polen haben, sind die rationalen Funktionen. Sie stellen sich als ein Polynom dar, vermehrt um die Hauptteile der zu den einzelnen Polen gehörigen LAURENTschen Entwicklungen *(Teilbruchzerlegung)*. Eine eindeutige analytische Funktion, die im Endlichen überall regulär ist, heißt *ganz*. Hat sie im Endlichen höchstens Pole als singuläre Stellen, so heißt sie *meromorph*. Ist bei einer ganzen Funktion der Punkt ∞ Pol, so ist die Funktion rational, ist er eine wesentlich singuläre Stelle, so nennt man die Funktion *ganz transzendent*. e^z hat keine Nullstellen und keine Pole. $\sin z$ hat die einfachen Nullstellen

$z = n\pi$ ($n = 0, \pm 1, \pm 2, \ldots$) und keine Pole, $\cos z$ hat die einfachen Nullstellen $z = \dfrac{2n+1}{2}\pi$ ($n = 0, \pm 1, \pm 2, \ldots$) und keine Pole, $\tan z$ hat als Nullstellen die des Sinus, als Pole die Nullstellen des Cosinus, bei $\cot z$ werden die Rollen vertauscht. Bei allen fünf Funktionen ist ∞ wesentlich singuläre Stelle.

70. Residuen. Die eindeutige analytische Funktion $f(z)$ soll in einem einfach zusammenhängenden Gebiet G eine endliche Anzahl von singulären Stellen $c_1, c_2, \ldots, c_n$ haben und sei auf der rektifizierbaren Jordanschen Randkurve C von G noch stetig. Wir entwickeln die Funktion um jede ihrer singulären Stellen in die zugehörige Laurentsche Reihe und nennen r_ν den dabei auftretenden Koeffizienten der (-1)-ten Potenz von $z - c_\nu$. Man nennt ihn das zu c_ν gehörige *Residuum*, weil man es bis auf den Faktor $\dfrac{1}{2\pi i}$ gemäß Ziff. 66 erhält, wenn man die Funktion längs einer rektifizierbaren, doppelpunktfreien, geschlossenen Jordanschen Kurve integriert, die c_ν umschlingt, aber die übrigen Stellen außerhalb läßt. Aus dem Cauchyschen Integralsatz ergibt sich der *Residuensatz*:

$$\frac{1}{2\pi i}\int\limits_C f(z)\,dz = \sum_{\nu=1}^{n} r_\nu ,$$

wenn C im positiven Sinne umlaufen wird.

Die eindeutige analytische Funktion $f(z)$ möge jetzt in G die Nullstellen $a_1, a_2, \ldots, a_m$ mit den Vielfachheiten $\alpha_1, \alpha_2, \ldots, \alpha_m$ und die Pole $b_1, b_2, \ldots, b_n$ mit den Ordnungen $\beta_1, \beta_2, \ldots, \beta_n$ haben, sonst in G regulär und auf dem Rand C von G nicht null sein. Ferner sei $\varphi(z)$ überall in G regulär und auf C noch stetig. Dann gilt die Formel

$$\frac{1}{2\pi i}\int\limits_C \varphi(z)\,\frac{f'(z)}{f(z)}\,dz = \sum_{\mu=1}^{m} \alpha_\mu\varphi(a_\mu) - \sum_{\nu=1}^{n} \beta_\nu\varphi(b_\nu) ,$$

wenn über C im positiven Sinne integriert wird, also insbesondere für $\varphi(z) = 1$

$$\frac{1}{2\pi i}\int\limits_C \frac{f'(z)}{f(z)}\,dz = \text{Anzahl der Nullstellen weniger der Anzahl der Pole}$$
$$(\textit{logarithmisches Residuum}),$$

für $\varphi(z) = z$

$$\frac{1}{2\pi i}\int\limits_C z\,\frac{f'(z)}{f(z)}\,dz = \text{Summe der Nullstellen weniger Summe der Pole},$$

wobei in beiden Formeln jede Nullstelle und jeder Pol so oft auftritt, als seine Vielfachheit beträgt.

Ist die Funktion außerhalb eines Kreises mit genügend großem Halbmesser R höchstens mit Ausnahme des Punktes ∞ regulär, so bezeichnet man $r_\infty = \dfrac{1}{2\pi i}\int\limits_C f(z)\,dz$ als Residuum des Punktes ∞, wobei C eine doppelpunktfreie, geschlossene, rektifizierbare Jordansche Kurve sein soll, die außerhalb des Kreises verläuft und längs der im negativen Sinne integriert wird, so daß also der *außerhalb* C gelegene Teil der Ebene zur linken Hand liegt. Ist die eindeutige Funktion überall regulär höchstens mit Ausnahme einer endlichen Anzahl von Stellen $c_1, c_2, \ldots, c_n$ und des Punktes ∞, so hat man $\sum\limits_{\nu=1}^{n} r_\nu + r_\infty = 0$, d.h. die Summe sämtlicher Residuen ist in diesem Fall null.

71. SCHWARZsches Spiegelungsprinzip und Abbildung eines Vieleckes auf die Halbebene. Wird durch die analytische Funktion $f(z)$ das Gebiet G der Fig. 15 so umkehrbar eindeutig und konform auf das Gebiet G' abgebildet, daß dabei das geradlinige Stück der Begrenzung von G in das geradlinige Begrenzungsstück von G' übergeht, so kann man die Funktion dadurch über diese Stücke hinaus analytisch fortsetzen, daß man Spiegelpunkten bezüglich dieses Stückes von G Spiegelpunkte bezüglich des Stückes von G' zuordnet. Dasselbe gilt, wenn statt des geradlinigen Begrenzungsstückes ein Kreisbogen als Teil der Begrenzung auftritt (*Spiegelungsprinzip von* H. A. SCHWARZ).

H. A. SCHWARZ und CHRISTOFFEL gewannen mit Hilfe dieses Prinzips eine Formel, die gestattet, das Innere eines *Vieleckes* auf die obere Halbebene umkehrbar eindeutig und konform abzubilden. Das Vieleck liege in der w-Ebene und habe die Eckpunkte $b_1, b_2, \ldots, b_n$, die zugehörigen im positiven Sinne gemessenen Innenwinkel seien $\alpha_1 \pi$,

Fig. 15. SCHWARZsches Spiegelungsprinzip.

$\alpha_2 \pi, \ldots, \alpha_n \pi$. Es ist also $\sum\limits_{k=1}^{n} (\alpha_k - 1) = -2$. Die Eckpunkte b_k mögen bei der Abbildung in die Punkte $a_1 < a_2 < \cdots < a_n$ der reellen Achse der z-Ebene übergehen. Dann lautet die Abbildungsfunktion

$$w = c \int_{z_0}^{z} \prod_{k=1}^{n} (\zeta - a_k)^{\alpha_k - 1}\, d\zeta + c'.$$

Drei der a_k kann man beliebig wählen, die übrigen samt den Konstanten c und c' sind dann durch Größe und Lage des Vieleckes eindeutig bestimmt, aber im allgemeinen sehr schwierig zu berechnen.

Dieselbe Formel liefert auch die Abbildung des Inneren des Einheitskreises auf ein solches Vieleck, wenn die a_k statt auf der reellen Achse auf diesem Kreise liegen. Für ein regelmäßiges n-Eck erhält man insbesondere

$$w = c \int_{z_0}^{z} (\zeta^n - 1)^{-\frac{2}{n}}\, d\zeta + c'.$$

Eine große Sammlung von konformen Abbildungen findet man bei H. KOBER, Dictionary of conformal representations, Dover Publications, inc. 1952.

72. SCHWARZsches Lemma und RIEMANNscher Abbildungssatz. Die analytische Funktion $f(z)$ möge den Kreis $|z| < R$ auf ein Gebiet G innerhalb des Einheitskreises der w-Ebene abbilden und dabei den Punkt $z = 0$ in den Punkt $w = 0$ überführen. Dann ist $|f(z)| \leq \dfrac{|z|}{R}$, wobei das Gleichheitszeichen nur gilt, wenn $f(z) = \dfrac{e^{i\alpha} z}{R}$ mit reellem α ist (*Lemma von* SCHWARZ).

Nach RIEMANN läßt sich ein einfach zusammenhängendes Gebiet G, das von mindestens zwei Randpunkten begrenzt ist, umkehrbar eindeutig und konform auf das Innere des Einheitskreises abbilden. Dabei kann man noch vorschreiben, daß ein bestimmtes, beliebig vorgegebenes *Linienelement* (Punkt samt zugehöriger Richtung) im Gebiet in ein ebenso willkürlich vorgeschriebenes Linienelement des Einheitskreises übergeht. Dann ist die Abbildung eindeutig bestimmt.

Ein Kurvenbogen heißt analytisch, wenn auf ihm z eine analytische Funktion eines reellen Parameters t mit nicht verschwindender Ableitung ist. Wenn das

Gebiet von endlich vielen analytischen Kurvenbogen begrenzt ist, werden bei der konformen Abbildung auf den Einheitskreis die Ränder umkehrbar eindeutig und stetig aufeinander abgebildet. In den von den Endpunkten verschiedenen Punkten der analytischen Kurvenbogen des Randes ist die Abbildungsfunktion regulär mit nicht verschwindender Ableitung.

73. Beta- und Gammafunktion. Für die in dieser Ziffer auftretenden Potenzen mit dem Exponenten z soll immer der Hauptwert genommen werden (Ziff. 54). Wir definieren die *Gammafunktion* durch das sog. Eulersche *Integral zweiter Art* $\Gamma(z) = \int_0^\infty e^{-t} t^{z-1} dt$; es konvergiert, wenn der reelle Teil von z positiv ist und stellt in diesem Fall eine analytische Funktion von z dar. Statt das Integral längs der positiven reellen Achse zu erstrecken, kann man als Integrationsweg auch einen vom Nullpunkt ins Unendliche laufenden, in der oberen oder unteren Halbebene gelegenen Halbstrahl wählen, der mit der positiven reellen Achse einen spitzen Winkel einschließt. Durch analytische Fortsetzung (Ziff. 67) erhält man eine in der ganzen Ebene eindeutige analytische Funktion mit folgenden singulären Stellen: Die Punkte $0, -1, -2, \ldots$ sind Pole von der Ordnung 1 (Ziff. 68), die zugehörigen Residuen (Ziff. 70) sind $\frac{(-1)^n}{n!}$ ($n = 0, 1, 2, \ldots$), der Punkt ∞ ist Häufungsstelle dieser Pole und damit wesentlich singuläre Stelle, $\Gamma(z)$ also eine meromorphe Funktion (Ziff. 69). Sie hat keine Nullstellen, $\frac{1}{\Gamma(z)}$ ist somit eine ganze transzendente Funktion mit den einfachen Nullstellen $0, -1, -2, \ldots$.

Von Weierstrass stammt die für beschränkte z gleichmäßig konvergente Produktdarstellung

$$\frac{1}{\Gamma(z)} = e^{C(z-1)} \prod_{\nu=1}^\infty \left(1 + \frac{z-1}{\nu}\right) e^{-\frac{z-1}{\nu}}.$$

Dabei ist C die sog. Eulersche *Konstante*

$$C = \lim_{n \to \infty} \left(1 + \frac{1}{2} + \frac{1}{3} + \cdots + \frac{1}{n} - \log n\right) = 0,5772156649\ldots.$$

Die Gammafunktion genügt den drei Funktionalgleichungen

$$\Gamma(z+1) = z\,\Gamma(z),$$

$$\Gamma(z)\,\Gamma(1-z) = \frac{\pi}{\sin \pi z},$$

$$\Gamma(z)\,\Gamma\left(z + \frac{1}{m}\right)\Gamma\left(z + \frac{2}{m}\right)\ldots\Gamma\left(z + \frac{m-1}{m}\right) = (2\pi)^{\frac{m-1}{2}}\, m^{\frac{1}{2} - mz}\,\Gamma(mz).$$

In der letzten Gleichung, die auf Gauss zurückgeht, ist m eine positive ganze Zahl. Aus diesen Beziehungen erhält man wegen $\Gamma(1) = 1$ die Formeln $\Gamma(n+1) = n!$ für positives ganzes n, $\Gamma(\frac{1}{2}) = \sqrt{\pi}$, $2^{2z-1}\,\Gamma(z)\,\Gamma(z + \frac{1}{2}) = \Gamma(\frac{1}{2})\,\Gamma(2z)$.

Die Bezeichnung $\Gamma(z)$ stammt von Legendre; wegen der Beziehung zur Fakultät $(n-1)! = \Gamma(n)$ schrieb Gauss $\Pi(z-1)$ für $\Gamma(z)$.

Auf Hankel geht die Integraldarstellung

$$\frac{1}{\Gamma(z)} = \frac{1}{2\pi i} \int_C e^\tau \tau^{-z} d\tau$$

zurück, wobei der Integrationsweg C aus dem Unendlichen der negativen reellen Achse kommt, den Nullpunkt umkreist und dann wieder längs der negativen reellen Achse ins Unendliche verläuft (Fig. 16). Man kann ihn um den Nullpunkt um einen spitzen Winkel nach oben oder unten drehen, ohne den Wert des Integrals zu ändern.

Für den Logarithmus der Gammafunktion gilt die sog. STIRLINGsche *Formel*

Fig. 16. Integrationsweg für die Gammafunktion.

$$\log \Gamma(z) = \left(z - \frac{1}{2}\right)\log z - z + \frac{1}{2}\log(2\pi) - \int_0^\infty \frac{P(t)}{z+t}\, dt.$$

Dabei ist die Funktion $P(t)$ durch $P(t) = t - k - \frac{1}{2}$ für $k \leq t < k+1$ ($k = 0, \pm 1, \pm 2, \ldots$) definiert. Die Gleichung gilt für die gesamte z-Ebene mit Ausnahme der negativen reellen Achse und des Nullpunktes und ist so zu verstehen,

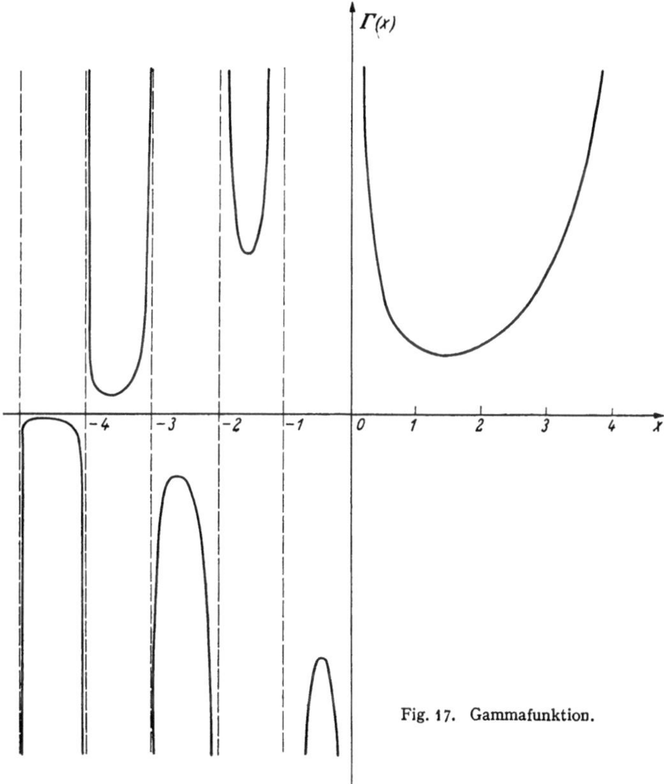

Fig. 17. Gammafunktion.

daß man bei positivem z für die Logarithmen die Hauptwerte zu nehmen und dann die Funktionen auf der linken und rechten Seite auf gleichem Wege analytisch fortzusetzen hat. Wenn sich z auf einem solchen Weg ins Unendliche entfernt, daß der Abstand von der negativen reellen Achse schließlich über alle Grenzen wächst, ergibt sich

$$\lim_{z \to \infty} \frac{\Gamma(z)}{z^{z-\frac{1}{2}} e^{-z} \sqrt{2\pi}} = 1,$$

also insbesondere, wenn n positiv und ganz ist,

$$\lim_{n \to \infty} \frac{n!}{n^n e^{-n} \sqrt{2\pi n}} = 1.$$

Nach HERMITE hat die Ableitung $\Gamma'(z)$ der Gammafunktion zwischen den Polen von $\Gamma(z)$ auf der negativen reellen Achse je eine einfache Nullstelle und außerdem eine solche auf der positiven reellen Achse zwischen 1 und 2, sonst überhaupt keine Nullstellen.

Für $x > 0$ ist $\Gamma(x) > 0$, in den Intervallen $(-k, -k+1)$ $(k = 1, 2, 3, \ldots)$ positiv bzw. negativ, je nachdem k gerade oder ungerade ist. In diesen Intervallen liegen abwechselnd die Maxima und Minima der Gammafunktion, und zwar an den Stellen

$$x = +1,462, \quad -0,504, \quad -1,573, \quad -2,611, \quad -3,635 \ \ \text{usw.}$$
$$\Gamma(x) = +0,88560, \quad -3,54464, \quad +2,30241, \quad -0,88814, \quad +0,24513, \ldots$$

Die Beträge dieser Maxima und Minima konvergieren für $x \to -\infty$ gegen null (Fig. 17).

Unter der *Betafunktion* versteht man nach Legendre das sog. Eulersche *Integral erster Art*

$$\mathsf{B}(p, q) = \int_0^1 t^{p-1} (1 - t)^{q-1} \, dt.$$

Es konvergiert, wenn p und q positive reelle Teile haben und stellt in diesem Falle eine analytische Funktion der beiden Veränderlichen dar. Die Funktion genügt nach Euler der Funktionalgleichung

$$\mathsf{B}(p, q) = \frac{\Gamma(p)\,\Gamma(q)}{\Gamma(p+q)}$$

und kann mit Hilfe dieser Gleichung nach dem Prinzip der Permanenz der Funktionalgleichungen (Ziff. 67) für die ganze Ebene definiert werden.

VII. Gewöhnliche Differentialgleichungen.

74. Gewöhnliche Differentialgleichungen erster Ordnung. Unter einer *gewöhnlichen Differentialgleichung n-ter Ordnung* versteht man eine Gleichung zwischen einer unabhängigen Veränderlichen y als Funktion von x und deren Ableitungen nach x bis zur n-ten Ordnung $F(x, y, y', y'', \ldots, y^{(n)}) = 0$. y soll derart als Funktion von x bestimmt werden, daß diese Gleichung für alle x eines bestimmten Bereiches identisch erfüllt ist. Wir setzen im folgenden die Veränderlichen und die Funktionen reell voraus.

Ist für $n = 1$ die Differentialgleichung nach y' auflösbar, demnach in der Gestalt $y' = f(x, y)$ vorhanden, so wird durch sie geometrisch ein *Richtungsfeld* gegeben, wenn wir x und y als rechtwinkelige Koordinaten der Punkte der Ebene deuten. Denn durch die Gleichung ist jedem Punkt (x, y) eines bestimmten Bereiches die Steigung y' der durch ihn gehenden *Lösungskurve* $y = y(x)$ zugeordnet. Wir haben also ein *Feld von Linienelementen* (x, y, y') (Ziff. 72). Die Punkte, denen durch die Differentialgleichung immer dieselbe Steigung zugeordnet ist, liegen auf den Kurven $f(x, y) = \text{const}$, man nennt sie *Isoklinen*. Die graphische Lösung der Differentialgleichung besteht darin, Kurven zu zeichnen, die in jedem Punkt die vorgeschriebene Steigung haben, d.h. die Linienelemente des Feldes zu Kurven zu vereinigen, oder Kurven zu zeichnen, welche die Isoklinen unter der vorgeschriebenen Steigung treffen.

Ist $f(x, y)$ in einem Gebiet G stetig, so geht durch jeden Punkt mindestens eine stetig differenzierbare Lösungskurve $y = \varphi(x)$ der Differentialgleichung. Sie kann bis auf den Rand von G fortgesetzt werden. Genügt $f(x, y)$ in jedem Punkt von G einer sog. *Lipschitzschen Bedingung*, d.h. gibt es für jeden Punkt von G als Mittelpunkt ein in G liegendes achsenparalleles, offenes Rechteck R, in dem $f(x, y)$ in bezug auf y einen beschränkten Differenzenquotienten

$$|f(x, y_2) - f(x, y_1)| < K|y_2 - y_1|$$

mit festem K hat, so gibt es durch jeden Punkt von G genau eine Lösungskurve. Die LIPSCHITZsche Bedingung ist z.B. erfüllt, wenn $f_y(x, y)$ in R stetig und beschränkt ist.

Man kann also unter den genannten Bedingungen vorschreiben, daß die Lösung $y = \varphi(x)$ für einen bestimmten Wert von x einen willkürlich vorgeschriebenen Wert annimmt *(Integrationskonstante)*, man erhält eine sog. *einparametrige Schar* von Lösungskurven. Ist die Lösung in der Gestalt $\Phi(x, y) = $ const gegeben, so pflegt man die Funktion $\Phi(x, y)$ ein *allgemeines Integral* der Differentialgleichung zu nennen. Einer gewöhnlichen Differentialgleichung erster Ordnung entspricht also geometrisch als Lösung eine solche Kurvenschar.

75. Kurvenscharen. Umgekehrt gehört zu einer einparametrigen Kurvenschar $F(x, y, C) = 0$, F als stetig differenzierbare Funktion seiner drei Veränderlichen in dem in Frage stehenden Bereich vorausgesetzt, eine Differentialgleichung erster Ordnung. Man erhält sie, indem man die Gleichung der Schar nach x differenziert, wobei man y als Funktion von x zu betrachten hat, $F_x + F_y y' = 0$, und aus beiden Gleichungen C eliminiert. Es kann sein, daß die Schar eine *Einhüllende* hat, d.h. daß eine Kurve vorhanden ist, welche die Kurven der Schar berührt. Man erhält die Gleichung der Einhüllenden, wenn man die Gleichung der Kurvenschar nach C partiell differenziert und aus beiden Gleichungen C eliminiert. Die Einhüllende ist ebenfalls eine Lösung der Differentialgleichung der Schar, weil sie in jedem Punkt die Kurven der Schar berührt und daher dort die durch die Differentialgleichung der Schar vorgeschriebene Steigung hat. Wenn sich die Kurven schneiden, so versteht man unter einem *Grenzpunkt* die Grenzlage des Schnittpunktes zweier Kurven $F(x, y, C_1) = 0$ und $F(x, y, C_2) = 0$ für $C_2 \to C_1$. Der geometrische Ort der Grenzpunkte ist die Einhüllende.

Die Kurven, welche die Kurven der Schar unter demselben Winkel γ schneiden *(isogonale Trajektorien)* erhält man als Lösungen der Differentialgleichung

$$\frac{y' + \dfrac{F_x}{F_y}}{1 - \dfrac{F_x}{F_y} y'} = \operatorname{tg} \gamma, \quad \text{also für} \quad \gamma = \frac{\pi}{2} \qquad \textit{(orthogonale Trajektorien)}$$

aus $y' = \dfrac{F_y}{F_x}$, oder, falls die Schar durch ihre Differentialgleichung in aufgelöster Form $\dfrac{dy}{dx} = f(x, y)$ gegeben ist, als Lösungen der Differentialgleichung $y' f(x, y) = -1$. Ist im letzteren Fall die Schar durch ihre Differentialgleichung in Polarkoordinaten $\dfrac{dr}{d\varphi} = f(r, \varphi)$ gegeben, so gewinnt man die orthogonalen Trajektorien als Lösungen der Differentialgleichung $f(r, \varphi) \dfrac{dr}{d\varphi} + r^2 = 0$.

Ist die Differentialgleichung in unaufgelöster Form gegeben $F(x, y, y') = 0$, so stellt $F(x, y, C) = 0$ die Schar ihrer Isoklinen dar. F sei als stetig differenzierbare Funktion seiner drei Veränderlichen in dem in Frage stehenden Bereich vorausgesetzt. Die Einhüllende der Isoklinen erhält man durch Elimination von C aus $F = 0$ und $\dfrac{\partial F}{\partial C} = 0$, ihre Steigung λ aus $F_x + F_y \lambda = 0$. Diese Einhüllende ist daher Lösung der Differentialgleichung, wenn sich $\lambda = y'$ ergibt. Eine notwendige Bedingung dafür besteht darin, daß gleichzeitig die drei Gleichungen $F = 0$, $\dfrac{\partial F}{\partial y'} = 0$, $F_x + F_y y' = 0$ erfüllt sind.

76. Reguläre und singuläre Linienelemente. Die Funktion $F(x, y, t)$ sei stetig in einer Umgebung des die Gleichung $F(x, y, t) = 0$ erfüllenden Zahlentripels

(ξ, η, τ). Gibt es für jedes hinreichend kleine $\varepsilon > 0$ ein $\delta > 0$, so daß diese Gleichung für jeden Punkt (x, y) mit $|x - \xi|, |y - \eta| < \delta$ genau eine dem Intervall $|t - \tau| < \varepsilon$ angehörige Lösung $t = f(x, y)$ hat, und ist diese überdies für hinreichend kleines δ eine stetige Funktion von x und y, so heißt (ξ, η, τ) ein *reguläres Linienelement* der Differentialgleichung $F(x, y, y') = 0$. In jedem anderen Fall heißt ein die Gleichung $F(x, y, t) = 0$ erfüllendes Zahlentripel (ξ, η, τ) ein *singuläres Linienelement* der Differentialgleichung.

Ist $F_t(x, y, t)$ in einer Umgebung der Stelle (ξ, η, τ) vorhanden und stetig, so ist $F(\xi, \eta, \tau) = 0$, $F_t(\xi, \eta, \tau) \neq 0$ eine hinreichende Bedingung für die Regularität und $F(\xi, \eta, \tau) = 0$, $F_t(\xi, \eta, \tau) = 0$ eine notwendige Bedingung für die Singularität des Linienelementes (ξ, η, τ). Die zu den singulären Linienelementen gehörigen Punkte liegen also gemäß der vorigen Ziffer auf der Einhüllenden der Isoklinen.

Ein Linienelement ist sicher singulär, wenn die Differentialgleichung mindestens zwei das Linienelement enthaltende Lösungskurven hat [sie berühren also einander im Punkte (ξ, η)], die in keiner Umgebung des Punktes (ξ, η) zusammenfallen und zwischen denen es beliebig nahe an (ξ, η) Punkte der (x, y)-Ebene gibt, durch die keine das Linienelement (ξ, η, τ) enthaltende Lösungskurve hindurchführt.

Eine Lösungskurve heißt *regulär* oder *singulär*, je nachdem sie nur reguläre oder nur singuläre Linienelemente enthält. Die Gesamtheit der Punkte, die Träger von singulären Linienelementen sind, heißt die *Diskriminantenkurve* der Differentialgleichung.

77. Lösungsverfahren. In einigen besonderen Fällen läßt sich die Lösung der Differentialgleichung durch eine endliche Anzahl von Integralen darstellen oder, wie man zu sagen pflegt, die Differentialgleichung ist durch *Quadraturen* lösbar. Diese Fälle sind im folgenden angeführt, C bedeutet die Integrationskonstante.

1. $y' = f(x)\, g(y)$. Die Veränderlichen sind *getrennt*, die Lösung ergibt sich aus $\int \dfrac{dy}{g(y)} = \int f(x)\, dx + C$. Dazu sind noch alle Lösungen der Gleichung $g(y) = 0$ ebenfalls Lösungen der Differentialgleichung.

2. $y' = f(y/x)$. Man führt statt y die neue Veränderliche u durch $y = ux$ ein und kommt dann auf den früheren Fall.

3. $y' = f\left(\dfrac{a_1 x + b_1 y + c_1}{a_2 x + b_2 y + c_2}\right)$ mit festen $a_1, b_1, c_1, a_2, b_2, c_2$.

$\alpha)$ $a_1 b_2 \neq a_2 b_1$. Man bestimmt x_0, y_0 aus den Gleichungen

$$a_1 x_0 + b_1 y_0 + c_1 = 0, \qquad a_2 x_0 + b_2 y_0 + c_2 = 0$$

und setzt $x = \xi + x_0$, $y = \eta + y_0$. Dann ergibt sich für η als Funktion von ξ die Differentialgleichung

$$\frac{d\eta}{d\xi} = f\left(\frac{a_1 \xi + b_1 \eta}{a_2 \xi + b_2 \eta}\right) \text{ und damit ist man im Fall 2.}$$

$\beta)$ $a_1 b_2 = a_2 b_1$. Ist $b_2 \neq 0$, so hat man $a_1 = \lambda a_2$, $b_1 = \lambda b_2$, also

$$\frac{a_1 x + b_1 y + c_1}{a_2 x + b_2 y + c_2} = \frac{\lambda(a_2 x + b_2 y) + c_1}{a_2 x + b_2 y + c_2}.$$

Führt man nun statt y die neue Veränderliche $u = a_2 x + b_2 y$ ein, so erhält man für sie die Differentialgleichung

$$\frac{du}{dx} = a_2 + b_2 f\left(\frac{\lambda u + c_1}{u + c_2}\right)$$

und ist damit im Fall 1.

Ist $b_2 = 0$, aber $b_1 \neq 0$, so ist $a_2 = 0$ und daher $c_2 \neq 0$. Dann führt man

$$u = \frac{a_1 x + b_1 y + c_1}{c_2}$$

als neue Veränderliche statt y ein, hat also $c_2 \dfrac{du}{dx} = a_1 + b_1 f(u)$ und ist damit im Fall 1. Für $b_2 = 0$ und $b_1 = 0$ ist man gleich im Fall 1.

4. $y' + p y = q$, p und q sind Funktionen von x, die Differentialgleichung ist *linear* in y und y'. Wir setzen $y = uv$, erhalten $u'v + uv' + puv = q$ und bestimmen v so, daß $v' + pv = 0$ ist. Daraus ergibt sich $v'/v = -p$ oder

$$\log v = -\int p\,dx, \quad v = e^{-\int p\,dx}, \qquad \text{daher} \quad u' = q\,e^{\int p\,dx},$$
$$u = \int q\,e^{\int p\,dx}\,dx + C,$$
$$y = e^{-\int p\,dx}\left(\int q\,e^{\int p\,dx}\,dx + C\right).$$

5. $y' + p y = q y^\alpha$ (*Differentialgleichung von* JOHANN BERNOULLI). Man setzt $y = u^\beta$ und hat $\beta u^{\beta-1} u' + p u^\beta = q u^{\alpha\beta}$ oder $\beta u' + p u = q u^{\alpha\beta-\beta+1}$, sonach mit $\beta = \dfrac{1}{1-\alpha}$ eine lineare Differentialgleichung für u (voriger Fall).

6. $f(x, y) + g(x, y)\,y' = 0$, wobei $f_y = g_x$ sein soll. Dann gibt es nach Ziff. 19 eine Funktion $V(x, y)$ von x und y, so daß $dV = f\,dx + g\,dy$ (*vollständiges Differential*) ist. Die Lösung der Differentialgleichung erhält man aus dem allgemeinen Integral $V(x, y) = C$. V läßt sich z.B. in folgender Weise bestimmen, wenn die betreffenden Operationen möglich sind:

$$V(x, y) = \int_{x_0}^{x} f(\xi, y)\,d\xi + \psi(y),$$

$$g(x, y) = \frac{\partial V}{\partial y} = \int_{x_0}^{x} f_y(\xi, y)\,d\xi + \psi'(y)$$

$$= \int_{x_0}^{x} g_x(\xi, y)\,d\xi + \psi'(y) = g(x, y) - g(x_0\,y) + \psi'(y),$$

also

$$\psi'(y) = g(x_0, y), \qquad \psi(y) = \int_{y_0}^{y} g(x_0, \eta)\,d\eta.$$

Ist $f\,dx + g\,dy$ kein vollständiges Differential, d.h. die Bedingung $f_y = g_x$ nicht erfüllt, so bestimme man ϱ als Funktion von x und y so, daß $\varrho(f\,dx + g\,dy)$ ein vollständiges Differential ist, also aus der Gleichung

$$\frac{\partial(\varrho f)}{\partial y} = \frac{\partial(\varrho g)}{\partial x} \qquad (\textit{integrierender Faktor oder Multiplikator}).$$

Das Produkt aus einem integrierenden Faktor und dem allgemeinen Integral der Differentialgleichung ist ebenfalls integrierender Faktor und der nicht konstante Quotient von zwei integrierenden Faktoren ist ein allgemeines Integral der Differentialgleichung.

7. Die Differentialgleichung ist vom ersten Grad in x und y. Enthält sie y nicht, so ergibt sich durch Auflösung nach y' eine Funktion von x: $y' = f(x)$ und damit $y = \int f(x)\,dx + C$. Enthält sie y, so kann man sie nach y auflösen: $y = x f(y') + g(y')$ (*Differentialgleichung von* D'ALEMBERT-LAGRANGE). Wir setzen nach EULER $y' = p$ und differenzieren die Gleichung nach x. Man erhält

$$p = f(p) + [x f'(p) + g'(p)]\frac{dp}{dx}.$$

oder

$$[p - f(p)] \frac{dx}{dp} = x f'(p) + g'(p),$$

$$\frac{dx}{dp} + \frac{f'(p)}{f(p) - p} x = \frac{g'(p)}{p - f(p)},$$

somit eine lineare Differentialgleichung für x als Funktion von p (Fall 4), wenn $f(p) \neq p$ ist. Durch ihre Lösung ergeben sich x und y als Funktionen des Parameters p, der Steigung der Lösungskurve.

8. Ist im Fall 7 $f(p) = p$ (*Differentialgleichung von* CLAIRAUT), so hat man entweder $\frac{dp}{dx} = 0$, $p = C$, $y = C x + g(C)$, d. h. eine Schar von Geraden, oder $x + g'(C) = 0$. Diese Bedingung liefert nach Ziff. 75 die Einhüllende dieser Geradenschar, sie ist singuläre Lösung (Ziff. 76).

Differentialgleichungen höheren Grades in y', deren Koeffizienten noch Funktionen von x und y sind, versuche man so zu lösen, daß man die Gleichung womöglich nach y' auflöst und dann nach einem der besprochenen Verfahren weiter behandelt. Ist die Gleichung nicht nach $y' = p$, aber z. B. nach x auflösbar, $x = f(y, p)$, so verfahre man nach 7: $1 = f_y p + f_p \frac{dp}{dy} p$, erhält also eine Differentialgleichung zwischen y und p. Ist sie nach y auflösbar, hat man $y = f(x, p)$ und $p = f_x + f_p \frac{dp}{dx}$, somit eine Differentialgleichung zwischen x und p.

78. Differentialgleichung von RICCATI. Ist y' eine quadratische Funktion von y mit Koeffizienten, die noch Funktionen von x sein können, so spricht man von einer RICCATI*schen Differentialgleichung*. Sie hat also die Gestalt

$$y' = r(x) + s(x) y + t(x) y^2.$$

Ihre allgemeine Lösung ist eine linear gebrochene Funktion der Integrationskonstanten (Ziff. 61) mit Koeffizienten, die Funktionen von x sind, und diese Eigenschaft ist für die RICCATIsche Differentialgleichung charakteristisch. Vier beliebige Lösungskurven werden von den Parallelen zur y-Achse in je vier Punkten gleichen Doppelverhältnisses geschnitten. Ist die verallgemeinerte Lösung einer Differentialgleichung insbesondere eine ganze lineare Funktion der Integrationskonstanten, so ist die Differentialgleichung selbst linear (Ziff. 77). Drei beliebige ihrer Lösungskurven werden von den Parallelen zur y-Achse in je drei Punkten gleichen Teilverhältnisses geschnitten.

Aus einer besonderen Lösung u der RICCATIschen Differentialgleichung erhält man die allgemeine Lösung durch die Substitution $y = u + z$, wobei sich für z durch Einsetzen die BERNOULLIsche Differentialgleichung (Ziff. 77) $z' = (s + 2tu) z + tz^2$ ergibt.

Führt man dagegen v durch $y = -\frac{1}{t} \frac{v'}{v}$ ein, so erhält man für v eine lineare Differentialgleichung zweiter Ordnung: $tv'' - (t' + st) v' + rt^2 v = 0$. Umgekehrt ergibt sich aus einer linearen Differentialgleichung zweiter Ordnung $v'' + pv' + qv = 0$ durch die Substitution $v = e^{-\int y e^{-\int p dx} dx}$ eine RICCATIsche Differentialgleichung für y:

$$y' = y^2 e^{-\int p dx} + q e^{\int p dx}.$$

Die besondere RICCATIsche Differentialgleichung $y' + a y^2 = b x^m$ mit festen a, b, m läßt sich durch Quadraturen lösen, wenn $m = \frac{4k}{1 - 2k}$ mit beliebigem ganzem k ist. Das ist für $a = 0$ und $a \neq 0$, $m = 0$ sofort ersichtlich, ebenso für $a \neq 0$,

$m = -2$, wenn man die Substitution $y = \dfrac{z}{x^2} + \dfrac{1}{a\,x}$ einführt, wodurch die Differentialgleichung $z' + a\,\dfrac{z^2}{x^2} = 0$ entsteht.

Führt man im allgemeinen Fall bei positivem k eine neue unabhängige Veränderliche x_1 und eine neue unbekannte Funktion y_1 vermöge

$$x = x_1^{\frac{1}{m+3}}, \qquad y = \frac{1}{x^2 y_1} + \frac{1}{a\,x}$$

ein, so geht wieder eine RICCATIsche Differentialgleichung von der Gestalt

$$\frac{d y_1}{d x_1} + a_1\, y_1^2 = b_1\, x_1^{m_1}$$

hervor, und zwar haben hier die drei Konstanten die Werte

$$a_1 = \frac{b}{m+3}, \qquad b_1 = \frac{a}{m+3}, \qquad m_1 = -\frac{m+4}{m+3}.$$

Setzt man dieses Verfahren fort, so erhält man nach k Schritten eine Differentialgleichung von der Gestalt

$$\frac{d y_k}{d x_k} + a_k\, y_k^2 = b_k, \qquad \text{falls} \qquad m = -\frac{4k}{1-2k}$$

ist. Wenn dagegen $m = -\dfrac{4k}{1+2k}$ mit positivem ganzem k ist, so macht man die Substitution

$$x = x_1^{-\frac{1}{m+1}}, \qquad y = \frac{b}{x_1(b\,x_1\,y_1 + m + 1)},$$

wodurch sich beim ersten Schritt eine RICCATIsche Differentialgleichung mit

$$a_1 = -\frac{b}{m+1}, \qquad b_1 = -\frac{a}{m+1}, \qquad m_1 = -\frac{3m+4}{m+1}$$

ergibt und nach k Schritten eine durch Quadraturen lösbare Differentialgleichung obiger Gestalt hervorgeht.

79. Systeme von gewöhnlichen Differentialgleichungen. Unter einem *System von gewöhnlichen Differentialgleichungen* für n unbekannte Funktionen $y_1, y_2, \ldots, y_n$ der unabhängigen Veränderlichen x in der *Normalform* versteht man ein System folgender Gestalt:

$$\frac{d y_\nu}{d x} = f_\nu\,(x, y_1, y_2, \ldots, y_n) \qquad (\nu = 1, 2, \ldots, n).$$

Sind die f_ν stetige Funktionen in einem Gebiet G des R_{n+1} (Ziff. 16), so geht durch jeden Punkt von G mindestens eine stetig differenzierbare Lösungskurve des Systems. Sie kann nach beiden Seiten hin bis zum Rand von G fortgesetzt werden.

Man sagt: Eine Funktion $f(x, y_1, y_2, \ldots, y_n)$ erfüllt im Punkte $(\xi, \eta_1, \eta_2, \ldots, \eta_n)$ eine LIPSCHITZ*sche Bedingung*, wenn für eine gewisse Umgebung U dieses Punktes eine Zahl $K > 0$ vorhanden ist, so daß für alle Punkte von U die Bedingung

$$|f(x, \bar{y}_1, \bar{y}_2, \ldots, \bar{y}_n) - f(x, y_1, y_2, \ldots, y_n)| < K \sum_{\nu=1}^{n} |\bar{y}_\nu - y_\nu|$$

erfüllt ist. Das ist z. B. der Fall, wenn die Funktion stetige partielle Ableitungen nach den y_ν hat.

Wenn die Funktionen f_ν in G stetig sind und außerdem in jedem Punkt von G eine LIPSCHITZsche Bedingung erfüllen, so geht durch jeden Punkt von G genau eine Lösungskurve. Man kann also für einen beliebigen festen Punkt $x = \xi$ die Werte von $y_1, y_2, \ldots, y_n$ beliebig vorschreiben *(Integrationskonstanten)*, natürlich so, daß $(\xi, \eta_1, \eta_2, \ldots, \eta_n)$ in G liegt.

Wir können somit die Lösungen des Systems, um die Abhängigkeit von den Anfangsbedingungen anzudeuten, in der Gestalt schreiben

$$y_\nu = \varphi_\nu(x, \xi, \eta_1, \eta_2, \ldots, \eta_n) \quad (\nu = 1, 2, \ldots, n),$$

wobei also nach Definition

$$\varphi_\nu(\xi, \xi, \eta_1, \eta_2, \ldots, \eta_n) = \eta_\nu \quad (\nu = 1, 2, \ldots, n)$$

ist.

Sind die f_ν stetig nach den y_ν differenzierbar, so ist jede der Funktionen φ_ν an jeder Stelle ihres Existenzbereiches nach jeder Veränderlichen stetig differenzierbar, ferner ist

$$\frac{\partial \varphi_\nu}{\partial \xi} + \sum_{\varkappa=1}^{n} f_\varkappa(\xi, \eta_1, \eta_2, \ldots, \eta_n) \frac{\partial \varphi_\nu}{\partial \eta_\varkappa} = 0 \quad (\nu = 1, 2, \ldots, n),$$

$$\frac{\partial(\varphi_1, \varphi_2, \ldots, \varphi_n)}{\partial(\eta_1, \eta_2, \ldots, \eta_n)} = e^{\int_\xi^x \sum_{\nu=1}^{n} \frac{\partial f_\nu}{\partial y_\nu} [x, \varphi_1(x, \xi, \eta_1, \ldots, \eta_n), \ldots, \varphi_n(x, \xi, \eta_1, \ldots, \eta_n)] \, dx} .$$

Da diese Funktionaldeterminante nicht verschwindet, kann man die Gleichungen

$$y_\nu = \varphi_\nu(x, \xi, \eta_1, \eta_2, \ldots, \eta_n)$$

nach den η_ν auflösen und erhält so

$$\eta_\nu = \psi_\nu(x, \xi, y_1, y_2, \ldots, y_n),$$

also n unabhängige, stetig differenzierbare Funktionen, die zufolge der Differentialgleichungen, d.h. wenn man ein Lösungssystem einsetzt, konstant bleiben *(Integrale des Systems)*. Jedes Integral des Systems ist eine Funktion der ψ_ν. Es gibt nicht mehr als n unabhängige Integrale, d.h. hat man n unabhängige Integrale $\chi_1, \chi_2, \ldots, \chi_n$ gefunden, so ist jedes andere Integral eine Funktion der χ_ν.

Sind die Funktionen f_ν r-mal stetig nach den y_ν differenzierbar, so haben auch die Funktionen φ_ν an jeder Stelle ihres Definitionsbereiches stetige Ableitungen r-ter Ordnung nach ihren sämtlichen Veränderlichen, jedoch mit der Einschränkung, daß in jeder dieser Ableitungen höchstens *eine* Differentiation nach x oder nach ξ vorkommen darf. Hängen die f_ν außerdem noch von gewissen Parametern $\mu_1, \mu_2, \ldots, \mu_k$ ab, nach denen sie r-mal stetig differenzierbar sind, und außerdem stetig von gewissen Parametern $\varrho_1, \varrho_2, \ldots, \varrho_l$, so sind die φ_ν auch r-mal stetig nach den $\mu_\varkappa$ differenzierbar und die φ_ν und alle ihre Ableitungen hängen stetig von allen ihren Veränderlichen und Parametern ab.

Systeme höherer Ordnung lassen sich nach Einführung neuer Veränderlicher auf solche erster Ordnung zurückführen. Es sei dies an einem Beispiel erörtert:

$$y''' = f(x, y, y', y'', z, z'),$$
$$z'' = g(x, y, y', y'', z, z').$$

Wir setzen $y' = y_1$, $y'' = y_2$, $z' = z_1$ und haben damit das System erster Ordnung:

$$y' = y_1,$$
$$y_1' = y_2,$$
$$y_2' = f(x, y, y_1, y_2, z, z_1),$$
$$z' = z_1,$$
$$z_1' = g(x, y, y_1, y_2, z),$$

aber statt zwei unbekannter Funktionen deren fünf, nämlich y, y_1, y_2, z, z_1; ihre Anfangswerte können beliebig vorgeschrieben werden, d. h. in dem ursprünglichen System kann man die Anfangswerte von y, y', y'', z, z' willkürlich vorschreiben.

80. Lineare Systeme von gewöhnlichen Differentialgleichungen erster Ordnung. Darunter versteht man ein System von der Art

$$\frac{dy_\mu}{dx} = \sum_{\nu=1}^{n} f_{\mu\nu}(x)\, y_\nu + f_\mu(x) \qquad (\mu = 1, 2, \ldots, n).$$

In einem Intervall J, in dem alle Funktionen $f_\mu(x)$ und $f_{\mu\nu}(x)$ stetig sind, gibt es genau eine stetig differenzierbare Lösung y_μ ($\mu = 1, 2, \ldots, n$), die in einem beliebigen festen Punkt ξ von J beliebig vorgeschriebene Werte η_μ annimmt. Das System heißt *verkürzt*, wenn alle Funktionen $f_\mu(x) = 0$ sind, sonst *erweitert*.

Sind $y_{\mu\nu}$ ($\mu = 1, 2, \ldots, n$, $\nu = 1, 2, \ldots, m$) m Lösungen des verkürzten Systems (μ zählt die n Funktionen einer Lösung, ν zählt die Lösungen), so ist auch $\sum_{\nu=1}^{m} c_\nu\, y_{\mu\nu}$ ($\mu = 1, 2, \ldots, n$) bei festen c_ν eine Lösung. Die Lösungen $y_{\mu\nu}$ heißen *linear abhängig*, wenn es solche c_ν gibt, daß $\sum_{\nu=1}^{m} c_\nu y_{\mu\nu} = 0$ ($\mu = 1, 2, \ldots, n$) identisch in x ist und nicht alle c_ν gleichzeitig verschwinden. Sind dagegen diese Gleichungen identisch nur erfüllt, wenn alle $c_\nu = 0$ sind, so nennt man die Lösungen *linear unabhängig*.

Wenn für $m = n$ die Determinante der $y_{\mu\nu}$ in irgend einem Punkt von J verschwindet, dann ist sie im ganzen Intervall J gleich null. In diesem Fall sind die Lösungen linear abhängig. Ist dagegen diese Determinante $\neq 0$ in J, so sind sie linear unabhängig und es lassen sich die c_ν so bestimmen, daß die Lösung $\sum_{\nu=1}^{n} c_\nu y_{\mu\nu}$ ($\mu = 1, 2, \ldots, n$) für irgend einen festen Punkt von J ein bestimmtes vorgeschriebenes Werte-n-tupel annimmt *(allgemeine Lösung des verkürzten Systems)*. Ein System von n linear unabhängigen Lösungen nennt man ein *Hauptsystem*.

Es gibt immer n linear unabhängige Lösungen, aber nicht mehr. Für die Determinante der $y_{\mu\nu}$ erhält man

$$D(x) = C\, e^{\int_{x_0}^{x} \sum_{\nu=1}^{n} f_{\nu\nu}(x)\,dx}.$$

Aus einem System von n linear unabhängigen Lösungen $y_{\mu\nu}$ ergibt sich jedes andere in der Gestalt $\sum_{\lambda=1}^{n} c_{\nu\lambda}\, y_{\mu\lambda}$ (μ, $\nu = 1, 2, \ldots, n$), wobei die $c_{\nu\lambda}$ willkürliche Konstante sind, deren Determinante von null verschieden ist.

Um eine Lösung des erweiterten Systems zu erhalten, geht man von einem System von n linear unabhängigen Lösungen $y_{\mu\nu}$ des verkürzten Systems aus und setzt $y_\mu = \sum_{\nu=1}^{n} u_\nu\, y_{\mu\nu}$ mit den unbekannten Funktionen u_ν von x an. Man versucht diese so zu bestimmen, daß die y_μ eine Lösung des erweiterten Systems werden. Hätte man für die u_ν Konstante gewählt, so würde man wieder nur eine Lösung des verkürzten Systems erhalten haben. Man nimmt also statt Konstanten Funktionen, daher der Name des Verfahrens: *Methode der Variation der Konstanten* (LAGRANGE).

Durch Einsetzen in das System ergeben sich für die u_ν die Gleichungen

$$\sum_{\nu=1}^{n} y_{\mu\nu}\,\frac{du_\nu}{dx} = f_\mu.$$

Wir wollen mit $D_{\mu\nu}$ das algebraische Komplement des Elementes $y_{\mu\nu}$ in der Determinante D bezeichnen. Dann hat man

$$\frac{du_\lambda}{dx} = \frac{1}{D}\sum_{\mu=1}^{n} D_{\mu\lambda} f_\mu \qquad (\lambda = 1, 2, \ldots, n),$$

$$u_\lambda = \int_{x_0}^{x} \frac{1}{D}\sum_{\mu=1}^{n} D_{\mu\lambda} f_\mu\, dx + c_\lambda,$$

$$y_\mu = \sum_{\lambda=1}^{n} c_\lambda y_{\mu\lambda} + \sum_{\lambda=1}^{n} y_{\mu\lambda} \int_{x_0}^{x} \frac{1}{D}\sum_{\nu=1}^{n} D_{\nu\lambda} f_\nu\, dx.$$

Die allgemeine Lösung des erweiterten Systems ist gleich der allgemeinen Lösung des verkürzten, vermehrt um eine besondere Lösung des erweiterten Systems.

81. Verkürzte lineare Systeme mit konstanten Koeffizienten. Wenn alle Funktionen f_μ und $f_{\mu\nu}$ konstant sind, erweitert sich das Intervall J zur gesamten x-Achse. Das verkürzte System mit konstanten Koeffizienten wollen wir in der Form

$$\frac{dy_\mu}{dx} = \sum_{\nu=1}^{n} a_{\mu\nu} y_\nu \qquad (\mu = 1, 2, \ldots, n)$$

voraussetzen. Man kann es in folgender Weise vollständig lösen: Es sei

$$\Delta(\lambda) = \begin{vmatrix} a_{11} - \lambda & a_{12} & \ldots & a_{1n} \\ a_{21} & a_{22} - \lambda & \ldots & a_{2n} \\ \ldots & \ldots & \ldots\ldots \\ a_{n1} & a_{n2} & \ldots & a_{nn} - \lambda \end{vmatrix}.$$

$\lambda_1, \lambda_2, \ldots, \lambda_m$ seien die untereinander verschiedenen Nullstellen von $\Delta(\lambda)$, $\alpha_1, \alpha_2, \ldots, \alpha_m$ ihre Vielfachheiten, also $\alpha_1 + \alpha_2 + \cdots + \alpha_m = n$. Jedes y_μ einer Lösung ist eine Linearform der Funktionen $e^{\lambda_k x}$, $x e^{\lambda_k x}$, $x^2 e^{\lambda_k x}$, $\ldots$, $x^{\alpha_k - 1} e^{\lambda_k x}$ ($k = 1, 2, \ldots, m$) mit passenden Koeffizienten, die man durch Einsetzen in das System der Differentialgleichungen zu bestimmen hat. Es müssen nicht alle diese Koeffizienten in den y_μ von null verschieden sein. Einige können in allen y_μ gleich null sein. Um alle Funktionen eines Hauptsystems zu erhalten, hat man alle λ_k ($k = 1, 2, \ldots, m$) heranzuziehen. Ist λ_k imaginär, also z. B. $\lambda_k = \beta_k + i\gamma_k$, so ist auch $\beta_k - i\gamma_k$ Nullstelle von gleicher Vielfachheit und man hat dann an Stelle der Funktion $x^p e^{\lambda_k x}$ die beiden Funktionen $x^p e^{\beta_k x} \cos \gamma_k x$ und $x^p e^{\beta_k x} \sin \gamma_k x$ zu nehmen. Die Gleichung $\Delta(\lambda) = 0$ pflegt man als *charakteristische Gleichung* zu bezeichnen.

Die genaue Antwort auf die Frage, bis zu welcher Potenz x als Faktor neben der Exponentialfunktion auftreten kann, wird durch die Theorie der *Elementarteiler* von WEIERSTRASS gegeben: Sind

$$(\lambda - c_1)^{\varepsilon_1},\ (\lambda - c_2)^{\varepsilon_2},\ \ldots,\ (\lambda - c_r)^{\varepsilon_r} \qquad (\varepsilon_1 + \varepsilon_2 + \cdots + \varepsilon_r = n)$$

die Elementarteiler von $\Delta(\lambda)$, so tritt in mindestens einer der Lösungen, die zur Exponentialfunktion $e^{c_k x}$ gehören, x in der Potenz $\varepsilon_k - 1$ wirklich auf, aber niemals in höherer.

82. Gewöhnliche Differentialgleichung n-ter Ordnung. Die *allgemeine Lösung* einer gewöhnlichen Differentialgleichung n-ter Ordnung $f(x, y, y'. y'', \ldots, y^{(n)}) = 0$ hängt gemäß Ziff. 79 von n Integrationskonstanten $C_1, C_2, \ldots, C_n$ ab, stellt also eine *n-parametrige Kurvenschar* $F(x, y, C_1, C_2, \ldots, C_n) = 0$ dar. Umgekehrt gehört zu einer solchen Kurvenschar eine Differentialgleichung n-ter Ordnung, die man dadurch erhält, daß man die Gleichung der Schar n-mal nach x differenziert und die n Konstanten C_ν aus den so erhaltenen $n+1$ Gleichungen eliminiert. Man kann nach Ziff. 79 für die Lösungen einer solchen Differentialgleichung an einer bestimmten Stelle die Werte der unbekannten Funktion y und ihrer Ableitungen bis zur Ordnung $n-1$ vorschreiben.

Enthält die Differentialgleichung $y, y', y'', \ldots, y^{(k-1)}$ nicht und ist $y^{(k)}$ die Ableitung niedrigster Ordnung, die in ihr vorkommt, so stellt sich durch Einführung von $u = y^{(k)}$ als neuer Veränderlicher für u eine Differentialgleichung von der Ordnung $n-k$ heraus. Ihre Lösung enthält $n-k$ Integrationskonstanten, die übrigen k ergeben sich durch k-malige Integration von $u = y^{(k)}$.

Fehlt x in der Differentialgleichung, so setze man $\dfrac{dy}{dx} = p$ und fasse p als Funktion von y auf. Dann erhält man

$$\frac{d^2 y}{d x^2} = \frac{dp}{dx} = \frac{dp}{dy}\frac{dy}{dx} = p\,\frac{dp}{dy}, \qquad \frac{d^3 y}{d x^3} = p\,\frac{d}{dy}\left(p\,\frac{dp}{dy}\right) \quad \text{usw.,}$$

also eine Differentialgleichung von der Ordnung $n-1$ für p als Funktion von y. Hat man aus ihr p als Funktion von y mit $n-1$ Integrationskonstanten berechnet, so wird $x = \displaystyle\int \frac{dy}{p}$, somit x Funktion von y mit n Integrationskonstanten, woraus y zu berechnen ist.

83. Lineare Differentialgleichungen n-ter Ordnung. Sie haben die Gestalt

$$y^{(n)} + p_1 y^{(n-1)} + p_2 y^{(n-2)} + \cdots + p_{n-1} y' + p_n y = q,$$

wobei die p_ν und q Funktionen von x sind. Sind diese in einem Intervall J stetige Funktionen von x, so gibt es in J genau eine n-mal stetig differenzierbare Lösung, die in einem beliebigen festen Punkt x_0 von J samt ihren Ableitungen bis zur Ordnung $n-1$ beliebig vorgeschriebene Werte annimmt *(Integrationskonstanten)*. Die Differentialgleichung heißt *verkürzt*, wenn $q = 0$ ist, sonst *erweitert*. n Lösungen $y_1, y_2, \ldots, y_n$ heißen *linear abhängig*, wenn es solche c_ν gibt, daß $\displaystyle\sum_{\nu=1}^{n} c_\nu y_\nu = 0$ identisch in x ist, ohne daß alle c_ν gleichzeitig null sind. Ist die Gleichung nur dann identisch erfüllt, wenn alle $c_\nu = 0$ sind, so nennt man die Lösungen *linear unabhängig*. Man sagt in diesem Fall, sie bilden ein *Hauptsystem* von Lösungen. Es gibt immer n linear unabhängige Lösungen, aber nicht mehr.

Die Determinante

$$W = \begin{vmatrix} y_1 & y_2 & \cdots & y_n \\ y_1' & y_2' & \cdots & y_n' \\ y_1'' & y_2'' & \cdots & y_n'' \\ \cdots & \cdots & \cdots & \cdots \\ y_1^{(n-1)} & y_2^{(n-1)} & \cdots & y_n^{(n-1)} \end{vmatrix}$$

bezeichnet man als WRONSKI*sche Determinante*. Man hat $W = C\,e^{-\int_{x_0}^{x} p_1(\xi)\,d\xi}$. Ist ihr Rang in einem beliebigen festen Punkt von J kleiner n, so ist er für jeden Punkt von J kleiner n, die Lösungen sind in diesem Fall linear abhängig. Ist dagegen ihr Rang gleich n in J, so sind sie linear unabhängig.

Man erhält aus einem Hauptsystem y_ν jedes andere in der Gestalt $z_\mu = \sum\limits_{\nu=1}^{n} c_{\mu\nu} y_\nu$ $(\mu = 1, 2, \ldots, n)$, wobei die $c_{\mu\nu}$ beliebige feste Zahlen mit einer nicht verschwindenden Determinante sind. Die allgemeine Lösung ergibt sich aus einem Hauptsystem y_ν in der Gestalt $y = \sum\limits_{\nu=1}^{n} c_\nu y_\nu$. Man kann nämlich dann die c_ν so bestimmen, daß y samt seinen Ableitungen bis zur Ordnung $n-1$ an der willkürlich gewählten Stelle x_0 in J beliebig vorgeschriebene Werte annimmt.

Um die erweiterte Differentialgleichung zu lösen, kann man z.B. nach La-grange die *Methode der Variation der Konstanten* (Ziff. 80) verwenden, d.h. man betrachtet die Koeffizienten c_ν nicht als konstant, sondern als unbekannte Funktionen, setzt also $y = \sum\limits_{\nu=1}^{n} u_\nu y_\nu$ und versucht die u_ν so zu bestimmen, daß man eine Lösung der erweiterten Differentialgleichung erhält. Da man n Funktionen zur Verfügung hat, die nur *einer* Gleichung genügen müssen, wird man ihnen noch $n-1$ Bedingungen auferlegen können. Man wählt dafür praktisch $\sum\limits_{\nu=1}^{n} u_\nu' y_\nu^{(k)} = 0$ $(k = 0, 1, 2, \ldots, n-2)$. $y_\nu^{(0)}$ bedeutet dabei y_ν selbst. Dann ergibt sich als letzte Bedingung zufolge der Differentialgleichung $\sum\limits_{\nu=1}^{n} u_\nu' y_\nu^{(n-1)} = q$. Da die Determinante dieses Gleichungssystems gerade W ist und W nicht verschwindet, weil die y_ν ein Hauptsystem bilden, kann man die Gleichungen nach den u_ν' auflösen und findet dann durch Integration die u_ν und damit y mit n Integrationskonstanten. Die allgemeine Lösung der erweiterten Differentialgleichung ist gleich der allgemeinen Lösung der verkürzten, vermehrt um eine besondere Lösung der erweiterten.

Setzt man $y = y_1 z$, wobei y_1 eine Lösung der verkürzten Differentialgleichung ist, so erhält man für z' eine lineare Differentialgleichung $(n-1)$-ter Ordnung (d'Alembert).

84. Lineare Differentialgleichung n-ter Ordnung mit konstanten Koeffizienten. Wir betrachten zuerst eine verkürzte lineare Differentialgleichung mit konstanten Koeffizienten

$$y^{(n)} + a_1 y^{(n-1)} + a_2 y^{(n-2)} + \cdots + a_{n-1} y' + a_n y = 0.$$

Das Intervall J erweitert sich hier auf die ganze x-Achse. Die Differentialgleichung läßt sich allgemein in folgender Weise lösen: Man bestimme zuerst die Nullstellen des Polynoms

$$f(\lambda) = \lambda^n + a_1 \lambda^{n-1} + a_2 \lambda^{n-2} + \cdots + a_n.$$

Die untereinander verschiedenen Nullstellen von $f(\lambda)$ seien $\lambda_1, \lambda_2, \ldots, \lambda_m$, ihre Vielfachheiten $\alpha_1, \alpha_2, \ldots, \alpha_m$. Dann sind $e^{\lambda_k x}, x e^{\lambda_k x}, x^2 e^{\lambda_k x}, \ldots, x^{\alpha_k - 1} e^{\lambda_k x}$ $(k = 1, 2, \ldots, m)$ n linear unabhängige Lösungen der Differentialgleichung. Ist $\lambda_k = \beta_k + i\gamma_k$ imaginär, so kommt daneben auch $\beta_k - i\gamma_k$ als Nullstelle in gleicher Vielfachheit vor und man hat einfach an Stelle der Lösung $x^p e^{\lambda_k x}$ das Funktionenpaar $x^p e^{\beta_k x} \cos \gamma_k x$ und $x^p e^{\beta_k x} \sin \gamma_k x$ zu nehmen. Auch hier nennt man die Gleichung $f(\lambda) = 0$ die *charakteristische Gleichung*.

Wir wollen jetzt voraussetzen, daß auf der rechten Seite der Differentialgleichung mit konstanten Koeffizienten nicht null, sondern $q = \sum\limits_{\varrho=0}^{r} b_\varrho x^\varrho e^{\lambda_k x}$ mit festen b_ϱ steht. In diesem Fall kann man eine besondere Lösung dieser erweiterten

Differentialgleichung ohne die Methode der Variation der Konstanten durch folgenden einfachen Ansatz finden: Wir setzen $y = \sum\limits_{\varrho=\alpha_k}^{\alpha_k+r} c_\varrho\, x^\varrho e^{\lambda_k x}$ mit unbestimmten Koeffizienten c_ϱ in die Differentialgleichung ein. Dann lassen sich die c_ϱ eindeutig durch Koeffizientenvergleichung berechnen. Die Behauptung ist auch richtig, wenn $\alpha_k = 0$, d.h. λ_k keine Nullstelle von $f(\lambda)$ ist.

Ist $\lambda_k = \beta_k + i\gamma_k$ imaginär und zerlegt man die erhaltene Lösung in ihren reellen und imaginären Teil, so ergeben sich dadurch Lösungen für jene Differentialgleichungen, in denen $e^{\beta_k x} \cos \gamma_k x$ bzw. $e^{\beta_k x} \sin \gamma_k x$ auf der rechten Seite statt $e^{\lambda_k x}$ steht.

Ist q eine endliche Summe derartiger Ausdrücke, in denen jedesmal ein anderes λ_k im Exponenten der Exponentialfunktion steht, so erhält man eine besondere Lösung auf folgende Art: Man berechnet nach dem eben beschriebenen Verfahren für jeden dieser Ausdrücke eine besondere Lösung unter der Voraussetzung, daß nur je einer der genannten Ausdrücke auf der rechten Seite steht, und addiert dann die erhaltenen Lösungen.

Auf eine lineare Differentialgleichung mit konstanten Koeffizienten läßt sich die Differentialgleichung

$$(bx + c)^n\, y^{(n)} + a_1(bx + c)^{n-1}\, y^{(n-1)} + a_2(bx + c)^{n-2}\, y^{(n-2)} + \cdots$$
$$+ a_{n-1}(bx + c)\, y' + a_n\, y = 0$$

durch die Substitution von $bx + c = e^t$ zurückführen. Das zugehörige Polynom $f(\lambda)$ erhält man hier, indem man $y = (bx + c)^\lambda$ in die linke Seite der Gleichung einsetzt und den Faktor $(bx + c)^\lambda$ abspaltet. Die Nullstellen des Polynoms seien wie oben bezeichnet. Die allgemeine Lösung der Differentialgleichung ist dann eine Linearkombination der n Funktionen

$$(bx + c)^{\lambda_k}, \qquad (bx + c)^{\lambda_k} \log (bx + c), \qquad (bx + c)^{\lambda_k} [\log (bx + c)]^2, \quad \ldots,$$
$$(bx + c)^{\lambda_k} [\log (bx + c)]^{\alpha_k-1} \qquad (k = 1, 2, \ldots, m)$$

mit n willkürlichen konstanten Koeffizienten (Integrationskonstanten). Ist $\lambda_k = \beta_k + i\gamma_k$ imaginär, so hat man wie oben an Stelle von $(bx + c)^{\lambda_k} [\log (bx + c)]^p$ das Funktionenpaar

$$(bx + c)^{\beta_k} [\log (bx + c)]^p \cos [\gamma_k \log (bx + c)]$$

und

$$(bx + c)^{\beta_k} [\log (bx + c)]^p \sin [\gamma_k \log (bx + c)]$$

zu nehmen. Der Fall $b = 1$, $c = 0$ wurde schon von EULER behandelt.

Die obigen Bemerkungen über die Lösung der zugehörigen erweiterten Differentialgleichung übertragen sich auch auf diesen Fall, falls auf der rechten Seite eine endliche Summe von Ausdrücken der Gestalt $\sum\limits_{\varrho=0}^{r} b_\varrho (bx + c)^{\lambda_k} [\log (bx + c)]^\varrho$ steht. Man hat dann den Ansatz $y = \sum\limits_{\varrho=\alpha_k}^{\alpha_k+r} c_\varrho (bx + c)^{\lambda_k} [\log (bx + c)]^\varrho$ zu machen.

85. Gewöhnliche Differentialgleichungen im Komplexen. Die bisher besprochenen Existenzsätze lassen sich vom Reellen ins Komplexe übertragen, wenn man die gegebenen Funktionen analytisch voraussetzt. Man hat dann eindeutige analytische Lösungen, die auch von den Anfangsbedingungen und Parametern analytisch abhängen, und damit die Möglichkeit, die Differentialgleichungen durch Potenzreihen zu lösen. Man setzt am besten die Lösungen als Potenzreihen mit unbestimmten Koeffizienten an, setzt sie in die Differentialgleichungen ein und bestimmt die Koeffizienten durch Koeffizientenvergleichung oder mit Hilfe des Taylorschen Satzes, indem man sich die hierzu notwendigen Ableitungen durch allmähliches Differenzieren der Differentialgleichungen nacheinander berechnet.

Besonders wichtig ist das Verhalten der Lösungen einer verkürzten linearen Differentialgleichung

$$w^{(n)} + p_1(z)\, w^{(n-1)} + p_2(z)\, w^{(n-2)} + \cdots + p_{n-1}(z)\, w' + p_n(z)\, w = 0.$$

Sind die Koeffizienten $p_\nu(z)$ in einem Kreis mit dem Mittelpunkt a regulär, dann ist auch jede Lösung mindestens in diesem Kreis regulär, und zwar gibt es genau eine Lösung, die für $z = a$ samt ihren Ableitungen bis zur $(n-1)$-ten Ordnung beliebig vorgeschriebene feste Werte annimmt.

Nun möge a eine singuläre Stelle der $p_\nu(z)$ sein; in dem Kreisring R mit a als Mittelpunkt sollen die Laurentschen Entwicklungen für die Funktion $p_\nu(z)$ konvergieren. z möge innerhalb R den Punkt a umlaufen. Wenn man eine Lösung längs dieses Weges fortsetzt, so bleibt sie Lösung der Differentialgleichung, braucht aber nach dem Umlauf nicht zu ihrem ursprünglichen Wert zurückzukehren. Ein Hauptsystem bleibt dabei Hauptsystem. Bezeichnen wir die Funktionen eines Hauptsystems vor dem Umlauf mit w_ν, nach dem Umlauf mit W_ν, so ist

$$W_\mu = \sum_{\nu=1}^{n} a_{\mu\nu} w_\nu$$ nach Ziff. 83, wobei die Determinante der $a_{\mu\nu}$ nicht verschwindet.

Wenn man nicht identisch verschwindende Lösungen sucht, die beim Umlauf nur einen festen Faktor λ_0 annehmen, dann muß λ_0 eine Nullstelle des Polynoms

$$D(\lambda) = \begin{vmatrix} a_{11} - \lambda & a_{12} & \cdots & a_{1n} \\ a_{21} & a_{22} - \lambda & \cdots & a_{2n} \\ \cdots & \cdots & \cdots\cdots \\ a_{n1} & a_{n2} & \cdots & a_{nn} - \lambda \end{vmatrix}$$

sein. Die Nullstellen dieses Polynoms hängen nicht vom zugrunde gelegten Hauptsystem ab. Die gesuchte Lösung hat die Gestalt $(z-a)^\alpha\, \varphi(z)$, wobei $e^{2\pi i \alpha} = \lambda_0$ und $\varphi(z)$ eine eindeutige analytische Funktion in R ist. Ist β die Vielfachheit von λ_0, so erhält man β Lösungen von der Gestalt

$$w_\varrho = (z-a)^\alpha \{\varphi_{0\varrho}(z) + \varphi_{1\varrho}(z) \log(z-a) + \varphi_{2\varrho}(z) [\log(z-a)]^2 + \cdots$$
$$+ \varphi_{\varrho-1,\varrho}(z) [\log(z-a)]^{\varrho-1}\} \qquad (\varrho = 1, 2, \ldots, \beta),$$

wobei die $\varphi_{\sigma\tau}(z)$ eindeutige analytische Funktionen in R sind und die Funktionen $\varphi_{01}(z), \varphi_{12}(z), \varphi_{23}(z), \ldots, \varphi_{\beta-1,\beta}(z)$ konstantes Verhältnis haben. Ähnliches ergibt sich für die übrigen Nullstellen von $D(\lambda)$. Alle so erhaltenen n Lösungen sind linear unabhängig.

86. Singuläre Stellen der Bestimmtheit. Es sei jetzt der Punkt a eine isolierte singuläre Stelle der $p_\nu(z)$. Haben dann alle Lösungen der in der vorigen Ziffer betrachteten Differentialgleichung die Eigenschaft, daß für alle in ihnen auftretenden Funktionen $\varphi_{\sigma\tau}(z)$ die Stelle a eine reguläre Stelle oder ein Pol ist, so nennt man a eine *außerwesentlich singuläre Stelle der Differentialgleichung* oder eine *Stelle der Bestimmtheit*, im gegenteiligen Fall eine *wesentlich singuläre Stelle der Differentialgleichung* oder eine *Stelle der Unbestimmtheit*. Nach Fuchs ist für eine Stelle der Bestimmtheit notwendig und hinreichend, daß a für $p_\nu(z)$ Pol von höchstens ν-ter Ordnung ist $(\nu = 1, 2, \ldots, n)$. In diesem Fall kann man n linear unabhängige Lösungen der Differentialgleichungen von folgender Gestalt angeben: Wir schreiben die Differentialgleichung in der Form

$$w^{(n)} + \frac{f_1(z)}{z-a}\, w^{(n-1)} + \frac{f_2(z)}{(z-a)^2}\, w^{(n-2)} + \cdots + \frac{f_{n-1}(z)}{(z-a)^{n-1}}\, w' + \frac{f_n(z)}{(z-a)^n}\, w = 0,$$

wobei also jetzt die $f_v(z)$ analytische Funktionen in einer Umgebung von a sind, machen den Ansatz $w = \sum\limits_{v=0}^{\infty} c_v (z-a)^{r+v}$ mit $c_0 \neq 0$, setzen diese Reihe in die Differentialgleichung ein und vergleichen die Koeffizienten der Glieder niedrigster Ordnung. Damit erhalten wir die sog. *determinierende Gleichung* für r:

$$r(r-1) \cdots (r-n+1) + f_1(a)\, r(r-1) \cdots (r-n+2) + \cdots + f_{n-1}(a)\, r + f_n(a) = 0.$$

Wenn die Unterschiede der Lösungen r_v dieser Gleichung n-ten Grades keine ganzen Zahlen sind, ergeben sich n linear unabhängige Lösungen der Differentialgleichung in der Gestalt $w = (z-a)^{r_v} \varphi_v(z)$ mit analytischen $\varphi_v(z)$ in einer Umgebung von $z = a$ und $\varphi_v(a) \neq 0$.

Treten dagegen derartige ganzzahlige Unterschiede auf, so fassen wir die r_v so in Blöcken zusammen, daß sich die r_v innerhalb eines Blockes nur um ganze Zahlen unterscheiden, während die Unterschiede irgend zweier r_v in zwei verschie·denen Blöcken keine ganze Zahlen sein sollen. Innerhalb eines Blockes ordnen wir die r_v so an, daß ihr reeller Teil nicht zunimmt.

Es seien $r_1, r_2, \ldots, r_\beta$ die r_v eines solchen Blockes. Dann erhält man zugehörige Lösungen der Differentialgleichung von der Gestalt

$$w_\varrho = (z-a)^{r_\varrho} \varphi_{0\varrho}(z) + (z-a)^{r_\varrho - 1} \varphi_{1\varrho}(z) \log (z-a) +$$
$$+ (z-a)^{r_\varrho - 2} \varphi_{2\varrho}(z) [\log (z-a)]^2 + \cdots + (z-a)^{r_1} \varphi_{\varrho-1, \varrho}(z) [\log (z-a)]^{\varrho-1}$$

$(\varrho = 1, 2, \ldots, \beta)$, wobei die $\varphi_{\sigma\tau}(z)$ in einer Umgebung von $z = a$ analytisch, die Funktionen $\varphi_{01}(z), \varphi_{12}(z), \varphi_{23}(z), \ldots, \varphi_{\beta-1, \beta}(z)$ konstantes Verhältnis haben und $\varphi_{0\varrho}(a) \neq 0$ ist. Ähnliches ergibt sich für die übrigen Blöcke. In besonderen Fällen können manche der $\varphi_{\sigma\tau}(z)$ identisch verschwinden, d.h. die Logarithmen brauchen überhaupt nicht aufzutreten. Zum Beispiel hat die Differentialgleichung $z^2 w'' - 2zw' + 2w = 0$ die allgemeine Lösung $w = C_1 z + C_2 z^2$, die an der singulären Stelle der Bestimmtheit $z = 0$ sogar regulär ist. Die Nullstellen λ_v des Polynoms $D(\lambda)$ der vorigen Ziffer hängen mit den r_v durch $\lambda_v = e^{2\pi i r_v}$ zusammen.

Eine große Sammlung von gewöhnlichen Differentialgleichungen findet man bei E. KAMKE, Differentialgleichungen, Lösungsmethoden und Lösungen, Bd. I. Gewöhnliche Differentialgleichungen, Leipzig; Akademische Verlagsgesellschaft 1942.

Anhang: Das LEBESGUEsche Integral[1].

H. LEBESGUE hat im Jahre 1901 eine Definition des Begriffes des bestimmten Integrals gegeben, die den Begriff des RIEMANNschen Integrals als besonderen Fall in sich umfaßt, aber in ihrem Umfang darüber hinausgeht. Da dieser neue Integralbegriff einerseits wohl nicht mehr zum Bestand der klassischen Mathematik gehört, andererseits aber seit einiger Zeit auch in Gebieten verwendet wird, die für die Physik von Bedeutung sind, wie z.B. in der Theorie der FOURIERschen Reihen, Orthogonalfunktionen und Distributionen, so soll er im folgenden als Anhang zum ersten Teil der klassischen Mathematik behandelt werden. Dazu ist es notwendig, zuerst einige Grundbegriffe und Tatsachen der von G. CANTOR 1872 anläßlich seiner Untersuchungen über die FOURIERschen Reihen begründeten Mengenlehre kennenzulernen, insbesondere der Punktmengen. Wir knüpfen damit wieder an Ziff. 1 bzw. 16 an. Die dort behandelten Begriffe und Sätze sollen im folgenden als bekannt vorausgesetzt werden.

---

[1] Vgl. auch den Beitrag von I. N. SNEDDON im Bd. II dieses Handbuches: Functlona Analysis.

1. Grundbegriffe der Mengenlehre. Alle Elemente, die mindestens einer von zwei gegebenen Mengen M_1 und M_2 angehören, bilden eine Menge, die man die *Vereinigungsmenge* der beiden Mengen nennt und mit $M_1 + M_2$ bezeichnet. Alle Elemente, die jeder der beiden Mengen angehören, bilden eine Menge, die als *Durchschnitt* der beiden Mengen bezeichnet und in der Form $M_1 M_2$ geschrieben wird. Beide Definitionen lassen sich auf eine beliebige endliche oder unendliche Menge von Mengen erweitern. Die Vereinigungsmenge ist die Menge aller Elemente, die mindestens einer der gegebenen Mengen, der Durchschnitt die Menge aller Elemente, die jeder der gegebenen Mengen angehören. Im ersten Fall verwendet man zur Bezeichnung die Summen-, im zweiten die Produktschreibweise. Haben die Mengen kein gemeinsames Element, so sagt man, ihr Durchschnitt sei die *leere Menge*. Ist M_1 *Teilmenge* von M_0, geschrieben $M_1 < M_0$ oder $M_0 > M_1$, so bilden alle Elemente von M_0, die nicht zu M_1 gehören, eine Menge, die man als *Komplementärmenge* von M_1 in bezug auf M_0 bezeichnet; man schreibt dafür $M_0 - M_1$. Ist $M_0 - M_1$ nicht leer, so heißt M_1 eine *echte Teilmenge* von M_0. Die Komplementärmenge der Vereinigungsmenge von Mengen ist der Durchschnitt der Komplementärmengen dieser Mengen und die Komplementärmenge der Durchschnitte der gegebenen Mengen ist die Vereinigungsmenge ihrer Komplementärmengen.

$M_1, M_2, M_3 \dots$ sei eine unendliche Folge von Mengen (Ziff. 42). Alle Elemente, die unendlich vielen dieser Mengen angehören, bilden den *limes superior* ($\overline{\lim} M_n$), alle Elemente, die allen Mengen höchstens mit Ausnahme einer endlichen Anzahl von ihnen angehören, bilden den *limes inferior* ($\underline{\lim} M_n$) dieser Mengen. Es ist immer $\overline{\lim} M_n > \underline{\lim} M_n$. Fallen diese beiden Mengen zusammen, so spricht man von der *Grenzmenge* $\lim M_n$ schlechthin.

Allgemein gilt

$$\overline{\lim} M_n = (M_1 + M_2 + M_3 + \cdots)(M_2 + M_3 + \cdots)(M_3 + \cdots)\cdots$$
$$\underline{\lim} M_n = M_1 M_2 M_3 \cdots + M_2 M_3 \cdots + M_3 \cdots + \cdots.$$

Insbesondere hat man

$$\lim M_n = M_1 + M_2 + \cdots, \quad \text{wenn} \quad M_n < M_{n+1} \quad \text{für alle } n,$$
$$\lim M_n = M_1 M_2 \cdots, \quad \text{wenn} \quad M_n > M_{n+1} \quad \text{für alle } n.$$

Zwei Mengen heißen von derselben *Mächtigkeit*, wenn ihre Elemente umkehrbar eindeutig einander zugeordnet werden können. Eine Menge, deren Elemente der Folge der natürlichen Zahlen $1, 2, 3, \dots$ umkehrbar eindeutig zugeordnet werden können, die also dieselbe Mächtigkeit hat wie die Menge der natürlichen Zahlen, nennt man *abzählbar*. Manchmal pflegt man auch unter diesen Begriff die Mengen einzuordnen, die nur eine endliche Anzahl von Elementen enthalten. Wir wollen uns diesem Gebrauch anschließen.

$M_1, M_2, M_3 \dots$ sei eine abzählbare Menge von abzählbaren Mengen. Die Elemente aller dieser Mengen (ihre Vereinigungsmenge) bilden selbst eine abzählbare Menge. Alle rationalen Zahlen bilden eine abzählbare Menge, ebenso alle Punkte der Ebene mit rationalen Koordinaten. Die Menge aller Punkte eines Intervalls ist nicht abzählbar.

2. Punktmengen. Die Menge aller Häufungspunkte einer Punktmenge M nennt man die *Ableitung* von M und bezeichnet sie mit M'. Damit können wir im Anschluß an Ziff. 16 folgende Definitionen einführen: Wenn $M > M'$, heißt M *abgeschlossen* (leere Mengen sind zugelassen). Wenn $M < M'$ und M nicht leer ist, heißt M *in sich dicht*. Wenn $M = M'$ und nicht leer ist, heißt M *perfekt*.

Die Ableitung M' ist immer abgeschlossen. Die Komplementärmenge einer abgeschlossenen Menge in bezug auf eine offene Menge ist offen, die Komplementärmenge einer offenen Menge in bezug auf eine abgeschlossene Menge ist abgeschlossen. Die Vereinigungsmenge von offenen Mengen ist offen, der Durchschnitt von abgeschlossenen Mengen ist abgeschlossen.

Jede beschränkte offene Punktmenge auf einer Geraden läßt sich als Vereinigungsmenge einer abzählbaren Menge von abgeschlossenen Intervallen darstellen, die höchstens ihre Endpunkte gemeinsam haben, aber nicht eindeutig bestimmt sind.

Wenn jeder Punkt einer Menge M auf einer Geraden in einem offenen Intervall liegt, so sagen wir, die Menge $\overline{M}$ dieser Intervalle *überdeckt* M. Dann gibt es eine abzählbare Teilmenge von Intervallen aus $\overline{M}$, die schon M überdecken (Satz von LINDELÖF). Ist M beschränkt und abgeschlossen, so reicht schon eine endliche Anzahl von Intervallen aus $\overline{M}$ zur Überdeckung aus (HEINE-BOREL).

Alle diese Sätze lassen sich auch auf Punktmengen des R_n übertragen, dagegen nicht folgender Satz: Jede beschränkte offene Punktmenge auf einer Geraden ist die Vereinigungsmenge von eindeutig bestimmten offenen Intervallen, die keinen Punkt gemeinsam haben.

3. Maß von Punktmengen auf einer Geraden. Im folgenden betrachten wir nur Punktmengen auf einer Geraden. Wir ordnen nach BOREL und LEBESGUE jeder Punktmenge eine nicht negative Zahl zu, die wir als *Maß* der Menge bezeichnen und die den Begriff der Länge eines Intervalls auf eine beliebige Punktmenge erweitern soll. Als wichtigste Eigenschaft fordern wir die *Additivität*, d.h. das Maß der Vereinigungsmenge zweier Punktmengen ohne gemeinsame Punkte soll die Summe der Maße der beiden Punktmengen sein. Weil der Begriff des Maßes den der Länge eines Intervalls enthalten soll, definieren wir das Maß eines Intervalls durch seine Länge.

Das Maß einer offenen Punktmenge sei die Summe der Längen jener eindeutig bestimmten offenen Intervalle, als deren Vereinigungsmenge gemäß der vorigen Ziffer die gegebene Punktmenge erscheint, falls diese Summe konvergiert. Wir sprechen der Punktmenge unendliches Maß zu, wenn diese Summe divergiert, also den Grenzwert $+\infty$ hat. Das Maß zweier offener Punktmengen ist gleich dem Maß ihrer Vereinigungsmenge, vermehrt um das Maß ihres Durchschnittes. Das Maß der Vereinigungsmenge von unendlich vielen offenen Mengen übersteigt nicht die Summe der Maße der einzelnen Mengen und ist dieser Summe gleich, falls die Mengen keine gemeinsamen Punkte haben.

Wenn eine abgeschlossene Punktmenge N in einer offenen Menge M liegt, so definieren wir das Maß von N durch den Überschuß des Maßes von M über das Maß von $M - N$. Diese Definition hängt nicht von der Wahl der Punktmenge M ab. Ebenso wie früher ist die Summe der Maße zweier abgeschlossener Punktmengen gleich dem Maß der Vereinigungsmenge, vermehrt um das Maß ihres Durchschnittes, woraus dann ebenso die Eigenschaft der Additivität für das Maß von abgeschlossenen Mengen folgt.

Ist die abgeschlossene Punktmenge N ·eine echte Teilmenge der offenen Menge M, so ist das Maß von N kleiner als das Maß von M, ist dagegen M Teilmenge von N, so übersteigt das Maß von M nicht das Maß von N. Das Maß einer offenen Punktmenge ist die obere Grenze der Maße aller in ihr enthaltenen abgeschlossenen Mengen und das Maß einer abgeschlossenen Menge die untere Grenze der Maße aller sie enthaltenden offenen Mengen.

Das *äußere Maß* einer beliebigen Punktmenge M wird definiert als die untere Grenze der Maße aller M enthaltenden offenen Punktmengen, das *innere Maß* von M als die obere Grenze der Maße aller abgeschlossenen Teilmengen von M. Das innere Maß übersteigt nie das äußere Maß. Äußeres bzw. inneres Maß einer Teilmenge von M übersteigen nie das äußere bzw. innere Maß von M. Liegt M in einem Intervall, so ist das äußere Maß von M gleich der Intervallänge, vermindert um das innere Maß der Komplementärmenge von M. Sind die beiden Maße einer Punktmenge M einander gleich, so nennt man ihren gemeinsamen Wert schlechthin das *Maß* von M und die Punktmenge *meßbar*. Diese Definition des Maßes einer beliebigen Punktmenge stimmt bei offenen und abgeschlossenen Punktmengen mit der früher angegebenen überein.

4. Eigenschaften des Maßes. Die Summe des äußeren Maßes der Vereinigungsmenge zweier Punktmengen und des äußeren Maßes ihres Durchschnittes übersteigt niemals die Summe der äußeren Maße der beiden Punktmengen. Umgekehrt übersteigt die Summe der inneren Maße beider Punktmengen niemals die Summe des inneren Maßes ihrer Vereinigungsmenge und des inneren Maßes ihres Durchschnittes. Das äußere Maß der Vereinigungsmenge von abzählbar vielen Punktmengen übersteigt niemals die Summe der äußeren Maße der einzelnen Mengen und umgekehrt übersteigt die Summe der inneren Maße dieser Mengen, falls sie paarweise elementenfremd sind, niemals das innere Maß ihrer Vereinigungsmenge.

Die Vereinigungsmenge von abzählbar vielen meßbaren Punktmengen, die paarweise elementenfremd sind, ist meßbar. Ihr Maß ist gleich der Summe der Maße der gegebenen Punktmengen *(Eigenschaft der Additivität)*. Die Behauptung ist auch richtig, falls die Summe nicht konvergiert, wenn wir folgende Definition einführen: Eine Punktmenge heißt meßbar von unendlichem Maß, wenn für jedes r die im Intervall $(-r, r)$ enthaltende Teilmenge meßbar ist und ihr Maß mit r gegen $+\infty$ strebt. Die Vereinigungsmenge einer abzählbaren Menge von Punkten hat das Maß null.

Das innere Maß der Vereinigungsmenge zweier Punktmengen ohne gemeinsame Punkte übersteigt niemals die Summe aus dem äußeren Maß der einen und dem inneren Maß der anderen Menge und diese Summe niemals das äußere Maß der Vereinigungsmenge beider Mengen. Ist die Punktmenge N meßbar, so ist das äußere Maß jeder beliebigen Punktmenge M gleich dem äußeren Maß des Durchschnittes MN, vermehrt um das äußere Maß der Menge $M-MN$.

Eine notwendige und hinreichende Bedingung für die Meßbarkeit einer Punktmenge M besteht nach Lebesgue darin, daß sich für beliebiges $\varepsilon > 0$ die Punktmenge in der Gestalt $M = \overline{M} + M_1 - M_2$ darstellen läßt, wobei $\overline{M}$ eine endliche Summe von Intervallen ist und die äußeren Maße von M_1 und M_2 beide $< \varepsilon$ sind. Eine meßbare Menge ist also im Sinne des Maßes fast gleich einer endlichen Menge von Intervallen. Vereinigung und Durchschnitt einer abzählbaren Menge von meßbaren Mengen sind selbst meßbar.

Die Grenzmenge einer Folge von meßbaren Punktmengen, von denen jede die vorhergehende enthält, ist meßbar und ihr Maß gleich dem Grenzwert der Maße der Mengen der Folge. Dasselbe gilt von einer Folge von meßbaren Punktmengen, von denen jede Teilmenge der vorhergehenden ist. Wenn die meßbaren Punktmengen einer Folge Teilmengen einer Menge von endlichem Maß sind, so ist der limes superior der Mengen meßbar und der limes superior der Maße der einzelnen Mengen übersteigt niemals das Maß des limes superior der Mengen. Ebenso ist der limes inferior der Mengen meßbar und sein Maß übersteigt niemals den limes inferior der Maße der Mengen. Hat die Menge eine Grenzmenge, so ist sie meßbar und ihr Maß gleich dem Grenzwert der Maße der Mengen.

Zu jeder Punktmenge M gibt es eine meßbare Teilmenge M_1 und eine M enthaltende meßbare Menge M_2, so daß das innere Maß von M gleich dem Maß von M_1 und das äußere Maß von M gleich dem Maß von M_2 ist. M_1 heißt der *meßbare Kern* und M_2 die *meßbare Hülle* von M.

Das äußere Maß der Grenzmenge einer Folge von Punktmengen, von denen jede die vorhergehende enthält, ist gleich dem Grenzwert der äußeren Maße der Mengen und ebenso hat die Grenzmenge einer Folge von Punktmengen, von denen jede Teilmenge der vorhergehenden ist, ein inneres Maß, das gleich dem Grenzwert der inneren Maße der Mengen ist.

Die Theorie des Maßes kann auf Punktmengen im R_n erweitert werden. Wir beschränken uns auf die Ebene. Das Maß eines Rechteckes ist sein Flächeninhalt, das ebene Maß einer Punktmenge auf einer Geraden der Ebene ist null. Das Maß einer offenen Punktmenge ist die Summe der Maße der Rechtecke ohne gemeinsame Punkte, höchstens mit Ausnahme der Randpunkte, durch welche die Menge dargestellt werden kann (Ziff. 2 des Anhangs). Diese Definition hängt nicht von der Wahl dieser Rechtecke ab. Damit kann man die Sätze über das Maß von den Punktmengen auf einer Geraden auf die Punktmengen der Ebene übertragen.

M sei eine Punktmenge auf der x-Achse eines rechtwinkeligen Koordinatensystemes. N sei die Ordinatenmenge der Höhe h über M, d.h. die Menge aller Punkte (x, y), wobei x Element von M und $0 \leq y \leq h$ ist. Dann ist das äußere Maß von N gleich dem mit h multiplizierten äußeren Maß von M und das innere Maß von N gleich dem mit h multiplizierten inneren Maß von M.

Unter einer BORELschen Menge versteht man jede Menge, die aus offenen und abgeschlossenen Mengen durch endlich oder abzählbar unendlich viele Operationen von folgender Art entsteht: Bildung der Vereinigungsmenge, der Komplementärmenge, des Durchschnittes oder eines Limes. Alle diese Mengen sind meßbar. Zu jeder meßbaren Punktmenge gibt es eine BORELsche Teilmenge M_1 und eine M enthaltende BORELsche Menge M_2, so daß die Maße aller drei Mengen einander gleich sind.

5. Meßbare Funktionen. Eine Funktion $f(x)$ sei für alle Werte einer meßbaren Punktmenge M_0 oder, wie man zu sagen pflegt, auf M_0 definiert. Dabei werden als Funktionswerte auch $\pm \infty$ zugelassen, wobei als Rechenregeln die in Ziff. 3 angegebenen Formeln gelten sollen. $M(f > A)$ soll die Menge aller Punkte von M_0 bedeuten, für die $f(x) > A$, ähnlich seien die Bezeichnungen $M(f \geq A)$ usw. erklärt. $f(x)$ heißt *meßbar*, wenn für alle Werte der Konstanten A eine der vier Mengen $M(f > A)$, $M(f < A)$, $M(f \geq A)$, $M(f \leq A)$ meßbar ist. Die Meßbarkeit einer dieser vier Mengen zieht die der drei anderen nach sich.

Ist $f(x)$ meßbar, und c eine Konstante, so sind auch $f + c$ und cf meßbar. Sind die Funktionen $f(x)$ und $g(x)$ endlich und meßbar, so sind $M(f > g)$, $f + g$, fg meßbar. $f_1(x)$, $f_2(x)$ ... sei eine Folge von meßbaren Funktionen, $G(x)$ die obere Grenze der Werte dieser Funktionen an der Stelle x, $g(x)$ die entsprechende untere Grenze. Die Funktionen $G(x)$ und $g(x)$ sind meßbar. $G_n(x)$ sei die ebenso definierte obere Grenze der Funktionen $f_n(x)$, $f_{n+1}(x) \ldots$, $g_n(x)$ die entsprechende untere Grenze. Dann ist $\lim_{n \to \infty} G_n(x)$ vorhanden und definiert die meßbare Funktion $\overline{\lim_{n \to \infty}} f_n(x)$; ebenso ist $\lim_{n \to \infty} g_n(x)$ vorhanden und definiert die Funktion $\underline{\lim_{n \to \infty}} f_n(x)$, die ebenfalls meßbar ist. Die Grenzfunktion einer monotonen Folge von meßbaren Funktionen ($f_n \leq f_{n+1}$ bzw. $f_n \geq f_{n+1}$ für jedes n und jedes x in M_0) ist meßbar. Ebenso ist jede stetige Funktion meßbar.

Zu jeder in einem Intervalle meßbaren Funktion $f(x)$ gibt es für jedes $\varepsilon > 0$ eine stetige Funktion $\varphi(x)$, so daß $|f(x) - \varphi(x)| < \varepsilon$ höchstens mit Ausnahme der

Punkte einer Menge, deren Maß $< \varepsilon$ ist; eine meßbare Funktion ist also fast eine stetige Funktion.

Die Folge der in M meßbaren Funktionen $f_n(x)$ möge eine Grenzfunktion $f(x)$ haben. Dann kann man für jedes $\varepsilon > 0$ eine Teilmenge von M finden, deren Maß größer als das um ε verminderte Maß von M ist, so daß in dieser Teilmenge die Folge gleichmäßig konvergiert, d.h. jede konvergente Folge von meßbaren Funktionen ist fast gleichmäßig konvergent.

6. Integral von Lebesgue. Der Integralbegriff von Lebesgue knüpft an den in Ziff. 30 definierten Begriff des Flächeninhaltes eines ebenen Bereiches an, verfeinert ihn aber mit Hilfe des in den vorigen Ziffern dieses Anhangs entwickelten Maßbegriffes in folgender Weise: $f(x)$ sei eine auf einer beschränkten meßbaren Punktmenge M der x-Achse definierte, beschränkte, nicht negative, meßbare Funktion, $\overline{M}$ ihre Ordinatenmenge, d.h. die Menge aller Punkte (x, y) der Ebene, für die x Element von M und $0 \leq y \leq f(x)$ ist. Diese Menge ist meßbar, und zwar erhält man dasselbe Maß, wenn man $0 \leq y < f(x)$ statt $0 \leq y \leq f(x)$ voraussetzt. Unter dem Lebesgue*schen Integral* von $f(x)$ über M versteht man dieses Maß und schreibt dafür $\int\limits_{M} f(x)\, dx$. Unter den gemachten Voraussetzungen gilt auch die Umkehrung der Behauptung: Wenn $\overline{M}$ meßbar ist, so ist auch die Funktion meßbar.

Die Erweiterung auf beschränkte meßbare Funktionen, die auch negative Werte in M annehmen können, geschieht in folgender Weise: Wir definieren $f_+(x)$ durch $f(x)$ in allen Punkten von M, wo $f(x) \geq 0$ ist, und durch 0, wo $f(x) < 0$ ist, ferner $f_-(x)$ durch 0, wo $f(x) \geq 0$, und durch $-f(x)$, wo $f(x) < 0$ ist, dann ist $f(x) = f_+(x) - f_-(x)$ und beide Funktionen $f_+(x)$ und $f_-(x)$ sind meßbar, somit auch ihre Ordinatenmengen $\overline{M}_+$ und $\overline{M}_-$. Wir erklären das Lebesguesche Integral von $f(x)$ über M durch das Maß von $\overline{M}_+$, vermindert um das Maß von $\overline{M}_-$.

Man kann das Lebesguesche Integral auch als Grenzwert von Summen definieren, ähnlich wie in Ziff. 30 das Riemannsche Integral, indem man nicht von der x-Achse, sondern von der y-Achse ausgeht, und zwar in folgender Weise: Es sei $A < f(x) < B$. Wir teilen das Intervall (A, B) in eine endliche Anzahl von Teilintervallen mit Hilfe der Zerlegung $\mathfrak{Z}$: $A = y_0 < y_1 < y_2 < \cdots < y_n = B$ und bezeichnen die Menge aller Punkte x von M, für die $y_\nu \leq f(x) < y_{\nu+1}$ mit $\overline{M}_\nu (\nu = 0, 1, 2, \ldots, n-1)$. Sie ist meßbar, weil $f(x)$ auf M meßbar ist, ihr Maß sei m_ν. Wir bilden die Summen $s(\mathfrak{Z}) = \sum\limits_{\nu=1}^{n} y_{\nu-1} m_{\nu-1}$ und $S(\mathfrak{Z}) = \sum\limits_{\nu=1}^{n} y_\nu\, m_{\nu-1}$. Für beliebig feine Zerlegungen streben beide Summen zum Lebesgueschen Integral als gemeinsamen Grenzwert.

Will man die Analogie zum Riemannschen Integral noch weiter treiben, so kann man nach Pierpont in folgender Weise vorgehen: Man verwendet dieselben Summen wie beim Riemannschen Integral, nur läßt man auch Einteilungen des Intervalls $[a, b]$ in abzählbar unendlich viele Teilintervalle zu. Dann streben die Riemannschen Summen zum Lebesgueschen Integral $\int\limits_{a}^{b} f(x)\, dx$ als gemeinsamem Grenzwert.

Jede im Riemannschen Sinne im Intervall $[a, b]$ integrierbare Funktion ist auch im Lebesgueschen Sinne integrierbar. Die Umkehrung dieser Behauptung braucht nicht richtig zu sein, wie folgendes Beispiel zeigt: $f(x)$ sei $= 1$ für alle rationalen x und $= 0$ für alle irrationalen x des Intervalls. Dann ist im Lebesgueschen Sinne $\int\limits_{a}^{b} f(x)\, dx = 0$, dagegen das Riemannsche Integral nicht vorhanden.

7. Uneigentliche LEBESGUEsche Integrale. Die auf der beschränkten meßbaren Punktmenge M definierte Funktion $f(x)$ sei meßbar und nicht negativ, aber nicht notwendig beschränkt. Wir definieren $f_n(x) = f(x)$ für alle x von M, wo $f(x) \leq n$ ist, und $f_n(x) = n$ in allen übrigen Punkten von M und erklären das LEBESGUEsche Integral im Einklang mit der Definition in der vorigen Ziffer als Ordinatenmenge durch $\int\limits_M f(x)\, dx = \lim\limits_{n \to \infty} \int\limits_M f_n(x)\, dx$, falls der Grenzwert als eigentlicher vorhanden ist. Wir sagen dann, das Integral *konvergiert*. Wenn $f(x)$ auch negative Werte annehmen kann, stellen wir die Funktion wie in der vorigen Ziffer als Differenz der beiden Funktionen $f_+(x)$ und $f_-(x)$ dar und definieren das Integral durch die Differenz der Integrale über $f_+(x)$ und $f_-(x)$, falls beide Grenzwerte als eigentliche Grenzwerte vorhanden sind. Entgegen der Definition beim RIEMANNschen Integral (Ziff. 32) sind also LEBESGUEsche *uneigentliche Integrale* immer *absolut konvergent*.

Die Erweiterung des LEBESGUEschen Integralbegriffes auf nicht beschränkte Punktmengen kann in folgender Weise geschehen: Falls die Ordinatenmengen $\overline{M}_+$ und $\overline{M}_-$ der beiden Funktionen $f_+(x)$ und $f_-(x)$ beide endliche Maße haben, auch wenn sie nicht beschränkt sind, soll das LEBESGUEsche Integral wieder wie eben als Differenz dieser beiden Maße erklärt werden. Dann sind also auch in diesem Falle alle uneigentlichen LEBESGUEschen Integrale absolut konvergent. Manchmal wird das LEBESGUEsche Integral bei nicht beschränkten Punktmengen im Sinn von Ziff. 32 definiert; dann braucht es natürlich nicht absolut konvergent zu sein. Im folgenden soll davon nicht Gebrauch gemacht werden.

8. Eigenschaften des LEBESGUEschen Integrals. Die in dieser und der folgenden Ziffer betrachteten Funktionen und Punktmengen sind immer meßbar vorausgesetzt, die Integrale sind LEBESGUEsche Integrale (auch im uneigentlichen Sinn der vorigen Ziffer). Zur Abkürzung der Schreibweise soll statt $\int\limits_M f(x)\, dx$ immer kurz $\int\limits_M f$ geschrieben werden. Es gelten folgende Sätze:

1. $\left| \int\limits_M f \right| \leq \int\limits_M |f|$,

2. Wenn $f \leq g$, so ist $\int\limits_M f \leq \int\limits_M g$, also insbesondere wenn M das endliche Maß m hat und $A \leq f \leq B$ in M ist, $A\,m \leq \int\limits_M f \leq B\,m$.

3. Wenn M die Vereinigungsmenge einer abzählbaren Menge von paarweise elementenfremden Punktmengen $M_1, M_2, \ldots$ und $\int\limits_M f$ vorhanden ist, dann ist

$$\int\limits_M f = \int\limits_{M_1} f + \int\limits_{M_2} f + \cdots .$$

4. Wenn c eine Konstante ist, so ist $\int\limits_M c f = c \int\limits_M f$.

5. Wenn f und g in M integrierbar sind, so ist auch $f + g$ integrierbar und $\int\limits_M (f+g) = \int\limits_M f + \int\limits_M g$.

Wenn eine Eigenschaft für alle Punkte einer Menge M erfüllt ist, höchstens ausgenommen die Punkte einer Menge vom Maß null, so sagen wir, die Eigenschaft ist *fast überall* in M erfüllt. Dann kann man folgende Behauptungen beweisen:

1. Wenn $f = 0$ fast überall in M ist, so ist $\int\limits_M f = 0$. Ist also insbesondere $f = g$ fast überall in M und eine der beiden Funktionen integrierbar, so ist es auch die andere und $\int\limits_M f = \int\limits_M g$.

2. Ist $f \geq 0$ und $\int\limits_M f = 0$, dann ist $f = 0$ fast überall in M.

3. Ist f integrierbar und $\int\limits_a^x f = 0$ für jedes x in $a \leq x \leq b$, dann ist $f = 0$ fast überall in $[a, b]$.

9. Lebesguesche Integrale bei Funktionenfolgen. Für nicht negative Funktionenfolgen gelten folgende Sätze:

1. Ist $\overline{M}_n$ die Ordinatenmenge von $f_n(x)$, so ist die Vereinigungsmenge der $\overline{M}_n$ die Ordinatenmenge der oberen Grenzfunktion $G(x)$ der $f_n(x)$ und der Durchschnitt der $\overline{M}_n$ die Ordinatenmenge der unteren Grenzfunktion $g(x)$ der $f_n(x)$ Ziff. 5 des Anhangs).

2. $\overline{\lim} \, \overline{M}_n$ bzw. $\underline{\lim} \, \overline{M}_n$ sind die Ordinatenmengen von $\overline{\lim} \, f_n$ bzw. $\underline{\lim} \, f_n$.

3. Ist die Folge monoton und f ihre Grenzfunktion, so konvergiert $\overline{M}_n$ gegen die Ordinatenmenge von f und $\int f = \lim \int f_n$.

4. Sind alle $f_n(x) \leq \varphi(x)$, wobei φ integrierbar ist, dann ist $\overline{\lim} \int f_n \leq \int (\overline{\lim} \, f_n)$.

5. $\int (\underline{\lim} \, f_n) \leq \underline{\lim} \int f_n$. Ist insbesondere $f_n \to f$ fast überall in M, dann ist $\int f \leq \underline{\lim} \int f_n$ (Fatou).

6. Ist $f_n(x) \leq \varphi(x)$, wobei φ integrierbar ist, und $f_n \to f$ fast überall in M, dann ist $\lim \int f_n = f$.

Die folgenden Sätze gelten für Folgen von Funktionen mit beliebigem Vorzeichen.

1. Für monoton wachsende Folgen mit $f_n \to f$ ist $\int f = \lim \int f_n$ (Beppo Levi).

2. Für die Reihen $\sum u_n(x)$ mit positiven Gliedern ist $\int \sum u_n = \sum \int u_n$, falls beide Seiten der Gleichung endlich sind.

3. Wenn $|f_n(x)| \leq \varphi(x)$ ist, wobei φ integrierbar ist, und $f_n \to f$ fast überall, dann ist $\int f = \lim \int f_n$.

4. Wenn in einer Punktmenge M von endlichem Maß $|f_n(x)|$ für alle n und x unterhalb einer festen Zahl liegt und $f_n \to f$ fast überall, dann ist $\int\limits_M f = \lim \int\limits_M f_n$.

5. Es sei $s_n(x) = \sum\limits_{\nu=1}^{n} u_\nu(x)$ und $|s_n(x)|$ unterhalb einer festen Zahl für alle n und alle x in M, $s_n(x) \to s(x)$, $\varphi(x)$ integrierbar, dann ist $\sum \int u_n \varphi = \int s \varphi$.

6. Wenn entweder $\int \sum |u_n|$ oder $\sum \int |u_n|$ endlich ist, dann ist $\int \sum u_n = \sum \int u_n$.

Der wesentliche Punkt ist der, daß bei Verwendung des Lebesgueschen Integrals unter solchen allgemeinen Voraussetzungen das Integral über die Grenzfunktion gleich dem Grenzwert der Integrale über die Funktionen der Folge ist, ohne daß die Konvergenz gleichmäßig zu sein braucht (Ziff. 44).

Im folgenden betrachten wir meßbare Funktionen, die samt ihrem Quadrat auf einer meßbaren Punktmenge M integrierbar sind. Wir sagen, die Funktionenfolge $f_n(x)$ *konvergiert im Mittel* gegen eine Grenzfunktion $f(x)$, wenn $\lim\limits_{u \to \infty} \int\limits_M (f_n - f)^2 \, dx = 0$. Dazu ist notwendig und hinreichend, daß sich zu jeder Zahl $\varepsilon > 0$ eine Zahl $N > 0$ finden läßt, so daß $\int\limits_M (f_m - f_n)^2 \, dx < \varepsilon$ für alle $m, n > N$ ist. Die Grenzfunktion ist nur bis auf eine Punktmenge vom Maß null bestimmt. Es gibt immer eine Teilfolge der $f_n(x)$, die im gewöhnlichen Sinne fast überall gegen $f(x)$ konvergiert.

10. Unbestimmte und mehrfache Lebesguesche Integrale. Ähnlich wie beim Riemannschen Integral nennen wir $F(x) = F(a) + \int\limits_a^x f(t) \, dt$ ein *unbestimmtes Lebesguesches Integral* der Funktion $f(x)$. Es gilt $F'(x) = f(x)$ fast überall. Die unbestimmten LEBESGUEschen Integrale fallen zusammen mit der Klasse von Funktionen, die man *absolut stetig* genannt hat. Darunter versteht man folgendes: Es sei $f(x)$ im Intervall $[a, b]$ definiert. $[x_\nu, x_\nu + h_\nu]$ seien n Teilintervalle dieses Intervalls, die paarweise höchstens ihre Endpunkte gemeinsam haben. Wenn sich zu jedem $\varepsilon > 0$ ein $\delta > 0$ finden läßt, so daß $\sum\limits_{\nu=1}^{n} |f(x_\nu + h_\nu) - f(x_\nu)| < \varepsilon$ für jede Wahl derartiger Teilintervalle mit beliebigem n, bei dem nur $\sum\limits_{\nu=1}^{n} h_\nu < \delta$ ist, dann nennt man die Funktion $f(x)$ im Intervall $[a, b]$ absolut stetig. Sie ist dann auch stetig im gewöhnlichen Sinn.

Jede absolut stetige Funktion ist von beschränkter Gesamtschwankung (Ziff. 34). Die Summe zweier absolut stetiger Funktionen ist ebenfalls absolut stetig. Eine absolut stetige Funktion, deren Ableitung im ganzen Intervall fast überall verschwindet, ist konstant.

Sind $F(x)$ und $G(x)$ bzw. unbestimmte Integrale von $f(x)$ und $g(x)$, dann gilt die *Regel der teilweisen Integration*

$$\int\limits_a^b F g\, d x = [F\, G]_a^b - \int\limits_a^b f\, G\, d x.$$

Ist $x = x(t)$ eine monoton wachsende, absolut stetige Funktion von t mit $x(\alpha) = a$ und $x(\beta) = b$, dann gilt für jede integrierbare Funktion die *Formel von der Einführung einer neuen Veränderlichen*

$$\int\limits_a^b f(x)\, d x = \int\limits_\alpha^\beta f\,[x(t)]\, x'(t)\, d t.$$

Die nicht negative, beschränkte Funktion $z = f(x, y)$ sei auf der in der xy-Ebene gelegenen meßbaren Punktmenge M definiert. Unter ihrer Ordinatenmenge $\overline{M}$ versteht man die Menge aller Punkte (x, y, z) des Raumes, für die x, y der Menge M angehören und $0 \leq z \leq f(x, y)$. $\overline{M}$ sei meßbar. Durch ihr Maß definieren wir wie bei einer Veränderlichen das LEBESGUE*sche Doppelintegral* $\iint\limits_M f(x, y)\, d x\, d y$ und erweitern es auf Funktionen von beliebigem Vorzeichen, auf nicht beschränkte Funktionen und nicht beschränkte Bereiche wie in Ziff. 7 dieses Anhangs. Ähnlich verfahren wir bei drei- und mehrfachen Integralen.

Für das Doppelintegral gilt der Satz von FUBINI für beschränkte, meßbare ebene Punktmengen M oder für die ganze Ebene, falls das Integral absolut konvergiert: Ist $\iint f(x, y)\, d x\, d y$ vorhanden, dann ist auch $\int f(x, y)\, d y$ für fast alle x vorhanden, es ist eine integrierbare Funktion von x und es gilt

$$\iint f(x, y)\, d x\, d y = \int [\int f(x, y)\, d y]\, d x.$$

Ferner gilt die analoge Behauptung, wenn wir die Rolle von x und y vertauschen.

Mit Hilfe dieses Satzes kann man folgende beiden Sätze beweisen: Ist $f(x, y) \geq 0$ und meßbar im Integrationsbereich, dann zieht die Existenz eines der drei Integrale $\iint f\, d x\, d y$, $\int [\int f\, d y]\, d x$, $\int [\int f\, d x]\, d y$ die der beiden anderen und die Gleichheit aller drei nach sich.

Ist $f(x, y)$ meßbar und $\int [\int |f|\, d y]\, d x$ vorhanden, dann ist

$$\int [\int f\, d y]\, d x = \int [\int f\, d x]\, d y.$$

Partielle Differentialgleichungen.

Von

J. LENSE.

Mit 2 Figuren.

1. Allgemeine Begriffe. Unter einer *partiellen Differentialgleichung* versteht man eine Gleichung, die außer den n unabhängigen Veränderlichen $x_1, x_2, \ldots, x_n$ ($n > 1$) noch m unbekannte Funktionen $z_1, z_2, \ldots, z_m$ dieser unabhängigen Veränderlichen und mindestens eine der partiellen Ableitungen der z_μ ($\mu = 1, 2, \ldots, m$) nach den x_ν ($\nu = 1, 2, \ldots, n$) enthält. Ist p die höchste Ordnung der auftretenden Ableitungen, so heißt die Differentialgleichung von der *p-ten Ordnung*. Statt *einer* solchen Gleichung können auch mehrere gegeben sein, man spricht dann von einem *System partieller Differentialgleichungen*. Das System heißt von der *p-ten Ordnung*, wenn p die höchste Ordnung der partiellen Ableitungen ist, die in mindestens einer der Gleichungen wirklich auftritt. Unter einer *Lösung* der Differentialgleichung oder des Systems von Differentialgleichungen versteht man ein System von Funktionen z_μ, welches die Differentialgleichung oder das System der Differentialgleichungen befriedigt.

Die *allgemeinste Lösung* enthält eine bestimmte Anzahl willkürlicher Funktionen, im Gegensatz zu den gewöhnlichen Differentialgleichungen, bei denen in der Lösung eine Anzahl von willkürlichen Konstanten auftritt. Man kann die willkürlichen Funktionen dazu benützen, daß die Lösungsfunktionen z_μ und gewisse ihrer Ableitungen entweder für bestimmte Werte einiger der Veränderlichen x_ν vorgegebene Funktionen der übrigen x_ν werden (*Anfangswertaufgabe* von CAUCHY) oder auf gewissen Mannigfaltigkeiten (Berandungen von Raumteilen) vorgegebene Funktionen der unabhängigen Veränderlichen werden *(Randwertaufgabe)*.

Führt man die Ableitungen bis zur $(p-1)$-ten Ordnung als neue unabhängige Veränderliche u_λ ein, so enthält das so erweiterte System nur die Ableitungen erster Ordnung der z_μ und u_λ.

Neben den Gleichungen eines Systems von partiellen Differentialgleichungen müssen durch die Lösung auch diejenigen erfüllt werden, welche durch ein- oder mehrmalige Differentiation nach den x_ν aus den Gleichungen des Systems entstehen. Dabei treten immer höhere partielle Ableitungen der z_μ auf. Durch Elimination dieser Ableitungen und der z_μ könnten sich aber Beziehungen zwischen den x_ν allein ergeben entgegen der Voraussetzung, daß die x_ν unabhängige Veränderliche sind. Nur wenn diese Beziehungen identisch erfüllt sind, ist kein Widerspruch vorhanden. Es werden sich also bei diesem Eliminationsverfahren Gleichungen ergeben, deren Bestehen für die Existenz einer Lösung des Systems erforderlich ist *(Integrabilitätsbedingungen)*. Man nennt die Gleichungen des Systems *verträglich* oder das System *integrabel*, wenn die Integrabilitätsbedingungen erfüllt sind.

Zum Beispiel hat das System $\dfrac{\partial z}{\partial x} = f(x, y)$, $\dfrac{\partial z}{\partial y} = g(x, y)$ mit den beiden unabhängigen Veränderlichen x und y und der abhängigen Veränderlichen z als

Integrabilitätsbedingung $\dfrac{\partial f}{\partial y} = \dfrac{\partial g}{\partial x}$. Diese Beziehung entsteht, wenn man die Gleichungen des Systems nach x und y partiell differenziert und hierauf $\dfrac{\partial^2 z}{\partial x \, \partial y}$ eliminiert.

2. Systeme in der Normalform. Darunter versteht man Systeme, die folgende Bedingungen erfüllen:

α) Die Anzahl m der Gleichungen des Systems soll gleich sein der Anzahl m der abhängigen Veränderlichen z_μ.

β) Ist r_μ die höchste Ordnung der partiellen Ableitungen von $z_\mu (\mu = 1, 2, \ldots, m)$, die wirklich auftritt, so soll das System auflösbar sein nach den Ableitungen höchster Ordnung sämtlicher abhängigen Veränderlichen nach *einer* der unabhängigen Veränderlichen, z.B. x_1, also in diesem Fall die Gestalt haben

$$\frac{\partial^{r_1} z_1}{\partial x_1^{r_1}} = F_1, \quad \frac{\partial^{r_2} z_2}{\partial x_1^{r_2}} = F_2, \quad \ldots, \quad \frac{\partial^{r_m} z_m}{\partial x_1^{r_m}} = F_m,$$

wobei die F_μ in einer Umgebung einer bestimmten Stelle analytische Funktionen der unabhängigen Veränderlichen x_ν, der abhängigen Veränderlichen z_μ und ihrer partiellen Ableitungen sind. Die auf den linken Seiten dieser Gleichungen stehenden Ableitungen kommen also in den F_μ nicht mehr vor. In diesem Fall gibt es in einer passenden Umgebung der Stelle immer Lösungen, es sind keine Integrabilitätsbedingungen vorhanden, das System ist integrabel. Man kann dabei als Anfangsbedingungen noch vorschreiben, daß die z_μ samt ihren Ableitungen bis zur Ordnung $r_\mu - 1$ $(\mu = 1, 2, \ldots, m)$ für das x_1 der Stelle willkürliche analytische Funktionen der übrigen x_ν in dieser Umgebung sind. Damit ist dann die Lösung eindeutig bestimmt. Der Satz geht auf CAUCHY zurück und wurde von Frau KOWALEWSKI mit Hilfe von Oberreihen [Ziff. 43, S. 44] in eleganter Weise bewiesen *(Majorantenmethode)*. Die Lösung erfolgt durch Potenzreihen mit unbestimmten Koeffizienten, die man nach dem Verfahren der Koeffizientenvergleichung durch Einsetzen in die Differentialgleichungen bestimmen kann.

Sollten in dem System die m Ableitungen der Ordnung r_μ von z_μ, genommen nach derselben unabhängigen Veränderlichen, nicht auftreten, so kann man durch Einführung neuer unabhängiger Veränderlicher $y_\nu = \sum\limits_{\lambda=1}^{n} c_{\nu\lambda} x_\lambda$ mit passenden Konstanten $c_{\nu\lambda}$ erreichen, daß dann die m Ableitungen der Ordnung r_μ von z_μ nach y_1 wirklich vorkommen.

3. Quasilineare partielle Differentialgleichungen erster Ordnung. Unter einer *linearen partiellen Differentialgleichung erster Ordnung* wollen wir eine Gleichung von der Gestalt $\sum\limits_{\nu=1}^{n} X_\nu \dfrac{\partial z}{\partial x_\nu} = 0$ verstehen; dabei seien die x_ν $(\nu = 1, 2, \ldots, n)$ die unabhängigen Veränderlichen, z die gesuchte Funktion der x_ν, die X_ν stetig differenzierbare Funktion der x_ν, die nicht alle identisch verschwinden.

Die allgemeine Lösung der Differentialgleichung erhält man in folgender Weise: Man bildet das System gewöhnlicher Differentialgleichungen

$$\frac{d x_1}{X_1} = \frac{d x_2}{X_2} = \cdots = \frac{d x_n}{X_n},$$

was so zu verstehen ist, daß man eines der x_ν, bei dem das zugehörige X_ν nicht identisch verschwindet, als unabhängige Veränderliche betrachtet. Das System ist also ein System von $n-1$ gewöhnlichen Differentialgleichungen erster Ordnung und hat daher $n-1$ unabhängige Integrale (Ziff. 79, S. 74)

$$\varphi_1(x_1, x_2, \ldots, x_n) = c_1, \quad \varphi_2(x_1, x_2, \ldots, x_n) = c_2, \quad \ldots, \quad \varphi_{n-1}(x_1, x_2, \ldots, x_n) = c_{n-1}.$$

Sie sind Lösungen der partiellen Differentialgleichung und werden *partikuläre Integrale* der Differentialgleichung genannt. Die *allgemeinste Lösung* der partiellen Differentialgleichung ist eine willkürliche Funktion von $\varphi_1, \varphi_2, \ldots, \varphi_{n-1}$. Die Lösungskurven des Systems der gewöhnlichen Differentialgleichungen nennt man die *Charakteristiken* der partiellen Differentialgleichung.

Wenn die X_ν außer den x_ν auch noch z enthalten und außerdem auf der rechten Seite der partiellen Differentialgleichung nicht null, sondern ebenfalls eine Funktion Z der x_ν und von z steht: $\sum_{\nu=1}^{n} X_\nu \dfrac{\partial z}{\partial x_\nu} = Z$, so pflegt man die Differentialgleichung *quasilinear* zu nennen und kann sie durch folgenden Kunstgriff auf den vorigen Fall zurückführen: Wir denken uns ihre Lösung implizit durch eine Gleichung $F(z, x_1, x_2, \ldots, x_n) = 0$ definiert. Die Funktionen X_ν, Z, F sollen wieder stetig differenzierbare Funktionen ihrer Veränderlichen sein.

Aus $F = 0$ erhält man

$$\frac{\partial z}{\partial x_\nu} = - \frac{\dfrac{\partial F}{\partial x_\nu}}{\dfrac{\partial F}{\partial z_\nu}},$$

daher für F die lineare partielle Differentialgleichung

$$\sum_{\nu=1}^{n} X_\nu \frac{\partial F}{\partial x_\nu} + Z \frac{\partial F}{\partial z} = 0.$$

Ihr System der Charakteristikengleichungen

$$\frac{d x_1}{X_1} = \frac{d x_2}{X_2} = \cdots = \frac{d x_n}{X_n} = \frac{d z}{Z}$$

liefert n unabhängige Integrale

$$\varphi_\nu(x_1, x_2, \ldots, x_n, z) = c_\nu \qquad (\nu = 1, 2, \ldots, n),$$

somit ist F eine willkürliche Funktion $\Phi(\varphi_1, \varphi_2, \ldots, \varphi_n)$. Aus der Gleichung $\Phi(\varphi_1, \varphi_2, \ldots, \varphi_n) = 0$ hat man dann z zu bestimmen. Daneben können noch andere Lösungen vorhanden sein, nämlich alle Funktionen z, die gleichzeitig die $n+1$ Gleichungen $X_\nu = 0$ $(\nu = 1, 2, \ldots, n)$ und $Z = 0$ befriedigen.

4. Jacobischer Multiplikator. Alle in dieser Ziffer auftretenden Funktionen seien stetig differenzierbar. Der Begriff des *integrierenden Faktors* oder *Multiplikators* einer gewöhnlichen Differentialgleichung erster Ordnung aus Ziff. 77, S. 71 läßt sich nach Jacobi auf eine lineare partielle Differentialgleichung erster Ordnung $\sum_{\nu=1}^{n} X_\nu \dfrac{\partial z}{\partial x_\nu} = 0$ erweitern. Man versteht darunter eine Funktion $M(x_1, x_2, \ldots, x_n)$, so daß identisch in den x_ν die Gleichung

$$\sum_{\nu=1}^{n} M X_\nu \frac{\partial z}{\partial x_\nu} = \frac{\partial(u_1, u_2, \ldots, u_{n-1}, z)}{\partial(x_1, x_2, \ldots, x_{n-1}, x_n)}$$

besteht, wobei $u_1, u_2, \ldots, u_{n-1}$ passende Funktionen der x_ν sind. Die partielle Differentialgleichung hat unendlich viele Multiplikatoren, sie sind die Lösungen der Differentialgleichung $\sum_{\nu=1}^{n} \dfrac{\partial(M X_\nu)}{\partial x_\nu} = 0$. Aus einem Multiplikator erhält man alle anderen durch Multiplikation mit der allgemeinen Lösung der gegebenen partiellen Differentialgleichung.

Führt man an Stelle der Veränderlichen x_ν neue Veränderliche mit einer von null verschiedenen Funktionaldeterminante $\dfrac{\partial(x_1, x_2, \ldots, x_n)}{\partial(y_1, y_2, \ldots, y_n)}$ ein, so lautet die Differentialgleichung in den neuen Veränderlichen

$$\sum_{\mu, \nu=1}^{n} X_\nu \frac{\partial y_\mu}{\partial x_\nu}\, \frac{\partial z}{\partial y_\mu} = 0,$$

$M' = M\, \dfrac{\partial(x_1, x_2, \ldots, x_n)}{\partial(y_1, y_2, \ldots, y_n)}$ ist dann ein Multiplikator der transformierten Differentialgleichung.

Kennt man $n-2$ unabhängige Integrale $u_1, u_2, \ldots, u_{n-2}$ der ursprünglichen Differentialgleichung und einen Multiplikator, so ist damit ihre Lösung auf Quadraturen zurückgeführt *(Prinzip des letzten Multiplikators)*. Wir führen nämlich $u_1, u_2, \ldots, u_{n-2}$ und dazu noch zwei willkürliche Funktionen y_1 und y_2 als neue Veränderliche ein. Dann lautet die Differentialgleichung

$$\sum_{\nu=1}^{n} X_\nu \left(\frac{\partial y_1}{\partial x_\nu}\, \frac{\partial z}{\partial y_1} + \frac{\partial y_2}{\partial x_\nu}\, \frac{\partial z}{\partial y_2} \right) = 0$$

oder

$$Y_1 \frac{\partial z}{\partial y_1} + Y_2 \frac{\partial z}{\partial y_2} = 0$$

mit den Abkürzungen

$$Y_1 = \sum_{\nu=1}^{n} X_\nu \frac{\partial y_1}{\partial x_\nu}, \qquad Y_2 = \sum_{\nu=1}^{n} X_\nu \frac{\partial y_2}{\partial x_\nu}.$$

Wir bestimmen nun nach der obigen Formel aus M für die neuen Veränderlichen den Multiplikator M'. Er genügt der Gleichung $\dfrac{\partial(M' Y_1)}{\partial y_1} + \dfrac{\partial(M' Y_2)}{\partial y_2} = 0$, daher ist $M'(Y_2\, dy_1 - Y_1\, dy_2) = du_{n-1}$, wobei sich die Funktion u_{n-1} durch Quadraturen bestimmen läßt. Damit ist das letzte partikuläre Integral der gegebenen partiellen Differentialgleichung gefunden.

JACOBI hat nach diesem Prinzip die gewöhnliche Differentialgleichung $y'' = f(x, y)$ behandelt. Sie ist gleichwertig mit dem System $\dfrac{dx}{1} = \dfrac{dy}{y'} = \dfrac{dy'}{f(x, y)}$. Es liefert die Charakteristiken der partiellen Differentialgleichung

$$\frac{\partial z}{\partial x} + y' \frac{\partial z}{\partial y} + f(x, y) \frac{\partial z}{\partial y'} = 0.$$

Sie hat den Multiplikator 1. Ist nun $\varphi(x, y, y') = C$ oder aufgelöst $y' = \psi(x, y, C)$ ein Integral des Systems, so führen wir als neue Veränderliche ein:

$$x = x, \quad y = y, \quad u_1 = \varphi(x, y, y').$$

Dann erhalten wir $y' = \psi(x, y, u_1)$, $M' = \dfrac{\partial \psi}{\partial u_1}$, $\dfrac{\partial \psi}{\partial u_1}(\psi\, dx - dy) = du_2$. u_2 läßt sich durch Quadraturen bestimmen und ist das gesuchte zweite Integral.

5. Allgemeine partielle Differentialgleichungen erster Ordnung in zwei unabhängigen Veränderlichen. MONGESches Richtungsfeld. Sie hat die Gestalt $F(x, y, z, p, q) = 0$. Dabei sind x und y die unabhängigen Veränderlichen, z ist die gesuchte Funktion, $p = \dfrac{\partial z}{\partial x}$, $q = \dfrac{\partial z}{\partial y}$. F soll als Funktion seiner fünf Veränderlichen zweimal stetig differenzierbar sein und außerdem sollen an keiner Stelle in dem in Frage stehenden Bereich $\partial F/\partial p$ und $\partial F/\partial q$ gleichzeitig verschwinden. Die gesuchten Lösungen $z(x, y)$ sollen selbst zweimal stetig differenzierbar sein.

Wir deuten x, y, z als rechtwinkelige Koordinaten im Raum, p, q, -1 bis auf einen gemeinsamen Faktor als Richtungscosinus der Normalen einer durch den Punkt $P(x, y, z)$ des in Frage stehenden Bereiches gehenden Ebene. Da p und q durch die Differentialgleichung aneinander gebunden sind, wird durch die Differentialgleichung aus der zweiparametrigen Schar dieser Ebenen eine einparametrige herausgegriffen, die einen Kegel umhüllt, dessen Spitze im Punkt P liegt (MONGEscher Kegel). Die partielle Differentialgleichung erster Ordnung stellt also ein Kegelfeld dar, entsprechend dem Richtungsfeld einer gewöhnlichen Differentialgleichung erster Ordnung. Ist die Differentialgleichung in p und q linear (quasilineare Differentialgleichung), so entartet die einparametrige Schar in ein Ebenenbüschel, der Kegel in eine Gerade, den Träger des Büschels (dieser Fall soll in Ziff. 7 behandelt werden). Die Lösungsfläche $z = z(x, y)$ hat in P eine Flächennormale, deren Richtungscosinus p, q, -1 proportional sind, berührt also in P den MONGEschen Kegel. Die Lösungsflächen sind demnach Hüllflächen der MONGEschen Kegel.

Als MONGEsche Richtungen bezeichnen wir die Richtungen der Mantellinien der MONGEschen Kegel. Zu jedem Punkt P gehört eine einparametrige Schar von solchen Richtungen; ist die Differentialgleichung quasilinear, so fallen diese Richtungen in eine zusammen. Die Raumkurven $x = x(s)$, $y = y(s)$, $z = z(s)$, deren Tangenten in jedem Berührungspunkt Mantellinien des zugehörigen MONGEschen Kegels sind, wollen wir MONGEsche Kurven nennen; $x(s)$, $y(s)$, $z(s)$ genügen dem System von gewöhnlichen Differentialgleichungen

$$\frac{dx}{ds} = F_p, \qquad \frac{dy}{ds} = F_q, \qquad \frac{dz}{ds} = p\,F_p + q\,F_q.$$

p und q sind außerdem durch die Differentialgleichung aneinander gebunden. Eliminiert man aus diesen vier Gleichungen p, q und s, so ergibt sich die zur partiellen Differentialgleichung gehörige sog. MONGEsche Gleichung $G(x, y, z, dx, dy, dz) = 0$. Sie ist homogen in dx, dy, dz und stellt ebenso wie die partielle Differentialgleichung die Gesamtheit der MONGEschen Richtungen dar. Man pflegt die partielle Differentialgleichung die zur MONGEschen Gleichung gehörige HAMILTONsche Gleichung zu nennen.

Da die MONGEsche Gleichung in den Differentialen homogen ist, kann man sie z.B. in der nicht homogenen Form $G\left(x, y, z, 1, \dfrac{dy}{dx}, \dfrac{dz}{dx}\right) = 0$ schreiben. Sie enthält zwei gesuchte Funktionen $y(x)$, $z(x)$, somit können wir zwischen diesen noch irgend eine Beziehung vorschreiben, d.h. die MONGEschen Kurven sind nicht durch einen Anfangspunkt bestimmt, sondern können noch einer geeigneten weiteren Bedingung unterworfen werden. Zum Beispiel kann man vorschreiben, daß die MONGEschen Kurven auf einer vorgegebenen Fläche $z = z(x, y)$ liegen sollen. Durch Einsetzen von $\dfrac{dz}{dx} = z_x + z_y \dfrac{dy}{dx}$ geht dann die MONGEsche Differentialgleichung in eine gewöhnliche Differentialgleichung für $y(x)$ über und stellt in der x, y-Ebene das Richtungsfeld dar, dessen Lösungskurven die Grundrisse der auf der vorgegebenen Fläche verlaufenden MONGEschen Kurven sind. Das Richtungsfeld dieser MONGEschen Kurven auf der Fläche selbst ergibt sich geometrisch durch den Schnitt der Fläche mit den von den Flächenpunkten ausgehenden MONGEschen Kegeln.

6. Charakteristiken und charakteristische Streifen. Ähnlich wie in Ziff. 72, S. 65 ein Linienelement wollen wir jetzt ein *Flächenelement* durch einen Punkt samt einer ihn enthaltenden Ebene definieren. Unter einem *Streifen* verstehen wir eine einparametrige stetige Schar von Flächenelementen, die von den Punkten einer Kurve und von Ebenen durch die Tangenten dieser Kurve erzeugt werden. Zu jeder MONGEschen Kurve gehört dann ein MONGE*scher Streifen*, der von den Tangentialebenen der MONGEschen Kegel längs der MONGEschen Kurve gebildet wird.

Wir betrachten nun eine vorgegebene Fläche und auf ihr eine MONGEsche Kurve. Die Tangentialebenen der Fläche längs der MONGEschen Kurve bilden einen Streifen *(Berührungsstreifen)*, der im allgemeinen verschieden ist vom MONGEschen Streifen der vorliegenden MONGEschen Kurve. Denn die MONGEschen Kegel werden im allgemeinen die Fläche schneiden. Wenn die Fläche jedoch Lösungsfläche der Differentialgleichung ist, berührt sie die MONGEschen Kegel und die Berührungsstreifen längs der auf ihr liegenden MONGEschen Kurven sind zugleich MONGEsche Streifen. Die auf der Lösungsfläche der Differentialgleichung verlaufenden MONGEschen Kurven nennt man *Charakteristiken* und die zugehörigen Berührungsstreifen, die also MONGEsche Streifen sind, *charakteristische Streifen* der Differentialgleichung. Diese genügen natürlich den Differentialgleichungen der MONGEschen Kurven der vorigen Ziffer, aber außerdem noch den folgenden beiden Zusatzbedingungen

$$\frac{dp}{ds} = -(F_x + pF_z), \qquad \frac{dq}{ds} = -(F_y + qF_z),$$

also, wenn man den Parameter s eliminiert, einem System von vier gewöhnlichen Differentialgleichungen erster Ordnung. Die Integrale dieses Systems pflegt man auch *Vorintegrale* der partiellen Differentialgleichung zu nennen.

Die Lösungen des Systems sind selbst Streifen, denn sie erfüllen die sog. *Streifenbedingung* $\frac{dz}{ds} = p\frac{dx}{ds} + q\frac{dy}{ds}$, welche aussagt, daß die Tangente der Streifenkurve auf den Normalen der Streifenebenen senkrecht steht. Längs eines solchen Streifens ist $F = \text{const}$, d.h. F ist ein Integral des Systems der Charakteristikengleichungen. Man kann daher aus der vierparametrigen Schar von Lösungen eine dreiparametrige herausgreifen, welche der partiellen Differentialgleichung genügt, indem man sich auf Systeme von Anfangswerten beschränkt, welche die Nebenbedingung $F = 0$ erfüllen. Alle Streifen dieser dreiparametrigen Schar sind charakteristische Streifen.

Die Bedeutung der charakteristischen Streifen liegt darin, daß man aus ihnen nach CAUCHY alle Lösungsflächen der Differentialgleichung aufbauen kann. Das geschieht in folgender Weise: Gegeben sind in dem in Frage stehenden Bereich der Veränderlichen x, y, z, p, q fünf stetig differenzierbare Funktionen $x(t)$, $y(t)$, $z(t)$, $p(t)$, $q(t)$ mit der Nebenbedingung, daß dx/dt und dy/dt nicht gleichzeitig verschwinden. Ferner sollen sie die Streifenbedingung und die partielle Differentialgleichung erfüllen. Die fünf Funktionen stellen dann einen Streifen *(„Anfangsstreifen")* dar. Die Punkte des Streifens bilden eine Kurve C, deren Grundriß in der xy-Ebene eine Kurve C' ist, von der wir noch zusätzlich voraussetzen, daß sie doppelpunktfrei sei. Die Streifenebenen sind Tangentialebenen der von den Streifenpunkten ausgehenden MONGEschen Kegel, der Streifen ist somit ein Hüllstreifen dieser Kegelschar. Man erhält also z.B. die zu einem Punkt P von C gehörige Streifenebene, indem man die Tangente von C in P, ferner den zu P gehörigen MONGEschen Kegel konstruiert und durch diese Tangente eine passende Tangentialebene an den Kegel legt.

Es können folgende drei Fälle eintreten:

$\alpha)$ Der Grundriß C' der Kurve C des Anfangsstreifens soll nicht mit einer *Grundcharakteristik* $\overline{C}'$ ($=$ Grundriß einer Charakteristik $\overline{C}$) zusammenfallen und von keiner Grundcharakteristik berührt werden. Die Anfangsdaten genügen dann der Bedingung $\dot{x}(t):\dot{y}(t) \neq F_p:F_q$. Ausgehend von dem vorgegebenen Anfangsstreifen liefert die Lösung des Systems der Charakteristikengleichungen die Streifenschar $x(s, t)$, $y(s, t)$, $z(s, t)$, $p(s, t)$, $q(s, t)$. Sie erfüllt für alle Werte s, t die Differentialgleichung.

Weil für $s=0$ nach Voraussetzung $\dfrac{\partial(x, y)}{\partial(s, t)} = F_p y_t - F_p x_t \neq 0$ ist, kann man in einer gewissen Umgebung von $s=0$ die Gleichungen $x = x(s, t)$ und $y = y(s, t)$ nach s und t auflösen und die Ergebnisse in die übrigen drei Funktionen z, p, q einsetzen. Dadurch werden diese eindeutig bestimmte, stetig differenzierbare Funktionen von x und y, und zwar ist dann z als Funktion von x und y zweimal tetig differenzierbar und die einzige den Anfangsbedingungen genügende Lösung ser partiellen Differentialgleichung.

$\beta)$ Wenn der vorgegebene Streifen ein charakteristischer Streifen ist, entartet die nach $\alpha)$ aufgebaute Fläche, indem die sämtlichen die Fläche aufspannenden charakteristischen Streifen mit dem Anfangsstreifen zusammenfallen. Es lassen sich dann unendlich viele Lösungsflächen durch den Ausgangsstreifen legen. Denn jeder Streifen, der mit dem Ausgangsstreifen ein Flächenelement gemeinsam hat und den unter $\alpha)$ gestellten Voraussetzungen genügt, liefert eine den Ausgangsstreifen enthaltende Lösungsfläche.

$\gamma)$ Wenn der vorgegebene Streifen nicht charakteristischer Streifen ist, jedoch der Grundriß C' der Streifenkurve C Grundcharakteristik ist, wenn also $\dot{x}(t):\dot{y}(t) = F_p:F_q$ gilt, gibt es keine zweimal stetig differenzierbare Lösung der Differentialgleichung, welche den gegebenen Anfangsbedingungen genügt. Wenn wir jedoch auf Stetigkeitsforderungen längs C verzichten, wird eine Lösungsfläche von den charakteristischen Streifen erzeugt, die von den Flächenelementen des Anfangsstreifens ausgehen und daher den Anfangsstreifen als Einhüllende haben. Der Grundriß C' der Ausgangskurve wird von den Grundcharakteristiken der Lösungsfläche berührt.

Auch die von den Flächenelementen des Mongeschen Kegels eines Punktes P ausgehenden charakteristischen Streifen erzeugen eine Lösungsfläche der Differentialgleichung. Allerdings ist der Punkt ein *singulärer (konischer) Punkt* der Fläche. Die Fläche hat in P den Mongeschen Kegel als Tangentialkegel und heißt wegen ihrer kegelartigen Gestalt *Lösungskonoid.*

Eine Mongesche Kurve wird in jedem ihrer Punkte von einer charakteristischen Kurve berührt, ist also Einhüllende dieser charakteristischen Kurven und umgekehrt, jede Einhüllende von Charakteristiken hat in jedem Punkt eine Mongesche Richtung, ist also eine Mongesche Kurve.

Zusammenfassend kann man demnach sagen: Eine beliebige Kurve C, die keine Charakteristik ist, kann man zu einem Anfangsstreifen ergänzen, durch den dann genau eine Lösungsfläche der Differentialgleichung geht. Konstruiert man also z.B. in jedem Punkt der Kurve C das zugehörige Lösungskonoid, so ist die Lösungsfläche Einhüllende aller dieser Konoide und berührt jedes von ihnen längs eines charakteristischen Streifens. Wählt man für C eine Kurve in einer der Koordinatenebenen, z.B. der xy-Ebene, so ist C dort durch eine Gleichung $y = \varphi(x)$ gegeben, die allgemeine Lösung der partiellen Differentialgleichung erster Ordnung enthält also *eine* willkürliche Funktion *einer* Veränderlichen, im Gegensatz zur gewöhnlichen Differentialgleichung erster Ordnung, bei der die allgemeine Lösung *eine* willkürliche Konstante, die Integrationskonstante, enthält.

7. Charakteristiken der quasilinearen partiellen Differentialgleichung in zwei unabhängigen Veränderlichen. Eine quasilineare partielle Differentialgleichung in zwei unabhängigen Veränderlichen x, y und der abhängigen Veränderlichen z hat die Gestalt $a p + b q = c$, wobei a, b, c stetig differenzierbare Funktionen von x, y, z sind. Der MONGEsche Kegel entartet in eine Gerade, deren Richtungscosinus a, b, c proportional sind, seine Tangentialebenen sind die Ebenen durch diese Gerade.

Das System der Charakteristikengleichungen lautet also $d x/d s = a$, $d y/d s = b$, $d z/d s = c$, wozu noch die beiden Differentialgleichungen für $d p/d s$ und $d q/d s$ hinzukommen. Die ersten drei dieser Differentialgleichungen enthalten aber p und q nicht und können daher für sich behandelt werden, d.h. man erhält nach Elimination des Parameters s eine zweiparametrige Schar von charakteristischen Kurven. Setzt man diese Lösungen in die beiden restlichen Differentialgleichungen für $d p/d s$ und $d q/d s$ ein, so erhält man nach Elimination von s eine einparametrige Schar von Streifen, die zu einer bestimmten charakteristischen Kurve gehört, also im Ganzen eine dreiparametrige Schar von Streifen, von der je eine einparametrige Schar von Streifen zu einer bestimmten charakteristischen Kurve der zweiparametrigen Kurvenschar gehört.

Jede Lösungsfläche läßt sich hier aus einer einparametrigen Schar von charakteristischen Kurven aufbauen, und zwar in folgender Weise: Gegeben sei eine Raumkurve C *(Anfangskurve)* durch $x(t)$, $y(t)$, $z(t)$. Diese Funktionen sollen stetig differenzierbar sein und $\dot{x}(t)$ und $\dot{y}(t)$ nicht gleichzeitig verschwinden. Ferner sei die Grundrißkurve C' doppelpunktfrei. Es gibt wieder drei Fälle.

α) Wenn C' mit keiner Grundcharakteristik zusammenfällt und von keiner Grundcharakteristik berührt wird, wenn also für die gegebenen Anfangswerte $\dot{x}(t) : \dot{y}(t) \neq a : b$ gilt, geht durch die Punkte der Kurve C eine einparametrige Charakteristikenschar $x(s, t)$, $y(s, t)$, $z(s, t)$. Diese Funktionen sind stetig differenzierbar. Nun ist auf C und in einer gewissen Umgebung von C nach Voraussetzung $x_t : y_t \neq a : b = x_s : y_s$. Die Gleichungen $x = x(s, t)$, $y = y(s, t)$ sind also nach s, t auflösbar und es ergibt sich durch Einsetzen in $z(s, t)$ eine stetig differenzierbare Funktion von x und y, die einzige Lösungsfläche der Differentialgleichung mit den vorliegenden Anfangswerten.

β) Wenn die vorgegebene Kurve C selbst Charakteristik ist, lassen sich durch C unendlich viele Lösungsflächen legen. Jede Kurve nämlich, welche die gegebene Kurve C schneidet und die unter α) gestellten Voraussetzungen erfüllt, liefert gemäß α) eine durch C gehende Lösungsfläche.

γ) Wenn die vorgegebene Kurve C nicht Charakteristik ist, ihr Grundriß C' aber die Bedingung $\dot{x} : \dot{y} = a : b$ der Grundcharakteristik erfüllt, gibt es keine stetig differenzierbare Lösung. Wenn man aber auf die Forderung stetiger Differenzierbarkeit verzichtet, kann die Kurve C Umriß einer Lösungsfläche sein, die längs C zur xy-Ebene senkrechte Tangentialebenen hat, und der Grundriß C' kann Einhüllende der Grundcharakteristiken dieser Lösungsfläche sein.

8. Vollständiges und allgemeines Integral. Eine zweimal stetig differenzierbare zweiparametrige Schar von Lösungen $z = f(x, y, a, b)$ der partiellen Differentialgleichung mit der Nebenbedingung $D = f_{xa} f_{yb} - f_{ya} f_{xb} \neq 0$ heißt *vollständiges Integral* der Differentialgleichung, wenn in dem in Frage stehenden räumlichen Bereich jedes der Differentialgleichung genügende Flächenelement genau einer Fläche der zweiparametrigen Schar angehört. Denn durch partielles Differenzieren des vollständigen Integrals nach x und y und darauffolgende Elimination der Parameter a und b aus den drei Gleichungen ergibt sich die partielle Differentialgleichung. Es sind dann auch alle charakteristischen Streifen auf diesen Flächen enthalten. Die Lösung der in den beiden vorigen Ziffern behandelten

Anfangswertaufgabe kann jetzt dadurch gewonnen werden, daß man aus der zweiparametrigen Flächenschar des vollständigen Integrals eine einparametrige herausgreift, nämlich diejenigen Flächen, welche jeweils durch ein Flächenelement des vorgegebenen Ausgangsstreifens bestimmt sind. Die Lösung der Anfangswertaufgabe erscheint als Einhüllende der ausgewählten einparametrigen Flächenschar, die Lösungsfläche wird von diesen Flächen jeweils längs eines charakteristischen Streifens berührt.

Hiernach lassen sich aus dem vollständigen Integral in dem betrachteten räumlichen Bereich alle weiteren Lösungen der Differentialgleichung durch Bildung von Hüllflächen, also lediglich durch Differentiations- und Eliminationsprozesse herleiten: Wird etwa durch eine stetig differenzierbare Funktion $b = b(a)$ eine einparametrige Flächenschar ausgewählt, welche eine vorgegebene Lösungsfläche als Hüllfläche besitzt, so ergibt sich diese Einhüllende ähnlich wie in Ziff. 75, S. 69 bei Kurven aus den beiden Gleichungen

$$z - f[x, y, a, b(a)] = 0 \quad \text{und} \quad f_a + f_b b'(a) = 0$$

durch Elimination von a. Die Berührungsstreifen sind charakteristische Streifen. $f[x, y, a, b(a)]$ pflegt man daher als *allgemeines Integral* der partiellen Differentialgleichung zu bezeichnen. Es enthält noch eine willkürliche Funktion einer Veränderlichen, nämlich $b = b(a)$.

Die einer bestimmten Anfangswertaufgabe entsprechende Funktion $b = b(a)$ kann man in folgender Weise bestimmen: Es ist $p = f_x(x, y, a, b)$, $q = f_y(x, y, a, b)$, somit durch Auflösung $a = \varphi(x, y, p, q)$, $b = \psi(x, y, p, q)$. Im Anfangsstreifen sind x, y, p, q bestimmte Funktionen von t. Setzt man diese in φ und ψ ein, so werden a und b Funktionen von t. Elimination von t liefert b als Funktion von a.

Die dreiparametrige Schar der charakteristischen Streifen ergibt sich mit a, b und $b'(a) = c$ als Parameter aus den Gleichungen $z = f(x, y, a, b)$, $f_a + f_b c = 0$, indem man z.B. $s = -f_b$ als Streifenparameter einführt, $f_a = cs$ setzt, diese beiden Gleichungen nach x und y auflöst, was wegen $D \neq 0$ möglich ist, und in die Gleichung für z einsetzt. Damit erhält man x, y, z als Funktion von s, a, b, c und schließlich auch p und q als derartige Funktionen, indem man noch $f(x, y, a, b)$ nach x bzw. y differenziert und die eben erhaltenen Funktionen x und y in die Ergebnisse einsetzt.

Während in den vorigen Ziffern die Lösung der partiellen Differentialgleichung aus der Lösung des Systems der Differentialgleichungen für die charakteristischen Streifen hergeleitet wurde, haben wir hier die Lösung dieses Systems aus einem vollständigen Integral der partiellen Differentialgleichung gewonnen, und zwar lediglich durch Differentiations- und Eliminationsprozesse.

9. Flächenscharen und singuläre Integrale. Zur Einhüllenden einer einparametrigen Flächenschar haben wir noch folgendes zu bemerken. Wenn sich die Flächen der Schar schneiden, so nennt man die Grenzlage einer Schnittlinie zweier Flächen der Schar, sobald die beiden Flächen unbegrenzt gegeneinander streben, eine *Grenzkurve*, die Grenzlage des Schnittpunktes dreier Flächen der Schar, sobald diese unbegrenzt gegeneinander rücken, einen *Grenzpunkt*. Der Grenzpunkt kann somit auch als Grenzlage des Schnittpunktes zweier benachbarter Grenzkurven aufgefaßt werden. Die Einhüllende berührt jede Fläche längs ihrer Grenzkurve. Die Gesamtheit aller Grenzpunkte heißt die *Gratlinie* oder *Rückkehrkurve* der Schar. Sie kann auch ein Punkt sein. Sind die Flächen der Schar durch $\Phi(x, y, z, C) = 0$ gegeben (C Parameter), so lauten die Gleichungen der Grenzkurve $\Phi = 0$, $\Phi_C = 0$. Die Koordinaten der Grenzpunkte erhält man aus den

Gleichungen $\Phi = 0$, $\Phi_C = 0$, $\Phi_{CC} = 0$. Eliminiert man aus den beiden ersten Gleichungen den Parameter C, so bekommt man die Gleichung der Einhüllenden. Die Gratlinie der Einhüllenden berührt in jedem Grenzpunkt die zugehörige Grenzkurve. Da nach Ziff. 6 die MONGEschen Kurven einer partiellen Differentialgleichung, die keine Charakteristiken sind, Einhüllende der Charakteristiken sind und jede bisher betrachtete Lösungsfläche, wenn sie nicht selbst dem vollständigen Integral angehört, Einhüllende einer im vollständigen Integral enthaltenen einparametrigen Flächenschar ist, die jede einzelne Fläche dieser Schar längs einer Charakteristik berührt, so sind die Charakteristiken die Grenzkurven der Schar und ihre Berührungspunkte mit der gegebenen MONGEschen Kurve Grenzpunkte, somit ist die MONGEsche Kurve Ort dieser Grenzpunkte, also Gratlinie der Lösungsfläche.

Falls die zweiparametrige Flächenschar eines vollständigen Integrals $z = f(x, y, a, b)$ der partiellen Differentialgleichung eine gemeinsame Einhüllende $z = \varphi(x, y)$ besitzt, nennt man $\varphi(x, y)$ ein *singuläres Integral* oder eine *singuläre Lösungsfläche* der Differentialgleichung. Es ergibt sich aus den drei Gleichungen $z = f(x, y, a, b), f_a(x, y, a, b) = 0, f_b(x, y, a, b) = 0$ durch Elimination von a und b. Die singulären Integrale erfüllen die Gleichungen $F = 0$, $F_p = 0$, $F_q = 0$, $F_x + p F_z = 0$ $F_y + q F_z = 0$. Sie lassen sich daher aus der Differentialgleichung $F = 0$ durch Differentiation nach p und q und darauffolgende Elimination von p und q gewinnen und werden gerade von jenen der Differentialgleichung $F = 0$ genügenden Flächenelementen erzeugt, die wir bis jetzt (bei den nichtsingulären Integralen) durch die Bedingung ausgeschlossen haben, daß F_p und F_q nicht gleichzeitig null sein sollen. Wie man aus den obigen Bedingungsgleichungen für singuläre Integrale erkennt, verschwinden für die Flächenelemente dieser Integrale die rechten Seiten der Charakteristikengleichungen. Die singulären Integrale können also nicht durch charakteristische Streifen erzeugt werden.

Ähnlich hatten wir in Ziff. 75, S. 69 etwaige Hüllkurven einer einparametrigen Lösungsschar einer gewöhnlichen Differentialgleichung erster Ordnung als singuläre Lösung bezeichnet. Ist $F(x, y, y') = 0$ diese Differentialgleichung und $y = f(x, C)$ eine einparametrige Lösungsschar, so erhält man eine solche singuläre Lösung durch Elimination von C aus den beiden Gleichungen $y = f(x, C)$ und $f_C(x, C) = 0$ oder durch Elimination von y' aus den Gleichungen $F = 0$, $F_{y'} = 0$, $F_x + F_y y' = 0$.

10. Partielle CLAIRAUTsche Differentialgleichung. Die Ebene des Flächenelementes (x, y, z, p, q) ist in laufenden Koordinaten X, Y, Z durch die Gleichung $p(X - x) + q(Y - y) - (Z - z) = 0$ (Ziff. 5) oder $pX + qY - Z = px + qy - z$ gegeben, wird also durch die Größen $p, q, px + qy - z$ bestimmt. Die partielle Differentialgleichung drückt nach der genannten Ziffer die Bedingung aus, daß die Flächenelemente der Lösungsflächen die zu ihren Punkten gehörigen MONGEschen Kegel berühren müssen. Soll diese Eigenschaft von der Lage der Berührungspunkte nicht abhängen, so muß die partielle Differentialgleichung eine Beziehung zwischen den obigen Bestimmungsstücken $p, q, px + qy - z$ allein, also in aufgelöster Form von der Gestalt $z = px + qy + f(p, q)$ sein.

Ein vollständiges Integral ist die zweiparametrige Ebenenschar $z = ax + by + f(a, b)$, die übrigen Lösungsflächen ergeben sich als Hüllflächen einparametriger Teilscharen, sind somit abwickelbare Flächen, demnach Tangentenflächen von Raumkurven. Ihre geradlinigen Berührungsstreifen sind die charakteristischen Streifen, die Raumkurven (die Gratlinien der Tangentenflächen) sind die von charakteristischen Kurven verschiedenen MONGEschen Kurven (Ziff. 5 und 6). Ein singuläres Integral ist vorhanden, wenn sich aus der letzten

Gleichung und $x + f_a = 0$, $y + f_b = 0$ die Parameter a und b eliminieren lassen. Es liegt die Verallgemeinerung der Clairautschen Differentialgleichung von Ziff. 77, S. 72 auf den Raum vor.

11. Bestimmung eines vollständigen Integrals. Um ein vollständiges Integral der partiellen Differentialgleichung $F(x, y, z, p, q) = 0$ zu bestimmen, kann man nach Lagrange so vorgehen: Die Funktion $f(x, y, z, p, q)$ soll zweimal stetig differenzierbar und $\dfrac{\partial(F, f)}{\partial(p, q)} \neq 0$ in dem in Frage stehenden Bereich sein. Wir fügen dieser Differentialgleichung noch die Gleichung $f(x, y, z, p, q) = a$ mit einer willkürlichen Konstanten a hinzu und fassen jetzt p und q als die durch die beiden Gleichungen definierten zweimal stetig differenzierbaren Funktionen von x, y, z, a auf. Aber es gibt nur dann Lösungsflächen, auf denen p und q diese Funktionen sind, wenn $p\,dx + q\,dy$ das vollständige Differential von z ist. Dazu ist notwendig und hinreichend, daß f ein Integral des Systems der charakteristischen Gleichungen der partiellen Differentialgleichung ist. Die analytische Bedingung dafür ist das Verschwinden des sog. Jacobischen Klammerausdruckes

$$[F, f] = (F_x + p\,F_z)\,f_p + (F_y + q\,F_x)\,f_q - (f_x + p\,f_z)\,F_p - (f_y + q\,f_z)\,F_q.$$

Man sagt dann, F und f liegen in *Involution*.

Man hat jetzt das System der Differentialgleichungen

$$\frac{\partial z}{\partial x} = p(x, y, z, a), \qquad \frac{\partial z}{\partial y} = q(x, y, z, a)$$

zu lösen. Die Integrabilitätsbedingungen sind nach dem eben erwähnten erfüllt. Die Lösung dieses letzten Systems vollzieht sich in folgender Weise: Wir lösen zuerst die erste der beiden Gleichungen, indem wir dabei y als konstanten Parameter betrachten, und erhalten demnach eine Lösung, deren Integrationskonstante u noch von dem Parameter y abhängt. Setzen wir diese Lösung in die zweite Differentialgleichung ein, so ergibt sich, weil die Integrabilitätsbedingungen erfüllt sind, eine gewöhnliche Differentialgleichung erster Ordnung für u als Funktion von y, sonach u als Funktion von y und einer Integrationskonstanten b und damit schließlich z als zweimal stetig differenzierbare Funktion von x, y, a, b, das gesuchte vollständige Integral, falls z noch die Bedingung $z_{xa}\,z_{yb} - z_{ya}\,z_{xb} \neq 0$ erfüllt.

12. Berührungstransformationen. Eine partielle Differentialgleichung erster Ordnung $F(x, y, z, p, q) = 0$ kann man als Gleichung für die Flächenelemente (x, y, z, p, q) deuten. Die Lösungsflächen sind gewisse zweiparametrige Scharen von Flächenelementen, die der Gleichung genügen. Jedoch erzeugen keineswegs alle zweiparametrigen Scharen von Flächenelementen eine Fläche. Wenn man z. B. in einer Lösungsfläche jeweils ein dieser Fläche nicht angehöriges Flächenelement der partiellen Differentialgleichung vorgibt, so bilden diese Elemente zwar eine der Gleichung genügende zweiparametrige Schar, erzeugen jedoch keine Fläche.

Wir bezeichnen nach Lie als *Elementenverein* eine n-parametrige Schar von Flächenelementen mit folgender Eigenschaft: x, y, z, p, q sollen stetig differenzierbare Funktionen von n unabhängigen Veränderlichen $t_1, t_2, \ldots, t_n$ sein und in diesen samt ihren Differentialen identisch die Bedingung $dz = p\,dx + q\,dy$ erfüllt sein. Jede in der Schar enthaltene einparametrige Schar, die von ihrem Parameter stetig differenzierbar abhängt, soll demnach die Streifenbedingung erfüllen. Einparametrige Elementenvereine sind die Streifen (Ziff. 6); die Punkte der Flächenelemente bilden eine Kurve, die Ebenen gehen durch die Tangenten dieser Kurve. Die Streifen können in *ebene Streifen* (alle Flächenelemente haben dieselbe Ebene) oder in *konische Streifen* (alle Flächenelemente haben denselben Punkt) entarten. Die konischen Streifen umhüllen einen Kegel oder bilden ein *Elementenbüschel* (ihre Ebenen gehen durch eine Gerade). Zu den zweiparametrigen Elementenvereinen gehören die Flächenelemente einer Fläche, aber auch die *Streifenbüschel* (= einparametrige Streifenschar mit gemeinsamer Kurve). Als Entartungen treten die *ebenen Felder* (alle Flächenelemente haben dieselbe Ebene) und die *Elementenbündel* (alle Flächenelemente haben denselben Punkt) auf.

LIE hat den Begriff der partiellen Differentialgleichung erster Ordnung und ihrer Lösungen folgendermaßen verallgemeinert: Bei der Differentialgleichung $F(x, y, z, p, q) = 0$ wird die Nebenbedingung, daß F_p und F_q nicht gleichzeitig verschwinden können, nicht mehr verlangt. Es wird somit auch zugelassen, daß F weder p noch q enthält, also lediglich Gleichung für die Punktkoordinaten x, y, z ist. Als Lösung wird jeder zweiparametrige Elementenverein bezeichnet, wenn x, y, z, p, q zweimal stetige differenzierbare Funktionen von zwei unabhängigen Veränderlichen s und t sind und die Differentialgleichung befriedigen. Neben den Lösungsflächen können dann also auch Streifenbüschel oder Elementenbündel auftreten.

Führt man an Stelle der Veränderlichen x, y, z, p, q neue Veränderliche x', y', z', p', q' ein, so daß die neuen stetig differenzierbare Funktionen der alten sind und nach diesen eindeutig aufgelöst werden können, also eine umkehrbar eindeutige Transformation der Flächenelemente vorliegt, und geht dabei jeder Elementenverein wieder in einen Elementenverein über, so nennt man die Transformation eine *Berührungstransformation*. Die Forderung, daß jeder Elementenverein wieder in einen Elementenverein transformiert wird, drückt sich analytisch durch die Bedingung $dz' - p'\,dx' - q'\,dy' = \varrho\,(dz - p\,dx - q\,dy)$ aus, wobei ϱ eine nicht verschwindende Funktion von x, y, z, p, q ist. Die *gewöhnliche Punkttransformation* (Einführung neuer Veränderlicher x', y', z' als stetig differenzierbare Funktionen der alten Veränderlichen x, y, z mit nicht verschwindender Funktionaldeterminante) kann man zu einer besonderen Berührungstransformation erweitern (man spricht dann auch von einer *erweiterten Punkttransformation*), wenn man die Flächenelemente als Berührungselemente von Flächen auffaßt und zusammen mit den Flächen transformiert. Sie ist natürlich von besonderer Natur, die Definitionsgleichungen für x', y', z' hängen nur von x, y, z und nicht auch von p und q ab.

Natürlich ist nicht jede Elementtransformation eine Berührungstransformation. So ist z. B. die Transformation, durch die jedes Flächenelement unter Festhaltung seines Punktes in ein anderes übergeführt wird, das aus dem ersten durch Spiegelung an einer durch den Punkt zur z-Achse senkrecht gelegten Ebene entsteht, keine Berührungstransformation. Denn ein nicht zur xy-Ebene paralleler Streifen geht dabei nicht wieder in einen Streifen über.

Ordnet man jedem Punkt (x, y, z) seine Polarebene $z + Z = xX + yY$ (geschrieben in den laufenden Koordinaten X, Y, Z) in bezug auf das Drehparaboloid $2z = x^2 + y^2$ zu und umgekehrt jeder Ebene (jetzt geschrieben in den laufenden Koordinaten x, y, z) ihren Pol X, Y, Z, so erhält man die sog. *Berührungstransformation von* LEGENDRE:

$$x' = p, \quad y' = q, \quad z' = xp + yq - z, \quad p' = x, \quad q' = y.$$

Sie ist in bezug auf die gestrichenen und ungestrichenen Größen symmetrisch.

Wenn wir die partiellen Differentialgleichungen erster Ordnung und ihre Lösungen in dem von Lie verallgemeinerten Sinn betrachten, führt eine Berührungstransformation eine solche Differentialgleichung und ihre Lösungen in eine entsprechende Differentialgleichung und ihre Lösungen über. Sie braucht keine Differentialgleichung zu sein, sondern kann auch eine gewöhnliche Gleichung sein. Falls die Lösungsflächen im früheren Sinn wieder in ebensolche transformiert werden, bilden sich die charakteristischen Streifen der Differentialgleichung auch wieder in charakteristische Streifen ab.

13. Allgemeine partielle Differentialgleichung erster Ordnung in n unabhängigen Veränderlichen. Die in den vorigen Ziffern besprochene Theorie der allgemeinen partiellen Differentialgleichung in zwei unabhängigen Veränderlichen läßt sich auf n unabhängige Veränderliche $x_1, x_2, \ldots, x_n$ übertragen. Die gesuchte Funktion bezeichnen wir wieder mit z, ihre partiellen Ableitungen erster Ordnung nach den x_ν mit $p_\nu = \partial z / \partial x_\nu$. Die Differentialgleichung lautet

$$F(x_1, x_2, \ldots, x_n, z, p_1, p_2, \ldots, p_n) = 0$$

mit den entsprechenden Differenzierbarkeitsannahmen. An keiner Stelle des in Frage stehenden Bereiches sollen die Ableitungen $\partial F / \partial p_\nu$ gleichzeitig verschwinden. Die *Charakteristikengleichungen* lauten jetzt

$$\frac{d x_\nu}{d s} = \frac{\partial F}{\partial p_\nu}, \quad \frac{d z}{d s} = \sum_{\nu=1}^{n} p_\nu \frac{\partial F}{\partial p_\nu}, \quad \frac{d p_\nu}{d s} = -\frac{\partial F}{\partial x_\nu} - p_\nu \frac{\partial F}{\partial z} \quad (\nu = 1, 2, \ldots, n).$$

Ihre Lösungen stellen Streifen im R_{n+1} der Veränderlichen x_ν, z dar, ihre Integrale heißen *Vorintegrale* der partiellen Differentialgleichung, eines von ihnen ist F selbst. Die durch die Zusatzbedingung $F = 0$ gekennzeichneten *charakteristischen Streifen* bilden eine $(2n-1)$-parametrige Schar. Jede *n-dimensionale Lösungsmannigfaltigkeit* $V_n : z = f(x_1, x_2, \ldots, x_n)$ der partiellen Differentialgleichung läßt sich von einer $(n-1)$-parametrigen Schar von charakteristischen Streifen aufspannen und jede so konstruierte Mannigfaltigkeit ist Lösung. Wenn ein charakteristischer Streifen mit einer Lösungsmannigfaltigkeit einen Punkt gemeinsam hat, gehört er ihr ganz an. Einem charakteristischen Streifen entspricht im Raume R_{2n+1} der Veränderlichen x_ν, z, p_ν eine Kurve C_1 und einer von einer $(m-1)$-parametrigen Menge von charakteristischen Streifen erzeugte charakteristische Mannigfaltigkeit eine m-dimensionale Mannigfaltigkeit C_m. Der Grundriß C'_m der C_m im Raume R_n der Veränderlichen $x_1, x_2, \ldots, x_n$ soll *charakteristische Grundmannigfaltigkeit* heißen.

Die Anfangswertaufgabe lautet hier so: Gegeben ist im R_{n+1} der $n+1$ Veränderlichen x_ν, z eine $(n-1)$-dimensionale Mannigfaltigkeit V_{n-1}

$$x_\nu = x_\nu(t_1, t_2, \ldots, t_{n-1}), \quad z = z(t_1, t_2, \ldots, t_{n-1}).$$

Sie wird durch n Funktionen $p_\nu(t_1, t_2, \ldots, t_{n-1})$, welche der Differentialgleichung und den *Streifenbedingungen* $\dfrac{\partial z}{\partial t_\lambda} = \sum\limits_{\nu=1}^{n} p_\nu \dfrac{\partial x_\nu}{\partial t_\lambda}$ $(\lambda = 1, 2, \ldots, n-1)$ genügen, zu einer Streifenmannigfaltigkeit ergänzt. Sie stellt im Raume R_{2n+1} der $2n+1$ Veränderlichen x_ν, z, p_ν eine $(n-1)$-dimensionale Mannigfaltigkeit V_{n-1} dar. Die vorgegebenen Funktionen sollen stetig differenzierbar sein, der Rang der Funktionalmatrix $\left\| \dfrac{\partial x_\nu}{\partial t_\lambda} \right\|$ soll $n-1$ und der Grundriß V'_{n-1} der V_{n-1} im Raume R_n der Veränderlichen $x_1, x_2, \ldots, x_n$ soll doppelpunktfrei sein, d.h. verschiedenen Wertsystemen t_λ sollen verschiedene Punkte des Grundrisses zugeordnet sein.

Es ergeben sich wieder wie in Ziff. 6 folgende drei Fälle:

α) Wenn V'_{n-1} nicht mit einer charakteristischen Grundmannigfaltigkeit C'_{n-1} zusammenfällt und von keiner solchen berührt wird, gilt für die Anfangsdaten

$$D = \begin{vmatrix} \dfrac{\partial F}{\partial p_1} & \dfrac{\partial F}{\partial p_2} & \cdots & \dfrac{\partial F}{\partial p_n} \\[2mm] \dfrac{\partial x_1}{\partial t_1} & \dfrac{\partial x_2}{\partial t_1} & \cdots & \dfrac{\partial x_n}{\partial t_1} \\[2mm] \cdots & \cdots & \cdots & \cdots \\[2mm] \dfrac{\partial x_1}{\partial t_{n-1}} & \dfrac{\partial x_2}{\partial t_{n-1}} & \cdots & \dfrac{\partial x_n}{\partial t_{n-1}} \end{vmatrix} \neq 0.$$

Die von den Elementen der gegebenen Streifenmannigfaltigkeit ausgehenden charakteristischen Streifen spannen eine Lösungsmannigfaltigkeit auf und diese ist die einzige Lösungsmannigfaltigkeit, welche die Anfangsstreifenmannigfaltigkeit enthält.

β) Wenn die gegebene Anfangsmannigfaltigkeit eine charakteristische Mannigfaltigkeit ist, lassen sich durch sie unendlich viele Lösungsmannigfaltigkeiten legen.

γ) Wenn die gegebene Anfangsstreifenmannigfaltigkeit nicht eine charakteristische Mannigfaltigkeit ist, wohl aber der Grundriß V'_{n-1} eine charakteristische Grundmannigfaltigkeit C'_{n-1} ist, gibt es keine durch die V_{n-1} gehende Lösungsmannigfaltigkeit mit stetigen Ableitungen.

In beiden Fällen β) und γ) verschwindet die Determinante D für die Anfangsdaten $x_\nu(t_1, t_2, \ldots, t_{n-1})$, $z(t_1, t_2, \ldots, t_{n-1})$.

Durch die Mannigfaltigkeit V_{n-1} des R_{n-1} die in der geschilderten Art zu einer Anfangsstreifenmannigfaltigkeit ergänzt ist, geht also im allgemeinen genau eine Lösungsmannigfaltigkeit, welche die Anfangsstreifenmannigfaltigkeit enthält.

Wählen wir die V_{n-1} in der Mannigfaltigkeit $z = 0$, so ist sie dort durch eine Gleichung zwischen $x_1, x_2, \ldots, x_n$ gegeben, d.h. die allgemeine Lösung der Differentialgleichung enthält *eine* willkürliche Funktion von $n-1$ unabhängigen Veränderlichen.

Die von einem Punkt P des R_{n+1} ausgehenden charakteristischen Streifen umhüllen eine n-dimensionale Mannigfaltigkeit V_n des R_{n+1}, die in P einen *konischen Punkt* besitzt *(Lösungskonoid)*.

Ist die Differentialgleichung *quasilinear*, d.h. linear in den p_ν, so erhalten wir die Ergebnisse von Ziff. 3. Das System der Charakteristikengleichungen spaltet sich in das System der $n+1$ ersten Differentialgleichungen für die charakteristischen Kurven (sie bilden eine n-parametrige Schar) und in die n letzten Gleichungen für die Streifen [zu jeder Kurve gehört noch eine $(n-1)$-parametrige Schar von charakteristischen Streifen].

14. Vollständige, allgemeine und singuläre Integrale bei n Veränderlichen. Eine n-parametrige Schar von Lösungen $z = f(x_1, x_2, \ldots, x_n, a_1, a_2, \ldots, a_n)$ der partiellen Differentialgleichung $F(x_1, x_2, \ldots, x_n, z, p_1, p_2, \ldots, p_n) = 0$ mit stetigen zweiten Ableitungen $\dfrac{\partial^2 f}{\partial x_\mu \partial x_\nu}$, $\dfrac{\partial^2 f}{\partial x_\mu \partial a_\nu}$ $(\mu, \nu = 1, 2, \ldots, n)$ und der Nebenbedingung Det. $\left| \dfrac{\partial^2 f}{\partial x_\mu \partial a_\nu} \right| \neq 0$ heißt ein *vollständiges Integral*, wenn in dem in Frage stehenden Bereich des Raumes R_{n+1} der x_ν, z jedes der Differentialgleichung genügende Element (x_ν, z, p_ν) einer und nur einer der Mannigfaltigkeiten der Schar angehört. Denn wieder erhält man durch Differenzieren nach den x_ν und darauffolgende Elimination der Parameter a_ν die partielle Differentialgleichung.

Wie in Ziff. 8 ergeben sich aus den Lösungsmannigfaltigkeiten des vollständigen Integrals die übrigen Lösungsmannigfaltigkeiten als ihre *Einhüllenden (allgemeines Integral)*. Die Berührungsstreifen sind dabei charakteristische Streifen. Man erhält sie in folgender Weise: Durch $a_\nu = \varphi_\nu(t_1, t_2, \ldots, t_{n-1})$ $(\nu = 1, 2, \ldots, n)$ wird eine $(n-1)$-parametrige Teilschar von Mannigfaltigkeiten des vollständigen Integrals ausgewählt. Wenn die Teilschar eine Einhüllende hat, ist diese durch die n Gleichungen

$$z = f(x_1, x_2, \ldots, x_n, \varphi_1, \varphi_2, \ldots, \varphi_n), \qquad \sum_{\nu=1}^{n} \frac{\partial f}{\partial a_\nu} \frac{\partial \varphi_\nu}{\partial t_\lambda} = 0 \qquad (\lambda = 1, 2, \ldots, n-1)$$

bestimmt. Die charakteristischen Streifen ergeben sich aus diesen Gleichungen jeweils für ein bestimmtes Wertesystem der t_λ: $\varphi_\nu = a_\nu$ und $\partial \varphi_\nu / \partial t_\lambda = c_{\nu\lambda}$. Man erhält hierbei aus den $n-1$ letzten Gleichungen der Einhüllenden für die Ableitungen $\partial f / \partial a_\nu$ bis auf einen gemeinsamen Proportionalitätsfaktor s konstante Werte, also $\partial f / \partial a_\nu = b_\nu s$ $(\nu = 1, 2, \ldots, n)$. Der Faktor s kann so normiert werden, daß eine der n Konstanten b_ν, etwa b_n, gleich eins wird. Durch Auflösung dieser Gleichungen folgt dann $x_\nu = x_\nu(a_1, a_2, \ldots, a_n, b_1, b_2, \ldots, b_{n-1}, s)$ und hierauf ergeben sich durch Einsetzen in die erste Gleichung der Einhüllenden und Differentiation nach den x_ν außerdem z und alle p_ν als Funktionen von $a_1, a_2, \ldots, a_n$, $b_1, b_2, \ldots, b_{n-1}, s$. Damit ist die $(2n-1)$-parametrige Schar der charakteristischen Streifen gefunden, also die Lösung des Systems der Charakteristikengleichungen (Ziff. 13) aus einer vollständigen Lösung der partiellen Differentialgleichung gewonnen.

Besitzt die n-parametrige Lösungsschar des vollständigen Integrals selbst eine Einhüllende, so erhält man sie aus den Gleichungen

$$z = f(x_1, x_2, \ldots, x_n, a_1, a_2, \ldots, a_n)$$

und

$$\frac{\partial f}{\partial a_\nu} = 0 \qquad (\nu = 1, 2, \ldots, n)$$

durch Elimination der Parameter a_ν. Sie heißt ein *singuläres Integral* der partiellen Differentialgleichung und ergibt sich auch aus den Gleichungen $F = 0$, $\partial F / \partial p_\nu = 0$ $(\nu = 1, 2, \ldots, n)$ durch Elimination der p_ν, wobei aber auch noch die n Gleichungen $\dfrac{\partial F}{\partial x_\nu} + p_\nu \dfrac{\partial F}{\partial z} = 0$ erfüllt sein müssen. Das ist gerade jener Fall, der in der vorigen Ziffer ausgeschlossen wurde. Die Elemente (x_ν, z, p_ν) der singulären Integrale machen die rechten Seiten der Charakteristikengleichungen zu null, die singulären Integrale können also nicht durch charakteristische Streifen erzeugt werden. Ähnlich läßt sich die CLAIRAUTsche Differentialgleichung von Ziff. 10 auf n unabhängige Veränderliche verallgemeinern.

15. HAMILTON-JACOBIsche Differentialgleichung. Wenn die partielle Differentialgleichung die gesuchte Funktion z nicht enthält, kann sie bei passender Bezifferung der x_ν in der nach p_n aufgelösten Form

$$p_n + H(x_1, x_2, \ldots, x_n, p_1, p_2, \ldots, p_{n-1}) = 0$$

vorausgesetzt werden. Aus den Charakteristikengleichungen folgt dann $\dfrac{d x_n}{d s} = 1$, so daß wir fortan $x_n = s$ setzen können und noch $x_1, x_2, \ldots, x_{n-1}, p_1, p_2, \ldots, p_n, z$ als Funktionen von x_n zu bestimmen haben. Für diese liefern die Charakteristikengleichungen

$$\frac{d x_\nu}{d x_n} = \frac{\partial H}{\partial p_\nu}, \qquad \frac{d p_\nu}{d x_n} = -\frac{\partial H}{\partial x_\nu} \qquad (\nu = 1, 2, \ldots, n-1)$$

sowie die weiteren Gleichungen

$$\frac{dz}{dx_n} = \sum_{\nu=1}^{n-1} p_\nu \frac{\partial H}{\partial p_\nu} - H, \qquad \frac{dp_n}{dx_n} = -\frac{\partial H}{\partial x_n}.$$

Die ersten $2(n-1)$ dieser Gleichungen bilden bereits für sich ein System gewöhnlicher Differentialgleichungen für die $2(n-1)$ Funktionen

$$x_1, x_2, \ldots, x_{n-1}, p_1, p_2, \ldots, p_{n-1}.$$

Ersetzt man n durch $n+1$ und schreibt man $q_1, q_2, \ldots, q_n$ statt $x_1, x_2, \ldots, x_n$ und t statt x_{n+1}, so stellen diese Gleichungen die HAMILTON*schen kanonischen Differentialgleichungen der Mechanik* dar:

$$\frac{dq_\nu}{dt} = \frac{\partial H}{\partial p_\nu}, \qquad \frac{dp_\nu}{dt} = -\frac{\partial H}{\partial q_\nu} \qquad (\nu = 1, 2, \ldots, n)$$

mit der HAMILTON*schen* Funktion $H(q_1, q_2, \ldots, q_n, t, p_1, p_2, \ldots, p_n)$. Schreiben wir noch W statt z, so geht die partielle Differentialgleichung selbst in die HAMILTON-JACOBI*sche Differentialgleichung* über:

$$\frac{\partial W}{\partial t} + H\left(q_1, q_2, \ldots, q_n, t, \frac{\partial W}{\partial q_1}, \frac{\partial W}{\partial q_2}, \ldots, \frac{\partial W}{\partial q_n}\right) = 0.$$

Nach der vorigen Ziffer kann man die Lösung der kanonischen Gleichungen aus einer vollständigen Lösung der partiellen Differentialgleichung herleiten. JACOBI hat diesen wichtigen Zusammenhang in seiner analytischen Mechanik erkannt.

Dabei wird das vollständige Integral etwas anders definiert als in der vorigen Ziffer. Wir führen nämlich jetzt als vollständiges Integral eine Lösung

$$W = W(q_1, q_2, \ldots, q_n, t, a_1, a_2, \ldots, a_n) + a_{n+1}$$

der HAMILTON-JACOBI*schen* Differentialgleichung ein, in der die Konstante a_{n+1} additiv auftritt. Da W in der Differentialgleichung nicht vorkommt, ist dies zulässig. Die Lösung genügt wegen $\dfrac{\partial W}{\partial a_{n+1}} = 1$ nicht der in der vorigen Ziffer geforderten Determinantengleichung, soll aber die Bedingung

$$\text{Det.} \left| \frac{\partial^2 W}{\partial q_\mu \, \partial a_\nu} \right| \neq 0 \qquad (\mu, \nu = 1, 2, \ldots, n)$$

erfüllen. Dann kann man aus den n Gleichungen $\dfrac{\partial W}{\partial a_\nu} = b_\nu$ mit den $2n$ beliebigen Konstanten a_ν, b_ν die n Veränderlichen q_ν als Funktionen von t und diesen $2n$ Konstanten berechnen. Durch Differentiation bildet man hieraus $p_\nu = \dfrac{\partial W}{\partial q_\nu}$. Die so erhaltenen $2n$ Funktionen $q_\nu(t), p_\nu(t)$ mit den $2n$ Parametern a_ν, b_ν sind die Lösungen des Systems der kanonischen Differentialgleichungen.

16. Kanonische Gleichungen und kanonische Transformationen, POISSON*sche* Klammern. Es wurde in der vorigen Ziffer vorausgesetzt, daß die partielle Differentialgleichung die gesuchte Funktion z nicht enthält. Mit Hilfe des in Ziff. 3 angewendeten Kunstgriffes kann man diesen Fall immer herstellen, wenn man gleichzeitig die Zahl der unabhängigen Veränderlichen um 1 vermehrt.

Denken wir uns z implizit durch die Gleichung $V(x_1, x_2, \ldots, x_n, z) = 0$ mit stetig differenzierbarem V und $\dfrac{\partial V}{\partial z} \neq 0$ definiert, so hat man $p_\nu = \dfrac{\partial z}{\partial x_\nu} = -\dfrac{\partial V/\partial x_\nu}{\partial V/\partial z}$ und damit geht die partielle Differentialgleichung

$$F(x_1, x_2, \ldots, x_n, z, p_1, p_2, \ldots, p_n) = 0$$

über in eine partielle Differentialgleichung der Gestalt

$$G\left(x_1, x_2, \ldots, x_n, z, \frac{\partial V}{\partial x_1}, \frac{\partial V}{\partial x_2}, \ldots, \frac{\partial V}{\partial x_n}, \frac{\partial V}{\partial z}\right) = 0$$

für die unbekannte Funktion V der $n+1$ unabhängigen Veränderlichen $x_1, x_2, \ldots, x_n, z$.

Setzen wir nun eine partielle Differentialgleichung

$$F(x_1, x_2, \ldots, x_n, p_1, p_2, \ldots, p_n) = 0$$

voraus, die z nicht enthält, so lautet das System der Charakteristikengleichungen

$$\frac{dx_\nu}{ds} = \frac{\partial F}{\partial p_\nu}, \qquad \frac{dp_\nu}{ds} = -\frac{\partial F}{\partial x_\nu}, \qquad \frac{dz}{ds} = \sum_{\nu=1}^{n} p_\nu \frac{\partial F}{\partial p_\nu} \qquad (\nu = 1, 2, \ldots, n).$$

Die ersten $2n$ dieser Gleichungen bilden ein System von $2n$ gewöhnlichen Differentialgleichungen für die $2n$ unbekannten Funktionen $x_\nu(s)$, $p_\nu(s)$ und können für sich behandelt werden. Man pflegt sie wegen ihrer in der vorigen Ziffer besprochenen Beziehung zur analytischen Mechanik die zur partiellen Differentialgleichung gehörigen *kanonischen Gleichungen* zu nennen. Hat man sie gelöst, so ergibt sich z aus der letzten Gleichung des charakteristischen Systems.

Man kann nun folgende Frage stellen: Lassen sich an Stelle der x_ν und p_ν neue Veränderliche X_ν und P_ν als zweimal stetig differenzierbare Funktion der x_ν und p_ν mit nicht verschwindender Funktionaldeterminante so einführen, daß in den neuen Veränderlichen die Form der kanonischen Gleichungen erhalten bleibt? Genauer gesprochen: Es möge bei dieser Einführung die Funktion F der x_ν und p_ν in eine Funktion G der X_ν und P_ν übergehen, die Differentialgleichung die Form

$$G(X_1, X_2, \ldots, X_n, P_1, P_2, \ldots, P_n) = 0$$

und die kanonischen Gleichungen mögen die Gestalt

$$\frac{dX_\nu}{ds} = \frac{\partial G}{\partial P_\nu}, \qquad \frac{dP_\nu}{ds} = -\frac{\partial G}{\partial X_\nu}$$

haben. Dann sollen sich diese kanonischen Gleichungen durch Transformation der kanonischen Gleichungen der ursprünglichen partiellen Differentialgleichung ergeben. Eine Transformation, welche das bei beliebigen zweimal stetig differenzierbaren Funktionen F leistet, wird *kanonisch* genannt. Die notwendigen und hinreichenden Bedingungen dafür sind:

$$\frac{\partial X_\mu}{\partial x_\nu} = \frac{\partial p_\nu}{\partial P_\mu}, \qquad \frac{\partial X_\mu}{\partial p_\nu} = -\frac{\partial x_\nu}{\partial P_\mu},$$

$$\frac{\partial P_\mu}{\partial x_\nu} = -\frac{\partial p_\nu}{\partial X_\mu}, \qquad \frac{\partial P_\mu}{\partial p_\nu} = \frac{\partial x_\nu}{\partial X_\mu} \qquad (\mu, \nu = 1, 2, \ldots, n).$$

Dabei werden auf den rechten Seiten dieser Gleichungen die x_ν, p_ν als Funktionen der neuen Veränderlichen X_μ, P_μ, auf den linken Seiten die neuen Veränderlichen X_μ, P_μ als Funktionen der alten Veränderlichen x_ν, p_ν (Umkehrungsfunktionen der früheren) aufgefaßt.

Mit diesen Bedingungen ist folgendes gleichwertig: Es soll eine Funktion $\Phi(x_1, x_2, \ldots, x_n, p_1, p_2, \ldots, p_n)$ vorhanden sein, so daß ihr vollständiges Differential

$$d\Phi = \sum_{\nu=1}^{n} (P_\nu \, dX_\nu - p_\nu \, dx_\nu)$$

ist, wobei die X_ν, P_ν als Funktionen der x_ν, p_ν zu denken sind. Die Funktionaldeterminante einer kanonischen Transformation ist stets $= 1$, die kanonischen Transformationen bilden eine Gruppe.

Unter Verwendung der sog. POISSONschen *Klammer*

$$(g, h) = \sum_{\nu=1}^{n} \left(\frac{\partial g}{\partial p_\nu} \frac{\partial h}{\partial x_\nu} - \frac{\partial g}{\partial x_\nu} \frac{\partial h}{\partial p_\nu} \right)$$

(g, h zweimal stetig differenzierbare Funktionen der x_ν und p_ν) lassen sich die notwendigen und hinreichenden Bedingungen auch in der Gestalt schreiben: $(X_\mu, X_\nu) = (P_\mu, P_\nu) = (P_\mu, X_\nu) = 0$ für $\mu \neq \nu$ und $(P_\mu, X_\mu) = 1$ $(\mu, \nu = 1, 2, \ldots, n)$. Sind G und H die Funktionen der X_ν und P_ν, in die g und h bei Einführung der neuen Veränderlichen übergehen, so kann man die Bedingungen auch so ausdrücken: Es muß $(G, H) = (g, h)$ für beliebige g und h gelten.

Ergänzt man die Veränderlichen x_ν, p_ν bzw. X_ν, P_ν noch durch z bzw. $Z = z + \Phi$, so hat man

$$dZ - \sum_{\nu=1}^{n} P_\nu \, dX_\nu = dz - \sum_{\nu=1}^{n} p_\nu \, dx_\nu.$$

Daher ist $P_\nu = \partial Z / \partial X_\nu$, wenn für $p_\nu = \partial z / \partial x_\nu$ genommen wird. Es liegt hier die Übertragung des Begriffes der Berührungstransformation (Ziff. 12 für den besonderen Fall $\varrho = 1$) vom R_3 auf den R_n vor.

Ist z. B. $W(x_1, x_2, \ldots, x_n, X_1, X_2, \ldots, X_n)$ eine zweimal stetig differenzierbare Funktion seiner Veränderlichen mit Det. $\left| \dfrac{\partial^2 W}{\partial x_\mu \partial X_\nu} \right| \neq 0$, so wird durch die Gleichungen

$$p_\nu = \frac{\partial W}{\partial x_\nu}, \qquad P_\nu = -\frac{\partial W}{\partial X_\nu} \qquad (\nu = 1, 2, \ldots, n)$$

eine kanonische Transformation definiert, weil $\sum_{\nu=1}^{n} (P_\nu \, dX_\nu - p_\nu \, dx_\nu) = -dW$ ist. Der Übergang von den Veränderlichen q_ν, p_ν zu den a_ν, $-b_\nu$ in Ziff. 15 ist also eine kanonische Transformation.

Es sei noch erwähnt, daß sich aus der Definition der POISSONschen Klammer und den kanonischen Gleichungen folgende Beziehungen ergeben:

$$(x_\mu, x_\nu) = (p_\mu, p_\nu) = (p_\mu, x_\nu) = 0 \quad \text{für} \quad \mu \neq \nu, \quad (p_\mu, x_\mu) = 1,$$

$$\frac{dx_\nu}{ds} = (F, x_\nu), \qquad \frac{dp_\nu}{ds} = (F, p_\nu) \qquad (\nu = 1, 2, \ldots, n)$$

und für eine beliebige Funktion $f(s, x_1, x_2, \ldots, x_n, p_1, p_2, \ldots, p_n)$ zufolge dieses Systems

$$\frac{df}{ds} = \frac{\partial f}{\partial s} + (F, f).$$

Schließlich sei noch auf die sog. JACOBIsche *Identität* hingewiesen: Es gilt folgende Klammerbeziehung bei den POISSONschen Klammern

$$(\varphi_1, (\varphi_2, \varphi_3)) + (\varphi_2, (\varphi_3, \varphi_1)) + (\varphi_3, (\varphi_1, \varphi_2)) = 0.$$

17. Allgemeine Berührungstransformationen, Jacobische Klammern. Wir erweitern zuerst den in der vorigen Ziffer eingeführten Begriff der Poissonschen Klammer zur sog. *Jacobischen Klammer*, indem wir jetzt g und h als Funktionen der x_ν, p_ν und von z voraussetzen:

$$[g, h] = \sum_{\nu=1}^{n} \left[\frac{\partial g}{\partial p_\nu} \left(\frac{\partial h}{\partial x_\nu} + p_\nu \frac{\partial h}{\partial z} \right) - \frac{\partial h}{\partial p_\nu} \left(\frac{\partial g}{\partial x_\nu} + p_\nu \frac{\partial g}{\partial z} \right) \right].$$

Die Jacobische Identität gilt für die Jacobischen Klammern nicht mehr.

Nun soll der Begriff der Berührungstransformation im R_3 von Ziff. 12 auf den R_n erweitert werden. X_ν, Z, P_ν seien $2n+1$ zweimal stetig differenzierbare Funktionen der $2n+1$ Veränderlichen x_ν, z, p_ν mit nicht verschwindender Funktionaldeterminante. Die Transformation heißt eine *Berührungstransformation*, wenn die Gleichung

$$dZ - \sum_{\nu=1}^{n} P_\nu \, dX_\nu = \varrho \left(dz - \sum_{\nu=1}^{n} p_\nu \, dx_\nu \right)$$

identisch in den Veränderlichen x_ν, z, p_ν und ihren Differentialen erfüllt ist, wobei ϱ eine nicht verschwindende Funktion sämtlicher $2n+1$ Veränderlichen x_ν, z, p_ν ist.

Die geometrische Bedeutung dieser Tatsache ist folgende: Wenn der Elementverein (x_ν, z, p_ν) Berührungselement der Mannigfaltigkeit $z = f(x_1, x_2, \ldots, x_n)$ im Punkte $P(x_1, x_2, \ldots, x_n, z)$ ist, so ist auch der zugehörige transformierte Elementenverein (X_ν, Z, P_ν) Berührungselement der transformierten Mannigfaltigkeit im transformierten Punkt. Berührung bleibt also erhalten, daher der Name Berührungstransformation. Sämtliche Berührungstransformationen bilden eine Gruppe.

Die notwendigen und hinreichenden Bedingungen dafür, daß die betrachtete Transformation eine Berührungstransformation ist, sind

$$[X_\mu, X_\nu] = [P_\mu, P_\nu] = [P_\mu, X_\nu] = [X_\nu, Z] = 0 \quad \text{für} \quad \mu \neq \nu,$$

$$[P_\mu, X_\mu] = \varrho, \quad [P_\mu, Z] = \varrho \, P_\mu \quad (\mu, \nu = 1, 2, \ldots, n).$$

Die beiden Funktionen g und h gehen bei der Berührungstransformation in zwei Funktionen G und H über, so daß $\varrho\,[G, H] = [g, h]$ ist.

Die partielle Differentialgleichung $F(x_1, x_2, \ldots, x_n, z, p_1, p_2, \ldots, p_n) = 0$ wird dabei in eine partielle Differentialgleichung erster Ordnung in den neuen Veränderlichen transformiert, die charakteristischen Streifen und Lösungen der ursprünglichen gehen in die charakteristischen Streifen und Lösungen der neuen über. Die neue Gleichung braucht keine Differentialgleichung zu sein, sie kann auch eine gewöhnliche Gleichung sein.

Die in der vorigen Ziffer betrachteten besonderen Berührungstransformationen sind dadurch ausgezeichnet, daß bei ihnen die Funktionen von z nicht abhängen, daher die Jacobischen Klammern durch die Poissonschen Klammern ersetzt sind. ϱ wird dann eine Konstante, die man durch passende Wahl der Veränderlichen mit 1 normieren kann.

Eine *gewöhnliche Punkttransformation* (Einführung $n+1$ neuer Veränderlicher X_ν, Z als stetig differenzierbare Funktionen der alten $n+1$ Veränderlichen x_ν, z mit nicht verschwindender Funktionaldeterminante) kann zu einer *Berührungstransformation dadurch erweitert werden*, daß man die Elementenvereine (x_ν, z, p_ν) als Berührungselemente einer n-dimensionalen Mannigfaltigkeit V_n des R_{n+1} der Veränderlichen x_ν, z auffaßt, $p_\nu = \partial z/\partial x_\nu$ zusammen mit der Mannigfaltigkeit transformiert, so daß dann $P_\nu = \partial Z/\partial X_\nu$ wird. Eine solche Berührungstransformation ist natürlich von besonderer Natur; die Definitionsgleichungen für die X_ν und Z hängen nur von den x_ν und z und nicht auch von den p_ν ab.

18. Totale Differentialgleichungen.

$$F_\mu(x_1, x_2, \ldots, x_n; y_1, y_2, \ldots, y_n) \quad (\mu = 1, 2, \ldots, m)$$

seien m stetig differenzierbare Funktionen der $2n$ unabhängigen Veränderlichen x_ν, y_ν $(\nu = 1, 2, \ldots, n)$ in einer Umgebung U der Stelle $P(x_\nu = \xi_\nu, y_\nu = \eta_\nu; \nu = 1, 2, \ldots, n)$. Die Funktionalmatrix $\left\| \dfrac{\partial F_\mu}{\partial y_\nu} \right\|$ sei in U vom Range m mit $0 < m < n$. Wir können uns die Bezifferung und U so gewählt denken, daß gerade die Determinante

$$\text{Det.} \left| \frac{\partial F_\mu}{\partial y_\lambda} \right| \quad (\mu, \lambda = 1, 2, \ldots, m)$$

in U von null verschieden ist. Ferner sollen die Funktionen F_μ in P verschwinden. Dann kann man die Gleichungen $F_\mu = 0$ in einer passenden Umgebung U von P nach den y_λ auflösen und diese werden stetig differenzierbare Funktionen

$$y_\lambda = f_\lambda(x_1, x_2, \ldots, x_n; y_{m+1}, y_{m+2}, \ldots, y_n)$$

der x_ν und der übrigen $y_\varkappa$ $(\varkappa = m+1, m+2, \ldots, n)$.

Wir wollen noch voraussetzen, daß die Funktionen F_μ in bezug auf die y_ν homogen vom Grade α sein sollen. Da y_n bei der Auflösung willkürlich bleibt, kann man zufolge der Homogenität die Gleichungen $F_\mu = 0$ durch y_n^α dividieren und erhält, falls noch $\eta_n \neq 0$ ist, Gleichungen von der Gestalt

$$F_\mu\left(x_1, x_2, \ldots, x_n, \frac{y_1}{y_n}, \frac{y_2}{y_n}, \ldots, \frac{y_{n-1}}{y_n}, 1\right) = 0$$

und als Auflösung

$$\frac{y_\lambda}{y_n} = f_\lambda\left(x_1, x_2, \ldots, x_n, \frac{y_{m+1}}{y_n}, \frac{y_{m+2}}{y_n}, \ldots, \frac{y_{m-1}}{y_n}, 1\right),$$

d.h. die Lösungsfunktionen sind in den y_ν homogen vom Grad 1.

Wir setzen nun alle $y_\nu = d x_\nu$ und haben damit ein System von m unabhängigen *totalen Differentialgleichungen*

$$F_\mu(x_1, x_2, \ldots, x_n; dx_1, dx_2, \ldots, dx_n) = 0$$

vor uns oder in der aufgelösten Gestalt

$$\frac{d x_\lambda}{d x_n} = f_\lambda\left(x_1, x_2, \ldots, x_n; \frac{d x_{m+1}}{d x_n}, \frac{d x_{m+2}}{d x_n}, \ldots, \frac{d x_{n-1}}{d x_n}, 1\right).$$

Wählt man für $x_{m+1}, x_{m+2}, \ldots, x_{n-1}$ beliebige in U stetig differenzierbare Funktionen von x_n, so liefern die letzten Gleichungen ein System von m gewöhnlichen Differentialgleichungen in der Normalform für m unbekannte Funktionen x_λ als Funktionen der unabhängigen Veränderlichen x_n, somit als Lösung ein System von Kurven im R_n der Veränderlichen x_ν, die noch von $n - m - 1$ willkürlichen Funktionen von x_n abhängen.

Man kann sich fragen, ob es nicht noch Mannigfaltigkeiten V_k von höherer Dimension $k < n$ gibt, die man als *Lösungsmannigfaltigkeiten* des Systems der totalen Differentialgleichungen bezeichnen könnte. Es sei eine solche V_k dadurch festgelegt, daß $n - k$ der x_ν, die wir mit x_ϱ bezeichnen wollen, in U stetig differenzierbare Funktionen der übrigen k der x_ν sind, die x_σ genannt werden sollen, also z.B. $x_\varrho = \varphi_\varrho(x_\sigma)$, was heißen soll, daß sämtliche x_ϱ stetig differenzierbare Funktionen sämtlicher x_σ sein sollen. Dann hat man $d x_\varrho = \sum\limits_\sigma \dfrac{\partial \varphi_\varrho}{\partial x_\sigma} d x_\sigma$. Setzen wir diese $d x_\varrho$ in die Gleichungen $F_\mu = 0$ ein und sind diese dann in U in den x_σ und

dx_σ identisch erfüllt, dann sagen wir, die V_k ist eine *Lösungsmannigfaltigkeit des Systems* $F_\mu = 0$. Die genannte Bedingung gibt ein System von partiellen Differentialgleichungen für die unbekannten Funktionen φ_ϱ.

Sind die Gleichungen $F_\mu = 0$ in den dx_ν linear, also von der Gestalt

$$\sum_{\nu=1}^{n} a_{\mu\nu}\, dx_\nu = 0 \quad (\mu = 1, 2, \ldots, m),$$

wobei die $a_{\mu\nu}$ stetig differenzierbare Funktionen der x_ν sind, deren Matrix $\|a_{\mu\nu}\|$ in einer Umgebung U einer Stelle $P(x_1, x_2, \ldots, x_n)$ des R_n vom Rang m ist, so spricht man von einem Pfaffschen *System*, im allgemeinen Fall (bei nichtlinearen Gleichungen) von einem Mongeschen *System*.

19. Pfaffsche Formen. Unter einer Pfaffschen *Form* versteht man eine lineare Differentialform $\sum\limits_{\nu=1}^{n} a_\nu\, dx_\nu$, in der die a_ν stetig differenzierbare Funktionen der x_ν sind. Führt man an Stelle der x_ν neue Veränderliche y_ν ein, wobei die x_ν zweimal stetig differenzierbare Funktionen der y_ν mit nicht verschwindender Funktionaldeterminante in dem in Frage stehenden Bereich sein sollen, so erhält man

$$\sum_{\nu=1}^{n} a_\nu\, dx_\nu = \sum_{\nu=1}^{n} b_\nu\, dy_\nu \quad \text{mit} \quad b_\nu = \sum_{\mu=1}^{n} a_\mu\, \frac{\partial x_\mu}{\partial y_\nu}.$$

Wir denken uns nun die y_ν als stetig differenzierbare Funktionen von zwei unabhängigen Parametern ξ und η. Dann werden auch die x_ν derartige Funktionen und man hat

$$\sum_{\mu,\nu=1}^{n} a_{\mu\nu}\, \frac{\partial x_\mu}{\partial \xi}\, \frac{\partial x_\nu}{\partial \eta} = \sum_{\mu,\nu=1}^{n} b_{\mu\nu}\, \frac{\partial y_\mu}{\partial \xi}\, \frac{\partial y_\nu}{\partial \eta},$$

wenn

$$a_{\mu\nu} = \frac{\partial a_\mu}{\partial x_\nu} - \frac{\partial a_\nu}{\partial x_\mu}$$

und

$$b_{\mu\nu} = \frac{\partial b_\mu}{\partial y_\nu} - \frac{\partial b_\nu}{\partial y_\mu} = \sum_{\sigma,\tau}^{n} a_{\sigma\tau}\, \frac{\partial x_\sigma}{\partial y_\mu}\, \frac{\partial x_\tau}{\partial y_\nu}$$

ist. Dieser Ausdruck hat also in den zu den x_ν gehörigen Größen dieselbe Gestalt wie in den zu den y_ν gehörigen und ist in bezug auf jede der partiellen Ableitungen der x_ν bzw. der y_ν nach ξ und η linear. Man nennt ihn daher die *bilineare Kovariante* der Pfaffschen Form.

Es ist möglich, daß bei passender Einführung der neuen Veränderlichen y_ν, die Pfaffsche Form nicht mehr alle y_ν, weder in den Koeffizienten noch in den Differentialen, enthält. Es sei k die Anzahl der Veränderlichen y_ν, die noch auftreten (in den Koeffizienten und Differentialen). Die kleinste Zahl k, die bei allen möglichen derartigen Transformationen überhaupt auftreten kann, nennt man die *Klasse* der Pfaffschen Form. Über sie hat Grassmann folgenden Satz bewiesen: Die Klasse der Pfaffschen Form ist der Rang der Matrix

$$\begin{Vmatrix} a_1 & a_2 & \cdots & a_n \\ a_{11} & a_{12} & \cdots & a_{1n} \\ a_{21} & a_{22} & \cdots & a_{2n} \\ \cdots & \cdots & \cdots & \cdots \\ a_{n1} & a_{n2} & \cdots & a_{nn} \end{Vmatrix}$$

in dem betrachteten Bereich. Ist die Klasse gerade $k = 2m$, so läßt sich die Form in den neuen Veränderlichen y_ν auf die Gestalt $y_{m+1}\, dy_1 + y_{m+2}\, dy_2 + \cdots + y_{2m}\, dy_m$

bringen, ist die Klasse ungerade $k = 2m + 1$, so läßt sich die Form auf die Gestalt $y_{m+1} \, dy_1 + y_{m+2} \, dy_2 + \cdots + y_{2m} \, dy_m + dy_{2m+1}$ bringen. Diese Normalformen nennt man *kanonische Form*, die zugehörigen Veränderlichen *kanonische Veränderliche*.

Ist insbesondere die Klasse 1, so ist demnach die Form das vollständige Differential df einer Funktion der x_ν, ist die Klasse 2, so ist die Form bis auf einen Faktor ein derartiges Differential, somit von der Gestalt $\varrho \, df$. Für den ersten Fall erhält man als notwendige und hinreichende Bedingungen das identische Verschwinden der bilinearen Kovariante, also alle $a_{\mu\nu} = 0$, im zweiten Fall die Gleichungen $a_\lambda a_{\mu\nu} + a_\mu a_{\nu\lambda} + a_\nu a_{\lambda\mu} = 0$ für $\lambda, \mu, \nu = 1, 2, \ldots, n$. Dabei kann man λ, μ, ν als untereinander verschieden voraussetzen, weil sonst die entsprechende Gleichung von selbst erfüllt ist. Unter diesen $\binom{n}{3}$ Bedingungen sind $\binom{n-1}{2}$ unabhängig.

In beiden Fällen ist die PFAFFsche *Gleichung* $\sum\limits_{\nu=1}^{n} a_\nu \, dx_\nu = 0$, wie man zu sagen pflegt, *vollständig integrabel*, d. h. ihre allgemeine Lösung durch $f = \text{const}$ gegeben. Es gibt somit eine einparametrige Schar von Lösungsmannigfaltigkeiten V_{n-1} von der Dimension $n - 1$. Die Lösungsmannigfaltigkeiten niedrigerer Dimension liegen auf diesen V_{n-1}. So hat z. B. die PFAFFsche Form in drei Veränderlichen im allgemeinen nur Lösungskurven. Lösungsflächen gibt es nur, wenn nach dem Obigen die Bedingung $a_1 a_{23} + a_2 a_{31} + a_3 a_{12} = 0$ erfüllt ist (EULERsche *Bedingung*).

20. LAGRANGEsche Klammern. Da sich bei einer kanonischen Transformation (Ziff. 16) die PFAFFschen Formen $\sum\limits_{\nu=1}^{n} P_\nu \, dX_\nu$ und $\sum\limits_{\nu=1}^{n} p_\nu \, dx_\nu$ nur um das vollständige Differential einer Funktion unterscheiden und für ein solches nach der vorigen Ziffer die bilineare Kovariante identisch verschwindet, kann man die Bedingung für eine kanonische Transformation so ausdrücken, daß die bilineare Kovariante für die beiden Formen dieselbe sein oder, anders gesprochen, bei der Transformation invariant bleiben muß.

Wir wollen nun die x_ν und p_ν als stetig differenzierbare Funktionen von zwei unabhängigen Veränderlichen u und v und gegebenenfalls auch von mehreren solchen Veränderlichen voraussetzen. Man bezeichnet den Ausdruck

$$\{u, v\} = \sum_{\nu=1}^{n} \left(\frac{\partial x_\nu}{\partial u} \frac{\partial p_\nu}{\partial v} - \frac{\partial p_\nu}{\partial u} \frac{\partial x_\nu}{\partial v} \right)$$

als LAGRANGEsche *Klammer*. Es ist $-\sum\limits_{\nu=1}^{n} \left(\dfrac{\partial p_\nu}{\partial \xi} \dfrac{\partial x_\nu}{\partial \eta} - \dfrac{\partial p_\nu}{\partial \eta} \dfrac{\partial x_\nu}{\partial \xi} \right)$ die bilineare Kovariante der Form $\sum\limits_{\nu=1}^{n} p_\nu \, dx_\nu$. Dabei haben wir uns u und v und damit auch die x_ν und p_ν gemäß der vorigen Ziffer als stetig differenzierbare Funktionen der beiden unabhängigen Parameter ξ und η zu denken. Führen wir nun an Stelle der x_ν und p_ν die neuen Veränderlichen X_ν und P_ν ein, so erhält man für die bilineare Kovariante

$$-\sum_{\mu,\nu=1}^{n} \{u_\mu, u_\nu\} \left(\frac{\partial u_\nu}{\partial \xi} \frac{\partial u_\mu}{\partial \eta} - \frac{\partial u_\nu}{\partial \eta} \frac{\partial u_\mu}{\partial \xi} \right),$$

wobei in der Summe für die u_μ und u_ν alle Paare der Veränderlichen X_ν, P_ν zu nehmen sind. Für eine kanonische Transformation muß sich dafür nach dem Obigen die bilineare Kovariante

$$-\sum_{\nu=1}^{n} \left(\frac{\partial P_\nu}{\partial \xi} \frac{\partial X_\nu}{\partial \eta} - \frac{\partial P_\nu}{\partial \eta} \frac{\partial X_\nu}{\partial \xi} \right)$$

der Form $\sum\limits_{\nu=1}^{n} P_\nu\, dX_\nu$ ergeben. Damit erhält man als notwendige und hinreichende Bedingungen für eine kanonische Transformation die Gleichungen

$$\{X_\mu, X_\nu\} = \{P_\mu, P_\nu\} = \{X_\mu, P_\nu\} = 0 \quad \text{für } \mu \neq \nu, \quad \{X_\mu, P_\mu\} = 1 \quad (\mu, \nu = 1, 2, \ldots, n).$$

Der Zusammenhang der LAGRANGEschen Klammern mit den POISSONschen Klammern (Ziff. 16) wird durch folgende Gleichungen hergestellt: Die u_λ seien $2n$ stetig differenzierbare Funktionen der x_ν und p_ν mit nicht verschwindender Funktionaldeterminante. Dann ist

$$\sum\limits_{\lambda=1}^{2n} (u_\varrho, u_\lambda)\, \{u_\lambda, u_\sigma\} = \begin{cases} 0 \text{ für } \varrho \neq \sigma \\ 1 \text{ für } \varrho = \sigma \end{cases} \quad (\varrho, \sigma = 1, 2, \ldots, 2n)$$

und jedes Element $\{u_\varrho, u_\sigma\}$ der Determinante der $\{u_\varrho, u_\sigma\}$ ist gleich dem algebraischen Komplement des Elementes (u_σ, u_ϱ) der Determinante der (u_σ, u_ϱ), dividiert durch die letzte Determinante, so daß das Produkt der beiden Determinanten gleich eins ist.

21. Infinitesimale kanonische Transformationen. Wir wollen die Unterschiede zwischen den neuen und alten Veränderlichen, die bei einer kanonischen Transformation auftreten, durch Voraussetzen des Buchstaben Δ bezeichnen, also schreiben

$$X_\nu = x_\nu + \Delta x_\nu, \quad P_\nu = p_\nu + \Delta p_\nu \quad (\nu = 1, 2, \ldots, n).$$

Die Δx_ν und Δp_ν sind zweimal stetig differenzierbare Funktionen der x_ν und p_ν, die wir in der Gestalt $\Delta x_\nu = \varphi_\nu\, \Delta t$, $\Delta p_\nu = \psi_\nu\, \Delta t$ schreiben, wobei die φ_ν und ψ_ν selbst wieder zweimal stetig differenzierbare Funktionen der x_ν und p_ν sind und Δt eine vorläufig beliebige Konstante bedeutet.

Die Bedingung für eine kanonische Transformation (Ziff. 16) liefert

$$\sum\limits_{\nu=1}^{n} (\psi_\nu\, d x_\nu + p_\nu\, d\varphi_\nu)\, \Delta t + \sum\limits_{\nu=1}^{n} \psi_\nu\, d\varphi_\nu\, (\Delta t)^2 = d\Phi$$

oder, wenn wir $d\Phi = d\Psi\, \Delta t$ setzen:

$$\sum\limits_{\nu=1}^{n} (\psi_\nu\, d x_\nu + p_\nu\, d\varphi_\nu) + \sum\limits_{\nu=1}^{n} \psi_\nu\, d\varphi_\nu\, \Delta t = d\Psi,$$

wobei Ψ eine dreimal stetig differenzierbare Funktion der x_ν und p_ν ist.

Wir machen nun den Grenzübergang $\Delta t \to 0$, d. h. wir stellen uns vor, die neue Veränderliche entstünde durch stetige Veränderung der alten und deuten t als Zeit. Die φ_ν und ψ_ν würden dann die Änderungsgeschwindigkeiten sein. Man spricht in diesem Fall von einer *infinitesimalen Transformation* und erhält aus der letzten Gleichung:

$$\sum\limits_{\nu=1}^{n} (\psi_\nu\, d x_\nu - \varphi_\nu\, d p_\nu) = d\left(\Psi - \sum\limits_{\nu=1}^{n} p_\nu \varphi_\nu\right) = -\, dW,$$

somit

$$\varphi_\nu = \frac{\partial W}{\partial p_\nu}, \quad \psi_\nu = -\frac{\partial W}{\partial x_\nu}.$$

Für die Änderungsgeschwindigkeit einer Funktion f der x_ν und p_ν ergibt sich mit Hilfe der POISSONschen Klammer (Ziff. 16)

$$\lim\limits_{\Delta t \to 0} \frac{\Delta f}{\Delta t} = \lim\limits_{\Delta t \to 0} \sum\limits_{\nu=0}^{n} \left(\frac{\partial f}{\partial x_\nu}\frac{\Delta x_\nu}{\Delta t} + \frac{\partial f}{\partial p_\nu}\frac{\Delta p_\nu}{\Delta t}\right) = (W, f).$$

Im Sinne der angegebenen Deutung der infinitesimalen kanonischen Transformation können wir schreiben

$$\frac{d\,x_\nu}{dt} = \frac{\partial W}{\partial p_\nu}, \qquad \frac{d\,p_\nu}{dt} = -\frac{\partial W}{\partial x_\nu},$$

d.h. wir erhalten die HAMILTONschen kanonischen Gleichungen der analytischen Mechanik in den kanonischen Veränderlichen x_ν, p_ν mit der HAMILTONschen Funktion W (Ziff. 15) und der Zeit t. Der zeitliche Ablauf der Änderung des mechanischen Systems kann somit als eine allmähliche Entfaltung einer Berührungstransformation aufgefaßt werden. Somit ist der Übergang der x_ν und p_ν von ihren Anfangswerten zu den Werten, die zu einer bestimmten Zeit t gehören, selbst eine Berührungstransformation. Drückt man daher die x_ν und p_ν als Funktionen von t und $2n$ unabhängigen Integralen c_μ ($\mu = 1, 2, \ldots, 2n$) der Differentialgleichungen des mechanischen Systems aus, so erkennt man die Zeitunabhängigkeit der LAGRANGEschen Klammern irgend eines Paares der c_μ (Ziff. 20). Ferner zeigt sich: Ist W ein Integral des Systems der HAMILTONschen kanonischen Differentialgleichungen der Mechanik

$$\frac{d\,x_\nu}{dt} = \frac{\partial H}{\partial p_\nu}, \qquad \frac{d\,p_\nu}{dt} = -\frac{\partial H}{\partial x_\nu} \qquad (\nu = 1, 2, \ldots, n),$$

so führt die infinitesimale Berührungstransformation die Gesamtheit aller Lösungskurven in sich über. Man sagt, das System gestattet die Berührungstransformation. Daraus folgt der Satz von POISSON: Sind Φ und Ψ zwei Integrale des Systems, so ist auch (Φ, Ψ) ein Integral.

22. Integralinvarianten. Gegeben sei ein System von n gewöhnlichen Differentialgleichungen in der Normalform:

$$\frac{d\,x_\nu}{dt} = f_\nu(t, x_1, x_2, \ldots, x_n),$$

die f_ν mögen stetig differenzierbare Funktionen ihrer Veränderlichen in einem bestimmten Bereich sein. Als Lösung mit den Anfangswerten $x_\nu = \xi_\nu$ für $t = t_0$ erhält man stetig differenzierbare Funktionen $x_\nu = \varphi_\nu(t, \xi_1, \xi_2, \ldots, \xi_n)$, so daß $\xi_\nu = \varphi_\nu(t_0, \xi_1, \xi_2, \ldots, \xi_n)$. Wir betrachten alle von einer Kurve C_0 für $t = t_0$ ausgehenden Lösungskurven des Systems, d.h. wir denken uns z.B. die ξ_ν derart als stetig differenzierbare Funktionen eines Parameters τ, daß der Punkt $P(\xi_1, \xi_2, \ldots, \xi_n)$ gerade die Kurve C_0 durchläuft, wenn der Parameter τ von τ_0 bis τ_1 strebt.

Deuten wir t als Zeit, so können wir sagen: Wir betrachten alle zur Zeit $t = t_0$ auf der Kurve C_0 gelegenen Punkte P. Jeder dieser Punkte beschreibt zufolge des Systems der Differentialgleichungen eine Lösungskurve *(Bahnkurve)*, so daß die Punkte P der Kurve C_0 nach Ablauf einer bestimmten Zeit im Zeitpunkt t auf einer Kurve C liegen, deren Punkte durch die Lösung des Systems gegeben sind, wobei die ξ_ν als Funktionen von τ anzusehen sind.

Wir betrachten nun ein über C erstrecktes Integral

$$J(t) = \int_{\tau_0}^{\tau_1} \sum_{\nu=1}^{n} M_\nu(t, x_1, x_2, \ldots, x_n) \frac{\partial x_\nu}{\partial \tau}\, d\tau.$$

Wenn es für jede beliebige in Frage kommende Kurve C von der Zeit unabhängig ist, nennt man es eine *absolute Integralinvariante erster Ordnung* des Systems der Differentialgleichungen, absolut, weil eine beliebige Kurve vorausgesetzt wurde, von der Ordnung eins, weil es über eine Kurve, also eine eindimensionale Mannigfaltigkeit erstreckt ist. Die Bedingung ist $dJ/dt = 0$ für jede beliebige Kurve, also

$$\frac{\partial M_\mu}{\partial t} + \sum_{\nu=1}^{n} \left(\frac{\partial M_\mu}{\partial x_\nu} f_\nu + M_\nu \frac{\partial f_\nu}{\partial x_\mu} \right) = 0 \quad \text{für alle} \quad \mu = 1, 2, \ldots, n.$$

Jedes Integral $F(t, x_1, x_2, \ldots, x_n) = \text{const}$ des Systems liefert eine Integralinvariante mit $M_\nu = \partial F/\partial x_\nu$ und umgekehrt, wenn eine stetig differenzierbare Funktion $F(t, x_1, x_2, \ldots, x_n)$ mit $M_\nu = \partial F/\partial x_\nu$ eine Integralinvariante des Systems liefert, so hängt $\dfrac{\partial F}{\partial t} + \sum\limits_{\nu=1}^{n} \dfrac{\partial F}{\partial x_\nu} f_\nu$ von den x_ν nicht ab, ist nur eine Funktion $\varPhi(t)$ von t allein und daher $F - \int \varPhi(t)\, dt = \text{const}$ ein Integral des Systems.

Findet die Zeitunabhängigkeit nur statt, wenn C eine beliebige geschlossene Kurve ist, so spricht man von einer *relativen Integralinvarianten erster Ordnung*. Es zeigt sich, daß $\int\limits_{\tau_0}^{\tau_1} \sum\limits_{\nu=1}^{n} p_\nu \dfrac{\partial q_\nu}{\partial \tau}\, d\tau$ eine relative Integralinvariante erster Ordnung für die Hamiltonschen kanonischen Systeme von Differentialgleichungen ist (Ziff. 15). Von diesem Satz gilt folgende Umkehrung: Bedeuten die q_ν bzw. p_ν je die Hälfte der unbekannten Funktionen eines Systems von $2n$ gewöhnlichen Differentialgleichungen in der Normalform und ist das eben betrachtete Integral eine relative Integralinvariante des Systems, so hat das System die kanonische Form, d.h. es gibt eine Funktion H, so daß

$$\frac{dq_\nu}{dt} = \frac{\partial H}{\partial p_\nu}, \qquad \frac{dp_\nu}{dt} = -\frac{\partial H}{\partial q_\nu} \qquad (\nu = 1, 2, \ldots, n) \qquad \text{ist.}$$

Sämtliche Integralinvarianten erster Ordnung des Systems $dx_\nu/dt = f_\nu$ findet man in folgender Weise: $y_\nu(t, x_1, x_2, \ldots, x_n) = \text{const}$ seien n unabhängige Integrale des Systems. Dann haben alle absoluten Integralinvarianten erster Ordnung des Systems die Gestalt $\int\limits_{\tau_0}^{\tau_1} \sum\limits_{\nu=1}^{n} M_\nu \dfrac{\partial y_\nu}{\partial \tau}\, d\tau$, wobei die M_ν beliebige stetig differenzierbare Funktionen der y_ν sind. Man erhält alle relativen Integralinvarianten, wenn man im Integranden noch das Glied $\partial F/\partial \tau$ hinzufügt, wobei F eine beliebige stetig differenzierbare Funktion der x_ν und t ist.

Man kann den Begriff der Integralinvarianten auch für solche von *höherer Ordnung* erweitern, indem man als Integrationsbereich keine Kurve, sondern eine höherdimensionale Mannigfaltigkeit zugrunde legt, also im äußersten Fall einen n-dimensionalen Bereich des R_n der x_ν.

Wir haben demnach n-fache Integrale der Gestalt

$$J(t) = \iint \cdots \int_B M(t, x_1, x_2, , \ldots, x_n) \frac{\partial(x_1, x_2, \ldots, x_n)}{\partial(\xi_1, \xi_2, \ldots, \xi_n)}\, d\xi_1 d\xi_2 \ldots d\xi_n$$

zu betrachten, wobei M eine stetig differenzierbare Funktion ihrer Veränderlichen und B ein bestimmter Integrationsbereich des R_n sein soll. Die Zeitunabhängigkeit für beliebige Bereiche liefert als Bedingungsgleichung

$$\frac{\partial M}{\partial t} + \sum_{\nu=1}^{n} \left(\frac{\partial M}{\partial x_\nu} f_\nu + M \frac{\partial f_\nu}{\partial x_\nu} \right) = 0,$$

d.h. M muß ein Jacobischer Multiplikator der partiellen Differentialgleichung $\dfrac{\partial z}{\partial t} + \sum\limits_{\nu=1}^{n} f_\nu \dfrac{\partial z}{\partial x_\nu} = 0$ sein (Ziff. 4), deren Charakteristikengleichungen gerade die Differentialgleichungen des gegebenen Systems sind (Ziff. 3). Das System der

Charakteristikengleichungen der partiellen Differentialgleichung $\frac{\partial z}{\partial t} + (H, z) = 0$
ist ein kanonisches System, hat also den Multiplikator 1.

23. PFAFFsche und HAMILTONsche Systeme. Wir betrachten eine PFAFFsche
Differentialform in einer ungeraden Anzahl von Veränderlichen $x_1, x_2, \ldots, x_{2n+1}$
(Ziff. 19) $\sum\limits_{\nu=1}^{2n+1} a_\nu\, d\, x_\nu$ samt ihrer bilinearen Kovarianten $\sum\limits_{\mu,\nu=1}^{2n+1} a_{\mu\nu} \frac{\partial x_\mu}{\partial \xi} \frac{\partial x_\nu}{\partial \eta}$ und setzen
die Koeffizienten von $\partial x_\nu/\partial \eta$ gleich null. Damit ergibt sich ein System von $2n+1$
Gleichungen, die wir als totale Differentialgleichungen in der Gestalt $\sum\limits_{\mu=1}^{2n+1} a_{\mu\nu}\, d\, x_\mu = 0$
($\nu = 1, 2, \ldots, 2n+1$) schreiben können. Weil die Determinante der Koeffizienten
schiefsymmetrisch und von ungerader Ordnung ist, verschwindet sie und das in
den $d\, x_\mu$ homogene Gleichungssystem liefert somit für die $d\, x_\mu$ Lösungen, die von
der trivialen Lösung: alle $d\, x_\mu = 0$, verschieden sind. Dieses PFAFFsche Gleichungssystem ist seiner Entstehung nach mit der PFAFFschen Differentialform *invariant*
verknüpft, d.h. bei Einführung neuer Veränderlicher y_ν als stetig differenzierbare
Funktionen der x_ν mit nicht verschwindender Funktionaldeterminante geht es
in jenes PFAFFsche Gleichungssystem über, das man erhält, wenn man die Koeffizienten von $\partial y_\nu/\partial \eta$ in der transformierten bilinearen Kovarianten null setzt.

Wir betrachten nun die besondere Form $\sum\limits_{\nu=1}^{n} p_\nu\, d q_\nu - H\, dt$ in den $2n+1$ Veränderlichen q_ν, p_ν, t, wobei H irgendeine stetig differenzierbare Funktion dieser
Veränderlichen sein soll. Für diese Differentialform lautet dann das eben eingeführte PFAFFsche System

$$- d p_\nu - \frac{\partial H}{\partial q_\nu}\, dt = 0, \quad d q_\nu - \frac{\partial H}{\partial p_\nu}\, dt = 0, \quad dH - \frac{\partial H}{\partial t}\, dt = 0 \quad (\nu = 1, 2, \ldots, n).$$

Die letzte dieser Gleichungen folgt aus den übrigen, kann also weggelassen werden,
so daß sich das System in der Gestalt

$$\frac{d q_\nu}{dt} = \frac{\partial H}{\partial p_\nu}, \qquad \frac{d p_\nu}{dt} = -\frac{\partial H}{\partial q_\nu}$$

schreiben läßt, d.h. wir erhalten ein kanonisches System mit der HAMILTONschen
Funktion H. Es ist demnach das kanonische System, dessen HAMILTONsche
Funktion H ist, in der Weise invariant verknüpft mit der Differentialform
$\sum\limits_{\nu=1}^{n} p_\nu\, d q_\nu - H\, dt$, daß die Bewegungsgleichungen in irgendwelchen Veränderlichen
$x_1, x_2, \ldots, x_{2n}, \tau$ das System der PFAFFschen Gleichungen der PFAFFschen Form
$\sum\limits_{\nu=1}^{2n} a_\nu\, d\, x_\nu + a\, d\tau$ sind, in welche die ursprüngliche Differentialform bei Einführung
der neuen Veränderlichen übergeht.

24. Allgemeine partielle Differentialgleichungen zweiter Ordnung. Die allgemeine partielle Differentialgleichung zweiter Ordnung hat die Gestalt

$$F(x, y, z, p, q, r, s, t) = 0.$$

Dabei bedeuten nach EULER:

$$p = \frac{\partial z}{\partial x}, \quad q = \frac{\partial z}{\partial y}, \quad r = \frac{\partial^2 z}{\partial x^2}, \quad s = \frac{\partial^2 z}{\partial x\,\partial y}, \quad t = \frac{\partial^2 z}{\partial y^2};$$

F möge in dem in Frage stehenden Bereich eine stetig differenzierbare Funktion seiner Veränderlichen sein. Wir suchen zweimal stetig differenzierbare

Funktionen z der beiden unabhängigen Veränderlichen x und y, welche die Differentialgleichung befriedigen. Sehen wir vorläufig von der Bedeutung der p, q, r, s, t als Ableitungen von z ab und denken wir uns die acht Veränderlichen als stetig differenzierbare Funktion eines Parameters τ. Wir nennen sie in Anschluß an Ziff. 6 einen *Streifen zweiter Ordnung*, wenn die *Streifenbedingungen*

$$\frac{dz}{d\tau} = p\,\frac{dx}{d\tau} + q\,\frac{dy}{d\tau}, \qquad \frac{dp}{d\tau} = r\,\frac{dx}{d\tau} + s\,\frac{dy}{d\tau}, \qquad \frac{dq}{d\tau} = s\,\frac{dx}{d\tau} + t\,\frac{dy}{d\tau}$$

erfüllt sind, wobei wir jetzt die in Ziff. 6 betrachteten Streifen im Gegensatz hierzu als *Streifen erster Ordnung* bezeichnen wollen. Damit haben wir ausgedrückt, daß die *Elementvereine* (x, y, z, p, q, s, r, t) des Streifens einer Fläche $z = \varphi(x, y)$ angehören, falls wir x, y, z als räumliche rechtwinkelige Koordinaten deuten. Ist die Fläche eine *Lösungsfläche*, so wollen wir den Streifen einen *Lösungsstreifen* nennen.

Bei einer partiellen Differentialgleichung erster Ordnung konnte man durch eine Kurve im allgemeinen eine Lösungsfläche legen (Ziff. 6). Man wird vermuten, daß durch einen Streifen erster Ordnung im allgemeinen eine Lösungsfläche einer partiellen Differentialgleichung zweiter Ordnung bestimmt sein wird. Dies ist richtig, wenn der Streifen kein sog. *charakteristischer Streifen zweiter Ordnung* ist und alle Funktionen analytisch vorausgesetzt werden. Dabei versteht man unter einem charakteristischen Streifen einen Streifen zweiter Ordnung, der noch die Bedingung

$$F_r\left(\frac{dy}{d\tau}\right)^2 - F_s\,\frac{dx}{d\tau}\,\frac{dy}{d\tau} + F_t\left(\frac{dx}{d\tau}\right)^2 = 0$$

erfüllt. Durch einen charakteristischen Streifen zweiter Ordnung gehen unendlich viele Lösungsflächen. Es ist bis jetzt nicht gelungen, die allgemeine partielle Differentialgleichung zweiter Ordnung auf ein System von gewöhnlichen Differentialgleichungen zurückzuführen, wie es bei der partiellen Differentialgleichung erster Ordnung der Fall ist. Das ist auch der Grund, warum bei dem eben erwähnten Existenzsatz die Funktionen analytisch vorausgesetzt werden mußten. Selbstverständlich gelten die bei den partiellen Differentialgleichungen erster Ordnung angestellten Überlegungen auch für analytische Funktionen, es stellen sich dann auch die Lösungen als analytische Funktionen heraus. Natürlich muß man im Komplexen auf die frühere geometrische Deutung verzichten.

Während es also bisher nicht gelungen ist, eine Lösungsfläche der allgemeinen partiellen Differentialgleichung zweiter Ordnung aus charakteristischen Lösungsstreifen zweiter Ordnung aufzubauen, besteht die Möglichkeit in dem besonderen Fall der sog. Differentialgleichungen von Monge-Ampère. Das sind jene, bei denen F von der Gestalt $A + Br + Cs + Dt + E(rt - s^2)$ ist, wobei die Koeffizienten A, B, C, D, E nur von x, y, z, p, q, und zwar stetig abhängen. Man kann nämlich hier Streifen erster Ordnung angeben, die Träger aller charakteristischen Streifen zweiter Ordnung sind. Man nennt sie *charakteristische Streifen erster Ordnung*. Es zeigt sich, daß jede aus solchen Streifen erster Ordnung aufgebaute Fläche eine Lösungsfläche ist. Man sucht dann ein sog. *Vorintegral* der partiellen Differentialgleichung zweiter Ordnung, d.h. eine partielle Differentialgleichung erster Ordnung $G(x, y, z, p, q) = 0$ mit der Eigenschaft, daß jede zweimal stetig differenzierbare Lösung dieser Differentialgleichung auch eine Lösung der Differentialgleichung zweiter Ordnung ist. G genügt einem gewissen System von zwei partiellen Differentialgleichungen erster Ordnung, die sich aus der Kenntnis der Streifen erster Ordnung bilden lassen.

25. Halblineare partielle Differentialgleichungen zweiter Ordnung. Eine partielle Differentialgleichung zweiter Ordnung von der Gestalt $ar + bs + ct = f(x, y, z, p, q)$, wobei die Koeffizienten a, b, c nur von x, y, und zwar stetig abhängen, wollen wir *halblinear* nennen. Jeder charakteristische Streifen (zweiter und erster Ordnung) wird durch eine Kurve getragen $x(\tau)$, $y(\tau)$, die der Gleichung

$$a\left(\frac{dy}{d\tau}\right)^2 - b\,\frac{dx}{d\tau}\,\frac{dy}{d\tau} + c\left(\frac{dx}{d\tau}\right)^2 = 0$$

genügt. Diese Kurven werden *charakteristische Kurven* oder kurz *Charakteristiken* genannt. Je nachdem $b^2 - 4ac \gtreqless 0$ ist, gehen im Reellen durch einen Punkt *keine, eine* bzw. *zwei* Charakteristiken. Demgemäß unterscheidet man *elliptische, parabolische und hyperbolische Differentialgleichungen*. Ziehen wir auch das Komplexe heran, so können wir sagen, wir haben zwei Scharen konjugiert imaginärer oder reeller oder in *eine* Schar zusammenfallender Charakteristiken $\varphi_1(x, y) = $ const, $\varphi_2(x, y) = $ const. Führt man in den drei Fällen $\varphi_1 \pm i\varphi_2$; φ_1, φ_2; $\varphi_1 = \varphi_2$ und noch eine andere Funktion als neue Veränderliche ξ und η ein, wobei die φ_1, φ_2 im

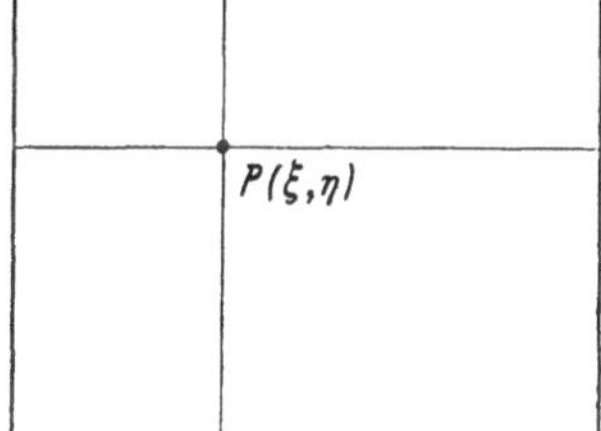

Fig. 1. Lösungsbereich.

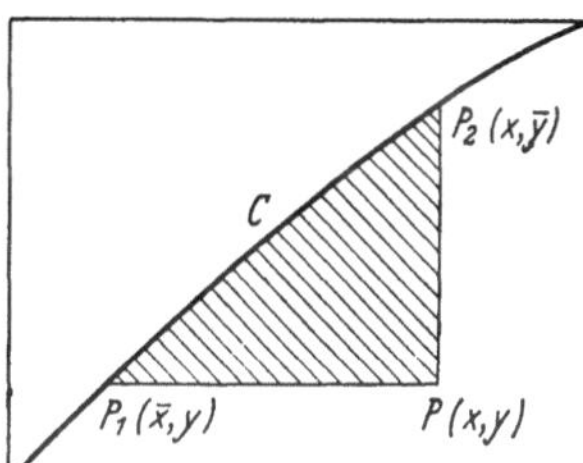

Fig. 2. Lösungsbereich.

ersten Falle analytisch, im zweiten und dritten zweimal stetig differenzierbar vorausgesetzt werden können, so erhält man für die linke Seite der partiellen Differentialgleichung in den drei Fällen die drei Normalformen bis auf einen in ξ und η analytischen bzw. stetigen Faktor

$$\frac{\partial^2 z}{\partial \xi^2} + \frac{\partial^2 z}{\partial \eta^2}, \qquad \frac{\partial^2 z}{\partial \xi \partial \eta}, \qquad \frac{\partial^2 z}{\partial \xi^2},$$

wobei die rechte Seite eine Funktion von $\xi, \eta, z, \dfrac{\partial z}{\partial \xi}, \dfrac{\partial z}{\partial \eta}$ wird.

Wir legen nun die halblineare hyperbolische Differentialgleichung $\dfrac{\partial^2 z}{\partial x \partial y} = f(x, y, z, p, q)$ zugrunde, wobei f stetig differenzierbare Funktion seiner Veränderlichen in einem offenen achsenparallelen Rechteck sein möge (Fig. 1). $P(\xi, \eta)$ sei ein Punkt im Innern von R. Dann gibt es genau eine Lösung der Differentialgleichung, die in R auf der Geraden $y = \eta$ beliebig vorgeschriebene Werte $g(x)$ und auf der Geraden $x = \xi$ beliebig vorgeschriebene Werte $h(y)$ annimmt, wobei $g(x)$ und $h(y)$ stetige Funktionen ihrer Veränderlichen sind und $g(\xi) = h(\eta)$ ist.

Ferner sei die Kurve C der Fig. 2 durch $x = \varphi(\tau)$, $y = \psi(\tau)$ gegeben, wobei $\varphi(\tau)$ und $\psi(\tau)$ stetig differenzierbare, im strengen Sinne monotone Funktionen des Parameters τ sind, deren Ableitungen nicht verschwinden. Dann gibt es unter denselben Voraussetzungen wie im ersten Fall genau eine Lösung der Differentialgleichung, die längs C die Werte $g[\varphi(\tau)] + h[\psi(\tau)]$ annimmt.

Die erste der beiden Anfangswertaufgaben bedeutet geometrisch, daß die Lösungsfläche zwei sich schneidende Raumkurven enthalten soll, die über zwei Charakteristiken liegen, die in ihrem Schnittpunkt verschiedene Tangenten haben,

denn die· Charakteristiken der Differentialgleichung sind die Parallelen zur x-
und y-Achse. Bei der zweiten Aufgabe wird verlangt, daß die Lösungsfläche
eine Raumkurve enthalten soll, deren senkrechte Projektion auf die xy-Ebene
in keinem Punkt von einer Charakteristik berührt wird. Sind also im Anfangsstreifen x, y, z, p, q stetige Funktionen von τ, somit x und y nach der Voraussetzung über die Raumkurve im strengen Sinn monotone Funktionen von τ, so
läßt sich τ und daher auch p als stetige Funktion von x darstellen und diese stetige
Funktion kann in der Gestalt der Ableitung $g'(x)$ einer Funktion $g(x)$ dargestellt
werden. Ebenso läßt sich auch q als Ableitung $h'(y)$ einer Funktion $h(y)$ darstellen. Die Streifenbedingung geht über in

$$\frac{dz}{d\tau} = g'(x)\frac{dx}{d\tau} + h'(y)\frac{dy}{d\tau} = \frac{d}{d\tau}\{g[x(\tau)] + h[y(\tau)]\},$$

also

$$z(\tau) = g[x(\tau)] + h[y(\tau)],$$

wenn die Integrationskonstante in die Funktionen g oder h hineingenommen wird.
Die Anfangsbedingung kann daher auch so formuliert werden, daß die Lösung
$z = z(x, y)$ längs der Kurve C die durch die Funktion $g(x) + h(y)$ vorgeschriebenen
Flächenelemente haben soll.

26. Lineare hyperbolische partielle Differentialgleichungen zweiter Ordnung.
Ist die hyperbolische Differentialgleichung der vorigen Ziffer insbesondere *linear*,
d.h. von der Gestalt $s + Ap + Bq + Cz = D$, wobei die Koeffizienten A, B, C, D
im Rechteck R stetig differenzierbare Funktionen von x und y sein sollen, so lassen
sich die beiden Anfangswertaufgaben nach Riemann in folgender Weise lösen:
Man ermittelt zuerst eine Lösung der sog. zur gegebenen Differentialgleichung
adjungierten Differentialgleichung

$$\frac{\partial^2\zeta}{\partial x\,\partial y} - \frac{\partial(A\zeta)}{\partial x} - \frac{\partial(B\zeta)}{\partial y} + C\zeta = 0$$

und zwar jene, die für $x = \xi$ die Werte $e^{\int\limits^{y}A(\xi,y)\,dy}$ und für $y = \eta$ die Werte $e^{\int\limits^{x}B(x,\eta)\,dx}$
annimmt. Nach der früher behandelten ersten der beiden Anfangswertaufgaben
gibt es genau eine solche Lösung. Sie werde mit $\chi(x, y; \xi, \eta)$ bezeichnet und
heißt die *Riemannsche Funktion* der gegebenen Differentialgleichung. Dann ist

$$z = z(a, b)\,\chi(a, b; x, y) + \int\limits_{a}^{x}\int\limits_{b}^{y} D(u, v)\,\chi(u, v; x, y)\,du\,dv +$$

$$+ \int\limits_{a}^{x}[g'(u) + B(u, b)\,g(u)]\,\chi(u, b; x, y)\,du$$

$$+ \int\limits_{b}^{y}[h'(v) + A(a, v)\,h(v)]\,\chi(a, v; x, y)\,dv$$

die Lösung der ersten Anfangswertaufgabe, die auf den Geraden $x = a$, $y = b$ die
vorgeschriebenen Werte annimmt, und

$$z = \tfrac{1}{2}[g(x) + h(\bar{y})]\,\chi(x, \bar{y}; x, y) + \tfrac{1}{2}[g(\bar{x}) + h(y)]\,\chi(\bar{x}, y; x, y) +$$

$$+ \int\limits_{P_2}^{P_1}\left(P\frac{d\psi}{d\tau} - Q\frac{d\varphi}{d\tau}\right)d\tau \mp \int\int D(u, v)\,\chi(u, v; x, y)\,du\,dv$$

die Lösung der zweiten Anfangswertaufgabe. Für die letzte Formel entnimmt
man die Bedeutung von $\bar{x}$ und $\bar{y}$ der Fig. 2, das einfache Integral ist längs

der Kurve C vom Punkte P_2 bis zum Punkte P_1 und das Doppelintegral über das schraffierte Gebiet zu erstrecken. Schließlich ist auf C

$$P(\varphi, \psi; x, y) = \frac{1}{2} \chi h'(\psi) + [g(\varphi) + h(\psi)] \left[A(\varphi, \psi) \chi - \frac{1}{2} \frac{\partial \chi}{\partial \psi} \right],$$

$$Q(\varphi, \psi; x, y) = \frac{1}{2} \chi g'(\varphi) + [g(\varphi) + h(\psi)] \left[B(\varphi, \psi) \chi - \frac{1}{2} \frac{\partial \chi}{\partial \varphi} \right],$$

wobei $\chi = \chi(\varphi, \psi; x\,y)$ zu setzen ist. Geht die Kurve C von der linken oberen zur rechten unteren Ecke des Rechteckes statt von der linken unteren zur rechten oberen, so ist vor dem Doppelintegral das positive Zeichen statt des negativen Zeichens zu nehmen.

Ein anderes Verfahren zur Lösung der linearen hyperbolischen Differentialgleichungen stammt von LAPLACE, das als LAPLACE*sche Absteigemethode* bezeichnet wird und in manchen Fällen eine Lösung der Differentialgleichung durch Quadraturen ermöglicht. Man bringt die Differentialgleichung zuerst auf die Form

$$\frac{\partial}{\partial x} \left(\frac{\partial z}{\partial y} + A z \right) + B \left(\frac{\partial z}{\partial y} + A z \right) - \Phi z - D = 0,$$

wobei $\Phi = \dfrac{\partial A}{\partial x} + A B - C$ ist, oder, falls wir noch $z_1 = \dfrac{\partial z}{\partial y} + A z$ einführen,

$$\frac{\partial z_1}{\partial x} + B z_1 - \Phi z - D = 0.$$

Ist nun $\Phi = 0$, so hat man eine gewöhnliche Differentialgleichung erster Ordnung für z_1 als Funktion von x, indem man y als Parameter betrachtet. Die obige Definitionsgleichung für z_1 ist dann eine gewöhnliche lineare Differentialgleichung für z als Funktion von y, in der jetzt x als Parameter aufgefaßt wird. Damit ist die Lösung auf Quadraturen zurückgeführt.

Ist aber $\Phi \neq 0$, so eliminiert man aus den beiden letzten Gleichungen z, wodurch man für z_1 eine lineare hyperbolische Differentialgleichung von derselben Gestalt wie die ursprüngliche erhält. Sie kann ebenso behandelt und, falls die bei ihr auftretende Funktion $\Phi = 0$ ist, durch Quadraturen gelöst werden. Ist die neue Funktion $\Phi \neq 0$, so wiederholt man das Verfahren abermals usw. Es wird aber nur in vereinzelten Fällen möglich sein, auf diese Weise nach einer endlichen Anzahl von Schritten zum Ziel zu kommen. Ein analoges Verfahren erhält man, wenn man die Rollen von x und y vertauscht.

Elliptische Funktionen und Integrale.

Von

J. Lense.

Mit 7 Figuren.

1. Doppeltperiodische Funktionen. Bei einer periodischen analytischen Funktion einer komplexen Veränderlichen sind zwei Fälle möglich: Entweder die Funktion ist *einfach periodisch*, d.h. sämtliche Perioden sind von der Gestalt $n\omega$, wobei ω die absolut kleinste Periode ist und n alle ganzen Zahlen durchläuft, oder die Funktion ist *doppeltperiodisch*, d.h. sämtliche Perioden bilden ein *Gitter*, sie sind von der Gestalt $n_1\omega_1 + n_2\omega_2$, wobei das Verhältnis $\omega_1:\omega_2$ imaginär ist und n_1 und n_2 sämtliche ganze Zahlen durchlaufen. Man sagt, ω_1 und ω_2 erzeugen das Gitter und nennt sie *primitive Perioden*. Punkte, die sich um Vielfache der Perioden unterscheiden, heißen *gleichberechtigt* oder *äquivalent*. In solchen Punkten nimmt die Funktion gemäß der Periodizitätseigenschaft denselben Wert an.

Das Parallelogramm, dessen Eckpunkte die Punkte $0, \omega_1, \omega_1+\omega_2, \omega_2$ sind, pflegt man als *Periodenparallelogramm* zu bezeichnen. Man rechnet dazu alle Punkte in seinem Innern und von den Rändern alle Punkte der Verbindungsstrecke der Punkte 0 und ω_1 bzw. 0 und ω_2, wobei 0 eingeschlossen, ω_1 und ω_2 ausgeschlossen sein sollen. In diesem Parallelogramm nimmt die Funktion alle Werte an, deren sie überhaupt fähig ist.

Eine doppeltperiodische analytische Funktion, die im Endlichen nur Pole hat, heißt *elliptisch*. Sie hat also im Periodenparallelogramm nur endlich viele Pole. Unter der *Ordnung* der elliptischen Funktion versteht man die Anzahl der Pole im Periodenparallelogramm, wenn man jeden so oft zählt, als seine Ordnung beträgt.

Über die elliptischen Funktionen hat Liouville folgende vier Sätze bewiesen (vgl. hierzu Ziff. 69 und 70, S. 63).

α) Es gibt keine ganze doppeltperiodische Funktion, also keine elliptische Funktion nullter Ordnung außer der Konstanten.

β) Die Summe der Residuen im Periodenparallelogramm ist null, somit gibt es keine elliptische Funktion erster Ordnung.

γ) Im Periodenparallelogramm ist die Anzahl der Nullstellen gleich der Anzahl der Pole; eine elliptische Funktion n-ter Ordnung nimmt demnach im Parallelogramm jeden Wert n-mal an.

δ) Im Periodenparallelogramm unterscheidet sich die Summe der Nullstellen von der Summe der Pole nur um ein Vielfaches der Perioden. Ersetzt man einen dieser Pole durch einen passenden äquivalenten, so kann man sagen: Die Summe der Nullstellen ist gleich der Summe der Pole. Dieser Satz ist ein besonderer Fall des sog. Abelschen *Theorems* in der Theorie der algebraischen Funktionen.

2. $\wp$-Funktion. Als einfachste elliptische Funktion zweiter Ordnung (der niedrigsten Ordnung, die gemäß der vorigen Ziffer möglich ist) wurde von Weierstrass die von ihm als $\wp$-Funktion bezeichnete Funktion eingeführt. Sie lautet, geschrieben als Funktion der komplexen Veränderlichen u:

$$\wp(u) = \frac{1}{u^2} + \sum{}' \left[\frac{1}{(u-\omega)^2} - \frac{1}{\omega^2} \right].$$

Dabei ist die Summe über sämtliche Punkte $\omega = n_1\omega_1 + n_2\omega_2$ des Periodengitters zu erstrecken mit Ausnahme des Punktes 0 ($n_1 = n_2 = 0$), was durch den Strich beim Summenzeichen angedeutet werden soll.

Die Funktion ist eine gerade, analytische Funktion von u und homogen vom Grad -2 bezüglich u, ω_1, ω_2. Wenn wir die Abhängigkeit von den Perioden ω_1 und ω_2 andeuten wollen, schreiben wir $\wp(u\,|\,\omega_1, \omega_2)$. Die Gitterpunkte sind Pole zweiter Ordnung und die einzigen Perioden der $\wp$-Funktion. Um den Nullpunkt hat man die LAURENTsche Entwicklung

$$\wp(u) = \frac{1}{u^2} + \frac{g_2}{20}u^2 + \frac{g_3}{28}u^4 + \cdots,$$

dabei ist

$$g_2 = 60 \sum{}' \frac{1}{\omega^4}, \qquad g_3 = 140 \sum{}' \frac{1}{\omega^6}.$$

Man nennt diese Größen die *Invarianten* der $\wp$-Funktion, weil durch sie das Periodengitter bestimmt ist. Sie sind homogen von den Graden -4 bzw. -6 in bezug auf ω_1 und ω_2. Die Reihe $\sum{}' \frac{1}{\omega^k}$ konvergiert für $k > 2$ absolut.

Die $\wp$-Funktion genügt der Differentialgleichung

$$[\wp'(u)]^2 = 4[\wp(u)]^3 - g_2\wp(u) - g_3.$$

Setzt man $\wp(u) = z$, so ergibt sich als Umkehrungsfunktion

$$u = \int_{\infty}^{z} \frac{dz}{\sqrt{4z^3 - g_2 z - g_3}},$$

das sog. *elliptische Integral erster Gattung in der* WEIERSTRASSschen *Normalform*. Als allgemeine Lösung der Differentialgleichung

$$\left(\frac{dz}{du} \right)^2 = 4z^3 - g_2 z - g_3$$

erhält man $z = \wp(\pm u - C)$, wobei C die Integrationskonstante bedeutet.

Die Ableitung $\wp'(u)$ der $\wp$-Funktion ist eine ungerade elliptische Funktion dritter Ordnung. Sie hat im Periodenparallelogramm die drei Nullstellen $\frac{\omega_1}{2}$, $\frac{\omega_1 + \omega_2}{2}$, $\frac{\omega_2}{2}$ und den Pol dritter Ordnung im Punkte 0. Die Werte, welche die $\wp$-Funktion an den drei Nullstellen ihrer Ableitung annimmt, werden mit e_1, e_2, e_3 bezeichnet. Sie sind untereinander verschieden und werden von der $\wp$-Funktion nur an diesen drei Stellen angenommen. Gemäß der Differentialgleichung ist

$$e_1 + e_2 + e_3 = 0, \qquad e_2 e_3 + e_3 e_1 + e_1 e_2 = -\frac{g_2}{4}, \qquad e_1 e_2 e_3 = \frac{g_3}{4}.$$

e_1, e_2, e_3 sind homogen vom Grade -2 in ω_1 und ω_2. Die *Diskriminante* des Polynoms $4z^3 - g_2 z - g_3$ ist

$$D = [4(e_2 - e_3)(e_3 - e_1)(e_1 - e_2)]^2 = g_2^3 - 27 g_3^2 \neq 0.$$

Sie ist homogen vom Grad -12 in den ω_ν. ∞ ist als Häufungsstelle von Polen wesentlich singuläre Stelle von $\wp(u)$. Neben D führt man noch die Größe $J = g_2^3/D$

ein, sie ist homogen in den ω_ν vom Grad 0, hängt also nur von dem *Periodenverhältnis* $\tau = \omega_2/\omega_1$ ab.

Sind g_2 und g_3 reell, so sind für die Verzweigungspunkte e_ν zwei Fälle möglich. Entweder sind alle drei reell oder einer, z.B. e_2, ist reell und e_1 und e_3 sind konjugiert imaginär. Integriert man in $u = \int\limits_{\infty}^{z} \dfrac{dz}{\sqrt{4\,(z - e_1)\,(z - e_2)\,(z - e_3)}}$ längs der reellen

Achse, so erhält man im ersten Fall $(e_1 > e_2 > e_3)$ als Bild ein Rechteck, also ein *rechteckiges Periodengitter* mit einer reellen und einer rein imaginären primitiven Periode (Fig. 1), bei der Integration längs der in Fig. 2 gezeichneten Wege, falls sie passend gewählt sind, einen Rhombus, wenn man noch das Spiegelungsprinzip berücksichtigt, also ein *rhombisches Gitter* mit zwei konjugiert imaginären primitiven Perioden.

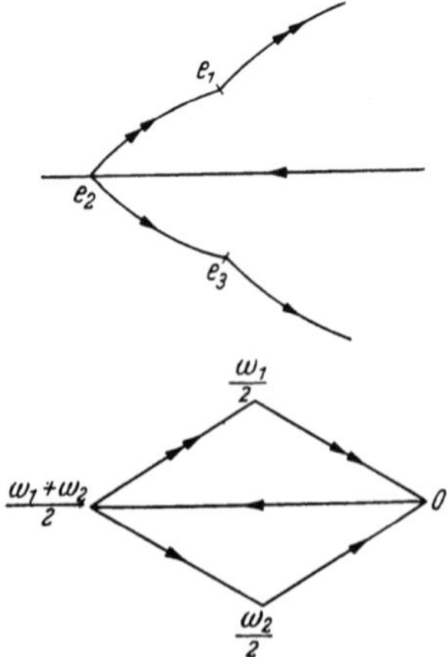

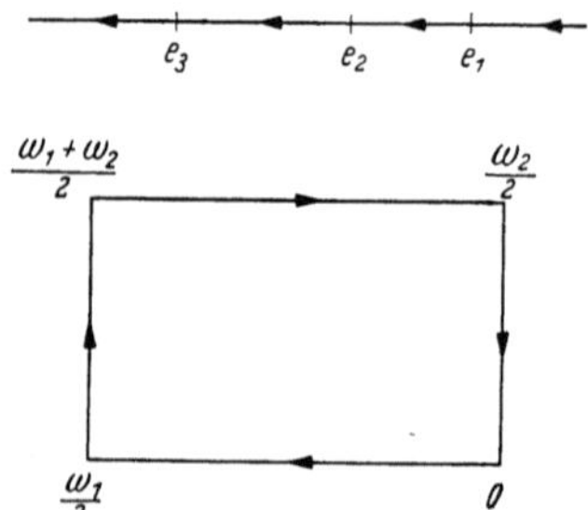

Fig. 1. Rechteckiges Periodengitter.   Fig. 2. Rhombisches Periodengitter.

Aus der Differentialgleichung ergeben sich noch folgende Eigenschaften der $\wp$-Funktion: Die Ableitungen gerader Ordnung der $\wp$-Funktion sind Polynome in $\wp$ mit Koeffizienten, die selbst Polynome in $g_2/2$ und g_3 mit ganzen Zahlen als Koeffizienten sind, die Ableitungen ungerader Ordnung haben dieselbe Gestalt, aber noch mit dem Faktor $\wp'$ multipliziert. Die n-te Ableitung ist eine elliptische Funktion $(n + 2)$-ter Ordnung, die Gitterpunkte sind Pole $(n + 2)$-ter Ordnung.

Die Koeffizienten c_n in der Laurentschen Entwicklung der $\wp$-Funktion um den Nullpunkt

$$\wp(u) = \frac{1}{u^2} + \sum_{n=2}^{\infty} c_n\, u^{2n-2}$$

sind Polynome in g_2 und g_3 mit rationalen Zahlenkoeffizienten. Diese genügen der Rekursionsformel

$$c_n = \frac{3}{(n - 3)(2n + 1)}\,(c_2 c_{n-2} + c_3 c_{n-3} + \cdots + c_{n-2} c_2).$$

3. ζ-Funktion. Diesen Namen gab Weierstrass der Funktion:

$$\zeta(u) = \frac{1}{u} + \sum{}' \left(\frac{1}{u - \omega} + \frac{1}{\omega} + \frac{u}{\omega^2} \right).$$

Den Zusammenhang mit der $\wp$-Funktion liefert die Formel

$$\zeta(u) = \frac{1}{u} - \int\limits_{0}^{u} \left[\wp(u) - \frac{1}{u^2} \right] du \quad \text{oder} \quad \zeta'(u) = -\wp(u),$$

die LAURENTsche Entwicklung um den Nullpunkt lautet:

$$\zeta(u) = \frac{1}{u} - \frac{g_2}{60} u^3 - \frac{g_3}{140} u^5 + \cdots.$$

Setzt man wieder $\wp(u) = z$, so ist

$$\zeta(u) = \int_c^{\wp(u)} \frac{z\, dz}{\sqrt{4 z^3 - g_2 z - g_3}}$$

mit passendem c das sog. *elliptische Integral zweiter Gattung in der* WEIERSTRASS-*schen Normalform.*

Die ζ-Funktion ist eine ungerade, analytische Funktion von u und homogen vom Grade -1 in u, ω_1, ω_2, die Gitterpunkte sind Pole erster Ordnung. Sie ist keine elliptische Funktion. Es ist $\zeta(u + \omega_\nu) = \zeta(u) + \eta_\nu$, wobei $\eta_\nu = 2\zeta\left(\frac{\omega_\nu}{2}\right) (\nu = 1, 2)$ ist. η_1 und η_2 hängen mit den Perioden ω_1 und ω_2 durch die sog. LEGENDRE*sche Beziehung* zusammen:

$$\eta_1 \omega_2 - \eta_2 \omega_1 = 2\pi i.$$

4. σ-Funktion. Darunter versteht man nach WEIERSTRASS die Funktion

$$\sigma(u) = u \prod{}' \left(1 - \frac{u}{\omega}\right) e^{\frac{u}{\omega} + \frac{u^2}{2\omega^2}},$$

wobei das Produkt ähnlich wie die Summe in Ziff. 2 über sämtliche Gitterpunkte zu erstrecken ist, ausgenommen den Punkt 0, was durch den Strich beim Produktzeichen angedeutet sein soll. Man hat $\sigma(u) = u\, e^{\int_0^u \left[\zeta(u) - \frac{1}{u}\right] du}$ oder $\frac{\sigma'(u)}{\sigma(u)} = \zeta(u)$ und um den Nullpunkt die TAYLOR*sche* Entwicklung

$$\sigma(u) = u - \frac{g_2}{240} u^5 - \frac{g_3}{840} u^7 + \cdots.$$

Die Funktion ist eine ungerade ganze Funktion von u und homogen vom Grade 1 in u, ω_1, ω_2, die Gitterpunkte sind Nullstellen erster Ordnung.

Ist $\omega = n_1 \omega_1 + n_2 \omega_2$ (Ziff. 1), so sei $\eta = n_1 \eta_1 + n_2 \eta_2$ (Ziff. 3). Dann hat man die Formeln

$$\sigma(u + \omega) = \pm\, e^{\eta\left(u + \frac{\omega}{2}\right)} \sigma(u).$$

Dabei gilt das obere Zeichen, wenn n_1 und n_2 gerade Zahlen sind, sonst das untere.

5. Elliptische Funktionen. Eine elliptische Funktion n-ter Ordnung von u mit den n Nullstellen a_ν und den n Polen b_ν im Periodenparallelogramm, wobei diese Punkte oder äquivalente so gewählt sein sollen, daß $\sum_{\nu=1}^{n} a_\nu = \sum_{\nu=1}^{n} b_\nu$, was nach Ziff. 1 möglich ist, läßt sich bis auf einen konstanten Faktor in der Gestalt $\dfrac{\prod\limits_{\nu=1}^{n} \sigma(u - a_\nu)}{\prod\limits_{\nu=1}^{n} \sigma(u - b_\nu)}$ darstellen *(Faktorenzerlegung).*

Zum Beispiel ergibt sich

$$\wp(u) - \wp(v) = -\frac{\sigma(u + v)\, \sigma(u - v)}{[\sigma(u)\, \sigma(v)]^2}.$$

Aus dieser Gleichung kann man durch logarithmische Differentiation das Additionstheorem der ζ-Funktion herleiten:

$$\zeta(u+v) - \zeta(u) - \zeta(v) = \frac{1}{2}\frac{\wp'(u) - \wp'(v)}{\wp(u) - \wp(v)}.$$

Durch Differentiation dieser Gleichung nach u erkennt man, daß sich $\wp(u+v)$ und ebenso $\wp'(u+v)$ rational durch $\wp(u)$, $\wp(v)$, $\wp'(u)$, $\wp'(v)$ darstellen lassen. Man erhält $\wp(u+v) = \frac{1}{4}\left[\frac{\wp'(u) - \wp'(v)}{\wp(u) - \wp(v)}\right]^2 - \wp(u) - \wp(v)$. Verwendet man noch die Differentialgleichung der $\wp$-Funktion, so zeigt sich, daß zwischen $\wp(u+v)$, $\wp(u)$, $\wp(v)$ bzw. zwischen den Ableitungen dieser Funktionen je eine *algebraische Gleichung* besteht, d.h. eine Gleichung von der Gestalt $P[\wp(u), \wp(v), \wp(u+v)] = 0$, wobei P ein Polynom seiner Veränderlichen ist, dessen Koeffizienten von u und v nicht abhängen. Die $\wp$-Funktion hat demnach ein *algebraisches Additionstheorem*. Für die Umkehrungsfunktion (Ziff. 2) lautet diese Behauptung so:

$$\int\limits_{\infty}^{z_1}\frac{dz}{\sqrt{4z^3 - g_2 z - g_3}} + \int\limits_{\infty}^{z_2}\frac{dz}{\sqrt{4z^3 - g_2 z - g_3}} = \int\limits_{\infty}^{z_3}\frac{dz}{\sqrt{4z^3 - g_2 z - g_3}},$$

wobei zwischen z_1, z_2, z_3 eine algebraische Gleichung besteht (besonderer Fall des Abelschen Theorems wie in Ziff. 1).

Eine elliptische Funktion n-ter Ordnung mit den m Polen a_ν von der Ordnung k_ν im Periodenparallelogramm $\left(\sum\limits_{\nu=1}^{m} k_\nu = n\right)$ läßt sich in der Gestalt

$$C + \sum_{\nu=1}^{m}\left[A_{\nu 1}\zeta(u - a_\nu) + A_{\nu 2}\wp(u - a_\nu) + A_{\nu 3}\wp'(u - a_\nu) + \cdots + A_{\nu k_\nu}\wp^{(k_\nu - 2)}(u - a_\nu)\right]$$

darstellen *(Teilbruchzerlegung)*, wobei $\sum\limits_{\nu=1}^{m} A_{\nu 1} = 0$ ist, also linear homogen mit konstanten Koeffizienten durch n linear unabhängige elliptische Funktionen, nämlich

$$C, \zeta(u - a_\nu) - \zeta(u - a_1) \quad (\nu = 2, 3, \ldots, m) \quad \left(\text{weil } \sum_{\nu=1}^{m} A_{\nu 1} = 0 \text{ ist}\right) \text{ und } \wp(u - a_\nu)$$

samt seinen Ableitungen $\left(\text{das sind } \sum\limits_{\nu=1}^{m}(k_\nu - 1) = n - m \text{ Funktionen}\right)$. Diese Tatsache ist ein besonderer Fall des sog. *Riemann-Rochschen Satzes* in der Theorie der algebraischen Funktionen.

Nimmt man dazu noch die Additionstheoreme der $\wp$- und ζ-Funktion, so erkennt man, daß sich jede elliptische Funktion von u rational durch $\wp(u)$ und $\wp'(u)$ darstellen läßt. Eliminiert man aus dieser Darstellung $\wp(u)$ und $\wp'(u)$ mit Hilfe der Differentialgleichung der $\wp$-Funktion, so zeigt sich, daß zwischen zwei elliptischen Funktionen des Gitters immer eine algebraische Gleichung besteht, deren Koeffizienten von u nicht abhängen. Weil die Ableitung einer elliptischen Funktion ebenfalls eine elliptische Funktion ist, ergibt sich daraus eine algebraische Differentialgleichung erster Ordnung für jede elliptische Funktion. Ferner zeigt sich, daß jede elliptische Funktion $f(u)$ ein *algebraisches Additionstheorem* besitzt, d.h. zwischen $f(u)$, $f(v)$, $f(u+v)$ besteht eine algebraische Gleichung, deren Koeffizienten von u und v nicht abhängen.

6. Elliptische Integrale. Ein Integral über eine elliptische Funktion von u wollen wir als *elliptisches Integral* bezeichnen. Führen wir statt u die Veränderliche $z = \wp(u)$ ein und bedenken, daß nach der vorigen Ziffer jede elliptische Funktion eine rationale Funktion von $\wp(u)$ und $\wp'(u)$ ist, so sehen wir, wenn wir noch die Differentialgleichung für die $\wp$-Funktion verwenden, daß jedes elliptische Integral in der Veränderlichen z als Integral über eine rationale Funktion von z und $\sqrt{4z^3 - g_2 z - g_3}$ erscheint. Später werden wir als elliptisches Integral allgemein ein Integral über eine rationale Funktion von z und der Quadratwurzel aus einem Polynom dritten oder vierten Grades in z bezeichnen, dessen Nullstellen von der ersten Ordnung sind. Der Name rührt davon her, daß derartige Integrale bei der Berechnung der Bogenlänge der Ellipse auftreten.

Integriert man die Teilbruchzerlegung einer elliptischen Funktion $f(u)$ n-ter Ordnung von Ziff. 5 nach u und verwendet noch das Additionstheorem der ζ-Funktion, so erhält man folgende Darstellung für das unbestimmte Integral von $f(u)$:

$$\int f(u)\,du = \text{elliptische Funktion} + C u +$$

$$+ \sum_{\nu=1}^{m} \left\{ A_{\nu 1} \int [\zeta(u - a_\nu) - \zeta(u)]\,du - A_{\nu 2}\zeta(u) \right\}$$

$$= \text{elliptische Funktion} + \sum_{\nu=1}^{m} A_\nu \ln [\wp(u) - \wp(a_\nu)] + A u + B\zeta(u) +$$

$$+ \sum_{\nu=1}^{m} C_\nu \int \frac{du}{\wp(u) - \wp(a_\nu)} \quad \text{mit} \quad \sum_{\nu=1}^{m} A_\nu = 0.$$

Mit $z = \wp(u)$ und $z_\nu = \wp(a_\nu)$ schreibt sich gemäß Ziff. 2 das in dieser Formel auftretende Integral

$$\int \frac{du}{\wp(u) - \wp(a_\nu)} = \int \frac{dz}{(z - z_\nu)\sqrt{4z^3 - g_2 z - g_3}}$$

(elliptisches Integral dritter Gattung in der WEIERSTRASS*schen Normalform)*. Dabei ist z_ν von e_1, e_2, e_3 verschieden vorausgesetzt. Ist z_ν einem dieser Werte gleich, so tritt das entsprechende Integral in der Formel nicht auf, das zugehörige $C_\nu = 0$.

Bezeichnet man die in Ziff. 2 und 3 definierten elliptischen Integrale erster und zweiter Gattung mit J_I und J_II, das hier auftretende Integral dritter Gattung mit $J_{\mathrm{III},\,z_\nu}$ und führt man in der zweiten Formel für $\int f(u)\,du$ statt u die Veränderliche z ein, so erhält man folgende Tatsache: Das unbestimmte Integral über eine rationale Funktion von z und $\sqrt{4z^3 - g_2 z - g_3}$ ist gleich einer rationalen Funktion von z und dieser Quadratwurzel $+ \sum_{\nu=1}^{m} A_\nu \log(z - z_\nu) + A\,J_\mathrm{I} + B\,J_\mathrm{II} + \sum_{\nu=1}^{m} C_\nu\,J_{\mathrm{III},\,z_\nu}$, wobei $\sum_{\nu=1}^{m} A_\nu = 0$.

Benützt man in derselben Weise die erste Formel für $\int f(u)\,du$, so ergibt sich für das unbestimmte Integral über eine rationale Funktion von z und der Quadratwurzel eine rationale Funktion von z und der Quadratwurzel $+ A'\,J_\mathrm{I} + B'\,J_\mathrm{II} + \sum_{\nu=1}^{m} C'_\nu\,J_{\mathrm{III},\,\nu}$ mit $\sum_{\nu=1}^{m} C'_\nu = 0$ und $J_{\mathrm{III},\,\nu} = \int [\zeta(u - a_\nu) - \zeta(u)]\,du = \log \dfrac{\sigma(u - a_\nu)}{\sigma(u)}$ (Ziff. 4).

Man nennt allgemein ein elliptisches Integral von der *ersten Gattung*, wenn es überall regulär ist, von der *zweiten*, wenn es nur Pole als singuläre Stellen hat, und von der *dritten*, wenn es logarithmische Singularitäten besitzt.

$$\log \frac{\sigma(u - a_\nu)}{\sigma(u)} \quad \text{oder allgemein} \quad \log \frac{\sigma(u - a)}{\sigma(u - b)} = \int [\zeta(u - a) - \zeta(u - b)]\,du$$

sind also Integrale dritter Gattung, weil sie die logarithmischen Singularitäten $0, a_\nu$, bzw. a, b haben und $\zeta(u - a_\nu) - \zeta(u)$ bzw. $\zeta(u - a) - \zeta(u - b)$ gemäß Ziff. 3

doppeltperiodische Funktionen des Gitters der Perioden ω_1 und ω_2 mit den Polen a_ν, 0 bzw. a, b im Periodenparallelogramm, also elliptische Funktionen sind. Die singulären Stellen a und b pflegt man die *Parameter* des Integrals zu nennen.

Nach Ziff. 4 erhält man

$$\log \frac{\sigma(u + \omega_\nu - a)}{\sigma(u + \omega_\nu - b)} = \log \frac{\sigma(u - a)}{\sigma(u - b)} + \eta_\nu \,(b - a) \qquad (\nu = 1, 2).$$

Ferner ist

$$\left[\log \frac{\sigma(u - a)}{\sigma(u - b)}\right]_c^d = \left[\log \frac{\sigma(u - c)}{\sigma(u - d)}\right]_a^b.$$

(Satz von der Vertauschung der Parameter a, b mit den Grenzen c, d des Integrals).

Vermehrt man u um eine der Perioden ω_1 bzw. ω_2, so ändern sich die elliptischen Integrale um gewisse Konstanten, die man als *Periodizitätsmoduln* des Integrals bezeichnet. Man erhält für das elliptische Integral erster Gattung u die Periodizitätsmoduln ω_1 und ω_2, für das Integral zweiter Gattung $\zeta(u)$ die Periodizitätsmoduln η_1 und η_2, für das Integral dritter Gattung $\log \dfrac{\sigma(u - a)}{\sigma(u - b)}$ die Periodizitätsmoduln $\eta_1(b - a)$ und $\eta_2(b - a)$ und außerdem noch $\pm 2\pi i$ beim positiven Umlauf um die Punkte a und b.

7. Riemannsche Fläche für eine Quadratwurzel aus einem Polynom vierten Grades. Wir benötigen für das Folgende die Riemann*sche Fläche* für die Funktion $w = \sqrt{P(z)}$, wobei $P(z)$ ein Polynom vierten Grades mit den vier einfachen Nullstellen (erster Ordnung) a_1, a_2, a_3, a_4 sein soll, d.h. wir wollen eine Fläche herstellen, auf der w eine eindeutige analytische Funktion von z ist. Da die Quadratwurzel für jedes z zweier Werte fähig ist, die sich durch das Vorzeichen unterscheiden, denken wir uns die z-Ebene in zwei Exemplaren *(Blätter)*, verbinden z.B. a_1 mit a_2 und ebenso a_3 mit a_4 durch je eine doppelpunktfreie Jordansche Kurve, so daß sich die beiden Kurven nicht treffen, schneiden beide Blätter längs dieser Kurven auf und verbinden dort die Blätter kreuzweise miteinander, d.h. den unteren Rand des ersten Blattes mit dem oberen des zweiten und den oberen des ersten mit dem unteren des zweiten. Bedenkt man, daß sich beim Umlauf um einen der Punkte a_ν das Zeichen der Wurzel ändert, daß man aber dabei in das andere Blatt kommt, so sieht man, daß die Funktion w auf einer aus diesen beiden Blättern, die in der genannten Weise zusammengeheftet sind, bestehenden Riemannschen Fläche eindeutig ist, d.h. auf jedem geschlossenen Kurvenbogen zum Ausgangswert zurückkehrt. Die Punkte a_ν sind die *Verzweigungspunkte* der Riemannschen Fläche.

Man hat sich dabei die Ebene durch den Punkt ∞ ergänzt zu denken oder man arbeitet, wenn man lieber will, statt auf der Ebene auf der Riemannschen Zahlenkugel (Ziff. 47, S. 47), stellt diese in zwei Exemplaren her und heftet sie in der genannten Weise aneinander.

Diese Fläche ist *topologisch äquivalent* mit einer *Ringfläche (Torus)*, d.h. sie kann durch eine umkehrbar eindeutige, stetige Deformation *(topologische Abbildung)* in eine Fläche verwandelt werden, die durch Rotation eines Kreises um eine Gerade seiner Ebene entsteht, wobei die Gerade den Kreis nicht treffen soll. Auf dieser Fläche gibt es Kurven, die sich nicht stetig auf einen Punkt zusammenziehen lassen, z.B. die Meridiane und Parallelkreise der so entstandenen Drehfläche. Einem Meridian und Parallelkreis entsprechen auf der ursprünglichen Riemannschen Fläche bei der Deformation zwei Kurven, die sich wegen der umkehrbar eindeutigen, stetigen Abbildung nicht stetig auf einen Punkt zusammenziehen lassen und die man als *Rückkehrschnitt* (R) und *zugehörigen Quer-*

schnitt (Q) bezeichnet (Fig. 3). Schneidet man die Ringfläche längs eines solchen Paares auf, so läßt sie sich topologisch auf ein Rechteck abbilden, somit auch die entsprechende zerschnittene RIEMANNsche Fläche. Diese ist also *einfach zusammenhängend*, weil sich in ihr jede geschlossene, doppelpunktfreie JORDANsche Kurve stetig auf einen Punkt zusammenziehen läßt, die unzerschnittene Fläche dagegen *mehrfach zusammenhängend*, weil sie erst durch das Aufschneiden längs zweier passender geschlossener Kurven in eine einfach zusammenhängende Fläche verwandelt wird. Man sagt, die RIEMANNsche Fläche oder die Ringfläche ist vom *Geschlecht* 1, weil *ein* passendes Paar von geschlossenen Kurven (Rückkehrschnitt und zugehöriger Querschnitt) notwendig ist, um sie in eine einfach zusammenhängende Fläche zu verwandeln.

Strebt der Koeffizient von z^4 in $P(z)$ gegen 0, so rückt eine der Nullstellen a_ν in den Punkt ∞ und umgekehrt. Man erhält also durch den Grenzübergang aus der eben konstruierten RIEMANNschen Fläche auch die RIEMANNsche Fläche für die Quadratwurzel aus einem Polynom dritten Grades mit drei einfachen Nullstellen.

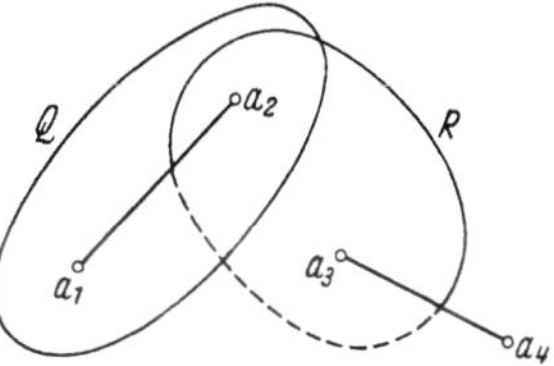
Fig. 3. Rückkehr und Querschnitt.

Ist $P(z)$ ein Polynom zweiten Grades, so besteht die RIEMANNsche Fläche aus zwei Blättern, die längs einer die beiden Nullstellen a_1 und a_2 von $P(z)$ verbindenden doppelpunktfreien JORDANschen Kurve kreuzweise aneinander geheftet sind. Diese Fläche entsteht aus der in Ziff. 63, S. 58 für $n=2$ betrachteten, indem man die Punkte 0 und ∞ durch eine lineare Abbildung (Ziff. 61, S. 57) nach a_1 und a_2 bringt. Sie oder die entsprechende auf der RIEMANNschen Zahlenkugel ist topologisch äquivalent mit einer Kugel, also einfach zusammenhängend, es gibt keinen Rückkehr- und Querschnitt, sie ist vom Geschlecht 0. Läßt man einen der Verzweigungspunkte nach ∞ rücken, so erhält man analog zum Früheren die RIEMANNsche Fläche für die Quadratwurzel aus einem Polynom ersten Grades. Rücken in dem Polynom dritten oder vierten Grades zwei der Nullstellen zusammen, so entsteht unter der Quadratwurzel ein quadratischer Faktor, aus dem man die Wurzel ziehen kann, und es bleibt nur mehr die Quadratwurzel aus einem Polynom ersten oder zweiten Grades.

8. Konforme Abbildung durch die $\wp$-Funktion. Gemäß Ziff. 1 und 2 nimmt die $\wp$-Funktion im Periodenparallelogramm jeden Wert zweimal an, d.h. durch die Funktion $z = \wp(u)$ wird das Periodenparallelogramm auf die doppelt überdeckte z-Ebene umkehrbar eindeutig und konform abgebildet. Die Verzweigungspunkte, in denen die Konformität unterbrochen ist, sind gemäß Ziff. 63. S. 59 die Punkte, in denen die Ableitung $\wp'(u)$ entweder 0 oder ∞ wird, d.h. die Punkte $z = e_1, e_2, e_3, \infty$. Sie sind von der ersten Ordnung. Ihnen entsprechen im Periodenparallelogramm die Punkte $u = \dfrac{\omega_1}{2},\ \dfrac{\omega_1 + \omega_2}{2},\ \dfrac{\omega_2}{2},\ 0$. Die RIEMANNsche Fläche F in der z-Ebene ist also von der Art, wie sie in der vorigen Ziffer betrachtet wurde. Dabei liefern die Punkte u und $\omega_1 + \omega_2 - u$ jeweils denselben Wert z, aber den einen in dem einen, den anderen in dem anderen Blatt der z-Ebene. Es ist

$$\omega_1 = 2 \int\limits_{\infty}^{e_1} \frac{dz}{\sqrt{4z^3 - g_2 z - g_3}}, \qquad \omega_2 = 2 \int\limits_{\infty}^{e_3} \frac{dz}{\sqrt{4z^3 - g_2 z - g_3}}$$

längs der Wege, die den Strecken $\left(0, \dfrac{\omega_1}{2}\right)$ und $\left(0, \dfrac{\omega_2}{2}\right)$ in der u-Ebene entsprechen, oder denjenigen, welche aus diesen Strecken durch Parallelverschiebung hervorgehen. Diese Wege können noch stetig deformiert werden.

Biegt man das Periodenparallelogramm durch stetige Deformation so zusammen, daß zuerst zwei gegenüberliegende Seiten zur Deckung kommen, und dann das so entstandene röhrenförmige Gebilde in der Weise, daß auch noch die beiden übrigen Ränder aneinander geheftet werden, so entsteht schließlich eine stetig verzerrte Ringfläche (Ziff. 7). Das Paar der aneinander gehefteten Seiten des Periodenparallelogramms liefert je einen verzerrten Meridian- bzw. Parallelkreis, also in der z-Ebene das Paar eines Rückkehr- oder Querschnittes. Schneidet man die z-Ebene längs dieses Paares auf, so erhält man eine umkehrbar eindeutige und mit Ausnahme der Verzweigungspunkte konforme Abbildung auf das abgeschlossene Periodenparallelogramm samt Rand.

Will man nicht nur das Periodenparallelogramm, sondern die ganze u-Ebene abbilden, die ja dadurch entsteht, daß man das Periodenparallelogramm unendlich oft immer wieder an sich selbst anlegt entsprechend dem Punktgitter, dem seine Endpunkte angehören, so hat man sich demnach die zerschnittene Riemannsche Fläche $\overline{F}$ in unendlich vielen Exemplaren herzustellen und diese längs des Rückkehr- und Querschnittpaares so aneinander zu heften, daß derselbe Zusammenhang entsteht wie bei den entsprechenden Parallelogrammen in der u-Ebene. Diese unendlich blättrige Fläche F^∞ nennt man die *universelle Überlagerungsfläche* der ursprünglichen Riemannschen Fläche. Man kann auch sagen, man denkt sich die Ringfläche in unendlich vielen Exemplaren und heftet diese längs des Paares Meridian-Parallelkreis entsprechend dem Zusammenhang aneinander. Die Überlagerungsfläche F^∞ ist als umkehrbar eindeutiges Bild der u-Ebene einfach zusammenhängend.

Auf der Überlagerungsfläche F^∞ sind die elliptischen Integrale, abgesehen von den Periodizitätsmoduln $\pm 2\pi i$ der Integrale dritter Gattung beim Umlauf um die logarithmischen Singularitäten eindeutig. Auf der ursprünglichen unzerschnittenen Riemannschen Fläche F sind die Integrale erster und zweiter Gattung *unverzweigt*, d.h. sie haben keine anderen Verzweigungspunkte als die Fläche, aber *unendlich vieldeutig* zufolge der Änderung um ihre Periodizitätsmoduln, wenn man von einem Periodenparallelogramm in ein anderes Parallelogramm des Periodengitters übergeht. Aus dem gleichen Grunde ist das Integral dritter Gattung unendlich vieldeutig, aber verzweigt in seinen logarithmischen Singularitäten a und b. Verbindet man also noch diese Punkte mit dem Rand der zerschnittenen Riemannschen Fläche $\overline{F}$ durch passende, sich selbst und einander nicht kreuzende Schnitte, so ist auf der neuen Fläche jedes elliptische Integral eindeutig.

Die elliptischen Integrale sind durch ihre singulären Stellen und Periodizitätsmoduln charakterisiert, d.h. jede Funktion, die sich so verhält, ist ein elliptisches Integral. Den in der u-Ebene oder auf der Überlagerungsfläche F^∞ eindeutigen meromorphen Funktionen entsprechen die auf der unzerschnittenen Riemannschen Fläche F unverzweigten Funktionen ohne wesentlich singuläre Stellen. Es sei noch erwähnt, daß z.B. eine zweiblättrige Riemannsche Fläche auf einer Ringfläche keine Verzweigungspunkte zu haben braucht, was auf der Kugel niemals möglich ist.

9. Parallelverschiebung des Periodengitters. Wir fragen uns nun: Was bedeutet eine Parallelverschiebung des Periodengitters für die Riemannsche Fläche F (Ziff. 8) der $\wp$-Funktion? Wir setzen also

$$z = \wp(u\,|\,\omega_1, \omega_2), \qquad \hat{z} = \wp'(u\,|\,\omega_1, \omega_2),$$
$$w = \wp(v\,|\,\omega_1', \omega_2'), \qquad \hat{w} = \wp'(v\,|\,\omega_1', \omega_2'),$$
$$v = u + b.$$

Da das Gitter der v-Ebene durch eine Parallelverschiebung aus dem der u-Ebene hervorgeht, sind die Periodengitter kongruent, also $\omega_1' = \omega_1$, $\omega_2' = \omega_2$. Gemäß dem Additionstheorem der Funktion sind somit w und $\hat{w}$ rationale Funktionen von z und $\hat{z}$ und umgekehrt oder, wie man zu sagen pflegt, die Beziehung zwischen den Paaren $z, \hat{z}$ und $w, \hat{w}$ ist *birational*. Schafft man zufolge der Differentialgleichung der $\wp$-Funktion die Quadratwurzeln $\hat{z}$ und $\hat{w}$ weg, so erhält man eine algebraische Gleichung zwischen z und w. Die Abbildung von F auf die Fläche F' der Funktion $w = \wp(v \mid \omega_1, \omega_2)$ ist konform höchstens mit Ausnahme der Verzweigungspunkte.

Hier schließt sich folgende Frage an: Die Differentialgleichung

$$\frac{dz}{\sqrt{4z^3 - g_2 z - g_3}} = \frac{dw}{\sqrt{4w^3 - g_2' w - g_3'}},$$

in der die Diskriminanten der beiden Polynome dritten Grades $\neq 0$ sind, sollen Lösungen haben, so daß z und $\hat{z}$ eindeutige analytische Funktionen von w und $\hat{w}$ sind und umgekehrt, also die beiden RIEMANNschen Flächen F und F', daher auch die beiden Überlagerungsflächen F^∞ und F'^∞ umkehrbar eindeutig aufeinander abgebildet sind. Weil sich die Differentialgleichung auch in der Form $du = dv$ schreiben läßt, ist $v = u + b$. Integriert man die linke Seite $dz/\hat{z}$ der Differentialgleichung längs eines Weges, so daß man die Periode ω_1 erhält, so liefert zufolge der Differentialgleichung und der Forderung der umkehrbar eindeutigen Abbildung zwischen F und F' das diesem Integral gleiche Integral über die rechte Seite der Differentialgleichung in F' die entsprechende Periode ω_1', d.h. es ist $\omega_1' = \omega_1$ und analog $\omega_2' = \omega_2$, die beiden Periodengitter sind kongruent und um b zueinander verschoben, die Abbildung ist daher birational.

Die Abbildung ist auch in den Verzweigungspunkten konform, wenn die Verzweigungspunkte von F in die von F' übergehen. Da den Verzweigungspunkten von F im Periodenparallelogramm der u-Ebene die Punkte $0, \dfrac{\omega_1}{2}, \dfrac{\omega_1 + \omega_2}{2}, \dfrac{\omega_2}{2}$ entsprechen, muß demnach in diesem Fall $b = \frac{1}{2}(n_1 \omega_1 + n_2 \omega_2)$ mit ganzzahligen n_1 und n_2 sein, man hat somit das Periodengitter um eine halbe Periode zu verschieben. Aus dem Additionstheorem und der Differentialgleichung der $\wp$-Funktion ergibt sich jetzt eine birationale Beziehung zwischen z und w, d.h. w als Funktion von z hat nur *eine* Nullstelle und *einen* Pol, die Abbildung ist linear (Ziff. 61, S. 57), das Doppelverhältnis der Verzweigungspunkte ändert sich nicht.

10. Drehstreckung des Periodengitters. In diesem Falle haben wir in den Formeln der vorigen Ziffer $v = au$ zu setzen, die Periodengitter sind ähnlich, $\omega_1' = a\omega_1$, $\omega_2' = a\omega_2$, daher $w = a^2 z$, $\hat{w} = a^3 \hat{z}$ gemäß Ziff. 2, F' geht durch Drehstreckung aus F hervor, die Abbildung ist überall konform.

Das der Differentialgleichung in der vorigen Ziffer analoge Problem lautet hier so: Die Differentialgleichung

$$\frac{a\,dz}{\sqrt{4z^3 - g_2 z - g_3}} = \frac{dw}{\sqrt{4w^3 - g_2' w - g_3'}}$$

soll Lösungen haben, die eine umkehrbar eindeutige analytische Abbildung der beiden RIEMANNschen Flächen F und F' aufeinander vermitteln. Nach denselben Schlüssen wie früher ergeben sich jetzt $v = au + b$, $a\omega_\nu = \omega_\nu'$ ($\nu = 1, 2$), somit ähnliche Periodengitter, die durch Drehstreckung und Parallelverschiebung auseinander hervorgehen, die Abbildung ist birational.

Die Gitter sind kongruent, wenn bei der Drehstreckung eine reine Drehung vorliegt, $|a| = 1$. Die Gitter sind gleich, fallen zusammen, wenn das Gitter durch

Drehung in sich übergeht. Das ist bei allgemeinen Gittern nur für Drehungen um 180° möglich $(a = -1)$. Dem entspricht in F die Vertauschung der beiden Blätter, die Änderung des Zeichens der Quadratwurzel $\hat{z}$.

Es gibt aber besondere Gitter, die außer der Drehung um 180° auch noch durch andere Drehungen in sich übergeführt werden, nämlich die *quadratischen* und die *rhombischen Gitter mit einem Winkel von* 60°. In einem quadratischen Gitter ist das Parallelogramm ein Quadrat, die Verzweigungspunkte sind *vier harmonische Punkte*, $g_3 = 0$. Jede der beiden letzten Aussagen kennzeichnet das quadratische Gitter. a kann hier noch die Werte $\pm i$ annehmen, $e_3 = -e_1$, $e_2 = 0$. Beim rhombischen Gitter mit dem Winkel von 60° ist das Parallelogramm ein Rhombus mit einem Winkel von 60°, die Verzweigungspunkte e_1, e_2, e_3 bilden ein gleichseitiges Dreieck, dessen Mittelpunkt der Nullpunkt ist, ihr Doppelverhältnis hat bei passender Anordnung den Wert $\varepsilon = \frac{1}{2} + i\frac{1}{2}\sqrt{3}$ *(äquianharmonische Punkte)*, $g_2 = 0$. Wieder kennzeichnet jede der beiden letzten Aussagen dieses rhombische Gitter. a kann hier außer ± 1 noch die Werte $\pm \varepsilon$, $\pm \varepsilon^2$ annehmen.

Es sei darauf hingewiesen, daß sich das Doppelverhältnis von vier Punkten bei allen möglichen 24 Vertauschungen der Punkte höchstens sechs verschiedene Werte annimmt, also bei je vier Vertauschungen denselben Wert hat. Die sechs Werte sind

$$\lambda, \quad \frac{1}{\lambda}, \quad 1 - \lambda, \quad \frac{1}{1 - \lambda}, \quad \frac{\lambda - 1}{\lambda}, \quad \frac{\lambda}{\lambda - 1}.$$

Nur in den eben betrachteten Fällen von vier harmonischen bzw. äquianharmonischen Punkten reduzieren sich diese sechs verschiedenen Werte auf 3 bzw. 2, nämlich $-1, 2, \frac{1}{2}$ im harmonischen und $\varepsilon^{\pm 1}$ im äquianharmonischen Fall (vgl. den Artikel über projektive Geometrie).

11. Weierstrasssche Normalform. Wir können jetzt die Frage beantworten: Wann können zweiblättrige Riemannsche Flächen mit vier Verzweigungspunkten a_ν, wie wir sie in Ziff. 7 betrachtet haben, umkehrbar eindeutig und höchstens mit Ausnahme der Verzweigungspunkte auch konform aufeinander abgebildet werden? Wir wollen sie zu diesem Zweck zuerst auf die sog. Weierstrass*sche Normalform* bringen, d.h. durch eine lineare Abbildung einen der Verzweigungspunkte in den Punkt ∞ werfen und die Summe der drei anderen zu null machen, so daß $\dfrac{dz}{\sqrt{P(z)}}$ die Gestalt $\dfrac{d\zeta}{\sqrt{4\zeta^3 - g_2\zeta - g_3}}$ erhält.

Es werden damit auch die elliptischen Integrale auf die entsprechenden Normalformen gebracht. Denn das allgemeinste elliptische Integral ist das Integral über eine rationale Funktion von z und $\sqrt{P(z)}$, läßt sich also durch einfache Umformung, abgesehen von einem Integral über eine rationale Funktion von z, auf die Gestalt $\displaystyle\int \dfrac{R(z)\, dz}{\sqrt{P(z)}}$ bringen, wobei R eine rationale Funktion von z ist (s. dazu Ziff. 18). Führen wir nun die obige Veränderliche ζ ein, so erhalten wir die Weierstrasssche Normalform $\displaystyle\int \dfrac{R_1(\zeta)\, d\zeta}{\sqrt{4\zeta^3 - g_2\zeta - g_3}}$, wobei $R_1(\zeta)$ wieder eine rationale Funktion von ζ ist.

Eine lineare Abbildung dieser Art erhält man durch folgende Formeln: Den Verzweigungspunkten a_1, a_2, a_3, a_4 der z-Ebene sollen in der ζ-Ebene die Punkte e_1, e_2, e_3, ∞ entsprechen, c sei der Koeffizient von z^4 in $P(z)$. Man berechnet der Reihe nach

$$\alpha = \frac{a_1 - a_3}{a_2 - a_3} : \frac{a_1 - a_4}{a_2 - a_4}, \qquad \beta = \frac{c(a_1 - a_2)(a_3 - a_4)}{12(1 - \alpha)},$$

$$e_1 = \beta(1 - 2\alpha), \qquad e_2 = \beta(\alpha - 2), \qquad e_3 = \beta(\alpha + 1).$$

Weil die a_ν voneinander verschieden sind, ist $\alpha \neq 1$; als Funktion von z erhält man dann, indem man z.B. das Doppelverhältnis von ζ, e_1, e_2, ∞ gleich dem Doppelverhältnis von z, a_1, a_2, a_4 setzt:

$$\frac{\zeta - e_2}{e_1 - e_2} = \frac{z - a_2}{a_1 - a_2} : \frac{z - a_4}{a_1 - a_4}.$$

Ist $P(z)$ vom dritten Grad und c der Koeffizient von z^3, so liegt einer der Verzweigungspunkte z.B. a_4 im Unendlichen. Man hat

$$\alpha = \frac{a_1 - a_3}{a_2 - a_3}, \qquad \beta = \frac{c(a_1 - a_2)}{12(1 - \alpha)},$$

die Formeln für die e_ν bleiben dieselben.

Es ist vielleicht von Vorteil für das Verständnis, den elliptischen Integralen, also den Integralen über eine rationale Funktion von z und $\sqrt{P(z)}$, wobei $P(z)$ vom dritten oder vierten Grad ist, diejenigen gegenüberzustellen, bei denen $P(z)$ vom ersten oder zweiten Grad ist. Es sei $P(z) = c(z - a_1)(z - a_2)$. Die zugehörige zweiblättrige RIEMANNsche Fläche mit den beiden Verzweigungspunkten a_1 und a_2 läßt sich nach Ziff. 7 umkehrbar eindeutig und mit Ausnahme der Verzweigungspunkte auch konform auf die volle u-Ebene abbilden. Man setzt z.B. $u = \sqrt{\dfrac{z - a_1}{z - a_2}}$, also $z = \dfrac{a_1 - a_2 u^2}{1 - u^2}$. Das Integral über eine rationale Funktion von z und $\sqrt{P(z)} = (z - a_2)\, u \sqrt{c}$ geht dann über in ein Integral über eine rationale Funktion von u und wird somit nach den Regeln der Integralrechnung gleich einer rationalen Funktion von u, vermehrt um eine endliche Summe von Gliedern der Gestalt $B_\nu \log(u - b_\nu)$. Ist $P(z) = c\sqrt{z - a}$, so setzt man $u = \sqrt{z - a}$, $z = a + u^2$ und kommt zu dem gleichen Ergebnis.

Es gibt kein Integral erster oder zweiter Gattung, die logarithmischen Glieder entsprechen den Integralen dritter Gattung, sie sind in den Punkten b_ν verzweigt. Das Integral wird eindeutig, wenn man die u-Ebene längs doppelpunktfreien JORDANschen Kurven zerschneidet, die von einem beliebigen festen Punkt zu den Verzweigungspunkten b_ν hinführen und sich untereinander nicht treffen. Umgekehrt ist ein derartiges Integral dadurch gekennzeichnet, daß es nur Pole und endlich viele solche logarithmische Singularitäten hat. Weil hier die Überlagerungsfläche mit der RIEMANNschen Fläche zusammenfällt, gibt es keine mehrdeutigen, auf der RIEMANNschen Fläche unverzweigten Funktionen, also keine Integrale erster oder zweiter Gattung.

12. Konforme Abbildung zweier RIEMANNscher Flächen in der WEIERSTRASSschen Normalform. Die beiden RIEMANNschen Flächen F und F' seien nun in der WEIERSTRASSschen Normalform, d.h. als RIEMANNsche Flächen für $\sqrt{4z^3 - g_2 z - g_3}$ über der z-Ebene und für $\sqrt{4w^3 - g_2' w - g_3'}$ über der w-Ebene gegeben. Sie sollen umkehrbar eindeutig und höchstens mit Ausnahme der Verzweigungspunkte auch konform aufeinander abgebildet werden. Dann gilt dasselbe auch für die entsprechenden Überlagerungsflächen F^∞ und F'^∞, d.h. auch für die entsprechenden u- und v-Ebenen. Weil jeder Punkt im Endlichen der u-Ebene einem solchen in der v-Ebene umkehrbar eindeutig zugeordnet ist, hat man $v = au + b$, daher gemäß Ziff. 9 und 10 ähnliche Gitter mit $\omega_\nu' = a\omega_\nu$ ($\nu = 1, 2$). Weil die Perioden durch die RIEMANNschen Flächen, nämlich durch die g_2, g_3 bzw. g_2', g_3' (Ziff. 2) festgelegt sind, ist a bis auf eine Drehung des Gitters in sich selbst bestimmt. Solche sind zufolge Ziff. 10 nur in endlicher Anzahl vorhanden, somit gibt es eine einparametrige Schar von konformen Abbildungen der beiden Flächen aufeinander entsprechend der noch willkürlichen Konstanten b. Man kann diese dazu benützen, um einen frei wählbaren Bildpunkt P von F in einen ebensolchen Punkt P' der Fläche F' überzuführen.

Ist $F = F'$, d.h. soll die Riemannsche Fläche auf sich selbst umkehrbar eindeutig und konform abgebildet werden, so liegen dieselben Gitter vor, somit kommen nur die Werte in Betracht, die einer Drehung des Gitters in sich selbst entsprechen.

Soll die Abbildung eine Drehstreckung $z = c w$ sein, so erhält man nach dem Vorhergehenden und Ziff. 10 bis auf eine Drehung des Gitters in sich $a = \sqrt{c}$, weil diese Annahme eine Lösung und die Lösung bis auf eine solche Drehung eindeutig bestimmt ist.

Zusammenfassend ist folgendes festzustellen: Faßt man alle Riemannschen Flächen F in eine Klasse zusammen, wenn sie zu ähnlichen Periodengittern gehören, so können die Flächen einer Klasse aufeinander umkehrbar eindeutig und höchstens mit Ausnahme der Verzweigungspunkte konform abgebildet werden, Flächen, die verschiedenen Klassen angehören, jedoch nicht.

Ebenso zeigt sich, daß man jede Klasse durch das Doppelverhältnis ihrer passend angeordneten Verzweigungspunkte oder durch die Größe J (Ziff. 2) kennzeichnen kann.

13. Primitive Perioden. Das Periodengitter ist definiert als die Gesamtheit aller Punkte $n_1 \omega_1 + n_2 \omega_2$, wobei n_1 und n_2 alle ganzen Zahlen durchlaufen. Wir sagen, es wird durch die Perioden ω_1 und ω_2 erzeugt. Es kann aber auch durch ein anderes Paar von Perioden ω_1' und ω_2' erzeugt, d.h. in der Form $n_1' \omega_1' + n_2' \omega_2'$ dargestellt werden, wobei n_1' und n_2' alle ganzen Zahlen durchlaufen. Jedes Periodenpaar, durch welches das Periodengitter erzeugt wird, nennt man ein *primitives Periodenpaar*. Wir wollen die Bezifferung immer so wählen, daß die Richtung des Vektors der zweiten Periode dadurch erhalten wird, daß man den Vektor der ersten Periode um einen Winkel $< 180°$ im positiven Sinn um den Nullpunkt dreht, oder, was damit gleichwertig ist, daß der imaginäre Teil des Periodenverhältnisses τ positiv ist.

Man erhält aus einem primitiven Periodenpaar ω_1, ω_2 jedes andere in der Gestalt
$$\omega_1' = \alpha \omega_1 + \beta \omega_2, \qquad \omega_2' = \gamma \omega_1 + \delta \omega_2,$$
wobei $\alpha, \beta, \gamma, \delta$ ganze Zahlen mit der Determinante $\alpha \delta - \beta \gamma = 1$ sind. Das Paar ω_1', ω_2' geht also aus ω_1, ω_2 durch eine sog. *unimodulare Substitution* $\left(\begin{smallmatrix} \alpha & \beta \\ \gamma & \delta \end{smallmatrix} \right)$ hervor. Diese Tatsache bedeutet geometrisch, daß im Innern des neuen Periodenparallelogramms, dessen eine Ecke wieder der Nullpunkt ist, ebenso wie beim alten keine Gitterpunkte liegen dürfen und beide Parallelogramme gleichen Flächeninhalt haben. Auf der zerschnittenen Riemannschen Fläche bedeutet der Übergang zu einem anderen primitiven Periodenpaar den Ersatz des Paares R, Q von Rückkehr- und Querschnitt durch ein anderes derartiges Paar.

Ferner hat man $\eta_1' = \alpha \eta_1 + \beta \eta_2$, $\eta_2' = \gamma \eta_1 + \delta \eta_2$, d.h. die Größen η_ν (Ziff. 3) erfahren dieselbe Transformation wie die ω_ν.

Für das neue Periodenverhältnis erhält man $\tau' = \dfrac{\gamma + \delta \tau}{\alpha + \beta \tau}$, d.h. eine *gebrochene unimodulare Substitution*. Hier sind die ganzen Zahlen $\alpha, \beta, \gamma, \delta$ nur bis auf den Faktor -1 bestimmt. Er entspricht der Drehung des Gitters um $180°$. Da man das Periodenverhältnis τ manchmal als *Modul* bezeichnet, pflegt man die unimodularen Substitutionen auch *Modulsubstitutionen* zu nennen.

Die unimodularen Substitutionen bilden eine Gruppe, die sog. *Modulgruppe*, mit den erzeugenden Elementen $S = \begin{pmatrix} 1 & 0 \\ 1 & 1 \end{pmatrix}$ und $T = \begin{pmatrix} 0 & 1 \\ -1 & 0 \end{pmatrix}$, d.h. jede Substitution der Gruppe wird dadurch erhalten, daß man in passender Reihenfolge eine endliche Anzahl mal je eine dieser beiden Substitutionen auf das Periodenpaar ausübt. S bedeutet: man hält ω_1 fest und ersetzt ω_2 durch $\omega_1 + \omega_2$ oder τ durch $\tau + 1$; T bedeutet: man ersetzt ω_1 durch ω_2 und ω_2 durch $-\omega_1$ oder τ durch $-\dfrac{1}{\tau}$ [Spiegelung am Einheitskreis und an der imaginären Achse der τ-Ebene (Fig. 4)].

Die Funktionen $\wp(u), \zeta(u), \sigma(u)$ und die Invarianten g_2, g_3, J ändern sich bei einer Modulsubstitution nicht, weil sie nicht von einem besonders ausgewählten Paar der primitiven Perioden, sondern nur vom ganzen Periodengitter abhängen. Bei e_1, e_2, e_3 ist die Sache anders. Sie ändern sich nur bei denjenigen Modulsubstitutionen nicht, welche die zu den e_ν gehörigen Halbperioden in solche überführen, die sich von den ursprünglichen um ganze Perioden unterscheiden, das sind jene Modulsubstitutionen, bei denen α, δ ungerade, β, γ gerade Zahlen sind. Sie bilden eine Untergruppe der Modulgruppe.

Bedeutet g eine gerade, u eine ungerade Zahl, so sind wegen $\alpha\delta - \beta\gamma = 1$ folgende Klassen von Modulsubstitutionen möglich:

$$\begin{pmatrix} u & g \\ g & u \end{pmatrix}, \quad \begin{pmatrix} u & u \\ g & u \end{pmatrix}, \quad \begin{pmatrix} g & u \\ u & g \end{pmatrix},$$

$$\begin{pmatrix} u & u \\ u & g \end{pmatrix}, \quad \begin{pmatrix} u & g \\ u & u \end{pmatrix}, \quad \begin{pmatrix} g & u \\ u & u \end{pmatrix}.$$

Sie ergeben die sechs Vertauschungen

$$(1\,2\,3), \quad (2\,1\,3), \quad (3\,2\,1),$$

$$(2\,3\,1), \quad (1\,3\,2), \quad (3\,1\,2)$$

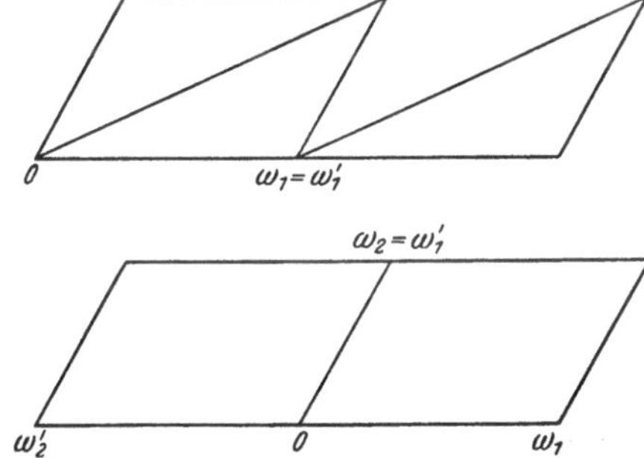
Fig. 4. Erzeugende Elemente der Modulgruppe.

der Zeiger ν der e_ν, d.h. eine Substitution z.B. der vierten Klasse führt e_1, e_2, e_3 in e_2, e_3, e_1 über usw. Die Substitutionen der ersten Klasse bilden die eben erwähnte Untergruppe, die übrigen sind keine Gruppen. Alle Substitutionen einer Klasse erhält man, wenn man eine beliebige fest gewählte Substitution S_ν dieser Klasse mit allen Substitutionen S_1 der ersten Klasse zusammensetzt, indem man entweder immer zuerst S_ν und dann S_1 oder immer zuerst S_1 und dann S_ν ausübt. Natürlich ist dann die Reihenfolge der erhaltenen Substitutionen in beiden Fällen nicht dieselbe.

14. Modulsubstitutionen. Wir wollen ein bestimmtes primitives Periodenpaar auszeichnen. Wir gehen von einem beliebigen Gitterpunkt als Nullpunkt aus, wählen den am nächsten an 0 gelegenen Gitterpunkt als ω_1, drehen den Vektor ω_1 um 0 im positiven Sinne, bis der zugehörige Halbstrahl den am nächsten an 0 gelegenen Gitterpunkt außer $\pm\omega_1$ trifft und wählen diesen als ω_2. Dann ist ω_2 dadurch gekennzeichnet, daß der Betrag von $\tau = \omega_2/\omega_1$ größer oder gleich 1 und der reelle Teil von τ dem Betrag nach kleiner oder gleich $\frac{1}{2}$ ist. Damit ist τ eindeutig festgelegt, wenn der Betrag seines reellen Teiles $< \frac{1}{2}$ ist. Wenn der reelle Teil $= \frac{1}{2}$ ist, ersetzen wir ω_2 durch $\omega_2 - \omega_1$ und wählen diesen Gitterpunkt als ω_2. Die so ausgezeichneten Werte von τ wollen wir mit τ^* bezeichnen.

Zu dieser Konstruktion ist noch folgendes zu bemerken: Wären wir von $-\omega_1$ statt von ω_1 ausgegangen, so hätten wir $-\omega_2$ statt ω_2, also dasselbe τ^* erhalten (Drehung des Gitters um 180°). Sind statt zwei kürzester Perioden deren vier vorhanden, so wählen wir für ω_2 denjenigen Vektor, der mit ω_1 im Sinne der obigen Drehung einen stumpfen Winkel einschließt. Ist der Winkel 90°, so ist ohnehin nur *eine* Möglichkeit der Wahl vorhanden ($\tau^* = i$). Ist der Winkel zwischen den unmittelbar aufeinander folgenden kürzesten Perioden 60°, so gibt es sechs kürzeste Perioden; wir wählen für ω_2 denjenigen Vektor, der mit ω_1 im Sinne der obigen Drehung einen Winkel von 120° einschließt ($\tau^* = \varepsilon^2$, Ziff. 10). Man sieht, daß ähnliche Periodengitter dasselbe τ^* liefern und umgekehrt gleiche τ^* zu ähnlichen Periodengittern gehören.

Der für τ^* definierte *Grundbereich (Fundamentalbereich)*, also der Bereich der τ-Ebene, in dem τ^* liegt, ist in Fig. 5 mit E bezeichnet. Von seiner Berandung gehört dazu die linke Gerade und der linke Teil des Kreisbogens bis einschließlich zum Punkte i. Übt man auf τ^* die Modulsubstitutionen aus, so liegen die neuen τ-Werte in Bereichen, von denen einige in Fig. 5 gezeichnet sind. Es bedeutet z. B. der mit ST bezeichnete Bereich, daß alle Punkte dieses Bereiches aus den Punkten des Bereiches E dadurch hervorgehen, daß man auf die τ^* zuerst die Substitution T und dann die Substitution S ausübt. Man erhält so entsprechend den unendlich vielen Modulsubstitutionen un-endlich viele von Kreisbögen oder Geraden begrenzte Be-reiche *(Kreisbogendreiecke)*,

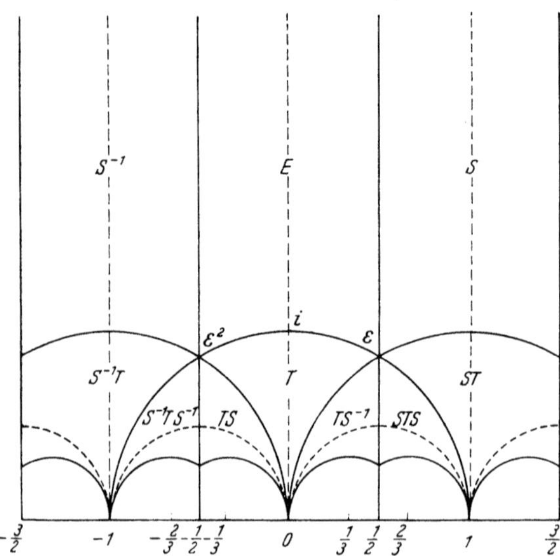

Fig. 5. Kreisbogendreiecke der Modulsubstitutionen.

welche die obere τ-Halbebene lückenlos ausfüllen. Punkte, die aus demselben Punkt durch eine Modulsubstitution hervorgehen, nennt man *gleichberechtigt* oder *äquivalent*. Die Punkte eines Kreisbogendreiecks sind also nicht gleich-berechtigt, haben aber ihre gleichberechtigten Punkte in E. Der Buchstabe E soll bedeuten, daß auf τ^* die Einheitssubstitution $E = \begin{pmatrix} 1 & 0 \\ 0 & 1 \end{pmatrix}$ ausgeübt wurde. In jeder noch so kleinen Umgebung irgendeines Punktes der reellen Achse der τ-Ebene liegen unendlich viele der Kreisbogendreiecke.

Durch die Funktion $J = J(\tau)$ wird die linke Hälfte des Bereiches E umkehr-bar eindeutig und konform auf die obere J-Halbebene abgebildet, die rechte zufolge des Spiegelungsprinzips auf die untere. Den Punkten $\tau = \varepsilon^2, i, \infty$ ent-sprechen die Punkte $J = 0, 1, \infty$. Sie sind Verzweigungspunkte von den Ord-nungen 2, 1, ∞. Will man eine umkehrbar eindeutige Abbildung der ganzen oberen τ-Halbebene auf die J-Ebene haben, so hat man sich die J-Ebene in unendlich vielen Exemplaren, entsprechend den unendlich vielen Kreisbogendreiecken, her-zustellen, ein jedes längs der reellen Achse aufzuschneiden und die einzelnen Blätter entsprechend den Zusammenhangsverhältnissen in der τ-Ebene anein-ander zu heften.

Jeder Punkt der reellen Achse der τ-Ebene ist wesentlich singuläre Stelle für die Funktion $J(\tau)$, weil in jeder noch so kleinen Umgebung eines solchen Punktes unendlich viele Kreisbogendreiecke liegen und daher die Funktion dort jeden Wert annimmt. Sie kann also über die reelle Achse nicht analytisch fortgesetzt werden, diese Achse ist, wie man zu sagen pflegt, *natürliche Grenze* für die Funktion.

Durch das Doppelverhältnis λ der Punkte e_ν wird der in Fig. 6 gezeichnete Bereich B der τ-Ebene umkehrbar eindeutig und mit Ausnahme der Verzweigungspunkte auch konform auf die ganze λ-Ebene (Fig. 7) abgebildet, und zwar sind die Teilbereiche, die einander umkehrbar eindeutig entsprechen, durch dieselbe römische Ziffer gekennzeichnet. Ist $\lambda = (e_1\, e_2\, e_3\, \infty) = \dfrac{e_1 - e_3}{e_2 - e_3}$, so entsprechen den sechs römischen Ziffern in ihrer natürlichen Reihenfolge die sechs Werte des Doppelverhältnisses $\lambda,\ \dfrac{1}{\lambda},\ 1-\lambda,\ \dfrac{1}{1-\lambda},\ \dfrac{\lambda}{\lambda-1},\ \dfrac{\lambda-1}{\lambda}$. Den Werten $\infty, 0, 1$ der

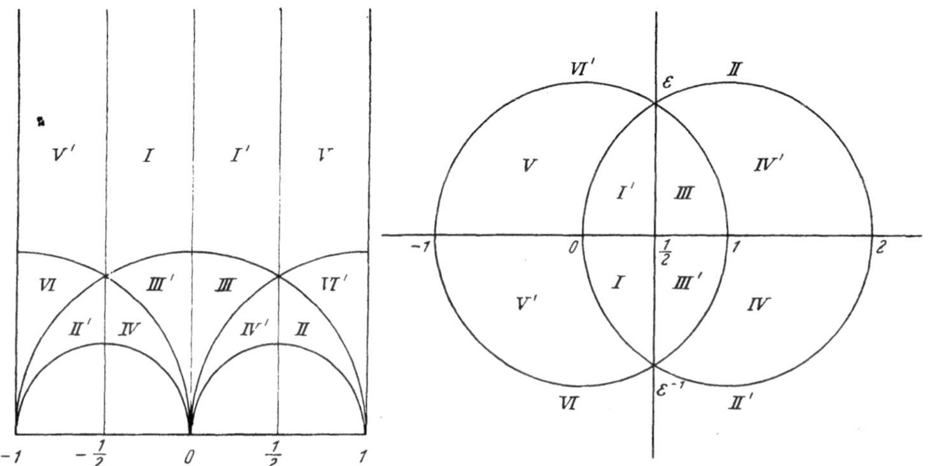

Fig. 6. Grundbereich B für das Doppelverhältnis λ.   Fig. 7. Bild des Bereiches B in der λ-Ebene.

τ-Ebene entsprechen die Werte $0, 1, \infty$ der λ-Ebene. Spiegelt man den Bereich B fortwährend an seinen Rändern, so hat man die λ-Ebene entsprechend oft an der reellen Achse zu spiegeln. Die obere τ-Halbebene wird dadurch umkehrbar eindeutig und mit Ausnahme der Verzweigungspunkte auch konform auf die unendlichblättrige, über der λ-Ebene ausgebreitete RIEMANNsche Fläche abgebildet, deren Blätter längs der aufgeschnittenen reellen Achse entsprechend den Zusammenhangsverhältnissen in der τ-Ebene aneinander zu heften sind. Die Verzweigungspunkte sind die Punkte $0, 1, \infty$, sämtlich von unendlich hoher Ordnung. Die Modulsubstitutionen, welche den Bereich B in seinen gespiegelten überführen, sind die Substitutionen der in Ziff. 13 betrachteten Untergruppe der Modulgruppe. Die reelle Achse der τ-Ebene ist wieder natürliche Grenze für die Funktion $\lambda(\tau)$. Der Zusammenhang zwischen J und λ wird durch die Formel

$$J = \frac{4\,(\lambda^2 - \lambda + 1)^3}{27\,\lambda^2(\lambda - 1)^2}$$

hergestellt.

15. Modulfunktionen. Eine eindeutige analytische Funktion von τ, die bei allen Modulsubstitutionen ungeändert bleibt, in E bis auf Pole regulär ist und dort im Punkte ∞ einen Grenzwert hat (einschließlich ∞), ist auch in der J-Ebene eindeutig und regulär bis auf Pole, somit rational (Ziff. 69, S. 63). Sie nimmt jeden Wert gleich oft an, und zwar schon im Bereich E. Dasselbe gilt, wenn man τ durch λ, die Modulgruppe durch ihre in Ziff. 13 betrachtete Untergruppe, E

durch B und den Eckpunkt ∞ durch die Eckpunkte $0, 1, \infty$ ersetzt. Die reellen Werte von τ sind in beiden Fällen immer wesentlich singuläre Stellen, weil in ihrer Umgebung immer unendlich viele Kreisbogendreiecke liegen.

Unter einer *Modulfunktion* versteht man eine Funktion $f(\tau)$ mit folgenden Eigenschaften: Sie sei eindeutig und analytisch, bis auf Pole regulär, abgesehen vom Punkte ∞ und den gleichberechtigten Punkten, doch soll sie dort einen Grenzwert (einschließlich ∞) haben und schließlich k-wertig gegenüber der Modulgruppe sein, d.h. übt man auf τ sämtliche Substitutionen der Modulgruppe aus, so sollen unter den Funktionswerten, in die dabei $f(\tau)$ übergeht, nur k verschieden sein. Zum Beispiel ist $k = 1$ für $J(\tau)$, $k = 6$ für $\lambda(\tau)$.

Die Substitutionen der Modulgruppe, die $f(\tau)$ ungeändert lassen, bilden eine Untergruppe G der Modulgruppe. Die Punkte der τ-Ebene, die durch die Substitutionen von G ineinander übergehen, nennt man *gleichberechtigt* oder *äquivalent in bezug auf G*. Es gibt zu G einen aus $2k$ halben Kreisbogendreiecken der Fig. 5 (die eine ihrer Begrenzungslinien ist gestrichelt) zusammengesetzten, einfach zusammenhängenden *Grund- oder Fundamentalbereich* mit der Eigenschaft, daß keine zwei seiner Punkte gleichberechtigt bezüglich G sind, daß er aber zu jedem Punkt τ der oberen Halbebene einen gleichberechtigten bezüglich G enthält. Er ist z.B. E für $J(\tau)$, B für $\lambda(\tau)$. Zwischen $f(\tau)$ und $J(\tau)$ besteht eine algebraische Gleichung und umgekehrt werden durch eine solche Gleichung die Modulfunktionen unter den eindeutigen Funktionen gekennzeichnet. Allgemein besteht zwischen je zwei Modulfunktionen eine algebraische Gleichung. Die reelle Achse der τ-Ebene ist für alle Modulfunktionen natürliche Grenze.

16. Gitterteilung. Wenn in den Formeln

$$\omega_1' = \alpha\omega_1 + \beta\omega_2, \qquad \omega_2' = \gamma\omega_1 + \delta\omega_2$$

$\alpha, \beta, \gamma, \delta$ wohl ganze Zahlen sind, aber ihre Determinante $\alpha\delta - \beta\gamma = n > 0$ ist, nennt man das durch die Perioden $\omega_\nu'(\nu = 1, 2)$ erzeugte Gitter ein *n-faches Übergitter* des ursprünglichen, dieses ein *n-tel Untergitter* des neuen, die durch die Formeln festgelegte Transformation der elliptischen Funktionen und Integrale eine *Transformation n-ter Ordnung*. Das Periodenparallelogramm des neuen Gitters ist n-mal so groß wie das des alten.

Jedes Untergitter entsteht durch Teilung des gegebenen mit Hilfe von Geraden, die parallel zu den Seiten eines passend gewählten Parallelogrammes primitiver Perioden laufen. Ist n in Primfaktoren zerlegt, $n = p_1 p_2 \ldots p_k$, so kann man die n-Teilung eines Parallelogrammes so vornehmen, daß man es zuerst in p_1 kongruente Parallelogramme zerlegt, jedes von ihnen in p_2 usw.

Ist n eine Primzahl, so gibt es $n + 1$ verschiedene n-tel Untergitter zu einem gegebenen Gitter G. Sind G und alle dazu ähnlichen Gitter durch den Wert τ des Periodenverhältnisses gekennzeichnet, so sind die zu den $n + 1$ Untergittern gehörigen Werte von τ durch $n\tau$, $\dfrac{k + \tau}{n}$ $(k = 0, 1, 2, \ldots, n - 1)$ gegeben. Sie liefern auch gleich die $n + 1$ aus G entstehenden n-fachen Übergitter und bedeuten Teilung der vom Nullpunkt zu den Punkten ω_1 und $k\omega_1 + \omega_2$ $(k = 0, 1, 2, \ldots, n - 1)$ führenden Strecken in n gleiche Teile.

Gehört $J(\tau)$ zu einem bestimmten Gitter, so gehört $J(n\tau)$ zu einem n-fachen Übergitter oder zu einem n-tel Untergitter des gegebenen Gitters. Zwischen $J(\tau)$ und $J(n\tau)$ besteht eine in beiden Funktionen symmetrische algebraische Gleichung, die sog. *Modulargleichung*. In beiden Sätzen ist n als Primzahl vorausgesetzt.

Eine eindeutige Funktion $f(u)$, die im Endlichen bis auf Pole regulär ist und bei Vermehrung von u um Vielfache der Perioden ω_ν $(1, 2)$ nur k verschiedene

Werte annimmt, ist eine elliptische Funktion, die zu einem von den primitiven Perioden ω_ν^* erzeugten Periodengitter gehört, das gleichzeitig mit dem ursprünglichen Gitter der ω_ν in einem gemeinsamen Übergitter liegt. Zwei solche Gitter nennt man *kommensurabel*. Es gilt auch die Umkehrung des Satzes: Jede elliptische Funktion, deren Gitter zu dem ursprünglichen kommensurabel ist, hat die obigen Eigenschaften. Zwischen zwei elliptischen Funktionen in kommensurablen Gittern besteht eine algebraische Gleichung und umgekehrt, wenn $f(u)$ eine elliptische Funktion des ω-Gitters, $f^*(u)$ eindeutig ist und zwischen beiden Funktionen eine algebraische Gleichung besteht, so ist $f^*(u)$ elliptische Funktion eines zum ω-Gitter kommensurablen Gitters. Die elliptischen Funktionen der zu einem ω-Gitter kommensurablen Gitter sind also gerade diejenigen Funktionen, welche auf der RIEMANNschen Fläche F der $\wp$-Funktion des ω-Gitters unverzweigt und endlich vieldeutig sind.

Wir betrachten wieder wie in Ziff. 9 die Differentialgleichung

$$\frac{dz}{\sqrt{4z^3 - g_2 z - g_3}} = \frac{dw}{\sqrt{4w^3 - g_2' w - g_3'}},$$

in der die Diskriminanten der Polynome dritten Grades $\neq 0$ sind, und setzen $z = \wp(u\,|\,\omega_1, \omega_2)$, $w = \wp(v\,|\,\omega_1', \omega_2')$. Dann ist $v = u - u_0$. Soll z eine rationale Funktion von w und $\sqrt{4w^3 - g_2' w - g_3'}$ sein, so muß das ω'-Gitter ein Übergitter des ω-Gitters sein und umgekehrt. Ist insbesonders $u_0 = 0$, entsprechen also einander die Punkte ∞ der z- und w-Ebene, so ist in der Behauptung des vorigen Satzes z rationale Funktion von w allein. Soll zwischen z und w eine algebraische Gleichung bestehen, so müssen die Gitter kommensurabel sein und umgekehrt.

17. Komplexe Multiplikation. Nach Ziff. 10 hat die Differentialgleichung

$$\frac{a\,dz}{\sqrt{4z^3 - g_2 z - g_3}} = \frac{dw}{\sqrt{4w^3 - g_2 w - g_3}}$$

bei einem allgemeinen Gitter nur dann Lösungen, so daß z und $\hat{z}$ umkehrbar eindeutig in w und $\hat{w}$ sind, wenn $a = \pm 1$ ist. Fordert man dagegen nur, daß zwischen z und w eine algebraische Gleichung bestehen soll, so erhält man als notwendige und hinreichende Bedingung: Die von den Perioden ω_ν und $a\omega_\nu$ ($\nu = 1, 2$) erzeugten Periodengitter müssen kommensurabel sein. Dagegen ist w dann und nur dann rational in z und $\hat{z}$, wenn das $a\omega$-Gitter ein Übergitter des ω-Gitters ist.

Die beiden Gitter sind nur in folgenden zwei Fällen kommensurabel:

1. Wenn a rational ist. In diesem Fall ist dann und nur dann das $a\omega$-Gitter ein Übergitter des ω-Gitters, wenn a eine ganze Zahl ist.

2. Wenn a nicht reell ist und einer quadratischen Gleichung mit ganzzahligen Koeffizienten genügt. In diesem und nur in diesem Fall genügt auch τ einer solchen Gleichung. Wir sprechen dann von einem *singulären Gitter* und von *komplexer Multiplikation* $a\,du = dv$.

Ist $f(u)$ eine elliptische Funktion eines singulären Gitters, so besteht zwischen $f(u)$ und $f(au)$ eine algebraische Gleichung. Die zu einem singulären Gitter gehörigen τ-Werte liegen in der oberen τ-Halbebene *überall dicht*, d.h. in jeder noch so kleinen Umgebung irgendeines Punktes der oberen τ-Halbebene gibt es unendlich viele derartige τ. Auch im Falle 2 gibt es unendlich viele Werte von a, für die das $a\omega$-Gitter ein Übergitter des ω-Gitters ist.

18. Reduktion der elliptischen Integrale. Nach Ziff. 11 ist das allgemeinste elliptische Integral ein Integral über eine rationale Funktion von z und $\sqrt{P(z)}$, wobei $P(z)$ ein Polynom dritten oder vierten Grades in z mit einfachen Nullstellen ist. In dieser Funktion kann man die geraden Potenzen von $\sqrt{P(z)}$ durch Polynome in z ersetzen, erhält somit die Funktion in der Gestalt $\dfrac{M_1(z) + M_2(z)\,\sqrt{P(z)}}{N_1(z) + N_2(z)\,\sqrt{P(z)}}$, wobei $M_1(z)$, $M_2(z)$, $N_1(z)$, $N_2(z)$ Polynome in z bedeuten. Macht man den Nenner rational, so ergibt sich $R_1(z) + \dfrac{R_2(z)}{\sqrt{P(z)}}$, wobei $R_1(z)$ und $R_2(z)$ rationale Funktionen von z sind. Nach Teilbruchzerlegung von $R_2(z)$ erhält man schließlich einen Ausdruck von der Gestalt

$$R_1(z) + \sum \frac{A_n\,z^n}{\sqrt{P(z)}} + \sum \frac{B_{sr}}{(z - \beta_s)^r\,\sqrt{P(z)}}\,.$$

Damit ist die Integration auf bekannte Integrale und Integrale von der Gestalt

$$J_n = \int \frac{z^n\,dz}{\sqrt{P(z)}} \quad \text{und} \quad H_r = \int \frac{dz}{(z - \beta)^r\,\sqrt{P(z)}}$$

zurückgeführt.

Es sei $P(z) = c_0\,z^4 + 4c_1\,z^3 + 6c_2\,z^2 + 4c_3\,z + c_4$. Aus der Beziehung

$$\frac{d}{dz}\left[z^m\,\sqrt{P(z)}\right] = \frac{1}{\sqrt{P(z)}}\left[(m + 2)\,c_0\,z^{m+3} + 2(2m + 3)\,c_1\,z^{m+2} + 6(m + 1)\,c_2\,z^{m+1} + \right.$$
$$\left. + 2(2m + 1)\,c_3\,z^m + m\,c_4\,z^{m-1}\right]$$

erhält man eine Rekursionsformel für J_n:

$$(m + 2)\,c_0\,J_{m+3} + 2(2m + 3)\,c_1\,J_{m+2} + 6(m + 1)\,c_2\,J_{m+1} + 2(2m + 1)\,c_3\,J_m +$$
$$+ m\,c_4\,J_{m-1} = z^m\,\sqrt{P(z)}\,.$$

Sie gestattet, wenn $c_0 \neq 0$ ist, alle J_n durch J_0, J_1, J_2, wenn $c_0 = 0$, $c_1 \neq 0$ ist, alle J_n durch J_0 und J_1 auszudrücken.

Ersetzt man in der obigen Beziehung z durch $z - \beta$, ordnet $P(z)$ nach Potenzen von $z - \beta$, hat also

$$P(z) = b_0(z - \beta)^4 + 4b_1(z - \beta)^3 + 6b_2(z - \beta)^2 + 4b_3(z - \beta) + b_4,$$

und setzt $m = -r$, so ergibt sich durch Integration eine Rekursionsformel für H_r:

$$(2 - r)\,b_0\,H_{r-3} + 2(3 - 2r)\,b_1\,H_{r-2} + 6(1 - r)\,b_2\,H_{r-1} + 2(1 - 2r)\,b_3\,H_r -$$
$$- r\,b_4\,H_{r+1} = \frac{\sqrt{P(z)}}{(z - \beta)^r}\,.$$

Ist $b_4 \neq 0$, so lassen sich alle $H_r\,(r \geq 2)$ durch H_1, J_0, J_1, J_2 ausdrücken, dasselbe gilt für $b_4 = 0$ und $b_3 \neq 0$; es muß in diesem Fall $b_3 \neq 0$ sein, weil sonst $P(z)$ eine zweifache Nullstelle hätte.

19. Legendresche Normalform. Die Weierstrasssche Normalform, auf die in Ziff. 11 die elliptischen Integrale zurückgeführt wurden, ist für den Aufbau der Theorie der elliptischen Funktionen besonders wichtig, für die praktische zahlenmäßige Berechnung kommt aber hauptsächlich eine auf Legendre zurückgehende in Frage, weil Tafeln für bestimmte elliptische Integrale in dieser Normalform vorliegen.

Es soll also eine neue Veränderliche ζ eingeführt werden, so daß die elliptischen Integrale zu Integralen über eine rationale Funktion von ζ und $\sqrt{(1 - \zeta^2)(1 - k^2\,\zeta^2)}$ werden. Das kann man z. B. so machen, daß man durch eine lineare Transformation die Nullstellen a_ν von $P(z)$ in die Punkte ± 1, $\pm\dfrac{1}{k}$ überführt. Aus der Gleichheit der Doppelverhältnisse ergibt sich

$$\lambda = \frac{a_1 - a_3}{a_2 - a_4} : \frac{a_1 - a_4}{a_2 - a_4} = \frac{1 - \dfrac{1}{k}}{-1 - \dfrac{1}{k}} : \frac{1 + \dfrac{1}{k}}{-1 + \dfrac{1}{k}} = \left(\frac{1 - k}{1 + k}\right)^2, \qquad k = \frac{1 - \sqrt{\lambda}}{1 + \sqrt{\lambda}}.$$

Man kann aber nach RIEMANN auch zuerst die Punkte a_ν durch eine lineare Transformation in die Punkte $1, 1/k^2, 0, \infty$ der ζ_1-Ebene überführen, wodurch sich Integrale über rationale Funktionen von ζ_1 und $\sqrt{\zeta_1(1 - \zeta_1)(1 - k^2 \zeta_1)}$ ergeben, und dann $\zeta_1 = \zeta^2$ setzen, wodurch man schließlich die Integrale in der gewünschten Normalform erhält. Es geschieht durch die Substitution

$$z = \frac{A\zeta^2 + B}{C\zeta^2 + D}, \quad \text{wobei} \quad A : B : C : D = a_4(a_3 - a_1) : a_3(a_1 - a_4) : (a_3 - a_1) : (a_1 - a_4).$$

Wie man sofort sieht, läßt sich diese Transformation bei reellen Funktionen einer reellen Veränderlichen und reellen a_ν mit reellen Koeffizienten durchführen, wobei man bei passender Bezeichnung der a_ν auch $0 < k^2 < 1$ erreichen kann. Aber auch in den beiden anderen Fällen, die bei reellen Koeffizienten von $P(z)$ noch auftreten können, nämlich zwei der a_ν reell, die beiden übrigen konjugiert imaginär bzw. zwei Paare konjugiert imaginärer a_ν, läßt sich die Transformation der elliptischen Integrale auf die LEGENDREsche Normalform mit reellen Koeffizienten ausführen.

Sind nämlich die a_ν paarweise konjugiert imaginär $(a_2 = \bar{a}_1, a_4 = \bar{a}_3; a_1, a_3$ in der oberen Halbebene), so berechne man $\varkappa$ aus $\dfrac{1 - \varkappa}{1 + \varkappa} = \left|\dfrac{a_1 - a_3}{a_2 - a_3}\right|$ (es ergibt sich zwischen 0 und 1 gelegen), hierauf ζ_1 aus $\dfrac{\varkappa - 1}{\varkappa + 1} \cdot \dfrac{i + \zeta_1}{i - \zeta_1} = \dfrac{a_1 - a_3}{a_2 - a_3} \cdot \dfrac{a_2 - z}{a_1 - z}$ (man erhält ζ_1 als linear gebrochene Funktion von z mit reellen Koeffizienten) und setze schließlich $\zeta_1^2 = \dfrac{\zeta^2}{1 + \zeta^2}$. Dann bekommt man bei der Reduktion der elliptischen Integrale neben elementar auswertbaren Integralen nur solche, bei denen die zu integrierende Funktion in Gestalt eines Bruches erscheint, dessen Zähler eine rationale Funktion von ζ^2 und dessen Nenner die Quadratwurzel in der LEGENDRESchen Normalform mit $k^2 = 1 - \varkappa^2$ ist.

Ist dagegen nur ein Paar der a_ν konjugiert imaginär $[a_1 > a_2, a_4 = \bar{a}_3, 0 < \arc(a_3 - a_1) = \vartheta_1 < \pi, 0 < \arc(a_3 - a_2) = \vartheta_2 < \pi]$, so führe man $\Theta_1 = \vartheta_1 - \dfrac{\pi}{2}, \Theta_2 = \vartheta_2 \pm \dfrac{\pi}{2}$, je nachdem $c_0 \gtrless 0$ (Ziff. 18) ist, $\mu = \cot \dfrac{\Theta_1 - \Theta_2}{2}$ ein, berechne ζ_1 aus $\dfrac{1 - i\mu}{1 + i\mu} \cdot \dfrac{1 + \mu \zeta_1}{1 - \mu \zeta_1} = \dfrac{a_1 - a_3}{a_2 - a_3} \cdot \dfrac{a_2 - z}{a_1 - z}$, wodurch sich ζ_1 als linear gebrochene Funktion von z mit reellen Koeffizienten ergibt, und setze schließlich $\zeta_1^2 = \dfrac{1 - \zeta^2}{\mu^2}$. Man erhält hier in ζ die LEGENDREsche Normalform mit $k^2 = \sin^2 \dfrac{\Theta_1 - \Theta_2}{2}$. $a_2 \to \infty$ liefert den Fall $c_0 = 0$.

Gemäß Ziff. 18 erhält man in ζ und $\hat{\xi} = \sqrt{(1 - \zeta^2)(1 - k^2 \zeta^2)}$ Integrale von der Gestalt $\displaystyle\int \frac{d\zeta}{\hat{\xi}}, \int \frac{\zeta^2 d\zeta}{\hat{\xi}}, \int \frac{d\zeta}{(\zeta - c)\hat{\xi}}$, auf die sich alle elliptischen Integrale zurückführen lassen, weil sich $\displaystyle\int \frac{\zeta d\zeta}{\hat{\xi}}$ mit Hilfe der Substitution $\zeta^2 = \zeta_1$ elementar auswerten läßt.

Setzt man mit LEGENDRE

$$F = \int \frac{d\zeta}{\hat{\xi}}, \qquad E = \int \sqrt{\frac{1 - k^2 \zeta^2}{1 - \zeta^2}}\, d\zeta, \qquad \Pi = \int \frac{d\zeta}{\left(1 - \dfrac{\zeta^2}{c^2}\right)\hat{\xi}},$$

so hat man

$$E = F - k^2 \int \frac{\zeta^2 \, d\zeta}{\hat{\xi}}, \qquad \int \frac{d\zeta}{(\zeta - c)\hat{\xi}} = \frac{1}{2} \int \frac{d(\zeta^2)}{(\zeta^2 - c^2)\hat{\xi}} - \frac{1}{c}\, \Pi;$$

alle elliptischen Integrale lassen sich daher auf F, E, Π zurückführen. Sie sind gemäß der Definition von Ziff. 6 und 11 elliptische Integrale erster, zweiter und dritter Gattung und lassen sich mit $\zeta = \sin\varphi$, $-\frac{1}{c^2} = n$ auch in der Form

$$F = \int \frac{d\varphi}{\sqrt{1 - k^2 \sin^2\varphi}}, \quad E = \int \sqrt{1 - k^2 \sin^2\varphi}\, d\varphi, \quad \Pi = \int \frac{d\varphi}{(1 + n\sin^2\varphi)\sqrt{1 - k^2 \sin^2\varphi}}$$

schreiben. Die Integrale $F(\varphi, k) = \int\limits_0^\varphi \frac{d\varphi}{\sqrt{1 - k^2 \sin^2\varphi}}$ und $E(\varphi, k) = \int\limits_0^\varphi \sqrt{1 - k^2 \sin^2\varphi}\, d\varphi$ sind tabuliert.

Ist $\varphi = \pi/2$, so spricht man vom *vollständigen Integral erster bzw. zweiter Gattung* und schreibt $F(\pi/2, k) = \mathsf{K}(k)$, $E(\pi/2, k) = \mathsf{E}(k)$. Für reelle k und $|k| < 1$ erhält man

$$\mathsf{K}(k) = \frac{\pi}{2}\left[1 + \left(\frac{1}{2}\right)^2 k^2 + \left(\frac{1\cdot 3}{2\cdot 4}\right)^2 k^4 + \left(\frac{1\cdot 3\cdot 5}{2\cdot 4\cdot 6}\right)^2 k^6 + \cdots\right],$$

$$\mathsf{E}(k) = \frac{\pi}{2}\left[1 - \left(\frac{1}{2}\right)^2 \frac{k^2}{1} - \left(\frac{1\cdot 3}{2\cdot 4}\right)^2 \frac{k^4}{3} - \left(\frac{1\cdot 3\cdot 5}{2\cdot 4\cdot 6}\right)^2 \frac{k^6}{5} - \cdots\right];$$

ferner ist mit $k' = \sqrt{1 - k^2}$ und $\Lambda = \log\frac{4}{k'}$

$$\mathsf{K} = \Lambda + \frac{\Lambda - 1}{4}\, k'^2 + \frac{9}{64}\left(\Lambda - \frac{7}{6}\right) k'^4 + \frac{25}{256}\left(\Lambda - \frac{37}{30}\right) k'^6 + \cdots.$$

Allgemein ist $\mathsf{E}(k) = \dfrac{e_1 \omega_1 + \eta_1}{2\sqrt{e_1 - e_3}}$ (bezüglich $\sqrt{e_1 - e_3}$ siehe folgende Ziffer). Wird k in K und E durch k' ersetzt, so schreibt man dafür K' und E'.

20. Thetafunktionen. Die elliptischen Funktionen sind als meromorphe Funktionen Quotienten von ganzen Funktionen. Es zeigt sich, daß man nach JACOBI mit vier solchen ganzen Funktionen, den sog. *Thetafunktionen* auskommt. Ihre Definition ist folgende: Wir setzen $v = \dfrac{u}{\omega_1}$, $q = e^{i\pi\tau}$. Dann ist

$$\vartheta_1(v) = i \sum_{n=-\infty}^{+\infty} (-1)^n q^{\left(\frac{2n-1}{2}\right)^2} e^{(2n-1)i\pi v}$$

$$= 2\left(q^{\frac{1}{4}}\sin\pi v - q^{\frac{9}{4}}\sin 3\pi v + q^{\frac{25}{4}}\sin 5\pi v - \cdots\right),$$

$$\vartheta_2(v) = \sum_{n=-\infty}^{+\infty} q^{\left(\frac{2n-1}{2}\right)^2} e^{(2n-1)i\pi v}$$

$$= 2\left(q^{\frac{1}{4}}\cos\pi v + q^{\frac{9}{4}}\cos 3\pi v + q^{\frac{25}{4}}\cos 5\pi v + \cdots\right),$$

$$\vartheta_3(v) = \sum_{n=-\infty}^{+\infty} q^{n^2} e^{2ni\pi v}$$

$$= 1 + 2q\cos 2\pi v + 2q^4\cos 4\pi v + 2q^9\cos 6\pi v + \cdots,$$

$$\vartheta_0(v) = \sum_{n=-\infty}^{+\infty} (-1)^n q^{n^2} e^{2ni\pi v}$$

$$= 1 - 2q\cos 2\pi v + 2q^4\cos 4\pi v - 2q^9\cos 6\pi v + \cdots.$$

Statt $\vartheta_0(v)$ schreibt man oft auch $\vartheta_4(v)$, weil es dadurch möglich wird, mehrere Formeln in eine zusammenzufassen. Führt man daneben noch mit WEIERSTRASS die Funktion $\sigma_1(u)$, $\sigma_2(u)$, $\sigma_3(u)$ ein, so ergibt sich folgender Zusammenhang mit den elliptischen Funktionen (man vergleiche in bezug auf die Bezeichnung immer Ziff. 2, 3, 4):

$$\sigma(u) = \frac{\omega_1}{\vartheta_1'(0)}\, e^{\frac{\eta_1 u^2}{2\omega_1}}\, \vartheta_1(v),$$

$$\sigma_\nu(u) = \frac{1}{\vartheta_{\nu+1}(0)}\, e^{\frac{\eta_1 u^2}{2\omega_1}}\, \vartheta_{\nu+1}(v),$$

$$\sqrt{\wp(u) - e_\nu} = \frac{\sigma_\nu(u)}{\sigma(u)} = \frac{1}{\omega_1}\frac{\vartheta_1'(0)}{\vartheta_{\nu+1}(0)}\frac{\vartheta_{\nu+1}(v)}{\vartheta_1(v)}, \qquad (\nu = 1, 2, 3).$$

Die Thetareihen konvergieren für alle beschränkten v und alle τ eines abgeschlossenen Bereiches der oberen τ-Halbebene absolut und gleichmäßig. Der Zweig der Quadratwurzel in der letzten Formel ist durch diese Formel selbst festgelegt.

Ferner gilt folgende Verwandlungstabelle der Thetafunktionen:

	$v+\frac{1}{2}$	$v+\frac{\tau}{2}$	$v+\frac{1}{2}+\frac{\tau}{2}$	$v+1$	$v+\tau$	$v+1+\tau$
ϑ_1	ϑ_2	$iA\vartheta_0$	$A\vartheta_3$	$-\vartheta_1$	$-B\vartheta_1$	$B\vartheta_1$
ϑ_2	$-\vartheta_1$	$A\vartheta_3$	$-iA\vartheta_0$	$-\vartheta_2$	$B\vartheta_2$	$-B\vartheta_2$
ϑ_3	ϑ_0	$A\vartheta_2$	$iA\vartheta_1$	ϑ_3	$B\vartheta_3$	$B\vartheta_3$
ϑ_0	ϑ_3	$iA\vartheta_1$	$A\vartheta_2$	ϑ_0	$-B\vartheta_0$	$-B\vartheta_0$

Dabei ist $A = e^{-i\pi\left(\frac{\tau}{4}+v\right)}$, $B = e^{-i\pi(\tau+2v)}$. Die Tabelle ist so zu verstehen, daß man, um z. B. $\vartheta_3\left(v+\frac{1}{2}+\frac{\tau}{2}\right)$ durch eine Funktion von v auszudrücken, in die dritte Zeile und dritte Spalte einzugehen hat und dann $\vartheta_3\left(v+\frac{1}{2}+\frac{\tau}{2}\right) = iA\,\vartheta_1(v)$ ablesen kann.

Die folgende Tabelle gibt die Nullstellen der Thetafunktionen und die zugehörigen Werte von $e^{2i\pi v}$; m und n sollen alle ganzen Zahlen durchlaufen.

	v	$e^{2i\pi v}$
ϑ_1	$m + n\tau$	q^{2n}
ϑ_2	$m + n\tau + \frac{1}{2}$	$-q^{2n}$
ϑ_3	$m + n\tau + \frac{1}{2} + \frac{\tau}{2}$	$-q^{2n+1}$
ϑ_0	$m + n\tau + \frac{\tau}{2}$	q^{2n+1}

Aus obigen Formeln erhält man:

$$\frac{\partial^2 \vartheta_\nu(v)}{\partial v^2} = 4i\pi\frac{\partial \vartheta_\nu(v)}{\partial \tau} \quad (\nu = 0, 1, 2, 3), \qquad \vartheta_1'(0) = \pi\vartheta_2(0)\,\vartheta_3(0)\,\vartheta_0(0),$$

$$\sqrt{e_1 - e_2} = \frac{\pi}{\omega_1}[\vartheta_0(0)]^2, \qquad \sqrt{e_1 - e_3} = \frac{\pi}{\omega_1}[\vartheta_3(0)]^2, \qquad \sqrt{e_2 - e_3} = \frac{\pi}{\omega_1}[\vartheta_2(0)]^2,$$

$$e_\nu = \frac{4\,i\,\pi}{\omega_1^2}\left[\frac{1}{3}\,\frac{d\log\vartheta_1'(0)}{d\tau} - \frac{d\log\vartheta_{\nu+1}(0)}{d\tau}\right], \qquad \sqrt[4]{D} = \frac{2\,\pi}{\omega_1^3}\,[\vartheta_1'(0)]^2,$$

$$\vartheta_1(v) = 2q^{\frac{1}{4}}\sin i\pi v\prod_{n=1}^{\infty}(1-q^{2n})(1-q^{2n}e^{2i\pi v})(1-q^{2n}e^{-2i\pi v}),$$

$$\vartheta_2(v) = 2q^{\frac{1}{4}}\cos i\pi v\prod_{n=1}^{\infty}(1-q^{2n})(1+q^{2n}e^{2i\pi v})(1+q^{2n}e^{-2i\pi v}),$$

$$\vartheta_3(v) = \prod_{n=1}^{\infty}(1-q^{2n})(1+q^{2n-1}e^{2i\pi v})(1+q^{2n-1}e^{-2i\pi v}),$$

$$\vartheta_0(v) = \prod_{n=1}^{\infty}(1-q^{2n})(1-q^{2n-1}e^{2i\pi v})(1-q^{2n-1}e^{-2i\pi v}),$$

$$\vartheta_1'(0) = 2\pi q^{\frac{1}{4}}\prod_{n=1}^{\infty}(1-q^{2n})^3, \qquad D = \left(\frac{2\pi}{\omega_1}\right)^{12}q^2\prod_{n=1}^{\infty}(1-q^{2n})^{24}.$$

Die Produkte konvergieren gleichmäßig in den oben angegebenen Bereichen von v und τ und hängen nicht von der Reihenfolge der Faktoren ab.

Ferner ist

$$\eta_1 = \frac{(2\pi)^2}{\omega_1}\left(\frac{1}{12} - 2\sum_{n=1}^{\infty}\frac{n\,q^{2n}}{1-q^{2n}}\right),$$

$$g_2 = \left(\frac{2\pi}{\omega_1}\right)^4\left(\frac{1}{12} + 20\sum_{n=1}^{\infty}\frac{n^3\,q^{2n}}{1-q^{2n}}\right),$$

$$g_3 = \left(\frac{2\pi}{\omega_1}\right)^6\left(\frac{1}{216} - \frac{7}{3}\sum_{n=1}^{\infty}\frac{n^5\,q^{2n}}{1-q^{2n}}\right),$$

$$\zeta(u) = \frac{\eta_1 u}{\omega_1} + \frac{\pi}{\omega_1}\cot\frac{\pi u}{\omega_1} + \frac{4\pi}{\omega_1}\sum_{n=1}^{\infty}\frac{q^{2n}}{1-q^{2n}}\sin\frac{2n\pi u}{\omega_1}.$$

Die letzte Summe konvergiert in einem Parallelstreifen der u-Ebene, welcher durch zwei Gerade begrenzt wird, von denen die eine durch die Gitterpunkte $m\,\omega_1 + \omega_2$, die andere durch die Gitterpunkte $m\,\omega_1 - \omega_2$ geht.

Es ist gebräuchlich, statt $\vartheta_\nu(0)$ einfach ϑ_ν zu schreiben.

21. Jacobische Funktionen. Sie sind definiert durch (man vergleiche immer Ziff. 20):

$$\operatorname{sn}\left(\sqrt{e_1-e_3}\,u\right) = \sqrt{e_1-e_3}\,\frac{\sigma(u)}{\sigma_3(u)} = \frac{\vartheta_3(0)}{\vartheta_2(0)}\frac{\vartheta_1(v)}{\vartheta_0(v)},$$

$$\operatorname{cn}\left(\sqrt{e_1-e_3}\,u\right) = \frac{\sigma_1(u)}{\sigma_3(u)} = \frac{\vartheta_0(0)}{\vartheta_2(0)}\frac{\vartheta_2(v)}{\vartheta_0(v)},$$

$$\operatorname{dn}\left(\sqrt{e_1-e_3}\,u\right) = \frac{\sigma_2(u)}{\sigma_3(u)} = \frac{\vartheta_0(0)}{\vartheta_3(0)}\frac{\vartheta_3(v)}{\vartheta_0(v)},$$

also ist

$$\sqrt{\wp(u)-e_1} = \sqrt{e_1-e_3}\,\frac{\operatorname{cn}\left(\sqrt{e_1-e_3}\,u\right)}{\operatorname{sn}\left(\sqrt{e_1-e_3}\,u\right)},$$

$$\sqrt{\wp(u)-e_2} = \sqrt{e_1-e_3}\,\frac{\operatorname{dn}\left(\sqrt{e_1-e_3}\,u\right)}{\operatorname{sn}\left(\sqrt{e_1-e_3}\,u\right)},$$

$$\sqrt{\wp(u)-e_3} = \sqrt{e_1-e_3}\,\frac{1}{\operatorname{sn}\left(\sqrt{e_1-e_3}\,u\right)}.$$

Wir setzen im folgenden $\sqrt{e_1 - e_3}\, u = w$. sn w ist eine ungerade Funktion, cn w und dn w sind gerade Funktionen, $\left(\dfrac{d\,\text{sn}\,w}{d\,w}\right)_{w=0} = 1$, cn $0 = $ dn $0 = 1$. Alle drei Funktionen hängen nur von w und τ ab.

Führen wir $\sqrt{k} = \dfrac{\vartheta_2(0)}{\vartheta_3(0)}$ und $\sqrt{k'} = \dfrac{\vartheta_0(0)}{\vartheta_3(0)}$, also $k^2 = \dfrac{e_2 - e_3}{e_1 - e_3}$ und $k'^2 = \dfrac{e_1 - e_2}{e_1 - e_3}$ ein, so daß $k^2 + k'^2 = 1$ ist, so hat man folgende Beziehungen

$$\text{cn}^2\, w + \text{sn}^2\, w = 1, \quad \text{dn}^2\, w + k^2\, \text{sn}^2\, w = 1.$$

k nennt man den *Modul* der Funktionen, k' sein *Komplement*. Von JACOBI stammen die Bezeichnungen (vgl. Ziff. 19)

$$\mathsf{K} = \frac{\pi}{2}\, [\vartheta_3(0)]^2 \quad \text{und} \quad i\,\mathsf{K}' = \frac{\pi}{2}\, [\vartheta_3(0)]^2\, \tau.$$

Verwandlungsformeln für die JACOBIschen Funktionen (so zu verstehen wie in der vorigen Ziffer):

	$w + \mathsf{K}$	$w + i\mathsf{K}'$	$w + \mathsf{K} + i\mathsf{K}'$	$w + 2\mathsf{K}$	$w + 2i\mathsf{K}'$	$w + 2\mathsf{K} + 2i\mathsf{K}'$
sn	$\dfrac{\text{cn}\,w}{\text{dn}\,w}$	$\dfrac{1}{k\,\text{sn}\,w}$	$\dfrac{\text{dn}\,w}{k\,\text{cn}\,w}$	$-\,\text{sn}\,w$	$\text{sn}\,w$	$-\,\text{sn}\,w$
cn	$-\,k'\dfrac{\text{sn}\,w}{\text{dn}\,w}$	$-\dfrac{i\,\text{dn}\,w}{k\,\text{sn}\,w}$	$-\dfrac{ik'}{k\,\text{cn}\,w}$	$-\,\text{cn}\,w$	$-\,\text{cn}\,w$	$\text{cn}\,w$
dn	$-\dfrac{k'}{\text{dn}\,w}$	$-\dfrac{i\,\text{cn}\,w}{\text{sn}\,w}$	$\dfrac{ik'\,\text{sn}\,w}{\text{cn}\,w}$	$\text{dn}\,w$	$-\,\text{dn}\,w$	$-\,\text{dn}\,w$

	Nullstellen	Pole	Primitive Perioden
sn w	$2n\mathsf{K} + 2n'i\mathsf{K}'$	$2n\mathsf{K} + (2n'+1)\,i\mathsf{K}'$	$4\mathsf{K}, 2i\mathsf{K}'$
cn w	$(2n+1)\,\mathsf{K} + 2n'i\mathsf{K}'$	$2n\mathsf{K} + (2n'+1)\,i\mathsf{K}'$	$4\mathsf{K}, 2\mathsf{K} + 2i\mathsf{K}'$
dn w	$(2n+1)\,\mathsf{K} + (2n'+1)\,i\mathsf{K}'$	$2n\mathsf{K} + (2n'+1)\,i\mathsf{K}'$	$2\mathsf{K}, 4i\mathsf{K}'$

$(n$ und n' durchlaufen alle ganze Zahlen$)$.

Die Funktionen genügen folgenden Differentialgleichungen und Additionstheoremen:

$$\frac{d\,\text{sn}\,w}{d\,w} = \text{cn}\,w\,\text{dn}\,w, \qquad \frac{d\,\text{cn}\,w}{d\,w} = -\,\text{sn}\,w\,\text{dn}\,w, \qquad \frac{d\,\text{dn}\,w}{d\,w} = -\,k^2\,\text{sn}\,w\,\text{cn}\,w,$$

oder

$$\left(\frac{d\,\text{sn}\,w}{d\,w}\right)^2 = (1 - \text{sn}^2\,w)(1 - k^2\,\text{sn}^2\,w),$$

$$\left(\frac{d\,\text{cn}\,w}{d\,w}\right)^2 = (1 - \text{cn}^2\,w)(k'^2 + k^2\,\text{cn}^2\,w),$$

$$\left(\frac{d\,\text{dn}\,w}{d\,w}\right)^2 = -\,(1 - \text{dn}^2\,w)(k'^2 - \text{dn}^2\,w),$$

$$\text{sn}\,(w_1 + w_2) = \frac{\text{sn}\,w_1\,\text{cn}\,w_2\,\text{dn}\,w_2 + \text{sn}\,w_2\,\text{cn}\,w_1\,\text{dn}\,w_1}{1 - k^2\,\text{sn}^2\,w_1\,\text{sn}^2\,w_2},$$

$$\text{cn}\,(w_1 + w_2) = \frac{\text{cn}\,w_1\,\text{cn}\,w_2 - \text{sn}\,w_1\,\text{dn}\,w_1\,\text{sn}\,w_2\,\text{dn}\,w_2}{1 - k^2\,\text{sn}^2\,w_1\,\text{sn}^2\,w_2},$$

$$\text{dn}\,(w_1 + w_2) = \frac{\text{dn}\,w_1\,\text{dn}\,w_2 - k^2\,\text{sn}\,w_1\,\text{cn}\,w_1\,\text{sn}\,w_2\,\text{cn}\,w_2}{1 - k^2\,\text{sn}^2\,w_1\,\text{sn}^2\,w_2}.$$

$z = \mathrm{sn}\, w$ ist also die Umkehrungsfunktion des Legendreschen Normalintegrals

erster Gattung $w = \int\limits_0^z \dfrac{d\zeta}{\sqrt{(1-\zeta^2)(1-k^2\zeta^2)}}$. Schreibt man dieses mit $z = \sin\varphi$ in

der Gestalt $w = \int\limits_0^\varphi \dfrac{d\varphi}{\sqrt{1-k^2\sin^2\varphi}}$ und setzt $\varphi = \mathrm{am}\, w$ *(amplitudo)*, so hat man

$z = \sin \mathrm{am}\, w$ *(sinus amplitudinis)*. Das war die Bezeichnung von Jacobi. Gudermann führte dafür die Abkürzung sn ein. cn w bedeutet jetzt tatsächlich cos am w *(cosinus amplitudinis)* infolge der Beziehung $\mathrm{cn}^2 w + \mathrm{sn}^2 w = 1$, und dn w ist Δ am w *(delta amplitudinis)*.

Ferner ist $\int\limits_0^z \sqrt{\dfrac{1-k^2\zeta^2}{1-\zeta^2}}\, d\zeta = \int\limits_0^w \mathrm{dn}^2 w\, dw$ mit $z = \mathrm{sn}\, w$ und (vgl. Ziff. 19)

$\mathsf{E}\mathsf{K}' + \mathsf{E}'\mathsf{K} - \mathsf{K}\mathsf{K}' = \pi/2$ (Legendre). Die Perioden des Legendreschen Normalintegrals zweiter Gattung sind $4\mathsf{E}$ und $2i(\mathsf{K}'-\mathsf{E}')$.

22. Transformation der Thetafunktionen. Wollen wir bei den Thetafunktionen die Abhängigkeit von τ zum Ausdruck bringen, so schreiben wir $\vartheta(v\,|\,\tau)$. Für die erzeugenden Substitutionen der Modulgruppe (Ziff. 13), also für die Transformationen erster Ordnung (Ziff. 16) hat man folgende Formeln:

$$\vartheta_1(v\,|\,\tau+1) = e^{\frac{i\pi}{4}}\vartheta_1(v\,|\,\tau), \qquad \vartheta_1\left(\frac{v}{\tau}\,\Big|\, -\frac{1}{\tau}\right) = \frac{1}{i}\sqrt{\frac{\tau}{i}}\, e^{\frac{i\pi}{\tau}v^2}\vartheta_1(v\,|\,\tau),$$

$$\vartheta_2(v\,|\,\tau+1) = e^{\frac{i\pi}{4}}\vartheta_2(v\,|\,\tau), \qquad \vartheta_2\left(\frac{v}{\tau}\,\Big|\, -\frac{1}{\tau}\right) = \sqrt{\frac{\tau}{i}}\, e^{\frac{i\pi}{\tau}v^2}\vartheta_0(v\,|\,\tau),$$

$$\vartheta_3(v\,|\,\tau+1) = \vartheta_0(v\,|\,\tau), \qquad \vartheta_3\left(\frac{v}{\tau}\,\Big|\, -\frac{1}{\tau}\right) = \sqrt{\frac{\tau}{i}}\, e^{\frac{i\pi}{\tau}v^2}\vartheta_3(v\,|\,\tau),$$

$$\vartheta_0(v\,|\,\tau+1) = \vartheta_3(v\,|\,\tau), \qquad \vartheta_0\left(\frac{v}{\tau}\,\Big|\, -\frac{1}{\tau}\right) = \sqrt{\frac{\tau}{i}}\, e^{\frac{i\pi}{\tau}v^2}\vartheta_2(v\,|\,\tau).$$

Dabei ist für $\sqrt{\tau/i}$ in der oberen τ-Halbebene derjenige Zweig der Quadratwurzel zu wählen, der sich für $\tau = i$ auf $+1$ reduziert. $v = 0$ liefert die vielgebrauchte Formel

$$\sum_{n=-\infty}^{+\infty} e^{i\pi n^2\tau} = \sqrt{\frac{i}{\tau}} \sum_{n=-\infty}^{+\infty} e^{\frac{-i\pi n^2}{\tau}}.$$

Man kann diese Transformationsformeln gemäß Ziff. 13 und 14 dazu benützen, um τ durch einen äquivalenten Wert im Bereich E zu ersetzen. Dort ist $|\tau| \geq 1$ und der imaginäre Teil $\geq \frac{1}{2}\sqrt{3}$, daher für das zugehörige $q = e^{i\pi\tau}$ der Betrag $|q| \leq e^{-\frac{\pi\sqrt{3}}{2}} = 0,0658\ldots < \frac{1}{15}$, d.h. man erhält sehr rasch konvergierende Reihen für numerische Rechnungen.

Die Transformationen zweiter Ordnung führen zur sog. Landenschen *Transformation*, welche in folgendem besteht: Durch die Substitution

$$y = (1+k')\cdot\frac{x\sqrt{1-x^2}}{\sqrt{1-k^2 x^2}}$$

(Ziff. 21) erhält man

$$(1+k')\int \frac{dx}{\sqrt{(1-x^2)(1-k^2 x^2)}} = \int \frac{dy}{\sqrt{(1-y^2)\left[1-\left(\dfrac{1-k'}{1+k'}\right)^2 y^2\right]}}$$

und kommt damit zu einer Verkleinerung des Moduls, falls k und k' reell sind und zwischen 0 und 1 liegen. Durch wiederholte Anwendung kann man den Modul immer mehr verkleinern. Ist er schließlich so klein geworden, daß er vernachlässigt werden kann, dann läßt sich das Integral durch $\int \dfrac{dy}{\sqrt{1-y^2}} =$ arc sin y ersetzen, so daß also die mehrfach wiederholte LANDENsche Transformation zur Berechnung der elliptischen Integrale dienen kann.

Sie gestattet insbesondere nach GAUSS eine einfache Berechnung des Integrals

$$\mathsf{K} = \int_0^1 \frac{dx}{\sqrt{(1-x^2)(1-k^2 x^2)}} = \int_0^{\frac{\pi}{2}} \frac{d\varphi}{\sqrt{1-k^2\sin^2\varphi}} \, ,$$

wenn $0 < k < 1$ ist. Die Formel folgt nach Ziff. 7 daraus, daß man die eine Periode $4\mathsf{K}$ der Funktion $x = \operatorname{sn} u$ dadurch erhält, daß man längs des Querschnittes Q integriert, den man um die beiden Verzweigungspunkte ± 1 zusammenziehen kann. Es ergibt sich $\mathsf{K} = \dfrac{\pi}{2M(1, k')}$ und durch Vertauschung von k mit k' ebenso

$$\mathsf{K}' = \int_0^{\frac{\pi}{2}} \frac{d\varphi}{\sqrt{1-k'^2\sin^2\varphi}} = \frac{\pi}{2M(1, k)} \, .$$

Dabei bedeutet $M(a_1, b_1)$ das sog. *arithmetisch-geometrische Mittel* der beiden positiven Zahlen a_1 und b_1. Es ist definiert durch $M(a_1, b_1) = \lim\limits_{n \to \infty} a_n = \lim\limits_{n \to \infty} b_n$, wobei $a_{n+1} = \dfrac{a_n + b_n}{2}$, $b_{n+1} = \sqrt{a_n b_n}$, $(n = 1, 2, 3, \ldots)$ ist. Damit lassen sich dann $\tau = \dfrac{i\mathsf{K}'}{\mathsf{K}}$ und $q = e^{i\pi\tau}$ berechnen. Für alle weiteren Einzelheiten und Formeln zur Berechnung der elliptischen Funktionen und Integrale sei hingewiesen auf das Buch von F. TRICOMI und M. KRAFFT, Elliptische Funktionen, Leipzig 1948, Akademische Verlagsgesellschaft.

Literatur

zu den Abschnitten: Grundbegriffe der klassischen Analysis, gewöhnliche Differentialgleichungen, Funktionentheorie, das LEBESGUEsche Integral, partielle Differentialgleichungen, elliptische Funktionen und Integrale.

BIEBERBACH, L.: Theorie der Differentialgleichungen. Berlin: Springer 1926.
— Lehrbuch der Funktionentheorie, 2 Bde. Leipzig u. Berlin: B. G. Teubner 1927.
— Theorie der gewöhnlichen Differentialgleichungen auf funktionentheoretischer Grundlage dargestellt. Berlin-Göttingen-Heidelberg: Springer 1953.
BROMWICH, T. J. I' A., u. T. M. MACROBERT: An Introduction to the Theory of Infinite Series. London: Macmillan & Co. 1949.
BURCKHARDT, H., u. G. FABER: Funktionentheoretische Vorlesungen, 2 Bde. Berlin u. Leipzig: W. de Gruyter & Co. 1921.
BURKILL, J. C.: The Lebesgue Integral. Cambridge: University Press 1953.
BYRD, P. F., u. M. D. FRIEDMANN: Handbook of Elliptic Integrals for Engineers and Physicists. Berlin-Göttingen-Heidelberg: Springer 1954.
CARATHÉODORY, C.: Variationsrechnung und partielle Differentialgleichungen erster Ordnung. Leipzig u. Berlin: B. G. Teubner 1935.
COURANT, R.: Vorlesungen über Differential- und Integralrechnung, 2 Bde. Berlin: Springer 1955.
EMDE, F.: Tafeln elementarer Funktionen. Leipzig: B. G. Teubner 1948.
GOURSAT, E.: Leçons sur l'intégration des équations aux dérivées partielles du premier ordre. Paris: J. Hermann 1921.
— Leçons sur le problème de PFAFF. Paris: J. Hermann 1922.

Gröbner, W., u. N. Hofreiter: Integraltafel, 2 Bde. Wien u. Innsbruck: Springer 1950.

Hurwitz, A., u. R. Courant: Vorlesungen über allgemeine Funktionentheorie und elliptische Funktionen. Berlin: Springer 1925.

Ince, E. L.: Ordinary Differential Equations. Dover Publications, inc. 1926.

Jahnke, E., u. F. Emde: Tafeln höherer Funktionen. Leipzig: B. G. Teubner 1948.

Kamke, E.: Das Lebesguesche Integral. Leipzig u. Berlin: B. G. Teubner 1925.

— Differentialgleichungen, Lösungsmethoden und Lösungen, 2 Bde. Leipzig: Akademische Verlagsgesellschaft 1944.

— Differentialgleichungen reeller Funktionen. Leipzig: Akademische Verlagsgesellschaft 1950.

Knopp, K.: Theorie und Anwendung der unendlichen Reihen. Berlin: Springer 1947.

— Funktionentheorie mit Aufgabensammlung, 4 Bde. aus der Sammlung Göschen. Berlin: W. de Gruyter & Co. 1949.

Kober, H.: Dictionary of Conformal Representations. Dover Publications, inc. 1952.

Magnus, W., u. F. Oberhettinger: Formeln und Sätze für die speziellen Funktionen der mathematischen Physik. Berlin: Springer 1948.

— — Anwendung der elliptischen Funktionen in Physik und Technik. Berlin-Göttingen-Heidelberg: Springer 1949.

Mangoldt, H. v., u. K. Knopp: Einführung in die Höhere Mathematik, 3 Bde. Stuttgart: S. Hirzel 1947.

Milne-Thomson, L. M., and L. J. Comrie: Standard Four-figure Mathematical Tables. London: Macmillan & Co. 1948.

Rothe, R.: Höhere Mathematik für Mathematiker, Physiker, Ingenieure. Leipzig: B. G. Teubner 1953.

Sauer, R.: Anfangswertprobleme bei partiellen Differentialgleichungen. Berlin-Göttingen-Heidelberg: Springer 1953.

Tricomi, F., u. M. Krafft: Elliptische Funktionen. Leipzig: Akademische Verlagsgesellschaft 1948.

Whittaker, E. T.: A Treatise on the Analytical Dynamics. Cambridge: University Press 1917.

—, u. G. N. Watson: A Course of Modern Analysis. Cambridge: University Press 1935.

Spezielle Funktionen der mathematischen Physik.

Von

J. MEIXNER.

Mit 2 Figuren.

A. Definitionen und einfache Eigenschaften.

1. Abgrenzung der zu behandelnden speziellen Funktionen. Unter speziellen Funktionen der mathematischen Physik versteht man eine Reihe von häufig in physikalischen Anwendungen auftretenden nicht elementaren Funktionen. Rechnen wir die Gamma-Funktion und die Beta-Funktion (s. S. 66) noch zu den elementaren Funktionen, so kann man die wichtigsten speziellen Funktionen der mathematischen Physik heute etwa so abgrenzen: zu ihnen gehören die elliptischen Funktionen, die hypergeometrische Funktion mit ihren Spezial- und Grenzfällen (BESSELsche Funktionen, Kugelfunktionen, WHITTAKERsche Funktionen), die MATHIEUschen Funktionen und die Sphäroidfunktionen. Die elliptischen Funktionen spielen hinsichtlich ihrer Eigenschaften und der Methoden zu ihrer Untersuchung eine Sonderrolle und werden deshalb in einem besonderen Beitrag dieses Bandes behandelt.

Die übrigen und uns hier beschäftigenden speziellen Funktionen der mathemathischen Physik — wir nennen sie im folgenden kurz spezielle Funktionen — zerfallen in zwei deutlich zu unterscheidende Gruppen. Die erste Gruppe besteht aus der hypergeometrischen Funktion und ihren Grenzfällen; wir sprechen bei allen diesen Funktionen von einfachen speziellen Funktionen. Sie sind in mehrfacher Weise vor den übrigen speziellen Funktionen ausgezeichnet; so gelten für sie Rekursionsformeln und Differenzen-Differentialgleichungen mit einfachen rationalen Koeffizienten; sie besitzen ferner Entwicklungen verschiedener Art mit einfachen explizit angebbaren Koeffizienten und besitzen Integraldarstellungen durch elementare Funktionen. Keine dieser Eigenschaften gilt für die zweite Gruppe, welche MATHIEU-Funktionen und Sphäroidfunktionen umfaßt; damit wird deren Theorie erheblich komplizierter. Trotzdem bestehen hinsichtlich der Behandlungsmethoden manche Gemeinsamkeiten zwischen den einfachen und den übrigen speziellen Funktionen. Das liegt einmal daran, daß alle speziellen Funktionen Lösungen von homogenen linearen Differentialgleichungen zweiter Ordnung mit rationalen Koeffizienten sind, aber auch in der Tatsache, daß die angegebenen speziellen Funktionen mit Ausnahme der allgemeinen hypergeometrischen Funktion bei der Separation der dreidimensionalen Schwingungsgleichung auftreten.

Wenn wir aus der zweiten Gruppe von speziellen Funktionen nur die MATHIEUschen Funktionen und die Sphäroidfunktionen herausgreifen, so ist dies allein dadurch bedingt, daß diese Funktionen viel eingehender untersucht sind als etwa die Funktionen des dreiachsigen Ellipsoids — bei welchen sich übrigens elliptische und spezielle Funktionen begegnen — oder die Lösungen der HEUNschen Differentialgleichung, um nur einige Beispiele zu nennen.

10*

Die folgende Darstellung der speziellen Funktionen beschränkt sich auf die Wiedergabe eines kleinen, allerdings des wichtigsten Teils ihrer Eigenschaften. Die Beweise sind häufig nur angedeutet; insbesondere konnten die Abschnitte über Mathieusche Funktionen und Sphäroidfunktionen aus Umfangsgründen fast nur die Definitionen und Bezeichnungen bringen. Dagegen wurde versucht, die allgemeinen Methoden zur Behandlung der speziellen Funktionen etwas mehr zu betonen. Das bedingt, daß sich viele Formeln zu den gleichen Funktionen oft an verschiedenen Stellen finden. Hinweise geben wir am Schluß der Ziff. 2 bis 5.

Für Beweise und viele weitere Einzelheiten muß auf die umfangreiche Literatur verwiesen werden. Wir geben am Ende des Artikels eine Auswahl von Werken über spezielle Funktionen.

2. Hypergeometrische Funktionen. α) *Definition.* Die hypergeometrische Funktion $F(a, b; c; z)$ mit der Variablen z und den Parametern a, b, c wird durch die innerhalb des Einheitskreises $|z| < 1$ der komplexen z-Ebene konvergente hypergeometrische Reihe

$$F(a, b; c; z) = 1 + \frac{a \cdot b}{c \cdot 1!} z + \frac{a(a+1)\,b(b+1)}{c(c+1) \cdot 2!} z^2 + \cdots \qquad (2.1)$$

und darüber hinaus durch analytische Fortsetzung definiert. Die Fälle $c = 0$, $-1, -2, \ldots$ sind auszuschließen, da dann die hypergeometrische Reihe sinnlos wird. Ist a oder b gleich $-n$ $(n = 0, 1, 2, \ldots)$, so bricht die hypergeometrische Reihe ab, die hypergeometrische Funktion ist ein Polynom vom Grad n und damit durch (2.1) bereits für alle z definiert. Viele elementare Funktionen lassen sich als hypergeometrische Funktionen schreiben. Zum Beispiel ist

$$(1 - z)^n = F(-n, 1; 1; z); \qquad \arctan z = z\,F(\tfrac{1}{2}, 1; \tfrac{3}{2}; -z^2);$$

$$\frac{\sin n z}{n \cdot \sin z} = F\left(\frac{1+n}{2}, \frac{1-n}{2}; \frac{3}{2}; \sin^2 z\right); \qquad \log(1 + z) = z\,F(1, 1; 2; -z).$$

Der Quotient zweier aufeinander folgender Reihenglieder in (2.1) mit den Potenzen z^{n+1} und z^n ist für große n, falls $a, b \neq 0, -1, -2, \ldots$

$$\frac{(a+n)(b+n)}{(c+n)(1+n)} z = \left(1 + \frac{a+b-c-1}{n} + O\left(\frac{1}{n^2}\right)\right) z.$$

Daraus folgt unmittelbar die absolute Konvergenz der hypergeometrischen Reihe für $|z| < 1$. Mittels der feineren Konvergenzkriterien findet man, daß die hypergeometrische Reihe überdies

$$\text{für} \quad \mathrm{Re}(a + b - c) < 0$$

auf dem ganzen Einheitskreis absolut konvergiert,

$$\text{für} \quad 0 \leq \mathrm{Re}(a + b - c) < 1$$

auf dem ganzen Einheitskreis mit Ausnahme von $z = 1$ konvergiert,

$$\text{für} \quad 1 \leq \mathrm{Re}(a + b - c)$$

auf dem ganzen Einheitskreis divergiert.

β) *Die hypergeometrische Differentialgleichung.* Durch Einsetzen der Reihe (2.1) und Koeffizientenvergleich findet man, daß die hypergeometrische Funktion zunächst in $|z| < 1$ der Differentialgleichung

$$z(1 - z)\frac{d^2 y}{dz^2} + [c - (a + b + 1)z]\frac{dy}{dz} - a\,b\,y = 0 \qquad (2.2)$$

genügt. Man nennt sie deshalb hypergeometrische Differentialgleichung. Sie besitzt Lösungen, die in der ganzen z-Ebene mit eventueller Ausnahme der Punkte $z = 0, 1, \infty$ regulär sind (vgl. dazu auch Ziff. 6, Satz 1). Jene spezielle Lösung, welche im Einheitskreis mit $F(a, b; c; z)$ übereinstimmt, liefert also unmittelbar die analytische Fortsetzung dieser hypergeometrischen Funktion über den Einheitskreis hinaus. Für $c \neq 1, 2, 3, 4, \ldots$ ist $z^{1-c} F(a - c + 1, b - c + 1; 2 - c; z)$ eine weitere Lösung von (2.2), wie man durch Einsetzen der zugehörigen Reihenentwicklung in (2.2) bestätigt; sie ist von $F(a, b; c; z)$ linear unabhängig, falls c keine ganze Zahl ist.

Die Punkte $z = 0, 1, \infty$ sind sog. außerwesentlich singuläre Stellen der hypergeometrischen Differentialgleichung; d.h. (2.2) besitzt wenigstens eine Lösung, die sich in der Umgebung von $z = 0$ bzw. $z = 1$ bzw. $z = \infty$ wie $z^{\varrho_0} P_0(z)$ bzw. $(1 - z)^{\varrho_1} P_1(1 - z)$ bzw. $z^{-\varrho_2} P_2(1/z)$ verhält, worin P_0, P_1, P_2 Potenzreihen des Argumentes mit von Null verschiedenem Wert für das Argument Null sind. Durch Einsetzen in (2.2) stellt man fest, daß

$$\varrho_0 = 0 \quad \text{oder} \quad 1 - c, \quad \varrho_1 = 0 \quad \text{oder} \quad c - a - b, \quad \varrho_2 = a \quad \text{oder} \quad b \quad (2.3)$$

ist. Die Potenzreihen P_0, P_1, P_2 konvergieren mindestens in dem größten Kreis um den betreffenden singulären Punkt, der in seinem Inneren keine weitere singuläre Stelle enthält, also $P_0(z)$ in $|z| < 1$, $P_1(z)$ in $|z - 1| < 1$, $P_2(1/z)$ in $|z| > 1$.

Die Differentialgleichung (2.2) besitzt die wichtige Eigenschaft, daß sie sich bei einer der Transformationen

$$\zeta = \frac{1}{z}, \quad \zeta = \frac{1}{1 - z}, \quad \zeta = \frac{z}{z - 1}, \quad \zeta = 1 - z, \quad \zeta = \frac{z - 1}{z}$$

nach Herausziehen eines geeigneten Faktors $z^\alpha (1 - z)^\beta$ mit geeigneten α, β reproduziert, allerdings mit anderen Werten der Parameter a, b, c (vgl. hierzu Ziff. 7α). Man kann daher Lösungen von (2.2) auch durch hypergeometrische Funktionen mit dem vierten Argument ζ ausdrücken, wobei ζ eine der oben angegebenen Bedeutungen hat; insbesondere läßt sich $F(a, b; c; z)$ durch zwei linear unabhängige dieser Lösungen mit verschiedenen oder gleichen Argumenten ausdrücken und da die in ihnen auftretenden hypergeometrischen Reihen die Konvergenzbereiche $\left|\frac{1}{z}\right| < 1$ bzw. $\left|\frac{1}{1 - z}\right| < 1 \ldots$ bzw. $\left|\frac{z - 1}{z}\right| < 1$ haben, so ist damit die analytische Fortsetzung von $F(a, b; c; z)$ über den Einheitskreis hinaus explizit geleistet. Im einzelnen gelten, soweit die auftretenden hypergeometrischen Funktionen definiert sind, unter anderen folgende Beziehungen:

$$\left. \begin{aligned} F(a, b; c; z) &= (1 - z)^{-a} F\left(a, c - b; c; \frac{z}{z - 1}\right) \\ &= (1 - z)^{-b} F\left(c - a, b; c; \frac{z}{z - 1}\right) \\ &= (1 - z)^{c - a - b} F(c - a, c - b; c; z), \end{aligned} \right\} \quad (2.4)$$

$$\left. \begin{aligned} F(a, b; c; z) &= \frac{\Gamma(c)\,\Gamma(c - a - b)}{\Gamma(c - a)\,\Gamma(c - b)} F(a, b; a + b - c + 1; 1 - z) + \\ &\quad + (1 - z)^{c - a - b} \frac{\Gamma(c)\,\Gamma(a + b - c)}{\Gamma(a)\,\Gamma(b)} F(c - a, c - b; c - a - b + 1; 1 - z), \end{aligned} \right\} \quad (2.5)$$

$$\left. \begin{aligned} F(a, b; c; z) &= \frac{\Gamma(c)\,\Gamma(b - a)}{\Gamma(b)\,\Gamma(c - a)} (-z)^{-a} F\left(a, 1 - c + a; 1 - b + a; \frac{1}{z}\right) + \\ &\quad + \frac{\Gamma(c)\,\Gamma(a - b)}{\Gamma(a)\,\Gamma(c - b)} (-z)^{-b} F\left(b, 1 - c + b; 1 - a + b; \frac{1}{z}\right). \end{aligned} \right\} \quad (2.6)$$

Diese analytischen Fortsetzungen gelten in der von $z=1$ bis $z=\infty$ aufge-
schnittenen z-Ebene und es ist in (2.6) $|\arg(-z)| < \pi$ für $|z| \geq 1$ bzw. in (2.5)
$|\arg(1-z)|$ für $< \pi\,|z-1| \leq 1$ zu wählen.

Die Beziehungen (2.4) ergeben sich daraus, daß die rechts stehenden Funktionen (2.2) genügen und für $z=0$ den Wert 1 haben, während die linke Seite
für $c \neq 1, 0, -1, \ldots$ nach (2.3) die einzige Lösung von (2.2) ist, welche für $z=0$
weder verschwindet noch unendlich wird und ebenfalls den Wert 1 annimmt.
Zum Beweis von (2.5) zeigt man zunächst, daß die beiden rechts stehenden Funktionen, abgesehen von Ausnahmewerten der Parameter wie $c=a, a+b-c=$
ganz usw., linear unabhängige Lösungen von (2.2) sind. Es bleiben dann nur
noch die Koeffizienten nachzuprüfen. Dazu nehme man erst $\mathrm{Re}\,(a+b-c) < 0$
an. Dann wird der Koeffizient von $F(a, b; a+b-c+1; 1-z)$ bestätigt, indem
man $z=1$ setzt und (s. Ziff. 2γ)

$$F(a, b; c; 1) = \frac{\Gamma(c)\,\Gamma(c-a-b)}{\Gamma(c-a)\,\Gamma(c-b)} \quad \text{für} \quad \mathrm{Re}\,(a+b-c) < 0 \qquad (2.7)$$

berücksichtigt. Dann nehme man $\mathrm{Re}\,(a+b-c) > 0$ an, ersetze die linke Seite
von (2.5) durch die letzte Beziehung in (2.4), setze wieder $z=1$ und wende (2.7)
an. Der Rest folgt daraus, daß nach einem Satz von Schäfke[1] über lineare
Differentialgleichungen mit Parametern alle hypergeometrischen Funktionen bei
festgehaltenem dritten und vierten Agument ganze Funktionen der ersten beiden
Argumente (und zwar von der Wachstumsordnung ≤ 1) sind. — Durch geeignete Kombination von (2.4) und (2.5) ergibt sich schließlich (2.6).

$\gamma)$ *Rekursionsformeln.* Für drei hypergeometrische Funktionen mit gleichem
vierten Argument, deren erstes, zweites und drittes Argument sich je um eine
ganze Zahl unterscheiden, gilt eine homogene lineare Gleichung mit Polynomen
in z als Koeffizienten. Wir geben die folgenden dieser Rekursionsformeln an,
aus denen sich alle übrigen herleiten lassen.

$$\left. \begin{aligned} c\,[c-1-(2c-a-b-1)\,z]\,F(a, b; c; z) + (c-a)\,(c-b)\,z\,F(a, b; c+1; z) + \\ + c\,(c-1)\,(z-1)\cdot F(a, b; c-1; z) = 0, \end{aligned} \right\} \quad (2.8)$$

$$\left. \begin{aligned} (2a-c-az+bz)\,F(a, b; c; z) + (c-a)\,F(a-1, b; c; z) + \\ + a\,(z-1)\,F(a+1; b; c; z) = 0, \end{aligned} \right\} \quad (2.9)$$

$$\left. \begin{aligned} (2b-c-bz+az)\,F(a, b; c; z) + (c-b)\,F(a, b-1; c; z) + \\ + b\,(z-1)\,F(a, b+1; c; z) = 0, \end{aligned} \right\} \quad (2.10)$$

$$\left. \begin{aligned} (c-b)\,F(a, b-1; c; z) + (a-c)\,F(a-1, b; c; z) + \\ + (a-b)\,(z-1)\,F(a, b; c; z) = 0, \end{aligned} \right\} \quad (2.11)$$

$$c\,F(a, b; c; z) - (c-a)\,F(a, b; c+1; z) - a\,F(a+1, b; c+1; z) = 0. \qquad (2.12)$$

Ihr Beweis erfolgt durch Einsetzen der Reihenentwicklung (2.1) und Koeffizientenvergleich. Ebenso beweist man die Beziehung

$$\frac{dF(a, b; c; z)}{dz} = \frac{a \cdot b}{c}\,F(a+1, b+1; c+1; z). \qquad (2.13)$$

<hr>

[1] F. W. Schäfke: Math. Nachr. **3**, 20—39 (1949); **6**, 45—50 (1951).

Die in Ziff. 2β eingeführte, im allgemeinen von $F(a, b; c; z)$ linear unabhängige Lösung von (2.2) versehen wir noch mit einem von z unabhängigen Faktor und schreiben

$$\Phi(a, b; c; z) = \frac{\Gamma(\alpha)\,\Gamma(\beta)\,\Gamma(c-1)}{\Gamma(a)\,\Gamma(b)\,\Gamma(\gamma-1)}\, z^{\gamma-1} F(\alpha, \beta; \gamma; z) \atop (\alpha = a - c + 1, \quad \beta = b - c + 1, \quad \gamma = 2 - c). \tag{2.14}$$

Diese Funktionen $\Phi(a, b; c; z)$ sind dann nicht nur Lösungen von (2.2), sondern genügen auch (2.13) und den Rekursionsformeln (2.8) bis (2.12). Man könnte diese Funktionen, in Analogie zu den Bezeichnungen bei manchen anderen speziellen Funktionen, hypergeometrische Funktionen zweiter Art nennen.

Für $z = 1$ folgt aus (2.8), wenn $c \neq 0, -1, -2, \ldots$ und $\operatorname{Re}(a + b - c) < 0$,

$$F(a, b; c; 1) = \frac{(c-a)(c-b)}{c(c-a-b)} F(a, b; c+1; 1).$$

Wendet man diese Beziehung wiederholt an, so ergibt sich mit $n = 1, 2, 3, \ldots$

$$F(a, b; c; 1) = \frac{\Gamma(c)\Gamma(c-a-b)}{\Gamma(c-a)\Gamma(c-b)} \frac{\Gamma(c+n-a)\Gamma(c+n-b)}{\Gamma(c+n)\Gamma(c+n-a-b)} F(a, b; c+n; 1).$$

Für $n \to \infty$ hat der zweite Bruch den Grenzwert 1; das folgt durch Einsetzen der STIRLINGschen Formel

$$\log \Gamma(z) = \left(z - \frac{1}{2}\right) \log z - z + \frac{1}{2} \log 2\pi + O\left(\frac{1}{z}\right),$$

die für $|z| \gg 1$ in $|\arg z| < \pi - \delta$, $\delta > 0$ gilt. Ferner folgert man leicht aus der Reihendarstellung (2.1), daß $\lim_{n \to \infty} F(a, b; c+n; 1) = 1$ gilt. Damit ist (2.7) bestätigt.

δ) *Integraldarstellungen.* Für $\operatorname{Re} c > \operatorname{Re} b > 0$, $|z| < 1$ läßt sich die hypergeometrische Funktion $F(a, b; c; z)$ durch das bestimmte Integral

$$F(a, b; c; z) = \frac{\Gamma(c)}{\Gamma(b)\,\Gamma(c-b)} \int_0^1 t^{b-1} (1-t)^{c-b-1} (1-tz)^{-a}\, dt \tag{2.15}$$

darstellen. Der Beweis erfolgt durch Entwicklung des Integranden nach Potenzen von z, gliedweise Integration mit Hilfe der Integraldarstellung der Beta-Funktion

$$B(x, y) = \frac{\Gamma(x)\,\Gamma(y)}{\Gamma(x+y)} = \int_0^1 t^{x-1} (1-t)^{y-1}\, dt \quad (\operatorname{Re} x > 0, \operatorname{Re} y > 0) \tag{2.16}$$

und analytische Fortsetzung in den Parametern.

Eine andere wichtige Integraldarstellung lautet

$$\frac{\Gamma(a)\,\Gamma(b)}{\Gamma(c)} F(a, b; c; z) = \frac{1}{2\pi i} \int_{-i\infty}^{i\infty} \frac{\Gamma(a+s)\,\Gamma(b+s)}{\Gamma(c+s)} \Gamma(-s)(-z)^s\, ds. \tag{2.17}$$

Sie gilt, wenn $-a, -b, -c$ keine ganzen Zahlen ≥ 0 sind, $a - b$ nicht ganz ist, und wenn der Integrationsweg die Pole $s = -a - n$ und $s = -b - n$ $(n = 0, 1, 2, \ldots)$ von $\Gamma(a+s)$ und $\Gamma(b+s)$ zu seiner Linken, die Pole $s = 0, 1, 2, \ldots$ von $\Gamma(-s)$ zu seiner Rechten liegen läßt. Ferner ist $|\arg(-z)| < \pi$ anzunehmen. Zum Beweis hat man nur den Integrationsweg über die Pole $s = 0, 1, 2, \ldots$ nach rechts hinwegzuschieben. Die Residuen ergeben dann der Reihe nach die einzelnen Summanden der hypergeometrischen Reihe (2.1), während das verbleibende Integral, zufolge des Faktors $(-z)^{-s}$, durch Berücksichtigung genügend vieler Pole beliebig klein gemacht werden kann.

Einige weitere Eigenschaften der hypergeometrischen Funktionen finden sich in Ziff. 7, 10, 11 und 14.

3. Besselsche Funktionen und Zylinderfunktionen. α) *Definition.* Unter Zylinderfunktionen versteht man Lösungen der Besselschen Differentialgleichung

$$z^2 \frac{d^2 y}{dz^2} + z \frac{dy}{dz} + (z^2 - \nu^2)\, y = 0. \tag{3.1}$$

Ihre Lösungen sind als Funktionen von z überall regulär, höchstens mit Ausnahme der Punkte $z = 0$ und $z = \infty$. Sei zunächst ν nicht ganz. Durch Einsetzen in (3.1) bestätigt man, daß die Funktion

$$J_\nu(z) = \left(\frac{z}{2}\right)^\nu \sum_{l=0}^{\infty} \frac{1}{l!\,\Gamma(\nu + l + 1)} \left(-\frac{z^2}{4}\right)^l \tag{3.2}$$

eine Lösung von (3.1) ist. Man nennt sie Besselsche Funktion der Ordnung ν. Die unendliche Reihe in (3.2) ist für alle endlichen $|z|$ konvergent. Da (3.1) nur ν^2 enthält, so ist mit $J_\nu(z)$ auch $J_{-\nu}(z)$ eine Lösung von (3.1). $J_\nu(z)$ und $J_{-\nu}(z)$ sind voneinander linear unabhängig, wie aus dem verschiedenen Verhalten für $z \to 0$ folgt; diese beiden Funktionen bilden also ein Fundamentalsystem von Lösungen der Besselschen Differentialgleichung. Die Besselschen Funktionen für nicht ganze ν sind nicht eindeutig. Man macht sie eindeutig durch einen Verzweigungsschnitt von $-\infty$ bis 0 und durch die Vorschrift $|\arg z| < \pi$ in der so aufgeschnittenen komplexen z-Ebene.

Die Besselschen Funktionen genügen mit $J_\nu(z) = Z_\nu(z)$ den Rekursionsformeln — durch Einsetzen von (3.2) zu beweisen —

$$Z_{\nu-1}(z) + Z_{\nu+1}(z) = \frac{2\nu}{z}\, Z_\nu(z), \tag{3.3}$$

$$Z_{\nu-1}(z) - Z_{\nu+1}(z) = 2\, \frac{dZ_\nu(z)}{dz}. \tag{3.4}$$

Denselben Rekursionsformeln genügen die Funktionen $\sin \nu\pi \cdot J_{-\nu}(z)$. Allgemein bezeichnen wir einen Satz von Funktionen $Z_\nu(z)$, der (3.3) und (3.4) erfüllt, als einen Satz von Zylinderfunktionen; man folgert leicht aus (3.3) und (3.4), daß dann jede solche Zylinderfunktion $Z_\nu(z)$ der Besselschen Differentialgleichung (3.1) genügt. Spezielle Sätze von Zylinderfunktionen sind neben den Besselschen Funktionen die Neumannschen Funktionen

$$N_\nu(z) = \frac{1}{\sin \nu\pi} \left[\cos \nu\pi \cdot J_\nu(z) - J_{-\nu}(z)\right] \tag{3.5}$$

und die Hankelschen Funktionen erster und zweiter Art

$$H_\nu^{(1)}(z) = J_\nu(z) + i N_\nu(z), \qquad H_\nu^{(2)}(z) = J_\nu(z) - i N_\nu(z). \tag{3.6}$$

Ist ν ganzzahlig, so behält die Reihe (3.2) stets einen Sinn. Für $\nu = n = 0, 1, 2, \dots$ ist sie direkt brauchbar, für $\nu = -n = -1, -2, \dots$ verschwinden die ersten n Reihenglieder wegen des Pols der Gamma-Funktion im Nenner, die übrigen Reihenglieder geben dann gerade die Reihe der mit $(-1)^n$ multiplizierten Bessel-Funktionen $J_n(z)$. Es gilt also

$$J_{-n}(z) = (-1)^n J_n(z), \tag{3.7}$$

und die beiden in dieser Beziehung enthaltenen BESSEL-Funktionen sind daher voneinander linear abhängig. Eine zweite linear unabhängige Lösung erhält man jedoch, wenn man in (3.5) den Grenzübergang $v \to n\,(n = 0, 1, 2, \ldots)$ macht. Es ergibt sich

$$N_n(z) = \frac{2}{\pi}\, J_n(z) \log \frac{\gamma z}{2} - \frac{1}{\pi}\left(\frac{z}{2}\right)^n \sum_{l=0}^{\infty} \frac{1}{l!\,(n+l)!}\left(-\frac{z^2}{4}\right)^l \left(\sum_{m=1}^{l}\frac{1}{m} + \sum_{m=1}^{l+n}\frac{1}{m}\right) - \left.\frac{1}{\pi}\left(\frac{z}{2}\right)^{-n}\sum_{l=0}^{n-1}\frac{(n-l-1)!}{l!}\left(\frac{z}{2}\right)^{2l}\right\} \quad (3.8)$$

mit $\log \gamma = C = 0{,}577215 \ldots$ (EULERsche Konstante), $|\arg z| < \pi$; $n = 0, 1, 2, \ldots$ und es ist

$$N_{-n}(z) = (-1)^n\, N_n(z). \quad (3.9)$$

Ist der obere Summationsindex einer der drei endlichen Summationen in (3.8) kleiner als der untere, so ist die Summe durch Null zu ersetzen. Weitere häufig gebrauchte Funktionssymbole sind

$$I_n(z) = i^{-n} J_n(iz), \qquad K_n(z) = \frac{i\pi}{2}\, i^n H_n^{(1)}(iz).$$

Als WRONSKIsche Determinante zweier Funktionen $f(z)$ und $g(z)$ bezeichnen wir den Ausdruck

$$[f, g] = f(z)\,\frac{dg(z)}{dz} - g(z)\,\frac{df(z)}{dz}. \quad (3.10)$$

Für zwei Lösungen $Z_v(z)$ und $\widetilde{Z}_v(z)$ von (3.1), d.h. von

$$z^2 \frac{d^2 Z_v}{dz^2} + z\,\frac{dZ_v}{dz} + (z^2 - v^2)\, Z_v = 0,$$

$$z^2 \frac{d^2 \widetilde{Z}_v}{dz^2} + z\,\frac{d\widetilde{Z}_v}{dz} + (z^2 - v^2)\, \widetilde{Z}_v = 0,$$

findet man, indem man die erste Gleichung mit $\widetilde{Z}_v$, die zweite mit Z_v multipliziert, dann subtrahiert

$$\frac{d}{dz}[Z_v, \widetilde{Z}_v] + \frac{1}{z}\,[Z_v, \widetilde{Z}_v] = 0.$$

Durch Integration folgt hieraus, daß die WRONSKIsche Determinante zweier beliebiger Lösungen von (3.1) proportional zu $1/z$ ist. Durch Einsetzen der Reihenentwicklungen (3.1) für $J_v(z)$ und $J_{-v}(z)$ — man braucht dabei nur das erste Reihenglied zu berücksichtigen, da sich die höheren Reihenglieder wegen dieser Eigenschaft der WRONSKI-Determinante herausheben müssen — findet man

$$[J_v(z), J_{-v}z] = -\frac{2}{\pi z}\,\sin \pi v. \quad (3.11)$$

Mit Hilfe von (3.5) und (3.6) gewinnt man hieraus weiter

$$[H_v^{(1)}(z), H_v^{(2)}(z)] = -\frac{4i}{\pi z}, \qquad [J_v(z), N_v(z)] = \frac{2}{\pi z}. \quad (3.12)$$

Diese Beziehungen gelten auch im Grenzfall ganzer v, wie man an Hand der für diesen Fall gültigen Reihenentwicklungen oder durch Grenzübergang leicht feststellt.

Ferner gelten mit ganzem m die Beziehungen

$$J_\nu(e^{m\pi i} z) = e^{m\nu\pi i} J_\nu(z) , \tag{3.13}$$

$$N_\nu(e^{m\pi i} z) = e^{-m\nu\pi i} N_\nu(z) + 2i \sin m\nu\pi \cdot \cot \nu\pi \cdot J_\nu(z) . \tag{3.14}$$

Sie ergeben sich aus (3.2) und (3.5) und vermitteln die analytische Fortsetzung von $J_\nu(z)$ und $N_\nu(z)$ über den Verzweigungsschnitt $(-\infty, 0)$. Für $\nu = \pm n$ ($n = 0, 1, 2, \ldots$) ist in der letzten Formel $\sin m\nu\pi \cdot \cot \nu\pi$ durch den Grenzwert $m \cdot (-1)^{m \cdot n}$ zu ersetzen. Schließlich gilt noch

$$H_\nu^{(1)}(z\, e^{i\pi}) = - e^{-i\pi\nu} H_\nu^{(2)}(z) = - H_{-\nu}^{(2)}(z) , \tag{3.15}$$

$$H_\nu^{(2)}(z \cdot e^{-i\pi}) = - e^{i\pi\nu} H_\nu^{(1)}(z) = - H_{-\nu}^{(1)}(z) . \tag{3.16}$$

β) *Die „Kugel-Bessel-Funktionen"*. Die Differentialgleichung

$$z^2 \frac{d^2 u}{dz^2} + (2\alpha - 2\mu\beta + 1) z \frac{du}{dz} + \left[\beta^2 \gamma^2 z^{2\beta} + \alpha(\alpha - 2\mu\beta)\right] u = 0 \tag{3.17}$$

wird durch

$$u = z^{\beta\mu-\alpha} Z_\mu(\gamma z^\beta) \tag{3.18}$$

gelöst; Z_μ ist hierin eine beliebige Zylinderfunktion und α, β, γ sind Parameter.

Bei der Separation der Schwingungsgleichung in Kugelkoordinaten tritt die Differentialgleichung

$$z^2 \frac{d^2 u}{dz^2} + 2z \frac{du}{dz} + \left[z^2 - \nu(\nu + 1)\right] u = 0 \tag{3.19}$$

auf. Sie stimmt für $\gamma = \beta = 1$, $\mu = \nu + \tfrac{1}{2}$, $\alpha = \nu + 1$ mit (3.17) überein, besitzt also die Lösungen

$$u = z^{-\frac{1}{2}} Z_{\nu+\frac{1}{2}}(z) . \tag{3.20}$$

Wir legen folgende Lösungen von (3.19) durch besondere Bezeichnungen fest, was sich durch ihre große praktische Bedeutung [s. (11.7)] rechtfertigt:

$$j_\nu(z) = \psi_\nu^{(1)}(z) = \sqrt{\frac{\pi}{2z}}\, J_{\nu+\frac{1}{2}}(z) , \qquad n_\nu(z) = \psi_\nu^{(2)}(z) = \sqrt{\frac{\pi}{2z}}\, N_{\nu+\frac{1}{2}}(z) , \tag{3.21}$$

$$h_\nu^{(1)}(z) = \psi_\nu^{(3)}(z) = \sqrt{\frac{\pi}{2z}}\, H_{\nu+\frac{1}{2}}^{(1)}(z) , \qquad h_\nu^{(2)}(z) = \psi_\nu^{(4)}(z) = \sqrt{\frac{\pi}{2z}}\, H_{\nu+\frac{1}{2}}^{(2)}(z) . \tag{3.22}$$

Es ist also

$$j_\nu(z) = \frac{1}{2}\sqrt{\pi}\left(\frac{z}{2}\right)^\nu \sum_{l=0}^\infty \frac{1}{l!\, \Gamma(\nu + l + \tfrac{3}{2})} \left(-\frac{z^2}{4}\right)^l \tag{3.23}$$

und es folgen aus (3.3) und (3.4) für $s = 1, 2, 3, 4$ die Rekursionsformeln

$$\psi_{\nu-1}^{(s)} + \psi_{\nu+1}^{(s)} = \frac{2\nu + 1}{z}\, \psi_\nu^{(s)} , \tag{3.24}$$

$$\nu\, \psi_{\nu-1}^{(s)} - (\nu + 1) \psi_{\nu+1}^{(s)} = (2\nu + 1) \frac{d\psi_\nu^{(s)}}{dz} . \tag{3.25}$$

Für ganze ν sind diese Funktionen elementare Funktionen; es gilt insbesondere, wie man aus der Potenzreihenentwicklung (3.23) abliest

$$\psi_0^{(1)}(z) = \frac{\sin z}{z} , \qquad\qquad \psi_{-1}^{(1)}(z) = \frac{\cos z}{z} , \tag{3.26}$$

$$\psi_0^{(3)}(z) = \frac{-i\, e^{iz}}{z} , \qquad\qquad \psi_0^{(4)}(z) = \frac{i\, e^{-iz}}{z} , \tag{3.27}$$

$$\psi_{-1}^{(3)}(z) = \frac{e^{iz}}{z} , \qquad\qquad \psi_{-1}^{(4)}(z) = \frac{e^{-iz}}{z} . \tag{3.28}$$

und allgemein für $\nu \equiv n = 1, 2, 3, \ldots$ [s. (11.30) und (12.10) sowie (3.5)]

$$\psi_n^{(1)}(z) = z^n \left(-\frac{1}{z}\,\frac{d}{dz} \right)^n \frac{\sin z}{z}\,, \tag{3.29}$$

$$\psi_n^{(2)}(z) = (-1)^{n+1}\,\psi_{-n-1}^{(1)}(z)\,. \tag{3.30}$$

Weitere Formeln für Zylinderfunktionen finden sich in Ziff. 8, 9, 12, 13, 14, 18.

4. Kugelfunktionen. $\alpha)$ *Die allgemeinen Kugelfunktionen.* Die Lösungen der Differentialgleichung

$$(1 - z^2)\,\frac{d^2 y}{dz^2} - 2z\,\frac{dy}{dz} + \left[\nu(\nu+1) - \frac{\mu^2}{1 - z^2} \right] y = 0 \tag{4.1}$$

bezeichnet man als Kugelfunktionen. ν und μ sind zwei beliebige konstante Parameter. Setzt man etwa

$$y(z) = \left(\frac{z+1}{z-1} \right)^{\mu/2} w\left(\frac{1-z}{2} \right), \tag{4.2}$$

so genügt die Funktion $w(u)$ der hypergeometrischen Differentialgleichung (2.2) mit $a = -\nu$, $b = \nu + 1$, $c = 1 - \mu$. Die Lösungen von (4.1) lassen sich daher durch hypergeometrische Funktionen ausdrücken. Man legt folgende Lösungen von (4.1) durch besondere Symbole fest

$$P_\nu^\mu(z) = \frac{1}{\Gamma(1-\mu)} \left(\frac{z+1}{z-1} \right)^{\mu/2} {}_2F_1\left(-\nu,\ \nu+1;\ 1-\mu;\ \frac{1-z}{2} \right) \left.\vphantom{\left(\frac{z+1}{z-1}\right)}\right\}$$
$$\left(\arg \frac{z+1}{z-1} = 0 \ \text{für } z \text{ reell und} > 1 \right), \tag{4.3}$$

$$Q_\nu^\mu(z) = \frac{e^{\mu\pi i}}{2^{\nu+1}}\ \frac{\Gamma(\nu+\mu+1)\,\Gamma(\tfrac{1}{2})}{\Gamma(\nu+\tfrac{3}{2})}\ (z^2-1)^{\mu/2}\, z^{-\nu-\mu-1} \times$$
$$\times {}_2F_1\left(\frac{\nu+\mu+2}{2},\ \frac{\nu+\mu+1}{2};\ \nu + \frac{3}{2};\ \frac{1}{z^2} \right) \left.\vphantom{\left(\frac{z+1}{z-1}\right)}\right\} \tag{4.4}$$
$$[\arg (z^2-1) = 0 \ \text{für } z \text{ reell und} > 1,\ \arg z = 0 \ \text{für } z \text{ reell und} > 0].$$

Aus der Bemerkung zu (4.2) folgt, daß (4.3) eine Lösung von (4.1) ist; um zu beweisen, daß auch (4.4) Lösung von (4.1) ist, führt man wieder (4.1) durch eine zu (4.2) analoge Transformation in die hypergeometrische Differentialgleichung über. $P_\nu^\mu(z)$ und $Q_\nu^\mu(z)$ sind in der von $z = -\infty$ über -1 bis $+1$ aufgeschnittenen komplexen z-Ebene eindeutig. Die Definition (4.3) bleibt auch für $\mu = 0, 1, 2, \ldots$ durch Grenzübergang brauchbar. Dasselbe gilt für die Definition (4.4) bei $\nu + \tfrac{3}{2} = 0, -1, -2, \ldots$ Die Definition (4.3) gibt insbesondere die triviale Lösung $P_\nu^\mu(z) = 0$, wenn ν und μ ganz sind und $0 \leq \nu < \mu$ ist. Die Definition (4.4) wird sinnlos für $\nu + \mu = -1, -2, -3, \ldots$; man erhält aber eine Lösung von (4.1) durch Weglassen des Faktors $\Gamma(\nu + \mu + 1)$.

Ferner legt man für reelle $z(= x)$ zwischen -1 und $+1$ die Lösungen

$$P_\nu^\mu(x) = e^{\mu\pi i/2}\,P_\nu^\mu(x+i\cdot 0) = e^{-\mu\pi i/2}\,P_\nu^\mu(x-i\cdot 0) \left.\vphantom{\frac{1-x}{2}}\right\}$$
$$= \frac{1}{\Gamma(1-\mu)} \left(\frac{1+x}{1-x} \right)^{\mu/2} F\left(-\nu,\ \nu+1;\ 1-\mu;\ \frac{1-x}{2} \right), \tag{4.5}$$

$$Q_\nu^\mu(x) = \tfrac{1}{2} e^{-\mu\pi i} \left[e^{-\mu\pi i/2}\,Q_\nu^\mu(x+i\cdot 0) + e^{\mu\pi i/2}\,Q_\nu^\mu(x-i\cdot 0) \right] \tag{4.6}$$

fest. Sie werden durch analytische Fortsetzung in der von $-\infty$ bis -1 und von $+1$ bis $+\infty$ aufgeschnittenen komplexen z-Ebene eindeutig definiert.

Da (4.1) bei Ersetzung von μ durch $-\mu$ oder ν durch $-\nu-1$ ungeändert bleibt, so sind auch $K_\nu^{-\mu}$, $K_{-\nu-1}^{\mu}$, $K_{-\nu-1}^{-\mu}$ Lösungen von (4.1), wenn K_ν^μ irgend eine der vier Funktionen $\boldsymbol{P}_\nu^\mu$, P_ν^μ, $\boldsymbol{Q}_\nu^\mu$, Q_ν^μ bedeutet. Da nur zwei linear unabhängige Lösungen von (4.1) existieren, bestehen also zwischen diesen 16 Lösungen von (4.1) 14 Relationen. Anders ausgedrückt besteht zwischen je drei dieser Lösungen eine lineare Relation. Man findet ihre Koeffizienten meist einfach, indem man das Verhalten der Funktionen einer solchen Relation für $z=\infty$ und $z=1$ vergleicht; dazu macht man von den Transformationsformeln (2.4) bis (2.6) der hypergeometrischen Funktionen Gebrauch. Unmittelbar findet man aus (4.5) wegen $F(a, b; c; u) = F(b, a; c; u)$

$$P_\nu^\mu(z) = P_{-\nu-1}^\mu(z). \tag{4.7}$$

Durch direktes Einsetzen der Reihenentwicklungen der hypergeometrischen Funktionen in (4.3) und (4.4) beweist man die Rekursionsformeln

$$(2\nu + 1)\, z\, K_\nu^\mu(z) = (\nu - \mu + 1)\, K_{\nu+1}^\mu(z) + (\nu + \mu)\, K_{\nu-1}^\mu(z)\,, \tag{4.8}$$

$$(2\nu + 1)\,(z^2 - 1)\,\frac{d K_\nu^\mu(z)}{dz} = \nu(\nu - \mu + 1)\, K_{\nu+1}^\mu(z) - (\nu + \mu)(\nu + 1)\, K_{\nu-1}^\mu(z), \tag{4.9}$$

in denen K_ν^μ für irgend eine der vier Funktionen $\boldsymbol{P}_\nu^\mu$, $\boldsymbol{Q}_\nu^\mu$, P_ν^μ, Q_ν^μ steht; ferner ist

$$\boldsymbol{K}_{\nu-1}^\mu(z) - z\, \boldsymbol{K}_\nu^\mu(z) = -(\nu - \mu + 1)\sqrt{z^2 - 1}\, \boldsymbol{K}_\nu^{\mu-1}(z), \tag{4.10}$$

$$(\nu - \mu)\, z\, \boldsymbol{K}_\nu^\mu(z) - (\nu + \mu)\, \boldsymbol{K}_{\nu-1}^\mu(z) = +\sqrt{z^2 - 1}\, \boldsymbol{K}_\nu^{\mu+1}(z) \tag{4.11}$$

mit $\boldsymbol{K}_\nu^\mu = \boldsymbol{P}_\nu^\mu$, $\boldsymbol{Q}_\nu^\mu$ und

$$K_{\nu-1}^\mu(z) - z\, K_\nu^\mu(z) = (\nu - \mu + 1)\sqrt{1 - z^2}\, K_\nu^{\mu-1}(z), \tag{4.12}$$

$$(\nu - \mu)\, z\, K_\nu^\mu(z) - (\nu + \mu)\, K_{\nu-1}^\mu(z) = \sqrt{1 - z^2}\, K_\nu^{\mu+1}(z) \tag{4.13}$$

mit $K_\nu^\mu = P_\nu^\mu$, Q_ν^μ.

Kommt in diesen Rekursionsformeln ein $\boldsymbol{Q}_\nu^\mu(z)$ oder $Q_\nu^\mu(z)$ mit $\nu + \mu = -1$, $-2, \ldots$ vor, so versagen sie.

$\beta)$ *Die* Legendre*schen Polynome.* Für $\mu = 0$ vereinfacht sich (4.1) zur Legendreschen Differentialgleichung

$$(1 - z^2)\,\frac{d^2 y}{dz^2} - 2z\,\frac{dy}{dz} + \nu(\nu + 1)\, y = 0. \tag{4.14}$$

Im Falle $\nu = n$ oder gleichbedeutend $\nu = -n-1$ $(n=0, 1, 2, \ldots)$ besitzt (4.14) ein Polynom in z vom Grad n

$$P_n(z) = F\left(-n,\ n + 1;\ 1;\ \frac{1 - z}{2}\right) \tag{4.15}$$

als Lösung. Dies sieht man unmittelbar an der hypergeometrischen Reihe (2.1). Man zeigt leicht, durch Potenzreihenansatz für y, daß (4.1) für andere ν kein Polynom in z als Lösung hat. Man nennt diese speziellen Kugelfunktionen $P_n(z)$ Legendresche Polynome. Für sie gibt es noch verschiedene andere Darstellungen, so

$$P_n(z) = \frac{(2n)!}{2^n n!\, n!}\, z^n F\left(-\frac{n}{2},\ \frac{1 - n}{2};\ \frac{1}{2} - n;\ \frac{1}{z^2}\right), \tag{4.16}$$

$$P_{2n}(z) = (-1)^n\, \frac{(2n)!}{2^{2n} n!\, n!}\, F\left(-n,\ n + \frac{1}{2};\ \frac{1}{2};\ z^2\right), \tag{4.17}$$

$$P_{2n+1}(z) = (-1)^n\, \frac{(2n + 1)!}{2^{2n} n!\, n!}\, z \cdot F\left(-n,\ n + \frac{3}{2};\ \frac{3}{2};\ z^2\right). \tag{4.18}$$

Die Äquivalenz dieser drei Darstellungen folgt durch Einsetzen der Potenzreihenentwicklungen der hypergeometrischen Reihen und Koeffizientenvergleich.
Daß (4.16) eine Lösung von (4.1) ist, sieht man durch Einsetzen; die Äquivalenz
von (4.16) und (4.15) folgt schließlich durch Vergleich des Koeffizienten von z^n;
denn die Polynomlösung von (4.1) ist bis auf einen konstanten Faktor stets eindeutig. Dies folgt wieder daraus, daß der Polynomansatz für y eindeutige Werte
der Koeffizientenverhältnisse liefert.

Für $z = \pm 1$ gilt nach (4.15) und (4.16)

$$P_n(1) = 1, \qquad P_n(-1) = (-1)^n. \tag{4.19}$$

Durch Ausführung der n-fachen Differentiation und Vergleich mit der Potenzreihenentwicklung von (4.16) zeigt man schließlich noch [s. auch (12.13)]

$$P_n(z) = \frac{1}{2^n n!} \frac{d^n}{dz^n} (z^2 - 1)^n. \tag{4.20}$$

Die Rekursionsformel (4.8), angewandt für $\mu = 0$,

$$(n + 1) P_{n+1}(z) = (2n + 1) z\, P_n(z) - n\, P_{n-1}(z) \qquad (n = 1, 2, 3, \ldots)$$

erlaubt die LEGENDREschen Polynome leicht aus den ersten beiden zu berechnen.
Es ist

$$\left. \begin{array}{ll} P_0(z) = 1, & P_3(z) = \tfrac{5}{2} z^3 - \tfrac{3}{2} z, \\[4pt] P_1(z) = z, & P_4(z) = \tfrac{35}{8} z^4 - \tfrac{30}{8} z^2 + \tfrac{3}{8}, \\[4pt] P_2(z) = \tfrac{3}{2} z^2 - \tfrac{1}{2}, & P_5(z) = \tfrac{63}{8} z^5 - \tfrac{70}{8} z^3 + \tfrac{15}{8} z. \end{array} \right\} \tag{4.21}$$

Die LEGENDREschen Polynome bilden ein orthogonales Polynomsystem über
das Intervall $-1 \leq z \leq 1$ mit konstanter Gewichtsfunktion, d.h. das Integral
von -1 bis 1 über das Produkt zweier verschiedener LEGENDREscher Polynome
verschwindet. Wir zeigen

$$\int\limits_{-1}^{1} P_n(z)\, P_s(z)\, dz = \frac{2}{2n + 1} \delta_{ns} \qquad \left(\delta_{ns} \begin{cases} = 0 & \text{für } n \neq s \\ = 1 & \text{für } n = s \end{cases} \right). \tag{4.22}$$

Sei ohne Beschränkung der Allgemeinheit $n \geq s$. Man setze für beide LEGENDREsche Polynome die Darstellung (4.20) ein und integriere n mal partiell nach z.
Es ergibt sich

$$\int\limits_{-1}^{1} P_n(z)\, P_s(z)\, dz = \int\limits_{-1}^{1} \frac{1}{2^{n+s} n!\, s!} (-1)^n (z^2 - 1)^n \cdot \frac{d^{n+s}}{dz^{n+s}} (z^2 - 1)^s\, dz.$$

Die Beträge von den Grenzen verschwinden stets, da sie Faktoren $\dfrac{d^{n-r}}{dz^{n-r}} (z^2 - 1)^n$
mit $r = 1, 2, \ldots n$ enthalten und diese verschwinden für $z = \pm 1$. Für $s < n$ ist
der $(n + s)$-te Differentialquotient im Integranden, angewandt auf ein Polynom
vom Grad $2s$, gleich Null; damit ist die Orthogonalität bewiesen. Für $s = n$ hat
der erwähnte Differentialquotient den Wert $(2n)!$. Es bleibt also das Integral

$$\int\limits_{-1}^{1} (z^2 - 1)^n\, dz = 2^{2n+1} \frac{n!\, n!}{(2n + 1)!} (-1)^n$$

zu berechnen; man ermittelt seinen Wert durch die Umformung $(z^2 - 1)^n = (z + 1)^n (z - 1)^n$ und n-malige partielle Integration.

Die Orthogonalität allein, d.h. die Beziehung (4.22) für $n \neq s$ läßt sich mit einem allgemein brauchbaren Verfahren auch direkt aus (4.1) beweisen. Es ist nach (4.14) für $\nu = n$ oder $\nu = s$

$$(1 - z^2)\, P_n''(z) - 2z\, P_n'(z) + n(n+1)\, P_n(z) = 0,$$

$$(1 - z^2)\, P_s''(z) - 2z\, P_s'(z) + s(s+1)\, P_s(z) = 0.$$

Multipliziert man die erste Gleichung mit $P_s(z)$, die zweite mit $P_n(z)$ und subtrahiert die entstehenden Gleichungen, so ergibt sich nach geringer Umformung

$$\frac{d}{dz}\left\{(1 - z^2)\,[P_s(z)\,P_n'(z) - P_n(z)\,P_s'(z)]\right\} + [n(n+1) - s(s+1)]\,P_n(z)\,P_s(z) = 0.$$

Daraus folgt durch Integration

$$[s(s+1) - n(n+1)]\int_{-1}^{1} P_n(z)\,P_s(z)\,dz = (1 - z^2)\,[P_s(z)\,P_n'(z) - P_n(z)\,P_s'(z)]\Big|_{-1}^{1}$$

und der Ausdruck auf der rechten Seite verschwindet, während $s(s+1) - n(n+1) \neq 0$, falls s, n je eine der Zahlen 0, 1, 2, ... und $s \neq n$ ist.

γ) *Legendresche Funktionen zweiter Art.* Eine von $P_n(z)$ linear unabhängige Lösung von (4.1) läßt sich so darstellen ($\nu = n = 0, 1, 2, \ldots$)

$$Q_n(z) = \frac{1}{2}\int_{-1}^{1} \frac{P_n(t)}{z - t}\, dt \qquad (|\arg(z - 1)| < \pi). \tag{4.23}$$

Wir behaupten weiter, daß sie mit $Q_\nu^\mu(z)$ ($\nu = n, \mu = 0$) übereinstimmt. Zunächst setzen wir (4.23) in (4.14) ein und erhalten

$$\int_{-1}^{1}(1 - z^2)\cdot 2\,\frac{P_n(t)}{(z - t)^3}\, dt + \int_{-1}^{1} 2z\,\frac{P_n(t)}{(z - t)^2}\, dt + n(n+1)\int_{-1}^{1}\frac{P_n(t)}{z - t}\, dt. \tag{4.24}$$

Die ersten beiden Integrale fassen wir zusammen und formen sie um zu

$$\int_{-1}^{1} 2\,\frac{(1 - t)^2}{(z - t)^3}\,P_n(t)\,dt - \int_{-1}^{1}\frac{2t}{(z - t)^2}\,P_n(t)\,dt.$$

Zwei- bzw. einmalige partielle Integration führt auf

$$\int_{-1}^{1}\frac{1}{z - t}\,[(1 - t^2)\,P_n'' - 2t\,P_n']\,dt.$$

Einsetzen in (4.24) und Berücksichtigung von (4.14) liefert die erste Behauptung. — Für große $|z|$ wird $Q_n(z)$ mindestens von der Ordnung $1/z$ klein, muß also von $P_n(z)$ linear unabhängig sein. Wir entwickeln für $|z| > 1$

$$Q_n(z) = \frac{1}{2z}\int_{-1}^{1}\left(1 + \frac{t}{z} + \frac{t^2}{z^2} + \cdots\right)P_n(t)\,dt. \tag{4.25}$$

Nun läßt sich jede Potenz t^s als Linearkombination von Polynomen $P_0(t)$, $P_1(t), \ldots, P_s(t)$ darstellen. Aus den Orthogonalitätsrelationen (4.22) folgt daher

$$Q_n(z) = \frac{1}{2\,z^{n+1}}\int_{-1}^{1} t^n\, P_n(t)\,dt + O(z^{-n-2}).$$

Ferner ist nach (4.16)

$$P_n(t) - \frac{(2n)!}{2^n n! \, n!} \, t^n = \text{Polynom vom Grad } n-2; \qquad (4.26)$$

dieses läßt sich wieder als Linearkombination von $P_0, P_1, \ldots, P_{n-2}$ darstellen. Setzt man daher t^n aus (4.26) in (4.25) ein und verwendet wieder die Orthogonalitätsrelationen und die Normierung (4.22), so folgt

$$Q_n(z) = \frac{1}{z^{n+1}} \cdot \frac{2^n n! \, n!}{(2n+1)!} \left(1 + O\left(\frac{1}{z}\right)\right).$$

Dies stimmt aber gerade mit (4.4) für große z und $\mu = 0, \nu = n$ überein.

Wir schreiben nun

$$Q_n(z) = \frac{1}{2} \int_{-1}^{1} \frac{P_n(t) - P_n(z)}{z - t} \, dt + \frac{1}{2} P_n(z) \int_{-1}^{1} \frac{dt}{z - t} \, .$$

Der Integrand des ersten Integrals ist regulär für $z = t$ und ein Polynom in z vom Grad $n-1$; dasselbe gilt daher für das Integral. Das zweite Integral läßt sich elementar auswerten und so folgt nach Vertauschen des Summanden

$$Q_n(z) = \frac{1}{2} P_n(z) \log \frac{z+1}{z-1} - W_{n-1}(z); \qquad \arg \frac{z+1}{z-1} < \pi. \qquad (4.27)$$

$W_{n-1}(z)$ ist ein Polynom in z vom Grad $n-1$ ($W_{-1} = 0$) und $Q_n(z)$ ist also in $z = \pm 1$ logarithmisch singulär. Für $Q_n(z)$ findet man nach (4.6)

$$Q_n(z) = \frac{1}{2} P_n(z) \log \frac{1+z}{1-z} - W_{n-1}(z) \quad (|\arg(z+1)| < \pi, \, |\arg(1-z)| < \pi). \qquad (4.28)$$

Durch direkte Berechnung aus (4.23) folgt

$$Q_0(z) = \frac{1}{2} \log \frac{1+z}{1-z}, \quad Q_1(z) = \frac{z}{2} \log \frac{1+z}{1-z} - 1. \qquad (4.29)$$

Mit Hilfe der Rekursionsformel (4.8) findet man weiter

$$\left. \begin{aligned} Q_2(z) &= \frac{1}{4} (3z^2 - 1) \log \frac{1+z}{1-z} - \frac{3}{2} z, \\ Q_3(z) &= \frac{1}{4} (5z^3 - 3z) \log \frac{1+z}{1-z} - \frac{5}{2} z^2 + \frac{2}{3} \, . \end{aligned} \right\} \qquad (4.30)$$

δ) Zugeordnete LEGENDRE*sche Funktionen.* Als zugeordnete LEGENDREsche Funktionen erster Art bezeichnet man die Funktionen $P_n^{-m}(x)$ und $P_n^m(x)$ für ganze n, m mit $n \geq m \geq 0$. Für die Funktionen $P_n^{-m}(x)$ ist die Definition (4.5) ohne weiteres brauchbar; die Funktionen $P_n^m(x)$ mit $m = 1, 2, \ldots, n$ ergeben sich aus (4.5) erst durch einen Grenzübergang $\mu \to m$:

$$P_n^m(x) = \left(-\frac{1}{2}\right)^m \frac{(n+m)!}{(n-m)! \, m!} (1 - x^2)^{m/2} F\left(m-n, m+n+1; m+1; \frac{1-x}{2}\right). \qquad (4.31)$$

Mit Hilfe von (2.13) folgt hieraus [s. auch (12.14)]

$$P_n^m(x) = (-1)^m (1 - x^2)^{m/2} \frac{d^m}{dx^m} P_n(x) \qquad (4.32)$$

und mit Hilfe der letzten Beziehung von (2.4) folgt aus (4.31) und (4.5)

$$P_n^{-m}(x) = (-1)^m \frac{(n-m)!}{(n+m)!} P_n^m(x). \tag{4.33}$$

(4.32) gibt, mit (4.20) kombiniert,

$$P_n^m(x) = (-1)^m \frac{1}{2^n n!} (1-x^2)^{m/2} \frac{d^{n+m}}{dx^{n+m}} (x^2-1)^n. \tag{4.34}$$

Diese Formel bleibt auch noch richtig, wenn man in ihr m durch $-m$ ersetzt. [Man wähle etwa in (12.11) $\alpha = -b$ und ersetze dann n durch $n-m$, b durch n und ziehe noch (12.12) heran.]

Es gelten die Orthogonalitäts- und Normierungsrelationen

$$\int\limits_{-1}^{1} P_n^m(x) P_s^{-m}(x)\, dx = \frac{2}{2n+1} (-1)^m \delta_{ns}. \tag{4.35}$$

Der Beweis erfolgt analog zu dem des Spezialfalles (4.22) durch Einsetzen von (4.26) und partielle Integrationen.

Die Beziehungen (4.32) und (4.33) gelten auch für die zugeordneten Legendreschen Funktionen zweiter Art $Q_n^m(x)$, $Q_n^{-m}(x)$, $Q_n(x)$, aber auch hier nur bei ganzen n, m mit $n \geq m \geq 0$ bei (4.32) und $n \geq |m| \geq 0$ bei (4.33).

In der Wellenmechanik verwendet man auch „auf 1" normierte Kugelfunktionen. Sie sind definiert durch:

$$P_{lm}(x) = \left[\frac{2l+1}{2} \frac{(l-m)!}{(l+m)!} \right]^{\frac{1}{2}} P_l^m(x). \tag{4.36}$$

Einige weitere Eigenschaften der Kugelfunktionen sind in Ziff. 11, 12, 14, 17, 18, 19, 20 angegeben.

5. Konfluente hypergeometrische Funktionen. $\alpha)$ *Die Funktionen von* Kummer. Die konfluente hypergeometrische Funktion $F(a; c; z)$, auch Kummersche Funktion genannt, wird durch die Reihenentwicklung

$$y \equiv F(a; c; z) = 1 + \frac{a}{c} \frac{z}{1!} + \frac{a(a+1)}{c(c+1)} \frac{z^2}{2!} + \cdots \tag{5.1}$$

definiert. Sie entsteht formal aus der hypergeometrischen Reihe, indem man in ihr z durch z/b ersetzt und in jedem Reihenglied den Grenzübergang $b \to \infty$ macht. Dies entspricht der Ersetzung von z durch z/b in der hypergeometrischen Differentialgleichung mit nachfolgendem Grenzübergang $b \to \infty$. Damit entsteht aus (2.2) die Differentialgleichung

$$z \frac{d^2 y}{dz^2} + (c-z) \frac{dy}{dz} - a y = 0. \tag{5.2}$$

Die singulären Stellen $z = 0, 1, \infty$ der hypergeometrischen Differentialgleichung werden durch diese Transformation in $z = 0, b, \infty$ überführt und für $b \to \infty$ „fließen" die beiden singulären Stellen $z = b, \infty$ zusammen; daher die Bezeichnung konfluente hypergeometrische Funktion. Man bestätigt übrigens direkt durch Einsetzen, daß (5.1) eine Lösung von (5.2) ist. Die konfluente hypergeometrische Reihe konvergiert, wie unmittelbar aus den Quotientenkriterien folgt, für $|z| < \infty$, stellt also eine ganze Funktion dar. Für $c \equiv n = 0, -1, -2, \ldots$ ist die Reihe (5.1) sinnlos; dagegen hat $c(c+1)\ldots(c+n)F(a; c; z)$ für $c \to -n$ einen Sinn. Die so entstehende Reihe kann man durch $z^{1+n} F(a+n+1; 2+n; z)$ ausdrücken und hat damit auch für diesen Fall eine Lösung von (5.2).

Viele Eigenschaften der konfluenten hypergeometrischen Funktionen folgen unmittelbar aus Eigenschaften der hypergeometrischen Funktionen. Es gilt

$$\frac{d}{dz}F(a;c;z) = \frac{a}{c}F(a+1;c+1;z),\tag{5.3}$$

$$F(a;c;z) = e^z F(c-a;c;-z),\tag{5.4}$$

$$c[c-1+z]F(a;c;z) - (c-a)zF(a;c+1;z) - c(c-1)F(a;c-1;z) = 0,\tag{5.5}$$

$$[2a-c+z]F(a;c;z) + (c-a)F(a-1;c;z) - aF(a+1;c;z) = 0,\tag{5.6}$$

$$cF(a;c;z) + (a-c)F(a;c+1;z) - aF(a+1;c+1;z) = 0.\tag{5.7}$$

Für nicht ganze c sind

$$v_1 = F(a;c;z), \qquad v_2 = z^{1-c}F(a-c+1;2-c;z)\tag{5.8}$$

zwei linear unabhängige Lösungen von (5.1).

Auch hier führen wir „konfluente hypergeometrische Funktionen zweiter Art" [vgl. (2.14)]

$$\Phi(a;c;z) = \frac{\Gamma(a-c+1)\,\Gamma(c-1)}{\Gamma(a)\,\Gamma(1-c)}\, z^{1-c}F(a-c+1;2-c;z)\tag{5.9}$$

ein, welche sowohl die Differentialgleichung (5.1) als auch die Beziehungen (5.3) und (5.5) bis (5.7) erfüllen.

An Stelle von (5.4) tritt jedoch

$$\Phi(a;c;z) = e^{\pm\pi i(c-1)}\,\frac{\sin\pi a}{\sin\pi(c-a)}\, e^z\,\Phi(c-a;c;z\,e^{\pm\pi i}).\tag{5.10}$$

Wegen ihres einfacheren asymptotischen Verhaltens [vgl. (5.34) und (9.6)] spielen noch die Funktionen

$$\Psi(a;c;z) = \frac{\Gamma(1-c)}{\Gamma(a-c+1)}\,[F(a;c;z) + \Phi(a;c;z)]\tag{5.11}$$

und

$$e^z\Psi(c-a;c;z\,e^{\pm i\pi}) = \frac{\Gamma(1-c)}{\Gamma(1-a)}\left[F(a;c;z) + e^{\mp i\pi(c-1)}\,\frac{\sin\pi(c-a)}{\sin\pi a}\cdot\Phi(a;c;z)\right]\tag{5.12}$$

eine Rolle. Sie sind linear unabhängige Lösungen von (5.2), besitzen die Eigenschaft

$$\Psi(a-c+1;2-c;z) = z^{c-1}\Psi(a;c;z)\tag{5.13}$$

und sind auch für ganze c sinnvoll. Wegen (5.13) genügt es, den Fall $c=m+1$ ($m=0, 1, 2, \ldots$) weiter zu verfolgen. Indem man für $\Psi(a;c;z)$ die Definition (5.9) heranzieht, die Potenzreihenentwicklung (5.1) in (5.11) einsetzt und den Grenzübergang $c\to m+1$ durchführt, erhält man

$$\left.\begin{aligned}
\Psi(a;m+1;z) &= \frac{(m-1)!}{\Gamma(a)}\sum_{n=0}^{m-1}\frac{(a-m)_n}{(1-m)_n}\,\frac{z^{n-m}}{n!} + \frac{(-1)^{m-1}}{\Gamma(a-m)\,m!}\times\\
&\times\left\{F(a;m+1;z)\log z + \sum_{n=0}^{\infty}\frac{(a)_n z^n}{(m+1)_n n!}\,[\psi(a+n)-\psi(1+n)-\psi(1+m+n)]\right\}.
\end{aligned}\right\}\tag{5.14}$$

Für $m=0$ ist die erste — leere — Summe von $n=0$ bis $m-1$ wegzulassen. $\psi(z)$ ist die logarithmische Ableitung der Gamma-Funktion

$$\psi(z) = \frac{\Gamma'(z)}{\Gamma(z)}, \qquad \psi(z+1) - \psi(z) = \frac{1}{z}\tag{5.15}$$

und $(a)_n$ ist eine Abkürzung für

$$\begin{aligned} (a)_n &= \frac{\Gamma(a+n)}{\Gamma(a)} = a(a+1)\cdots(a+n-1) \quad \text{für} \quad n=1,2,\ldots, \\ &= 1 \qquad\qquad\qquad\qquad\qquad\qquad\quad \text{für} \quad n=0. \end{aligned} \right\} \tag{5.16}$$

Für die Funktionen $\Psi(a;c;z)$ gelten Rekursionsformeln, die sich mit Hilfe der Definitionsgleichung (5.11) leicht aus (5.5) bis (5.7) gewinnen lassen. Auch (5.3) läßt sich unmittelbar übertragen.

$\beta)$ Laguerresche und Hermitesche Polynome. Die konfluente hypergeometrische Reihe bricht ab, wenn a eine negative ganze Zahl oder gleich Null ist. Man bezeichnet die entstehenden Polynome, nach Multiplikation mit einem Faktor, der die konventionelle Normierung gibt, als Laguerresche Polynome

$$L_n^{(\alpha)}(z) = \frac{\Gamma(\alpha+n+1)}{\Gamma(\alpha+1)\,n!} F(-n;\alpha+1;z) \qquad (\alpha \neq -1,-2,-3,\ldots). \tag{5.17}$$

Sie genügen der Differentialgleichung

$$z\frac{d^2y}{dz^2} + (\alpha+1-z)\frac{dy}{dz} + n\,y = 0. \tag{5.18}$$

Es gelten die Rekursionsformeln

$$(n+1)\,L_{n+1}^{(\alpha)}(z) = (2n+\alpha+1-z)\,L_n^{(\alpha)}(z) - (n+\alpha)\,L_{n-1}^{(\alpha)}(z), \tag{5.19}$$

$$z\frac{dL_n^{(\alpha)}(z)}{dz} = n\,L_n^{(\alpha)}(z) - (n+\alpha)\,L_{n-1}^{(\alpha)}(z), \qquad n=1,2,3,\ldots \tag{5.20}$$

und es besteht die weitere Beziehung [s. auch (12.16)]

$$L_n^{(\alpha)}(z) = \frac{e^z z^{-\alpha}}{n!}\frac{d^n}{dz^n}\left(e^{-z} z^{n+\alpha}\right), \tag{5.21}$$

die man durch Ausführung der Differentiationen und Vergleich mit (5.17) bestätigt. Für $\alpha=0$ lauten die ersten Laguerreschen Polynome

$$L_0(z)=1, \quad L_1(z)=1-z, \quad L_2(z)=1-2z+\frac{z^2}{2}, \quad L_3(z)=1-3z+\frac{3}{2}z^2-\frac{1}{6}z^3. \tag{5.22}$$

Auch sie besitzen eine Orthogonalitätseigenschaft, über das Intervall $0 \leq z \leq \infty$ mit der Gewichtsfunktion $e^{-z} z^\alpha$ für $\operatorname{Re}\alpha > -1$

$$\int_0^\infty e^{-z} z^\alpha L_n^{(\alpha)}(z) L_s^{(\alpha)}(z)\,dz = \delta_{ns}\cdot\frac{\Gamma(n+\alpha+1)}{n!}. \tag{5.23}$$

Man beweist sie ähnlich wie (4.22) mit Hilfe von (5.21) oder auch, abgesehen vom Fall $n=s$, aus der Differentialgleichung (5.18).

$\gamma)$ Die Hermiteschen Polynome. Eine unabhängige Rolle spielen gewisse Spezialfälle der Laguerreschen Polynome, die Hermiteschen Polynome. Sie sind definiert durch

$$He_{2n}(z) = (-2)^n n!\, L_n^{(-\frac{1}{2})}\left(\frac{1}{2}z^2\right) = \frac{(-1)^n}{2^n}\frac{(2n)!}{n!} F\left(-n;\frac{1}{2};\frac{z^2}{2}\right), \tag{5.24}$$

$$He_{2n+1}(z) = (-2)^n n!\, z\, L_n^{(\frac{1}{2})}\left(\frac{1}{2}z^2\right) = \frac{(-1)^n}{2^n}\frac{(2n+1)!}{n!}\, z F\left(-n;\frac{3}{2};\frac{z^2}{2}\right) \tag{5.25}$$

$$(n=0,1,2,\ldots)$$

und lassen sich auch durch [s. (12.15)]

$$He_n(z) = (-1)^n e^{\frac{z^2}{2}} \frac{d^n}{dz^n}\left(e^{-\frac{z^2}{2}}\right) = z^n - 1\binom{n}{2}z^{n-2} + 1\cdot 3\binom{n}{4}z^{n-4} - 1\cdot 3\cdot 5\binom{n}{6}z^{n-6}\ldots \tag{5.26}$$

darstellen. Sie genügen der Differentialgleichung

$$y'' - z\,y' + n\,y = 0 \tag{5.27}$$

und besitzen die Orthogonalitäts- und Normierungseigenschaften

$$\int_{-\infty}^{\infty} e^{-\frac{z^2}{2}} He_n(z)\,He_s(z)\,dz = n!\sqrt{2\pi}\cdot\delta_{ns}. \tag{5.28}$$

Ferner gilt

$$He_{n+1}(z) = z\,He_n(z) - n\,He_{n-1}(z); \quad He_n'(z) = n\,He_{n-1}(z). \tag{5.29}$$

δ) *Die* WHITTAKER*schen Funktionen.* Die WHITTAKERschen Funktionen sind Lösungen der Differentialgleichung

$$\frac{d^2 y}{dz^2} + \left(-\frac{1}{4} + \frac{\varkappa}{z} + \frac{\frac{1}{4} - \mu^2}{z^2}\right)y = 0. \tag{5.30}$$

Sie läßt sich durch eine einfache Transformation auf die Differentialgleichung (5.2) der konfluenten hypergeometrischen Funktionen zurückführen und bietet daher diesen gegenüber nichts Neues. Folgende Lösungen von (5.30) sind durch besondere Bezeichnungen festgelegt:

$$M_{\varkappa,\mu}(z) = z^{\mu+\frac{1}{2}} e^{-\frac{z}{2}} F(\mu - \varkappa + \tfrac{1}{2};\ 2\mu + 1;\ z), \tag{5.31}$$

$$M_{\varkappa,-\mu}(z) = z^{-\mu+\frac{1}{2}} e^{-\frac{z}{2}} F(-\mu - \varkappa + \tfrac{1}{2};\ -2\mu + 1;\ z). \tag{5.32}$$

Sie existieren beide und sind linear unabhängig falls $2\mu \neq 0,\ \pm 1,\ \pm 2,\ \ldots$ ist. Ferner führt man die WHITTAKERschen Funktionen

$$W_{\varkappa,\mu}(z) = \frac{\Gamma(-2\mu)}{\Gamma(\frac{1}{2} - \mu - \varkappa)} M_{\varkappa,\mu}(z) + \frac{\Gamma(2\mu)}{\Gamma(\frac{1}{2} + \mu - \varkappa)} M_{\varkappa,-\mu}(z) \tag{5.33}$$

$$= z^{\mu+\frac{1}{2}} e^{-\frac{z}{2}} \Psi(\mu - \varkappa + \tfrac{1}{2};\ 1 + 2\mu;\ z) \tag{5.34}$$

[vgl. (5.11)] ein. $W_{\varkappa,\mu}(z)$ und $W_{-\varkappa,\mu}(ze^{\pm i\pi})$ sind auch in den Grenzfällen $2\mu = 0$, $\pm 1,\ \pm 2,\ \ldots$ linear unabhängige Lösungen von (5.30). Aus (5.33) oder aus (5.13) folgt

$$W_{\varkappa,\mu}(z) = W_{\varkappa,-\mu}(z). \tag{5.35}$$

Wir erwähnen noch die Rekursionsformeln

$$2z\frac{d}{dz}W_{\varkappa,\mu}(z) = (1 \pm 2\mu + z)W_{\varkappa,\mu} - 2z^{\frac{1}{2}}W_{\varkappa\pm\frac{1}{2},\mu\pm\frac{1}{2}}(z), \tag{5.36}$$

$$z\frac{d}{dz}W_{\varkappa,\mu}(z) = \left(\frac{z}{2} - \varkappa\right)W_{\varkappa,\mu}(z) - W_{\varkappa+1,\mu}(z), \tag{5.37}$$

$$z\frac{d}{dz}W_{\varkappa,\mu}(z) = \left(\varkappa - \frac{z}{2}\right)W_{\varkappa,\mu}(z) + \left[\left(\varkappa - \frac{1}{2}\right)^2 - \mu^2\right]W_{\varkappa-1,\mu}(z), \tag{5.38}$$

$$(1 \pm 2\mu)\frac{d}{dz}W_{\varkappa,\mu}(z) = \left[\frac{(1 \pm 2\mu)^2}{2z} - \varkappa\right]W_{\varkappa,\mu}(z) + \left(\varkappa - \frac{1}{2} \mp \mu\right)W_{\varkappa,\mu\pm 1}(z). \tag{5.39}$$

Sie gelten auch für die einzelnen Summanden in (5.33); diese sind also ebenfalls Funktionensätze bezüglich Differentialgleichung und Rekursionsformeln.

In der wellenmechanischen Theorie des Wasserstoffatoms werden Funktionen $G_L(\eta, z)$ und $F_L(\eta, z)$ verwendet, welche durch

$$G_L(\eta, z) + i F_L(\eta, z) = e^{\pi\eta/2 - L\pi i/2 + i\sigma_L} W_{-i\eta,\, L+\frac{1}{2}}(-2iz), \qquad (5.40)$$

$$G_L(\eta, z) - i F_L(\eta, z) = e^{\pi\eta/2 + L\pi i/2 - i\sigma_L} W_{i\eta,\, L+\frac{1}{2}}(2iz) \qquad (5.41)$$

definiert sind. Hierin ist $\sigma_L = \arg \Gamma(L + 1 + i\eta)$. G_L und F_L sind Lösungen der Differentialgleichung

$$\frac{d^2 y}{dz^2} + \left(1 - \frac{2\eta}{z} - \frac{L(L+1)}{z^2}\right) y = 0. \qquad (5.42)$$

Für $F_L(\eta, z)$ findet man

$$\left.\begin{aligned}
F_L(\eta, z) &= \frac{1}{2} e^{-i\pi(L+1)/2 - \pi\eta/2} \frac{|\Gamma(L+1+i\eta)|}{\Gamma(2L+2)} \times \\
&\quad \times e^{-iz} (2iz)^{L+1} F(L+1-i\eta;\; 2L+2;\; 2iz).
\end{aligned}\right\} \qquad (5.43)$$

In den Anwendungen ist $z \geq 0$, η reell und $L = 0, 1, 2, \dots$.

Die besondere Hervorhebung dieser Funktionen beruht auf der Regularität von $F_L(\eta, z)$ für $z = 0$ und auf dem einfachen asymptotischen Verhalten für große z [vgl. (9.6)]

$$G_L(\eta, z) \sim \cos\left(z - \eta \log 2z - \frac{L\pi}{2} + \sigma_L\right), \qquad (5.44)$$

$$F_L(\eta, z) \sim \sin\left(z - \eta \log 2z - \frac{L\pi}{2} + \sigma_L\right). \qquad (5.45)$$

Weitere Einzelheiten über diese Funktionen findet man in „Tables of Coulomb Wave Functions, Volume I" [National Bureau of Standards, Applied Mathematics Series, Band 17, Washington (1952)] und bei Abramowitz[1]. Vgl. hierzu auch Ziff. 15.

$\varepsilon)$ *Die Funktionen des parabolischen Zylinders.* Gewisse Spezialfälle der Whittakerschen Funktionen haben besondere Bedeutung; so definiert man die Funktionen des parabolischen Zylinders durch

$$\left.\begin{aligned}
D_\nu(z) &= 2^{\frac{1}{4}+\frac{\nu}{2}} z^{-\frac{1}{2}} W_{\frac{1}{4}+\frac{\nu}{2};\, -\frac{1}{4}}\left(\frac{z^2}{2}\right) \\
&= 2^{\frac{\nu}{2}} e^{-\frac{z^2}{4}} \left[\frac{\Gamma(\frac{1}{2})}{\Gamma\left(\frac{1-\nu}{2}\right)} F\left(-\frac{\nu}{2};\, \frac{1}{2};\, \frac{z^2}{2}\right) + \frac{z}{\sqrt{2}} \frac{\Gamma(-\frac{1}{2})}{\Gamma\left(-\frac{\nu}{2}\right)} F\left(\frac{1-\nu}{2};\, \frac{3}{2};\, \frac{z^2}{2}\right)\right].
\end{aligned}\right\} \qquad (5.47)$$

Sie genügen, zusammen mit den Funktionensätzen

$$e^{i\pi\nu} D_\nu(-z), \qquad \Gamma(\nu+1) e^{i\pi\nu} D_{-\nu-1}(iz), \qquad \Gamma(\nu+1) e^{-i\pi\nu} D_{-\nu-1}(-iz), \qquad (5.48)$$

der Differentialgleichung [Beweis durch Transformation auf die Differentialgleichung (5.30)]

$$\frac{d^2 y}{dz^2} + \left(\nu + \frac{1}{2} - \frac{1}{4} z^2\right) y = 0 \qquad (5.49)$$

und sind ganze transzendente Funktionen von z. Die von z unabhängigen Faktoren in (5.48) sind so gewählt, daß diese Funktionensätze auch den Rekursionsformeln (5.51) und (5.52) genügen. Zwischen den angegebenen vier Lösungen von

---

[1] M. Abramowitz, J. Math. Phys. **33**, 111 (1954); I. A. Stegun und M. Abramowitz, Phys. Rev. **98**, 1851 (1955).

(5.49) bestehen Beziehungen; eine von ihnen ist

$$D_\nu(z) = \frac{\Gamma(\nu+1)}{\sqrt{2\pi}}\left[e^{i\pi\nu/2}D_{-\nu-1}(iz) + e^{-i\nu\pi/2}D_{-\nu-1}(-iz)\right].\qquad(5.50)$$

Ersetzt man hierin z durch $-z$ oder ν durch $-\nu-1$ und gleichzeitig z durch $\pm iz$, so ergeben sich weitere Beziehungen. Die Rekursionsformeln lauten

$$D_{\nu+1}(z) - z\,D_\nu(z) + \nu\,D_{\nu-1}(z) = 0,\qquad(5.51)$$

$$\frac{d}{dz}D_\nu(z) + \frac{1}{2}\,z\,D_\nu(z) - \nu\,D_{\nu-1}(z) = 0.\qquad(5.52)$$

Für ganze $\nu = n\,(n = 0, 1, 2, \ldots)$ besteht ein Zusammenhang mit den HERMITE-schen Polynomen

$$D_n(z) = e^{-z^2/4}\,He_n(z).\qquad(5.53)$$

Man braucht diese Beziehung nur für $n=0$ zu beweisen; für $n=1, 2, \ldots$ folgt sie dann aus der Gleichheit der Rekursionsformeln (5.29) und (5.51). Für $\nu=0$ ergibt sie sich aber unmittelbar aus (5.47).

$\zeta)$ *Weitere Spezialfälle der konfluenten hypergeometrischen Funktionen.* Durch konfluente hypergeometrische Funktionen lassen sich manche anderen Funktionen ausdrücken. So gilt für BESSEL- und HANKEL-Funktionen

$$M_{0,\mu}(z) = 2^{2\mu}\,e^{-\mu\pi i/2}\,\Gamma(\mu+1)\,z^{\frac{1}{2}}\,J_\mu\left(\tfrac{1}{2}e^{i\pi/2}z\right),\qquad(5.54)$$

$$W_{0,\mu}(z) = \tfrac{1}{2}e^{(\mu+1)\pi i/2}\sqrt{\pi z}\,H^{(1)}_\mu\left(\tfrac{1}{2}e^{i\pi/2}z\right).\qquad(5.55)$$

Für die „unvollständige Gamma-Funktion" $\gamma(\nu, z)$ ergibt sich

$$\left.\begin{aligned}&\gamma(\nu, z) \equiv \int_0^z t^{\nu-1}e^{-t}\,dt = \Gamma(\nu) - z^{\frac{\nu-1}{2}}\,e^{-z/2}\,W_{\frac{\nu-1}{2},\,\frac{\nu}{2}}(z)\\[4pt]&(\operatorname{Re}\nu > 0,\ \arg z = 0\ \text{für positive }z),\end{aligned}\right\}\qquad(5.56)$$

während sich das *Fehlerintegral* $\Phi(z)$ und die „*Errorfunction*" Erf (z) so darstellen lassen

$$\left.\begin{aligned}\Phi(z) &\equiv \frac{2}{\sqrt{\pi}}\int_0^z e^{-t^2}\,dt = 1 - (\pi z)^{-\frac{1}{2}}\,e^{-z^2/2}\,W_{-\frac{1}{4},\,\frac{1}{4}}(z^2)\\[4pt]&= \frac{2z}{\sqrt{\pi}}\,{}_1F_1\left(\tfrac{1}{2};\tfrac{3}{2}; -z^2\right) = 1 - \sqrt{\frac{2}{\pi}}\,e^{-z^2/2}\,D_{-1}\!\left(z\sqrt{2}\right),\end{aligned}\right\}\qquad(5.57)$$

$$\text{Erf}(z) \equiv \int_z^\infty e^{-t^2}\,dt = \frac{\sqrt{\pi}}{2}\left[1 - \Phi(z)\right].\qquad(5.58)$$

In Ziff. 7, 8, 9, 10, 12, 14, 15, 17 finden sich einige weitere Formeln für konfluente hypergeometrische und WHITTAKERsche Funktionen und ihre Spezialfälle.

B. Die speziellen Funktionen
als Lösungen von Differentialgleichungen.

6. Lineare homogene Differentialgleichungen zweiter Ordnung mit rationalen Koeffizienten. Die speziellen Funktionen sind, allenfalls nach elementarer Transformation der unabhängigen Veränderlichen, Lösungen von linearen homogenen Differentialgleichungen zweiter Ordnung mit rationalen Koeffizienten. Diese

Aussage gilt auch noch für alle Funktionen, welche bei der Separation der n-dimensionalen Schwingungsgleichung in allgemeinen elliptischen Koordinaten auftreten. Es ist daher möglich die speziellen Funktionen entsprechend der Natur der Koeffizienten in diesen Differentialgleichungen zu klassifizieren.

Wir stellen zunächst einige Eigenschaften solcher Differentialgleichungen und ihrer Lösungen zusammen. Sei

$$\frac{d^2 y}{dz^2} + p(z)\,\frac{dy}{dz} + q(z)\,y = 0. \tag{6.1}$$

Die Koeffizienten $p(z)$ und $q(z)$ seien rationale Funktionen. Dann gilt:

Satz 1: *Jede Lösung von* (6.1) *ist eine reguläre, unter Umständen mehrdeutige Funktion in der ganzen komplexen z-Ebene mit Ausnahme höchstens der Pole von $p(z)$ und $q(z)$ und des Punktes $z = \infty$.*

Jede Lösung von (6.1) läßt sich also in der Umgebung eines im Endlichen liegenden Punktes z_0, der mit keinem Pol von $p(z)$ oder $q(z)$ zusammmenfällt, in eine konvergente Reihe nach Potenzen von $z - z_0$ entwickeln. Sie konvergiert mindestens in dem größten Kreis mit dem Mittelpunkt z_0, der in seinem Inneren keinen Pol von $p(z)$ oder $q(z)$ enthält.

Sei nun $z_0 (\neq \infty)$ ein Pol von $p(z)$ oder $q(z)$. Ohne Beschränkung der Allgemeinheit können wir $z_0 = 0$ annehmen; das läßt sich nämlich gegebenenfalls stets durch die Transformation $z - z_0 = \zeta$ der unabhängigen Veränderlichen erreichen. Wir nennen dann die Stelle $z = 0$ eine außerwesentlich singuläre Stelle oder Stelle der Bestimmtheit von (6.1), wenn in der Umgebung von $z = 0$ konvergente Entwicklungen

$$p(z) = \frac{p_0}{z} + p_1 + p_2 z + \cdots, \qquad q(z) = \frac{q_0}{z^2} + \frac{q_1}{z} + q_2 + q_3 z + \cdots \tag{6.2}$$

existieren und p_0, q_0, q_1 nicht gleichzeitig verschwinden. [Verschwinden p_0, q_0, q_1 gleichzeitig, so sind $p(z)$ und $q(z)$ in $z = 0$ regulär und wir nennen $z = 0$ eine reguläre Stelle der Differentialgleichung (6.1)]. Dann gilt

Satz 2: *Sind ϱ_1 und ϱ_2 — so geordnet, daß* Re $\varrho_1 \geq$ Re ϱ_2 — *die Wurzeln der quadratischen Gleichung („determinierende Gleichung" für die außerwesentlich singuläre Stelle $z = 0$)*

$$\varrho(\varrho - 1) + p_0 \varrho + q_0 = 0, \tag{6.3}$$

und ist $\varrho_2 - \varrho_1$ keine ganze Zahl, so gibt es zwei linear unabhängige Lösungen von (6.1), *(ein sog. kanonisches Fundamentalsystem) der Gestalt*

$$y_1(z) = z^{\varrho_1} \sum_{n=0}^{\infty} a_n z^n, \qquad a_0 \neq 0, \tag{6.4}$$

$$y_2(z) = z^{\varrho_2} \sum_{n=0}^{\infty} b_n z^n, \qquad b_0 \neq 0. \tag{6.5}$$

Ist $\varrho_1 - \varrho_2$ dagegen eine ganze Zahl ≥ 0, so hat man statt (6.5) *zu schreiben [vgl. z. B.* (3.8) *und* (4.27)]

$$y_2(z) = z^{\varrho_1} \sum_{n=0}^{\infty} b_n z^n + C\, z^{\varrho_1} \log z \cdot \sum_{n=0}^{\infty} a_n z^n \qquad (a_0, b_0 \neq 0) \tag{6.6}$$

und (6.4) *und* (6.6) *bilden ein kanonisches Fundamentalsystem. a_0 und b_0 sind in jedem Fall beliebige von Null verschiedene Konstante. C ist eine Konstante, die in speziellen Fällen verschwinden kann. Alle vorkommenden Potenzreihen konvergieren mindestens in dem größten Kreis mit dem Mittelpunkt $z = 0$, der in seinem Innern keine singuläre Stelle von $p(z)$ oder $q(z)$ außer $z = 0$ enthält.*

Die determinierende Gleichung (6.2) und die Koeffizienten a_n, b_n ergeben sich unmittelbar, indem man mit den Ansätzen (6.4) und (6.5) bzw. (6.6) in die Differentialgleichung (6.1) eingeht und die Koeffizienten gleicher Potenzen von z vergleicht. Es ist dabei zweckmäßig, erst die Nenner der rationalen Funktionen $p(z)$ und $q(z)$ weg zu multiplizieren.

Sind ϱ_1 und ϱ_2 nicht ganz, so sind weder $y_1(z)$ noch $y_2(z)$ eindeutige Funktionen. Wir betrachten einen geschlossenen Weg, der außer $z=0$ keine weiteren singulären Punkte von $p(z)$ oder $q(z)$ umschließt. Durchlaufen wir ihn, von einem Punkt z ausgehend, in positivem Sinne, bis wir den Ausgangspunkt wieder erreicht haben, so bezeichnen wir diesen mit $z \cdot e^{2\pi i}$. Für $y_1(z)$ gilt dann in jedem Falle

$$y_1(z\,e^{2\pi i}) = e^{2\pi i \varrho_1}\, y_1(z), \tag{6.7}$$

während für $y_2(z)$ in (6.5) bzw. (6.6) folgt

$$y_2(z\,e^{2\pi i}) = e^{2\pi i \varrho_2}\, y_2(z) \tag{6.8}$$

bzw.

$$y_2(z\,e^{2\pi i}) = e^{2\pi i \varrho_1}\, y_2(z) + 2\pi i\, C \cdot e^{2\pi i \varrho_1}\, y_1(z). \tag{6.9}$$

Man bezeichnet solche Relationen als Umlaufsrelationen. [Beispiele: Die Umlaufsrelationen (3.13) und (3.14) der Zylinderfunktionen für den Punkt $z=0$, der Kugelfunktionen für die Punkte $z=\pm 1$.]

Ist die Stelle $z=0$ weder regulär noch außerwesentlich singulär — das ist also dann der Fall, wenn wenigstens eine der Funktionen $z\,p(z)$ und $z^2 q(z)$ bei $z=0$ einen Pol besitzt — so nennt man sie wesentlich singulär. Dann gilt:

Satz 3: *Es gibt ein kanonisches Fundamentalsystem von Lösungen von* (6.1) *der Gestalt*

$$y_1(z) = z^{\nu_1} \sum_{n=-\infty}^{\infty} a_n z^n, \tag{6.10}$$

$$y_2(z) = z^{\nu_2} \sum_{n=-\infty}^{\infty} b_n z^n \tag{6.11}$$

oder in besonderen Fällen

$$y_2(z) = z^{\nu_1} \sum_{n=-\infty}^{\infty} b_n z^n + C\, z^{\nu_1} \log z \sum_{n=-\infty}^{\infty} a_n z^n. \tag{6.12}$$

Die Konstante C kann in speziellen Fällen verschwinden. Die auftretenden Potenzreihen sind LAURENT-*Reihen. Sie konvergieren mit Ausnahme des Punktes $z=0$ selbst im größten Kreis mit $z=0$ als Mittelpunkt, der keine weiteren Singularitäten von $p(z)$ und $q(z)$ enthält.*

Man nennt ν_1 und ν_2 charakteristische Exponenten der Differentialgleichung (6.1) für den wesentlich singulären Punkt $z=0$. Sie sind nur mod 1, d.h. bis auf einen ganzzahligen Summanden bestimmt; denn ersichtlich kann man z.B. (6.10) auch schreiben

$$y_1(z) = z^{\nu_1+s} \sum_{n=-\infty}^{\infty} a_{n+s} z^n \qquad (s=0, \pm 1, \pm 2, \ldots);$$

doch sind die Größen $e^{2\pi i \nu_1}$ und $e^{2\pi i \nu_2}$ eindeutig. Die Umlaufsrelationen (6.7) bis (6.9) gelten auch hier, wenn man ϱ_1, ϱ_2 durch ν_1, ν_2 ersetzt.

ν_1 und ν_2 sowie die Koeffizienten a_n und b_n gewinnt man, indem man mit dem Ansatz (6.10) bzw. (6.12) in (6.1) eingeht; durch Koeffizientenvergleich entsteht ein unendliches homogenes Gleichungssystem für die a_n bzw. b_n; es hat nur dann eine nichttriviale Lösung, wenn $e^{2\pi i \nu_1}$ und $e^{2\pi i \nu_2}$ einer gewissen quadratischen

Gleichung, der sog. Fundamentalgleichung genügen. Bei Ungleichheit der Wurzeln liegt der Fall (6.10), (6.11), bei Gleichheit der Fall (6.10), (6.12) vor. In Einzelfällen gibt es jedoch bequemere Wege zur Bestimmung von ν_1 und ν_2 (s. Ziff. 22 und 23).

Transformiert man die Differentialgleichung (6.1) durch $z = f(\varphi)$, wobei $f(\varphi)$ eine periodische Funktion in φ mit der Periode 2π ist (z.B. $z = \cos\varphi$ oder $z = e^{i\varphi}$), so entsteht eine lineare homogene Differentialgleichung mit periodischen Koeffizienten. Die oben gefundenen Aussagen über die Existenz von multiplikativen Lösungen $y_1(z)$, $y_2(z)$ bzw. von Lösungen der Gestalt (6.9) oder (6.12) gehen dann in das Theorem von Floquet über [vgl. (22.3)].

Die Charakterisierung eines Punktes z_0 als regulärer, außerwesentlich oder wesentlich singulärer Punkt der Differentialgleichung (6.1) ist auch auf den Punkt $z = \infty$ anwendbar. Dazu transformiere man die unabhängige Veränderliche gemäß $z = \dfrac{1}{\zeta}$ und wende die obige Unterscheidung auf den Punkt $\zeta = 0$ der transformierten Differentialgleichung an.

7. Spezielle Differentialgleichungen. α) *Differentialgleichungen ohne wesentlich singuläre Stellen.* Wir suchen die allgemeinste homogene lineare Differentialgleichung zweiter Ordnung mit rationalen Koeffizienten, welche nur außerwesentlich singuläre Stellen $z_1, z_2, \ldots, z_n, z_{n+1}$ besitzt. Ersichtlich wird der Charakter der Differentialgleichung durch eine gebrochene lineare Transformation

$$\zeta = \frac{\alpha z + \beta}{\gamma z + \delta} \quad (\alpha\delta - \beta\gamma \neq 0)$$

nicht geändert; reguläre Stellen gehen dabei in reguläre, außerwesentlich singuläre Stellen wieder in solche mit derselben determinierenden Gleichung über. Ohne Beschränkung der Allgemeinheit kann man daher bis zu drei außerwesentlich singuläre Stellen nach $z = 0, 1, \infty$ legen. Wir nehmen zunächst nur $z_{n+1} = \infty$ an und lassen für $z_1, z_2, \ldots, z_n$ beliebige verschiedene endliche Werte zu. Indem man aus den Koeffizienten $p(z)$ und $q(z)$ der Differentialgleichung (6.1) die Polanteile für $z = z_k$ ($k = 1, 2, \ldots, n$) entsprechend (6.2) herauszieht, erhält man

$$p(z) = \sum_{k=1}^{n} \frac{A_k}{z - z_k} + P(z), \qquad q(z) = \sum_{k=1}^{n} \left[\frac{B_k}{(z - z_k)^2} + \frac{C_k}{z - z_k} \right] + Q(z)$$

mit Konstanten A_k, B_k, C_k und Polynomen $P(z)$, $Q(z)$. Zur Untersuchung der Stelle $z = \infty$ setzen wir $z = 1/\zeta$ und erhalten aus (6.1)

$$\frac{d^2 y}{d\zeta^2} + \left[\frac{2}{\zeta} - \frac{1}{\zeta^2} p\left(\frac{1}{\zeta}\right) \right] \frac{dy}{d\zeta} + \frac{1}{\zeta^4} q\left(\frac{1}{\zeta}\right) y = 0. \tag{7.1}$$

Soll nun auch $z = \infty$, d.h. $\zeta = 0$ höchstens außerwesentlich singuläre Stelle von (7.1) sein, so darf dort der Koeffizient von $dy/d\zeta$ höchstens einen Pol erster Ordnung, der Koeffizient von y höchstens einen Pol zweiter Ordnung besitzen; es muß also gelten

$$\lim_{z \to \infty} p(z) = 0, \qquad \lim_{z \to \infty} z\,q(z) = 0$$

und daraus folgt unmittelbar

$$P(z) = 0, \qquad Q(z) = 0, \qquad \sum_{k=1}^{n} C_k = 0.$$

Somit lautet die allgemeinste lineare homogene Differentialgleichung zweiter Ordnung mit rationalen Koeffizienten, welche außerwesentlich singuläre Stellen höchstens bei $z = z_1, z_2, \ldots, z_n$ und $z = \infty$ besitzt,

$$\frac{d^2 y}{d z^2} + \sum_{k=1}^{n} \frac{A_k}{z - z_k} \cdot \frac{d y}{d z} + \sum_{k=1}^{n} \left[\frac{B_k}{(z - z_k)^2} + \frac{C_k}{z - z_k} \right] y = 0 \tag{7.2}$$

mit der zusätzlichen Bedingung

$$\sum_{k=1}^{n} C_k = 0. \tag{7.3}$$

Die Stelle $z_k\,(k = 1, 2, \ldots, n)$ ist dann und nur dann regulär, wenn $A_k = B_k = C_k = 0$, die Stelle $z_{n+1} = \infty$ dann und nur dann, wenn gleichzeitig

$$2 - z\,p(z) \to 0, \quad z^3\,q(z) \to 0 \quad \text{für} \quad z \to \infty;$$

das ist gleichbedeutend mit

$$\sum_{k=1}^{n} A_k = 2, \quad \sum_{k=1}^{n} (B_k + z_k\,C_k) = 0, \quad \sum_{k=1}^{n} (2 z_k\,B_k + z_k^2\,C_k) = 0. \tag{7.4}$$

Die Differentialgleichung (7.2) besitzt bei $z = z_k$ die determinierende Gleichung

$$\varrho_k(\varrho_k - 1) + A_k\,\varrho_k + B_k = 0 \quad (k = 1, 2, \ldots, n). \tag{7.5}$$

Bei $z = \infty$ folgt die determinierende Gleichung aus dem Ansatz $y = z^{-r}[1 + O(z^{-1})]$ zu

$$r(r + 1) - \sum_{k=1}^{n} A_k\,r + \sum_{k=1}^{n} (B_k + z_k\,C_k) = 0. \tag{7.6}$$

Nennen wir die Wurzeln dieser Gleichungen ϱ_k', ϱ_k'' und r', r'', so folgt

$$\sum_{k=1}^{n} (\varrho_k' + \varrho_k'') + r' + r'' = n - 1. \tag{7.7}$$

Es können daher nur $2n + 1$ dieser Wurzeln willkürlich vorgeschrieben werden. Aus ihnen berechnen sich dann

$$A_k = 1 - \varrho_k' - \varrho_k'', \quad B_k = \varrho_k'\,\varrho_k'' \quad (k = 1, 2, \ldots, n). \tag{7.8}$$

während für die C_k nur die beiden Beziehungen (7.3) und (7.6) bestehen. Es können also neben den Wurzeln der determinierenden Gleichungen, unter Berücksichtigung von (7.7) noch $n - 2$ der Koeffizienten C_k willkürlich vorgeschrieben werden. Man nennt sie zusätzliche oder akzessorische Parameter der Differentialgleichung.

Man überlegt leicht, daß es keine Differentialgleichung der behandelten Art ohne singuläre Stellen gibt [dann wären alle $A_k = 0$, was aber der ersten Beziehung in (7.4) widerspricht], und daß die Differentialgleichungen mit weniger als drei singulären Stellen durch elementare Funktionen gelöst werden.

Im Fall von drei außerwesentlichen Singularitäten, die wir ohne Beschränkung der Allgemeinheit bei $z = 0, 1, \infty$ annehmen, ist $n = 2$ und C_1, C_2 sind aus (7.3), (7.4) bestimmt. (7.2) lautet dann

$$\left.\begin{aligned}
&\frac{d^2 y}{d z^2} + \left[\frac{1 - \varrho_1' - \varrho_1''}{z} + \frac{1 - \varrho_2' - \varrho_2''}{z - 1} \right] \frac{d y}{d z} \\
&\quad + \left[-\frac{\varrho_1'\,\varrho_1''}{z} + \frac{\varrho_2'\,\varrho_2''}{z - 1} + r'\,r'' \right] \frac{y}{z(z - 1)} = 0.
\end{aligned}\right\} \tag{7.9}$$

Wir stellen nun die Differentialgleichung für

$$Y(z) = z^{\alpha}(z - 1)^{\beta}\,y(z)$$

mit zunächst willkürlichen α, β auf. Auch sie besitzt nur außerwesentlich singuläre Stellen bei $z = 0, 1, \infty$, hat also dieselbe Gestalt wie (7.9), aber mit den Wurzeln der determinierenden Gleichungen, in entsprechender Bezeichnung,

$$\sigma_1' = \varrho_1' + \alpha, \qquad \sigma_2' = \varrho_2' + \beta, \qquad s' = r' - \alpha - \beta,$$
$$\sigma_1'' = \varrho_1'' + \alpha, \qquad \sigma_2'' = \varrho_2'' + \beta, \qquad s'' = r'' - \alpha - \beta.$$

Mit der speziellen Wahl $\alpha = -\varrho_1', \beta = -\varrho_2'$ und den Abkürzungen

$$a = r' + \varrho_1' + \varrho_2', \quad b = r'' + \varrho_1' + \varrho_2', \quad c = 1 - \varrho_1'' + \varrho_1'$$

folgt für $Y(z)$ genau die hypergeometrische Differentialgleichung (2.2). Eine partikuläre Lösung von (7.9) lautet daher

$$y(z) = z^{\varrho_1'}(z-1)^{\varrho_2'} F(r' + \varrho_1' + \varrho_2', r'' + \varrho_1' + \varrho_2'; 1 + \varrho_1' - \varrho_1''; z). \tag{7.10}$$

Eine im allgemeinen linear unabhängige Lösung ist

$$z^{\varrho_1''}(z-1)^{\varrho_2'} F(r' + \varrho_1'' + \varrho_2', r'' + \varrho_1'' + \varrho_2'; 1 + \varrho_1'' - \varrho_1'; z). \tag{7.11}$$

Weitere Lösungen ergeben sich, indem man in (7.10) und (7.11) ϱ_2' und ϱ_2'' vertauscht. Die Ausnahmefälle $\varrho_1' - \varrho_1'' = $ ganz oder $\varrho_2' - \varrho_2'' = $ ganz erledigen sich wie bei der hypergeometrischen Differentialgleichung; hierzu sei auf die Literatur (z. B.[1]) verwiesen.

Es gibt zwei konfluente Fälle der Differentialgleichung mit drei außerwesentlichen Singularitäten; im ersten Fall setzt man $bz = \zeta$, verlegt damit die Singularitäten nach $\zeta = 0, b, \infty$ und läßt b gegen ∞ oder gegen Null streben. Beide Möglichkeiten führen auf die konfluente hypergeometrische Differentialgleichung, jedoch in zwei verschiedenen Gestalten, die durch eine Inversion ineinander übergehen. Läßt man als zweiten Fall alle drei außerwesentlichen Singularitäten zusammenrücken, so entsteht eine Differentialgleichung, die durch elementare Funktionen gelöst wird.

Die Differentialgleichungen mit drei außerwesentlichen Singularitäten und ihre konfluenten Fälle werden also stets durch hypergeometrische, konfluente hypergeometrische Funktionen mit ihren Spezialfällen oder durch elementare Funktionen gelöst. Sie umfassen damit die Differentialgleichungen aller einfachen speziellen Funktionen.

β) Differentialgleichungen mit linearen Funktionen als Koeffizienten. Die Differentialgleichung

$$(a_2 z + b_2)\, y'' + (a_1 z + b_1)\, y' + (a_0 z + b_0)\, y = 0 \tag{7.12}$$

besitzt die Lösung

$$y = e^{\beta z} F\left(\frac{b_2 \beta^2 + b_1 \beta + b_0}{a_1 + 2\beta a_2}, \ \frac{b_1 a_2 - b_2 a_1}{a_2^2}; \ -\frac{a_1 + 2\beta a_2}{a_2^2}(a_2 z + b_2)\right), \tag{7.13}$$

und eine linear unabhängige, bis auf die Ersetzung von F durch Φ [vgl. (5.8); man hat jedoch den konstanten Faktor in der Definition von Φ wegzulassen] mit (7.13) gleichlautende Lösung, wenn β eine Wurzel der Gleichung

$$a_2 \beta^2 + a_1 \beta + a_0 = 0 \tag{7.14}$$

ist, ausgenommen die Fälle $a_2 = 0$ oder $(b_1 a_2 - b_2 a_1)/a_2^2 = 0, \pm 1, \pm 2, \ldots$ oder $a_2 \neq 0$, $a_1^2 = 4 a_0 a_2$. Im letzten Fall sind die beiden Wurzeln von (7.14) einander gleich und daher ist $a_1 + 2\beta a_2 = 0$.

---

[1] Magnus-Oberhettinger, S. 17—20.

Ist $a_2 = 0$, $b_2 \neq 0$ und $a_1 \neq 0$, so läßt sich (7.12) durch eine lineare Transformation in die Gestalt bringen

$$y'' + z\,y' + (a_0 z + b_0)\,y = 0. \tag{7.15}$$

Die Lösungen dieser Differentialgleichung sind, mit der Abkürzung $v = a_0^2 + b_0 - 1$

$$\left.\begin{aligned} &e^{-z^2/4}\,D_v\big(\pm(z - 2a_0)\big), \\ &e^{-z^2/4}\,D_{-v-1}\big(\pm i(z - 2a_0)\big). \end{aligned}\right\} \tag{7.16}$$

Ist dagegen $a_2 = 0$, $b_2 \neq 0$, $a_1 = 0$, so sehen wir von dem trivialen Fall $a_0 = 0$ ab und können dann nach linearer Transformation statt (7.12) schreiben

$$y'' + b_1\,y' + z\,y = 0. \tag{7.17}$$

Als Lösungen ergeben sich die Funktionen

$$y = e^{-b_1 z/2} \cdot \zeta^{\frac{1}{2}} Z_{\pm\frac{1}{3}}\big(\tfrac{2}{3}\,\zeta^{\frac{3}{2}}\big) \tag{7.18}$$

mit $\zeta = z - \dfrac{b_1^2}{4}$, $Z = $ Zylinderfunktion (s. Ziff. 3 α).

Ist andererseits $a_2 \neq 0$, $a_1^2 = 4 a_0 a_2$, so setzen wir ohne Beschränkung der Allgemeinheit $a_2 = 1$, und $b_2 = 0$ und erhalten als Lösungen der Differentialgleichung

$$z\,y'' + (a_1 z + b_1)\,y' + (\tfrac{1}{4} a_1^2 z + b_0)\,y = 0 \tag{7.19}$$

[vgl. (3.17)] die Funktionen

$$y = z^{\frac{1-b_1}{2}}\,e^{-a_1 z/2} \cdot Z_{\pm(b_1-1)}\left(2\Big(b_0 - \frac{a_1 b_1}{2}\Big)^{\frac{1}{2}} z^{\frac{1}{2}}\right). \tag{7.20}$$

Ist schließlich $(b_1 a_2 - b_2 a_1)/a_2^{\frac{3}{2}} = 0$, ± 1, ± 2, $\ldots$, $a_1 \neq 0$, $a^2 \neq 4 a_0 a_2$, so sind die beiden Lösungen (7.13) mit F oder Φ entweder linear abhängig oder eine von ihnen ist sinnlos. Auf die Angabe einer linear unabhängigen Lösung verzichten wir hier, verweisen jedoch auf Ziff. 5 α.

Die Differentialgleichung

$$z\,Y'' + (\alpha_1 z + \beta_1)\,Y' + \Big(\alpha_0 z + \beta_0 + \frac{\gamma_0}{z}\Big)\,Y = 0 \tag{7.21}$$

läßt sich auf (7.12) zurückführen, indem man

$$Y(z) = z^s\,y(z) \tag{7.22}$$

setzt und für s eine Wurzel der Gleichung

$$s^2 + (\beta_1 - 1)\,s + \gamma_0 = 0$$

wählt. Dann entsteht

$$z\,y'' + (\alpha_1 z + \beta_1 + 2s)\,y' + (\alpha_0 z + \beta_0 + s\,\alpha_1)\,y = 0. \tag{7.23}$$

Mit $\alpha_1 = \beta_1 = 0$ ist (7.21) die WHITTAKERsche Differentialgleichung (5.30)

γ) *Die Differentialgleichung der Sphäroidfunktionen.* Die Differentialgleichungen der Sphäroidfunktionen und der MATHIEUschen Funktionen sind konfluente Fälle der Differentialgleichungen mit vier außerwesentlich singulären Stellen. Man wähle etwa in (7.2) speziell

$$z_1 = -1, \quad z_2 = 1, \quad z_3 = b, \quad z_4 = \infty, \quad A_1 = A_2 = 1, \quad A_3 = 0,$$

$$B_1 = B_2 = \frac{\mu^2}{4}, \quad B_3 = b^2\gamma^2, \quad C_1 = -C_2 = -\frac{1}{2}\lambda - \frac{1}{4}\mu^2.$$

Der Grenzübergang $b \to \infty$ führt dann auf die Differentialgleichung der Sphäroidfunktionen [vgl. (23.1)]

$$(1 - z^2)\frac{d^2 y}{dz^2} - 2z\frac{dy}{dz} + \left(\lambda - \frac{\mu^2}{1 - z^2} + \gamma^2(1 - z^2)\right)y = 0. \tag{7.24}$$

Sie besitzt zwei außerwesentlich singuläre Stellen bei $z = \pm 1$ und eine wesentlich singuläre Stelle bei $z = \infty$. In ihr sind mehrere wichtige Spezialfälle enthalten. Für $\gamma = 0$ ist (7.24) die Differentialgleichung (4.1) der Kugelfunktionen. Setzt man $\gamma z = \zeta$ und macht dann, bei festgehaltenen ζ und μ den Grenzübergang $\gamma \to 0$, so entsteht aus (7.24) die Differentialgleichung (3.19) der Kugel-BesselFunktionen. Setzt man dagegen

$$y(z) = (1 - z^2)^{\mu/2}\, u\left(\sqrt{2\gamma}\, z\right), \qquad \lambda - \mu(\mu + 1) + \gamma^2 = (2\nu + 1)\gamma,$$

so ergibt sich mit $\gamma \to \infty$ für $u(x)$ die Differentialgleichung (5.33) der Funktionen des parabolischen Zylinders, während mit

$$y(z) = (1 - z^2)^{m/2}\, u\left(2i\gamma(z - 1)\right), \qquad \lambda = -2i\gamma[2p + \mu + 1]$$

mit $\gamma \to \infty$ die Differentialgleichung der Funktionen $e^{-x/2}F(-p;\mu+1;x)$, wie man sie aus (5.2) gewinnt, entsteht.

Mit

$$y(z) = (z - 1)^a\,(z + 1)^b\, z^c\, e^{dz}\, u(z) \tag{7.25}$$

ergibt sich aus (7.24) die Differentialgleichung

$$\begin{aligned}
(z^2 - 1)\, u''(z) &+ 2\left[dz^2 + (a + b + c + 1)z + (a - b - d) - \frac{c}{z}\right]u'(z) \\
&+ \left[\left(\frac{\mu^2}{2} - 2b^2\right)\frac{1}{z+1} + \left(2a^2 - \frac{\mu^2}{2}\right)\frac{1}{z-1} + (c - c^2)\frac{1}{z^2}\right. \\
&+ (a - b - d)\frac{2c}{z} + (a + b + c)(a + b + c + 1) + (2a - 2b - d)d \\
&- \lambda - \gamma^2 + 2(a + b + c + 1)dz + \left.(d^2 + \gamma^2)z^2\right]u(z) = 0.
\end{aligned} \tag{7.26}$$

Dagegen folgt mit

$$z = \cos\vartheta; \qquad y(z) = (1 - z^2)^{-\frac{1}{4}}\, g(\vartheta), \tag{7.27}$$

die Differentialgleichung

$$g''(\vartheta) + \left(\lambda + \frac{1}{4} + \gamma^2 \sin^2\vartheta - \frac{4\mu^2 - 1}{4\sin^2\vartheta}\right)g(\vartheta) = 0, \tag{7.28}$$

während

$$z = \cos\vartheta, \qquad y(z) = (1 - z^2)^{-\mu/2}\, f(\vartheta) \tag{7.29}$$

auf

$$f''(\vartheta) + (1 - 2\mu)\cot\vartheta \cdot f'(\vartheta) + (\lambda - \mu^2 + \mu + \gamma^2 \sin^2\vartheta)\, f(\vartheta) = 0 \tag{7.30}$$

führt. Die letzte Differentialgleichung bezeichnet man auch als assoziierte Mathieusche Differentialgleichung. Sie geht ebenso wie (7.28) für $\mu = \frac{1}{2}$ in die gewöhnliche Mathieusche Differentialgleichung

$$f''(\vartheta) + (\lambda + \tfrac{1}{4} + \gamma^2 \sin^2\vartheta)\, f(\vartheta) = 0, \tag{7.31}$$

oder mit den Bezeichnungen

$$\Lambda = \lambda + \tfrac{1}{4} + \tfrac{1}{2}\gamma^2, \qquad 4h^2 = \gamma^2, \tag{7.32}$$

in die Normalform

$$f''(\vartheta) + (\Lambda - 2h^2 \cos 2\vartheta)\, f(\vartheta) = 0 \tag{7.33}$$

über.

8. Integration durch Laplace-Integrale. Lösungen der homogenen linearen Differentialgleichung mit Polynomkoeffizienten

$$\sum_m \sum_n a_{mn} z^m y^{(n)}(z) = 0 \tag{8.1}$$

lassen sich durch Laplace-Integrale

$$y(z) = \int_{\mathfrak{C}} e^{zt} \varphi(t) \, dt \tag{8.2}$$

mit geeigneten Integrationswegen $\mathfrak{C}$ in der komplexen t-Ebene darstellen. Durch partielle Integration ergibt sich

$$\left.\begin{aligned}
z^m y^{(n)}(z) &= \int_{\mathfrak{C}} z^m t^n e^{zt} \varphi(t) \, dt \\
&= \big[z^{m-1} \cdot t^n \varphi - z^{m-2} (t^n \varphi)' + z^{m-3} (t^n \varphi)'' + \\
&\quad + (-1)^{m-1} (t^n \varphi)^{m-1} \big] e^{zt} \Big|_a^b + \\
&\quad + (-1)^m \int_{\mathfrak{C}} e^{zt} (t^n \varphi)^m \, dt;
\end{aligned}\right\} \tag{8.3}$$

a, b sind die Enden des Integrationsweges $\mathfrak{C}$. Kürzen wir den von den Integrationsgrenzen in (8.3) herrührenden Bestandteil mit (m, n) ab, so folgt aus (8.1) mit (8.3)

$$\begin{aligned}
0 &= \sum a_{mn} z^m y^{(n)}(z) \\
&= \sum_m \sum_n a_{mn}(m, n) + \int_{\mathfrak{C}} e^{zt} \sum_m \sum_n a_{mn} (-1)^m (t^n \varphi)^{(m)} \, dt.
\end{aligned}$$

Hinreichend dafür, daß (8.2) die Differentialgleichung (8.1) erfüllt, sind neben der Existenz des Integrals in (8.2) die Bedingungen

$$\sum_m \sum_n a_{mn} (-1)^m (t^n \varphi)^{(m)} = 0, \qquad \sum_m \sum_n a_{mn}(m, n) = 0. \tag{8.4}$$

Die erste Bedingung ist eine Differentialgleichung für $\varphi(t)$. Ihre Ordnung ist gleich dem größten in (8.1) vorkommenden m (mit wenigstens einem $a_{mn} \neq 0$). Ist das größte m gleich 1 wie in der Differentialgleichung (7.12), so ergibt sich für $\varphi(t)$ eine elementar integrierbare Differentialgleichung erster Ordnung. Geeignete Integrationswege $\mathfrak{C}$ sind z.B. solche, die aus dem Unendlichen mit einer Richtung $\frac{\pi}{2} < \arg zt < \frac{3\pi}{2}$ kommen, eine oder zwei im Endlichen liegende singuläre Stellen von $\varphi(t)$ umlaufen und nach dem Ausgangspunkt zurückkehren.

Für eine gegebene Differentialgleichung lassen sich Laplace-Integrale finden, die noch von einem willkürlichen Parameter abhängen können. Wir wählen etwa die Differentialgleichung

$$z^2 y'' + (1 - 2\delta) z y' + \left[z^2 - \nu^2 + \delta^2 \right] y = 0, \tag{8.5}$$

deren Lösungen die mit z^δ multiplizierten Zylinderfunktionen $Z_\nu(z)$ sind (vgl. Ziff. 3 α)

$$y = z^\delta Z_\nu(z). \tag{8.6}$$

Wir gehen von der Abwandlung

$$y = \int_{\mathfrak{C}} e^{izt} \varphi(t) \, dt \tag{8.7}$$

von (8.2) aus und erhalten für $\varphi(t)$ die (8.4) entsprechende Differentialgleichung

$$(t^2 - 1) \varphi'' + (3 + 2\delta) t \varphi' + \left[(1 + \delta)^2 - \nu^2 \right] \varphi = 0. \tag{8.8}$$

Ihre Lösungen lassen sich [vgl. (7.26) und (4.1)] durch Kugelfunktionen $K_\nu^\mu(z)$ ausdrücken

$$\varphi(t) = (t^2 - 1)^{-\frac{\delta}{2}-\frac{1}{4}} K_{\nu-\frac{1}{2}}^{\delta+\frac{1}{2}}(t). \tag{8.9}$$

Ist $\delta = -\nu$, so erhält man hieraus als geeignete Funktion φ

$$\varphi(t) = (t^2 - 1)^{\nu-\frac{1}{2}}. \tag{8.10}$$

Für $\delta = 0$ oder $\delta = -1$ ergeben sich andere wichtige Spezialfälle.

Eine besondere Aufgabe ist es, jeweils zu geeigneten Integrationswegen $\mathfrak{C}$ die zugehörige Lösung von (8.1) im Sinne der Definition der speziellen Funktionen zu finden.

Wir geben im folgenden Laplace-Integrale für einige spezielle Funktionen an.

$$J_\nu(z) = \frac{(z/2)^\nu}{\sqrt{\pi}\,\Gamma(\nu+\frac{1}{2})} \int_{-1}^{1} e^{izt}(1-t^2)^{\nu-\frac{1}{2}}\,dt \left.\right\} \tag{8.11}$$
$$(\mathrm{Re}\,\nu > -\tfrac{1}{2},\ \arg(1-t^2) = 0 \text{ in } -1 < t < 1),$$

$$H_\nu^{(1,2)}(z) = \pm\frac{2(z/2)^\nu \cdot e^{\mp i\pi\nu}}{i\sqrt{\pi}\,\Gamma(\nu+\frac{1}{2})} \int_{1}^{\infty e^{i\alpha}} e^{\pm izt}(t^2-1)^{\nu-\frac{1}{2}}\,dt \tag{8.12}$$

$(\mathrm{Re}\,\nu > -\tfrac{1}{2},\ \arg(t^2-1) = 0$ für positive $t > 1$, $-\pi < \alpha < \pi$, $-\alpha < \arg z < \pi - \alpha$ im Fall des oberen, $-\pi - \alpha < \arg z < -\alpha$ im Fall des unteren Vorzeichens, d.h. für $H_\nu^{(1)}$ beziehungsweise $H_\nu^{(2)}$),

$$F(a,c;z) = \frac{\Gamma(c)\,2^{1-c}}{\Gamma(a)\,\Gamma(c-a)} e^{z/2} \int_{-1}^{1} e^{zt/2}(1-t)^{c-a-1}(1+t)^{a-1}\,dt \left.\right\} \tag{8.13}$$
$$(\mathrm{Re}\,c > \mathrm{Re}\,a > 0,\ \arg(1-t) = \arg(1+t) = 0),$$

$$W_{\varkappa,\mu}(z) = \frac{z^{\mu+\frac{1}{2}}e^{-z/2}}{\Gamma(\mu+\frac{1}{2}-\varkappa)} \int_{0}^{\infty} e^{-zt}t^{\mu-\varkappa-\frac{1}{2}}(1+t)^{\mu+\varkappa-\frac{1}{2}}\,dt \left.\right\} \tag{8.14}$$
$$(\mathrm{Re}\,(\mu+\tfrac{1}{2}-\varkappa) > 0,\ |\arg z| < \pi,\ \arg t = \arg(1+t) = 0).$$

Ein anderes Prinzip zur Herleitung von Integraldarstellungen und Integralbeziehungen wird in Ziff. 18 behandelt. Vergleiche auch Ince[1] und Hankel.

9. Asymptotisches Verhalten der speziellen Funktionen. Die Entwicklungen (6.10) bis (6.12) der speziellen Funktionen in der Umgebung einer wesentlich singulären Stelle — sie kann ohne Beschränkung der Allgemeinheit bei $z = \infty$ angenommen werden — sind zwar konvergent, aber numerisch um so schlechter brauchbar, je näher z an der wesentlich singulären Stelle liegt. Das ist eine typische Eigenschaft von Laurent-Reihen. Man überblickt das Verhalten der speziellen Funktionen und erhält zugleich einen gangbaren Weg zu ihrer numerischen Berechnung, gerade in der Umgebung der wesentlich singulären Stelle, mit Hilfe der sog. asymptotischen Darstellungen oder Reihen. Wir skizzieren ihre Herleitung am Beispiel der Hankelschen Funktionen.

---

[1] E. Ince: Proc. Roy. Soc. Edinburgh **42**, 43—53 (1921/22) und Ordinary Differential Equations, London 1927.

Gehen wir von (8.12) aus und setzen $iz(t-1)=u$, so entsteht

$$H_\nu^{(1)}(z) = \sqrt{\frac{2}{\pi z}}\,\frac{e^{iz}}{\Gamma(\nu + \tfrac{1}{2})}\, e^{-\frac{3}{2}\pi i\nu - \frac{3}{4}\pi i} \int\limits_{0}^{\infty e^{i\beta}} e^u\, u^{\nu - \frac{1}{2}} \left(1 + \frac{u}{iz}\right)^{\nu - \frac{1}{2}} du \qquad (9.1)$$

$\left(\dfrac{\pi}{2} < \beta < \dfrac{3\pi}{2},\ -\dfrac{3\pi}{2} + \beta < \arg z < \dfrac{\pi}{2} + \beta\right)$. Es liegt nun nahe, den Faktor $\left(1 + \dfrac{u}{iz}\right)^{\nu - \frac{1}{2}}$ gemäß der Binomialformel in eine Reihe nach fallenden Potenzen von z zu entwickeln und dann gliedweise zu integrieren. Das ist aber nicht zulässig; denn diese Reihenentwicklung konvergiert nur für $|u| < |z|$, also nicht im ganzen Integrationsintervall. Man setzt statt dessen

$$\left(1 + \frac{u}{iz}\right)^{\nu - \frac{1}{2}} = \sum_{m=0}^{M-1} \binom{\nu - \frac{1}{2}}{m}\left(\frac{u}{iz}\right)^m + R_M\left(\frac{u}{z}\right) \qquad (9.2)$$

in (9.1) ein, integriert gliedweise, was jetzt wegen der endlichen Zahl von Summanden in (9.2) ohne weiteres zulässig ist, und schätzt den Beitrag des Integrals mit R_M für große $|z|$ ab. Man erhält so, und analog von (8.12) mit $H_\nu^{(2)}(z)$ ausgehend, die für $|z| \gg 1$, $|z| \gg |\nu^2|$ gültigen asymptotischen Entwicklungen

$$H_\nu^{(1)}(z) = \sqrt{\frac{2}{\pi z}}\, e^{i\left(z - \frac{\nu\pi}{2} - \frac{\pi}{4}\right)}\left[\sum_{m=0}^{M-1} \frac{(\nu, m)}{(-2iz)^m} + O\left(|z|^{-M}\right)\right] \atop (-\pi < \arg z < 2\pi), \qquad (9.3)$$

$$H_\nu^{(2)}(z) = \sqrt{\frac{2}{\pi z}}\, e^{-i\left(z - \frac{\nu\pi}{2} - \frac{\pi}{4}\right)}\left[\sum_{m=0}^{M-1} \frac{(\nu, m)}{(2iz)^m} + O\left(|z|^{-M}\right)\right] \atop (-2\pi < \arg z < \pi). \qquad (9.4)$$

Hierin ist

$$(\nu, m) = \frac{1}{m!}\,\frac{\Gamma(\nu + m + \frac{1}{2})}{\Gamma(\nu - m + \frac{1}{2})}.$$

Die Beschränkung auf $\mathrm{Re}\,\nu > -\tfrac{1}{2}$ ist hierin nicht mehr notwendig; das folgt mit Hilfe von (3.15) und (3.16). Macht man $M = \infty$, so brechen die Reihen in (9.3) und (9.4) für $\nu = \pm\tfrac{1}{2}, \pm\tfrac{3}{2}, \ldots$ ab. In allen anderen Fällen sind sie divergent. Die Brauchbarkeit der asymptotischen Entwicklungen beruht auf der Existenz des Restgliedes $O\left(|z|^{-M}\right)$. Dieses wird im übrigen um so größer, je näher $\arg z$ an den in (9.3) und (9.4) angegebenen Grenzen liegt. Nimmt man jedoch die Umlaufsrelationen der HANKELschen Funktionen — sie lassen sich aus (3.13) und (3.14) herleiten — zu Hilfe, so kann man $\arg z$ stets auf einen Wert reduzieren, der von den Grenzen um mindestens π entfernt liegt.

Analog erhält man aus (8.13) und (8.14) die folgenden asymptotischen Reihen

$$F(a, c; z) = e^{\mp i\pi a}\,\frac{\Gamma(c)}{\Gamma(c-a)}\, z^{-a}\left[\sum_{n=0}^{M-1} \frac{(a)_n\,(a-c+1)_n}{n!}\,(-z)^{-n} + O\left(|z|^{-M}\right)\right] + {} \atop {} + \frac{\Gamma(c)}{\Gamma(a)}\, e^z z^{a-c}\left[\sum_{n=0}^{M-1} \frac{(c-a)_n\,(1-a)_n}{n!}\, z^{-n} + O\left(|z|^{-M}\right)\right] \atop (|z| \gg |a|^2 + |c|^2 + 1), \qquad (9.5)$$

$\left(c \neq 0, -1, -2, \ldots; -\dfrac{3\pi}{2} < \arg z < \dfrac{\pi}{2} \text{ im Falle des oberen}, -\dfrac{\pi}{2} < \arg z < \dfrac{3\pi}{2} \right.$

im Falle des unteren Vorzeichens$\Big)$.

$$W_{\varkappa,\mu}(z) = e^{-\frac{z}{2}} z^{\varkappa} \left[\sum_{m=0}^{M-1} \frac{\Gamma(\mu + \varkappa + \frac{1}{2})\, \Gamma(\mu - \varkappa + m + \frac{1}{2})}{\Gamma(\mu - \varkappa + \frac{1}{2})\, \Gamma(\mu + \varkappa - m + \frac{1}{2})} \frac{1}{m!\, z^m} + O\left(|z|^{M-1}\right) \right] \right\} \quad (9.6)$$
$$(|\arg z| < \pi, \quad |z| \gg |\mu| + |\varkappa|^2 + 1).$$

In (9.5) ist die Abkürzung $(a)_n = a(a+1) \ldots (a+n-1) = \Gamma(a+n)/\Gamma(a)$ verwendet worden.

C. Die einfachen speziellen Funktionen als Lösungen von Funktionalgleichungen.

10. Differenzen-Differentialgleichungspaare. Viele Rekursionsformeln der einfachen speziellen Funktionen lassen sich auf wenigstens eine Art in die Gestalt

$$\alpha(s)\, y(z, s+1) = k(z, s+1)\, y(z, s) - \frac{d y(z, s)}{d z}, \qquad (10.1)$$

$$\beta(s)\, y(z, s-1) = k(z, s)\, y(z, s) + \frac{d y(z, s)}{d z} \qquad (10.2)$$

bringen. So gewinnt man etwa aus (4.8) und (4.9) mit $z \to \operatorname{Cot} z$ die Beziehungen

$$(\nu - \mu + 1)\, P_{\nu+1}^{\mu}(\operatorname{Cot} z) = (\nu + 1)\, \operatorname{Cot} z \cdot P_{\nu}^{\mu}(\operatorname{Cot} z) - \frac{d P_{\nu}^{\mu}(\operatorname{Cot} z)}{d z},$$

$$(\nu + \mu)\, P_{\nu-1}^{\mu}(\operatorname{Cot} z) = \nu\, \operatorname{Cot} z\, P_{\nu}^{\mu}(\operatorname{Cot} z) + \frac{d P_{\nu}^{\mu}(\operatorname{Cot} z)}{d z}.$$

Man kann nun umgekehrt die Frage stellen: Welche linearen homogenen Differentialgleichungen zweiter Ordnung, die einen Parameter s enthalten, lassen sich in zwei Differenzen-Differentialgleichungen vom Typ (10.1) und (10.2) aufspalten (dies ist die Fragestellung der sog. Faktorisierungsmethode; siehe Infeld und Hull[1]) und welche Schlüsse kann man aus der möglichen Aufspaltung ziehen?

Zunächst müssen die Koeffizienten in (10.1) und (10.2) eine Verträglichkeitsbedingung erfüllen. Schreibt man (10.1) für $s-1$ oder (10.2) für $s+1$ an Stelle von s und eliminiert man aus den beiden Gleichungen $y(s-1)$ oder $y(s+1)$, so ergeben sich die beiden Differentialgleichungen (zur Vereinfachung der Schreibweise lassen wir hier und auch später häufig das Argument z weg)

$$y''(s) + [\alpha(s)\,\beta(s+1) - k(s+1)^2 - k'(s+1)]\, y(s) = 0, \qquad (10.3)$$

$$y''(s) + [\alpha(s-1)\,\beta(s) - k(s)^2 + k'(s)]\, y(s) = 0. \qquad (10.4)$$

Der Strich bedeutet Ableitung nach z. Durch Subtraktion folgt hieraus, wenn wir die triviale Lösung $y = 0$ ausschließen,

$$\alpha(s)\,\beta(s+1) - \alpha(s-1)\,\beta(s) = k(s+1)^2 - k(s)^2 + k'(s+1) + k'(s). \qquad (10.5)$$

Dies ist eine Funktionalgleichung für $k(z, s)$. Wir suchen spezielle Lösungen mit dem Ansatz

$$k(z, s) = s\, k_1(z) + k_0(z) + s^{-1} k_{-1}(z) \qquad (10.6)$$

und bemerken, daß ein erweiterter Ansatz mit endlich vielen negativen und positiven Potenzen von s nicht über die bereits mit (10.6) erfaßten speziellen

---

[1] L. Infeld u. T. E. Hull: Rev. Mod. Phys. **23**, 21 (1951).

Funktionen hinausführt. Durch Einsetzen von (10.6) in (10.5) und Umordnen entsteht die Gleichung

$$\alpha(s)\,\beta(s+1) - \alpha(s-1)\,\beta(s) = (k_1^2 + k_1')(2s+1) + \left. + 2k_0 k_1 + 2k_0' + \frac{2s+1}{s(s+1)}\,k_{-1}' - \frac{2k_0 k_{-1}}{s(s+1)} - \frac{2s+1}{s^2(s+1)^2}\,k_{-1}^2\,. \right\} \tag{10.7}$$

Die rechte Seite von (10.7) muß für beliebige s von z unabhängig sein; daraus folgt

$$k_1^2 + k_1' = -a^2, \quad k_0 k_1 + k_0' = b, \quad k_0' k_{-1} = 0, \quad k_{-1}' = 0. \tag{10.8}$$

a und b sind beliebige Konstanten. Aus (10.7) ergibt sich damit

$$\alpha(s)\,\beta(s+1) - \alpha(s-1)\,\beta(s) = -a^2(2s+1) + 2b - \frac{2s+1}{s^2(s+1)^2}\,k_{-1}^2 \tag{10.9}$$

und durch Summation dieser von z freien Differenzengleichung folgt

$$\alpha(s-1)\,\beta(s) = -a^2 s^2 + 2bs + \lambda + \left(\frac{k_{-1}}{s}\right)^2 \tag{10.10}$$

mit einer weiteren beliebigen Konstanten λ.

Wir sehen von dem elementaren Fall, daß k_1, k_0, k_{-1} alle konstant sind, ab und können dann sechs Faktorisierungstypen unterscheiden. Dabei dürfen wir noch ohne Beschränkung der Allgemeinheit im Falle $a \neq 0$ speziell $a^2 = 1$ (Typen A und E) oder $a^2 = -1$ (Typ B), im Fall $k_1 = 0$, $b \neq 0$ speziell $b = 1$ (Typ D) wählen. Über eine zu z additiv hinzutretende Integrationskonstante kann stets in geeigneter Weise verfügt werden. Wir erhalten so

$$\text{(A)} \quad k_1 = \cot z, \quad k_0 = c \cot z + \frac{d}{\sin z}, \quad k_{-1} = 0;$$

$$\text{(B)} \quad k_1 = 1, \quad k_0 = c + d\,e^{-z}, \quad k_{-1} = 0;$$

$$\text{(C)} \quad k_1 = \frac{1}{z}, \quad k_0 = \frac{1}{2}\,bz + \frac{d}{z}, \quad k_{-1} = 0;$$

$$\text{(D)} \quad k_1 = 0, \quad k_0 = z, \quad k_{-1} = 0;$$

$$\text{(E)} \quad k_1 = \cot z, \quad k_0 = 0, \quad k_{-1} = q\,(\neq 0);$$

$$\text{(F)} \quad k_1 = \frac{1}{z}, \quad k_0 = 0, \quad k_{-1} = q\,(\neq 0).$$

b, c und q sind willkürliche Konstanten. Durch eine Transformation $z = \gamma\zeta + \delta$ mit konstanten γ, $\delta\,(\gamma \neq 0)$ kommt man auf den allgemeinen Fall beliebiger a beziehungsweise b zurück.

Wir schreiben nun die Differentialgleichung (10.3) als

$$\frac{d^2 y(z,s)}{dz^2} + [\lambda + r(z,s)]\,y(z,s) = 0. \tag{10.11}$$

Man erhält dann für die sechs Typen (A) bis (F) der Reihe nach

	$\alpha(s-1)\,\beta(s) - \lambda$	$r(z,s)$
(A)	$-s^2 - 2cs$	$c^2 - [(s+c)(s+c+1) + d^2 + 2d(s+c+\tfrac{1}{2})\cos z\,\sin^{-2} z$
(B)	$2cs + s^2$	$-c^2 - 2d(s+c+\tfrac{1}{2})\,e^{-z} - d^2 e^{-2z}$
(C)	$2bs$	$(s-d+\tfrac{1}{2})\,b - (s+d+1)(s+d)\,z^{-2} - b^2 z^2/4$
(D)	$2s$	$2s + 1 - z^2$
(E)	$-s^2 + q^2 s^{-2}$	$-2q \cot z - s(s+1)\,\sin^{-2} z$
(F)	$q^2 s^{-2}$	$-s(s+1)\,z^{-2} - 2q\,z^{-1}$

Lösungen der Funktionalgleichungen (10.1) und (10.2) und damit auch von (10.11) sind die Funktionen

(A)
$$y = \frac{1}{2^s \Gamma(s+c+d+\frac{3}{2})} \cdot (1-\cos z)^{\frac{s+c+d+1}{2}} (1+\cos z)^{\frac{s+c-d+1}{2}} \times$$
$$\times F\left(s+c+1+L, s+c+1-L; s+c+d+\frac{3}{2}; \frac{1-\cos z}{2}\right),$$
$$\alpha(s-1) = \lambda - s^2 - 2sc, \quad \beta(s) = 1, \quad L = \sqrt{\lambda + c^2}.$$

(B)
$$y = e^{z/2} W_{-s-c-\frac{1}{2}, \Lambda}(2d\,e^{-z}), \quad \Lambda = \sqrt{-\lambda + c^2},$$
$$\alpha(s-1) = (s+c+\Lambda)(s+c-\Lambda), \quad \beta(s) = 1.$$

(C)
$$y = \frac{z^{s+d+1}}{2^s \Gamma(s+d+\frac{3}{2})} e^{-bz^2/4} F\left(d + \frac{1}{2} - \frac{\lambda}{2b}; \frac{3}{2} + s + d; \frac{b}{2} z^2\right),$$
$$\alpha(s-1) = 2b(s+1) + \lambda, \quad \beta(s) = 1.$$

(D)
$$y = D_{s+\frac{\lambda}{2}}(z\sqrt{2}),$$
$$\alpha(s-1) = \sqrt{2}, \quad \beta(s) = \left(s + \frac{\gamma}{2}\right)\sqrt{2}.$$

(E)
$$y = (1-i\cot z)^p (1+i\cot z)^r F\left(p+r+s+1, \ p+r-s; \ 2p+1; \ \frac{1-i\cot z}{2}\right),$$
$$4p^2 = \lambda + 2iq, \quad 4r^2 = \lambda - 2iq,$$
$$\alpha(s-1) = i\frac{(r-p-s-1)(r+p+s+1)}{s+1}, \quad \beta(s) = i\frac{(r+p-s)(r+s-p)}{s}.$$

(F)
$$y = \frac{\Gamma(s+1)}{\Gamma(\varkappa+s+1)} W_{\varkappa, s+\frac{1}{2}}(2i\sqrt{\lambda}\,z); \quad \varkappa = \frac{iq}{\sqrt{\lambda}},$$
$$\alpha(s-1) = i\sqrt{\lambda}\left(1 - \frac{\varkappa^2}{s^2}\right), \quad \beta(s) = -i\sqrt{\lambda}.$$

Eine im allgemeinen linear unabhängige Lösung zu den Lösungen der vorhergehenden Zusammenstellung erhält man, indem man jeden Satz von speziellen Funktionen durch einen linear unabhängigen Satz, der aus derselben Differentialgleichung und denselben Rekursionsformeln entspringt, ersetzt. Für die hypergeometrischen Funktionen sind dies die Funktionen (2.14); in den anderen Fällen ziehe man (5.8), (5.32) oder einen der Summanden von (5.25) heran.

Die Faktorisierung (10.1), (10.2) der Differentialgleichung (10.11) ist methodisch interessant, weil sie erlaubt, ziemlich weitreichende Schlüsse auf die Eigenwerte von (10.11) für ein Intervall mit singulären Endpunkten a, b zu ziehen und die Normierungsintegrale in Zusammenhang zu bringen, ohne daß die Integration der Differentialgleichung (10.11) in allen Einzelheiten durchgeführt werden muß. Wir vermerken die aus (10.1) und (10.2) unmittelbar folgende Beziehung

$$\alpha(s) \int_a^b y^2(s+1)\,dz = -y(s)\,y(s+1)\Big|_a^b + \beta(s+1) \int_a^b y^2(s)\,dz$$

und verweisen im übrigen auf die zahlreichen, im einzelnen durchgerechneten Eigenwertprobleme zu den Typen (A) bis (F) bei Infeld und Hull[1].

---

[1] L. Infeld u. T. E. Hull: Rev. Mod. Phys. **23**, 21 (1951).

11. Die F-Gleichung. Die Differenzen-Differentialgleichungen für die einfachen speziellen Funktionen erlauben viele ihrer Eigenschaften in besonders einfacher Weise herzuleiten und zu ordnen. Während wir in Ziff. 10 Paare von speziellen Differenzen-Differentialgleichungen betrachtet haben, gehen wir jetzt von einer einzigen solchen Gleichung, aber mit geringeren Einschränkungen aus. Sie laute

$$a(u,\alpha)\, y(u,\alpha+1) = \varphi(u,\alpha)\, y(u,\alpha) - \psi(u,\alpha)\, \frac{d\,y(u,\alpha)}{du} \tag{11.1}$$

mit $a(u,\alpha) \neq 0$ in einem gewissen Bereich von u, α-Werten. Man setze nun

$$\left.\begin{array}{c} \varphi(u,\alpha) = A(u,\alpha)\, B'(u,\alpha), \qquad \psi(u,\alpha) = -A(u,\alpha)\, B(u,\alpha), \\[4pt] y(u,\alpha)\, B(u,\alpha) = Y(u,\alpha) \end{array}\right\} \tag{11.2}$$

und erhält dann aus (11.1)

$$Y(u,\alpha+1) = \frac{A(u,\alpha)\, B(u,\alpha+1)}{a(u,\alpha)}\, \frac{d}{du}\, Y(u,\alpha).$$

Wir beschränken uns nun auf solche Gleichungen vom Typ (11.1), für die eine Separierbarkeit in α und u

$$\frac{A(u,\alpha)\, B(u,\alpha+1)}{a(u,\alpha)} = \sigma(\alpha)\, \zeta(u)$$

gilt. Mit

$$z = \int^{u} \frac{du}{\zeta(u)}, \qquad Y(u,\alpha) = \sigma(\alpha-1)\, \sigma(\alpha-2) \ldots \sigma(\alpha_0)\, F(z,\alpha)$$

folgt schließlich die sog. F-Gleichung

$$F(z,\alpha+1) = \frac{dF(z,\alpha)}{dz}. \tag{11.3}$$

Durch direkte Ausrechnung bestätigt man, daß z.B. die folgenden Funktionen Lösungen der F-Gleichung sind, die, meist mehrfach, alle einfachen speziellen Funktionen umfassen:

$$e^{z}, \qquad \sin\left(z + \tfrac{1}{2}\alpha\pi\right), \qquad e^{i\alpha\pi}\, \Gamma(\alpha)\, z^{-\alpha}, \tag{11.4}$$

$$\frac{\Gamma(\alpha-b)\, \Gamma(\alpha-c)}{\Gamma(\alpha)} \cdot (1-z)^{b+c-\alpha}\, F(b,c;\alpha;z), \tag{11.5}$$

$$e^{i\alpha\pi}\, \Gamma(\alpha+1)\, z^{-\alpha-1}\, F(b,c;-\alpha;z), \tag{11.6}$$

$$e^{i\alpha\pi}\, \Gamma(\alpha)\, z^{-\alpha} F\left(\alpha,b;c;\frac{1}{z}\right), \tag{11.7}$$

$$\Gamma(\alpha+c)\, z^{-b}\, (1-z)^{-\alpha+b-c}\, F\left(-\alpha,b;c;\frac{1}{z}\right), \tag{11.8}$$

$$\Gamma(\alpha-b+1)\, (z^2+1)^{-\frac{\alpha+1}{2}}\, P_{\alpha}^{b}\left(-\frac{z}{\sqrt{z^2+1}}\right), \tag{11.9}$$

$$\Gamma(\alpha-b)\, (z^2+1)^{-\frac{\alpha}{2}}\, P_{-\alpha}^{b}\left(-\frac{z}{\sqrt{z^2+1}}\right), \tag{11.10}$$

$$(1-z^2)^{-\frac{\alpha}{2}}\, P_{b}^{\alpha}(z)\, (-1)^{\alpha}, \tag{11.11}$$

$$\frac{\Gamma(\alpha+b+1)}{\Gamma(b-\alpha+1)}\, (1-z^2)^{-\frac{\alpha}{2}}\, P_{b}^{-\alpha}(z), \tag{11.12}$$

12*

$$(-1)^\alpha (2z)^{-\frac{\nu}{2}-\alpha-\frac{1}{2}} \left(1 - \frac{1}{2z}\right)^{-\frac{\alpha}{2}} P^\alpha_{\nu+\alpha}\left(\frac{1}{\sqrt{2z}}\right), \tag{11.13}$$

$$\frac{(-1)^\alpha}{\Gamma(\nu - 2\alpha + 1)} (2z)^{\frac{\nu}{2}-\alpha} \left(1 - \frac{1}{2z}\right)^{-\frac{\alpha}{2}} P^{-\alpha}_{\nu-\alpha}\left(\frac{1}{\sqrt{2z}}\right), \tag{11.14}$$

$$e^{i\alpha\pi} e^{-z} L_b^{(\alpha)}(z), \tag{11.15}$$

$$\frac{z^{-\alpha}}{\Gamma(b - \alpha + 1)} L_b^{(-\alpha)}(z), \tag{11.16}$$

$$\Gamma(\alpha + 1)(-z)^{-\alpha-1-b} e^{-\frac{1}{z}} L_\alpha^{(b)}\left(\frac{1}{z}\right), \tag{11.17}$$

$$\Gamma(\alpha - b)(-z)^{-\alpha} L_{-\alpha}^{(b)}\left(\frac{1}{z}\right), \tag{11.18}$$

$$\frac{\Gamma(a + \alpha)}{\Gamma(c + \alpha)} F(a + \alpha, c + \alpha, z), \tag{11.19}$$

$$e^{i\pi\alpha} \Gamma(1 + \alpha) z^{-\alpha-1} e^{-z} F(b - \alpha; -\alpha; z), \tag{11.20}$$

$$e^{i\alpha\pi} \Gamma(\alpha + c) z^{-\alpha-c} e^{-\frac{1}{z}} F\left(-\alpha; c; \frac{1}{z}\right), \tag{11.21}$$

$$e^{i\alpha\pi} \Gamma(\alpha) z^{-\alpha} F\left(\alpha; c; \frac{1}{z}\right), \tag{11.22}$$

$$e^{i\alpha\pi} z^{-\alpha} \gamma(\alpha, z), \tag{11.23}$$

$$\Gamma\left(\alpha + \frac{1}{2} + c\right) \Gamma\left(\alpha + \frac{1}{2} - c\right)(-z)^{-\alpha} e^{1/2z} W_{-\alpha,c}\left(\frac{1}{z}\right), \tag{11.24}$$

$$z^{-\alpha} e^{-\frac{1}{2z}} W_{\alpha,c}\left(\frac{1}{z}\right), \tag{11.25}$$

$$e^{i\alpha\pi} z^{-\frac{\alpha+1}{2}} e^{-\frac{z}{2}} W_{\frac{\alpha}{2}-b, -\frac{\alpha}{2}}(z), \tag{11.26}$$

$$e^{i\pi\alpha} \Gamma(a + \alpha + \tfrac{1}{2}) z^{-\frac{\alpha+1}{2}} e^{\frac{z}{2}} W_{-a-\frac{\alpha}{2}, \frac{\alpha}{2}}(z), \tag{11.27}$$

$$e^{i\pi\alpha-\frac{1}{2}z^2} \mathrm{He}_\alpha(z), \tag{11.28}$$

$$e^{i\pi\alpha} \Gamma(\alpha) \mathrm{He}_{-\alpha}(z), \tag{11.29}$$

$$e^{i\pi\alpha} z^{-\alpha/2} J_\alpha\left(2\sqrt{z}\right), \tag{11.30}$$

$$z^{-\alpha/2} J_{-\alpha}\left(2\sqrt{z}\right). \tag{11.31}$$

Weitere Lösungen der F-Gleichung ergeben sich durch folgende Ersetzungen

$$F(a, b; c; u) \to \Phi(a, b; c; u) \quad [\text{vgl. } (2.14)], \tag{11.32}$$

$$F(a; c; u) \quad \to \Phi(a; c; u) \quad [\text{vgl. } (5.9)], \tag{11.33}$$

$$P_\nu^\mu(u) \quad \to Q_\nu^\mu(u), \tag{11.34}$$

$$J_\nu(u) \quad \to N_\nu(u) \quad \text{oder} \quad H_\nu^{(1,2)}(u), \tag{11.35}$$

$$W_{\varkappa,\mu}(u) \quad \to \frac{\Gamma(\mp 2\mu)}{\Gamma(\frac{1}{2} \mp \mu - \varkappa)} M_{\varkappa, \mp\mu}(u), \tag{11.36}$$

Ferner ist mit $F(z, \alpha)$ auch

$$F_1(z, \alpha) = p(\alpha) \cdot b^\alpha F(b z + a, \alpha + c), \tag{11.37}$$

mit beliebigen Konstanten $b(\neq 0)$, a, c und einer Funktion $p(\alpha)$ der Periode 1 — $p(\alpha + 1) = p(\alpha)$ — Lösung der F-Gleichung.

Tatsächlich lassen sich alle oben angegebenen Lösungen der F-Gleichung als Spezial- und Grenzfälle von (11.5) und (11.6) im Verein mit (11.32) und (11.37) gewinnen.

Nur die oben angegebenen Lösungen — und damit eine neue Charakterisierung der einfachen speziellen Funktionen — erhält man, wenn man fordert, daß (11.1) sich in die F-Gleichung (11.3) und gleichzeitig die Gleichung

$$\tilde{a}(u, \alpha)\, y(u, \alpha - 1) = \tilde{\varphi}(u, \alpha)\, y(u, \alpha) - \tilde{\psi}(u, \alpha)\, \frac{d\, y(u, \alpha)}{d\, u}$$

sich in eine „absteigende" F-Gleichung

$$\frac{d F_1(\zeta, \alpha)}{d\zeta} = F_1(\zeta, \alpha - 1)$$

transformieren läßt.

Die Bedeutung der F-Gleichung für eine einheitliche Theorie der speziellen Funktionen wurde von TRUESDELL erkannt. Im folgenden bringen wir einige der wichtigsten Sätze aus seiner Monographie[1].

12. Additions- und Multiplikationstheoreme. Da die F-Gleichung nur Werte α miteinander verknüpft, die sich um eine ganze Zahl unterscheiden, lassen wir im folgenden für α nur die Werte $\alpha_0, \alpha_0 + 1, \alpha_0 + 2, \ldots$ mit beliebig komplexem α_0 zu. Über die Anfangswerte $F(z_0, \alpha)$ bei fest gewähltem z_0 — wir schreiben für sie gelegentlich $\Phi(\alpha)$ — setzen wir voraus, daß

$$\limsup_{n \to \infty} \sqrt[n]{\frac{|\Phi(\alpha + n)|}{n!}} = \frac{1}{k}, \tag{12.1}$$

oder, falls der Grenzwert existiert,

$$\lim_{n \to \infty} \left| \frac{\Phi(\alpha + n + 1)}{n\, \Phi(\alpha + n)} \right| = \frac{1}{k}. \tag{12.2}$$

Dann gilt

Satz 1: *Die Funktion*

$$F(z, \alpha) = \sum_{n=0}^{\infty} \Phi(\alpha + n)\, \frac{(z - z_0)^n}{n!} \tag{12.3}$$

ist in $|z - z_0| < k$ regulär, löst die F-Gleichung und ist die einzige analytische Lösung mit den Anfangswerten $\Phi(\alpha)$ für $\alpha = \alpha_0, \alpha_0 + 1, \alpha_0 + 2, \ldots$

Die Regularität folgt daraus, daß die definierende Potenzreihe in (12.3) nach (12.1) beziehungsweise (12.2) in $|z - z_0| < k$ konvergiert. Unmittelbar durch Einsetzen bestätigt man, daß $F(z, \alpha)$ aus (12.3) die F-Gleichung (11.3) löst. Für $z = z_0$ folgt $F(z_0, \alpha) = \Phi(\alpha)$. Schließlich ist für den Eindeutigkeitsbeweis noch zu zeigen, daß das homogene Anfangswertproblem mit $\Phi(\alpha) = 0$ nur die triviale analytische Lösung $F(z, \alpha) \equiv 0$ besitzt. Nach (12.3) folgt aber, daß alle Ableitungen von $F(z, \alpha)$ für $z = z_0$ verschwinden, wenn $F(z, \alpha)$ selbst für $z = z_0$ verschwindet. Das bedeutet aber $F(z, \alpha) \equiv 0$.

---

[1] C. TRUESDELL: An essay toward a unified theory of special functions. Princeton 1948.

Schreibt man in (12.3) z statt z_0 und $z+t$ statt z, so entsteht

$$F(z + t, \alpha) = \sum_{n=0}^{\infty} F(z, \alpha + n)\, \frac{t^n}{n!}. \tag{12.4}$$

Dies ist ein Additionstheorem für die Lösungen der F-Gleichung. Ist $F(z, \alpha)$ für ein gewisses α insbesondere eine elementare Funktion, so nennt man $F(z, \alpha)$ erzeugende Funktion der speziellen Funktionen $F(z, \alpha + n)$ $(n = 0, 1, 2, \ldots)$.

Werde etwa [vgl. Typ (11.28)]

$$F(z, \alpha) = e^{-z^2/2}\, \mathrm{He}_\alpha(-z)$$

in (12.4) eingesetzt und nachträglich $-z$ statt z geschrieben, so folgt

$$\sum_{n=0}^{\infty} \mathrm{He}_{\alpha+n}(z)\, \frac{t^n}{n!} = e^{zt - \frac{1}{2}t^2}\, \mathrm{He}_\alpha(z - t).$$

Speziell für $\alpha = 0$ ergibt sich die erzeugende Funktion der Hermiteschen Polynome

$$\sum_{n=0}^{\infty} \mathrm{He}_n(z)\, \frac{t^n}{n!} = e^{zt - \frac{1}{2}t^2}.$$

Als weiteres Beispiel wählen wir Typ (11.9) und erhalten durch Einsetzen in (12.4)

$$\Gamma(\alpha - b + 1)\, [(z + t)^2 + 1]^{-\frac{\alpha+1}{2}}\, P_\alpha^b\!\left(-\frac{z + t}{\sqrt{(z + t^2) + 1}}\right)$$
$$= \sum_{n=0}^{\infty} \Gamma(\alpha + n - b + 1)\, [z^2 + 1]^{-\frac{\alpha+n+1}{2}}\, P_{\alpha+n}^b\!\left(-\frac{z}{\sqrt{z^2 + 1}}\right) \frac{t^n}{n!}.$$

Wir schreiben

$$u = -\frac{z}{\sqrt{z^2 + 1}}, \qquad z = -\frac{u}{\sqrt{1 - u^2}}, \qquad t = s\sqrt{1 + z^2};$$

damit entsteht die gleichwertige aber äußerlich einfachere Beziehung

$$(1 - 2us + s^2)^{-\frac{\alpha+1}{2}}\, P_\alpha^b\!\left(\frac{u - s}{\sqrt{1 - 2us + s^2}}\right) = \sum_{n=0}^{\infty} \frac{\Gamma(\alpha - b + n + 1)}{\Gamma(\alpha - b + 1)}\, P_{\alpha+n}^b(u)\, \frac{s^n}{n!}. \tag{12.5}$$

Für $\alpha = 0$, $b = 0$ ergibt sich die erzeugende Funktion der Legendreschen Polynome

$$(1 - 2us + s^2)^{-\frac{1}{2}} = \sum_{n=0}^{\infty} P_n(u)\, s^n. \tag{12.6}$$

Der Vorteil dieser Herleitung der erzeugenden Funktion (12.6) ist, daß man ohne größere Schwierigkeit zum Ergebnis (12.5) kommt, welches überdies zwei Parameter α und b enthält; ohne weitere Rechnung ergeben sich erzeugende Funktionen für die Kugelfunktionen zweiter Art, indem man in (12.5) überall die $P_{\alpha+n}^b$ durch den anderen Satz $Q_{\alpha+n}^b$ ersetzt. Damit erhält man beispielsweise als Gegenstück zu (12.6)

$$(1 - 2us + s^2)^{-\frac{1}{2}}\, Q_0\!\left(\frac{u - s}{\sqrt{1 - 2us + s^2}}\right) = \sum_{n=0}^{\infty} Q_n(u)\, s^n. \tag{12.7}$$

Q_0 ist aus (4.29) zu entnehmen.

Schließlich gewinnt man, vom Typ (11.17) ausgehend, durch einfache Umschreibung

$$e^{-\frac{ut}{1-t}}\,(1-t)^{-\alpha-b-1}\,L_\alpha^{(b)}\left(\frac{u}{1-s}\right)=\sum_{n=0}^{\infty}\frac{\Gamma(\alpha+n+1)}{\Gamma(\alpha+1)}\,\frac{s^n}{n!}\,L_{\alpha+n}^{(b)}(u).$$

Durch eine einfache Transformation werden die Additionstheoreme zu Multiplikationstheoremen. Man setze in (12.4)

$$t=z(\tau-1)$$

und erhält

$$F(\tau z,\alpha)=\sum_{n=0}^{\infty}F(z,\alpha+n)\,(\tau-1)^n\,\frac{z^n}{n!}.\tag{12.8}$$

Mit (11.30) ergibt sich das Multiplikationstheorem der BESSEL-Funktionen

$$e^{i\alpha\pi}(\tau z)^{-\alpha/2}J_\alpha\big(2\sqrt{\tau z}\big)=\sum_{n=0}^{\infty}e^{i(\alpha+n)\pi}z^{-(\alpha+n)/2}J_{\alpha+n}\big(2\sqrt{z}\big)\cdot(\tau-1)^n\frac{z^n}{n!}.$$

Man setze hierin $\tau=\lambda^2$, $z=\zeta^2/4$ und erhält dann

$$J_\alpha(\lambda\zeta)=\lambda^\alpha\sum_{n=0}^{\infty}\frac{1}{n!}\,J_{\alpha+n}(\zeta)\left[\frac{1-\lambda^2}{2}\,\zeta\right]^n.\tag{12.9}$$

Ersichtlich bleibt diese Beziehung richtig, wenn man statt der BESSEL-Funktionen irgendeinen anderen Satz von Zylinderfunktionen verwendet. Nur ist dann $|1-\lambda^2|<1$ vorauszusetzen.

Als Gegenstück zu den erzeugenden Funktionen haben wir die Differentialformeln für die einfachen speziellen Funktionen anzusehen. Aus (11.3) folgt

$$F(z,\alpha+n)=\frac{d^n}{dz^n}F(z,\alpha).\tag{12.10}$$

Sei etwa [Typ (11.11)]

$$F(z,\alpha)=(-1)^\alpha\,(1-z^2)^{-\alpha/2}\,P_b^\alpha(z).$$

Dann wird nach (12.10)

$$(-1)^{\alpha+n}(1-z^2)^{-\frac{\alpha+n}{2}}P_b^{\alpha+n}(z)=\frac{d^n}{dz^n}(-1)^\alpha(1-z^2)^{-\frac{\alpha}{2}}P_b^\alpha(z).\tag{12.11}$$

Mit $\alpha=-b=-n$ folgt hieraus wegen

$$P_n^{-n}(z)=\frac{1}{2^n n!}\,(1-z^2)^{n/2}\tag{12.12}$$

die bekannte Darstellung der LEGENDREschen Polynome durch Differentialquotienten

$$P_n(z)=\frac{1}{2^n n!}\frac{d^n}{dz^n}(z^2-1)^n,\tag{12.13}$$

während für $\alpha=0$ aus (12.11) sich

$$P_b^n(z)=(-1)^n(1-z^2)^{n/2}\frac{d^n}{dz^n}P_b(z)\tag{12.14}$$

ergibt. Für die Hermiteschen Funktionen findet man analog, von (11.28) ausgehend, die Beziehung

$$\mathrm{He}_{\alpha+n}(z) = e^{z^2/2}\,(-1)^n\,\frac{d^n}{d\,z^n}\,e^{-z^2/2}\,\mathrm{He}_\alpha(z)\,, \tag{12.15}$$

die sich für $\alpha = 0$ besonders vereinfacht.

Weitere Reihenentwicklungen von Lösungen der F-Gleichung sind die folgenden

$$F(z,\alpha) = e^{z-z_0}\sum_{n=0}^{\infty}\frac{(z-z_0)^n}{n!}\,\Delta^n\,\Phi(\alpha)$$

$[\Delta = \text{Differentialoperator},\ \Delta\Phi = \Phi(\alpha+1) - \Phi(\alpha)]$,

$$F(z,\alpha) = e^{z_0-z}\sum_{n=0}^{\infty}\frac{2^n\,(z-z_0)^n}{n!}\,M^n\,\Phi(\alpha)$$

$[M = \text{Mittelwertoperator},\ 2M\,\Phi(\alpha) = \Phi(\alpha+1) + \Phi(\alpha)]$.

13. Weitere Folgerungen aus der F-Gleichung. Komplexe Integrale für spezielle Funktionen kann man auf folgende Weise gewinnen. Sei

$$\Phi(\alpha) \equiv F(z_0,\alpha) = \int_{\mathfrak{C}} \psi(\alpha,w)\,dw; \tag{13.1}$$

dann ist

$$F(z,\alpha) = \int_{\mathfrak{C}} \sum_{n=0}^{\infty} \psi(\alpha+n,w)\,\frac{(z-z_0)^n}{n!}\,dw. \tag{13.2}$$

Da $F(z,\alpha)$ aus (13.2) die Anfangswerte (13.1) annimmt, bedarf es nur noch des Beweises, daß (13.2) eine Lösung der F-Gleichung (11.3) ist. Dies folgt direkt durch Einsetzen von (13.2) in (11.3), falls die unendliche Reihe in (13.2) für alle zugelassenen α konvergiert und die Differentiation der rechten Seite von (13.2) mit Integration und Summation vertauschbar ist. Das wäre in jedem Einzelfall zu prüfen.

Von Bedeutung ist insbesondere der Fall, daß $F(z_0,\alpha)$ für geeignetes z_0 eine elementare Funktion von α wird. Die Integraldarstellungen solcher elementarer Funktionen führen häufig zu unendlichen Reihen in (13.2), die sich geschlossen aufsummieren lassen. Als Beispiel wählen wir Typ (11.30) mit $z_0 = 0$. Dann ist

$$F(0,\alpha) = \frac{e^{i\alpha\pi}}{\Gamma(\alpha+1)}\,, \qquad F(z,\alpha) = e^{i\alpha\pi}\,z^{-\alpha/2}\,J_{\alpha/2}\!\left(2\sqrt{z}\right)$$

und es stehen etwa folgende Integraldarstellungen von $F(0,\alpha)$ zur Verfügung

$$F(0,\alpha) = \frac{e^{i\alpha\pi}}{2\pi i}\int_{-\infty}^{(0+)} e^w \cdot w^{-\alpha-1}\,dw$$

$$= \frac{1}{4\,\Gamma(\alpha+1-b)\,\Gamma(b)\,\sin(\alpha-b)\,\pi \cdot \sin b\,\pi}\int_{P} w^{\alpha-b}\,(1-w)^{b-1}\,dw\,.$$

Daraus folgen nach einfacher Rechnung die Integraldarstellungen

$$J_\alpha\!\left(2\sqrt{z}\right) = \frac{z^{\alpha/2}}{2\pi i}\int_{-\infty}^{(0+)} e^{w-\frac{z}{w}}\,w^{-\alpha-1}\,dw\,, \tag{13.3}$$

$$J_\alpha\!\left(2\sqrt{z}\right) = \frac{-e^{-i\alpha\pi}\,z^{b/2}}{4\,\Gamma(b)\,\sin b\,\pi\,\sin(\alpha-b)\,\pi}\int_{P} w^{\alpha-b}\,(1-w)^{b-1}\cdot J_{\alpha-b}\!\left(2\sqrt{z\,w}\right)dw\,. \tag{13.4}$$

P ist der sog. POCHHAMMERsche Integrationsweg, erklärt durch das Symbol $(1+, 0+, 1-, 0-)$; b ist ein willkürlicher Parameter, jedoch so, daß b und $\alpha - b$ nicht ganz sind.

Wir geben schließlich noch zwei Reihenentwicklungen von gewissen Integralen über Lösungen der F-Gleichung. Wir verzichten darauf, die Voraussetzungen für ihre Gültigkeit im einzelnen zu nennen; denn meist kann die Richtigkeit der Ergebnisse bei Wahl spezieller Lösungen der F-Gleichung direkt verifiziert werden. Es ist

$$
\begin{aligned}
&\int_0^\infty e^{-(ct)^{1/a}} t^{\alpha+b-1} F\big((z - z_0)\, t + z_0, \alpha\big)\, dt \\
&\qquad = \frac{a}{c^{\alpha+b}} \sum_{n=0}^\infty \frac{\Gamma(a\alpha + ab + an)}{n!}\, \Phi(\alpha + n) \left(\frac{z - z_0}{c}\right)^n;
\end{aligned}
\tag{13.5}
$$

$$
\begin{aligned}
&\int_0^1 t^{\alpha+b-1} (1 - t^{1/a})^{ac-1} F\big((z - z_0)\, t + z_0, \alpha\big)\, dt \\
&\qquad = a\,\Gamma(ac) \sum \frac{\Gamma(a\alpha + ab + an)}{\Gamma(a\alpha + ab + ac + an)}\, \Phi(\alpha + n) \frac{(z - z_0)^n}{n!}\,.
\end{aligned}
\tag{13.6}
$$

Der formale Beweis verläuft so: die linken Gleichungsseiten sind nach (11.37) Lösungen der F-Gleichung. Für die rechten Gleichungsseiten bestätigt man dies durch direktes Einsetzen in die F-Gleichung. Nach dem Eindeutigkeitssatz hat man daher nur noch zu zeigen, daß die Gleichungen für $z = z_0$ richtig sind; dies folgt aber aus Integraldarstellungen der Gamma- und Beta-Funktion.

Schließlich behandeln wir noch die Herleitung von Relationen zwischen verschiedenen Lösungen der F-Gleichung. Sei $F(z, \alpha)$ eine Lösung der F-Gleichung, sei $F_y(z, \alpha)$ eine Schar von Lösungen der F-Gleichung. Wir betrachten nun Operatoren Y mit den Eigenschaften

1. Y bindet die Variable y (Y kann also z.B. eine Summation über diskrete Werte y oder ein Integral nach y mit von y unabhängigen Grenzen sein),

2. Y ist vertauschbar mit der Differentiation nach z und mit der Substitution $\alpha \to \alpha + 1$.

Aus diesen beiden Eigenschaften folgt, daß $Y F_y(z, \alpha)$, falls sinnvoll, ebenfalls eine Lösung der F-Gleichung ist. Aus dem Eindeutigkeitssatz ergibt sich daher

Satz 2: *Gilt für ein z_0*

$$
F(z_0, \alpha) = Y\left[F_y(z_0, \alpha)\right],
\tag{13.7}
$$

so gilt für alle z, für welche die rechte Seite sinnvoll ist,

$$
F(z, \alpha) = Y\left[F_y(z, \alpha)\right].
\tag{13.8}
$$

Wir verlangen nun von Y noch die weitere Eigenschaft

$$
Y\left[h(z, \alpha)\, k(y)\right] = h(z, \alpha)\, Y\left[k(y)\right]
$$

für beliebige Funktionen $h(z, \alpha)$ und $k(y)$. Dann besteht

Satz 3: *Gilt mit einer geeigneten Funktion $G(y)$ und einem geeigneten Operator Y für zwei Lösungen $F_1(z, \alpha)$ und $F_2(z, \alpha)$ die Beziehung*

$$
F_2(z_0, \alpha) = F_1(z_0, \alpha)\, Y\left[\{G(y)\}^\alpha\right],
\tag{13.9}
$$

so gilt für alle z, für welche die rechte Seite sinnvoll ist,

$$
F_2(z, \alpha) = Y\left[\{G(y)\}^\alpha F_1\big((z - z_0)\, G(y) + z_0, \alpha\big)\right].
\tag{13.10}
$$

Nach (11.37) ist mit $F_1(z, \alpha)$ auch der rechts von Y stehende Ausdruck eine Lösung der F-Gleichung und daher auch die ganze rechte Seite, falls sinnvoll. Da beide Gleichungsseiten von (13.10) Lösungen der F-Gleichung sind und nach (13.9) für $z = z_0$ übereinstimmen, so ist nach dem Eindeutigkeitssatz der Beweis erbracht.

Die Aufgabe, eine Beziehung zwischen zwei Typen von speziellen Funktionen herzustellen, ist somit auf die Aufgabe zurückgeführt, einen Operator Y und eine Funktion $G(y)$ zu finden, derart, daß Gl. (13.9) für einen geeigneten Wert von z_0 richtig ist.

Will man z.B. eine Beziehung zwischen Lösungen der F-Gleichung vom Typ (11.30) und (11.15) herstellen, d.h. zwischen

$$F_1(z, \alpha) = e^{i\alpha\pi} z^{-\frac{\alpha}{2}} J_a\big(2\sqrt{z}\big), \qquad F_2(z, \alpha) = e^{i\alpha\pi} e^{-z} L_c^{(\alpha)}(z),$$

so wähle man $z_0 = 0$ und hat dann nach solchen Y und $G(y)$ zu suchen, daß

$$\frac{\Gamma(\alpha + c + 1)}{\Gamma(c + 1)} = Y\big[\{G(y)\}^\alpha\big].$$

Dies leisten $G(y) = y$ und

$$Y[\ ] = \frac{1}{\Gamma(c+1)} \int\limits_0^\infty e^{-y} y^c [\ ]\, dy.$$

Damit wird, nach geringer Umformung,

$$e^{-z} z^{\alpha/2} L_c^{(\alpha)}(z) = \frac{1}{\Gamma(c+1)} \int\limits_0^\infty e^{-y} y^{c+\frac{\alpha}{2}} J_\alpha\big(2\sqrt{z\,y}\big)\, dy \qquad (c > -1). \qquad (13.11)$$

Da in Satz 3 die Funktionen $F_1(z, \alpha)$ und $F_2(z, \alpha)$ bei Verwendung eines anderen Operators Y und einer anderen Funktion $G(y)$ vertauscht werden können, liegt es nahe, nach einer Umkehrung der letzten Beziehung zu suchen. Dazu haben wir von

$$\frac{\Gamma(c+1)}{\Gamma(\alpha + c + 1)} = Y\big[\{G(y)\}^\alpha\big]$$

auszugehen. Man wählt etwa

$$G(y) = \frac{1}{y}, \qquad Y[\ ] = \frac{\Gamma(c+1)}{2\pi i} \int\limits_{-\infty}^{(0+)} e^y\, y^{-c-1} [\ ]\, dy.$$

Dann ergibt sich

$$z^{-\frac{\alpha}{2}} J_\alpha\big(2\sqrt{z}\big) = \frac{\Gamma(c+1)}{2\pi i} \int\limits_{-\infty}^{(0+)} e^{y-\frac{z}{y}}\, y^{-\alpha-c-1} L_c^{(\alpha)}\Big(\frac{z}{y}\Big)\, dy. \qquad (13.12)$$

Für $c = 0$ geht dies in (13.4) über.

D. Differenzengleichungen und spezielle Funktionen.

14. Infinitäres Verhalten der Lösungen von linearen homogenen Differenzengleichungen. Die einfachen speziellen Funktionen genügen alle Rekursionsformeln der Gestalt

$$A(z, \alpha)\, y(z, \alpha+1) + B(z, \alpha)\, y(z, \alpha) + C(z, \alpha)\, y(z, \alpha-1) = 0 \qquad (\alpha = 1, 2, \ldots). \qquad (14.1)$$

Aus dem Verhalten der Koeffizienten $A(z, \alpha)$, $B(z, \alpha)$, $C(z, \alpha)$ für $\alpha \to \infty$ kann man Schlüsse auf das Verhalten der Lösungen $y(z, \alpha)$ für $\alpha \to \infty$, das sog. infinitäre Verhalten ziehen.

Wir setzen $A(z, \alpha) \neq 0$, $C(z, \alpha) \neq 0$ für $\alpha = 1, 2, \ldots$ voraus und transformieren (14.1) auf eine einfachere Gestalt. Dazu wählen wir eine Zahlenfolge $\beta_0, \beta_1, \beta_2, \ldots$, so daß $\beta_0 = \beta_1 = 1$,

$$\beta_{\alpha+1} A(\alpha) = \beta_{\alpha-1} C(\alpha) \qquad (\alpha = 1, 2, 3, \ldots)$$

und finden mit der neuen abhängigen Variablen

$$\tilde{y}(\alpha) = \frac{y(\alpha)}{\beta_\alpha} \qquad (\alpha = 0, 1, 2, \ldots)$$

und der Abkürzung

$$\frac{\beta_\alpha B_\alpha}{\beta_{\alpha+1} A_\alpha} = -D_\alpha \qquad (\alpha = 1, 2, 3, \ldots)$$

die vereinfachte dreigliedrige Rekursion

$$\tilde{y}(\alpha + 1) - D_\alpha \tilde{y}(\alpha) + \tilde{y}(\alpha - 1) = 0. \tag{14.2}$$

Analog wie bei den Differentialgleichungen gilt auch für (14.1) oder (14.2), daß es nur zwei linear unabhängige Lösungen gibt; durch Vorgabe von $y(\alpha)$ oder $\tilde{y}(\alpha)$ für zwei aufeinanderfolgende Werte von α ist genau eine Lösung festgelegt.

Über das infinitäre Verhalten der Lösungen von (14.2) gibt ein Satz von SCHÄFKE[1] nützliche Abschätzungen. Danach sind unter der Voraussetzung $|D_\alpha| \geq 2$ für $\alpha = 1, 2, 3, \ldots$ drei Typen von Lösungen möglich:

I. Die triviale Lösung $\tilde{y}(\alpha) \equiv 0$ $\qquad (\alpha = 0, 1, 2, \ldots)$;

II. Es gibt genau eine Lösung mit der Eigenschaft

$$|\tilde{y}(\alpha)| \leq (|D_\alpha| - 1)^{-1} |\tilde{y}(\alpha - 1)|, \qquad \tilde{y}(\alpha - 1) \neq 0 \qquad (\alpha = 1, 2, 3, \ldots). \tag{14.3}$$

Sie läßt sich durch einen unendlichen Kettenbruch ausdrücken:

$$\frac{y(\alpha)}{y(\alpha - 1)} = \frac{1\,|}{|D_\alpha} - \frac{1\,|}{|D_{\alpha+1}} - \frac{1\,|}{|D_{\alpha+2}} - \cdots \qquad (\alpha = 1, 2, 3, \ldots). \tag{14.4}$$

III. Für jede andere Lösung gilt mit einer gewissen natürlichen Zahl α_1

$$|y(\alpha + 1)| > (|D_\alpha| - 1)\,|y(\alpha)| \qquad (\alpha = \alpha_1, \alpha_1 + 1, \alpha_1 + 2, \ldots). \tag{14.5}$$

Eine Ergänzung finden diese Aussagen in folgendem Satz, den wir zweckmäßiger für die ursprüngliche Differenzengleichung (14.1) aussprechen. Sei asymptotisch für $\alpha \to \infty$ mit reellen a, b, c

$$A(\alpha) \sim A_0 \alpha^a, \qquad B(\alpha) \sim B_0 \alpha^b, \qquad C(\alpha) \sim C_0 \alpha^c; \qquad A_0 \neq 0, \qquad B_0 \neq 0, \qquad C_0 \neq 0.$$

Bezüglich des infinitären Verhaltens der Lösungen von (14.1) sind dann vier Fälle zu unterscheiden.

I'. Ist $a + c < 2b$, so gibt es für jedes z eine Lösung von (14.1) mit der Eigenschaft

$$\lim_{\alpha \to \infty} \frac{y(\alpha + 1)}{y(\alpha)} \alpha^{a-b} = -\frac{B_0}{A_0} \tag{14.6}$$

und eine zweite linear unabhängige mit der Eigenschaft

$$\lim_{\alpha \to \infty} \frac{y(\alpha + 1)}{y(\alpha)} \alpha^{b-c} = -\frac{C_0}{B_0}. \tag{14.7}$$

---

[1] J. MEIXNER u. F. W. SCHÄFKE: MATHIEUsche Funktionen und Sphäroidfunktionen S. 89. Berlin 1954.

Die zweite Lösung ist bis auf einen von α unabhängigen Faktor eindeutig bestimmt.

II'. Ist $a + c = 2b$ und haben die Wurzeln t_1, t_2 der Gleichung $A_0 t^2 + B_0 t + C_0 = 0$ verschiedenen Betrag, dann gibt es bei festem z zwei Lösungen $y_i(\alpha)$ $(i = 1, 2)$ von (14.1) mit der Eigenschaft

$$\lim_{\alpha \to \infty} \frac{y_i(\alpha + 1)}{y_i(\alpha)} \alpha^{a-b} = t_i \qquad (i = 1, 2). \tag{14.8}$$

III'. Ist $a + c = 2b$ und haben die Wurzeln t_1, t_2 der Gleichung $A_0 t^2 + B_0 t + C_0 = 0$ gleichen Betrag, dann gilt für jede Lösung von (14.1) bei festem z

$$\limsup_{\alpha \to \infty} \sqrt[\alpha]{|y(\alpha)| \, (\alpha!)^{a-b}} = |t_1|. \tag{14.9}$$

IV'. Ist $a + c > 2b$, dann gilt für jede Lösung von (14.1) bei festem z

$$\limsup_{\alpha \to \infty} \sqrt[\alpha]{|y(\alpha)| \, (\alpha!)^{\frac{a-c}{2}}} = \left| \frac{C_0}{A_0} \right|^{\frac{1}{2}}. \tag{14.10}$$

Diese Aussagen sind Spezialfälle allgemeinerer Sätze von Kreuser[1] für homogene lineare Differenzengleichungen beliebiger endlicher Ordnung.

Als erstes Beispiel wählen wir die Zylinderfunktionen mit der Rekursionsformel (3.3)

$$Z_{\alpha+1}(z) - \frac{2\alpha}{z} Z_\alpha(z) + Z_{\alpha-1}(z) = 0. \tag{14.11}$$

Für die Anwendung der obigen Sätze brauchen die α nicht ganz zu sein; wie man leicht überlegt, gelten alle Grenzwerte für eine beliebige mod 1 kongruente Zahlenfolge α.

Wir schätzen zuerst die Bessel-Funktion $J_\alpha(z)$ grob ab unter Verwendung der Reihenentwicklung (3.2):

$$|J_\alpha(z)| < \left| \left(\frac{z}{2}\right)^\alpha \right| \sum_{l=0}^{\infty} \frac{1}{l!} \left| \frac{z^2}{4} \right|^l \max_{l=0}^{\infty} \frac{1}{|\Gamma(\alpha+l+1)|} < \max_{l=0}^{\infty} \frac{1}{|\Gamma(\alpha+l+1)|} e^{z^2/4} \left| \left(\frac{z}{2}\right)^\alpha \right|.$$

Für jedes endliche z ist daher $\lim\limits_{\alpha \to \infty} J_\alpha(z) = 0$. Nach I' gilt also für alle endlichen z noch genauer

$$\lim_{\alpha \to \infty} \frac{\alpha J_{\alpha+1}(z)}{J_\alpha(z)} = \frac{z}{2}, \tag{14.12}$$

während nach III und I' für jeden anderen Satz von Zylinderfunktionen

$$\lim_{\alpha \to \infty} \frac{Z_{\alpha+1}(z)}{\alpha Z_\alpha(z)} = \frac{2}{z} \tag{14.13}$$

ist.

Bei den Kugelfunktionen liegt für die Rekursionsformel (4.8) der Fall II' oder III' vor. Die Gleichung für t lautet $t^2 - 2zt + 1 = 0$, die beiden Wurzeln $t = z \pm \sqrt{z^2 - 1}$ haben für reelle z in $-1 < z < 1$ gleichen Betrag 1. In diesem Intervall liegt daher speziell Fall III' vor und es gilt demnach für jeden Satz von Kugelfunktionen $K_\nu^\mu(z) = P_\nu^\mu(z)$ oder $Q_\nu^\mu(z)$

$$\limsup_{\alpha \to \infty} \sqrt[\alpha]{|K_\alpha^\mu(z)|} = 1 \qquad (-1 \leq z \leq 1). \tag{14.14}$$

Für andere z muß man erst untersuchen, welcher Satz von Kugelfunktionen mit der Wurzel t_1 vom kleineren Betrag ($|t_1| < |t_2|$ vorausgesetzt) ansteigt. Wir

---

[1] P. Kreuser: Diss. Tübingen. Borna-Leipzig 1914.

haben $t_1 = z - \sqrt{z^2 - 1}$, $t_2 = z + \sqrt{z^2 - 1}$ mit $|\arg(z \pm 1)| < \pi$. Es liegt somit nahe, in die Differentialgleichung (4.3) der Kugelfunktionen t_2 als neue Veränderliche einzuführen. Spalten wir vorher einen Faktor $(z^2 - 1)^{\mu/2}$ ab, so genügt der Rest als Funktion von t_2 einer transformierten Gestalt der hypergeometrischen Differentialgleichung. Daraus folgert man leicht mit Rücksicht auf das Verhalten für große $|z|$

$$Q_\nu^\mu(z) = 2^\mu e^{\mu\pi i} \sqrt{\pi} \, \frac{\Gamma(\nu + \mu + 1)}{\Gamma(\nu + \frac{3}{2})} \, \frac{(z^2 - 1)^{\mu/2}}{t_2^{\nu + \mu + 1}} \, F\left(\frac{1}{2} + \mu, \, \nu + \mu + 1; \, \nu + \frac{3}{2}; \, \frac{1}{t_2}\right)$$

und man schließt auf [vgl. dazu (14.18)]

$$Q_{\nu+n}^\mu(z) = e^{\mu\pi i} \sqrt{\frac{\pi}{2}} \, \frac{\Gamma(\nu + \mu + n + 1)}{\Gamma(\nu + n + \frac{3}{2})} \, (z^2 - 1)^{-\frac{1}{4}} \left(z - \sqrt{z^2 - 1}\right)^{\nu + n + \frac{1}{2}} \left(1 + O\left(\frac{1}{n}\right)\right) \qquad (14.15)$$

für $n \to \infty$. Daher gilt für $P_\nu^\mu(z)$ außerhalb des Intervalls $-1 \leq z \leq 1$

$$\lim_{n \to \infty} \frac{P_{\nu+n+1}^\mu(z)}{P_{\nu+n}^\mu(z)} = z + \sqrt{z^2 - 1} \,. \qquad (14.16)$$

Wir geben noch einige Grenzwerte für $n \to \infty$ von einfachen speziellen Funktionen an, die entweder aus den obigen Sätzen oder direkt aus Potenzreihenentwicklungen und anderen elementaren Beziehungen entstehen.

$$F(a, b; c + n; z) = 1 + O(n^{-1}), \qquad (14.17)$$

$$F(a + n, b; c + n; z) \sim (1 - z)^{-b} \quad (z \neq 1), \qquad (14.18)$$

$$F(a + n, b + n; c + n; z) \sim (1 - z)^{c - a - b - n} \quad (z \neq 1), \qquad (14.19)$$

$$\left.\begin{aligned}
F\left(a - n, b; c; \frac{1}{z}\right) &\sim \frac{\Gamma(c)\,\Gamma(1 - a + n)}{\Gamma(c - b)\,\Gamma(b + 1 - a + n)} z^b + \\
&+ \frac{\Gamma(c)\,\Gamma(1 - a + n)}{\Gamma(b)\,\Gamma(c - b - a + 1 + n)} \left(-\frac{1}{z}\right)^{n-a} (1 - z)^{c - a - b + n} \\
\left(\left|\arg\left(-\frac{1}{z}\right)\right| < \pi, \; |\arg z| < \pi, \; |\arg(1 - z)| < \pi\right)&.
\end{aligned}\right\} \; (14.20)$$

$$\lim_{n \to \infty} \frac{\Phi(a, b; c + n + 1; z)}{\Phi(a, b; c; z)} = 1 - \frac{1}{z} \quad \left(\operatorname{Re} z > \frac{1}{2}\right), \qquad (14.21)$$

$$F(a; c + n; z) = 1 + O(n^{-1}), \qquad (14.22)$$

$$F(a + n; c + n; z) = e^z \left(1 + O(n^{-1})\right), \qquad (14.23)$$

$$\lim_{n \to \infty} \frac{\Phi(a; c + n + 1; z)}{n^2 \, \Phi(a; c + n; z)} = -a z, \qquad (14.24)$$

$$\lim_{n \to \infty} z^{-\mu - n - \frac{1}{2}} M_{\varkappa, \mu + n}(z) = 1, \qquad (14.25)$$

$$\limsup_{n \to \infty} \sqrt[n]{\frac{1}{n!} |W_{\varkappa + n, \mu}(z)|} = 1, \qquad (14.26)$$

$$\limsup_{n \to \infty} \sqrt[n]{(n!)^{-\frac{1}{2}} |D_{\nu+n}(z)|} = 1. \qquad (14.27)$$

Diese Grenzwerte sind oft nützlich, wenn man sich über die Konvergenz von Reihen, die nach speziellen Funktionen fortschreiten, orientieren will. Für die Reihe (19.4) besteht z.B. absolute Konvergenz, wenn

$$\limsup_{n \to \infty} \sqrt[n]{|J_{n+\frac{1}{2}}(k r_0) \, H_{n+\frac{1}{2}}^{(1, 2)}(k r) \, P_n(\cos \vartheta)|} < 1.$$

Mit (14.12), (14.13) und (14.14) geht dies über in $|r| > |r_0|$.

15. Entwicklung von speziellen Funktionen nach Reihen einfacherer Funktionen. Man kann eine Reihe von vollständigen Systemen spezieller Funktionen angeben, nach denen sich weitgehend beliebige Funktionen entwickeln lassen. Wir wollen jedoch hier nicht auf Entwicklungssätze eingehen, sondern an zwei Beispielen ein gelegentlich anwendbares anderes Verfahren erläutern.

Gegeben sei die Differentialgleichung

$$\frac{d^2 y}{d z^2} + \left(1 - \frac{2\eta}{z} - \frac{L(L+1)}{z^2}\right) y = 0 \tag{15.1}$$

mit den Lösungen [vgl. (5.40) bis (5.42)]

$$y = W_{\pm i\eta,\, L+\frac{1}{2}}(\pm 2iz). \tag{15.2}$$

Wir versuchen sie für große η durch eine geeignete Reihenentwicklung darzustellen. Dazu setzen wir zunächst $2\eta z = t$; damit geht (15.1) über in

$$\frac{d^2 y}{d t^2} + \left(\frac{1}{4\eta^2} - \frac{1}{t} - \frac{L(L+1)}{t^2}\right) y = 0. \tag{15.3}$$

Für $\eta = \infty$ wird diese Differentialgleichung nach (3.17) und (3.18) durch

$$y = t^{\frac{1}{2}} Z_{2L+1}\left(2i\sqrt{t}\right)$$

gelöst. Z_{2L+1} ist wieder irgendeine Zylinderfunktion. Für $\eta \neq \infty$ versuchen wir (15.3) mit dem Ansatz

$$y = t^{-L} \sum_{n=2L+1}^{\infty} \left(-i\sqrt{t}\right)^n a_n Z_n\left(2i\sqrt{t}\right) \tag{15.4}$$

zu lösen. Die Koeffizienten a_n hängen von η ab und sind zu ermitteln. Zur Vorbereitung führen wir die Bezeichnungen

$$u_n(t) = \left(-i\sqrt{t}\right)^n Z_n\left(2i\sqrt{t}\right),$$

ein und leiten für sie aus (3.3) und (3.5) die Relationen

$$\frac{d u_n}{d t} = u_{n-1}, \quad (n+1)\, u_{n+1} = -\, u_{n+2} + t\, u_n, \tag{15.5}$$

$$t\, \frac{d^2 u_n}{d t^2} + (1-n)\, \frac{d u_n}{d t} - u_n = 0 \tag{15.6}$$

her. Einsetzen von (15.4), d.h. $y = t^{-L} \sum a_n u_n(t)$, in (15.3) führt dann auf

$$\sum_{n=2L+1}^{\infty} a_n \left[\frac{d^2 u_n}{d t^2} - \frac{2L}{t}\, \frac{d u_n}{d t} + \left(\frac{1}{4\eta^2} - \frac{1}{t}\right) u_n\right] = 0.$$

Man ersetze nun $d^2 u_n/d t^2$ nach (15.6), $d u_n/d t$ nach (15.5) und erhält

$$\sum_{n=2L+1}^{\infty} a_n \left[\frac{1}{4\eta^2}\, u_n + \frac{n - 2L - 1}{t}\, u_{n-1}\right] = 0.$$

Weiter ersetze man $t u_n$ nach (15.5); dann ergibt sich

$$\sum_{n=2L+1}^{\infty} a_n \left[u_{n+2} + (n+1)\, u_{n+1} + 4\eta^2 (n - 2L - 1)\, u_{n-1}\right] = 0.$$

Schließlich verschiebe man den Summationsindex in den drei Summanden der Reihe nach um -2, -1 und $+1$. Man erkennt dann als hinreichende Bedingungen für die Erfüllung der letzten Gleichung das Bestehen des viergliedrigen Rekursionssystems

$$4\eta^2(n-2L)\,a_{n+1}+n\,a_{n-1}+a_{n-2}=0 \qquad (n>2L+2)$$

mit $a_{2L+1}=1$, $a_{2L+2}=0$. Für große n gilt nach den allgemeineren Sätzen von KREUSER (siehe Anmerkung S. 188)

$$\limsup_{n\to\infty} \sqrt[n]{|a_n|} \leq \frac{1}{|2\eta|}$$

so daß mit Hilfe von (14.12) auf

$$\limsup_{n\to\infty} \sqrt[n]{|a_n\,t^{n/2}\,J_n\big(2i\sqrt{t}\,\big)\,n!|} \leq \left|\frac{t}{2\eta}\right|$$

geschlossen werden kann. Die Reihe (15.4) konvergiert mit $Z_n=J_n$ daher so gut wie die Potenzreihenentwicklung von $e^{t/2\eta}$. Wählt man jedoch für Z_n eine andere Zylinderfunktion, so divergiert die Reihe (15.4). Sie ist aber als asymptotische Reihe brauchbar, wie ABRAMOWITZ (siehe Anmerkung S. 164) gezeigt hat.

$y(t,\eta)$ in (15.4) verhält sich für kleine t wie $t^{L+1}a_{2L+1}/\Gamma(2L+2)$, wenn man $Z_n=J_n$ wählt. Daraus schließt man, daß diese Funktion proportional zu $F_L(\eta,\varrho)$ [s. (5.43)] ist.

Ein anderes Verfahren, die Lösungen von (15.1) für große η zu approximieren, geht ebenfalls von der Lösung von (15.3) für $\eta=\infty$ aus. Der wesentliche Gedanke hierbei ist, die Zylinderfunktion Z_{2L+1} in der Lösung beizubehalten, jedoch ihr Argument $2i\sqrt{2\eta z}$ und den Faktor $z^{\frac{1}{2}}$ in geeigneter Weise abzuändern. Mit gewissen Modifikationen ist dieses Verfahren auch in vielen anderen Fällen brauchbar. (Siehe unter anderem LANGER[1] und CHERRY[2].) In unserem Beispiel setzen wir, indem wir gleich von (15.1) ausgehen,

$$y=f(z)\cdot\psi\big(\zeta(z)\big),$$

und erhalten durch Einsetzen in (15.1)

$$\frac{f''}{f}+\frac{1}{\psi}\frac{d^2\psi}{d\xi^2}\,\xi'^2+\left(\xi''+2\frac{f'}{f}\xi'\right)\frac{1}{\psi}\frac{d\psi}{d\xi}+1-\frac{2\eta}{z}-\frac{L(L+1)}{z^2}=0.$$

Striche bedeuten Ableitung nach z. Die Funktion ψ fällt ganz heraus, wenn wir

$$f(z)=[\xi'(z)]^{-\frac{1}{2}}, \qquad \psi(\xi)=\xi^{\frac{1}{2}}Z_{2L+1}(\xi)$$

setzen. Es entsteht dann [man benutze (3.17) und (3.18)]

$$\frac{3}{4}\frac{\xi''^2}{\xi'^2}-\frac{1}{2}\frac{\xi'''}{\xi'}-\xi'^2+\left(2L+\frac{1}{2}\right)\left(2L+\frac{3}{2}\right)\frac{\xi'^2}{\xi^2}+1-\frac{2\eta}{z}-\frac{L(L+1)}{z^2}=0.$$

Nun setze man für $\xi(z)$ eine Entwicklung an

$$\xi(z)=\eta^{\frac{1}{2}}\xi_0+\eta^{-\frac{1}{2}}\xi_1+\eta^{-\frac{3}{2}}\xi_2+\cdots,$$

setze in die obige Differentialgleichung ein und vergleiche die Koeffizienten gleicher Potenzen von η. Die ersten so entstehenden Differentialgleichungen lauten

$$\xi_0'^2=-\frac{2}{z},$$

$$\frac{3}{4}\frac{\xi_0''^2}{\xi_0'^2}-\frac{1}{2}\frac{\xi_0'''}{\xi_0'}-2\xi_0'\xi_1'+\left(2L+\frac{1}{2}\right)\left(2L+\frac{3}{2}\right)\frac{\xi_0'^2}{\xi_0^2}+1-\frac{L(L+1)}{z^2}=0.$$

[1] R. E. LANGER: Trans. Amer. Math. Soc. **36**, 90, 637 (1934).
[2] T. M. CHERRY: Trans. Amer. Math. Soc. **68**, 224 (1950).

Die letzte Gleichung läßt sich mit Hilfe der ersten noch zu

$$2\xi_0'\,\xi_1' = 1 + \left(2L + \tfrac{1}{2}\right)\left(2L + \tfrac{3}{2}\right)\left[\frac{\xi_0'^2}{\xi_0^2} - \frac{1}{4z^2}\right]$$

umformen. Mit der Anfangsbedingung $\xi(0) = 0$, d. h. $\xi_0(0) = \xi_1(0) = \xi_2(0) = \cdots = 0$ (sie wird durch die Wurzeln $-L$ und $L+1$ der determinierenden Gleichung für die Stelle $z = 0$ — vgl. Ziff. 6, Satz 2 — nahegelegt), ergibt die Integration

$$\xi_0 = 2i\,\sqrt{2z}\,, \qquad \xi_1 = -\frac{1}{3i\sqrt{2}}\,z^{\frac{3}{2}}\,.$$

Das Verfahren kann fortgesetzt werden. Eine besondere Aufgabe ist es, jeweils den Gültigkeitsbereich solcher Darstellungen festzulegen. Ein besonderer Vorteil ist es andererseits, daß man mit ein und derselben Funktion $\xi(z)$ in jede Zylinderfunktion $Z_{2L+1}(\xi)$ eingehen kann und so asymptotische Darstellungen gleich für ein Paar unabhängiger Lösungen der gegebenen Differentialgleichungen erhält.

Als zweites Beispiel wählen wir die Mathieusche Differentialgleichung

$$\frac{d^2 y}{dz^2} + (\lambda - 2h^2\cos 2z)\,y = 0 \tag{15.7}$$

und versuchen sie mit dem Ansatz

$$y = \sum_{r=-\infty}^{\infty} c_{2r}\,e^{i(\nu+2r)z} \tag{15.8}$$

zu lösen. ν ist dabei ein zunächst verfügbarer Parameter. Einsetzen von (15.8) in (15.7) gibt zunächst

$$\sum_{r=-\infty}^{\infty} c_{2r}\left[-(\nu+2r)^2 + \lambda - h^2 e^{2iz} - h^2 e^{-2iz}\right] e^{i(\nu+2r)z} = 0\,.$$

Verschiebung des Summationsindex in den letzten beiden Gliedern führt auf

$$\sum_{r=-\infty}^{\infty} \left\{\left[\lambda - (\nu+2r)^2\right] c_{2r} - h^2 c_{2r-2} - h^2 c_{2r+2}\right\} e^{2irz} = 0\,, \tag{15.9}$$

und dafür ist das Bestehen des Rekursionssystems

$$\left[\lambda - (\nu+2r)^2\right] c_{2r} = h^2 c_{2r-2} + h^2 c_{2r+2} \qquad (r = 0, \pm 1, \pm 2, \ldots) \tag{15.10}$$

notwendig und hinreichend.

Es handelt sich nun darum, gegebenenfalls unter Verfügung über den bis jetzt willkürlichen Parameter ν, eine Lösung c_{2r} von (15.10) mit solcher Eigenschaft zu finden, daß die Reihe (25.8), wenigstens in einem gewissen z-Bereich, konvergiert. Schließen wir die triviale Lösung des Typs I aus, so kommt daher für $r \to +\infty$ nur die Lösung vom Typ II in Betracht. Für sie gilt die Kettenbruchdarstellung

$$\frac{c_{2r}}{c_{2r-2}} = \cfrac{h^2}{\lambda - (\nu+2r)^2} - \cfrac{h^4}{|\lambda - (\nu+2r+2)^2|} - \cdots \qquad (r = 0, \pm 1, \pm 2, \ldots)\,. \tag{15.11}$$

Das Verhalten der Lösungen von (15.10) für $r \to -\infty$ findet man ebenfalls aus den Sätzen des letzten Abschnitts, indem man $r = -\alpha$ setzt und wieder den Grenzübergang $\alpha \to \infty$ betrachtet. Aus Konvergenzgründen kommt auch hier nur Typ II in Betracht und wir erhalten eine zweite Kettenbruchdarstellung

$$\frac{c_{2r-2}}{c_{2r}} = \cfrac{h^2}{\lambda - (\nu+2r-2)^2} - \cfrac{h^4}{|\lambda - (\nu+2r-4)^2|} - \cdots \qquad (r = 0, \pm 1, \pm 2, \ldots)\,. \tag{15.12}$$

Beide Kettenbrüche sind für jeden abgeschlossenen Bereich der Parameter v, λ, h^2 mit $h^2 \neq 0$ gleichmäßig konvergent; dies folgt aus der Abschätzung für den Typ II.

Durch Multiplikation von (15.11) und (15.12) fallen die Koeffizienten c_{2i} heraus und es bleibt eine Gleichung zwischen v, λ, h^2. v, der charakteristische Exponent der MATHIEUschen Differentialgleichung, ist also eine Funktion von λ und h^2. Das Studium dieses funktionalen Zusammenhangs ist ein wesentlicher Teil der Theorie der MATHIEUschen Funktionen (vgl. Ziff. 22).

Aus (15.1) und (15.12) folgt weiter

$$\lim_{r \to \infty} r^2 \frac{c_{2r}}{c_{2r-2}} = -\frac{1}{4}h^2, \qquad \lim_{r \to -\infty} r^2 \frac{c_{2r-2}}{c_{2r}} = -\frac{1}{4}h^2$$

und daraus die absolute und gleichmäßige Konvergenz der Reihe (15.8) für alle endlichen z.

E. Produkte spezieller Funktionen als Lösungen der Schwingungsgleichung.

16. Die Schwingungsgleichung in krummlinigen Koordinaten. Die dreidimensionale Schwingungsgleichung lautet in rechtwinkligen cartesischen Koordinaten x, y, z

$$\Delta u + k^2 u = 0 \tag{16.1}$$

mit der Abkürzung

$$\Delta \equiv \frac{\partial^2}{\partial x^2} + \frac{\partial^2}{\partial y^2} + \frac{\partial^2}{\partial z^2}. \tag{16.2}$$

k ist die sog. Wellenzahl, welche wir, wenn nicht anders bemerkt, konstant annehmen. Führen wir orthogonale krummlinige Koordinaten ξ_1, ξ_2, ξ_3 gemäß

$$x = x(\xi_1, \xi_2, \xi_3), \qquad y = y(\xi_1, \xi_2, \xi_3), \qquad z = z(\xi_1, \xi_2, \xi_3) \tag{16.3}$$

ein, so gilt für das Linienelement

$$ds^2 = dx^2 + dy^2 + dz^2 = g_1 d\xi_1^2 + g_2 d\xi_2^2 + g_3 d\xi_3^2. \tag{16.4}$$

Das Nichtauftreten von Produktgliedern $d\xi_i \, d\xi_k$ $(i \neq k)$ ist charakteristisch für die Orthogonalität der neuen Koordinaten. Die g_i $(i = 1, 2, 3)$ sind Funktionen von ξ_1, ξ_2, ξ_3 und durch

$$g_i = \left(\frac{\partial x}{\partial \xi_i}\right)^2 + \left(\frac{\partial y}{\partial \xi_i}\right)^2 + \left(\frac{\partial z}{\partial \xi_i}\right)^2 \qquad (i = 1, 2, 3) \tag{16.5}$$

gegeben. Mit Hilfe dieser Größen läßt sich nun die Schwingungsgleichung in den neuen Koordinaten so schreiben

$$\frac{\partial}{\partial \xi_1}\left(\frac{g}{g_1}\frac{\partial u}{\partial \xi_1}\right) + \frac{\partial}{\partial \xi_2}\left(\frac{g}{g_2}\frac{\partial u}{\partial \xi_2}\right) + \frac{\partial}{\partial \xi_3}\left(\frac{g}{g_3}\frac{\partial u}{\partial \xi_3}\right) + g k^2 u = 0. \tag{16.6}$$

Dabei ist zur Abkürzung $g^2 = g_1 g_2 g_3$ gesetzt.

Es gibt eine Reihe von speziellen krummlinigen Koordinatensystemen, in denen sich die Schwingungsgleichung separieren läßt, d.h. mit dem Ansatz

$$u = f_1(\xi_1) f_2(\xi_2) f_3(\xi_3) \tag{16.7}$$

gewinnt man aus (16.6) drei gewöhnliche Differentialgleichungen für $f_1(\xi_1)$, $f_2(\xi_2)$ und $f_3(\xi_3)$.

Die Bedeutung der separierten Lösungen (16.7) von (16.6) liegt darin, daß sich mit gewissen Einschränkungen — soweit eben die sog. Entwicklungssätze reichen — alle Lösungen der Schwingungsgleichung durch lineare Superposition von Lösungen darstellen lassen, die in einem bestimmten Koordinatensystem separiert sind.

Die cartesischen Koordinaten selbst lassen bereits die Separation der Schwingungsgleichung zu. Mit dem Ansatz

$$u = f_1(x) \cdot f_2(y) \cdot f_3(z)$$

folgt aus (16.1)

$$\frac{1}{f_1}\frac{\partial^2 f_1}{\partial x^2} + \frac{1}{f_2}\frac{\partial^2 f_2}{\partial y^2} + \frac{1}{f_3}\frac{\partial^2 f_3}{\partial z^2} + k^2 = 0.$$

Da der erste Summand nur von x abhängt $(f_1 = f_1(x))$, andererseits einem Ausdruck gleich ist, der nicht von x abhängt, so ist er bezüglich aller Veränderlichen x, y, z konstant. Dasselbe gilt für die anderen Summanden. Setzt man somit

$$\frac{\partial^2 f_1}{\partial x^2} = -k_1^2 f_1, \qquad \frac{\partial^2 f_2}{\partial y^2} = -k_2^2 f_2, \qquad \frac{\partial^2 f_3}{\partial z^2} = -k_3^2 f_3, \qquad (16.8)$$

so folgt als separierte Wellenfunktion

$$u = e^{i(k_1 x + k_2 y + k_3 z)}$$

mit konstenten k_1, k_2, k_3, die nur der Bedingung

$$k_1^2 + k_2^2 + k_3^2 = k^2$$

zu genügen haben.

Die Separation der Wellengleichung ist auch dann noch möglich, wenn k^2 nicht konstant ist, sondern

$$k^2 = \alpha_1(x) + \alpha_2(y) + \alpha_3(z) + \beta$$

mit einer konstanten β ist. Zerlegt man β in drei willkürliche Summanden $\beta = \beta_1 + \beta_2 + \beta_3$, so erhalten wir an Stelle von (16.8)

$$\frac{\partial^2 f_1}{\partial x^2} = -[\alpha_1(x) + \beta_1] f_1, \qquad \frac{\partial^2 f_2}{\partial y^2} = -[\alpha_2(y) + \beta_2] f_2, \qquad \frac{\partial^2 f_3}{\partial z^2} = -[\alpha_3(z) + \beta_3] f_3.$$

Ist speziell jede der Funktionen α_i gleich einer der Funktionen $r(z, s)$ aus (10.11), so lassen sich die separierten Lösungen dieser verallgemeinerten Schwingungsgleichung explizit durch einfache spezielle Funktionen ausdrücken. Ist $\alpha_1(x) = \cos a_1 x$, $\alpha_2(y) = \cos a_2 y$, $\alpha_3(z) = \cos a_3 z$, so sind die separierten Wellenfunktionen Produkte Mathieuscher Funktionen.

Bei der folgenden Aufzählung von krummlinigen Koordinatensystemen beschränken wir uns auf solche, in denen die Separation auf einfache spezielle Funktionen, Mathieusche Funktionen oder Sphäroidfunktionen führt. Der allgemeine Fall der elliptischen Koordinaten führt auf die wenig untersuchten Funktionen des dreiachsigen Ellipsoids; er bleibt hier unberücksichtigt. Allgemeinere Klassen von speziellen Funktionen entstehen bei der Separation der mehr als dreidimensionalen Schwingungsgleichung in elliptischen Koordinaten und ihren Spezial- und Grenzfällen.

Wir bemerken noch, daß natürlich die Möglichkeit der Separation in einem Koordinatensystem auch die Separation in jedem anderen Koordinatensystem nach sich zieht, das aus dem ersten durch Drehung und Verschiebung hervorgeht, falls k^2 konstant ist.

17. Separation in krummlinigen Koordinatensystemen. α*) Zylinderkoordinaten* ϱ, φ, z. Sie sind durch

$$x = \varrho \cos \varphi, \qquad y = \varrho \sin \varphi, \qquad z = z$$
$$(0 \leq \varrho < \infty, \; 0 \leq \varphi < 2\pi, \; -\infty < z < \infty)$$

definiert. Die Orthogonalität dieser Koordinaten folgt unmittelbar aus

$$ds^2 = d\varrho^2 + \varrho^2 \, d\varphi^2 + dz^2.$$

Die Schwingungsgleichung lautet mit $\xi_1 = \varrho, \xi_2 = \varphi, \xi_3 = z$ und $g_1 = 1, g_2 = \varrho^2,$ $g_3 = 1$

$$\frac{\partial^2 u}{\partial \varrho^2} + \frac{1}{\varrho} \frac{\partial u}{\partial \varrho} + \frac{1}{\varrho^2} \frac{\partial^2 u}{\partial \varphi^2} + \frac{\partial^2 u}{\partial z^2} + k^2 u = 0. \tag{17.1}$$

Der Separationsansatz $u = f_1(\varrho) \, f_2(\varphi) \, f_3(z)$ führt auf

$$\frac{\partial^2 f_1}{\partial \varrho^2} + \frac{1}{\varrho} \frac{\partial f_1}{\partial \varrho} + \left[k^2 - \alpha^2 - \frac{\nu^2}{\varrho^2} \right] f_1 = 0, \tag{17.2}$$

$$\frac{\partial^2 f_2}{\partial \varphi^2} + \nu^2 f_2 = 0, \tag{17.3}$$

$$\frac{\partial^2 f_3}{\partial z^2} + \alpha^2 f_3 = 0. \tag{17.4}$$

ν und α sind willkürliche Konstanten, sog. Separationsparameter. Die erste Differentialgleichung führt mit der Substitution $\zeta = (k^2 - \alpha^2)^{\frac{1}{2}} \varrho$ auf die Differentialgleichung der Zylinderfunktionen. Somit haben wir die separierten Lösungen

$$u(\varrho, \varphi, z) = Z_\nu\left((k^2 - \alpha^2)^{\frac{1}{2}} \varrho\right) e^{i\nu\varphi} e^{i\alpha z} \tag{17.5}$$

mit beliebigen, reellen oder komplexen, ν und α; Z_ν ist eine beliebige Zylinderfunktion.

Die Separation von (17.1) ist auch dann noch möglich, wenn

$$k^2 = \alpha_1(\varrho) + \frac{\alpha_2(\varphi)}{\varrho^2} + \alpha_3(z)$$

ist.

β*) Kugelkoordinaten* r, ϑ, φ. Sie sind durch

$$x = r \sin\vartheta \cos\varphi, \qquad y = r \sin\vartheta \sin\varphi, \qquad z = r \cos\vartheta$$
$$(0 \leq r < \infty, \; 0 \leq \varphi < 2\pi, \; 0 \leq \vartheta \leq \pi)$$

definiert. Es gilt

$$ds^2 = dr^2 + r^2 \, d\vartheta^2 + r^2 \sin^2\vartheta \, d\varphi^2.$$

Daher lautet die Schwingungsgleichung in Kugelkoordinaten

$$\frac{\partial^2 u}{\partial r^2} + \frac{2}{r} \frac{\partial u}{\partial r} + \frac{1}{r^2 \sin\vartheta} \frac{\partial}{\partial \vartheta} \left(\sin\vartheta \frac{\partial u}{\partial \vartheta} \right) + \frac{1}{r^2 \sin^2\vartheta} \frac{\partial^2 u}{\partial \varphi^2} + k^2 u = 0. \tag{17.6}$$

Der Separationsansatz $u = f_1(r) \, f_2(\vartheta) \, f_3(\varphi)$ führt auf

$$\frac{d^2 f_1}{dr^2} + \frac{2}{r} \frac{df_1}{dr} + \left(k^2 - \frac{\nu(\nu+1)}{r^2} \right) f_1 = 0, \tag{17.7}$$

$$\frac{d^2 f_2}{d\vartheta^2} + \cot\vartheta \frac{df_2}{d\vartheta} + \left(\nu(\nu+1) - \frac{\mu^2}{\sin^2\vartheta} \right) f_2 = 0, \tag{17.8}$$

$$\frac{d^2 f_3}{d\varphi^2} = -\mu^2 f_3. \tag{17.9}$$

ν und μ sind willkürliche Separationsparameter. Die erste Differentialgleichung ist die der Kugel-Bessel-Funktionen (3.19) mit dem Argument kr, die zweite die der allgemeinen Kugelfunktionen (4.1) mit dem Argument $\cos\vartheta$. Somit lauten die separierten Lösungen

$$u(r,\vartheta,\varphi) = \begin{cases} \psi_\nu^{(j)}(kr)\, P_\nu^\mu(\cos\vartheta)\, e^{i\mu\varphi} \\ \psi_\nu^{(j)}(kr)\, Q_\nu^\mu(\cos\vartheta)\, e^{i\mu\varphi} \end{cases} \tag{17.10}$$

etwa mit $j=1, 2$ oder $j=3, 4$.

Die Separation von (17.6) ist auch dann noch möglich, wenn

$$k^2 = \alpha_1(r) + \frac{\alpha_2(\vartheta)}{r^2} + \frac{\alpha_3(\varphi)}{r^2 \sin^2\vartheta}\,.$$

Der Fall $k^2=\alpha_1(r)$ wird später (Ziff. 20) noch etwas näher behandelt werden.

Die partielle Separation der Schwingungsgleichung mit dem Ansatz

$$u = \psi_\nu^{(j)}(kr)\, Y_\nu(\vartheta,\varphi) \tag{17.11}$$

gibt für die $Y_\nu(\vartheta,\varphi)$, die sog. Kugelflächenfunktionen zum Index ν, die Differentialgleichung

$$\frac{1}{\sin\vartheta}\frac{\partial}{\partial\vartheta}\left(\sin\vartheta\,\frac{\partial Y_\nu}{\partial\vartheta}\right) + \frac{1}{\sin^2\vartheta}\frac{\partial^2 Y_\nu}{\partial\varphi^2} + \nu(\nu+1)\, Y_\nu = 0. \tag{17.12}$$

Separierte Lösungen dieser Gleichung sind

$$P_\nu^\mu(\cos\vartheta)\, e^{i\mu\varphi}, \qquad Q_\nu^\mu(\cos\vartheta)\, e^{i\mu\varphi}. \tag{17.13}$$

Für $k=0$ geht die Schwingungsgleichung in die Potentialgleichung

$$\Delta u = \frac{\partial^2 u}{\partial x^2} + \frac{\partial^2 u}{\partial y^2} + \frac{\partial^2 u}{\partial z^2} = 0 \tag{17.14}$$

über; statt des Ansatzes (17.11) wählt man dann [vgl. (3.23)]

$$u = r^\nu\, Y_\nu(\vartheta,\varphi) \quad \text{oder} \quad u = r^{-\nu-1} Y_\nu(\vartheta,\varphi). \tag{17.15}$$

Neben den Kugelflächenfunktionen (17.13) sind auch

$$(\cos\vartheta \pm i\sin\vartheta\cos\varphi)^\nu, \qquad (\sin\vartheta)^\nu\, e^{\pm i\nu\varphi} \tag{17.16}$$

solche zum selben Index. Zum Beweis multipliziert man beide Ausdrücke mit r^ν, rechnet auf cartesische Koordinaten um und erhält $(z \pm i x)^\nu$ und $(x \pm i y)^\nu$; beide Funktionen sind ersichtlich Lösungen von (17.14).

Weitere Kugelflächenfunktionen zum Index ν sind

$$P_\nu^\mu(\cos\Theta)\, e^{i\mu\Phi}, \qquad Q_\nu^\mu(\cos\Theta)\, e^{i\mu\Phi}, \tag{17.17}$$

wenn Θ und Φ Polarwinkel bezüglich irgendeiner anderen ausgezeichneten Achse sind, also etwa mit beliebigem α (= Winkel zwischen den beiden Polarachsen)

$$\cos\Theta = \cos\vartheta\cos\alpha + \sin\vartheta\sin\alpha\cos\varphi, \tag{17.18}$$

$$\operatorname{tg}\Phi = \frac{\sin\vartheta\sin\varphi}{\sin\vartheta\cos\alpha\cos\varphi - \cos\vartheta\sin\alpha}\,. \tag{17.19}$$

Für ganze $\nu=n\geq 0$ gibt es genau $2n+1$ linear unabhängige und auf der Kugeloberfläche $0\leq\varphi<2\pi$, $0\leq\vartheta\leq\pi$ eindeutige und reguläre Kugelflächenfunktionen. Diese sind die Funktionen $P_n^m(\cos\vartheta)\, e^{im\varphi}$ $(m=-n,\ -n+1,\ \ldots$ $-1, 0, 1, \ldots, n-1, n)$. Nach diesen läßt sich jede andere eindeutige und reguläre Kugelflächenfunktion mit dem Index n [z. B. (17.16) mit $r=n$ oder die erste Funktion in (17.17) mit $r=n$ und $\mu=m'=$ganz, $0\leq m'\leq n$] entwickeln.

Spezielle und normierte Kugelflächenfunktionen vom Grad n und der Ordnung m sind [vgl. (4.36)]

$$Y_n^m(\vartheta,\varphi) = \sqrt{\frac{2n+1}{4\pi}\frac{(n-m)!}{(n+m)!}}\, P_n^m(\cos\vartheta)\, e^{im\varphi} = \frac{1}{\sqrt{2\pi}}\, P_{nm}(\cos\vartheta)\, e^{im\varphi}$$

$$(n=0,1,2,\ldots;\ m=-n,\ -n+1,\ \ldots,\ n-1, n)$$

mit den Eigenschaften

$$Y_n^{-m} = (-1)^m\, \overline{Y_n^m}$$

(Querstrich bedeutet die konjugiert komplexe Größe) und

$$\int\limits_0^\pi \sin\vartheta\, d\vartheta \int\limits_0^{2\pi} d\varphi\, Y_n^m(\vartheta,\varphi)\, \overline{Y_{n'}^{m'}}(\vartheta,\varphi) = \delta_{nn'}\, \delta_{mm'}.$$

In der Theorie des Erdmagnetismus verwendet man statt der Kugelfunktionen $P_n^m(\cos\vartheta)$ auch die Funktionen

$$P^{n,m}(\cos\vartheta) = (-1)^m\left[\varepsilon_m\frac{(n-m)!}{(n+m)!}\right]^{\frac{1}{2}} P_n^m(\cos\vartheta),$$

worin $m\geq 0$ und $\varepsilon_0=1,\ \varepsilon_1=\varepsilon_2=\varepsilon_3=\cdots=2$ ist.

$\gamma)$ *Koordinaten des parabolischen Zylinders* ξ, η, z. Sie sind durch

$$x=\xi\eta,\quad y=\tfrac{1}{2}(\xi^2-\eta^2),\quad z=z$$

$$(-\infty<\xi<\infty,\ 0<\eta<\infty,\ -\infty<z<\infty$$

$$\text{oder}\ \ 0<\xi<\infty,\ -\infty<\eta<\infty,\ -\infty<z<\infty)$$

definiert. Es gilt

$$ds^2 = (\xi^2+\eta^2)(d\xi^2+d\eta^2)+dz^2.$$

Daher lautet die Schwingungsgleichung in diesen Koordinaten

$$\frac{1}{\xi^2+\eta^2}\left(\frac{\partial^2 u}{\partial\xi^2}+\frac{\partial^2 u}{\partial\eta^2}\right)+\frac{\partial^2 u}{\partial z^2}+k^2 u = 0. \tag{17.20}$$

Der Separationsansatz $u=f_1(\xi)\, f_2(\eta)\, f_3(z)$ führt auf

$$\frac{d^2 f_1}{d\xi^2}+(\lambda-l^2\xi^2)\, f_1 = 0,\qquad (l^2=\alpha^2-k^2), \tag{17.21}$$

$$\frac{d^2 f_2}{d\eta^2}+(-\lambda-l^2\eta^2)\, f_2 = 0, \tag{17.22}$$

$$\frac{d^2 f_3}{dz^2} = -\alpha^2 f_3. \tag{17.23}$$

α und λ sind willkürliche Separationsparameter. Die ersten beiden Differentialgleichungen werden durch die Funktionen des parabolischen Zylinders gelöst und die separierten Lösungen der Schwingungsgleichung lauten mit $l^2=\alpha^2-k^2$

$$u(\xi,\eta,z) = D_{-\frac{1}{2}+\frac{\lambda}{2l}}(\pm\xi\sqrt{2l})\, D_{-\frac{1}{2}-\frac{\lambda}{2l}}(\pm\eta\sqrt{2l})\, e^{i\alpha z}. \tag{17.24}$$

Die Vorzeichen $\pm$ in den ersten beiden Faktoren sind voneinander unabhängig.

Die Separation der Schwingungsgleichung (17.20) ist auch noch für

$$k^2 = \frac{\alpha_1(\xi) + \alpha_2(\eta)}{\xi^2 + \eta^2} + \alpha_3(z)$$

möglich.

$\delta)$ *Rotationsparabolische Koordinaten* ξ, η, φ. Sie sind durch

$$x = \xi\eta\cos\varphi, \qquad y = \xi\eta\sin\varphi, \qquad z = \tfrac{1}{2}(\xi^2 - \eta^2)$$
$$(0 \le \xi < \infty,\ 0 \le \eta < \infty,\ 0 \le \varphi < 2\pi)$$

definiert. Es gilt

$$ds^2 = (\xi^2 + \eta^2)(d\xi^2 + d\eta^2) + \xi^2\eta^2\, d\varphi^2$$

und die Schwingungsgleichung lautet in diesen Koordinaten

$$\frac{\partial^2 u}{\partial \xi^2} + \frac{1}{\xi}\frac{\partial u}{\partial \xi} + \frac{\partial^2 u}{\partial \eta^2} + \frac{1}{\eta}\frac{\partial u}{\partial \eta} + \left(\frac{1}{\xi^2} + \frac{1}{\eta^2}\right)\frac{\partial^2 u}{\partial \varphi^2} + k^2(\xi^2 + \eta^2)\,u = 0. \qquad (17.25)$$

Der Separationsansatz $u = f_1(\xi)\, f_2(\eta)\, f_3(\varphi)$ liefert

$$\frac{d^2 f_1}{d\xi^2} + \frac{1}{\xi}\frac{df_1}{d\xi} + \left(k^2\xi^2 - \frac{\mu^2}{\xi^2} + \lambda\right)f_1 = 0, \qquad (17.26)$$

$$\frac{d^2 f_2}{d\eta^2} + \frac{1}{\eta}\frac{df_2}{d\eta} + \left(k^2\eta^2 - \frac{\mu^2}{\eta^2} - \lambda\right)f_2 = 0, \qquad (17.27)$$

$$\frac{d^2 f_3}{d\varphi^2} + \mu^2 f_3 = 0. \qquad (17.28)$$

λ und μ sind willkürliche Separationsparameter. Die ersten beiden Differentialgleichungen lassen sich auf die Whittakersche Differentialgleichung (5.22) zurückführen. Die separierten Lösungen von (17.25) lauten damit

$$\left.\begin{aligned}
u(\xi, \eta, \varphi) &= \xi^\mu\, e^{\pm i k\, \xi^2/2}\, {}_1F_1\!\left(-\frac{i\lambda}{4k} + \frac{\mu+1}{2};\ \mu+1;\ \mp i k\xi^2\right) \times \\
&\quad \times \eta^\mu\, e^{\pm i k\, \eta^2/2}\, {}_1F_1\!\left(+\frac{i\lambda}{4k} + \frac{\mu+1}{2};\ \mu+1;\ \mp i k\eta^2\right) \cdot e^{i\mu\varphi},
\end{aligned}\right\} \qquad (17.29)$$

oder in anderer Schreibweise

$$u(\xi, \eta, \varphi) = (\xi\eta)^{-1} \cdot W_{\lambda/4ik,\,\mu/2}(i k\xi^2)\, W_{i\lambda/4k,\,\mu/2}(i k\eta^2)\, e^{i\mu\varphi}. \qquad (17.30)$$

In der ersten Darstellung sind die ersten zwei Vorzeichenpaare unter sich gekop-
pelt, ebenso die letzten beiden Vorzeichenpaare.

Die Separation der Schwingungsgleichung ist auch noch für

$$k^2 = (\xi^2 + \eta^2)^{-1}[\alpha_1(\xi) + \alpha_2(\eta)] + \frac{1}{\xi^2\eta^2}\alpha_3(\varphi)$$

möglich.

$\varepsilon)$ *Die Koordinaten des elliptischen Zylinders.* Sie sind durch

$$x = a\,\mathrm{Cos}\,\xi\cos\eta, \qquad y = a\,\mathrm{Sin}\,\xi\sin\eta, \qquad z = z$$
$$(0 \le \xi < \infty,\ 0 \le \eta < 2\pi,\ -\infty < z < \infty \quad \text{oder} \quad -\infty < \xi < \infty,\ 0 \le \eta \le \pi,\ -\infty < z < \infty)$$

definiert. a ist — in der geometrischen Interpretation dieser Koordinaten —
eine positive Konstante; die folgenden Beziehungen sind aber auch für komplexe a
sinnvoll. Es gilt

$$ds^2 = a^2(\mathrm{Cos}^2\,\xi - \cos^2\eta)(d\xi^2 + d\eta^2) + dz^2$$

und die Schwingungsgleichung lautet in diesen Koordinaten

$$\frac{\partial^2 u}{\partial \xi^2} + \frac{\partial^2 u}{\partial \eta^2} + a^2 \left(\operatorname{Cos}^2 \xi - \cos^2 \eta\right) \frac{\partial^2 u}{\partial z^2} + \left(\operatorname{Cos}^2 \xi - \cos^2 \eta\right) k^2 a^2 u = 0. \tag{17.31}$$

Die Separation $u = f_1(\xi)\, f_2(\eta)\, f_3(z)$ liefert mit $4h^2 = a^2(k^2 - \alpha^2)$

$$\frac{d^2 f_1}{d\xi^2} + \left[- \lambda + 2h^2 \operatorname{Cos} 2\xi\right] f_1 = 0, \tag{17.32}$$

$$\frac{d^2 f_2}{d\eta^2} + \left[\lambda - 2h^2 \cos 2\eta\right] f_2 = 0, \tag{17.33}$$

$$\frac{d^2 f_3}{dz^2} + \alpha^2 f_3 = 0. \tag{17.34}$$

λ und α sind willkürliche Separationsparameter. Die zweite Differentialgleichung ist die MATHIEUsche Differentialgleichung; die erste heißt modifizierte MATHIEUsche Differentialgleichung. Beide gehen ineinander über, wenn man ξ durch $i\eta$ ersetzt. Ist ν charakteristischer Exponent zu den gegebenen Parameterwerten, so lauten die separierten Lösungen der Schwingungsgleichung (wegen der Bezeichnungen vergleiche man Ziff. 22)

$$u(\xi, \eta, z) = M_\nu^{(j)}(\xi)\, \mathrm{me}_{\pm\nu}(\eta)\, e^{i\alpha z} \qquad (j = 1, 2, 3, 4). \tag{17.35}$$

Für ganze ν gilt statt dessen mit Konstanten A und B

$$u(\xi, \eta, z) = \mathrm{Mc}_m^{(j)}(\xi)\, (A\, \mathrm{ce}_m\, \eta + B\, \mathrm{fe}_m\, \eta)\, e^{i\alpha z} \tag{17.36}$$

bzw.

$$u(\xi, \eta, z) = \mathrm{Ms}_m^{(j)}(\xi)\, (A\, \mathrm{se}_m\, \eta + B\, \mathrm{ge}_m\, \eta)\, e^{i\alpha z}. \tag{17.37}$$

Die Separation der Schwingungsgleichung ist auch noch für

$$k^2 a^2 = \left(\operatorname{Cos}^2 \xi - \cos^2 \eta\right)^{-1} \left[F_1(\xi) + F_2(\eta)\right] + F_3(z)$$

möglich, wobei $F_1(\xi)$, $F_2(\eta)$, $F_3(z)$ willkürliche Funktionen sind.

$\zeta)$ *Verlängert-rotationsellipsoidische Koordinaten.* Sie sind durch

$$x = a\, \sqrt{(\xi^2 - 1)(1 - \eta^2)}\, \cos\varphi, \quad y = a\, \sqrt{(\xi^2 - 1)(1 - \eta^2)}\, \sin\varphi, \quad z = a\xi\eta$$
$$(1 \leq \xi < \infty,\ -1 \leq \eta \leq 1,\ 0 \leq \varphi < 2\pi)$$

definiert. Für a gilt die Bemerkung im letzten Abschnitt. Es ist

$$ds^2 = a^2\, \frac{\xi^2 - \eta^2}{\xi^2 - 1}\, d\xi^2 + a^2\, \frac{\xi^2 - \eta^2}{1 - \eta^2}\, d\eta^2 + a^2 (1 - \eta^2)(\xi^2 - 1)\, d\varphi^2$$

und die Schwingungsgleichung lautet in diesen Koordinaten

$$\left.\begin{aligned}
&\frac{\partial}{\partial \xi}\left[(\xi^2 - 1)\, \frac{\partial u}{\partial \xi}\right] + \frac{\partial}{\partial \eta}\left[(1 - \eta^2)\, \frac{\partial u}{\partial \eta}\right] + \\
&+ \left(\frac{1}{\xi^2 - 1} + \frac{1}{1 - \eta^2}\right) \frac{\partial^2 u}{\partial \varphi^2} + k^2 a^2 (\xi^2 - \eta^2)\, u = 0.
\end{aligned}\right\} \tag{17.38}$$

Der Separationsansatz $u = f_1(\xi)\, f_2(\eta)\, f_3(\varphi)$ liefert

$$\frac{d}{d\xi}\left[(1 - \xi^2)\, \frac{df_1}{d\xi}\right] + \left(\lambda - \frac{\mu^2}{1 - \xi^2} - k^2 a^2 \xi^2\right) f_1 = 0, \tag{17.39}$$

$$\frac{d}{d\eta}\left[(1 - \eta^2)\, \frac{df_2}{d\eta}\right] + \left(\lambda - \frac{\mu^2}{1 - \eta^2} - k^2 a^2 \eta^2\right) f_2 = 0, \tag{17.40}$$

$$\frac{d^2 f_3}{d\varphi^2} + \mu^2 f_3 = 0. \tag{17.41}$$

λ und μ sind willkürliche Separationsparameter. Die ersten beiden Differentialgleichungen haben Sphäroidfunktionen als Lösung und es sind, wen $v = v(\lambda, \mu^2, k^2 a^2)$ charakteristischer Exponent und $\gamma = ka$ ist

$$u(\xi, \eta, \zeta) = S_v^{\mu(j)}(\xi; \gamma) \left[A \, \mathrm{ps}_v^\mu(\eta; \gamma^2) + B \, \mathrm{qs}_v^\mu(\eta; \gamma^2) \right] e^{i\mu\varphi} \qquad (j = 1, 2, 3, 4)$$

separierte Lösungen der Schwingungsgleichung. Wegen der Bezeichnungen vergleiche man Ziff. 23.

Die Separation der Schwingungsgleichung ist auch dann noch möglich, wenn $k^2 a^2 = (\xi^2 - \eta^2)^{-1}[F_1(\xi) + F_2(\eta)] + (\xi^2 - 1)^{-1}(1 - \eta^2)^{-1} F_3(\varphi)$ ist mit willkürlichen Funktionen $F_1(\xi)$, $F_2(\eta)$, $F_3(\varphi)$.

$\eta)$ *Abgeplattet-rotationselliptische Koordinaten.* Sie sind durch

$$x = a \sqrt{(\xi^2 + 1)(1 - \eta^2)} \cos \varphi, \quad y = a \sqrt{(\xi^2 + 1)(1 - \eta^2)} \sin \varphi, \quad z = a\xi\eta$$

$$(0 \leq \xi < \infty, \; -1 \leq \eta \leq 1, \; 0 \leq \varphi < 2\pi$$

$$\text{oder} \quad -\infty < \xi < \infty, \; 0 \leq \eta \leq 1, \; 0 \leq \varphi < 2\pi)$$

definiert. Die Beziehungen des letzten Abschnitts lassen sich unmittelbar auf diesen Fall übertragen, indem man a durch ia, ξ durch $-i\xi$, $a\sqrt{\xi^2 - 1}$ durch $a\sqrt{\xi^2 + 1}$ ersetzt.

18. Integralbeziehungen. Viele wichtige Integralbeziehungen zwischen speziellen Funktionen lassen sich unmittelbar aus der Separation der Schwingungsgleichung gewinnen. Seien ξ_1, ξ_2, ξ_3 orthogonale krummlinige Koordinaten, in denen sich die Schwingungsgleichung separieren läßt und sei

$$u(\xi_1, \xi_2, \xi_3) = f_1(\xi_1)\, f_2(\xi_2)\, f_3(\xi_3) \tag{18.1}$$

eine separierte Lösung. Man setze nun, unter Berücksichtigung der für $f_3(\xi_3)$ geltenden Differentialgleichung, als Lösung von (16.6) an

$$U(\xi_1, \xi_2, \xi_3) = K(\xi_1, \xi_2) \cdot f_3(\xi_3). \tag{18.2}$$

Enthält die so für $K(\xi_1, \xi_2)$ resultierende partielle Differentialgleichung nicht mehr ξ_3 und läßt sie sich in der Gestalt schreiben

$$F_1(\xi_1)\, L_1 K(\xi_1, \xi_2) = F_2(\xi_2)\, L_2 K(\xi_1, \xi_2) \tag{18.3}$$

mit zwei Funktionen $F_1(\xi)$, $F_2(\xi_2)$ und zwei selbstadjungierten Differentialoperatoren[1] L_1, L_2, die nur ξ_1 bzw. ξ_2 enthalten und nur auf ξ_1 bzw. ξ_2 wirken, so läßt sich folgender Satz aussprechen.

Satz: Ist $\mathfrak{C}$ ein Weg der ξ_2-Ebene mit den Enden a, b, $\mathfrak{B}$ ein Bereich der ξ_1-Ebene, $f_2(\xi_2)$ eine durch die Separation (18.1) definierte Funktion, $K(\xi_1, \xi_2)$ eine für ξ_1 in $\mathfrak{B}$, ξ_2 auf $\mathfrak{C}$ regulär analytische Lösung von (18.3), so gilt für die Funktion

$$w(\xi_1) = \int_{\mathfrak{C}} K(\xi_1, \xi_2)\, F_2(\xi_2)^{-1} \cdot f_2(\xi_2)\, d\xi_2, \tag{18.4}$$

---

[1] Ein Differentialoperator L_1 zweiter Ordnung heißt selbstadjungiert, wenn er sich in der Gestalt $\dfrac{d}{d\xi_1}\, p_1(\xi_1)\, \dfrac{d}{d\xi_1} + q_1(\xi_1)$ schreiben läßt. Der zugehörige bilineare Differentialausdruck für zwei Funktionen $\varphi(\xi_1)$, $\psi(\xi_1)$ lautet

$$L_1^* = p_1(\xi_1) \cdot \left[\frac{d\psi}{d\xi_1}\, \varphi - \psi\, \frac{d\varphi}{d\xi_1} \right].$$

falls das Integral, wenn uneigentlich, für ξ_1 in $\mathfrak{B}$ gleichmäßig konvergiert:

$$F_1(\xi_1)\, L_1 w(\xi_1) = \int_{\mathfrak{C}} K(\xi_1, \xi_2)\, L_2 f_2(\xi_2)\, d\xi_2 + L_2^* \{K(\xi_1, \xi_2)\, f_2(\xi_2)\}\Big|_a^b\,.$$

Ist insbesondere

$$L_2^* \{K(\xi_1, \xi_2)\, f_2(\xi_2)\}\Big|_a^b = 0, \tag{18.5}$$

so ist $w(\xi_1)$ eine Lösung der Differentialgleichung für $f_1(\xi_1)$.

Offenbar können ξ_1, ξ_2, ξ_3 beliebig permutiert werden.

Zum Beweis bilde man unter Berücksichtigung von (18.3)

$$F_1(\xi_1)\, L_1 w(\xi_1) = \int_{\mathfrak{C}} F_1(\xi_1)\, L_1 K(\xi_1, \xi_2)\, F_2(\xi_2)^{-1} f_2(\xi_2)\, d\xi_2$$

$$= \int_{\mathfrak{C}} L_2 K(\xi_1, \xi_2) \cdot f_2(\xi_2)\, d\xi_2$$

$$= \int_{\mathfrak{C}} K(\xi_1, \xi_2)\, L_2 f_2(\xi_2)\, d\xi_2 + L_2^* \{K(\xi_1, \xi_2)\, f_2(\xi_2)\}\Big|_a^b\,,$$

letzteres mit Hilfe von zweimaliger partieller Integration. Die letzte Behauptung folgt daraus, daß sich durch Separation von (18.3) die beiden Differentialgleichungen

$$[F_1(\xi_1)\, L_1 + \varLambda]\, f_1(\xi_1) = 0, \quad [F_2(\xi_2)\, L_2 + \varLambda]\, f_2(\xi_2) = 0$$

mit einem Separationsparameter $\varLambda$ ergeben. Setzt man daher im letzten Integral $L_2 f_2(\xi_2) = -F_2(\xi_2)^{-1} \varLambda f_2(\xi_2)$ und berücksichtigt (18.5), so folgt

$$F_1(\xi_1)\, L_1 w(\xi_1) + \varLambda w(\xi_1) = 0.$$

Wir geben auf der folgenden Seite eine Tabelle der Operatoren L_1, L_2, der Kerne $K(\xi_1, \xi_2)$ und der Funktionen $F_1(\xi_1), F_2(\xi_2), f_3(\xi_3)$ für eine Auswahl der Koordinatensysteme aus Ziff. 17 (sie sind entsprechend Ziff. 17 bezeichnet; α_0 bezieht sich auf cartesische Koordinaten, s. Ziff. 16).

$\varDelta$ ist in jedem Fall der Operator (16.2). $K(\varrho, z)$ für den Fall α_2 bedeutet eine Funktion von ϱ und z, die nach Multiplikation mit $e^{i\nu\varphi}$ der dreidimensionalen Schwingungsgleichung genügt. Analoges gilt in den anderen Fällen.

Als erstes Beispiel greifen wir den Fall α_1 heraus. Für $f_2(\xi_2)$ wählen wir $e^{i\nu\varphi}$. $K(\varrho, \varphi)$ ist eine Lösung von (17.3), oder, auf cartesische Koordinaten zurückgerechnet, von $\dfrac{\partial^2 K}{\partial x^2} + \dfrac{\partial^2 K}{\partial y^2} + k^2 K = 0$. Zu trivialen Ergebnissen kommt man, wenn $K(\varrho, \varphi)$ als in ebenen Polarkoordinaten separierte Lösung $Z_\alpha(k\varrho)\, e^{i\alpha\varphi}$ gewählt wird. Indessen wäre der Differentialquotient einer solchen Lösung nach x oder y, der ebenfalls die zweidimensionale Schwingungsgleichung erfüllt, brauchbar. Besonders interessante Ergebnisse erhält man jedoch, wenn man für $K(\varrho, \varphi)$ eine Lösung von (17.1) wählt, die in einem anderen geeigneten krummlinigen Koordinatensystem separiert ist (z.B. auch in ebenen Polarkoordinaten mit anderem Koordinatenanfangspunkt). Sei also etwa

$$K(\varrho, \varphi) = e^{ikx} = e^{ik\varrho\cos\varphi}.$$

Dann handelt es sich darum zu finden, für welchen Integrationsweg $\mathfrak{C}$ der bilineare Differentialausdruck

$$L^* \{K(\varrho, \varphi)\, e^{i\nu\varphi}\}$$

	ξ_1,ξ_2,ξ_3	$F_1(\xi_1)$	$F_2(\xi_2)$	$f_3(\xi_3)$	$L_1(\xi_1)$	$L_2(\xi_2)$	$K(\xi_1,\xi_2)$
α_0	$x,\,y,\,z$	1	1	1	$\dfrac{d^2}{dx^2} + k^2 - \alpha^2$	$-\dfrac{d^2}{dy^2} - \alpha^2$	$\dfrac{\partial^2 K}{\partial x^2} + \dfrac{\partial^2 K}{\partial y^2} + k^2 K = 0$
α_1	$\varrho,\,\varphi,\,z$	ϱ	1	1	$\dfrac{d}{d\varrho}\,\varrho\,\dfrac{d}{d\varrho} + k^2\varrho - \dfrac{\nu^2}{\varrho}$	$-\dfrac{d^2}{d\varphi^2} - \nu^2$	$\dfrac{\partial^2 K}{\partial x^2} + \dfrac{\partial^2 K}{\partial y^2} + k^2 K = 0$
α_2	$\varrho,\,z,\,\varphi$	$\dfrac{1}{\varrho}$	1	$e^{i\nu\varphi}$	$\dfrac{d}{d\varrho}\,\varrho\,\dfrac{d}{d\varrho} + k^2\varrho - \dfrac{\nu^2}{\varrho} - \alpha^2\varrho$	$-\dfrac{d^2}{dz^2} - \alpha^2$	$\Delta\widetilde{K} + k^2\,\widetilde{K}=0,\quad \widetilde{K}=K(\varrho,z)\,e^{i\nu\varphi}$
β_1	$r,\,\vartheta,\,\varphi$	1	$\dfrac{1}{\sin\vartheta}$	$e^{i\mu\varphi}$	$\dfrac{d}{dr}\,r^2\,\dfrac{d}{dr} + k^2 r^2 - \nu(\nu+1)$	$-\dfrac{d}{d\vartheta}\left(\sin\vartheta\,\dfrac{d}{d\vartheta}\right) + \dfrac{\mu^2}{\sin\vartheta} - \nu(\nu+1)\sin\vartheta$	$\Delta\widetilde{K} + k^2\,\widetilde{K}=0,\quad \widetilde{K}=K(r,\vartheta)\,e^{i\mu\varphi}$
β_2	$\vartheta,\,\varphi,\,r$	$\sin\vartheta$	1	$\psi_\nu^{(j)}(k r)$	$\dfrac{d}{d\vartheta}\left(\sin\vartheta\,\dfrac{d}{d\vartheta}\right) + \nu(\nu+1)\sin\vartheta - \dfrac{\mu^2}{\sin\vartheta}$	$-\dfrac{d^2}{d\varphi^2} - \mu^2$	$\Delta\widetilde{K} + k^2\,\widetilde{K}=0,\quad \widetilde{K}=\psi_\nu^{(j)}(k r)\,Y_\nu(\vartheta,\varphi),\quad K=Y_\nu(\vartheta,\varphi)$
δ_1	$\xi,\,\eta,\,\varphi$	$\dfrac{1}{\xi}$	$\dfrac{1}{\eta}$	$e^{i\mu\varphi}$	$\dfrac{d}{d\xi}\left(\xi\,\dfrac{d}{d\xi}\right) + k^2\xi^3 + \lambda\xi - \dfrac{\mu^2}{\xi}$	$-\dfrac{d}{d\eta}\left(\eta\,\dfrac{d}{d\eta}\right) - k^2\eta^3 + \lambda\eta + \dfrac{\mu^2}{\eta}$	$\Delta\widetilde{K} + k^2\,\widetilde{K}=0,\quad \widetilde{K}=K(\xi,\eta)\,e^{i\mu\varphi}$
ε	$\xi,\,\eta,\,z$	1	1	1	$\dfrac{d^2}{d\xi^2} - \lambda + \dfrac{k^2 a^2}{2}\operatorname{Cos}2\xi$	$-\dfrac{d^2}{d\eta^2} - \lambda + \dfrac{k^2 a^2}{2}\cos 2\eta$	$\dfrac{\partial^2 K}{\partial x^2} + \dfrac{\partial^2 K}{\partial y^2} + k^2 K = 0$
ζ	$\xi,\,\eta,\,\varphi$	1	1	$e^{i\mu\varphi}$	$\dfrac{d}{d\xi}\,(\xi^2-1)\,\dfrac{d}{d\xi} - \dfrac{\mu^2}{\xi^2-1} - \lambda + k^2 a^2(\xi^2-1)$	$\dfrac{d}{d\eta}\left(\eta^2-1\right)\dfrac{d}{d\eta} - \dfrac{\mu^2}{\eta^2-1} - \lambda + k^2 a^2(\eta^2-1)$	$\Delta\widetilde{K} + k^2\widetilde{K}=0,\quad \widetilde{K}=K(\xi,\eta)\,e^{i\mu\varphi}$

an beiden Enden von $\mathfrak{C}$ gleiche Werte annimmt. Wählen wir speziell $\nu = n = $ ganze Zahl, so ist dies für $a = -\pi$ und $b = \pi$ der Fall und wir haben in

$$\int\limits_{-\pi}^{\pi} e^{ik\varrho\cos\varphi}\, e^{in\varphi}\, d\varphi$$

eine Lösung der Differentialgleichung (17.2), d.h. eine Zylinderfunktion mit dem Index n und dem Argument $k\varrho$. Da das Integral für $\varrho = 0$ endlich bleibt, kann es sich nur um die BESSELsche Funktion $J_n(k\varrho)$, multipliziert mit einer Konstanten handeln. Setzen wir $k\varrho = z$, so wird

$$i^n J_n(z) = \frac{1}{2\pi} \int\limits_{-\pi}^{\pi} e^{iz\cos\varphi + in\varphi}\, d\varphi. \tag{18.6}$$

Der Faktor $1/2\pi$ folgt. indem man den Integranden nach Potenzen von z entwickelt und den Koeffizienten der ersten nicht verschwindenden Potenz mit (3.2) vergleicht.

Ersichtlich können ξ_1 und ξ_2 stets vertauscht werden. Aus α_1 folgt dann, mit $f_2(\xi_2) = J_\nu(k\varrho)$, $F_2(\xi_2) = \varrho$, $K = e^{ik\varrho\cos\varphi}$,

$$\int\limits_{\mathfrak{C}} e^{ik\varrho\cos\varphi}\, J_\nu(k\varrho)\, \frac{d\varrho}{\varrho} = A\, e^{i\nu\varrho} + B\, e^{-i\nu\varphi}$$

mit geeigneten Konstanten A, B, falls der Integrationsweg $\mathfrak{C}$ so gewählt werden kann, daß an seinen Enden

$$\left[\varrho\, J_\nu(k\varrho)\, \frac{\partial}{\partial\varrho}\, e^{ik\varrho\cos\varphi} - \varrho\, e^{ik\varrho\cos\varphi}\, \frac{dJ_\nu(k\varrho)}{d\varrho}\right]_a^b = 0$$

ist. Ein Beispiel hierzu ist, mit $\varphi = \frac{\pi}{z} - i\zeta$,

$$\int\limits_{0}^{\infty} e^{-z\,\mathrm{Sin}\,\zeta}\, J_\nu(z)\, \frac{dz}{z} = \frac{i^\nu}{\nu}\, e^{-\nu\zeta} \tag{18.7}$$

für $\mathrm{Re}\,\nu > 0$ und $\mathrm{Re}\,\mathrm{Sin}\,\zeta > 0$. Die Koeffizienten A, B bestimmt man in diesem Fall am einfachsten, indem man den Wert des Integrals (18.7) für große positive ζ studiert; dazu setze man für $J_\nu(z)$ die Potenzreihenentwicklung (3.2) ein und berücksichtige nur das erste Reihenglied.

Ein weiteres Beispiel betrifft den Fall β_2. Sei $\nu = n = $ ganz, $\mu = m = $ ganz, $n \geq |m| \geq 0$ und

$$Y_n(\vartheta, \varphi) = (\cos\vartheta + i\sin\vartheta\cos\varphi)^n.$$

Dann ist

$$P_n^m(\cos\vartheta) = \frac{i^m}{2\pi}\, \frac{(n+m)!}{n!} \int\limits_{0}^{2\pi} (\cos\vartheta + i\sin\vartheta\cos\varphi)^n\, e^{im\varphi}\, d\varphi. \tag{18.8}$$

Auch hier besteht das Problem im wesentlichen in der Ermittlung des Proportionalitätsfaktors. Dazu setze man $\cos\vartheta = u$ und vergleiche linke und rechte Gleichungsseite in dem Glied der Ordnung $(1 - u^2)^{m/2}$ unter Verwendung von (4.31).

19. Additionstheoreme. Die Additionstheoreme und viele weitere Reihenentwicklungen nach speziellen Funktionen lassen sich leicht aus dem heuristischen Prinzip gewinnen, daß sich, mit gewissen Einschränkungen, jede Lösung der Schwingungsgleichung in eine Reihe nach solchen ihrer Lösungen entwickeln läßt, die in einem geeigneten Koordinatensystem separiert sind. Meist ist es einfach anzugeben, welche separierten Lösungen man zu berücksichtigen hat und welche Koeffizienten zu wählen sind. Es bleibt dann nur nachträglich das zum Teil formale Vorgehen, das durch dieses heuristische Prinzip nahegelegt wird, zu rechtfertigen.

Als erstes Beispiel entwickeln wir $e^{ikz} = e^{ikr\cos\vartheta}$ nach Lösungen der Schwingungsgleichung, die in Kugelkoordinaten separiert sind [vgl. (17.10)]. Zunächst scheiden wir alle Lösungen aus, die von φ abhängen, weiter alle Lösungen, die für $\vartheta = 0$ oder π und für $r = 0$ singulär sind, da $e^{ikr\cos\vartheta}$ für solche Argumente regulär ist. Dies führt zu dem Ansatz

$$e^{ikr\cos\vartheta} = \left(\frac{\pi}{2k\varrho}\right)^{\frac{1}{2}} \sum_{n=0}^{\infty} a_n J_{n+\frac{1}{2}}(kr) P_n(\cos\vartheta). \tag{19.1}$$

Setzen wir $\cos\vartheta = u$ und integrieren, nach Multiplikation mit $P_l(\cos\vartheta)$ $(l = 0, 1, 2, \ldots)$, von -1 bis $+1$, so folgt auf Grund der Orthogonalität der Legendreschen Polynome (4.22)

$$\int_{-1}^{1} e^{ikru} P_l(u)\, du = \left(\frac{\pi}{2kr}\right)^{\frac{1}{2}} a_l J_{l+\frac{1}{2}}(kr) \cdot \frac{2}{2l+1}.$$

Der Koeffizient von $(kr)^l$ auf der linken Seite ist

$$\int_{-1}^{1} \frac{i^l}{l!} u^l P_l(u)\, du = \frac{i^l}{l!} \cdot \frac{2^l l! l!}{2l!} \cdot \frac{2}{2l+1},$$

auf der rechten Seite dagegen

$$\left(\frac{\pi}{2}\right)^{\frac{1}{2}} a_l \cdot \frac{2}{2l+1} \cdot \frac{2^{-l-\frac{1}{2}}}{\Gamma(l+\frac{3}{2})}.$$

Vergleich liefert mit Hilfe des Multiplikationstheorems der Gamma-Funktion

$$\Gamma(z)\,\Gamma(z+\tfrac{1}{2}) = 2^{1-2z}\sqrt{\pi}\,\Gamma(2z)$$

schließlich

$$a_l = i^l(2l+1), \qquad (l = 0, 1, 2, \ldots).$$

Aus (14.12) und (14.14) folgt, daß die Reihe in (19.1) genügend stark und gleichmäßig konvergiert, so daß die gliedweise Integration gerechtfertigt war. Ferner stellt man leicht fest, daß linke und rechte Seite von (19.1) mit samt ihren ersten Ableitungen nach r und φ für $r = 0$ übereinstimmen, womit unser Vorgehen gerechtfertigt wird.

Das Additionstheorem der Zylinderfunktionen erhalten wir, wenn wir von den beiden ebenen Polarkoordinatensystemen

$$x = \varrho\cos\varphi, \quad y = \varrho\sin\varphi, \quad x = x_0 + R\cos\Phi, \quad y = R\sin\Phi$$

ausgehen. Dann ist mit $x_0 = \varrho_0$

$$R^2 = \varrho^2 - 2\varrho\varrho_0\cos\varphi + \varrho_0^2, \qquad e^{2i\Phi} = \frac{\varrho\,e^{i\varphi} - \varrho_0}{\varrho\,e^{-i\varphi} - \varrho_0}.$$

Wir entwickeln nun die Lösung der Schwingungsgleichung

$$J_\nu(kR)\,e^{i\nu\Phi},$$

welche in den Koordinaten R, Φ separiert ist, nach solchen Lösungen, die in ϱ, φ separiert sind. Sei $|\varrho| \gg |\varrho_0|$. Dann ist $R = \varrho - \varrho_0\cos\varphi + O(\varrho_0^2/\varrho)$, $\Phi = \varphi + O(\varrho_0/\varrho)$. Bei einem Umlauf um $\varrho = 0$ multipliziert sich $Z_\nu^{(1)}(kR) = J_\nu(kR)$

mit $e^{2\nu\pi i}$. Man wird deshalb die Lösungen $J_{\nu+n}(k\varrho)\,e^{i(\nu+n)\varphi}$ zur Entwicklung von $J_\nu(kR)\,e^{i\nu\Phi}$ heranziehen, weil sie dieselben Umlaufsrelationen besitzen. Damit ergibt sich der Ansatz

$$J_\nu(kR)\,e^{i\nu\Phi} = \sum_{n=-\infty}^{\infty} a_n\, J_{\nu+n}(k\varrho)\, e^{i(\nu+n)\varphi}. \tag{19.2}$$

Multiplikation mit $e^{-i(l+\nu)\varphi}$ und Integration von 0 bis 2π führt auf

$$\int_0^{2\pi} J_\nu(kR)\, e^{i\nu\Phi - i(l+\nu)\varphi}\, d\varphi = 2\pi\, a_l\, J_{\nu+l}(k\varrho).$$

Setzt man links und rechts die asymptotische Darstellung [aus (3.6) und (9.3), (9.4) zu gewinnen] der BESSEL-Funktion ein, so entsteht

$$\int_0^{2\pi} \cos\left(k\varrho - k\varrho_0\cos\varphi - \frac{\nu\pi}{2} - \frac{\pi}{4}\right) e^{-il\varphi}\, d\varphi = 2\pi\, a_l\cdot \cos\left(k\varrho - \frac{\nu\pi}{2} - \frac{\pi}{4} - \frac{l\pi}{2}\right).$$

Das Integral links läßt sich nach (18.6) durch eine BESSEL-Funktion ausdrücken und es wird

$$a_l = J_l(k\varrho_0).$$

Indem man nun (19.2) für $-\nu$ statt ν schreibt und gemäß (3.5) und (3.6) kombiniert, erhält man allgemein

$$Z_\nu^{(j)}(kR)\, e^{i\nu\Phi} = \sum_{n=-\infty}^{\infty} J_l(k\varrho_0)\, Z_{\nu+n}^{(j)}(k\varrho)\, e^{i(\nu+n)\varphi} \qquad (j=1,2,3,4). \tag{19.3}$$

$Z_\nu^{(j)}$ bedeutet für $j=1,2,3,4$ der Reihe nach die BESSELsche, die NEUMANNsche, die erste und die zweite HANKELsche Funktion. (19.3) gilt zunächst für $|\varrho| \gg |\varrho_0|$; aus dem infinitären Verhalten der Zylinderfunktionen für $l \to \pm\infty$ folgt aber gleichmäßige Konvergenz der unendlichen Reihe für alle $|\varrho| > |\varrho_0|$ und damit Gültigkeit von (19.3) im selben Gebiet. Weitere Entwicklungen und Additionstheoreme dieser Art sind

$$\frac{e^{\pm ikR}}{R} = \frac{\pm i\pi}{2\sqrt{r\varrho}} \sum_{n=0}^{\infty} (2n+1)\, J_{n+\frac12}(kr_0)\, H_{n+\frac12}^{(1,\,2)}(kr)\, P_n(\cos\vartheta) \tag{19.4}$$

in Kugelkoordinaten mit $R = (r^2 + r_0^2 - 2r\,r_0\cos\vartheta)^{-\frac12}$, $|r| > |r_0|$, und

$$P_\nu(\cos\vartheta\cos\vartheta_0 + \sin\vartheta\sin\vartheta_0\cos\varphi) = \sum_{m=-\infty}^{\infty} (-1)^m\, P_\nu^{-m}(\cos\vartheta)\, P_\nu^m(\cos\vartheta_0)\, e^{im\varphi}. \tag{19.5}$$

20. Wellenfunktionen in Kugelkoordinaten. Als Wellenfunktionen in Kugelkoordinaten bezeichnen wir die Funktionen

$$P_{\nu,\mu}^{(j)}(r,\vartheta,\varphi;k) = \psi_\nu^{(j)}(kr)\, P_\nu^\mu(\cos\vartheta)\, e^{i\mu\varphi} \qquad (j=1,2,3,4) \quad (\nu,\mu\ \text{beliebig}) \tag{20.1}$$

oder

$$Q_{\nu,\mu}^{(j)}(r,\vartheta,\varphi;k) = \psi_\nu^{(j)}(kr)\, Q_\nu^\mu(\cos\vartheta)\, e^{i\mu\varphi} \qquad (j=1,2,3,4), \\ (\nu+\mu \neq -1,-2,-3\ldots;\ \nu,\mu\ \text{sonst beliebig}). \tag{20.2}$$

Sie sind Lösungen der Schwingungsgleichung

$$\frac{\partial^2 u}{\partial x^2} + \frac{\partial^2 u}{\partial y^2} + \frac{\partial^2 u}{\partial z^2} + k^2 u = 0. \tag{20.3}$$

Wir werden die Wellenfunktionen $Q_{\nu,\mu}^{(j)}(r,\vartheta,\varphi;k)$ nicht besonders behandeln, weil die im folgenden für die $P_{\nu,\mu}^{(j)}$ abgeleiteten Beziehungen auch für die $Q_{\nu,\mu}^{(j)}$ gelten, soweit kein $Q_{\nu,\mu}^{(j)}$ mit der Indexsumme $\nu+\mu=-1,-2,-3,\ldots$ auftritt [vgl. (4.4)]. Das beruht darauf, daß wir von den Eigenschaften der $P_\nu^\mu(\cos\vartheta)$ nur die Rekursionsformeln und die Differenzen-Differentialgleichungen benötigen, die mit der erwähnten Einschränkung auch für die $Q_\nu^\mu(\cos\vartheta)$ gelten.

Wir stellen uns zunächst auf einen allgemeineren Standpunkt und betrachten die Schrödingersche Wellengleichung des Einteilchenproblems im kugelsymmetrischen Potential

$$\frac{\partial^2 u}{\partial x^2} + \frac{\partial^2 u}{\partial y^2} + \frac{\partial^2 u}{\partial z^2} + \left(k^2 - V(r)\right) u = 0. \tag{20.4}$$

Sie besitzt in Kugelkoordinaten separierte Lösungen

$$f(r)\, Y_{\nu,\mu}(\vartheta, \varphi). \tag{20.5}$$

Dabei ist zur Abkürzung gesetzt

$$Y_{\nu,\mu}(\vartheta, \varphi) = P_\nu^\mu(\cos\vartheta)\, e^{i\mu\varphi}. \tag{20.6}$$

Wir wenden nun verschiedene Differentialoperatoren auf die Funktionen (20.5) an und versuchen das Ergebnis durch Funktionen des gleichen Typs auszudrücken. Als Differentialoperatoren wählen wir die Differentiation nach einer der cartesischen Koordinaten — kurz mit D_x, D_y, D_z bezeichnet — und die Komponenten K_x, K_y, K_z des sog. Drehimpulsoperators (ohne das Plancksche Wirkungsquantum, d.h. in sog. atomaren Einheiten mit $\hbar=1$), definiert durch

$$K_x \pm i K_y = \pm z(D_x \pm i D_y) \mp (x \pm i y) D_z = \pm\, e^{\pm i\varphi}\frac{\partial}{\partial\vartheta} + i\cot\vartheta\, e^{\pm i\varphi}\frac{\partial}{\partial\varphi}, \tag{20.7}$$

$$K_z = -i\left(x\frac{\partial}{\partial y} - y\frac{\partial}{\partial x}\right) = -i\frac{\partial}{\partial\varphi}. \tag{20.8}$$

Die Umrechnung auf Kugelkoordinaten geschieht mit

$$D_x \pm i D_y = \sin\vartheta\, e^{\pm i\varphi}\frac{\partial}{\partial r} + \frac{\cos\vartheta}{r}\, e^{\pm i\varphi}\frac{\partial}{\partial\vartheta} \pm \frac{i}{r\sin\vartheta}\, e^{\pm i\varphi} D_\varphi, \tag{20.9}$$

$$D_z = \cos\vartheta\,\frac{\partial}{\partial r} - \frac{\sin\vartheta}{r}\,\frac{\partial}{\partial\vartheta}. \tag{20.10}$$

Wir berechnen ausführlich

$$D_z f(r)\, Y_{\nu,\mu}(\vartheta, \varphi) = f'(r)\cos\vartheta\, Y_{\nu,\mu}(\vartheta, \varphi) - \frac{f(r)}{r}\sin\vartheta\,\frac{\partial Y_{\nu,\mu}(\vartheta, \varphi)}{\partial\vartheta}.$$

Nun lassen sich nach (4.8) und (4.9) sowohl $\cos\vartheta\, P_\nu^\mu(\cos\vartheta)$ und

$$-\sin\vartheta\, d\, P_\nu^\mu(\cos\vartheta)/d\vartheta = \sin^2\vartheta\, d\, P_\nu^\mu(\cos\vartheta)/d\cos\vartheta$$

linear durch Kugelfunktionen mit konstanten Koeffizienten ausdrücken. Nach Umrechnung folgt für $2\nu+1\neq0$

$$D_z f(r)\, Y_{\nu,\mu}(\vartheta, \varphi) = \frac{\nu-\mu+1}{2\nu+1}\left(\frac{df}{dr} - \nu\frac{f}{r}\right) Y_{\nu+1,\mu}(\vartheta, \varphi) + \left.\phantom{\frac{}{}}\right\} \tag{20.11}$$
$$+ \frac{\nu+\mu}{2\nu+1}\left(\frac{df}{dr} + (\nu+1)\frac{f}{r}\right) Y_{\nu-1,\mu}(\vartheta, \varphi).$$

Analog erhalten wir [mit $\nu\neq-\tfrac{1}{2}$ in (20.12) und (20.13)]

$$(D_x + i D_y) f(r)\, Y_{\nu,\mu}(\vartheta, \varphi) = -\frac{1}{2\nu+1}\left(f' - \frac{\nu}{r}f\right) Y_{\nu+1,\mu+1} + \left.\phantom{\frac{}{}}\right\} \tag{20.12}$$
$$+ \frac{1}{2\nu+1}\left(f' + \frac{\nu+1}{r}f\right) Y_{\nu-1,\mu+1},$$

$$(D_x - i D_y) f(r)\, Y_{\nu,\mu}(\vartheta, \varphi) = \frac{(\nu-\mu+1)(\nu-\mu+2)}{2\nu+1}\left(f' - \frac{\nu}{r}f\right) Y_{\nu+1,\mu-1}(\vartheta, \varphi) - \left.\phantom{\frac{}{}}\right\} \tag{20.13}$$
$$- \frac{(\nu+\mu-1)(\nu+\mu)}{2\nu+1}\left(f' + \frac{\nu+1}{r}f\right) Y_{\nu-1,\mu-1}(\vartheta, \varphi),$$

$$(K_x + i K_y)\, f(r)\, Y_{\nu,\mu}(\vartheta, \varphi) = f(r)\, Y_{\nu,\mu+1}(\vartheta, \varphi)\,, \tag{20.14}$$

$$(K_x - i K_y)\, f(r)\, Y_{\nu,\mu}(\vartheta, \varphi) = (\nu - \mu + 1)\,(\nu + \mu)\, f(r)\, Y_{r,\mu-1}(\vartheta, \varphi)\,, \tag{20.15}$$

$$K_z\, f(r)\, Y_{\nu,\mu}(\vartheta, \varphi) = \mu\, f(r)\, Y_{\nu,\mu}(\vartheta, \varphi)\,. \tag{20.16}$$

Ist speziell $f(r) = \psi_\nu^{(j)}(kr)$, so gilt nach (3.24) und (3.25)

$$f' - \frac{\nu}{r} f = - k\, \psi_{\nu+1}^{(j)}(k r)\,, \qquad f' + \frac{\nu+1}{r} f = k\, \psi_{\nu-1}^{(j)}(k r)\,.$$

Damit entstehen aus allen obigen Funktionen Wellenfunktionen gemäß (20.1).

21. Lösungen der Maxwellschen Gleichungen in Kugelkoordinaten. Die
Maxwellschen Gleichungen für periodische Vorgänge im Vakuum mit der Zeit-
abhängigkeit $e^{i\omega t}(\omega \neq 0)$ lauten

$$\operatorname{rot} \boldsymbol{E} = - i\omega \mu_0 \boldsymbol{H}\,, \qquad \operatorname{rot} \boldsymbol{H} = i\omega \varepsilon_0 \boldsymbol{E}\,.$$

$\boldsymbol{E}$ und $\boldsymbol{H}$ sind die Vektoren der elektrischen und magnetischen Feldstärke, ε_0 ist
die Dielektrizitätskonstante, μ_0 die magnetische Permeabilität des Vakuums.
Sind Π_1 und Π_2 zwei Lösungen der dreidimensionalen Schwingungsgleichung
$\Delta\Pi_i + k^2\Pi_i = 0$ $(i = 1, 2;\ k^2 = \omega^2\varepsilon_0\mu_0)$, so sind, wie man leicht nachrechnet,

$$\boldsymbol{E} = \frac{1}{\varepsilon_0}\operatorname{rot}\operatorname{rot}(\boldsymbol{r}\Pi_1) - i\omega\operatorname{rot}(\boldsymbol{r}\Pi_2)\,, \tag{21.1}$$

$$\boldsymbol{H} = i\omega\operatorname{rot}(\boldsymbol{r}\Pi_1) + \frac{1}{\mu_0}\operatorname{rot}\operatorname{rot}(\boldsymbol{r}\Pi_2)\,, \tag{21.2}$$

mit $\boldsymbol{r}$ = Radiusvektor, Lösungen der Maxwellschen Gleichungen; Π_1, Π_2 nennt
man Debyesche Potentiale. Wählt man insbesondere $\Pi_1 = P_{\nu,\mu}^{(4)}(r, \vartheta, \varphi)$, $\Pi_2 = 0$
oder $\Pi_1 = 0$, $\Pi_2 = P_{\nu,\mu}^{(4)}(r, \vartheta, \varphi)$, mit ganzen $\nu = n$, $\mu = m$ $(n \geq |m| \geq 0)$, so ist $\boldsymbol{E}, \boldsymbol{H}$
das Feld eines schwingenden elektrischen bzw. magnetischen Multipols der Ord-
nung n, der sich im Koordinatenanfangspunkt befindet. Die Komponenten von
$\boldsymbol{E}$ und $\boldsymbol{H}$ sind selbst Lösungen der Schwingungsgleichung, allerdings wegen
$\operatorname{div}\boldsymbol{E} = 0$, $\operatorname{div}\boldsymbol{H} = 0$ nicht unabhängig voneinander. Sie lassen sich aber leicht
durch Wellenfunktionen darstellen, wenn Π_1 und Π_2 solche sind. Dies geschieht
mit Hilfe der folgenden Beziehungen, die sich aus den Formeln des letzten Abschnitts gewinnen lassen,

$$(\operatorname{rot}_x + i\operatorname{rot}_y)\,[\boldsymbol{r}\,P_{\nu\mu}^{(j)}(r, \vartheta, \varphi)] = - i\,P_{\nu,\mu+1}^{(j)}(r, \vartheta, \varphi)\,, \tag{21.3}$$

$$(\operatorname{rot}_x - i\operatorname{rot}_y)\,[\boldsymbol{r}\,P_{\nu,\mu}^{(j)}(r, \vartheta, \varphi)] = - i(\nu + \mu)(\nu - \mu + 1)\,P_{\nu,\mu-1}^{(j)}(r, \vartheta, \varphi)\,, \tag{21.4}$$

$$\operatorname{rot}_z\,[\boldsymbol{r}\,P_{\nu,\mu}^{(j)}(r, \vartheta, \varphi)] = - i\mu\,P_{\nu,\mu}^{(j)}(r, \vartheta, \varphi)\,, \tag{21.5}$$

$$(\operatorname{rot}_x + i\operatorname{rot}_y)\operatorname{rot}\,[\boldsymbol{r}\,P_{\nu,\mu}^{(j)}(r, \vartheta, \varphi)] = \frac{k}{2\nu+1}\,[(\nu+1)\,P_{\nu-1,\mu+1}^{(i)} - \nu\,P_{\nu+1,\mu+1}^{(i)}]\,, \tag{21.6}$$

$$\begin{aligned}
&(\operatorname{rot}_x - i\operatorname{rot}_y)\operatorname{rot}\,[\boldsymbol{r}\,P_{\nu,\mu}^{(j)}]\\
&= \frac{k}{2\nu+1}\,[\nu(\nu-\mu+1)(\nu-\mu+2)\,P_{\nu+1,\mu-1} - (\nu+1)(\nu+\mu)(\nu+\mu-1)\,P_{\nu-1,\mu-1}^{(i)}]\,,
\end{aligned} \right\} \tag{21.7}$$

$$\operatorname{rot}_z\operatorname{rot}\,[\boldsymbol{r}\,P_{\nu,\mu}^{(i)}] = \frac{k}{2\nu+1}\,[(\nu+1)(\nu+\mu)\,P_{\nu-1,\mu}^{(i)} + \nu(\nu-\mu+1)\,P_{\nu+1,\mu}^{(i)}]\,. \tag{21.8}$$

Es ist $j = 1, 2, 3, 4$, während etwa rot_x die x-Komponente von rot bedeutet. In
(21.6) bis (21.8) ist $\nu \neq -\tfrac{1}{2}$ vorauszusetzen.

Das elektromagnetische Feld zu den Debyeschen Potentialen Π_1, Π_2 läßt sich auch durch das Vektorpotential A, φ oder ein Fitz-Geraldsches Potential F, ψ gemäß

$$E = -i\omega A - \operatorname{grad}\varphi = -\frac{1}{\varepsilon_0}\operatorname{rot} F, \tag{21.9}$$

$$H = \frac{1}{\mu_0}\operatorname{rot} A \qquad = -i\omega F + \operatorname{grad}\psi, \tag{21.10}$$

darstellen. A, φ, F, ψ sind Lösungen der Schwingungsgleichungen, welche den Nebenbedingungen

$$\operatorname{div} A + i\omega\,\varepsilon_0\,\mu_0\,\varphi = 0, \quad \operatorname{div} F - i\omega_0\mu_0\,\psi = 0 \tag{21.11}$$

genügen. Sie sind nicht eindeutig durch das elektromagnetische Feld bestimmt. Wir geben jene Darstellung von A, φ, F, ψ für elektrische bzw. magnetische Multipole, für welche ψ bzw. φ verschwindet.

Sei $\Pi_1 = P^{(j)}_{\nu,\mu}(r, \vartheta, \varphi; k)$, $\Pi_2 = 0$. Dann ist

$$F = -\operatorname{rot}(r\Pi_1), \quad \psi = 0 \tag{21.12}$$

oder

$$\left.\begin{aligned} &F_x + iF_y = i\,P^{(j)}_{\nu,\mu+1}, \\ &F_x - iF_y = i(\nu+\mu)(\nu-\mu+1)\,P^{(j)}_{\nu,\mu-1}, \quad F_z = i\mu\,P^{(j)}_{\nu,\mu}, \end{aligned}\right\} \tag{21.13}$$

und

$$\left.\begin{aligned} &A_x + iA_y = i\sqrt{\frac{\mu_0}{\varepsilon_0}}\,P^{(j)}_{\nu-1,\mu+1}, \quad A_x - iA_y = -i\sqrt{\frac{\mu_0}{\varepsilon_0}}(\nu+\mu)(\nu+\mu-1)\,P^{(j)}_{\nu-1,\mu-1}, \\ &A_z = i\sqrt{\frac{\mu_0}{\varepsilon_0}}(\nu+\mu)\,P^{(j)}_{\nu-1,\mu}, \quad \varphi = \frac{\nu}{\varepsilon_0}\,P^{(j)}_{\nu,\mu}. \end{aligned}\right\} \tag{21.14}$$

Sei andererseits $\Pi_1 = 0$, $\Pi_2 = P^{(j)}_{\nu,\mu}(r, \vartheta, \varphi; k)$. Dann ist

$$A = \operatorname{rot}(r\,\Pi_2), \quad \varphi = 0 \tag{21.15}$$

oder

$$\left.\begin{aligned} &A_x + iA_y = -i\,P^{(j)}_{\nu,\mu+1}, \\ &A_x - iA_y = -i(\nu+\mu)(\nu-\mu+1)\,P^{(j)}_{\nu,\mu-1}, \quad A_z = -i\mu\,P^{(j)}_{\nu,\mu} \end{aligned}\right\} \tag{21.16}$$

und

$$\left.\begin{aligned} &F_x + iF_y = i\sqrt{\frac{\varepsilon_0}{\mu_0}}\,P^{(j)}_{\nu-1,\mu+1}, \quad F_x - iF_y = -i\sqrt{\frac{\varepsilon_0}{\mu_0}}(\nu+\mu)(\nu+\mu-1)\,P^{(j)}_{\nu-1,\mu-1}, \\ &F_z = i\sqrt{\frac{\varepsilon_0}{\mu_0}}(\nu+\mu)\,P^{(j)}_{\nu-1,\mu}, \quad \psi = \frac{1}{\mu_0}\,\nu\,P^{(j)}_{\nu,\mu}. \end{aligned}\right\} \tag{21.17}$$

F. Mathieusche Funktionen und Sphäroidfunktionen.

22. Mathieusche Funktionen. $\alpha)$ *Die Mathieusche Differentialgleichung.* Die Mathieuschen Funktionen sind Lösungen der Mathieuschen Differentialgleichung

$$\frac{d^2 y}{dz^2} + (\lambda - 2h^2\cos 2z)\,y = 0, \tag{22.1}$$

in der λ und h^2 Parameter sind. Sie ist eine lineare homogene Differentialgleichung mit π-periodischen Koeffizienten und somit, allein für reelle z betrachtet, eine spezielle Hillsche Differentialgleichung

$$\frac{d^2 y}{dx^2} + (\lambda + \Phi(x))\,y = 0, \quad \Phi(x+\pi) \equiv \Phi(x), \quad (-\infty < x < \infty). \tag{22.2}$$

Für diese gilt das Theorem von Floquet: Es gibt wenigstens eine nichttriviale Lösung von (22.2), welche sich bei Vergrößerung des Arguments um π mit einem Faktor — wir nennen ihn $e^{i\pi\nu}$ —, der von λ und h^2 abhängt, multipliziert. Anders ausgedrückt: Es gibt eine Lösung von (22.2) mit der Eigenschaft

$$y(x) = e^{i\nu x}\, Y(x), \tag{22.3}$$

wobei $Y(x)$ eine π-periodische Funktion ist.

Dieselbe Aussage fließt unmittelbar aus (6.10), wenn man (22.1) mittels der Transformation

$$u = e^{2iz} \tag{22.4}$$

in eine Differentialgleichung mit rationalen Koeffizienten

$$4u^2 \frac{d^2y}{du^2} + 4u\,\frac{dy}{du} + \left[h^2 u + \frac{h^2}{u} - \lambda\right] y = 0 \tag{22.5}$$

verwandelt. (22.5) hat zwei wesentlich singuläre Stellen bei $u=0$ und $u=\infty$. Es ist daher Satz 3 von Ziff. 6 anwendbar; indem man in (6.10) $\nu/2$ für ν_1, u für z schreibt und dann u gemäß (22.4) ausdrückt, ergibt sich die Existenz einer nichttrivialen Lösung $\mathrm{me}_\nu z$ von (22.1) der Gestalt

$$\mathrm{me}_\nu z = \sum_{r=-\infty}^{\infty} c_{2r}\, e^{i(\nu+2r)z}. \tag{22.6}$$

Man nennt $\nu=\nu(\lambda, h^2)$ den charakteristischen Exponenten von (22.1). Die c_{2r} sind ebenfalls Funktionen von λ und h^2. Die Reihe (22.6) ist, nach (22.4) in die Variable u umgeschrieben, in $0<|u|<\infty$ absolut konvergent und damit in jedem endlichen Parallelstreifen der komplexen z-Ebene, welcher die reelle Achse enthält, absolut und gleichmäßig konvergent.

Die Koeffizienten c_{2r} genügen einem dreigliedrigen Rekursionssystem, das bereits in (15.11) dargestellt worden ist; ihre Verhältnisse lassen sich durch (15.11) und (15.12) darstellen. Elimination von c_{2r}/c_{2r-2} aus (15.11) und (15.12) führt auf die Gleichung

$$\left.\begin{aligned}
&\lambda - (\nu+2r)^2 - \cfrac{h^4}{\lambda - (\nu+2r+2)^2} - \cfrac{h^4}{\lambda - (\nu+2r+4)^2} - \cdots \\
&= \cfrac{h^4}{\lambda - (\nu+2r-2)^2} - \cfrac{h^4}{\lambda - (\nu+2r-4)^2} - \cdots
\end{aligned}\right\} \tag{22.7}$$

zwischen λ, ν und h^4, die links und rechts einen für $h\neq 0$ unendlichen Kettenbruch enthält. In (22.7) kann für r irgendeine ganze Zahl gewählt werden; man erhält so lauter äquivalente Formen dieser Gleichung.

Gl. (22.7) geht in sich über, wenn man ν durch $-\nu$ ersetzt; man sieht das unmittelbar, wenn man die Schreibweise mit $r=0$ wählt. Sie geht in eine invertierte Form über, wenn man ν durch $\nu+2k$ (k ganz) ersetzt. Mit ν ist also stets auch $2k\pm\nu$ charakteristischer Exponent von (22.1).

Ist ν nicht ganz, so ist

$$\mathrm{me}_{-\nu} z = \sum_{r=-\infty}^{\infty} c_{2r}\, e^{-i(\nu+2r)z} \tag{22.8}$$

eine von (22.6) unabhängige Lösung von (22.1).

Betrachten wir (22.1) vorübergehend nur für reelle z. Die Parameterpaare λ, h^2 lassen sich dann in drei Klassen A, B, C einteilen:

A. ν ist reell und nicht ganz oder es ist $h^2 = 0$, $\lambda = 1, 4, 9, \ldots$. Dann sind alle Lösungen von (22.1) in $-\infty < z < \infty$ beschränkt.

B. ν ist ganz, $h^2 \neq 0$ oder es ist $\lambda = h^2 = 0$. Dann gibt es eine nicht-triviale, in $-\infty < z < \infty$ beschränkte 2π-periodische Lösung, während jede von ihr linear unabhängige Lösung für $z \to +\infty$ und für $z \to -\infty$ nicht beschränkt ist. Division dieser Lösungen durch $|z| + 1$ gibt jedoch in $-\infty < z < \infty$ beschränkte Ausdrücke.

C. ν ist nicht reell. Es gibt zwei linear unabhängige Lösungen von (22.1), die für $z \to +\infty$ bzw. $z \to -\infty$ gegen Null streben und für $z \to -\infty$ bzw. $z \to +\infty$ nicht beschränkt sind.

Die Parameterpaare der Klasse A werden als stabil, alle anderen als instabil bezeichnet. In Fig. 1 sind die stabilen Gebiete der reellen λ, h^2-Ebene schraffiert wiedergegeben. Die Grenzkurven $\lambda = a_m(h^2)$, $\lambda = b_{m+1}(h^2)$ (s. Ziff. 22γ) werden von Parameterpaaren der Klasse B gebildet. Die nicht schraffierten Gebiete gehören zu Parameterpaaren der Klasse C.

β) *Die Funktionen* $y_{\mathrm{I}}(z; \lambda, h^2)$ *und* $y_{\mathrm{II}}(z; \lambda, h^2)$. Die Mathieusche Differentialgleichung (22.1) bleibt bei den Substitutionen $z \to -z$, $z \to z \pm \pi$ oder $z \to z + \dfrac{\pi}{2}$ gleichzeitig mit $h^2 \to -h^2$ ungeändert. Daraus folgt, daß mit jeder Lösung $y(z; \lambda, h^2)$ auch

$$y(-z; \lambda, h^2), \qquad y(z \pm \pi; \lambda, h^2), \qquad y\!\left(z \pm \frac{\pi}{2}; \lambda, -h^2\right) \tag{22.9}$$

Lösungen von (22.1) sind. Es gibt eine in z gerade und eine ungerade Lösung von (22.1), die wir so bezeichnen und normieren:

$$y_{\mathrm{I}}(0; \lambda, h^2) = 1, \qquad y_{\mathrm{I}}'(0; \lambda, h^2) = 0, \tag{22.10}$$

$$y_{\mathrm{II}}(0; \lambda, h^2) = 0, \qquad y_{\mathrm{II}}'(0; \lambda, h^2) = 1. \tag{22.11}$$

Wir bemerken noch, daß die Wronski-Determinante zweier Lösungen von (22.1) konstant ist und daß nach (22.10) und (22.11) für alle z insbesondere

$$y_{\mathrm{I}}\, y_{\mathrm{II}}' - y_{\mathrm{II}}\, y_{\mathrm{I}}' = 1 \tag{22.12}$$

ist. y_{I} und y_{II} sind für jedes feste z ganze Funktionen von λ und h^2 und in beiden zusammen höchstens von der Wachstumsordnung $\frac{1}{2}$. Wählt man in (22.9) $y(z; \lambda, h^2)$ gleich $y_{\mathrm{I}}(z; \lambda, h^2)$ oder $y_{\mathrm{II}}(z; \lambda, h^2)$, so lassen sich alle in (22.9) angegebenen Lösungen von (22.1) durch diese beiden Lösungen linear ausdrücken. Durch Einsetzen spezieller Argumente findet man die Koeffizienten und es ergeben sich so mehrere wichtige Beziehungen, wie

$$y_{\mathrm{I}}(n\pi; \lambda, h^2) = y_{\mathrm{II}}'(n\pi; \lambda, h^2) \qquad (n = 0, \pm 1, \pm 2, \ldots), \tag{22.13}$$

$$y_{\mathrm{I}}(\pi) + 1 = 2\, y_{\mathrm{I}}\!\left(\frac{\pi}{2}\right) y_{\mathrm{II}}'\!\left(\frac{\pi}{2}\right), \tag{22.14}$$

$$y_{\mathrm{I}}(\pi) - 1 = 2\, y_{\mathrm{II}}\!\left(\frac{\pi}{2}\right) y_{\mathrm{I}}'\!\left(\frac{\pi}{2}\right). \tag{22.15}$$

In diesen Beziehungen sind die Argumente λ, h^2 stets dieselben, daher nicht besonders angedeutet.

Man kann weiter $me_\nu z$ aus (22.6) als Linearkombination von y_I und y_II darstellen und findet aus der Eigenschaft (22.3) von $me_\nu z$ eine Gleichung für ν:

$$\cos \pi \nu = y_\mathrm{I}(\pi; \lambda, h^2) = y_\mathrm{I}(\pi; \lambda, -h^2). \tag{22.16}$$

Also ist, ebenso wie y_I, auch $\cos \pi \nu$ eine ganze Funktion von λ und h^2 und in beiden zusammen höchstens von der Ordnung $\tfrac{1}{2}$. Aus der Theorie der ganzen Funktionen folgt daher: Sei ν_0 eine beliebige Zahl und h^2 fest, so gibt es höchstens abzählbar unendliche viele Lösungen $\lambda_{\nu_0+2r}(r=0, \pm 1, \pm 2, \ldots)$ — diese Art der Numerierung erweist sich als zweckmäßig — der Gleichung $\cos \pi \nu_0 = y_\mathrm{I}(\pi; \lambda, h^2)$. Der Zusammenhang (22.16) zwischen ν und h^2 läßt sich dann durch folgende Produktformel ersetzen

$$\frac{\cos \pi \nu - \cos \pi \nu_0}{\cos \pi \sqrt{\lambda} - \cos \pi \nu_0} = \prod_{r=-\infty}^{\infty} \frac{\lambda - \lambda_{\nu_0+2r}(h^2)}{\lambda - (\nu_0+2r)^2}. \tag{22.17}$$

Für festes ν definiert (22.16) λ als Funktion von h^2. Diese ist eine algebroide Funktion, d.h. eine für alle endlichen h^2 reguläre Funktion mit Ausnahme von Verzweigungspunkten endlicher Ordnung; diese haben genau einen Häufungspunkt, und zwar im Unendlichen. Man macht $\lambda = \lambda_\nu(h^2)$ eindeutig, indem man $\lambda_\nu(0) = \nu^2$ setzt und von den Verzweigungspunkten dieser Funktion Verzweigungsschnitte etwa radial nach außen ins Unendliche laufen läßt.

γ) 2π-periodische MATHIEU*sche Funktionen.* Ist ν gerade, so besitzt $me_\nu z$ in (22.6) die Periode π und es ist $y_\mathrm{I}(\pi; \lambda, h^2) = 1$. Ist ν ungerade, so besitzt $me_\nu z$ in (22.6) die Periode 2π, aber nicht schon π. In beiden Fällen sind $me_\nu z$ und $me_{-\nu} z$ linear abhängig. Aus (22.15) und (22.14) folgt somit:

Für gerade ν ist entweder

$$y_\mathrm{I}'\!\left(\frac{\pi}{2}; \lambda, h^2\right) = 0 \quad \text{oder} \quad y_\mathrm{II}\!\left(\frac{\pi}{2}; \lambda, h^2\right) = 0, \tag{22.18}$$

für ungerade ν ist entweder

$$y_\mathrm{I}\!\left(\frac{\pi}{2}; \lambda, h^2\right) = 0 \quad \text{oder} \quad y_\mathrm{II}'\!\left(\frac{\pi}{2}; \lambda, h^2\right) = 0. \tag{22.19}$$

Jede dieser vier Gleichungen hat abzählbar unendlich viele Wurzeln λ für jedes feste h^2. Jeder Gleichung entspricht somit eine Gruppe von 2π-periodischen Lösungen von (22.1).

Für $h^2 = 0$ sind diese 2π-periodischen Lösungen (in anderer Reihenfolge als oben)

$$\cos 2nz, \quad \cos (2n+1) z, \quad \sin (2n+1) z, \quad \sin (2n+2) z$$

mit $n = 0, 1, 2, \ldots$ Die zugehörigen Werte von λ sind

$$\lambda_{2n} = (2n)^2, \quad \lambda_{2n+1} = (2n+1)^2, \quad \lambda_{-2n-1} = (2n+1)^2, \quad \lambda_{-2n-2} = (2n+2)^2. \tag{22.20}$$

(22.18) und (22.19) definieren wieder für jede Gruppe von 2π-periodischen Lösungen λ als algebroide Funktion von h^2, die wir, analog wie oben, eindeutig machen. Wir nennen die Zweige, welche für $h^2 \to 0$ in (22.20) übergehen, nach zunehmender Größe in jeder Gruppe geordnet, der Reihe nach

$$\left.\begin{aligned}
\lambda_{2n}(h^2) &= a_{2n}(h^2), & \lambda_{2n+1}(h^2) &= a_{2n+1}(h^2), \\
\lambda_{-2n-1}(h^2) &= b_{2n+1}(h^2), & \lambda_{-2n-2}(h^2) &= b_{2n+2}(h^2).
\end{aligned}\right\} \tag{22.21}$$

Fig. 1 gibt einen Teil dieser Funktionen für reelle h^2 in einem Ausschnitt wieder. Für reelle positive h^2 gilt für die „ganzperiodischen" Eigenwerte a_{2n}, b_{2n+2} und die „halbperiodischen" Eigenwerte a_{2n+1}, b_{2n+1} die Reihenfolge

$$a_0 < b_1 < a_1 < b_2 < a_2 \cdots < b_m < a_m < \cdots, \tag{22.22}$$

dagegen für negative h^2

$$a_0 < a_1 < b_1 < b_2 < a_2 < a_3 < b_3 < \cdots. \tag{22.23}$$

Die zugehörigen periodischen Lösungen von (22.1) nennt man der Reihe nach

$$\mathrm{ce}_{2n}(z; h^2), \quad \mathrm{ce}_{2n+1}(z; h^2), \quad \mathrm{se}_{2n+1}(z; h^2), \quad \mathrm{se}_{2n+2}(z; h^2). \tag{22.24}$$

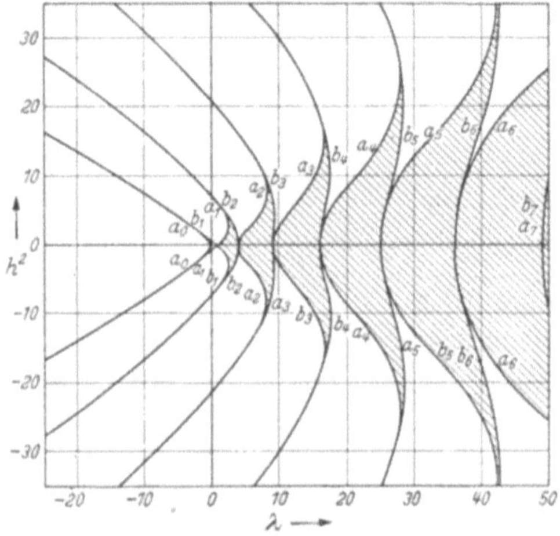

Fig. 1. Stabilitätskarte der Mathieuschen Differentialgleichung. Gezeichnet sind die Kurven $\lambda = a_m(h^2)$; $\lambda = b_{m+1}(h^2)$ $(m = 0, 1, 2, \ldots, 7)$. Die stabilen Gebiete sind schraffiert.

Sie sind zueinander orthogonal im Sinne der folgenden Beziehungen, die gleichzeitig die häufig verwendete Normierung enthalten

$$\left. \begin{aligned} \int_0^\pi \mathrm{ce}_l(z; h^2)\,\mathrm{ce}_m(z; h^2)\,dz = \int_0^\pi \mathrm{se}_l(z; h^2)\,\mathrm{se}_m(z; h^2)\,dz = \frac{\pi}{2}\delta_{lm}, \\ \int_0^\pi \mathrm{ce}_l(z; h^2)\,\mathrm{se}_m(z; h^2)\,dz = 0. \end{aligned} \right\} \tag{22.25}$$

Es ist weiter

$$\mathrm{ce}'_{2n}\frac{\pi}{2} = 0, \quad \mathrm{ce}_{2n+1}\frac{\pi}{2} = 0, \quad \mathrm{se}'_{2n+1}\frac{\pi}{2} = 0, \quad \mathrm{se}_{2n+2}\frac{\pi}{2} = 0. \tag{22.26}$$

Der Ansatz (15.8) zur Lösung von (22.1) läßt sich im Falle der ganz- und halbperiodischen Mathieuschen Funktionen so umschreiben

$$\mathrm{ce}_{2n}\,z = \sum_{r=0}^{\infty} A_{2r}^{2n}(h^2)\cos 2r z, \tag{22.27}$$

$$\mathrm{ce}_{2n+1}\,z = \sum_{r=0}^{\infty} A_{2r+1}^{2n+1}(h^2)\cos(2r+1)z, \tag{22.28}$$

$$\mathrm{se}_{2n+1}\,z = \sum_{r=0}^{\infty} B_{2r+1}^{2n+1}(h^2)\sin(2r+1)z, \tag{22.29}$$

$$\mathrm{se}_{2n+2}\,z = \sum_{r=0}^{\infty} B_{2r+2}^{2n+2}(h^2)\sin(2r+2)z. \tag{22.30}$$

Für die hier auftretenden Koeffizienten gelten wieder dreigliedrige Rekursionen. Für die Koeffizienten selbst gibt es umfangreiche Tabellen[1].

Für ein $\lambda = a_m(h^2)$ oder $\lambda = b_{m+1}(h^2)$ mit $m = 0, 1, 2, \ldots$ und $h^2 \neq 0$ gibt es genau eine 2π-periodische Lösung von (22.1). Jede linear unabhängige Lösung ist nichtperiodisch. Für $\lambda = a_m(h^2)$ gibt es eine von $\mathrm{ce}_m z$ linear unabhängige, in z ungerade Lösung von (22.1); man bezeichnet sie mit $\mathrm{fe}_m(z; h^2)$. Analog gibt es für $\lambda = b_m(h^2)$ eine von $\mathrm{se}_m z$ linear unabhängige, in z gerade Lösung von (22.1), die man $\mathrm{ge}_m(z; h^2)$ nennt.

δ) *Modifizierte* MATHIEU*sche Funktionen.* Man nennt die Differentialgleichung

$$\frac{d^2 y}{d z^2} - (\lambda - 2 h^2 \operatorname{Cos} 2z)\, y = 0, \tag{22.31}$$

welche aus (22.1) durch die Substitution $z \to i z$ hervorgeht, modifizierte MATHIEU-sche Differentialgleichung. Sie besitzt für $\lambda = \lambda_\nu(h^2)$, ν nicht ganz, die Lösungen

$$\mathrm{Me}_\nu(z; h^2) = \mathrm{me}_\nu(-i z; h^2), \qquad \mathrm{Me}_{-\nu}(z; h^2) = \mathrm{me}_\nu(i z; h^2). \tag{22.32}$$

Indessen ist es zweckmäßiger, andere Lösungen $M_\nu^{(j)}(z; h^2)$ von (22.1) durch besondere Bezeichnungen festzulegen. Sie werden durch folgende Reihen dargestellt:

$$c_{2r}^\nu(h^2)\, M_\nu^{(j)}(z; h) = \sum_{l=-\infty}^{\infty} (-1)^l\, c_{2l}^\nu(h^2)\, J_{l-r}(h e^{-z})\, Z_{\nu+l+r}^{(j)}(h e^{z}). \tag{22.33}$$

Die Zylinderfunktion $Z_{\nu+l+r}^{(j)}$ soll hierin für $j = 1, 2, 3, 4$ die BESSELsche, die NEU-MANNsche und die erste und die zweite HANKELsche Funktion bedeuten. Die $c_{2r}^\nu(h^2)$ sind die aus dem Rekursionssystem (15.10) bestimmten Koeffizienten für $\lambda = \lambda_\nu(h^2)$. r bedeutet irgendeine ganze Zahl, für welche $c_{2r}^\nu \neq 0$ ist. Die Reihen in (22.33) konvergieren für alle endlichen z absolut und gleichmäßig, besonders gut für $\operatorname{Re} z > 0$; für $\operatorname{Re} z \gg 1$ folgen aus ihnen die asymptotischen Relationen

$$M_\nu^{(j)}(z; h^2) \sim Z_\nu^{(j)}(h e^{z}), \qquad (j = 1, 2, 3, 4). \tag{22.34}$$

Auch für ganze ν definiert man weitere Lösungen $\mathrm{Mc}_m^{(j)}(z; h)$ für $\lambda = a_m(h^2)$ und $\mathrm{Ms}_{m+1}^{(j)}(z; h)$ für $\lambda = b_{m+1}(h^2)$ ($m = 0, 1, \ldots$). Sie sind durch die für alle endlichen z absolut gleichmäßig konvergenten Reihen ($j = 1, 2, 3, 4$)

$$\varepsilon_s A_{2s}^{2n}(h^2)\, \mathrm{Mc}_{2n}^{(j)}(z; h)$$
$$= \sum_{r=0}^{\infty} (-1)^{n+r} A_{2r}^{2n}(h^2) \left(J_{r-s}(h e^{-z})\, Z_{r+s}^{(j)}(h e^{z}) + J_{r+s}(h e^{-z})\, Z_{r-s}^{(j)}(h e^{z}) \right)$$
$$(\varepsilon_0 = 2, \quad \varepsilon_s = 1 \quad \text{für} \quad s = 1, 2, \ldots),$$

$$A_{2s+1}^{2n+1}(h^2)\, \mathrm{Mc}_{2n+1}^{(j)}(z; h)$$
$$= \sum_{r=0}^{\infty} (-1)^{n+r} A_{2r+1}^{2n+1}(h^2) \left(J_{r-s}(h e^{-z})\, Z_{r+s+1}^{(j)}(h e^{z}) + J_{r+s+1}(h e^{-z})\, Z_{r-s}^{(j)}(h e^{z}) \right),$$

$$B_{2s+1}^{2n+1}(h^2)\, \mathrm{Ms}_{2n+1}^{(j)}(z; h)$$
$$= \sum_{r=0}^{\infty} (-1)^{n+r} B_{2r+1}^{2n+1}(h^2) \left(J_{r-s}(h e^{-z})\, Z_{r+s+1}^{(j)}(h e^{z}) - J_{r+s+1}(h e^{-z})\, Z_{r-s}^{(j)}(h e^{z}) \right),$$

$$B_{2s+2}^{2n+2}(h^2)\, \mathrm{Ms}_{2n+2}^{(j)}(z; h)$$
$$= \sum_{r=0}^{\infty} (-1)^{n+r} B_{2r+2}^{2n+2}(h^2) \left(J_{r-s}(h e^{-z})\, Z_{r+s+2}^{(j)}(h e^{z}) - J_{r+s+2}(h e^{-z})\, Z_{r-s}^{(j)}(h e^{z}) \right)$$

mit den Koeffizienten aus (22.27) bis (22.30) gegeben und es gilt asymptotisch

$$\left.\begin{array}{l} \mathrm{Mc}_m^{(j)}(z; h) \\ \mathrm{Ms}_m^{(j)}(z; h) \end{array}\right\} \sim Z_m^{(j)}(z; h), \qquad (j = 1, 2, 3, 4).$$

---

[1] Tables relating to MATHIEU functions. New York 1951.

Alle diese Funktionen $\mathrm{Me}_\nu z$, $M_\nu^{(j)}(z)$, $\mathrm{Me}_m^{(j)}(z)$, $\mathrm{Ms}_m^{(j)}(z)$ werden als Lösungen der modifizierten Mathieuschen Differentialgleichung auch modifizierte Mathieusche Funktionen genannt.

ε) *Numerisches.* Mit Gl. (22.7) läßt sich irgendeine der drei Größen λ, ν, h^2 numerisch ermitteln, wenn zwei von ihnen gegeben sind. Das von Bouwkamp[1] und Blanch[2] dafür entwickelte Verfahren erlaubt im gleichen Rechengang und ohne erhebliche Mehrarbeit auch die Koeffizienten c_{2r}^ν — oder im Falle ganzer ν die Koeffizienten A_{2r}^{2n}, A_{2r+1}^{2n+1}, B_{2r+1}^{2n+1}, B_{2r+2}^{2n+2} in (22.27) bis (22.30) — zu berechnen. Etwas umständlich werden die Rechnungen, wenn die Größen λ, h^2, ν nicht alle reell sind. Die Berechnung eines komplexen ν bei reellen λ, h^2 (instabile Gebiete in Fig. 1) wird einfacher durch Anwendung der Produktformel (22.17), wenigstens für solche h^2, für welche die Eigenwerte $a_m(h^2)$ oder $b_{m+1}(h^2)$ tabuliert vorliegen. Schließlich kann auch ν mit Hilfe von (22.16) durch direkte numerische Integration der Mathieuschen Differentialgleichung (22.1) im Intervall $0 \leq z \leq \pi$ mit den Anfangsbedingungen (22.10) gefunden werden.

Entwicklungen von $\cos \pi\nu$, $\lambda_\nu(h^2)$, $a_m(h^2)$, $b_{m+1}(h^2)$, sowie von Mathieuschen Funktionen nach Potenzen von h sind möglich, jedoch sind jeweils nur die ersten Koeffizienten explizit berechnet; für hinreichend kleine h sind diese Entwicklungen jedoch numerisch durchaus nützlich. Für diese Potenzreihenentwicklungen und für asymptotische Formeln bei großen $|\lambda| + |h^2|$ verweisen wir auf die zusammenfassenden Darstellungen, überdies auch auf R. E. Langer[3].

23. Sphäroidfunktionen. α) *Entwicklungen nach Kugelfunktionen.* Die Differentialgleichung der Sphäroidfunktionen lautet

$$(1 - z^2)\frac{d^2 y}{dz^2} - 2z\frac{dy}{dz} + \left(\lambda + \gamma^2(1 - z^2) - \frac{\mu^2}{1 - z^2}\right) y = 0. \qquad (23.1)$$

Die Punkte $z = \pm 1$ sind außerwesentlich singulär und die determinierende Gleichung hat für beide die Wurzeln $\pm \mu/2$. Der Punkt $z = \infty$ ist wesentlich singulär.

Für $\gamma = 0$ geht (23.1) in die Differentialgleichung der Kugelfunktionen $P_\nu^\mu(z)$ mit $\nu(\nu + 1) = \lambda$ über. Es liegt daher für die Lösung von (23.1) der Ansatz nahe

$$y = \mathrm{ps}_\nu^\mu(z; \gamma^2) \equiv \sum_{r=-\infty}^{\infty} (-1)^r a_{\nu,2r}^\mu(\gamma^2)\, P_{\nu+2r}^\mu(z) \qquad (23.2)$$

mit

$$\left.\begin{aligned}
a_{\nu,2r}^\mu(\gamma^2) &\to 0 \quad \text{für} \quad \gamma^2 \to 0, \quad r \neq 0 \\
a_{\nu,0}^\mu(\gamma^2) &\to 1 \quad \text{für} \quad \gamma^2 \to 0,
\end{aligned}\right\} \qquad (23.3)$$

$$\lambda \to \nu(\nu + 1) \quad \text{für} \quad \gamma^2 \to 0. \qquad (23.4)$$

Wir schließen hier und im folgenden die Werte $\nu = \pm\frac{1}{2}, \pm\frac{3}{2}, \pm\frac{5}{2}, \dots$ aus. Dann ist dieser Ansatz durchführbar, und es ergibt sich das Rekursionssystem

$$\left.\begin{aligned}
&\gamma^2 \frac{(\nu + \mu + 2r + 2)(\nu + \mu + 2r + 1)}{(2\nu + 4r + 3)(2\nu + 4r + 5)} a_{\nu,2r+2}^\mu(\gamma^2) + \\
&+ \left[\lambda - (\nu + 2r)(\nu + 2r + 1) + 2\gamma^2 \frac{(\nu + 2r)(\nu + 2r + 1) + \mu^2 - 1}{(2\nu + 4r - 1)(2\nu + 4r + 3)}\right] a_{\nu,2r}^\mu(\gamma^2) + \\
&+ \gamma^2 \frac{(\nu + 2r - \mu)(\nu + 2r - \mu - 1)}{(2\nu + 4r - 3)(2\nu + 4r - 1)} a_{\nu,2r-2}^\mu(\gamma^2) = 0.
\end{aligned}\right\} \qquad (23.5)$$

[1] C. J. Bouwkamp: Diss. Groningen. Groningen-Batavia 1941.
[2] G. Blanch: J. Math. Phys. **25**, 1—20 (1946).
[3] R. E. Langer: Trans. Amer. Math. Soc. **36**, 637—695 (1943).

Die Forderung, daß (23.2) überhaupt konvergiert, führt auf $a_{\nu,2r}^{\mu}(\gamma^2)\to 0$ für $r\to\pm\infty$. Eine solche nichttriviale Lösung des Rekursionssystems (23.5) existiert nur für ausgezeichnete Werte $\lambda=\lambda_{\nu}^{\mu}(\gamma^2)$, die sich wieder aus einer Kettenbruchgleichung analog (22.7) bestimmen. Auch die Funktion $\lambda_{\nu}^{\mu}(\gamma^2)$ ist eine algebroide Funktion von γ^2 und wird durch Verzweigungsschnitte, die von den Verzweigungsstellen radial nach außen ins Unendliche gehen, eindeutig gemacht. Der auszuwählende Zweig ist durch (23.4) bestimmt. Es gilt dann

$$\lambda_{\nu}^{\mu}(\gamma^2)=\lambda_{-\nu-1}^{\mu}(\gamma^2)=\lambda_{\nu}^{-\mu}(\gamma^2)=\lambda_{-\nu-1}^{-\mu}(\gamma^2).$$

Die Lösung $a_{\nu,2r}^{\mu}(\gamma^2)$ von (23.5) ist bis auf einen von r unabhängigen Faktor eindeutig; diesen kann man so festlegen, daß

$$a_{\nu,2r}^{\mu}(\gamma^2)=a_{-\nu-1,2r}^{\mu}(\gamma^2),\tag{23.6}$$

$$\frac{a_{\nu,2r}^{-\mu}(\gamma^2)}{\Gamma(\nu-\mu+1)\,\Gamma(\nu+\mu+2r+1)}=\frac{a_{\nu,2r}^{\mu}(\gamma^2)}{\Gamma(\nu+\mu+1)\,\Gamma(\nu-\mu+2r+1)}.\tag{23.7}$$

Ersetzt man den Funktionensatz $P_{\nu+2r}^{\mu}(z)$ in (23.2) durch einen der Sätze $Q_{\nu+2r}^{\mu}(z)$, $\boldsymbol{P}_{\nu+2r}^{\mu}(z)$, $\boldsymbol{Q}_{\nu+2r}^{\mu}(z)$, so ergeben sich wieder Lösungen von (23.1), die mit $\mathrm{qs}_{\nu}^{\mu}(z;\gamma^2)$, $\mathrm{Ps}_{\nu}^{\mu}(z;\gamma^2)$, $\mathrm{Qs}_{\nu}^{\mu}(z;\gamma^2)$ bezeichnet werden. Alle so aus (23.2) entstehenden Reihen konvergieren absolut gleichmäßig in jedem abgeschlossenen z-Bereich, der die Punkte $z=+1$, -1, ∞ ausschließt.

β) Entwicklungen nach Zylinderfunktionen. Weitere Reihenentwicklungen der Lösungen von (23.1) hängen mit der Tatsache zusammen, daß (23.1) mit $\gamma z=\zeta$ und Grenzübergang $\gamma\to 0$ bei festem ζ in die Differentialgleichung (3.19) der „Kugel-BESSEL-Funktionen" übergeht. In diesen Entwicklungen kommen bemerkenswerterweise ebenfalls die Koeffizienten $a_{\nu,2r}^{\mu}(\gamma^2)$ vor; sie lauten mit geeigneter Normierung

$$S_{\nu}^{\mu(j)}(z;\gamma)=S_{\nu}^{-\mu(j)}(z;\gamma)$$
$$=\left.(z^2-1)^{-\frac{\mu}{2}}z^{\mu}\sum_{r=-\infty}^{\infty}a_{\nu,2r}^{\mu}(\gamma^2)\,\psi_{\nu+2r}^{(j)}(\gamma z)\right/\sum_{r=-\infty}^{\infty}(-1)^r a_{\nu,2r}^{\mu}(\gamma^2),\left.\begin{array}{c}\\\\\\\end{array}\right\}\tag{23.8}$$
$$(j=1,2,3,4).$$

Die unendlichen Reihen konvergieren nach (14.12) und (14.13) und nach 14.I′, angewandt auf (23.5), mindestens für $1<|z|<\infty$. Jedes Paar dieser vier Funktionen stellt zwei linear unabhängige Lösungen von (23.1) dar. Asymptotisch für große $|z|$ gilt

$$S_{\nu}^{\mu(j)}(z;\gamma)\sim\psi_{\nu}^{(j)}(\gamma z).\tag{23.9}$$

γ) Ganze Indices. Von besonderer Bedeutung sind die Sphäroidfunktionen mit ganzen Indices $\nu=n,\mu=m,n\geqq|m|\geqq 0$. Dann ist

$$a_{n,2r}^{m}(\gamma^2)=0\quad\text{für}\quad n+m+2r<0,\tag{23.10}$$

und die Reihe in (23.8) konvergiert im Falle $j=1$ auch für $|z|\leqq 1$. Die Funktionen $\mathrm{ps}_n^m(z;\gamma^2)$ mit verschiedenen unteren Indices sind zueinander orthogonal und unter Berücksichtigung der Orthogonalität und Normierung der Kugelfunktionen folgt aus (23.2)

$$\int_{-1}^{1}\mathrm{ps}_n^m(z;\gamma^2)\,\mathrm{ps}_l^{-m}(z;\gamma^2)\,dz=(-1)^m\sum_{n\geqq m-2r}\frac{2}{2n+4r+1}\,a_{n,2r}^m\,a_{n,2r}^{-m}\cdot\delta_{nl}.\tag{23.11}$$

Fig. 2 gibt einen Ausschnitt der Kurven $\lambda = \lambda_n^m(\gamma^2)$ für $m = 0$ und reelle γ^2.

Weitere wichtige Reihenentwicklungen, gerade für den hier vorliegenden Fall, sind

$$S_n^{m\,(3)}(z;\gamma) = \frac{1}{\gamma\,m!}\, e^{(-2m-n-1)\frac{\pi}{2}i}\, e^{i\gamma z} \sum_{t=0}^{\infty} i^t\, \frac{d_{n,t}^m(\gamma)}{d_{n,0}^m(\gamma)}\, Q_t^m(z), \qquad (23.12)$$

$$S_n^{m\,(4)}(z;\gamma) = \frac{1}{\gamma\,m!}\, e^{(-2m+n+1)\frac{\pi}{2}i}\, e^{-i\gamma z} \sum_{t=0}^{\infty} i^{-\,t}\, \frac{d_{n,t}^m(\gamma)}{d_{n,0}^m(\gamma)}\, Q_t^m(z). \qquad (23.13)$$

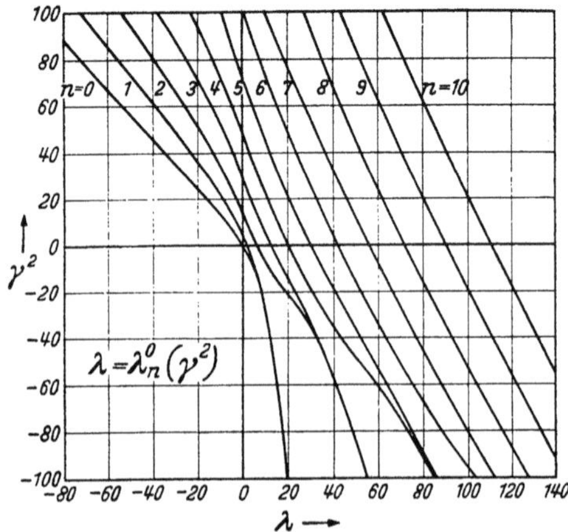

Fig. 2. Die Kurven $\lambda = \lambda_n^0(\gamma^2)$ für $n = 0, 1, 2, \ldots, 10$ und $-100 \leqq \gamma^2 \leqq 100$.

Sie gelten für $m = 0, 1, 2, \ldots$ und $\gamma \neq 0$. Die Reihen konvergieren für alle $z \neq \pm 1$. Die Koeffizienten $d_{n,t}^m(\gamma)$ sind die eindeutig bestimmte Lösung des Rekursionssystems $(t = 0, 1, 2, \ldots)$

$$\left. \begin{aligned} 2\gamma\, \frac{(t+1)(t+m+1)}{2t+3}\, d_{n,t+1}^m(\gamma) + \\ + [t(t+1) - \lambda_n^m(\gamma^2)]\, d_{n,t}^m(\gamma) + 2\gamma\, \frac{t(t-m)}{2t-1}\, d_{n,t-1}^m(\gamma) = 0 \end{aligned} \right\} \qquad (23.14)$$

mit der Anfangsbedingung $d_{n,-1}^m(\gamma) = 0$.

Ferner gilt mit denselben Koeffizienten

$$\mathrm{ps}_n^m(z;\gamma^2) = e^{\pm i\gamma z} \sum_{t=m}^{\infty} i^{\pm(t-n)}\, d_{n,t}^m(\gamma)\, P_t^m(z), \qquad (23.15)$$

wobei beide Male das obere oder beide Male das untere Vorzeichen zu wählen ist.

Bibliographie

α) Gesamtdarstellungen und Formelsammlungen.

Erdélyi, A., W. Magnus, F. Oberhettinger u. F. G. Tricomi: ,,Higher Transcendental Functions" and ,,Tables of Integral Transforms" (fünf Bände). New York, Toronto u. London 1953—1955.

Jahnke, F., u. F. Emde: Funktionentafeln mit Formeln und Kurven, 3. Aufl. Leipzig 1938.

Magnus, W., u. F. Oberhettinger: Formeln und Sätze für die speziellen Funktionen der mathematischen Physik, 2. Aufl. Berlin 1948.

Whittaker, E. T., and G. N. Watson: A Course of Modern Analysis. 5. Aufl. Cambridge 1953.

β) Hypergeometrische Funktionen.

KLEIN, F.: Vorlesungen über die hypergeometrische Funktion. Berlin 1933.
KAMPÉ DE FÉRIET, M. J.: La fonction hypergéometrique. Mémorial des sciences mathématiques, Fascicule 85. Paris 1937.

γ) Zylinderfunktionen.

MacLACHLAN, N. W.: BESSEL Functions for Engineers, Oxford 1934.
WATSON, G. N.: A Treatise on the Theory of BESSEL-Functions. Cambridge 1922.
WEYRICH, R.: Zylinderfunktionen und ihre Anwendungen. Leipzig 1937.

δ) Kugelfunktionen.

HOBSON, E. W.: The Theory of Spherical and Ellipsoidal Harmonics. Cambridge 1931.
LENSE, J.: Kugelfunktionen. Leipzig 1950.

ε) WHITTAKERsche Funktionen, konfluente hypergeometrische Funktionen.

BUCHHOLZ, E.: Die konfluente hypergeometrische Funktion. Berlin-Göttingen-Heidelberg 1953.
TRICOMI, F. G.: Funzioni Ipergeometriche Confluenti. Roma 1954.

ζ) MATHIEUsche Funktionen und Sphäroidfunktionen.

MacLACHLAN, N. W.: Theory and Application of MATHIEU-Functions. Oxford 1947.
MEIXNER, J., u. F. W. SCHÄFKE: MATHIEUsche Funktionen und Sphäroidfunktionen. Berlin-Göttingen-Heidelberg 1954.
STRATTON, J. A., P. M. MORSE, L. J. CHU and R. A. HUTNER: Elliptic Cylinder and Spheroidal Wave Functions. New York 1941.

η) Weitere einschlägige Werke.

SZEGÖ, G.: Orthogonal Polynomials. New York 1939.
FLETCHER, A. F., J. C. P. MILLER and I. ROSENHEAD: An Index of Mathematical Tables. New York 1946.
Mathematical Tables and other Aids to Computation (Zeitschrift). Washington. Seit 1943.

Die beiden letzten Titel informieren über praktisch alle existierenden Tabellen der speziellen Funktionen. Insbesondere sei auf die vom Computation Laboratory of the National Applied Mathematics Laboratories, National Bureau of Standards (New York, Columbia University Press) herausgegebenen Tabellen über BESSEL- und NEUMANN-Funktionen mit komplexem Argument, BESSEL-Funktionen gebrochener Ordnung, LEGENDRE-Polynome und zugeordnete LEGENDREsche Funktionen, „Kugel-BESSEL-Funktionen" (spherical BESSEL functions) und MATHIEUsche Funktionen, auf das mehrbändige Werk Tables of the BESSEL functions of the first kind (Annals of the Computation Laboratory of Harvard University, Harvard University Press, Cambridge, Massachusetts) sowie auf Hj. TALLQUIST, Sechsstellige Tafeln der 16 ersten Kugelfunktionen $P_n(x)$ [Acta Soc. Sci. fenn., N.S. A 2, Nr. 4, 1—43 (1937)] und Sechsstellige Tafeln der 32 ersten Kugelfunktionen $P_n(\cos \Theta)$ [Acta Soc. Sci. fenn., N.S. A 2, Nr. 11, 1—43 (1938)] hingewiesen.

Randwertprobleme.

Von

F. Schlögl.

Mit 9 Figuren.

A. Orthogonale Funktionssysteme.

I. Reihenentwicklung nach Orthogonalfunktionen.

1. Vorbereitende Betrachtung im Vektorraum. Als Ausgangspunkt wird die Frage behandelt werden, wie eine beliebige Funktion f am besten durch eine Linearkombination vorgegebener Funktionen φ_ν, $(\nu = 1, 2, \ldots)$ approximiert werden kann. Es muß dabei allerdings genauer erklärt werden, was unter „bester Approximation" zu verstehen ist. Es ist eine Approximation der Funktionswerte „im Mittel" für ein festgelegtes Grundintervall des Argumentes gemeint, die im folgenden entwickelt wird. Dafür ist eine Analogie zwischen der betrachteten Funktionsmannigfaltigkeit und einem Vektorraum sehr zweckmäßig, die in der mathematischen Physik eine ausgedehnte Verwendung findet. Bevor diese Analogie in präziser Form hergestellt wird, soll zunächst als Vorbereitung die *Approximation in einem Vektorraum* betrachtet werden.

In einem n-dimensionalen Vektorraum R_n seien $k < n$ Vektoren φ_ν, $(\nu = 1, 2, \ldots, k)$ vorgegeben. Wie läßt sich ein beliebiger Vektor f in R_n durch eine Linearkombination

$$\tilde{f} = \sum_{\nu=1}^{k} c_\nu\, \varphi_\nu \tag{1.1}$$

„am besten" approximieren? Man wird die Approximation unter allen möglichen als beste bezeichnen, wenn die c_ν so gewählt werden, daß der „Fehler"

$$d = f - \tilde{f} \tag{1.2}$$

am kleinsten ist; d.h., wenn das „Fehlerquadrat"

$$(d, d) = (f, f) + (\tilde{f}, \tilde{f}) - 2(f, \tilde{f}) \tag{1.3}$$

ein Minimum ist. Dabei bedeutet allgemein (f, g) das Skalarprodukt zweier Vektoren f und g. Durch diese Forderung ist die beste Approximation als die „zum kleinsten mittleren Fehlerquadrat" erklärt. Der Fehler d wird dann orthogonal zu allen φ_ν. Dies folgt sofort aus der für das Minimum von (d, d) erfüllten Relation, daß die Änderung von (d, d) gleich

$$\delta(d, d) = -2(d, \delta\tilde{f}) = -2 \sum_{\nu=1}^{k} (d, \varphi_\nu)\, \delta c_\nu = 0 \tag{1.4}$$

wird, wenn die c_ν irgendeine infinitesimale Änderung um die Werte δc_ν erleiden und $\delta\tilde{f}$ die entsprechende Änderung von $\tilde{f}$ ist. Da $\tilde{f}$ selbst im Unterraum liegt, der von den φ_ν aufgespannt wird, ist d auch orthogonal zu $\tilde{f}$. Das heißt, $\tilde{f}$ ist die

Normalprojektion von f auf den Unterraum. Wird z.B. im dreidimensionalen Raum f mit φ_1, φ_2 approximiert, so ist $\tilde{f}$ die Normalprojektion von f auf die von φ_1, φ_2 aufgespannte Ebene.

Wenn nun die φ_ν zueinander orthogonale Einheitsvektoren sind,

$$(\varphi_\nu, \varphi_\mu) = \delta_{\nu\mu} = \begin{cases} 1 & \text{für} \quad \nu = \mu, \\ 0 & \text{für} \quad \nu \neq \mu, \end{cases} \tag{1.5}$$

ist ja allgemein

$$c_\nu = (\varphi_\nu, \tilde{f}). \tag{1.6}$$

Im Falle der Approximation mit kleinstem mittlerem Fehlerquadrat gilt aber auch:

$$c_\nu = (\varphi_\nu, f). \tag{1.7}$$

Die φ_ν bilden eine orthogonale Basis eines k-dimensionalen Unterraumes. Zueinander orthogonale Vektoren φ_ν sind immer auch *linear unabhängig*, d.h. es besteht zwischen ihnen sicher keine lineare Beziehung

$$\lambda_1 \varphi_1 + \lambda_2 \varphi_2 + \cdots + \lambda_k \varphi_k = 0, \tag{1.8}$$

bei der nicht alle λ_ν zugleich verschwinden. Wenn $k = n$ ist, dann ist die orthogonale Basis *vollständig*, d.h. für jedes f aus dem Vektorraum R_n verschwindet das Fehlerquadrat (1.3) mit (1.7). Die Basis ist dann gleichzeitig *abgeschlossen*, d.h., es gibt kein nicht verschwindendes φ_μ mehr in R_n, das zu allen φ_ν orthogonal wäre.

Bisher wurden die Vektoren als reell angenommen, d.h. die Komponenten f_μ jedes Vektors f sollen reell sein. Man erweitert den Vektorbegriff auch auf „komplexe Vektoren", bei denen die Komponenten komplexwertig sind. Dann definiert man aber zweckmäßigerweise nach Hermite das Skalarprodukt zweier Vektoren f und g als

$$(f, g) = \sum_{\mu=1}^{n} f_\mu^* g_\mu, \tag{1.9}$$

wo f_μ, g_μ die Komponenten bezüglich einer orthogonalen Basis sind und — wie im folgenden immer — eine mit einem Stern versehene Größe a^* das konjugiert Komplexe von a bedeuten soll. Dieses Hermitesche Skalarprodukt ist im allgemeinen nicht kommutabel, d.h. es ändert sich bei der Vertauschung der Faktoren und geht dabei in seinen konjugiert komplexen Wert über:

$$(f, g) = (g, f)^*. \tag{1.10}$$

2. Funktionsräume. Die Analogie zwischen dem Vektorraum und der Gesamtheit aller Funktionen $f(x)$ in einem Grundintervall $a \leq x \leq b$ kann man in folgender Weise herstellen. Man wählt im Grundintervall einschließlich der Endpunkte n äquidistante Punkte x_σ, $(\sigma = 1, 2, \ldots, n)$ und ordnet in einem Vektorraum R_n mit orthogonaler Basis der Funktion $f(x)$ einen Vektor f mit den Komponenten

$$f_\sigma = f(x_\sigma) \tag{2.1}$$

zu. Diese Zuordnung ist zwar eindeutig, nicht aber ihre Umkehrung. Durch Angabe des Vektors f wird $f(x)$ um so besser bestimmt, je größer die Dimensionszahl n ist. Aber erst bei einem geeigneten Grenzübergang $n \to \infty$ kann man erhoffen, daß $f(x)$ durch den Vektor ausreichend bestimmt wird. Aus diesem Grunde nennt man auch $f(x)$ einen „Vektor" in einem unendlich-dimensionalen Raum.

Die Mannigfaltigkeit der Funktionen im Grundintervall $a \leq x \leq b$ nennt man entsprechend einen „Funktionsraum".

Eine Maßbestimmung in diesem Raum wird durch Definition des *Skalarproduktes* geliefert. Wenn bei n Teilpunkten des Intervalles der Abstand zwischen zwei benachbarten Teilpunkten Δx beträgt, so geht mit $n \to \infty$ natürlich Δx gegen Null. Daher wird

$$(\boldsymbol{f}, \boldsymbol{g})\, \Delta x = \sum_{\sigma=1}^{n} f_\sigma^* \, g_\sigma \, \Delta x \tag{2.2}$$

in der Grenze $n \to \infty$ zu

$$(f, g) = \int_a^b f^*(x)\, g(x)\, dx. \tag{2.3}$$

Dieses Integral definiert man als „Skalarprodukt" oder „Integralprodukt" von f und g. Für dieses Produkt gelten dieselben Rechengesetze wie für das Skalarprodukt von Vektoren:

$$(f, g) = (g, f)^*, \tag{2.4}$$

$$(f, c\, g) = (c^* f, g) = c\,(f, g), \tag{2.5}$$

wenn c eine konstante Zahl ist, und weiter:

$$(f + g, h) = (f, h) + (g, h). \tag{2.6}$$

Man definiert oft auch das Produkt abgeändert mit einem für den Funktionsraum universell festgelegten *Gewichtsfaktor* $\varrho(x)$, der reell und positiv vorgegeben, ist, in der Form

$$(f, g) = \int_b^a f^*(x)\, g(x)\, \varrho(x)\, dx. \tag{2.7}$$

Die Zweckmäßigkeit dieser Definition erkennt man beim Übergang zu einer neuen Integrationsvariablen, bei dem im allgemeinen ein solcher Faktor ϱ in der neuen Variablen auftritt. Man kann, indem man jeder Wahl der Variablen ein geeignetes ϱ zuordnet, erreichen, daß die Produktdefinition von dieser Wahl unabhängig wird.

Man verallgemeinert die Produktdefinition auch auf Funktionen mehrerer Variabler $x_1, x_2, \ldots, x_l$ in einem bestimmten festgelegten *Grundgebiet*, über das zu integrieren ist:

$$(f, g) = \int \cdots \int f^* g\, \varrho\, dx_1 \ldots dx_l. \tag{2.8}$$

Hier ist auch wieder die Möglichkeit zugelassen, daß ein von 1 verschiedener positiv reeller Gewichtsfaktor $\varrho(x_1, \ldots, x_l)$ für den „Funktionsraum" einheitlich festgelegt ist. Als *Funktionsraum* bezeichnet man jetzt die Gesamtheit aller in dem Grundgebiet erklärten Funktionen, für die (f, f) endlich ist. Im folgenden soll, wenn nicht anders vermerkt, bei den allgemeinen Betrachtungen abgekürzt x statt $x_1, x_2, \ldots, x_l$ geschrieben werden und im Sinne einer Funktionaldeterminante der Gewichtsfaktor ϱ weggelassen werden, so daß

$$dx = \varrho\, dx_1\, dx_2 \ldots dx_l \tag{2.9}$$

bedeuten soll.

Zwei Funktionen f, g heißen *orthogonal*, wenn gilt

$$(f, g) = 0. \tag{2.10}$$

f soll *normiert* heißen, wenn

$$(f, f) = 1 \tag{2.11}$$

ist. f soll *normierbar* heißen, wenn (f, f) endlich ist, wie für alle Funktionen des Funktionsraumes verlangt wird. Durch einen geeigneten Faktor kann eine solche Funktion immer zu einer normierten gemacht werden.

Für das Skalarprodukt gilt, wie übrigens auch für Vektoren, immer die SCHWARZsche *Ungleichung:*

$$|(f, g)|^2 \leqq (f, f)\,(g, g)\,. \tag{2.12}$$

Sie ist eine Folge der Tatsache, daß der Ausdruck

$$\tfrac{1}{2} \iint |f(x)\,g(y) - g(x)\,f(y)|^2\,dx\,dy = (f, f)\,(g, g) - |(f, g)|^2 \tag{2.13}$$

sicher nicht negativ sein kann. Auf Grund der SCHWARZschen Ungleichung existiert das Skalarprodukt zweier normierbarer Funktionen und wird nicht etwa unendlich groß.

3. Konvergenz im Mittel. In einem festgelegten Grundgebiet von x seien normierte und orthogonale Funktionen $\varphi_\nu(x)$, $(\nu = 1, \dots, k)$ vorgegeben

$$(\varphi_\nu, \varphi_\mu) = \delta_{\nu\mu}, \qquad (\nu, \mu = 1, 2, \dots, k)\,. \tag{3.1}$$

Es sei diejenige Linearkombination

$$\tilde{f}(x) = \sum_{\nu=1}^{k} c_\nu\,\varphi_\nu(x) \tag{3.2}$$

gesucht, die eine beliebige normierbare Funktion $f(x)$ im Grundgebiet so approximiert, daß das „*mittlere Fehlerquadrat*" (d, d) für

$$d = f - \tilde{f} \tag{3.3}$$

am kleinsten wird. In dieser Weise ist jetzt die „*Approximation im Mittel*", von der eingangs die Rede war, genau erklärt. Bei dieser Approximation können durchaus in einzelnen Punkten x die Abweichungen d sehr groß werden, da nur der Mittelwert von $|d|^2$ klein gemacht werden soll. Eine ganz andere Approximation einer Funktion $f(x)$ wird z.B. durch die Teilsummen einer TAYLOR-Entwicklung um einen bestimmten Punkt x_0 geliefert. Bei ihr wird nicht nur der Funktionswert $f(x_0)$, sondern auch das analytische Verhalten von $f(x)$ mit den Ableitungen steigender Ordnung im Punkt x_0 wiedergegeben. Diese Approximation eignet sich für einen Punkt x_0, nicht aber im Mittel für ein Gebiet. Bei Auftreten eines Gewichtsfaktors $\varrho(x)$ wird dessen Bezeichnung bei der Mittelwertbildung in ausgeschriebener Form

$$(d, d) = \int |d|^2\,\varrho\,dx_1\,dx_2 \dots dx \tag{3.4}$$

sinnfällig, da $|d|^2$ in jedem Punkt x mit anderem Gewicht ϱ eingeht.

Formal die gleiche Rechnung, wie sie in Ziff. 1 für Vektoren durchgeführt wurde, ergibt für das *kleinste mittlere Fehlerquadrat* die „*Entwicklungskoeffizienten*"

$$c_\nu = (\varphi_\nu, f)\,. \tag{3.5}$$

Aus der Orthogonalität von $\tilde{f}$ und d folgt dann

$$(f, f) = (\tilde{f}, \tilde{f}) + (d, d)\,. \tag{3.6}$$

Mit

$$(\tilde{f}, \tilde{f}) = \sum_{\nu=1}^{k} |c_\nu|^2 \tag{3.7}$$

wird dann

$$(d, d) = (f, f) - \sum_{\nu=1}^{k} |c_\nu|^2\,. \tag{3.8}$$

Diese Größe ist aber sicher ≥ 0. Es gilt daher die Besselsche *Ungleichung*

$$(f, f) \geq \sum_{\nu=1}^{k} |c_\nu|^2. \tag{3.9}$$

Bei endlich vielen φ_ν kann man sicher nicht für jede beliebige Funktion erreichen, daß (d, d) verschwindet. Es soll deshalb der Fall betrachtet werden, daß eine unendliche Folge von orthogonalen und normierten φ_ν vorgegeben ist. Man nennt sie ein *Orthogonalsystem* von Funktionen. Die Approximation erfolge in der Weise, daß für

$$\tilde{f}_k(x) = \sum_{\nu=1}^{k} c_\nu \, \varphi_\nu(x), \tag{3.10}$$

$$d_k = f - \tilde{f}_k, \tag{3.11}$$

(d_k, d_k) zum Minimum gemacht werde. Dann gilt also (3.5). Wenn nun die Folge φ_ν so beschaffen ist, daß für jedes f im Grundgebiet

$$\lim_{k \to 0} (d_k, d_k) = 0 \tag{3.12}$$

wird, dann nennt man das Orthogonalsystem „*vollständig*". Aber nur, wenn die Folge $\tilde{f}_k$ gleichmäßig konvergiert, kann man daraus

$$\lim_{k \to \infty} \tilde{f}_k = f \tag{3.13}$$

schließen. Das heißt, wenn durch genügend großes k immer die Differenz $f - \tilde{f}_k$ dem Betrag nach unter jede Schranke gedrückt werden kann und zwar gleichzeitig für alle x des Grundgebietes. Immer aber sagt man, $\tilde{f}_k$ *konvergiert „im Mittel*" gegen f, wenn (3.12) erfüllt ist.

Bei Vollständigkeit des Systems wird die Besselsche Ungleichung (3.9) zur *Vollständigkeitsrelation*:

$$(f, f) = \sum_{\nu=1}^{\infty} |c_\nu|^2. \tag{3.14}$$

Diese Relation läßt sich noch verallgemeinern. Es sei g eine zweite Funktion des Funktionsraumes mit den Entwicklungskoeffizienten

$$b_\nu = (\varphi_\nu, g). \tag{3.15}$$

$f + g$ hat dann die Entwicklungskoeffizienten $c_\nu + b_\nu$. Bildet man für die Summe $f + g$ den zu (3.14) analogen Ausdruck, so gewinnt man bei Vollständigkeit des Orthogonalsystems

$$(f, g) = \sum_{\nu=1}^{\infty} c_\nu^* \, b_\nu. \tag{3.16}$$

Das Orthogonalsystem heißt *abgeschlossen*, wenn es keine im Grundgebiet normierbare Funktion f gibt, die zu allen φ_ν orthogonal wäre. Es gilt der Satz: *Wenn das Orthogonalsystem φ_ν vollständig ist, ist es auch abgeschlossen.* Wäre das nicht der Fall, dann gäbe es ein f, für das alle c_ν gemäß (3.5) verschwinden müßten. Dann wäre aber d_k gleich $-f$. Nach (3.12) wäre damit aber f nicht normierbar im Widerspruch zur Annahme.

Es gilt aber nicht die Umkehrung des Satzes, so daß Vollständigkeit immer die schärfere Bedingung als Abgeschlossenheit darstellt. Wenn allerdings überhaupt eine Grenzfunktion von d_k für $k \to \infty$ existiert, dann muß diese bei Abgeschlossenheit verschwinden; denn sie muß zu allen φ_ν orthogonal sein, da ja d_k zu allen φ_ν

mit $\nu \leq k$ orthogonal ist. Man kann aber die Existenz dieser Grenzfunktion nicht allgemein annehmen. Es gibt jedoch einen Weg, durch geeignete Voraussetzungen die Umkehrung des Satzes zu garantieren, so daß dann immer Vollständigkeit und Abgeschlossenheit identisch werden. Man braucht nur bei der Definition des Integralproduktes statt dem RIEMANNschen Integralbegriff den LEBESGUE*schen Integralbegriff* vorauszusetzen. Der entscheidende Vorteil der LEBESGUEschen Integraldefinition liegt darin, daß für eine konvergente Funktionsfolge f_k die Integration mit der Grenzwertbildung vertauschbar ist:

$$\lim_{k \to \infty} \int f_k \, dx = \int \lim_{k \to \infty} f_k \, dx. \tag{3.17}$$

Legt man den Funktionsraum dann als Mannigfaltigkeit der im LEBESGUEschen Sinne mit ihrem Betragsquadrat im Grundgebiet integrablen Funktionen fest, dann gilt der RIESZ-FISCHER*sche Satz*, der hier ohne Beweis angeführt sei: *Durch die Folge der Koeffizienten c_ν gemäß* (3.5) *wird bei vorgegebenem abgeschlossenen Orthogonalsystem φ_ν die Funktion f des Funktionsraumes eindeutig festgelegt, sobald die Reihe*

$$\sum_{\nu=1}^{\infty} |c_\nu|^2 \tag{3.18}$$

konvergiert, die dann gleich (f, f) wird.

Der Unterschied zwischen LEBESGUEschem und RIEMANNschem Integral tritt erst bei unstetigen Funktionen auf. Man könnte also in einem Funktionsraum nur stetiger Funktionen auf den LEBESGUEschen Integralbegriff verzichten und hätte trotzdem dafür den RIESZ-FISCHERschen Satz garantiert. Diese Einschränkung wäre aber für viele Anwendungen wieder zu eng. Die Unterscheidung zwischen den beiden Integraldefinitionen ist zwar wichtig für den logischen Aufbau der mathematischen Theorie; sie ist aber für die Anwendungen in der Physik nicht wesentlich. In der Physik treten unstetige Funktionen eigentlich nur auf, weil sie in einem entsprechend gewählten Modell die Beschreibung vereinfachen. Ohne die wirklich experimentell prüfbaren Aussagen damit zu ändern, kann man sie immer durch stetige Funktionen beliebig genau annähern.

Bei einer „*Entwicklung*" einer beliebigen Funktion f nach einem Orthogonalsystem φ_ν

$$f = \sum_{\nu=1}^{\infty} c_\nu \, \varphi_\nu \tag{3.19}$$

muß man in mathematisch strenger Weise eigentlich festlegen, daß das Gleichheitszeichen jeweils nur in dem Sinne zu verstehen ist, daß beide Seiten *im Mittel* gegeneinander konvergieren. Das bedeutet nicht, daß bei unstetigen Funktionen beide Seiten in jedem Punkt x gleich sind. Die Gl. (3.19) legt es im Sinne des RIESZ-FISCHERschen Satzes nahe, die c_ν als „Komponenten" der Funktion f bezüglich der Basis φ_ν des Funktionsraumes zu interpretieren. Die unendliche Folge der Komponenten c_ν legt f im Funktionsraum genau so fest, wie die n Komponenten eines Vektors im n-dimensionalen Raum bezüglich einer orthogonalen Basis von Einheitsvektoren φ_ν den Vektor festlegen. Die Analogie zwischen Funktionsraum und Vektorraum wird so noch deutlicher, da jede Funktion f des Funktionsraumes als unendlich-dimensionaler Vektor mit den *abzählbaren* Komponenten c_ν aufgefaßt werden kann.

4. Das Orthogonalisierungsverfahren. Ist in einem Funktionsraum ein System linear unabhängiger Funktionen v_ν vorgegeben, so kann man daraus sukzessive ein normiertes Orthogonalsystem φ_ν bilden. Das Verfahren ist im Prinzip das gleiche, nach dem man für vorgegebene Vektoren eine orthogonale Basis aufbaut. Man setzt φ_1 gleich $c_1 v_1$ und legt c_1 durch die Bedingung fest, daß φ_1 normiert sei. Dann sucht man eine Linearkombination φ_2 aus v_1 und v_2, die orthogonal zu φ_1 und selbst normiert sein soll. Die beiden Koeffizienten von v_1 und v_2 werden durch diese beiden Forderungen bestimmt. φ_3 wählt man entsprechend als die Linearkombination aus v_1, v_2 und v_3, die normiert und orthogonal zu φ_1 und φ_2 ist. Dieses Verfahren läßt sich beliebig fortsetzen. φ_n wird als Linearkombination von v_1, v_2, ..., v_n angesetzt, in der die Koeffizienten durch die n Bedingungen festgelegt werden, daß φ_n normiert und zu den vorhergehenden φ_ν orthogonal sein soll. Auf diese Weise gewinnt man einige wichtige Orthogonalsysteme der mathematischen Physik, die in einem späteren Abschnitt eingehender behandelt werden, aus elementaren Funktionsfolgen. Hier seien Beispiele dafür angeführt:

LEGENDREsche *Polynome:* Sie entstehen durch Orthogonalisierung von

$$v_\nu = x^\nu, \qquad (\nu = 0, 1, 2, \ldots) \tag{4.1}$$

im Grundintervall $-1 \leq x \leq 1$. Zur eindeutigen Festlegung verlangt man hier und in den folgenden Beispielen, daß die höchste Potenz von x jeweils positiven Koeffizienten hat. Das Skalarprodukt soll hier mit dem Gewichtsfaktor 1 definiert sein. Im folgenden treten jedoch von 1 verschiedene Gewichtsfaktoren ϱ auf. Die v_ν bleiben die gleichen.

TSCHEBYSCHEFFsche *Polynome:* Das Grundintervall bleibt das gleiche wie bei den LEGENDREschen Polynomen. Jetzt ist jedoch

$$\varrho(x) = \frac{1}{1 - x^2} \,. \tag{4.2}$$

JACOBIsche *(hypergeometrische) Polynome:* Bei gleichem Grundintervall wie bei den vorhergehenden Beispielen wird

$$\varrho(x) = (1 - x)^p (1 + x)^q, \qquad (p > -1,\ q > -1). \tag{4.3}$$

HERMITEsche *Polynome:* Das Grundintervall ist jetzt $-\infty < x < \infty$ und

$$\varrho(x) = e^{-x^2}. \tag{4.4}$$

LAGUERREsche *Polynome:* Das Grundintervall ist $0 \leq x < \infty$ und

$$\varrho(x) = e^{-x}. \tag{4.5}$$

II. FOURIER-Reihen.

5. Die trigonometrische Basis. Da für positive ganzzahlige ν, μ

$$\int_{-\pi}^{\pi} \sin \nu x \cdot \sin \mu x\, dx = \pi\, \delta_{\nu\mu} \tag{5.1}$$

wird, stellt im Grundintervall $-\pi \leq x \leq \pi$ die Folge

$$v_\nu(x) = \frac{1}{\sqrt{\pi}} \sin \nu x, \qquad (\nu = 1, 2, \ldots) \tag{5.2}$$

ein normiertes Orthogonalsystem dar. Dieses ist aber sicherlich nicht vollständig, denn alle v_ν sind ungerade Funktionen. Eine Reihenentwicklung

$$\sum_{\nu=1}^{\infty} c_\nu v_\nu(x) \tag{5.3}$$

kann also im Mittel nur gegen eine ungerade Funktion konvergieren. Natürlich ist das System dann auch nicht abgeschlossen, und in der Tat kann man sogar eine ganze Folge von Funktionen angeben, die zu allen v_ν orthogonal sind. Eine solche Folge ist

$$\left.\begin{aligned} u_\nu(x) &= \frac{1}{\sqrt{\pi}}\cos \nu\, x \qquad (\nu = 1, 2, \ldots), \\[2mm] u_0(x) &= \frac{1}{\sqrt{2\pi}}\,, \end{aligned}\right\} \tag{5.4}$$

die selbst im Grundintervall ein normiertes Orthogonalsystem darstellt. Sie besteht wiederum nur aus geraden Funktionen. Wenn man aber beide Folgen u_ν, v_ν vereint, erhält man ein vollständiges Orthogonalsystem, wie im folgenden gezeigt wird. Die Entwicklung einer beliebigen Funktion $f(x)$ nach diesem System

$$f(x) = \frac{a_0}{2} + \sum_{\nu=1}^{\infty} (a_\nu \cos \nu\, x + b_\nu \sin \nu\, x) \tag{5.5}$$

mit geeigneten Entwicklungskoeffizienten a_0, a_ν, b_ν nennt man eine Fourier-Reihe. Die Gleichung ist nur im Sinne der Konvergenz im Mittel zu verstehen, wie am Schluß von Ziff. 3 ausgeführt wurde. Man kann nun (5.5) auch in der bequemeren Form

$$f(x) = \sum_{\nu=-\infty}^{\infty} \alpha_\nu\, e^{i\,\nu\, x} \tag{5.6}$$

schreiben, wobei

$$\alpha_\nu = \tfrac{1}{2}(a_\nu - i\, b_\nu) \qquad \text{für} \quad \nu > 0, \tag{5.7}$$

$$\alpha_\nu = \tfrac{1}{2}(a_{-\nu} + i\, b_{-\nu}) \quad \text{für} \quad \nu < 0, \tag{5.8}$$

$$\alpha_0 = \tfrac{1}{2}\, a_0 \qquad\qquad \text{für} \quad \nu = 0 \tag{5.9}$$

bedeutet. Es ist zweckmäßig, von vornherein (5.6) als eine Entwicklung nach dem normierten Orthogonalsystem

$$\frac{1}{\sqrt{2\pi}}\, e^{i\,\nu\, x} \qquad (\nu = 0, \pm 1, \pm 2, \ldots) \tag{5.10}$$

zu betrachten. Dessen Vollständigkeit ist also identisch mit der des Systems, das aus u_ν, v_ν vereint ist. Die Vollständigkeit läßt sich durch folgende Betrachtung einsehen. Die Reihe (5.6) hat die Gestalt einer Laurent-Reihe

$$F(z) = \sum_{\nu=-\infty}^{\infty} \alpha_\nu\, z^\nu \tag{5.11}$$

für die speziellen Werte

$$z = e^{i\varphi} \tag{5.12}$$

auf dem Einheitskreis in der Zahlenebene für die komplexe Variable z. Hier ist im Anschluß an die übliche Bezeichnung der Funktionentheorie φ statt des x der Gl. (5.6) gesetzt. Die Entwicklung (5.11) ist nun für jede Funktion $F(z)$ möglich, die in einem Gebiet regulär ist, in das die Peripherie des Einheitskreises eingebettet ist. Das Zentrum braucht diesem Gebiet nicht anzugehören. Wenn nun $g(\varphi)$ im Intervall $-\pi \leq \varphi \leq \pi$ regulär und $g(-\pi) = g(\pi)$ ist, läßt sich eine solche Funktion bilden:

$$F(z) = g\left(\frac{1}{i}\, \log z\right). \tag{5.13}$$

Somit läßt sich $g(\varphi)$ immer in eine Fourier-Reihe entwickeln. Andererseits läßt sich jede im Grundintervall stückweise stetige und normierbare Funktion $f(\varphi)$ durch eine geeignete reguläre Funktion $g(\varphi)$ so approximieren, daß das Integral

$$\int_{-\pi}^{\pi} |g - f|^2 \, d\varphi \tag{5.14}$$

beliebig klein ausfällt. f läßt sich also im Sinne der Konvergenz im Mittel durch eine Fourier-Reihe darstellen. Das heißt aber, *im Funktionsraume der im Grundintervall* $-\pi \leq x \leq \pi$ *stückweise stetigen Funktionen ist das System* (5.10) *vollständig*. Die Fourier-Entwicklungen sind natürlich auch für komplexwertige Funktionen $f(x)$ gültig. Bei den reellen Funktionen ist speziell: $\alpha_{-\nu} = \alpha_\nu^*$.

Die bisherigen Betrachtungen gelten für jedes beliebige Grundintervall von x der Länge 2π und lassen sich auch noch auf jedes Grundintervall endlicher Länge l übertragen. Eine neu eingeführte Variable

$$\varphi = \frac{2\pi}{l} x \tag{5.15}$$

hat ja wieder die Länge 2π des Grundintervalls. Man hat also anzusetzen:

$$f(x) = \sum_{\nu=-\infty}^{\infty} \alpha_\nu \, e^{i\nu\frac{2\pi}{l}x}. \tag{5.16}$$

Die Koeffizienten α_ν ergeben sich durch Integralproduktbildung mit $e^{i\nu\frac{2\pi}{l}x}$ für das ursprüngliche Grundintervall $a \leq x \leq b$:

$$\alpha_\nu = \frac{1}{l} \int_a^b f(x) \, e^{-i\nu\frac{2\pi}{l}x} \, dx. \tag{5.17}$$

Da nun alle Orthogonalfunktionen $e^{i\nu\frac{2\pi}{l}x}$ für die ganze x-Achse periodisch mit der Länge l sind, läßt sich natürlich auch jede stückweise stetige *periodische* Funktion

$$f(x) = f(x + l) \tag{5.18}$$

für alle x in einer Fourier-Reihe (5.17) darstellen.

6. Das Gibbssche Phänomen. Das charakteristische Verhalten einer Fourier-Reihe an einer Unstetigkeits-Stelle von $f(x)$ sei an einem einfachen Fall betrachtet, der gleichzeitig ein Beispiel einer Fourier-Entwicklung liefert. Es sei die spezielle in $x = 0$ unstetige Funktion

$$f(x) = \frac{x}{|x|} = \begin{cases} 1 & \text{für} \quad 0 < x < \pi, \\ -1 & \text{für} \quad -\pi < x < 0 \end{cases} \tag{6.1}$$

in dem Grundintervall der Länge 2π betrachtet. Sie ist eine ungerade Funktion; deshalb verschwinden in der Entwicklung (5.5) die Koeffizienten a_ν. Für die übrigen Koeffizienten

$$b_\nu = \frac{1}{\pi} \int_{-\pi}^{\pi} f(x) \sin \nu x \, dx \tag{6.2}$$

findet man

$$b_\nu = \begin{cases} 0 & \text{für gerade } \nu, \\ \dfrac{4}{\pi\nu} & \text{für ungerade } \nu. \end{cases} \tag{6.3}$$

Die Teilsummen der Fourier-Reihe

$$f_n(x) = \frac{4}{\pi} \sum_{\mu=0}^{n} \frac{\sin(2\mu+1)\,x}{2\mu+1} \tag{6,4}$$

sind selbst natürlich ungerade stetige Funktionen, die im Nullpunkt verschwinden. Man findet

$$\left.\begin{aligned}
f_n(x) &= \mathrm{Re}\,\frac{4}{\pi} \int_0^x \sum_{\mu=0}^{n} e^{i(2\mu+1)x}\,dx \\
&= \mathrm{Re}\,\frac{4}{\pi} \int_0^x e^{ix}\,\frac{1 - e^{i(2n+2)x}}{1 - e^{i2x}}\,dx \\
&= \frac{2}{\pi} \int_0^x \frac{\sin(2n+2)}{\sin x}\,dx\,.
\end{aligned}\right\} \tag{6.5}$$

Es soll hier das Verhalten beim Nullpunkt betrachtet werden, wo $x \ll 1$ und $\sin x \approx x$ gesetzt werden kann. Dafür kann man setzen

$$f_n(x) = \frac{2}{\pi} \int_0^{(2n+2)x} \frac{\sin u}{u}\,du\,. \tag{6.6}$$

Für eine festgehaltene Stelle $x > 0$ konvergiert dieser Ausdruck mit wachsendem n gegen

$$\frac{2}{\pi} \int_0^{\infty} \frac{\sin u}{u}\,du = 1, \qquad (6.7)$$

für $x < 0$ entsprechend gegen -1. Die $f_n(x)$ konvergieren aber durchaus nicht gleichmäßig gegen diese Werte. Für ein von n abhängiges $x > 0$ durchlaufen sie ein erstes Maximum, das mit wachsendem n immer näher an den Nullpunkt rückt. Es liegt bei

$$x = \frac{\pi}{2n}\,. \qquad (6.8)$$

Der Wert von f_n ist dort

$$\frac{2}{\pi} \int_0^{\pi} \frac{\sin u}{u}\,du = 1{,}179 \qquad (6.9)$$

und strebt mit wachsendem n überhaupt nicht gegen den Wert 1 von f (vgl. Fig. 1). f_n konvergiert eben nur im Mittel gegen f. Für $x < 0$ erfolgt die Konvergenz ganz analog, weil die $f_n(x)$ ungerade Funktionen sind.

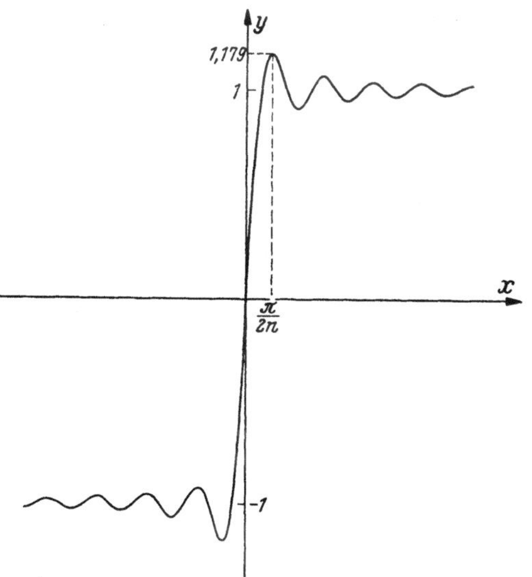

Fig. 1. Beispiel für das Gibbsches Phänomen. Die Teilsumme $y = f_n(x)$ der Fourier-Reihe für $y = \dfrac{x}{|x|}$ im Grundintervall $-\pi \le x \le \pi$ für große n. Der Maßstab der x-Achse ist gestreckt gegenüber dem der y-Achse, und es ist nur das Verhalten in der Nähe des Nullpunktes $x = 0$ dargestellt. Das Maximum liegt bei $x = \pi/2n$ und besitzt für große n den von n unabhängigen Grenzwert $y = 1{,}179$.

Dieses Verhalten der Konvergenz ist charakteristisch für Fourier-Entwicklungen bei Unstetigkeitsstellen und wird als *Gibbssches Phänomen* bezeichnet, das eben darauf beruht, daß die mittlere Konvergenz der Fourier-Reihe keine gleichmäßige Konvergenz darstellt. Dieses Verhalten ist dann wichtig, wenn man — wie in der Praxis meistens — nicht mit der ganzen Entwicklung rechnet, sondern nur mit den Teilsummen.

7. Das Fourier-Integral. Auch eine nichtperiodische Funktion $f(x)$ läßt sich in gewisser Weise in einer Fourier-Entwicklung darstellen, wenn für sie die im folgenden betrachteten Grenzübergänge für $l \to \infty$ erlaubt sind. Man denke sich in der Reihenentwicklung (5.16) das Grundintervall für x allmählich gegen $-\infty < x < \infty$ ausgedehnt. Das bedeutet, es soll die Intervall-Länge l gegen Unendlich gehen. Dann wird die Zahlenfolge der Exponenten

$$k_\nu = \frac{2\pi}{l}\,\nu \tag{7.1}$$

immer dichter auf der Zahlengeraden liegen und sie in der Grenze kontinuierlich erfüllen. Die mit

$$\Delta k = \frac{2\pi}{l}\,, \tag{7.2}$$

$$g(k_\nu) = \frac{l}{2\pi}\,\alpha_\nu \tag{7.3}$$

in der Form

$$f(x) = \sum_{\nu=-\infty}^{\infty} g(k_\nu)\,e^{i k_\nu x}\,\Delta k \tag{7.4}$$

geschriebene Summe wird dabei in der Grenze $l \to \infty$ zum sogenannten Fourier-*Integral*

$$f(x) = \int_{-\infty}^{\infty} g(k)\,e^{i k x}\,dk. \tag{7.5}$$

Die Rolle der Entwicklungskoeffizienten (5.17) wird gemäß (7.3) von

$$g(k) = \frac{1}{2\pi}\int_{-\infty}^{\infty} f(x)\,e^{-i k x}\,dx \tag{7.6}$$

übernommen. $g(k)$ nennt man die „*Spektralfunktion*" oder die „Fourier-*Transformierte*" von $f(x)$.

Man kann das Fourier-Integral auch für eine Funktion $f(x_1, x_2, \ldots, x_n)$ mehrerer Variabler bilden, indem man zunächst bezüglich x_1 allein mit einer von $x_2, x_3, \ldots, x_n$ abhängigen Spektralfunktion entwickelt. Diese kann man dann selbst bezüglich x_2 entwickeln. Die dabei auftretende von $x_3, \ldots, x_n$ abhängige Spektralfunktion entwickelt man bezüglich x_3 usw. Man erhält in dieser Weise:

$$f(\boldsymbol{x}) = \int \ldots \int dk_1 \ldots dk_n\, g(\boldsymbol{k})\, e^{i\,(\boldsymbol{k},\,\boldsymbol{x})}, \tag{7.7}$$

$$g(\boldsymbol{k}) = \left(\frac{1}{2\pi}\right)^n \int \ldots \int dx_1 \ldots dx_n\, f(\boldsymbol{x})\, e^{-i\,(\boldsymbol{k},\,\boldsymbol{x})}. \tag{7.8}$$

Dabei ist über den ganzen n-dimensionalen Raum von $\boldsymbol{x} = (x_1, \ldots, x_n)$ bzw. $\boldsymbol{k} = (k_1, \ldots, k_n)$ zu integrieren. $(\boldsymbol{k}, \boldsymbol{x})$ ist das Skalarprodukt dieser Vektoren.

Die Gln. (7.7), (7.8) bekommen eine besonders symmetrische Form, wenn man statt g die Funktion

$$F(\boldsymbol{k}) = (2\pi)^{\frac{n}{2}}\, g(\boldsymbol{k}) \tag{7.9}$$

einführt:

$$f(\boldsymbol{x}) = \left(\frac{1}{2\pi}\right)^{\frac{n}{2}} \int dk\, F(\boldsymbol{k})\, e^{i\,(\boldsymbol{k},\,\boldsymbol{x})}, \tag{7.10}$$

$$F(\boldsymbol{k}) = \left(\frac{1}{2\pi}\right)^{\frac{n}{2}} \int dx\, f(\boldsymbol{x})\, e^{-i\,(\boldsymbol{k},\,\boldsymbol{x})}, \tag{7.11}$$

wobei in der früher festgelegten Weise die Differentiale abgekürzt geschrieben sind.

8. Die Poissonsche Summenformel. Es sei $f(x)$ eine periodische Funktion einer einzigen Variablen x mit der Periodenlänge l, die sich in folgender Weise aus einer unperiodischen Funktion $\varphi(x)$ bilden läßt:

$$f(x) = \sum_{n=-\infty}^{\infty} \varphi(x + nl). \tag{8.1}$$

Man kann die nach (5.18) gebildeten Fourier-Koeffizienten

$$\alpha_\nu = \frac{1}{l} \sum_{n=-\infty}^{\infty} \int_0^l \varphi(x + nl)\, e^{-i\nu \frac{2\pi}{l} x}\, dx \tag{8.2}$$

wegen der Periodizität des Exponentialfaktors im Integranden in die Form

$$\alpha_\nu = \frac{1}{l} \int_{-\infty}^{\infty} \varphi(x)\, e^{-i\nu \cdot \frac{2\pi}{l} x}\, dx \tag{8.3}$$

bringen. Man muß natürlich an $\varphi(x)$ die Forderung stellen, daß diese Integrale existieren. Unter dieser Voraussetzung gilt also die Poissonsche *Summenformel*

$$\sum_{n=-\infty}^{\infty} \varphi(x + nl) = \frac{1}{l} \sum_{n=-\infty}^{\infty} e^{in \frac{2\pi}{l} x} \int_{-\infty}^{\infty} \varphi(x')\, e^{-in \frac{2\pi}{l} x'}\, dx'. \tag{8.4}$$

Wenn $g(k)$ die Fourier-Transformierte von $\varphi(x)$ ist, das heißt

$$\varphi(x) = \int_{-\infty}^{\infty} g(k)\, e^{ikx}\, dk, \tag{8.5}$$

dann wird

$$\alpha_n = \frac{2\pi}{l}\, g\left(\frac{2\pi n}{l}\right). \tag{8.6}$$

Die Poissonsche Summenformel lautet damit

$$\sum_{n=-\infty}^{\infty} \varphi(x + nl) = \frac{2\pi}{l} \sum_{n=-\infty}^{\infty} g\left(\frac{2\pi n}{l}\right) e^{in \frac{2\pi}{l} x}. \tag{8.7}$$

Für $x = 0$ und $l = 1$ nimmt sie die für die Anwendungen wichtige Form an

$$\sum_{n=-\infty}^{\infty} \varphi(n) = 2\pi \sum_{n=-\infty}^{\infty} g(2\pi n). \tag{8.8}$$

Mit ihr lassen sich oft schlecht konvergente Reihen in eine gut konvergente Form bringen.

Eine Anwendung sei an folgendem Beispiel gezeigt. Die Fourier-Transformierte von

$$\varphi(x) = e^{-\lambda|x|} \qquad (\lambda > 0) \tag{8.9}$$

ist

$$g(k) = \frac{1}{\pi}\, \frac{\lambda}{\lambda^2 + k^2}. \tag{8.10}$$

Die Poissonsche Summenformel (8.8) liefert daher

$$\sum_{n=-\infty}^{\infty} e^{-\lambda|n|} = \sum_{n=-\infty}^{\infty} \frac{2\lambda}{\lambda^2 + (2\pi n)^2}. \tag{8.11}$$

Die linke Seite konvergiert besser als die rechte. Die Gleichung ist also von Vorteil bei Verwandlung einer Reihe in folgender Weise:

$$\sum_{n=0}^{\infty} \frac{1}{1 + (cn)^2} = \frac{1}{2}\left(1 - \frac{\pi}{c}\right) + \frac{\pi}{c} \sum_{n=0}^{\infty} e^{-\frac{2\pi}{c} n}. \tag{8.12}$$

Man erhält diese Gleichung aus der vorhergehenden mit $\lambda c = 2\pi$, wenn man noch beachtet, daß dort beide Seiten gerade Funktionen von n sind und mit Ausnahme von $n = 0$ alle Glieder deshalb doppelt auftreten. Die letzte Summe läßt sich übrigens als geometrische Reihe aufsummieren, da $c > 0$ vorausgesetzt ist. Man erhält somit

$$\sum_{n=0}^{\infty} \frac{1}{1 + (c\,n)^2} = \frac{1}{2}\left(1 - \frac{\pi}{c}\right) + \frac{\pi/c}{1 - e^{-\frac{2\pi}{c}}}\,. \tag{8.13}$$

III. Lineare Transformationen im Funktionsraum.

9. Lineare Integraltransformationen. Die in Ziff. 2 entwickelte Analogie zwischen Vektorraum und Funktionsraum ergibt eine Verallgemeinerung für die *homogenen linearen Transformationen* von Vektoren:

$$g_\nu = \sum_{\mu=1}^{n} K_{\nu\mu} f_\mu, \qquad (\nu = 1, 2, \ldots, n). \tag{9.1}$$

Hier ist $K_{\nu\mu}$ die *Transformationsmatrix*, die den Vektor $\boldsymbol{f}$ in $\boldsymbol{g}$ transformiert. Die Verallgemeinerung dieser Gleichung auf den Funktionsraum wird gegeben durch

$$g(x) = \int K(x, x')\, f(x')\, dx'\,. \tag{9.2}$$

Die fest vorgegebene Funktion $K(x, x')$ heißt „*Kern*" und hat die Rolle der Transformationsmatrix übernommen. Durch sie wird eine Zuordnung je einer Funktion g zu jeder Funktion f des Funktionsraumes hergestellt, die man *lineare Integraltransformation* nennt. Das Integral ist über das Grundgebiet zu erstrecken. x und entsprechend x' kann abkürzend für mehrere Variable stehen. dx' ist dann im Sinne der Gl. (2.9) zu verstehen. Zum Beispiel wird bei der Bildung des Fourier-Integrals der Zusammenhang zwischen $f(\boldsymbol{x})$ und $g(\boldsymbol{k})$ gemäß (8.8) durch den Kern

$$K(\boldsymbol{k}, \boldsymbol{x}) = \left(\frac{1}{2\pi}\right)^n e^{-i\,\boldsymbol{k}\,\boldsymbol{x}} \tag{9.3}$$

vermittelt. Er liefert die „Fourier-*Transformation*". — Im Vektorraum ändert sich die Matrix $K_{\nu\mu}$ beim Übergang zu einer anderen orthogonalen Basis. Das Analoge ergibt sich im Funktionsraum, wenn man eine Basis als vollständiges normiertes orthogonales Funktionssystem $\varphi_\nu(x)$ vorgibt. Man kann den Kern in bezug darauf durch eine Matrix mit unendlich vielen Komponenten beschreiben. Es sei im Sinne der mittleren Konvergenz

$$f(x) = \sum_{\mu=1}^{\infty} f_\mu\, \varphi_\mu(x)\,, \tag{9.4}$$

$$g(x) = \sum_{\nu=1}^{\infty} g_\nu\, \varphi_\nu(x)\,. \tag{9.5}$$

Setzt man das in (9.2) ein und bildet beiderseitig das Integralprodukt mit φ_ν, so ergibt sich

$$g_\nu = \sum_{\mu=1}^{\infty} K_{\nu\mu} f_\mu \tag{9.6}$$

in strenger Analogie zu (9.1). Dabei sind die Komponenten der *unendlichen Transformationsmatrix*

$$K_{\nu\mu} = \iint \varphi_\nu^*(x)\, K(x, x')\, \varphi_\mu(x')\, dx' \tag{9.7}$$

die Entwicklungskoeffizienten des Kernes

$$K(x, x') = \sum_{\nu\mu} K_{\nu\mu}\varphi_\nu(x)\,\varphi_\mu^*(x').\tag{9.8}$$

Die Koeffizienten f_μ kann man als „*Vektorkomponenten*" von f bezüglich der Basis $\varphi_\mu(x)$ ansehen, wie am Schluß von Ziff. 3 ausgeführt wurde. Das Ausführen zweier Transformationen $K_{\nu\mu}$ und $L_{\nu\mu}$ hintereinander wird wie in gewöhnlichen Vektorräumen durch die „*Produktmatrix*"

$$M_{\nu\mu} = \sum_{\lambda=1}^{\infty} L_{\nu\lambda}K_{\lambda\mu}\tag{9.9}$$

beschrieben. Auch die Bildung des dazugehörigen Kernes folgt diesem Gesetz, wenn man die Summation über die Indices durch Integration über die kontinuierlichen Variablen ersetzt:

$$M(x, x') = \int L(x, x'')K(x'', x')\,dx''.\tag{9.10}$$

10. Die Diracsche δ-Funktion. Um auch die *Identität*, d.h. die Zuordnung einer Funktion zu sich selbst, in die Form (9.2) zu bringen, definiert man symbolisch einen Kern $\delta(x, x')$ durch die Gleichung

$$f(x) = \int \delta(x, x')f(x')\,dx',\tag{10.1}$$

die für jedes f des Funktionsraumes gelten soll. Bezüglich irgend eines vollständigen normierten Orthogonalsystems φ_ν muß sich der Kern $\delta(x, x')$ durch die Einheitsmatrix $\delta_{\nu\mu}$ darstellen. Nach (9.8) muß daher die Entwicklung gelten

$$\delta(x, x') = \sum_\nu \varphi_\nu^*(x')\,\varphi_\nu(x).\tag{10.2}$$

Über die Möglichkeit, so einen Kern zu bilden, ist aber noch nichts vorausgesetzt. Tatsächlich bleibt seine Einführung nur eine symbolische Rechenoperation. Um dies deutlich zu machen, sei zunächst der *eindimensionale* Fall betrachtet, bei dem x tatsächlich eine einzige Variable bezeichnet und in dx auch kein Gewichtsfaktor $\varrho \neq 1$ enthalten sein soll. Man schreibt dann

$$\delta(x, x') = \delta(x - x')\tag{10.3}$$

und nennt $\delta(x)$ die Diracsche *δ-Funktion*. Sie wird definiert durch die Gleichung

$$f(0) = \int f(x)\,\delta(x)\,dx,\tag{10.4}$$

die immer dann gelten soll, wenn über den Ursprung weg integriert wird und $f(x)$ im Ursprung regulär bleibt. Damit wird aber vorausgesetzt, daß $\delta(x)$ für alle $x \neq 0$ verschwindet. Im Ursprung dagegen muß die δ-Funktion in der Weise unendlich werden, daß bei Integration über den Ursprung weg

$$\int \delta(x)\,dx = 1\tag{10.5}$$

wird. Die δ-Funktion ist nach dieser Erklärung keine zulässige Funktion des Funktionsraumes mehr. Sie ist ja derartig singulär, daß sie grundsätzlich nicht normierbar ist. Das zeigt (10.4), wenn man $f(x) = \delta(x)$ setzt. Die δ-Funktion ist nur eine symbolische Rechengröße, die erst dann einen Sinn erhält, wenn sie unter einem Integral über ihr Argument steht. Die Einführung der δ-Funktion bringt aber formal die Theorie des Funktionsraumes in wesentlich geschlossenere Form, weil die Identität damit als lineare Integraltransformation behandelt werden kann. Man kann nun $\delta(x)$ auf sehr verschiedene Weise durch einen

Grenzübergang aus geeigneten Funktionen darstellen. Diese Funktionen müssen bei diesem Grenzübergang in der Weise für $x \neq 0$ gegen Null gehen und für $x = 0$ divergieren, daß die Integrale über sie jedoch so konvergieren, wie in (10.4) gefordert. Eine wichtige Darstellung dieser Art ist

$$\delta(x) = \lim_{k \to \infty} \frac{1}{\pi} \frac{\sin k x}{x} . \tag{10.6}$$

Man kann die rechte Seite auch durch ein Integral ausdrücken und erhält eine Form, die man in Verallgemeinerung einer Fourier-Reihe der Art (10.2) als ein Fourier-*Integral* ansehen kann:

$$\delta(x) = \frac{1}{\pi} \int_0^\infty \cos k x \, dk = \frac{1}{2\pi} \int_{-\infty}^\infty e^{-i k x} \, dk . \tag{10.7}$$

Hier kann im Exponenten $-k$ auch durch $+k$ ersetzt werden. $\delta(x)$ ist also die Fourier-Transformierte von $f(k) \equiv 1$.

Es läßt sich auch eine *Ableitung* $\delta'(x)$ der δ-Funktion definieren, die wieder nur im Nullpunkt nicht verschwindet, dort aber in anderer Weise singulär wird. Durch partielle Integration erhält man für Integration über den Nullpunkt weg

$$\int \delta'(x) f(x) \, dx = - f'(0) . \tag{10.8}$$

Speziell wird mit $f(x) = x$ erhalten:

$$\delta'(x) = - \frac{\delta(x)}{x} . \tag{10.9}$$

$\delta'(x)$ ist eine ungerade Funktion, während $\delta(x)$ gerade ist:

$$\delta(x - x') = \delta(x' - x) . \tag{10.10}$$

Man findet weiter durch Streckung der Integrationsvariablen:

$$\delta(c \, x) = \frac{\delta(x)}{|c|} \tag{10.11}$$

für jede nichtverschwindende reelle Konstante c. Mit Hilfe der δ-Funktion kann man die Stufenfunktion

$$\varepsilon(x) = \begin{cases} 1 & \text{für} \quad x > 0, \\ 0 & \text{für} \quad x < 0 \end{cases} \tag{10.12}$$

ausdrücken durch

$$\varepsilon(x) = \int_{-\infty}^x \delta(x) \, dx . \tag{10.13}$$

Da nun $\delta(x)$ eine gerade Funktion ist, kann man auch die Integration vom Nullpunkt aus noch erklären durch

$$\int_0^x \delta(x) \, dx = \frac{1}{2} \frac{x}{|x|} . \tag{10.14}$$

Allgemein wird dann bei im Nullpunkt regulärem $f(x)$ und $x \neq 0$

$$\int_0^x f(x) \, \delta(x) \, dx = \tfrac{1}{2} f(0) . \tag{10.15}$$

Die δ-Funktion im n-dimensionalen Raum läßt sich mit $\boldsymbol{x} = (x_1, x_2, \ldots, x_n)$ definieren durch

$$\delta(\boldsymbol{x}) = \delta(x_1) \, \delta(x_2) \ldots \delta(x_n) . \tag{10.16}$$

Dafür gilt

$$f(\boldsymbol{x}) = \int \cdots \int dx_1' \cdots dx_n' \, \delta(\boldsymbol{x} - \boldsymbol{x}') f(\boldsymbol{x}'), \tag{10.17}$$

wenn über den Punkt $\boldsymbol{x}$ weg integriert wird, und dieser also nicht auf dem Rand des Integrationsgebietes liegt. Der Kern der Gl. (10.1) wird also

$$\delta(\boldsymbol{x}, \boldsymbol{x}') = \delta(\boldsymbol{x} - \boldsymbol{x}'). \tag{10.18}$$

Dabei ist allerdings vorausgesetzt, daß dx' der Gl. (10.1) den Gewichtsfaktor 1 enthält. Andernfalls müßte man die rechte Seite durch $\varrho(x')$ dividieren. Es sei jedoch darauf hingewiesen, daß in der Literatur in der Regel nur die Schreibweise im Sinne der Gl. (10.16) verwendet wird. Die weiteren allgemeinen Betrachtungen lassen aber auch mit der entsprechenden Definition von $\delta(\boldsymbol{x}, \boldsymbol{x}')$ einen Gewichtsfaktor zu. Die FOURIER-*Darstellung* wird zu

$$\delta(\boldsymbol{x}) = \left(\frac{1}{2\pi}\right)^n \int \cdots \int dk_1 \cdots dk_n \, e^{-i(\boldsymbol{k}, \boldsymbol{x})}. \tag{10.19}$$

Dabei kann im Exponenten wieder $-\boldsymbol{k}$ durch $+\boldsymbol{k}$ ersetzt werden. Im *dreidimensionalen* Raum kann man $\delta(\boldsymbol{r})$ auch durch $\delta(r)$ entsprechend der Umrechnung auf Polarkoordinaten ausdrücken. Da r aber nur positive Werte annehmen kann, muß man die Erklärung (10.15) dabei zu Hilfe ziehen. Man erhält dann

$$\delta(\boldsymbol{r}) = \frac{1}{2\pi} \frac{\delta(r)}{r^2} = \frac{1}{2\pi} \frac{\delta'(r)}{r}. \tag{10.20}$$

Aus der Relation (10.13) gewinnt man

$$\frac{d\,\varepsilon(k)}{d\,k} = \delta(k) = \frac{1}{2\pi} \int\limits_{-\infty}^{\infty} e^{ikz} \, dz. \tag{10.21}$$

Damit kann man durch Integration nach k die FOURIER-Darstellung der Stufenfunktion ableiten:

$$\varepsilon(k) = \frac{1}{2\pi i} \int\limits_{-\infty}^{\infty} \frac{e^{ikz}}{z} \, dz. \tag{10.22}$$

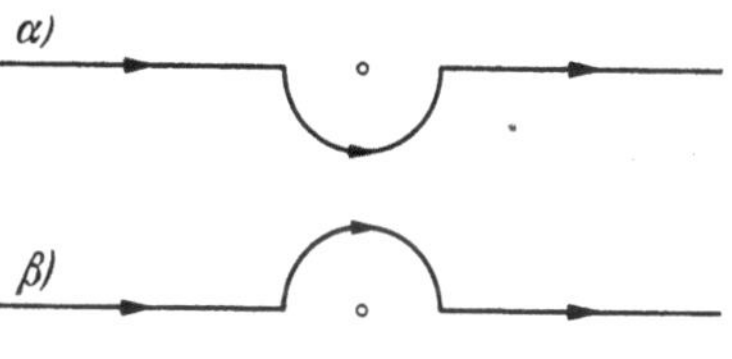

Fig. 2. Die Integrationswege um den Nullpunkt der komplexen ω-Ebene bei der Auswertung des FOURIER-Integrals für die Stufenfunktion. Der Weg α) liefert die Funktion ε_+, der Weg β) die Funktion ε_- und der Hauptwert entsprechend dem Weg γ) bei unendlicher Annäherung an den Nullpunkt die Funktion ε_0.

Nun ist die Integration aber nicht eindeutig, da sie über den Pol $z = 0$ des Integranden führt. Diese Mehrdeutigkeit entspricht gerade der Freiheit in der Wahl einer Integrationskonstanten, die ja durch die Erklärung (10.21) von $\varepsilon(k)$ noch offen bleiben muß. Es seien folgende Fälle unterschieden (vgl. Fig. 2):

α) Wählt man einen Weg, der in der komplexen z-Ebene *unterhalb des Nullpunktes* vorbeiführt, so kann man ihn nach dem CAUCHYschen Integralsatz beliebig in Richtung der negativ imaginären Achse ins Unendliche ziehen, ohne das Integral zu verändern, weil es keine weiteren Pole des Integranden im Endlichen gibt. Dabei werden aber die Imaginärteile von z positiv unendlich, und das Integral verschwindet für negative k. Dann wird $\varepsilon(k)$ zu

$$\varepsilon_+(k) = \left\{ \begin{array}{ll} 1 & \text{für} \quad k > 0, \\ 0 & \text{für} \quad k < 0. \end{array} \right\} \tag{10.23}$$

β) Der Integrationsweg führe *oberhalb des Nullpunktes* vorbei. Man kann ihn in Richtung der positiv imaginären Achse ins Unendliche verschieben. Dann verschwindet das Integral für positive k. Man erhält

$$\varepsilon_-(k) = \left\{ \begin{array}{ll} 0 & \text{für} \quad k > 0, \\ -1 & \text{für} \quad k < 0. \end{array} \right\} \tag{10.24}$$

γ) Man bildet den *Hauptwert* des Integrals. Das heißt, man läßt bei der Integration längs der reellen Achse den Weg von $-\sigma$ bis $+\sigma$ (mit $\sigma > 0$) aus und geht nachträglich mit σ gegen Null. Von dem im Falle α) gebildeten Integral hat man nur das Integral längs eines kleinen Halbkreises unterhalb des Nullpunktes abzuziehen. Dessen Wert findet man für $\sigma \to 0$ leicht als $\frac{1}{2}$. Man erhält:

$$\varepsilon_0(k) = \left\{ \begin{array}{ll} \frac{1}{2} & \text{für} \quad k > 0, \\ -\frac{1}{2} & \text{für} \quad k < 0. \end{array} \right\} \tag{10.25}$$

So wie $f(k) \equiv 1$ die Fourier-Transformierte $\delta(x)$ besitzt, benennt man die Fourier-Transformierte von $\varepsilon_+(k)$ bzw. $\varepsilon_-(k)$ mit den Symbolen

$$\delta_+(x) = \frac{1}{2\pi} \int_0^\infty e^{-ikx}\, dk, \tag{10.26}$$

$$\delta_-(x) = \frac{1}{2\pi} \int_{-\infty}^0 e^{-ikx}\, dk. \tag{10.27}$$

Ihre Summe ist gleich $\delta(x)$.

11. Unitäre Transformationen. In Analogie zum Vektorraum soll eine lineare Transformation mit dem Kern $U(x, x')$ „unitär" heißen, wenn sie jedes normierte Orthogonalsystem wieder in ein solches überführt. Es soll also aus

$$\psi_\nu(x) = \int U(x, x')\, \varphi_\nu(x')\, dx' \tag{11.1}$$

folgen:

$$(\psi_\nu, \psi_\mu) = \delta_{\nu\mu}, \tag{11.2}$$

sobald

$$(\varphi_\nu, \varphi_\mu) = \delta_{\nu\mu} \tag{11.3}$$

ist. Das ist der Fall, wenn

$$\int U^*(x'', x)\, U(x'', x')\, dx'' = \delta(x, x'). \tag{11.4}$$

Man nennt für jeden Kern $K(x, x')$

$$K^\dagger(x, x') = K^*(x', x) \tag{11.5}$$

den zu K „*adjungierten*" Kern und die durch ihn vermittelte Transformation die zur Transformation (9.2) *Adjungierte*. In einem beliebigen orthogonalen normierten Basissystem wird die Relation (11.4) wie im Vektorraum zu

$$\sum_\lambda U^\dagger_{\varrho\lambda} U_{\lambda\sigma} = \delta_{\varrho\sigma}, \tag{11.6}$$

wobei jetzt allerdings über unendlich viele Indices zu summieren ist. Diese Relation zeichnet die *unitären Transformationen* vor allen anderen aus. Genau so wie im Vektorraum gilt folgendes: Wenn $K_{\nu\mu}$ den Kern K im Basissystem φ_ν darstellt, wird der Kern im Basissystem ψ_ν durch die Matrix

$$\sum_{\varrho\sigma} U^\dagger_{\nu\varrho} K_{\varrho\sigma} U_{\sigma\mu} \tag{11.7}$$

dargestellt. Dies ergibt sich aus (9.7) mit (11.1). Allgemein ergibt (11.5):

$$K_{\nu\varrho}^{\dagger} = K_{\varrho\nu}^{*}. \tag{11.8}$$

Mit Hilfe der δ-Funktion ist es nun auch möglich, das Argument einer Funktion genau so wie ν als Index aufzufassen. Allerdings ist sein Wertebereich kontinuierlich und nicht abzählbar. Man faßt nämlich die nicht abzählbaren und nicht normierbaren Orthogonalfunktionen $\delta(x, x')$ vom Argument x und dem „Index" x' formal als Basissystem auf. Nach Gl. (10.1) wird dann $f(x')$ der Entwicklungskoeffizient der Funkion $f(x)$. Man kann $f(x')$ also als Vektorkomponente in diesem Basissystem bezeichnen, genau so wie früher f_ν im System $\varphi_\iota(x)$. Nur ist jetzt die Summation über den Index durch Integration über x' im Grundgebiet zu ersetzen. In diesem Sinne kann man jede Funktion f als *unendlichdimensionalen* „*Vektor*" im Funktionsraum auffassen, der je nach der Wahl des Basissystems durch abzählbare oder nicht abzählbare Komponenten beschrieben wird. Ja, sogar der Übergang zu irgendwelchen anderen Variablen — entsprechend einer Punkt-Transformation im Raum der x — läßt sich so als Übergang zu einer anderen nicht abzählbaren Bais einordnen. Im selben Sinne kann man die Angabe einer Transformation K durch den Kern $K(x', x'')$ der Angabe durch die Matrix $K_{\nu\mu}$ gleichstellen.

Ohne auf eine Darstellung mit Hilfe einer speziellen Basis Bezug zu nehmen, kann man z. B. die Gln. (9.2) und (9.6) in der gemeinsamen Form einer „Vektor-Gleichung"

$$g = K \cdot f \tag{11.9}$$

schreiben. Gemeinsam für (9.9) und (9.10) schreibt man

$$M = L \cdot K. \tag{11.10}$$

Der Kern $\delta(x, x')$ und die Einheitsmatrix $\delta_{\nu\mu}$ sind spezielle Darstellungen der *Identität I*. Sie ist durch die Gleichung

$$I \cdot f = f \tag{11.11}$$

erklärt, die für beliebiges f erfüllt sein soll. Für *unitäre* Transformationen U gilt also die gemeinsame Form von (11.4) und (11.6):

$$U^{\dagger} \cdot U = I. \tag{11.12}$$

Die spezielle unitäre Transformation, die den Übergang von der nicht abzählbaren Basis der $\delta(x, x')$ zur abzählbaren Basis $\varphi_\nu(x)$ vermittelt, wird dargestellt durch die „Matrix" $\varphi_\nu(x')$ mit dem ersten Index ν und dem zweiten „Index" x'. Ihre Umkehrtransformation, die dazu Adjungierte, ist $\varphi_\nu^{*}(x')$, wie z. B. (10.2) zeigt.

B. Lineare Integral-Gleichungen.

I. Allgemeines.

12. Die Typen der linearen Integralgleichungen. Lineare Gleichungen zwischen Vektoren finden beim Übergang zum Funktionsraum, der ja nach den Ausführungen der letzten Ziffern des Abschnitts A als unendlich-dimensionaler Vektorraum aufzufassen ist, ihre Analogie in den linearen Integralgleichungen. Ein Gleichungssystem von n Gleichungen

$$\sum_{\mu=1}^{n} K_{\nu\mu} \varphi_\mu = f_\nu, \qquad (\nu = 1, 2, \ldots, n) \tag{12.1}$$

bei dem bei vorgegebenen $K_{\nu\mu}$ und f_ν die n Unbekannten φ_μ aufzusuchen sind, bekommt als Vektorgleichung im n-dimensionalen Raum die Gestalt

$$K \cdot \boldsymbol{\varphi} = \boldsymbol{f}. \tag{12.2}$$

Die Analogie dazu in einem Funktionsraum ergibt die „Fredholmschen *Integral-gleichungen erster Art*"

$$\int K(x, x')\, \varphi(x')\, dx' = f(x) \tag{12.3}$$

für eine unbekannte Funktion $\varphi(x)$. Die Integration erstreckt sich über ein festgelegtes Grundgebiet der Variablen $x = (x_1, \ldots, x_l)$ mit $dx = dx_1 dx_2 \ldots dx_l$. Die Funktion $K(x, x')$ heißt der „Kern" der Integralgleichung und sei vorgegeben.

Ein Gleichungssystem

$$\boldsymbol{\varphi} - \lambda K \cdot \boldsymbol{\varphi} = \boldsymbol{f}, \tag{12.4}$$

bei dem λ ein Zahlenkoeffizient ist, führt auf die „Fredholmschen *Integral-gleichungen zweiter Art*":

$$\varphi(x) - \lambda \int K(x, x')\, \varphi(x')\, dx' = f(x). \tag{12.5}$$

f und K seien wieder vorgegeben und φ gesucht. Wenn f nicht identisch verschwindet, heißt die Integralgleichung *inhomogen*. Die Gleichung für identisch verschwindendes f,

$$\varphi(x) - \lambda \int K(x, x')\, \varphi(x')\, dx' = 0 \tag{12.6}$$

heißt *homogene* Fredholmsche Integralgleichung zweiter Art. Die analoge homogene Gleichung im endlich-dimensionalen Vektorraum hat bekanntlich nur dann nicht verschwindende Lösungen φ, wenn λ ganz bestimmte Werte annimmt. Man nennt $1/\lambda$ die Eigenwerte der Matrix K. Ganz ähnlich liegen nun die Verhältnisse für die Integralgleichungen. Die triviale Lösung $\varphi \equiv 0$ existiert natürlich immer und interessiert nicht weiter. Man fragt nach den normierbaren Lösungen, die im Gegensatz zur trivialen Lösung dem Funktionsraum tatsächlich angehören. Auch hier gibt es nur Lösungen φ, wenn λ ganz bestimmte Werte annimmt. Man nennt diese Werte λ jetzt die *Eigenwerte* der Integralgleichung.

Die Integralgleichungen zweiter Art spielen eine viel bedeutendere Rolle als die erster Art, und ihre Theorie hat auch eine wesentlich geschlossenere Form. Der Grund liegt darin, daß Gl. (12.3) eine starke Einschränkung für f darstellt, wenn man nur solche φ als Lösungen zuläßt, die dem Funktionsraum angehören. Wenn z. B. bei stetigem K die Funktion φ nur stückweise stetig ist, dann wirkt das Integral in der Weise „glättend", daß f immer stetig sein muß. Unstetige f, die auch noch dem Funktionsraum angehören, würden aber schon singuläre φ erfordern. Allgemein muß f so immer einer eingeschränkteren Klasse von Funktionen angehören als φ. In dieser Weise kann der Fall auftreten, daß für zulässige f des Funktionsraumes prinzipiell keine zulässigen Lösungen φ mehr existieren. Man kann aber sofort erkennen, daß diese Einschränkung nicht mehr bei den Integralgleichungen zweiter Art bestehen braucht, weil ja hier die Lösung φ selbst nicht nur unter dem „glättenden" Integral steht. Es wird sich zeigen, daß hier f und φ allgemein dem gleichen Funktionsraum angehören.

13. Physikalische Bedeutung der Integralgleichungen. Es soll jetzt an physikalischen Beispielen deutlich gemacht werden, welcher Art die Aufgabenstellungen und die Zusammenhänge sind, die durch Integralgleichungen beschrieben werden. An geläufige Begriffe knüpft die Aufgabe an, die *elektrische Ladungs-*

verteilung aufzusuchen, die durch eine Ladungsdichte $\varrho(\mathbf{r})$ beschrieben wird, wenn das elektrostatische Potential $\Phi(\mathbf{r})$ bekannt ist. Es besteht nach den elektrostatischen Grundgesetzen der Zusammenhang

$$\Phi(\mathbf{r}) = \int \frac{\varrho(\mathbf{r}')\,d\tau'}{|\mathbf{r}-\mathbf{r}'|}\,. \tag{13.1}$$

Es soll hier, wie im folgenden immer, das dreidimensionale Volumelement $dx\,dy\,dz$ mit $d\tau$ abgekürzt werden. Hier ist $\varphi = \varrho$ die unbekannte Funktion. $f = \Phi$ ist vorgegeben.

$$K(\mathbf{r},\mathbf{r}') = \frac{1}{|\mathbf{r}-\mathbf{r}'|} \tag{13.2}$$

ist der Kern der Integralgleichung erster Art. Als Grundgebiet tritt der gesamte unendlich ausgedehnte dreidimensionale Raum auf. Die zulässigen normierbaren Funktionen des Funktionsraumes müssen im Unendlichen in geeigneter Weise verschwinden. Der Zusammenhang zwischen ϱ und Φ wird bekanntlich auch durch eine Differentialgleichung, die POISSON*sche Gleichung*, gegeben:

$$\Delta\Phi \equiv \frac{\partial^2\Phi}{\partial x^2} + \frac{\partial^2\Phi}{\partial y^2} + \frac{\partial^2\Phi}{\partial z^2} = -\,4\pi\varrho\,. \tag{13.3}$$

Wenn Φ vorgegeben ist, ist danach ϱ direkt zu berechnen. Damit ist die Integralgleichung bei diesem Beispiel schon gelöst. Man kann deshalb an ihm die Einschränkungen besonders gut erkennen, denen Φ unterworfen werden muß, damit ϱ eine normierbare Funktion werden kann. Man muß an Φ eben die zusätzliche Forderung stellen, daß $\Delta\Phi$ auch normierbar ist, damit ϱ eine zulässige Funktion des Funktionsraumes wird. An den Stellen, wo Φ einen Knick macht, d.h. seine Ableitungen nicht mehr stetig sind, muß ϱ sicher singulär werden. Solche Situationen treten z.B. an den „flächenhaften Ladungsschichten" auf, die an späterer Stelle im Abschnitt C besprochen werden. Der physikalische Inhalt der Gl. (13.1) läßt sich besonders anschaulich interpretieren, wenn man zum Vergleich das Potential einer punktförmigen Ladung in einem Punkt $\mathbf{r}'$ mit der Ladungsdichte

$$\varrho_q(\mathbf{r}) = q\,\delta(\mathbf{r}-\mathbf{r}') \tag{13.4}$$

heranzieht:

$$\Phi_q(\mathbf{r}) = \frac{q}{|\mathbf{r}-\mathbf{r}'|}\,. \tag{13.5}$$

Das Potential (13.1) der kontinuierlichen Ladungsverteilung $\varrho(\mathbf{r})$ setzt sich additiv aus den Beiträgen aller Volumelemente $d\tau'$ zusammen, deren jedes so wirkt, als wäre in ihm eine infinitesimale Punktladung $q = \varrho(\mathbf{r}')\,d\tau'$ vorhanden. Der Kern $K(\mathbf{r},\mathbf{r}')$ gibt das Potential einer in $\mathbf{r}'$ gelagerten Einheitsladung am Ort $\mathbf{r}$. Fragt man in Umkehrung der früher besprochenen Problemstellung bei vorgegebenem ϱ nach Φ, so stellt (13.1) eine Lösung der Differentialgleichung (13.3) dar. Diese Lösung ist vor anderen Lösungen durch ihr Verhalten im Unendlichen ausgezeichnet. Im Abschnitt C wird in allgemeiner Weise die Integraltransformation betrachtet werden, die von der Inhomogenität (hier $-4\pi\varrho$) einer Differentialgleichung zu einer Lösung Φ führt, die durch bestimmtes Verhalten am Rand eines Grundgebietes ausgezeichnet ist. Der Kern dieser Transformation wird allgemein als „GREEN*sche* Funktion" der Differentialgleichung bezeichnet. Es läßt sich aber nicht für jede lineare Integraltransformation eine entsprechende Differentialgleichung finden.

Ein anderes Beispiel sei die *optische Abbildung* einer leuchtenden Ebene E' auf einen ebenen Schirm E durch irgendein beliebiges Linsen- und Blendensystem. Es seien auf dem Schirm E und der Ebene E' je ein Koordinatensystem

$r = (x, y)$ bzw. $r' = (x', y')$ eingeführt. Jede punktförmige Lichtquelle q in einem Punkt r' von E' wird auf der Ebene E ein Bild erzeugen, das durch eine ortsabhängige Beleuchtungsstärke $\Phi_q(r)$ beschrieben wird:

$$\Phi_q(r) = K(r, r')\, q. \tag{13.6}$$

$K(r, r')$ liefert als „Abbildungsfunktion" den Zusammenhang zwischen punktförmiger Lichtquelle und Bild. Sie stellt selbst das Bild einer Einheitsquelle $(q = 1)$ dar. Wenn nun die Ebene E' kontinuierlich leuchtend ist mit der Leuchtdichte (Flächendichte der Lichtstärke) $\varrho(r')$, dann überlagern sich die Bilder der einzelnen Punkte r', solange die Näherung der Strahlenoptik zulässig ist und keine Interferenzphänomene berücksichtigt werden müssen. Man erhält dann auf dem Schirm ein Bild mit der Beleuchtungsstärke

$$\Phi(r) = \int K(r, r')\, \varrho(r')\, df'. \tag{13.7}$$

df' ist hierbei das Flächenelement der Ebene E', über welche das Integral zu erstrecken ist. Genau so wie bei der Gl. (13.1) wird hier $\Phi(r)$ als Überlagerung der Beiträge dargestellt, die von den „Quellpunkten" r' mit den „Quelldichten" $\varrho(r')$ herrühren. Man sagt auch, $\Phi(r)$ wird in den Gln. (13.1) und (13.7) „quellenmäßig" durch $\varrho(r')$ dargestellt. Im allgemeinen wird man aber jetzt keine Differentialgleichung für Φ finden können, die diesen Zusammenhang herstellt. Wird nun das Bild $\Phi(r)$ vorgegeben und nach $\varrho(r')$ gefragt, so stellt (13.7) wieder eine Integralgleichung erster Art dar. Eine homogene Integralgleichung zweiter Art würde man bei der folgenden Fragestellung gewinnen: Wie muß ϱ beschaffen sein, damit das Bild ähnlich wird?

$$\varrho(r) = \lambda\, \Phi(r). \tag{13.8}$$

Man wird jetzt nicht mehr erwarten können, daß die entsprechende Integralgleichung

$$\varrho(r) = \lambda \int K(r, r')\, \varrho(r')\, df' \tag{13.9}$$

für jeden Wert λ eine Lösung hat, sondern nur für ausgezeichnete „Eigenwerte" λ. Eine inhomogene Integralgleichung zweiter Art erhält man, wenn man fordert, daß das Bild Φ ähnlich der Differenz von ϱ und einer vorgegebenen Leuchtdichte f wird:

$$\varrho(r) - f(r) = \lambda\, \Phi(r). \tag{13.10}$$

Dann gilt die Integralgleichung

$$\varrho(r) - \lambda \int K(r, r')\, \varrho(r')\, df' = f(r). \tag{13.11}$$

Die meisten Integralgleichungen zweiter Art, die in der Physik auftreten, lassen sich mit Hilfe der „Greenschen Funktion" aus Randwertproblemen zu Differentialgleichungen ableiten. Es sei hier auf den Abschnitt D verwiesen. Die homogenen Differentialgleichungen mit einem Eigenwertparameter führen auf homogene Integralgleichungen, die inhomogenen Differentialgleichungen entsprechend auf inhomogene Integralgleichungen. Da hier aber der Begriff der Greenschen Funktion noch nicht entwickelt ist, soll auf entsprechende weitere Beispiele verzichtet werden. Die Vorteile der Formulierung des Randwertproblems durch eine Integralgleichung an Stelle einer Differentialgleichung werden noch besprochen werden (vgl. den Beginn von Ziff. 24).

14. Fredholmsche Integralgleichungen zweiter Art. Die Sätze, die in dieser und in der nächsten Ziffer abgeleitet werden, gelten in einem Vektorraum genau so wie in dem hier betrachteten Funktionsraum. Sie sind aus der Theorie der linearen Gleichungssysteme geläufig, und ihre Beweisführung ist hier wörtlich dieselbe, wenn man die gemeinsame symbolische Schreibweise verwendet, die in Ziff. 11 erklärt wurde. In dieser sei die allgemeine FREDHOLMsche Integralgleichung zweiter Art (12.5) geschrieben als:

$$\varphi - \lambda K \cdot \varphi = f. \tag{14.1}$$

Es ist zweckmäßig, zunächst die dazugehörige *homogene* Gl. (12.6) zu betrachten, wobei die unbekannte Lösungsfunktion jetzt mit ψ bezeichnet sei, um sie von der Lösungsfunktion φ der inhomogenen Gl. (14.1) zu unterscheiden:

$$\psi - \lambda K \cdot \psi = 0. \tag{14.2}$$

Wie in Ziff. 16 gezeigt werden soll, hat diese Gleichung im allgemeinen nur für bestimmte *Eigenwerte* λ Lösungen ψ, die wir „*Eigenfunktionen*" des Kernes K nennen. In Verallgemeinerung des Begriffes des Eigenwertes einer Matrix wäre es eigentlich konsequent, $1/\lambda$ als Eigenwert des Kernes K zu bezeichnen. In der Integralgleichungstheorie nennt man aber aus historischen Gründen λ den Eigenwert des Kernes. Diese Bezeichnungsweise soll auch hier beibehalten werden. Die Eigenwerte $\lambda = 0$ können wir von vorneherein ausschließen, denn für sie kann ψ nicht mehr normierbar sein. Aus der Linearität der Integraloperation K folgt das *Superpositionsprinzip* der Lösungen: *Wenn zu einem Eigenwert λ mehrere Eigenfunktionen $\psi_1, \psi_2, \ldots, \psi_s$ gehören, ist auch jede Linearkombination daraus*

$$\psi = \sum_{\mu=1}^{s} c_\mu \psi_\mu \tag{14.3}$$

mit beliebigen Konstanten c_μ eine Lösung zum selben Eigenwert. Zwei Lösungen, die sich nur um einen konstanten Faktor voneinander unterscheiden, werden nicht als „verschiedene" Lösungen betrachtet. Wenn es zu einem Eigenwert mehrere verschiedene Lösungen gibt, so nennt man den Eigenwert „*entartet*". Als wesentlich verschiedene Lösungen zu einem Eigenwert rechnet man nur Lösungen, die voneinander linear unabhängig sind, zwischen denen also nicht identisch eine lineare Gleichung erfüllt ist. Die Höchstzahl r solcher linear unabhängiger Eigenfunktionen zu einem Eigenwert nennt man den „*Grad der Entartung*", den Eigenwert r-fach entartet. (Die Bezeichnung ist nicht einheitlich. Oft wird $r-1$ als Grad der Entartung bezeichnet, so daß „einfache" Entartung $r = 2$ bedeutet.) Jede weitere Eigenfunktion läßt sich als Linearkombination der Art (14.3) aus den r linear unabhängigen ψ_μ darstellen ($s = r$). Man sagt deshalb, die r linear unabhängigen ψ_μ spannen den r-dimensionalen Raum der miteinander entarteten Eigenfunktionen auf. Dieser ist ein „Unterraum" des Funktionsraumes der im Grundgebiet normierbaren Funktionen. Die Mannigfaltigkeit der miteinander entarteten Eigenfunktionen ist genau so groß wie die der Vektoren in einem r-dimensionalen Raum, entsprechend der Zahl r der Koeffizienten c_μ, die man als „Komponenten" von ψ bezüglich einer (nicht notwendig normierten und orthogonalen) Basis von r linear unabhängigen „Vektoren" ψ_μ auffassen kann.

Für die inhomogene Gleichung findet man sofort durch Einsetzen der Lösungen in (14.1) und Subtraktion das Ergebnis: *Hat die inhomogene Gleichung zu einem festen Wert λ zwei verschiedene Lösungen φ_1, φ_2, so muß ihre Differenz*

$$\psi = \varphi_1 - \varphi_2 \tag{14.4}$$

eine Eigenfunktion des Kernes zum Eigenwert λ sein.

Damit ergeben sich aber folgende Sätze:

Wenn λ kein Eigenwert des Kernes ist, hat die inhomogene Gleichung höchstens eine Lösung φ.

Wenn λ ein r-fach entarteter Eigenwert des Kernes mit den linear unabhängigen Eigenfunktionen $\psi_1, \psi_2, \ldots, \psi_r$ ist, so ist, falls überhaupt eine Lösung φ der inhomogenen Gleichung existiert, auch

$$\varphi + \sum_{\mu=1} c_\mu \psi_\mu \tag{14.5}$$

mit beliebigen c_μ eine Lösung. Man kann aber eine Lösung der inhomogenen Gleichung durch die Zusatzforderung eindeutig definieren, daß sie orthogonal zum Unterraum der Eigenfunktion ist, d.h. durch

$$(\psi_\mu, \varphi) = 0, \qquad (\mu = 1, 2, \ldots, r). \tag{14.6}$$

Im folgenden treten wiederholt Skalarprodukte der Art

$$\left(\varphi, (K \cdot \chi)\right) = \iint \varphi^*(x)\, K(x, x')\, \chi(x')\, dx' \tag{14.7}$$

auf. Dafür gilt

$$\left(\varphi, (K \cdot \chi)\right) = \left((K^\dagger \cdot \varphi), \chi\right) = \left((K \cdot \chi), \varphi\right)^* = \left(\chi, (K^\dagger \cdot \varphi)\right)^*, \tag{14.8}$$

wo $K^\dagger$ adjungiert zu K ist [vgl. (11.5)].

Mit einer beliebigen Funktion χ folgt aus (14.1) die Gleichung

$$(\chi, f) = \left((\chi - \lambda^* K^\dagger \cdot \chi), \varphi\right) = 0. \tag{14.9}$$

Damit erhält man nun einen weiteren Satz über die Lösbarkeit der Gl. (14.1):

Falls der zu K adjungierte Kern $K^\dagger$ den Eigenwert λ^* mit den linear unabhängigen Eigenfunktionen $\chi_1, \chi_2, \ldots, \chi_r$ besitzt, kann die inhomogene Gleichung nur dann eine Lösung haben, wenn die Inhomogenität f orthogonal zu allen χ_μ ist:

$$(\chi_\mu, f) = 0, \qquad (\mu = 1, 2, \ldots, r). \tag{14.10}$$

II. Hermitische Kerne.

15. Das Orthogonalsystem der Eigenfunktionen. *Hermitisch* nennt man die *selbstadjungierten* Kerne K, für die $K^\dagger$ gleich K ist, d.h. für die

$$K^*(x', x) = K(x, x') \tag{15.1}$$

wird. Sie spielen eine gleichermaßen ausgezeichnete Rolle wie die hermitischen Matrizen in den Vektorräumen. In diesem Unterabschnitt II sollen ausschließlich solche Kerne und die mit ihnen gebildeten Integralgleichungen betrachtet werden. *Eine fundamentale Eigenschaft der hermitischen Kerne ist die Tatsache, daß ihre Eigenwerte immer reell sind.* Man beweist dies aus der Gleichung

$$(\psi, \psi) = \lambda\left(\psi, (K \cdot \psi)\right), \tag{15.2}$$

die aus (14.1) folgt. Beim hermitischen Kern K ist aber nach (14.8) das Skalarprodukt $\left(\psi, (K \cdot \psi)\right)$ immer reell genau so wie die linke Seite von (15.2). Damit muß λ reell sein. *Die Eigenfunktionen zu verschiedenen Eigenwerten eines hermitischen Kernes sind zueinander orthogonal.* Wenn nämlich λ_1, λ_2 zwei Eigenwerte von K mit den Eigenfunktionen ψ_1, ψ_2 sind, so gilt nach (14.2):

$$(\psi_2, \psi_1) = \lambda_1\left(\psi_2, (K \cdot \psi_1)\right), \tag{15.3}$$

$$(\psi_1, \psi_2) = \lambda_2\left(\psi_1, (K \cdot \psi_2)\right). \tag{15.4}$$

Mit der zweiten Gleichung gilt auch ihre konjugiert komplexe [vgl. (14.8) und (15.1)]:

$$(\psi_2, \psi_1) = \lambda_2(\psi_2, (K \cdot \psi_1)).\tag{15.5}$$

Aus (15.3) und (15.5) folgt aber:

$$(\lambda_2 - \lambda_1)(\psi_2, \psi_1) = 0.\tag{15.6}$$

Daraus folgt die Orthogonalität von ψ_1 zu ψ_2, falls $\lambda_1 \neq \lambda_2$. Wenn jedoch mehrere Eigenfunktionen zu einem Eigenwert existieren, liegt der früher besprochene Fall der Entartung vor. Beim Grade r der Entartung kann man immer aus r linear unabhängigen Lösungen ein System von r orthogonalen Eigenfunktionen aufbauen, etwa nach dem Orthogonalisierungsverfahren von Ziff. 4. Nun bleibt ja allgemein jede Eigenfunktion weiterhin eine Eigenfunktion zum gleichen Eigenwert, wenn man sie mit einer Konstanten multipliziert. Man kann sie also immer normieren. *Man kann immer alle wesentlich verschiedenen Eigenfunktionen eines hermitischen Kernes als ein normiertes Orthogonalsystem darstellen.* Die Eigenfunktionen zu verschiedenen Eigenwerten sind von selbst orthogonal zu einander. Die Unterräume der miteinander entarteten Eigenfunktionen kann man durch orthogonale Basen darstellen, und zwar in vielfacher Weise.

16. Die Eigenwerte. Im folgenden soll nun immer vorausgesetzt werden, daß für den hermitischen Kern $K(x, x')$ das Integral

$$(K, K) = \iint |K(x, x')|^2 \, dx \, dx'\tag{16.1}$$

über das Grundgebiet endlich bleibe. Der Kern soll dann „*normierbar*" heißen. Man kann (K, K) als ein Skalarprodukt im Funktionsraum der Funktionen vom Variablensystem x, x' auffassen. Das Grundgebiet für dieses Variablensystem ist dadurch erklärt, daß x und x' je das Integrationsgebiet der Integralgleichung durchlaufen. Wendet man die SCHWAZR*sche Ungleichung*

$$|(f, g)|^2 \leq (f, f)(g, g)\tag{16.2}$$

auf die Funktionen

$$f(x, x') = \varphi^*(x)\,\varphi(x').\tag{16.3}$$

$$g(x, x') = K(x, x')\tag{16.4}$$

an, so ergibt sich für jedes beliebige $\varphi(x)$:

$$(\varphi, (K \cdot \varphi))^2 \leq (\varphi, \varphi)(K, K).\tag{16.5}$$

Dabei ist verwendet worden, daß $\big(\varphi, (K\cdot\varphi)\big)$ bei hermitischem K reell ist. Wenn man nun schon normierte φ voraussetzt, bleibt $\big(\varphi, (K\cdot\varphi)\big)$ immer beschränkt. Bei normierbaren hermitischen Kernen kann andererseits $\big(\varphi, (K\cdot\varphi)\big)$ nicht für alle Funktionen φ des Funktionsraumes verschwinden. Andernfalls müßte immer auch der Realteil von $\big(\chi, (K\cdot\psi)\big)$ mit beliebigen ψ, χ verschwinden, wie man leicht ersieht, wenn man φ durch $\psi + \chi$ ersetzt. Speziell müßte also auch $\big((K\cdot\psi), (K\cdot\psi)\big)$ immer verschwinden, und daher immer $K\cdot\psi = 0$ werden. Wenn man das auf $\psi(x') = K(x', x)$ anwendet, ergibt sich, daß auch notwendig (K, K) nach Gl. (16.1) verschwinden müßte.

Die Tatsache, daß $\big(\varphi, (K\cdot\varphi)\big)$ beschränkt bleibt und nicht für alle φ identisch verschwindet, garantiert nun, wie in der Folge ausgeführt wird, daß ein normierbarer Kern K mindestens einen Eigenwert haben muß. Wenn nämlich $\big(\varphi, (K\cdot\varphi)\big)$ überhaupt positive Werte annehmen kann, muß

$$\varkappa = \frac{\big(\varphi, (K \cdot \varphi)\big)}{(\varphi, \varphi)}\tag{16.6}$$

ein Maximum besitzen. Das dazu gehörige φ ist aber eine Eigenfunktion. Dies läßt sich auf folgende Weise zeigen: Wenn φ stetig in ein $\varphi + \delta\varphi$ übergeführt wird, ändert sich bei infinitesimalem $\delta\varphi$ der Wert $\varkappa$ stetig um den infinitesimalen Betrag

$$\delta\varkappa = \frac{[(\delta\varphi,(K\cdot\varphi)) + (\varphi,(K\cdot\delta\varphi))]\,(\varphi,\varphi) - (\varphi,(K\cdot\varphi))\,[(\delta\varphi,\varphi) + (\varphi,\delta\varphi)]}{(\varphi,\varphi)^2}. \tag{16.7}$$

Da (16.6) aber ein Maximum ist, muß $\delta\varkappa$ für ganz beliebige Wahl von $\delta\varphi$ verschwinden. Das ergibt mit

$$\left(\varphi,(K\cdot\delta\varphi)\right) = \left(\delta\varphi,(K\cdot\varphi)\right)^* \tag{16.8}$$

die Gleichung:

$$\mathrm{Re}\left(\delta\varphi, [(\varphi,\varphi)\,K\cdot\varphi - (\varphi,(K\cdot\varphi))\,\varphi\,]\right) = 0. \tag{16.9}$$

Da nun $\delta\varphi$ beliebig ist, muß der Faktor von $\delta\varphi$ verschwinden. Das bedeutet

$$K\cdot\varphi - \varkappa\,\varphi = 0, \tag{16.10}$$

wo $\varkappa$ gerade der Maximalwert von (16.6) ist. Damit ist aber φ selbst eine Eigenfunktion von K zum positiven endlichen Eigenwert $\lambda = 1/\varkappa$. Dieser ist sicher der kleinste positive Eigenwert. Wenn hingegen $(\varphi,(K\cdot\varphi))$ negativer Werte fähig ist, muß es ganz entsprechend ein negatives Minimum von $\varkappa$ geben. Die analoge Schlußfolge zeigt, daß $\lambda = 1/\varkappa$ dann der größte negative Eigenwert ist. *Ein normierbarer hermitischer Kern muß also mindestens einen nicht verschwindenden reellen Eigenwert besitzen.*

Für die normierbaren Kerne gelten noch folgende Sätze: *Die verschiedenen Eigenwerte eines normierbaren hermitischen Kernes können nur diskrete Werte annehmen. In einem endlichen Intervall der Zahlengeraden können nur immer endlich viele Eigenwerte liegen. Damit kann der Grad der Entartung eines Eigenwertes niemals unendlich groß sein.* Um dies zu beweisen, seien die wesentlich verschiedenen Eigenfunktionen als normiertes Orthogonalsystem $\psi_\nu(x)$ angenommen, was ja immer möglich ist. Für den Kern $K(x, x')$ seien zu einem festen Wert x' die Entwicklungskoeffizienten bezüglich dieses Systems betrachtet:

$$c_\nu(x') = \int \psi_\nu^*(x)\,K(x', x)\,dx. \tag{16.11}$$

Der Hermitezität wegen ist dann

$$c_\nu^*(x') = \int K(x', x)\,\psi_\nu(x)\,dx. \tag{16.12}$$

Wenn ψ_ν zum Eigenwert λ_ν gehört, heißt das aber

$$c_\nu^*(x') = \frac{1}{\lambda_\nu}\,\psi_\nu(x'). \tag{16.13}$$

Die Reihe

$$L(x, x') = \sum_\nu c_\nu(x')\,\psi_\nu(x) = \sum_\nu \frac{\psi_\nu(x)\,\psi_\nu^*(x')}{\lambda_\nu} \tag{16.14}$$

approximiert also den Kern $K(x, x')$ bei kleinstem mittleren Fehlerquadrat im Raum seiner Eigenfunktionen, wenn über alle Eigenfunktionen summiert wird. Da nach den bisherigen Betrachtungen nichts über die Anzahl der Eigenfunktionen, noch viel weniger über die Vollständigkeit des Systems bekannt ist, müßte man erwarten, daß L von K durchaus verschieden sein könnte. Sicher gilt aber die Besselsche Ungleichung (3.9) für die Koeffizienten c_ν:

$$\sum_\nu |c_\nu(x')|^2 = \sum_\nu \frac{1}{\lambda_\nu^2}\,|\psi(x')|^2 \leq \int |K(x, x')|^2\,dx. \tag{16.15}$$

Daraus folgt durch Integration über x':

$$\sum_{\nu} \frac{1}{\lambda_{\nu}^2} \leqq (K, K). \tag{16.16}$$

Nach Voraussetzung ist ja die rechte Seite endlich. Die Werte können nun im Endlichen nirgends einen Häufungspunkt besitzen, weil andernfalls die linke Seite nicht beschränkt bliebe. Damit sind aber die ausgesprochenen Sätze bewiesen. Daß die Normierbarkeit des Kernes wesentlich ist, kann man am Gegenbeispiel der δ-Funktion sehen. Für den Kern $\delta(x, x')$ ist ja jede Funktion Eigenfunktion zum Eigenwert 1, der dann aber den Entartungsgrad $r = \infty$ besitzt.

17. Der Entwicklungssatz. Nach dem Bisherigen mußte man mit der Möglichkeit rechnen, daß der Ausdruck $L(x, x')$ in (16.14) auch dann noch von $K(x, x')$ verschieden ist, wenn der Index ν über alle Eigenfunktionen ψ_{ν} des Kernes läuft. Die folgende Betrachtung jedoch zeigt das Gegenteil. Im Sinne der mittleren Konvergenz konvergiert nämlich die Reihe $L(x, x')$ gegen $K(x, x')$.

Man sieht sofort, daß der Kern $L(x, x')$ die gleichen Eigenfunktionen und Eigenwerte wie $K(x, x')$ hat. Er ist aber auch normierbar:

$$(L, L) = \sum_{\nu} \frac{1}{\lambda_{\nu}^2} \leqq (K, K). \tag{17.1}$$

Damit ist aber nun der Kern $K - L$ entweder normierbar, oder aber es ist

$$(K - L, K - L) = 0. \tag{17.2}$$

Dieser Kern $K - L$ kann aber keine normierbare Eigenfunktion ψ besitzen. Sicher müßte eine solche zu allen Eigenfunktionen ψ_{ν} von L orthogonal sein. Wäre nämlich ψ Eigenfunktion von $K - L$ zum Eigenwert μ, so ergäbe sich

$$(\psi_{\nu}, \psi) = \mu\left(\psi_{\nu}, [(K - L) \cdot \psi]\right) = \mu\left([(K - L) \cdot \psi_{\nu}], \psi\right) = 0. \tag{17.3}$$

Wenn ψ aber orthogonal zu allen ψ_{ν} ist, verschwindet $L \cdot \psi$ auf Grund der Definition (16.14) von L, und es folgt

$$\psi = \mu(K - L) \cdot \psi = \mu K \cdot \psi. \tag{17.4}$$

ψ wäre also auch Eigenfunktion von K zum Eigenwert μ. Darin liegt aber ein Widerspruch, wenn man nicht $\psi \equiv 0$ zuläßt. Wenn aber $K - L$ ein normierbarer Kern wäre, müßte ja mindestens ein Eigenwert μ mit normierbarem ψ existieren. Es bleibt also nur die Alternative (17.2). Im Sinne der mittleren Konvergenz gilt also die Entwicklung

$$K(x, x') = \sum_{\nu} \frac{\psi_{\nu}^*(x') \psi_{\nu}(x)}{\lambda_{\nu}}. \tag{17.5}$$

Damit läßt sich aber jede „*quellenmäßig*" darstellbare Funktion f mit beliebigem g der Art

$$f = K \cdot g, \tag{17.6}$$

d.h. explizit

$$f(x) = \int K(x, x') g(x') dx' \tag{17.7}$$

nach den Eigenfunktionen ψ_{ν} von K entwickeln:

$$f(x) = \sum_{\nu} f_{\nu} \psi_{\nu}(x) \tag{17.8}$$

mit

$$f_{\nu} = (\psi_{\nu}, f) = \frac{1}{\lambda_{\nu}} (\psi_{\nu}, g). \tag{17.9}$$

Man kann diesen *Entwicklungssatz* auch in folgender Weise formulieren: *Im Unterraum der quellenmäßig durch K dargestellten Funktionen ist das Orthogonalsystem ψ_ν der Eigenfunktionen von K vollständig, nicht aber allgemein auch im gesamten Funktionsraum.* Man kann den Zusammenhang zwischen g und f noch deutlicher so ausdrücken: Zerlegt man g in ein

$$g' = \sum_\nu g_\nu \psi_\nu(x) \tag{17.10}$$

mit $g_\nu = (\psi_\nu, g)$, das im Unterraum der ψ_ν liegt, und in ein

$$g'' = g - g', \tag{17.11}$$

das orthogonal zu allen ψ_ν ist, so wird durch K die Funktion g' umkehrbar eindeutig auf f abgebildet, das selbst in diesem Unterraum liegt, während das Abbild von g'' identisch verschwindet.

Eine ausgezeichnete Stellung nehmen nun die *definititen Kerne* ein. Ein Kern K heißt „*positiv definit*", wenn für jedes normierbare φ

$$\big(\varphi, (K \cdot \varphi)\big) > 0 \tag{17.12}$$

wird. Der Kern heißt hingegen „*negativ definit*", wenn statt dessen immer

$$\big(\varphi, (K \cdot \varphi)\big) < 0 \tag{17.13}$$

wird. Es gilt für definite Kerne nun der Satz: *Das Orthogonalsystem der Eigenfunktion eines definiten Kernes ist immer abgeschlossen.* Gäbe es nämlich ein nicht verschwindendes φ, das zu allen ψ_ν orthogonal wäre, dann würde ja $K \cdot \varphi$ und somit auch $\big(\varphi, (K \cdot \varphi)\big)$ verschwinden, im Widerspruch zur Voraussetzung, daß der Kern definit ist. *Die Eigenwerte eines positiv definiten hermitischen Kernes sind sämtlich positiv,* wie sich aus Gl. (15.2) ergibt. *Entsprechend sind die Eigenwerte eines negativ definiten Kernes alle negativ.*

18. Die iterierten Kerne. Bei einem normierbaren hermitischen Kern K lassen sich nun auch die „*iterierten*" Kerne

$$K^{(2)} = K \cdot K, \tag{18.1}$$

$$K^{(3)} = K \cdot K^{(2)} \tag{18.2}$$

in bequemer Form angeben. Hier ist jeweils die symbolische Produktbildung gemeint:

$$K^{(n)}(x, x') = \int K(x, x'') K^{(n-1)}(x'', x') \, dx''. \tag{18.3}$$

Speziell ist $K^{(1)} = K$. Man findet mit Hilfe der Entwicklung (17.5) den Ausdruck

$$K^{(2)}(x, x') = \sum_\nu \frac{\psi_\nu^*(x') \, \psi_\nu(x)}{\lambda_\nu^2}. \tag{18.4}$$

Allgemein:

$$K^{(n)}(x, x') = \sum_\nu \frac{\psi_\nu^*(x') \, \psi_\nu(x)}{\lambda_\nu^n}. \tag{18.5}$$

Damit ergibt sich aber der Satz:

Der n-fach iterierte Kern $K^{(n)}$ von K hat die gleichen Eigenfunktionen wie K. Gehört zu K der Eigenwert λ_ν mit der Eigenfunktion ψ_ν, so gehört zu $K^{(n)}$ der Eigenwert λ^n mit der gleichen Eigenfunktion ψ_ν.

Natürlich können die Eigenwerte λ_ν^{2n} höher entartet sein als die λ_ν, wenn etwa zugleich mit $+\lambda_\nu$ auch einmal $\lambda_\mu = -\lambda_\nu$ Eigenwert von K wird. Entsprechend können dann Linearkombinationen $a\psi_\nu + b\psi_\mu$ Eigenfunktionen des Kernes $K^{(2n)}$

werden, ohne solche des Kernes K zu sein. Aber das Orthogonalsystem des Kernes K ist allen iterierten Kernen gemeinsam, und es gibt für diese keine weiteren linear unabhängigen Eigenfunktionen.

19. Die inhomogene FREDHOLMsche Integralgleichung zweiter Art mit hermitischem Kern. Der letzte Satz in Ziff. 14 über die Lösbarkeit einer FREDHOLMschen Integralgleichung zweiter Art nimmt bei hermitischem Kern eine einfachere Form an: *Wenn λ Eigenwert des Kernes ist, kann die inhomogene Integralgleichung zweiter Art mit hermitischem Kern nur dann eine Lösung besitzen, wenn die Inhomogenität f zu allen Eigenfunktionen mit dem Eigenwert λ orthogonal ist.*

Nach dem Entwicklungssatz von Ziff. 17 muß sich in der Integralgleichung

$$\varphi - \lambda K \cdot \varphi = f \tag{19.1}$$

immer $\varphi - f$ nach den Eigenfunktionen ψ_ν entwickeln lassen:

$$\varphi - f = \sum_\nu c_\nu \psi_\nu, \tag{19.2}$$

mit den Entwicklungskoeffizienten

$$c_\nu = \frac{\lambda}{\lambda_\nu} (\psi_\nu, \varphi). \tag{19.3}$$

Das ergibt sich aus Gl. (17.9), wenn g durch $\lambda \varphi$ ersetzt wird. Aus (19.2) erhält man andererseits

$$(\psi_\nu, \varphi) - (\psi_\nu, f) = c_\nu. \tag{19.4}$$

Aus (19.3) und (19.4) kann (ψ_ν, φ) eliminiert werden, und man erhält für $\lambda \neq \lambda_\nu$:

$$c_\nu = \frac{\lambda}{\lambda_\nu - \lambda} (\psi_\nu, f). \tag{19.5}$$

Wenn λ kein Eigenwert des Kernes ist, dann gilt für die Lösung der inhomogenen Integralgleichung die Entwicklung:

$$\varphi(x) = f(x) + \sum_\nu \frac{\lambda}{\lambda_\nu - \lambda} (\psi_\nu, f) \psi_\nu(x). \tag{19.6}$$

Nach den allgemeinen Sätzen von Ziff. 14 ist dies dann die einzige Lösung, die man auch in der Form

$$\varphi(x) = \sum_\nu \frac{\lambda_\nu}{\lambda_\nu - \lambda} (\psi_\nu, f) \psi_\nu(x) \tag{19.7}$$

schreiben kann.

Wenn jedoch λ Eigenwert ist, muß für alle dazugehörigen ψ_ν notwendigerweise (ψ_ν, f) verschwinden, damit überhaupt eine Lösung möglich ist. Wenn man die entsprechenden Glieder in (19.6) wegläßt, d.h. wenn man nur über die nicht zum Eigenwert λ gehörigen ψ_ν summiert, erhält man gerade die zu allen Eigenfunktionen dieses Eigenwertes orthogonale Lösung, die dann eindeutig ist. Die allgemeinste Lösung erhält man, wenn man die Koeffizienten der Eigenfunktion ψ_ν zum Eigenwert λ in der Reihe (19.6) willkürlich wählt. Die Gl. (19.6) versagt also auch dann nicht, wenn λ ein Eigenwert ist; man muß nur die unbestimmten Koeffizienten „null durch null" als frei wählbar auffassen.

Es ist zweckmäßig, den Zusammenhang zwischen der Inhomogenität f und der Lösung φ durch eine geeignete Integraltransformation G auszudrücken:

$$\varphi = G \cdot f. \tag{19.8}$$

Dabei ist der Kern der Transformation G nach (19.6) von λ abhängig und wird gegeben durch:

$$G(x, x'; \lambda) = \delta(x, x') + \sum_{\nu} \frac{\lambda}{\lambda_\nu - \lambda} \, \psi_\nu(x) \, \psi_\nu^*(x'). \tag{19.9}$$

Indem man hier die singuläre δ-Funktion abtrennt, führt man auch die sog. *„Resolvente"*

$$\Gamma(x, x'; \lambda) = \sum_{\nu} \frac{\psi_\nu(x) \, \psi_\nu^*(x')}{\lambda - \lambda_\nu} \tag{19.10}$$

ein, so daß

$$G = I + \lambda \Gamma \tag{19.11}$$

ist, wo I die Identität darstellt. Es gilt dann immer

$$\varphi = f + \lambda \Gamma \cdot f. \tag{19.12}$$

Γ und G sind unabhängig von f und allein λ und dem Kern K zugeordnet. Gl. (19.7) ergibt den Ausdruck

$$G(x, x'; \lambda) = \sum_{\nu} \frac{\lambda_\nu}{\lambda_\nu - \lambda} \, \psi_\nu(x) \, \psi_\nu^*(x'). \tag{19.13}$$

Natürlich müssen die Summen immer über alle Eigenfunktionen des Kernes erstreckt werden.

20. Fredholmsche Integralgleichungen erster Art mit hermitischem Kern. Die Theorie der Integralgleichung erster Art ist nun mit Hilfe des Entwicklungssatzes aus Ziff. 17 leicht zu überblicken. Wenn

$$f = K \cdot \varphi \tag{20.1}$$

mit hermitischem Kern K überhaupt eine Lösung φ besitzen soll, so muß f im Unterraum der Eigenfunktionen ψ_ν des Kernes liegen; d.h. es muß sich f im Sinne der mittleren Konvergenz nach dem Orthogonalsystem der Eigenfunktionen ψ_ν des Kernes vollständig entwickeln lassen:

$$f(x) = \sum_{\nu} c_\nu \psi_\nu(x). \tag{20.2}$$

Damit ist die Funktionsklasse festgelegt, der f angehören muß und von der schon in Ziff. 12 in unbestimmterer Form die Rede war. Nach dem Entwicklungssatz gelten für die Koeffizienten c_ν die Relationen

$$c_\nu = (\psi_\nu, f) = \frac{1}{\lambda_\nu} (\psi_\nu, f). \tag{20.3}$$

Damit erhält man eine Lösung

$$\varphi(x) = \sum_{\nu} \lambda_\nu (\psi_\nu, f) \psi_\nu(x), \tag{20.4}$$

wenn über alle ψ_ν summiert wird. Falls nun das System ψ_ν nicht abgeschlossen ist, ist dies durchaus nicht die einzige Lösung. Man kann dann zu dem Ausdruck (20.4) noch eine beliebige, zu allen ψ_ν orthogonale Funktion des Funktionsraumes addieren und erhält wieder eine Lösung. Wenn jedoch der hermitische Kern definit ist, ist ja das System ψ_ν abgeschlossen und die Lösung der Integralgleichung (20.1) eindeutig durch (20.4) gegeben. Dann kann aber auch f beliebig aus dem Funktionsraum vorgegeben sein und die Gleichung bleibt lösbar.

III. Beliebige Kerne.

In diesem Unterabschnitt III sollen Integralgleichungen behandelt werden, deren Kern nicht mehr hermitisch zu sein braucht. Während bei hermitischen Kernen die Eigenfunktionen zu verschiedenen Eigenwerten immer zueinander orthogonal sind und deshalb das System der linear unabhängigen Eigenfunktionen immer durch ein Orthogonalsystem dargestellt werden konnte, gilt dies bei beliebigen nicht hermitischen Kernen nicht mehr. Die Eigenwerte eines solchen Kernes brauchen auch nicht mehr reell zu sein. Es kann sogar im Gegensatz zu hermitischen Kernen der Fall eintreten, daß ein Kern überhaupt keinen Eigenwert besitzt.

21. Die dem Kern zugeordneten Orthogonalsysteme. Einen Vorteil für die allgemeinen Betrachtungen bietet die Tatsache, daß man einem nicht hermitischen Kern zwei Orthogonalsysteme von Funktionen zuordnen kann, die man als Verallgemeinerung des Orthogonalsystems der Lösungen der hermitischen Kerne ansehen kann. Bei hermitischem Kern fallen die beiden Orthogonalsysteme nämlich zusammen und werden gleich dem der Eigenfunktionen. Man kann einem beliebigen Kern K immer zwei hermitische Kerne zuordnen, nämlich

$$K_1 = K^\dagger \cdot K, \tag{21.1}$$

$$K_2 = K \cdot K^\dagger. \tag{21.2}$$

Im Spezialfall, daß K selbst hermitisch ist, sind K_1 und K_2 gleich und stellen den iterierten Kern $K^{(2)}$ dar. Beide Kerne sind „*positiv semi-definit*". Das heißt, es gilt für jede beliebige Funktion φ die Ungleichung

$$(\varphi, (K_1 \cdot \varphi)) \geq 0 \tag{21.3}$$

und das gleiche für K_2. Dies folgt direkt aus den Regeln (14.8). Für K_1 ist z.B. in dieser Weise:

$$(\varphi, (K_1 \cdot \varphi)) = (\varphi, (K^\dagger \cdot K \cdot \varphi)) = ((K \cdot \varphi), (K \cdot \varphi)) \geq 0. \tag{21.4}$$

Die beiden Kerne K_1, K_2 haben nun die gleichen reellen positiven Eigenwerte. Es sei z.B. μ^2 ein Eigenwert von K_1 zur Eigenfunktion ψ, d.h. es sei

$$\psi = \mu^2 K_1 \cdot \psi. \tag{21.5}$$

Dann gilt auch

$$K \cdot \psi = \mu^2 K_2 \cdot K \cdot \psi \tag{21.6}$$

und es ist dann also

$$\chi = K \cdot \psi \tag{21.7}$$

Eigenfunktion von K_2 zum gleichen Eigenwert μ. Genau so folgt umgekehrt: Wenn χ eine Eigenfunktion von K_2 ist, ist $\psi = K^\dagger \cdot \chi$ eine Eigenfunktion von K_1 zum gleichen Eigenwert. Allgemeiner sind sicher ψ und χ je eine Eigenfunktion des Kernes K_1 bzw. K_2 zum gleichen Eigenwert μ^2, wenn die beiden Gleichungen

$$\psi = \mu K^\dagger \cdot \chi, \tag{21.8}$$

$$\chi = \mu K \cdot \psi \tag{21.9}$$

simultan erfüllt sind. Man findet dann, daß

$$(\psi, \psi) = \mu^2 ((K^\dagger \cdot \chi), (K^\dagger \cdot \chi)) = \mu^2 (\chi, (K_2 \cdot \chi)) = (\chi, \chi) \tag{21.10}$$

ist, so daß ψ und χ zugleich als normiert vorausgesetzt werden können. Die normierten Orthogonalsysteme ψ_ν, χ_ν der Eigenfunktionen zu K_1 bzw. K_2 sollen die dem Kern *zugeordneten Orthogonalsysteme* heißen.

22. Der Entwicklungssatz bei beliebigen Kernen. Der Entwicklungssatz von Ziff. 17 kann in folgender Weise für Kerne K verallgemeinert werden, die nicht notwendig hermitisch sind: *Jede quellenmäßig durch K dargestellte Funktion*

$$f = K \cdot g \tag{22.1}$$

mit beliebigem g läßt sich durch eine Entwicklung

$$f = \sum_\nu c_\nu \chi_\nu \tag{22.2}$$

nach dem zugeordneten Orthogonalsystem χ_ν des Kernes vollständig entwickeln. Um das zu zeigen, sei g zerlegt in den Anteil

$$g' = \sum_\nu g_\nu \psi_\nu \tag{22.3}$$

mit den Koeffizienten

$$g_\nu = (\psi_\nu, g) \tag{22.4}$$

und dem weiteren Anteil

$$g'' = g - g'. \tag{22.5}$$

In (22.3) sei über alle ψ_ν summiert, so daß g'' orthogonal zu allen ψ_ν ist. Dann verschwindet aber $K^\dagger \cdot g''$ identisch, denn es ist

$$\big((K \cdot g''), (K \cdot g'')\big) = \big(g'', (K_1 \cdot g'')\big). \tag{22.6}$$

Nach dem Entwicklungssatz für hermitische Kerne ist aber $K_1 \cdot g''$ identisch null, wenn g'' zu allen Eigenfunktionen ψ_ν des Kernes K_1 orthogonal ist. Es ist daher

$$f = K \cdot (g' + g'') = K \cdot g' = \sum_\nu g_\nu K \cdot \psi_\nu. \tag{22.7}$$

Wenn nun μ_ν^2 die Eigenwerte von K_1 und somit zugleich von K_2 sind, gilt nach (21.9)

$$K \cdot \psi_\nu = \frac{1}{\mu_\nu} \chi_\nu. \tag{22.8}$$

Somit ist die Entwicklung (22.2) immer möglich mit

$$c_\nu = \frac{1}{\mu_\nu} (\psi_\nu, g), \tag{22.9}$$

wenn man alle $\mu_\nu \neq 0$ voraussetzen darf. Das ist nun immer der Fall, wenn K_1 und damit K_2 normierbar sind. Damit ist der Entwicklungssatz bewiesen. Man kann ihn in der Weise zusammenfassen, daß man im Sinne der mittleren Konvergenz den Kern durch folgende Reihe darstellt:

$$K(x, x') = \sum_\nu \frac{\psi_\nu^*(x') \chi_\nu(x)}{\mu_\nu}. \tag{22.10}$$

Mit Hilfe dieses Entwicklungssatzes ist auch bei nicht hermitischen Kernen die Theorie der *Integralgleichungen erster Art* leichter zu entwickeln. Die Integralgleichung erster Art

$$f = K \cdot \varphi \tag{22.11}$$

kann nur dann lösbar sein, wenn sich f nach dem zugeordneten Orthogonalsystem χ_ν vollständig entwickeln läßt; d.h. wenn im Sinne der mittleren Konvergenz

$$f(x) = \sum_\nu c_\nu \chi_\nu(x) \tag{22.12}$$

gilt, wobei nach dem Entwicklungssatz

$$c_\nu = (\chi_\nu, f) = \frac{1}{\mu_\nu} (\psi_\nu, \varphi) \tag{22.13}$$

ist. Eine Lösung φ der Integralgleichung wird dann sicher

$$\varphi(x) = \sum_\nu (\chi_\nu, f)\, \mu_\nu \psi_\nu(x) \tag{22.14}$$

sein, wenn über alle ψ_ν summiert wird. Man erhält wieder eine Lösung, wenn man zu dieser Reihe eine beliebige Funktion addiert, die zu allen ψ_ν orthogonal ist.

Wenn der Kern K_1 der Gl. (21.1) *definit* ist, ist das System ψ_ν abgeschlossen und die Lösung (22.14) *eindeutig*. Wenn aber auch χ_ν abgeschlossen ist, kann f beliebig aus dem Funktionsraum gewählt sein, so daß die Integralgleichung lösbar bleibt. In diesem Falle kann man die Integraltransformation K^{-1}, die als Umkehrtransformation von K jedes f in ein φ abbildet

$$\varphi = K^{-1} \cdot f, \tag{22.15}$$

angeben als

$$K^{-1}(x, x') = \sum_\nu \mu_\nu \chi_\nu^*(x')\, \psi_\nu(x). \tag{22.16}$$

Man nennt ganz allgemein K^{-1} die zu K „reziproke" Integraltransformation, wenn wie hier $K^{-1} \cdot K$ die Identität darstellt.

23. Die inhomogene Integralgleichung zweiter Art mit beliebigem Kern. Das Problem, eine inhomogene Integralgleichung zweiter Art mit nicht hermitischem Kern K

$$\varphi - \lambda K \cdot \varphi = f \tag{23.1}$$

bei vorgegebenem λ zu lösen, läßt sich auf die Aufgabe zurückführen, eine analoge Integralgleichung mit hermitischem Kern zu lösen. Nach den allgemeinen Sätzen von Ziff. 14 kann Gl. (23.1) nur dann eine Lösung φ besitzen, wenn λ^* kein Eigenwert von $K^\dagger$ ist, oder wenn andernfalls f orthogonal zu allen Eigenfunktionen von $K^\dagger$ mit dem Eigenwert λ^* ist. Deshalb kann man auf Gl. (23.1) beiderseitig die Integraltransformation $I - \lambda^* K^\dagger$ anwenden, ohne daß die rechte Seite identisch verschwindet:

$$(I - \lambda^* K^\dagger) \cdot (I - \lambda K) \cdot \varphi = (I - \lambda^* K^\dagger) \cdot f. \tag{23.2}$$

Da nämlich f keine Eigenfunktion von $K^\dagger$ zum Eigenwert λ^* sein darf, verschwindet

$$g = (I - \lambda^* K^\dagger) \cdot f \tag{23.3}$$

nicht identisch. Man kann (23.2) als Integralgleichung zweiter Art

$$\varphi - |\lambda|\, Q_\lambda \cdot \varphi = g \tag{23.4}$$

mit dem hermitischen Kern Q_λ auffassen. Mit

$$\lambda = |\lambda|\, e^{i\alpha} \tag{23.5}$$

wird dieser gegeben durch

$$Q_\lambda = e^{-i\alpha} K^\dagger + e^{i\alpha} K - |\lambda|\, K^\dagger \cdot K. \tag{23.6}$$

Jede Lösung φ von (23.1) muß auch Lösung von (23.4) sein. Wenn λ kein Eigenwert von K ist, kann $|\lambda|$ auch kein Eigenwert von Q_λ sein. Umgekehrt ist $|\lambda|$ immer Eigenwert von Q_λ, wenn λ Eigenwert von K ist. Jede Eigenfunktion von K muß auch eine solche von Q_λ sein. — Wenn $|\lambda|$ kein Eigenwert von Q_λ

ist, ist die eindeutige Lösung φ der Gl. (23.4) auch die von (23.1). Wenn $|\lambda|$ jedoch Eigenwert von Q_λ ist, ist die zu allen dazugehörigen Eigenfunktionen orthogonale Lösung von (23.4) auch zu allen Eigenfunktionen von K zum Eigenwert λ orthogonal. Sie ist dann notwendig die durch diese Orthogonalität erklärte Lösung von (23.1). Bei einem fest vorgegebenen Wert λ ist somit die Aufgabe, die Integralgleichung (23.1) mit beliebig nicht hermitischem Kern zu lösen, auf die Lösung der Integralgleichung (23.4) mit hermitischem Kern zurückgeführt. Auf diese läßt sich die früher dargelegte Theorie der hermitischen Kerne anwenden.

IV. Direkte Lösungsmethoden.

Die in den vorangehenden Ziffern entwickelte Theorie der Integralgleichungen ist in ihrem Aufbau wesentlich geschlossener als die Theorie der Differentialgleichungen. Während bei den Differentialgleichungen die Lösungen noch durch zusätzliche Bedingungsgleichungen für die Integrationskonstanten festgelegt werden müssen (Anfangs- oder Randbedingungen), ist hier die Lösung durch die Integralgleichung selbst in der Regel bestimmt. Im Gegensatz zu den Differentialgleichungen, wo man gewöhnliche und partielle Differentialgleichungen verschiedener Ordnung unterscheiden muß, ist bei den Integralgleichungen die Theorie einheitlich für verschiedene Anzahl der unabhängigen Variablen, von denen die gesuchte Lösungsfunktion abhängt. — Die bisherigen Betrachtungen sind aber für die Auflösung einer Integralgleichung nur dann von direktem Nutzen, wenn die Eigenfunktionen des Kernes schon bekannt sind, d.h. wenn die homogene Integralgleichung zweiter Art zu dem Kern schon gelöst ist für alle Eigenwerte. Nur in Ausnahmefällen ist das aber erfüllt. Die folgenden Paragraphen werden dagegen die Frage behandeln, wie man direkt ohne diese Voraussetzung Lösungen einer Integralgleichung finden kann.

24. Die Neumannsche Reihe. Ein Lösungsverfahren für die inhomogenen Integralgleichungen zweiter Art

$$\varphi = f + \lambda K \cdot \varphi, \tag{24.1}$$

das unter Umständen zum Ziel führt, ist das sog. *Iterationsverfahren*. Man sucht die Lösungsfunktion sukzessive zu approximieren, indem man im ersten Schritt von der Differenz $\lambda K \cdot \varphi$ zwischen φ und f absieht und für φ die Näherungsfunktion

$$\varphi_0 = f \tag{24.2}$$

wählt. Im nächsten Schritt korrigiert man damit approximativ die Differenz $\lambda K \cdot \varphi$ und erhält

$$\varphi_1 = f + \lambda K \cdot \varphi_0 = (I + \lambda K) \cdot f. \tag{24.3}$$

In jedem weiteren Schritt approximiert man analog die Differenz $\lambda K \cdot \varphi$ mit der vorher gewonnenen Näherungsfunktion für φ:

$$\varphi_2 = f + \lambda K \cdot \varphi_1 = (I + \lambda K + \lambda^2 K^{(2)}) \cdot f, \tag{24.4}$$

$$\varphi_n = f + \lambda K \cdot \varphi_{n-1} = (I + \lambda K + \lambda^2 K^{(2)} + \cdots + \lambda^n K^{(n)}) \cdot f. \tag{24.5}$$

$K^{(n)}$ sei dabei der n-fach iterierte Kern zu K. Wenn nun der Wert $|\lambda|$ genügend klein ist, kann man erhoffen, daß dieses Verfahren konvergiert. Dabei ist noch zu untersuchen, gegen welche Größe $|\lambda|$ klein sein muß. Wenn das Verfahren konvergiert, wird

$$\varphi = \lim_{n \to \infty} \varphi_n = \sum_{\nu=0}^{\infty} \lambda^\nu K^{(\nu)} \cdot f. \tag{24.6}$$

Dabei sei festgelegt, daß $K^{(0)}$ immer die Identität I bedeuten soll. Die Reihe (24.6) heißt NEUMANNsche Reihe.

Bevor die Voraussetzungen für Konvergenz des Verfahrens und der NEUMANNschen Reihe untersucht werden, soll noch eine formale Analogie zu dieser betrachtet werden. Wenn statt der Integraltransformation K in (24.1) nur ein gewöhnlicher Zahlenfaktor N stände, würde die Umkehrung von (24.1) lauten:

$$\varphi = \frac{1}{1 - \lambda N} f. \tag{24.7}$$

Wenn $|\lambda|$ nun genügend klein ist, und zwar $|\lambda| < |N|^{-1}$, würde dann in Analogie zu (24.6) die Potenzreihenentwicklung nach λ gelten:

$$\varphi = \sum_{\nu=0}^{\infty} \lambda^\nu N^\nu f. \tag{24.8}$$

Für größere $|\lambda|$ jedoch würde diese Reihe divergieren. Eine ganz analoge Bedingung wird sich nun für die Konvergenz der NEUMANNschen Reihe ergeben.

Man findet durch Summation der folgenden Gleichungen, die sich aus (24.1) ergeben,

$$\varphi - \lambda K \cdot \varphi = f, \tag{24.9}$$

$$\lambda K \cdot \varphi - \lambda^2 K^{(2)} \cdot \varphi = \lambda K \cdot f, \tag{24.10}$$

$$\cdots \cdots \cdots \cdots \cdots \cdots \cdots \cdots \cdots$$

$$\lambda^n K^{(n)} \cdot \varphi - \lambda^{n+1} K^{(n+1)} \cdot \varphi = \lambda^n K^{(n)} \cdot f \tag{24.11}$$

die Relation:

$$\varphi - \lambda^{n+1} K^{(n+1)} \cdot \varphi = \sum_{\nu=0}^{n} \lambda^\nu K^{(\nu)} \cdot f. \tag{24.12}$$

Wenn nun die Folge

$$F_n(x) = \lambda^n K^{(n)} \cdot \varphi = \lambda^n \int K^{(n)}(x, x') \varphi(x') \, dx' \tag{24.13}$$

mit wachsendem n gegen Null konvergiert, konvergiert sicherlich die NEUMANNsche Reihe und ergibt φ.

Für einen normierbaren Kern K, der auch nicht-hermitisch sein darf, läßt sich nun immer eine obere Schranke für $|\lambda|$ so angeben, daß für alle Werte $|\lambda|$, die darunter liegen, die NEUMANNsche Reihe immer für alle f sicher konvergiert und φ darstellt. Um das zu beweisen, sei also vorausgesetzt, daß der Kern normierbar ist, d.h. daß

$$(K, K) = \iint |K(x, x')|^2 \, dx \, dx' = N^2 \tag{24.14}$$

endlich ist. Die SCHWARZsche Ungleichung ergibt nun:

$$|F_n(x)|^2 \leq |\lambda|^{2n} (\varphi, \varphi) \int |K^{(n)}(x, x')|^2 \, dx'. \tag{24.15}$$

Nun gilt für

$$K^{(n)}(x, x') = \int K^{(n-1)}(x, x'') K(x'', x') \, dx'' \tag{24.16}$$

weiter

$$|K^{(n)}(x, x')|^2 \leq \int |K^{(n-1)}(x, x'')|^2 \, dx'' \int |K(x''', x')|^2 \, dx''', \tag{24.17}$$

$$\int |K^{(n)}(x, x')|^2 \, dx' \leq N^2 \int |K^{(n-1)}(x, x')|^2 \, dx' \leq N^{2n-2} \int |K(x, x')|^2 \, dx'. \tag{24.18}$$

Wenn nun der Kern $K(x, x')$ *beschränkt* bleibt, oder wenigstens das Integral

$$\int |K(x, x')|^2 \, dx' \tag{24.19}$$

für alle x unter einer festen Schranke bleibt, konvergiert die Folge F_n gleichmäßig gegen Null, sobald

$$|\lambda| < \frac{1}{|N|} \tag{24.20}$$

ist. Falls jedoch (24.19) nicht beschränkt bleibt, wohl aber K noch *normierbar* ist, konvergiert F_n dann nur im Mittel gegen Null, weil dann

$$\int |F_n(x)|^2\,dx \leq (\varphi,\varphi)\,\lambda^n\,N^{2n} \tag{24.21}$$

ist. Im ersten Fall konvergiert die Neumannsche Reihe gleichmäßig, im zweiten nur noch im Mittel gegen φ, sobald (24.20) erfüllt ist.

Bei normierbaren *hermitischem Kern* K läßt sich noch eine bessere Schranke angeben. Nach dem Entwicklungssatz von Ziff. 17 und Gl. (24.13) gilt für F_n eine Entwicklung

$$F_n(x) = \sum_{\nu=1}^{\infty} c_\nu^{(n)}\,\psi_\nu(x) \tag{24.22}$$

nach den Eigenfunktionen ψ_ν von K. Mit (18.5) ist

$$c_\nu^{(n)} = \left(\frac{\lambda}{\lambda_\nu}\right)^n (\psi_\nu,\varphi). \tag{24.23}$$

Nun ist

$$(F_n,F_n) = \sum_{\nu=1}^{\infty} |c_\nu^{(n)}|^2 = \sum_{\nu=1}^{\infty} \left(\frac{\lambda}{\lambda_\nu}\right)^{2n} |(\psi_\nu,\varphi)|^2. \tag{24.24}$$

Wenn also λ_1 der Eigenwert mit kleinstem Betrag ist, gilt

$$(F_n,F_n) < \left(\frac{\lambda}{\lambda_1}\right)^{2n} \sum_{\nu=1}^{\infty} |(\psi_\nu,\varphi)|^2 = \left(\frac{\lambda}{\lambda_1}\right)^{2n} (\varphi,\varphi). \tag{24.25}$$

Die Neumannsche Reihe konvergiert dann also immer für

$$|\lambda| < |\lambda_1|, \tag{24.26}$$

wo λ_1 der „erste" Eigenwert von K ist, d.h. der Eigenwert mit kleinstem Betrag. In der nächsten Ziffer wird sich diese Bedingung (24.26) nicht nur als hinreichend, sondern auch als notwendig für die Konvergenz der Neumannschen Reihe herausstellen, so daß $|\lambda_1|$ der Konvergenzradius dieser Potenzreihe nach λ ist.

25. Die Fredholmsche Lösungsmethode. Die in dieser Ziffer entwickelte Lösungsmethode kann man sich in einfacher Weise dadurch deutlich machen, daß man nach einer Verallgemeinerung des Begriffes der Determinante für lineare Transformationen im unendlich-dimensionalen Funktionsraum fragt. Liegt in einem endlich-dimensionalen Vektorraum die Gleichung

$$(I - \lambda M)\cdot\boldsymbol{\varphi} = \boldsymbol{f} \tag{25.1}$$

für den Vektor φ vor, wobei M eine Matrix und I die Einheitsmatrix ist, so kann man die Lösung nach der Cramerschen Regel der linearen Algebra angeben durch:

$$\boldsymbol{\varphi} = \frac{\varDelta(\lambda;\boldsymbol{f})}{D(\lambda)}. \tag{25.2}$$

Dabei stellt $D(\lambda)$ die Determinante der Matrix $I-\lambda M$ dar, die für den Wert λ nicht gerade verschwinden soll. $\varDelta$ ist ein Vektor mit den Komponenten $\varDelta_\nu$, wo $\varDelta_\nu$ die Determinante der Matrix ist, die aus $I-\lambda M$ hervorgeht, wenn man die ν-te Spalte durch die Elemente $(f_1,f_2,\ldots,f_n)$ ersetzt. $D(\lambda)$ und $\varDelta_\nu(\lambda;\boldsymbol{f})$ sind Polynome in λ vom Grade n bzw. $n-1$:

$$D(\lambda) = \sum_{\mu=0}^{n} d_\mu\,\lambda^\mu, \tag{25.3}$$

$$\varDelta_\nu(\lambda;\boldsymbol{f}) = \sum_{\mu=0}^{n-1} c_\mu(\boldsymbol{f})\,\lambda^\mu. \tag{25.4}$$

Dabei ist nach dem LAPLACEschen Entwicklungssatz für Determinanten

$$d_\mu = \frac{(-1)^\mu}{\mu!} \sum_{\sigma_1=1}^{\mu} \sum_{\sigma_2=1}^{\mu} \sum_{\sigma_3=1}^{\mu} \begin{vmatrix} M_{\sigma_1\sigma_1} & M_{\sigma_1\sigma_2} & \cdots & M_{\sigma_1\sigma_\mu} \\ & \vdots & & \\ M_{\sigma_\mu\sigma_1} & M_{\sigma_\mu\sigma_2} & \cdots & M_{\sigma_\mu\sigma_\mu} \end{vmatrix}, \tag{25.5}$$

$$d_0 = 1. \tag{25.6}$$

In Ziff. 3 wurde gezeigt, in welcher Weise man den Funktionsraum als Grenzfall eines Vektorraumes betrachten kann, wenn dessen Dimensionszahl n gegen Unendlich geht. Die Zuordnung eines n-dimensionalen Vektorraumes zum Funktionsraum bei einer einzigen Variablen x erfolgt durch Unterteilung des Grundintervalles in n gleich große Teilintervalle der Länge Δx. Bei mehreren Variablen kann man in analoger Weise das Grundgebiet in n gleich große Teilgebiete des Volumens Δx einteilen. [Eine Verwechslung mit dem Funktionssymbol Δ in Gl. (25.2) ist wohl kaum zu befürchten.] Damit nun die in Komponenten ausgeschriebene Gl. (25.1)

$$\varphi_\sigma - \lambda \sum_{\tau=1}^{n} M_{\sigma\tau} \varphi_\tau = f_\sigma, \qquad (\sigma = 1, 2, \ldots, n) \tag{25.7}$$

für $n \to \infty$ in die Integralgleichung

$$\varphi(x) - \lambda \int K(x, x') \varphi(x') dx' = f(x) \tag{25.8}$$

übergeht, muß

$$M_{\sigma\tau} = K(x_\sigma, x_\tau) \Delta x \tag{25.9}$$

in $K(x, x') dx'$ übergehen, wenn Δx in dx' übergeht. Dann geht aber das Polynom $D(\lambda)$ der Form (25.3) in eine Potenzreihe in λ

$$D(\lambda) = \sum_{\mu=0}^{\infty} d_\mu \lambda^\mu \tag{25.10}$$

über. Der Koeffizient d_0 bleibt nach (25.6) gleich eins, die übrigen Koeffizienten werden nach (25.5):

$$d_\mu = \frac{(-1)^\mu}{\mu!} \int \cdots \int dx_1 \ldots dx_\mu \begin{vmatrix} K(x_1, x_1) & K(x_1, x_2) & \ldots & K(x_1, x_\mu) \\ \cdots & \cdots & \cdots & \cdots \\ K(x_\mu, x_1) & (K(x_\mu, x_2) & \ldots & K(x_\mu, x_\mu) \end{vmatrix}. \tag{25.11}$$

Jede Integration erstreckt sich dabei über das Grundgebiet.

Die Potenzreihe (25.10) konvergiert nun immer für alle λ, wenn der Kern K beschränkt bleibt und das Volumen des Grundgebietes V endlich ist. Das gewinnt man leicht mit Hilfe des HADAMARDschen *Determinantensatzes* für das Absolutquadrat einer Determinante

$$\left\| \begin{matrix} \alpha_{11} & \cdots & \alpha_{1\mu} \\ & \vdots & \\ \alpha_{\mu 1} & \cdots & \alpha_{\mu\mu} \end{matrix} \right\|^2 \leq \sum_{\sigma=1}^{\mu} |\alpha_{1\sigma}|^2 \sum_{\varrho=1}^{\mu} |\alpha_{2\varrho}|^2 \ldots \sum_{\tau=1}^{\mu} |\alpha_{\mu\tau}|^2. \tag{25.12}$$

Es sei S eine obere Schranke der Werte $|K(x, x')|$. Dann wird

$$|d_\mu| \leq \frac{1}{\mu!} V \sqrt{(\mu S^2)^\mu}, \tag{25.13}$$

und es strebt

$$\left| \frac{d_{\mu+1}}{d_\mu} \right|^2 \leq S^2 \frac{1}{\mu+1} \left(1 + \frac{1}{\mu}\right)^\mu \tag{25.14}$$

mit $\mu \to \infty$ gegen Null, da ja $\left(1 + \dfrac{1}{\mu}\right)^{\mu}$ gegen e strebt. Nach dem Quotientenkriterium konvergiert dann aber die Reihe $D(\lambda)$ für alle λ.

Genau so wie $D(\lambda)$ geht auch das Polynom $\varDelta(\lambda; f)$ von (25.4) in eine Potenzreihe nach λ über, wenn die Dimensionszahl n des Vektorraumes gegen unendlich geht. Der Vektor $\varDelta$ geht dabei in eine Funktion von x der Form $\varDelta(x; \lambda; f)$ über. Es ist zweckmäßig, sich hierbei von der Abhängigkeit von f freizumachen, indem man die *Resolvente* $\varGamma(x; x'; \lambda)$ einführt. Sie ist, wie schon in Ziff. 19 definiert, der Kern der Integraltransformation in der Gleichung der Matrixschreibweise

$$\varphi = f + \lambda \varGamma \cdot f = (I + \lambda \varGamma) \cdot f. \tag{25.15}$$

Diese stellt die Lösung φ der Integralgleichung

$$f = (I - \lambda K) \cdot \varphi \tag{25.16}$$

quellenmäßig durch f dar. Nach den allgemeinen Sätzen von Ziff. 14 ist allerdings diese Transformation dann unter Umständen mehrdeutig, wenn λ gerade Eigenwert des Kernes K ist. Wenn f nicht geeignet gewählt ist, gibt es dann unter Umständen überhaupt kein zugehöriges φ mehr. Wenn jedoch λ kein Eigenwert ist, dann ist die Transformation in (25.15) immer eindeutig. — Aus (25.15) und

$$\varphi(x) = \frac{\varDelta(x; \lambda; f)}{D(\lambda)}, \tag{25.17}$$

folgt in der abgekürzten Matrixschreibweise

$$\varDelta = \left(D(\lambda) I + \lambda D(\lambda) \varGamma\right) \cdot f. \tag{25.18}$$

Darin ist der Kern

$$F(x, x'; \lambda) = D(\lambda) \varGamma(x, x'; \lambda) \tag{25.19}$$

von f unabhängig. Da $\varDelta$ genau so wie D als Potenzreihe in λ darstellbar ist, gilt dies auch für F:

$$F(x, x'; \lambda) = \sum_{\mu=0}^{\infty} A_{\mu}(x, x') \lambda^{\mu}. \tag{25.20}$$

Um die Koeffizientenfunktionen $A_{\mu}(x, x')$ zu gewinnen, kann man in folgender Weise vorgehen:

Für $\varGamma$ ergibt sich aus (25.15), (25.16) die Integralgleichung

$$\varGamma = K + \lambda K \cdot \varGamma. \tag{25.21}$$

Aus ihr gewinnt man durch Multiplikation mit $D(\lambda)$ die Integralgleichung für F

$$F = D(\lambda) K + \lambda K \cdot F, \tag{25.22}$$

mit der man die A_{μ} bequem berechnen kann. Setzt man nämlich für F und D die Potenzreihen-Entwicklungen (25.20), (25.10) ein, so liefert beiderseitiger Koeffizientenvergleich folgende Rekursionsformeln für A_{μ}:

$$A_0 = K, \tag{25.23}$$

$$A_{\mu} = K \cdot (d_{\mu} I + A_{\mu-1}), \quad (\mu = 1, 2, \ldots). \tag{25.24}$$

Damit gewinnt man

$$A_{\mu}(x, x') = \sum_{\sigma=0}^{\mu} d_{\mu-\sigma} K^{(\sigma+1)}(x, x'). \tag{25.25}$$

Explizit wird das:

$$A_\mu(x, x') = \frac{(-1)^\mu}{\mu!} \int \cdots \int dx_1 \ldots dx_\mu \begin{vmatrix} K(x, x') & K(x, x_1) & \ldots & K(x, x_\mu) \\ K(x_1, x') & K(x_1, x_1) & \ldots & K(x_1, x_\mu) \\ \ldots & \ldots & \ldots & \ldots \\ K(x_\mu, x') & K(x_\mu, x_1) & \ldots & K(x_\mu, x_\mu) \end{vmatrix}. \tag{25.26}$$

Man beweist, analog wie für die Reihe $D(\lambda)$ oben durchgeführt wurde, daß die Reihe $F(x, x'; \lambda)$ unter den oben formulierten Voraussetzungen für alle λ konvergiert.

Die Wurzeln der Gleichung

$$D(\lambda) = 0| \tag{25.27}$$

sind gerade die Eigenwerte $\lambda_1, \lambda_2, \ldots$ des Kernes K. Für einen endlich-dimensionalen Vektorraum ist diese Aussage bekannt. Man gewinnt sie auch für den Funktionsraum, wenn man mit der Dimensionszahl n gegen unendlich geht. Eine Nullstelle des Polynoms $D(\lambda)$ geht dann bei dem Grenzübergang in eine Nullstelle der Potenzreihe über. Die Eigenwertgleichung, deren Wurzel λ_ν ist, geht dabei in die homogene Integralgleichung über. Für die Eigenwerte λ_ν von K divergiert demnach die Resolvente $\Gamma(x, x'; \lambda)$. Nun ist die Neumannsche Reihe gerade die Potenzreihen-Entwicklung der meromorphen Funktion Γ von λ, die an den Stellen λ_ν Pole besitzt und sonst im Endlichen überall regulär ist. Deshalb muß die Neumannsche Reihe für alle $|\lambda| \geq |\lambda_1|$ divergieren, wenn λ_1 der Eigenwert mit kleinstem Betrag ist. Für $|\lambda| < |\lambda_1|$ konvergiert aber nach den Ergebnissen von Ziff. 24 die Neumannsche Reihe. Also ist $|\lambda_1|$ gerade ihr Konvergenzradius.

26. Volterrasche Integralgleichungen. In den Anwendungen spielt folgender Typ von Integralgleichungen eine gewisse Rolle, die man als Volterrasche Integralgleichungen bezeichnet:

$$\varphi(x) - \lambda \int_a^x K(x, x') \varphi(x') \, dx' = f(x). \tag{26.1}$$

Die Lösungsfunktion $\varphi(x)$ hängt, wie $f(x)$ nur von einer einzigen Variablen ab. x stellt also jetzt eine einzige Variable und nicht ein Variablensystem dar. Die Integralgleichung (26.1) unterscheidet sich von den früher besprochenen Typen dadurch, daß das Integrationsgebiet nicht fest ist, sondern die obere Integrationsgrenze x variabel bleibt. Man kann diese Integralgleichung aber doch in die bisher behandelten Typen einordnen, indem man als Grundgebiet für x die Halbgerade $a \leq x < \infty$ auffaßt und mit der Stufenfunktion

$$\varepsilon(x - x') = \begin{cases} 1 & \text{für } x > x', \\ 0 & \text{für } x < x' \end{cases} \tag{26.2}$$

den Kern

$$M(x, x') = \varepsilon(x - x') K(x, x') \tag{26.3}$$

einführt. Die Volterrasche Integralgleichung wird damit zu einer Fredholmschen Integralgleichung zweiter Art mit dem neuen festen Grundgebiet $a \leq x < \infty$:

$$\varphi(x) - \lambda \int_a^\infty M(x, x') \varphi(x') \, dx' = f(x). \tag{26.4}$$

Auf diese läßt sich nun die bisher entwickelte Theorie wieder übertragen.

Die zugehörige Neumannsche Reihe konvergiert nun immer für alle Werte λ, sobald $K(x, x')$ beschränkt bleibt. Um das zu beweisen, seien die iterierten

Kerne $M^{(n)}$ betrachtet. Man findet

$$M^{(2)}(x, x') = \varepsilon(x - x') \int_{x'}^{x} K(x, x'') K(x'', x')\, dx'' \qquad (26.5)$$

und rekursiv

$$M^{(n)}(x, x') = \varepsilon(x - x') \int_{x'}^{x} K(x, x'') M^{(n-1)}(x'', x')\, dx''. \qquad (26.6)$$

Wenn nun K beschränkt ist, d.h. immer

$$|K(x, x')| \leq N \qquad (26.7)$$

mit festem N bleibt, gilt

$$|M^{(2)}(x, x')| \leq N^2 |x - x'| \qquad (26.8)$$

und allgemein

$$|M^{(n)}(x, x')| \leq N^n \frac{|x - x'|^{n-1}}{(n-1)!}. \qquad (26.9)$$

Damit wird aber die Neumannsche Reihe für alle Werte λ konvergent, wie die Konvergenzbetrachtung in Ziff. 24 hierfür zeigt. Die Konvergenz der Neumannschen Reihe ist übrigens nicht an die Beschränktheit von K geknüpft. Es genügt, daß $M^{(2)}$ beschränkt bleibt, und das ist, wie hier nicht weiter ausgeführt, unter sehr allgemeinen Bedingungen erfüllt.

27. Nichtbeschränkte Kerne. Häufig treten in den Anwendungen Kerne $K(x, x')$ auf, die für $x = x'$ unendlich werden, sonst aber endlich bleiben. Das ist z.B. bei dem in Ziff. 13 angeführten Beispiel (13.2) der Fall. Man kann auch hierfür noch die Fredholmsche Methode in entsprechend angepaßter Form anwenden. Es lassen sich zwar die Ausdrücke d_μ und $A_\mu(x, x')$ nach (25.11) und (25.26) nicht ohne weiteres bilden. Man kann aber folgendermaßen vorgehen: Man ersetzt die Diagonalglieder $K(x_1, x_1), \ldots K(x_\mu, x_\mu)$ in den Determinanten dieser Gleichungen durch Null, mit Ausnahme des ersten Diagonalgliedes $K(x, x')$ in (25.26). Damit seien dann, in dadurch abgeänderter Weise, $D(\lambda)$ und $\Gamma(x, x'; \lambda)$ nach (25.10), (25.19) und (25.20) gebildet. Nun ist zwar $\Gamma(x, x'; \lambda)$ auch noch singulär für $x = x'$, aber die Differenz

$$\Gamma(x, x'; \lambda) - K(x, x') \qquad (27.1)$$

bleibt immer endlich, sobald $D(\lambda) \neq 0$ ist. Da nun die Beziehungen (25.25) bestehen bleiben, gilt auch weiterhin in der Matrixschreibweise

$$\Gamma = K + \lambda K \cdot \Gamma, \qquad (27.2)$$

wenn $D(\lambda) \neq 0$ ist. Damit wird aber

$$\Gamma \cdot f = K \cdot (f + \lambda \Gamma \cdot f). \qquad (27.3)$$

Beiderseitige Multiplikation mit λ und Addition von f liefert daraus für

$$\varphi = f + \lambda \Gamma \cdot f \qquad (27.4)$$

wieder die ursprüngliche Integralgleichung:

$$\varphi = f + \lambda K \cdot \varphi. \qquad (27.5)$$

Das heißt, falls $D(\lambda) \neq 0$ ist, ist das nach (27.4) gebildete φ gerade die gesuchte Lösung, die ja eindeutig ist.

In vielen Fällen bleibt, bei nicht beschränktem Kern K, wenigstens der iterierte Kern $K^{(2)}$ noch beschränkt. Dann läßt sich die Integralgleichung auf eine solche mit diesem Kern $K^{(2)}$ zurückführen. Setzt man nämlich in

$$\varphi = f + \lambda K \cdot \varphi \tag{27.6}$$

für φ im Integralprodukt mit K die rechte Seite selbst ein, so wird

$$\varphi = f + \lambda K \cdot f + \lambda^2 K^{(2)} \cdot \varphi. \tag{27.7}$$

Das ist aber eine Integralgleichung

$$\varphi = g + \lambda^2 K^{(2)} \cdot \varphi, \tag{27.8}$$

der φ auch genügen muß, deren Kern aber beschränkt bleibt. Dabei ist

$$g = f + \lambda K \cdot f. \tag{27.9}$$

Dieses Verfahren läßt sich auch entsprechend erweitern, wenn erst mehrfache Iteration auf einen beschränkten Kern $K^{(n)}$ führt. Bei solchen „nicht wesentlich singulären" Kernen K läßt sich die Aufgabe, die Integralgleichung zu lösen, immer auf die Lösung einer Integralgleichung mit dem beschränkten Kern $K^{(n)}$ zurückführen.

28. ABELsche Integralgleichungen. Der zuletzt erwähnte Fall liegt bei den sog. ABELschen Integralgleichungen vor. Diese sind spezielle VOLTERRAsche Integralgleichungen erster Art vom Typ

$$\int_a^x \frac{\varphi(x')\,dx'}{(x-x')^\alpha} = f(x) \tag{28.1}$$

mit $0 < \alpha < 1$. Man kann hier mit einem Kunstgriff direkt zur Lösung gelangen. Aus (28.1) folgt

$$\int_a^y \frac{dx}{(y-x)^{1-\alpha}} \int_a^x \frac{\varphi(x')\,dx'}{(x-x')^\alpha} = \int_a^y \frac{f(x)\,dx}{(y-x)^{1-\alpha}}. \tag{28.2}$$

Diese Beziehung stellt aber eine Integralgleichung erster Art

$$\int_a^y L(y, x')\, \varphi(x')\, dx' = F(y) \tag{28.3}$$

mit beschränktem Kern

$$L(y, x') = \int_{x'}^y \frac{dx}{(y-x)^{1-\alpha}(x-x')^\alpha} \tag{28.4}$$

dar. Es ist dabei

$$F(y) = \int_a^y \frac{f(x)\,dx}{(y-x)^{1-\alpha}}. \tag{28.5}$$

Der beschränkte Kern $L(y, x')$ läßt sich direkt berechnen und erweist sich sogar als konstant. Mit der Substitution

$$t = \frac{x-x'}{y-x'}, \tag{28.6}$$

wird nämlich

$$L = \int_0^1 \frac{dt}{t^\alpha (1-t)^{1-\alpha}} = \frac{\alpha}{\sin \pi \alpha}. \tag{28.7}$$

Die Integralgleichung (28.3) wird dann zu

$$L \int_a^y \varphi(x')\,dx' = F(y).$$ (28.8)

Das ergibt, wenn $F'(y)$ die Ableitung von $F(y)$ bedeutet:

$$\varphi(y) = \frac{\sin \pi \alpha}{\alpha} F'(y).$$ (28.9)

Gl. (28.5) gestattet einem aber noch nicht, $F'(y)$ durch einfache Differentiation direkt zu gewinnen. Dazu ist es zweckmäßig, sie zunächst in der Form

$$F(y) = \int_a^\infty \varepsilon(y - x)\,G(y, x)\,f(x)\,dx$$ (28.10)

zu schreiben, wo $\varepsilon(y)$ wieder die Stufenfunktion (26.2) und

$$G(y, x) = \frac{1}{(y - x)^{1-\alpha}}$$ (28.11)

ist. Jetzt sei formal die Ableitung $F'(y)$ gebildet, wobei man beachte, daß die Ableitung von $\varepsilon(y)$ die δ-Funktion ist:

$$F'(y) = G(y, y)\,f(y) + \int_a^y \frac{\partial}{\partial y} G(y, x)\,f(x)\,dx.$$ (28.12)

Im Integranden sei noch

$$\frac{\partial}{\partial y} G(y, x) = - \frac{\partial}{\partial x} G(y, x)$$ (28.13)

verwendet. Bei partieller Integration in (28.12) fällt dann gerade wieder der uneigentliche Ausdruck $G(y, y)$ weg:

$$F'(y) = G(y, a)\,f(a) + \int_a^y G(y, x)\,f'(x)\,dx.$$ (28.14)

Damit wird explizit die Lösung der Integralgleichung zu

$$\varphi(y) = \frac{\sin \pi \alpha}{\alpha} \left[\frac{f(a)}{(y - a)^{1-\alpha}} + \int_a^y \frac{f'(x)\,dx}{(y - x)^{1-\alpha}} \right].$$ (28.15)

Man kann das Verfahren auch leicht auf die *verallgemeinerten* Abel*schen Integralgleichungen*

$$\int_a^x \frac{H(x, x')\,\varphi(x')}{(x - x')^\alpha}\,dx' = f(x)$$ (28.16)

erweitern, wo $H(x, x')$ eine vorgegebene stetige Funktion von x und x' ist. Der beschränkte Kern in (28.5) wird dann zu

$$L(y, x') = \int_{x'}^y \frac{H(x, x')\,dx}{(y - x)^{1-\alpha}\,(x - x')^\alpha},$$ (28.17)

der für $x' = y$ den endlichen Wert

$$L(y, y) = \frac{\alpha}{\sin \pi \alpha} H(y, y)$$ (28.18)

annimmt. Man erhält diesen Ausdruck beim Grenzübergang $x' \to y$, bei dem man für genügend kleine $|y - x'|$ die stetige Funktion $H(x, x')$ nach dem Mittelwertsatz vor das Integral ziehen kann. $F(y)$ bleibt auch hier der Ausdruck von (28.5). — Die Integralgleichung (28.16) läßt sich dann nach den oben entwickelten Methoden behandeln.

29. Näherungsweise Lösungsmethoden. $\alpha)$ *Das Iterationsverfahren.* Das Iterationsverfahren zur Berechnung der Lösung einer inhomogenen Integralgleichung zweiter Art für einen vorgegebenen Wert λ wurde in Ziff. 24 beschrieben. Es führte zur NEUMANNschen Reihe und konvergiert nicht für beliebige Werte λ. Bei hermitischen Kernen muß $|\lambda|$ kleiner als der Betrag des kleinsten Eigenwertes sein. Bei der näherungsweisen Berechnung, bei der man das Verfahren nach einer endlichen Anzahl von Schritten abbricht, interessiert nicht nur die Konvergenz allein, sondern vor allem, wie schnell das Verfahren konvergiert; d.h. wie groß der Fehler nach dem n-ten Schritt bleibt. Nach Gl. (24.12), (24.13) stellt $F_{n+1}(x)$ gerade diesen Fehler dar:

$$F_{n+1}(x) = \varphi(x) - \varphi_n(x), \tag{29.1}$$

denn

$$\varphi_n = \sum_{\nu=0}^{n} \lambda^\nu K^{(\nu)} \cdot f \tag{29.2}$$

ist der Näherungsausdruck für φ nach dem n-ten Schritt. Ein Maß dafür, wie rasch das Verfahren konvergiert, wird durch (F_n, F_n) gegeben. Für dieses Produkt gelten die Abschätzungen (24.21) oder in schärferer Form für hermitische Kerne (24.25), die man verwenden kann, wenn man (φ, φ) und λ_1 wenigstens näherungsweise kennt. Näherungsweise Berechnungen von Eigenwerten werden unter $\beta)$ und $\gamma)$ angegeben.

Bei *negativ-definiten* oder auch nur *negativ-semidefiniten hermitischen Kernen* $-K$ läßt sich das Verfahren nun in solcher Weise abändern, daß die Schnelligkeit der Konvergenz wesentlich verbessert werden kann, ja, daß sogar für beliebige positive Werte noch Konvergenz erreicht werden kann. Die Integralgleichung sei in der Form

$$\varphi = f - \lambda K \cdot \varphi \tag{29.3}$$

geschrieben, so daß K also positiv ist. λ sei schon positiv vorausgesetzt; andernfalls wäre die Unterscheidung zwischen einer Integralgleichung mit negativ-definitem Kern von einer mit positiv-definitem Kern willkürlich. Man bildet nun zwei Funktionsfolgen $u_n(x)$, $v_n(x)$ in folgender Weise:

$$u_n = f - \lambda K \cdot v_n, \tag{29.4}$$

$$v_n = v_{n-1} + \beta(u_{n-1} - v_{n-1}), \tag{29.5}$$

$$v_0 = f. \tag{29.6}$$

β ist dabei eine Konstante, über die noch so verfügt werden soll, daß v_n möglichst günstig gegen φ konvergiert. Wie das möglich ist, zeigt folgende Betrachtung. Für die „Fehlerfunktionen"

$$V_n = \varphi - v_n, \tag{29.7}$$

$$U_n = \varphi - u_n \tag{29.8}$$

gilt die Integralbeziehung

$$U_n = -\lambda K \cdot V_n. \tag{29.9}$$

Nach dem Entwicklungssatz von Ziff. 17 läßt sich also U_n nach dem normierten Orthogonalsystem der Eigenfunktionen ψ_ν des Kernes K entwickeln. Da dies aber auch für $V_0 = \varphi - f$ gilt, muß es auch für alle V_n gelten [vgl. (29.13)]:

$$U_n(x) = \sum_{\nu=1}^{\infty} a_\nu^{(n)}\, \psi_\nu(x), \qquad (29.10)$$

$$V_n(x) = \sum_{\nu=1}^{\infty} b_\nu^{(n)}\, \psi_\nu(x). \qquad (29.11)$$

Für die Entwicklungskoeffizienten liefert (29.9) die Beziehung

$$a_\nu^{(n)} = - \frac{\lambda}{\lambda_\nu}\, b_\nu^{(n)}, \qquad (29.12)$$

die man beim Koeffizientenvergleich in der Gleichung

$$V_n = V_{n-1} + \beta\,(U_{n-1} - V_{n-1}), \qquad (29.13)$$

welche sich aus (29.4) und (29.5) ergibt, gleich verwenden kann. Man erhält:

$$b_\nu^{(n)} = \left(1 - \beta\,\frac{\lambda + \lambda_\nu}{\lambda_\nu}\right) b_\nu^{(n-1)} = \left(1 - \beta\,\frac{\lambda + \lambda_\nu}{\lambda_\nu}\right)^n b_\nu^{(0)}. \qquad (29.14)$$

Die Konvergenz des Verfahrens ist immer garantiert, wenn

$$0 < \beta < \frac{2\lambda_\nu}{\lambda + \lambda_\nu} \qquad (29.15)$$

ist. Dazu genügt es

$$\beta = \frac{\lambda_1}{\lambda + \lambda_1} \qquad (29.16)$$

zu wählen. Meistens liefert auch $b_1^{(0)}$ den Hauptanteil des Fehlers V_0, und die Konvergenz wird dann am raschesten erfolgen. In der Praxis genügt es, λ_1 nur näherungsweise zu kennen.

Wenn λ wesentlich größer als λ_1 ist, kann es vorteilhafter sein, für v_0 eine geeignetere Funktion als f anzusetzen. Bei definitem Kern ist sie ja dann auch immer nach den ψ_ν entwickelbar. Dann wird ein größerer Wert β als (29.16) günstiger sein, der $\dfrac{\lambda_\nu}{\lambda + \lambda_\nu}$ näher liegt, wenn $b_\nu^{(0)}$ der größte Entwicklungskoeffizient von v_0 ist.

$\beta)$ *Sukzessive Approximation von Eigenwerten und Eigenfunktionen.* Um bei der homogenen Integralgleichung mit normierbarem hermitischen Kern K

$$\psi = \lambda K \cdot \psi \qquad (29.17)$$

sowohl ψ wie den unbekannten Eigenwert λ zu berechnen, kann man das Iterationsverfahren in folgender Weise anwenden: Man geht von einer beliebigen normierten Funktion $y_0(x)$ aus und bildet in sukzessiven Schritten jeweils

$$y_n = \mu_n K \cdot y_{n-1}, \qquad (29.18)$$

wo μ_n durch die Forderung bestimmt ist, daß y_n normiert ist. Daß mit wachsendem n dann y_n gegen eine Eigenfunktion und μ_n gegen einen Eigenwert konvergieren, läßt sich wieder mit Hilfe einer Entwicklung nach dem normierten Orthogonalsystem der Eigenfunktionen ψ_ν zeigen. Es sei

$$y_n(x) = \sum_{\nu=1}^{\infty} a_\nu^{(n)}\, \psi_\nu(x). \qquad (29.19)$$

Dann gilt:

$$a_\nu^{(n)} = \frac{\mu_n}{\lambda_\nu} a_\nu^{(n-1)} = \left(\frac{\mu_n}{\lambda_\nu}\right)^n a_\nu^{(0)}. \tag{29.20}$$

Wenn nun, wie in der Regel anzunehmen ist, $a_1^{(0)}$ nicht verschwindet, d.h. wenn y_0 nicht gerade orthogonal zu ψ_1 ist, muß μ_n mit wachsendem n gegen λ_1 konvergieren und y_n gegen ψ_1. Die Funktion y_n bleibt ja immer normiert, deshalb können die $a_\nu^{(n)}$ nicht unendlich werden. Nun würde aber $a_1^{(n)}$ gegen unendlich gehen, wenn μ_n gegen irgendeinen größeren Wert als λ_1 konvergieren oder gar divergieren würde. Es darf aber auch gegen keinen kleineren Wert konvergieren, weil ja sonst alle $a_\nu^{(n)}$ gegen Null gehen würden, was auch der Normiertheit von y_n widerspräche. — Wenn jedoch y_0 orthogonal zu ψ_1 ist, muß entsprechend μ_n gegen den kleinsten Eigenwert λ_σ konvergieren, für den ψ_σ nicht orthogonal zu y_0 ist. Dann verschwinden ja alle $a_\nu^{(n)}$ immer für $\nu < \sigma$. Wenn man also etwa die ersten $\sigma - 1$ Eigenfunktionen schon kennt, kann man y_0 gerade so wählen, daß es zu ihnen orthogonal ist, um ψ_σ und λ_σ zu berechnen. Im Prinzip könnte man so fortfahren.

Man erkennt aber auch, daß die Schnelligkeit des Verfahrens von der Wahl von y_0 abhängt. Am besten ist es, wenn von vorneherein der Koeffizient $a_\sigma^{(0)}$ der zu berechnenden Funktion, in der Regel also $a_1^{(0)}$, schon möglichst groß ist Man erkennt das noch deutlicher, wenn man nach (29.20) den Ausdruck

$$\left(\frac{1}{\mu_n}\right)^{2n} = \sum_{\nu=1}^{\infty} \left(\frac{1}{\lambda_\nu}\right)^{2n} |a_\nu^{(0)}|^2 \tag{29.21}$$

bildet. μ_n^{-2n} ist demnach der Mittelwert von λ_ν^{-2n}, wenn jedem Eigenwert λ_ν der Gewichtsfaktor $|a_\nu^{(0)}|^2$ zugeordnet wird. Da μ_n gegen den tiefsten Eigenwert konvergiert, für den dieser Gewichtsfaktor nicht verschwindet, ist es für das Verfahren vorteilhaft, wenn dieser groß ist. Man ersieht aus (29.21) noch, daß grundsätzlich der Betrag $|\mu_n|$ größer oder höchstens gleich dem des Eigenwertes λ_σ ist, gegen den μ_n konvergiert.

γ) *Das Variationsverfahren.* In Ziff. 16 wurde gezeigt, daß bei normierbarem hermitischen Kern K der Eigenwert λ_1 mit kleinstem Betrag gleich dem Wert λ ist, für den

$$\left|\frac{1}{\lambda}\right| = \left|\frac{(\psi, K\psi)}{(\psi, \psi)}\right| \tag{29.22}$$

zum absoluten Maximum wird, wenn man alle Funktionen des Funktionsraumes für ψ zuläßt. Diejenige Funktion ψ, für welche gerade das Maximum erreicht wird, ist Eigenfunktion ψ_1 zum Eigenwert λ_1. Der nächste Eigenwert λ_2 wird dann durch λ für das Maximum von (29.22) gegeben, wenn man alle Funktionen ψ des Funktionsraumes zuläßt, die zu ψ_1 orthogonal sind. Allgemein wird der n-te Eigenwert λ_n erhalten, wenn beim Aufsuchen des Maximums alle Funktionen ψ des Funktionsraumes zugelassen werden, die zu den $\psi_1, \ldots, \psi_{n-1}$ orthogonal sind. Dabei kann natürlich ein entarteter Eigenwert auftreten. Er wird dann in der Reihe λ_ν mehrfach gezählt und so oft auftreten, als er unabhängige Lösungen ψ_ν besitzt.

Das Aufsuchen des Maximums von (29.22) ist eine Variationsaufgabe, wie sie in allgemeiner Weise im nächsten Abschnitt C behandelt wird. Wichtig für die praktische Anwendung ist dabei das in Ziff. 39 erläuterte RITZsche *Verfahren,* das hier zur näherungsweisen Berechnung der Eigenwerte und Eigenfunktionen, besonders wieder des tiefsten Eigenwertes λ_1, verwendet werden kann. Wie an entsprechender Stelle noch ausgeführt wird, ist das Verfahren besser zur Berechnung des Eigenwertes als der Eigenfunktion geeignet. Dies liegt daran, daß kleine Fehler von ψ erst quadratisch in λ auftreten, wenn λ ein Extremum ist.

C. Variationsrechnung.

30. Funktionale. Das „Funktional" oder die „Funktionen-Funktion" stellt eine Verallgemeinerung des Funktionsbegriffes dar, bei dem die Funktionen eines Funktionsraumes gewissermaßen die Rolle des Argumentes übernehmen. Bekanntlich heißt $f(x)$ eine Funktion von x, wenn jedem Zahlenwert des Argumentes x aus einem festgelegten Definitionsbereich eine Größe f zugeordnet ist. In Verallgemeinerung dessen nennt man F ein Funktional, wenn jeder Funktion $y(x)$ eines Funktionsraumes eine Größe F zugeordnet ist. Die zugeordnete Größe F kann eine Zahl sein. Das liegt z.B. bei den Funktionalen folgender Art vor:

$$F = \int_a^b L\big(x, y(x), y'(x)\big)\, dx. \tag{30.1}$$

L ist dabei eine fest vorgegebene Funktion im gewöhnlichen Sinn der Argumente x, y, y'. Dagegen ist $y(x)$ eine im Grundintervall $a \leq x \leq b$ der einen unabhängigen Variablen x definierte beliebig wählbare Funktion und $y'(x)$ ihre Ableitung. Ein Funktional von diesem Typ ist z.B. die Länge der Kurven $y(x)$ im Grundintervall:

$$F = \int_a^b \sqrt{1 + y'^2}\, dx. \tag{30.2}$$

Es sei darauf hingewiesen, daß F nicht notwendig eine Zahlengröße zu sein braucht. F kann z.B. selbst eine Funktion des Funktionsraumes sein. Ein spezieller Typ dafür wird durch die in Ziff. 9 eingeführten Integraltransformationen geliefert

$$F(x) = \int_a^b K(x, x')\, y(x')\, dx', \tag{30.3}$$

wo K ein fest vorgegebener Kern ist.

Im folgenden werden jedoch nur Funktionale F betrachtet, die selbst Zahlengrößen sind. Allerdings wird noch die Verallgemeinerung wichtig sein, daß mehrere Argumentfunktionen $y_1(x), y_2(x), \ldots, y_N(x)$ auftreten, die selbst auch mehrere Argumente besitzen können, so daß x dann wieder, wie schon in den vorhergehenden Abschnitten, eine Abkürzung für ein System $x_1, x_2, \ldots, x_n$ bedeuten soll. Diese Verallgemeinerung des Typs (30.1) wird in Ziff. 35 eingeführt werden. Zunächst werden nur Funktionale vom Typ (30.1) auftreten, der auch in der Hinsicht speziell ist, daß L nicht etwa eine Funktion höherer Ableitungen von y als der ersten ist.

31. Beispiele für Variationsaufgaben. Die Variationsprobleme, von denen in der Folge die Rede sein wird, sind Aufgaben, diejenige Funktion $y(x)$ aufzusuchen, für die ein vorgegebenes Funktional F vom Typ (30.1) zum Extremum wird. Die vorgegebene Funktion $L(x, y, y')$ nennt man die „Lagrange-*Funktion*" des Variationsproblemes. Meistens sucht man das Minimum von F. Die allgemeinen Betrachtungen gelten aber auch, wenn ein Maximum gesucht wird. In der Regel stellt man an $y(x)$ noch zusätzliche Bedingungen, so daß man nicht alle Funktionen $y(x)$ des ursprünglichen Funktionsraumes, sondern nur eine bestimmte Klasse daraus zur Konkurrenz zuläßt. Man sucht also in der eingeschränkten Klasse diejenige Funktion $y(x)$, die F zum Extremum macht. Es seien einige Beispiele für Variationsaufgaben angegeben.

Die Brachystochrone: Dies Problem stellt auch historisch den Beginn der Variationsrechnung dar (Jakob Bernoulli 1696). Es ist diejenige Kurve $y(x)$

auf einer im homogenen Schwerefeld lotrecht gestellten Ebene aufzusuchen, die für einen Massenpunkt den Weg kürzester Fallzeit zwischen zwei vorgegebenen Punkten A, B darstellt. Wenn y die in Richtung der Schwerebeschleunigung g gezählte Fallhöhe vom Punkt A aus darstellt, ist $\sqrt{2gy}$ die Fallgeschwindigkeit in Richtung des Bahnelementes $ds = \sqrt{1 + y'^2}\,dx$. Die Fallzeit wird daher

$$F = \int_a^b \sqrt{\frac{1 + y'^2}{2gy}}\,dx. \tag{31.1}$$

Nun muß jede zulässige Kurve $y(x)$ durch die Punkte $A\,(x=a,\ y=\alpha)$ und $B\,(x=b,\ y=\beta)$ gehen. Die Brachystochrone stellt also diejenige Kurve $y(x)$ dar, die unter den zusätzlichen Bedingungen

$$y(a) = \alpha, \qquad y(b) = \beta \tag{31.2}$$

die Größe F zum Minimum macht.

Lichtstrahl in geschichtetem Medium: Etwas allgemeiner als das vorhergehende ist das folgende Problem, den Lichtweg zwischen zwei Punkten A, B eines zweidimensional-geschichteten Mediums aufzusuchen, bei dem der Brechungsindex $n(x, y)$ von z unabhängig ist, wenn A, B in der x, y-Ebene liegen. Nach dem FERMATschen Prinzip der Strahlenoptik ist der Lichtweg diejenige Kurve zwischen A und B, für welche die Laufzeit des Lichtes

$$F = \int_A^B n\,ds = \int_a^b n(x, y)\,\sqrt{1 + y'^2}\,dx \tag{31.3}$$

ein Minimum wird. Hier besteht wieder die zusätzliche Bedingung (31.2).

Das isoperimetrische Problem: Es ist diejenige geschlossene ebene Kurve mit vorgegebener Länge l aufzusuchen, für die der Inhalt der eingeschlossenen Fläche am größten wird. — Es ist plausibel, die Kurve von vorneherein als symmetrisch zur x-Achse anzunehmen, die dann die eingeschlossene Fläche halbiert. Dann kann man die eine Hälfte der gesuchten Randkurve durch eine eindeutige Funktion $y(x)$ beschreiben, die so zu suchen ist, daß die Fläche

$$F = \int_0^\xi y\,dx \tag{31.4}$$

unter den Nebenbedingungen

$$y(0) = y(\xi) = 0, \tag{31.5}$$

$$\int_0^\xi \sqrt{1 + y'^2}\,dx = \frac{l}{2} \tag{31.6}$$

zu einem Minimum wird. Bei diesem Beispiel sind zwei Dinge neu gegenüber den früheren Beispielen. Es tritt eine weitere Nebenbedingung mit (31.6) hinzu, und die Ränder des Integrals F sind nicht fest, sondern es ist ξ noch so zu variieren, daß F maximal wird. Bei solchen Variationsproblemen nennt man die Integrationsgrenzen „frei".

Auf Grund der Analogie zu der Nebenbedingung (31.6) nennt man in verallgemeinerter Bezeichnung solche Variationsprobleme „isoperimetrisch", bei denen ein Funktional

$$F = \int_a^b L(x, y, y')\,dx \tag{31.7}$$

unter der Nebenbedingung zum Extremum gemacht werden soll, daß ein anderes Funktional vom gleichen Typ einen fest vorgegebenen Wert beibehält (vgl. Ziff. 36).

Weitere Typen von Variationsproblemen werden in der Folge an geeigneter Stelle behandelt werden. — Ein Variationsproblem stellt für ein Funktional das Analogon zu einer Extremalaufgabe für eine gewöhnliche Funktion dar. Bei den gewöhnlichen Extremalaufgaben lassen sich in einfacher Weise die Voraussetzungen so formulieren, daß die Aufgabe immer eine Lösung hat. Man braucht sich nur auf stetige Funktionen in einem abgeschlossenen Intervall zu beschränken. Diese haben dort immer ein Maximum und ein Minimum. Bei den Variationsaufgaben gelingt das Analoge nicht in einfacher Weise. So gibt es Variationsprobleme, die durchaus sinnvoll formuliert erscheinen und doch keine Lösung besitzen. Als Beispiel dafür sei die Aufgabe betrachtet, eine ebene stetig glatte Kurve $y(x)$ zwischen zwei Punkten A, B so zu suchen, daß ihre Länge unter den zusätzlichen Bedingungen zum Minimum wird, daß die Ableitung $y'(x)$ in A und B zwei verschiedene vorgegebene Werte annimmt. („Glatt" soll eine Kurve heißen, wenn ihre Ableitung stetig ist.) Die absolut kürzeste Verbindung zwischen den Punkten A und B ist die Gerade, und diese kann, ohne selbst eine Lösung zu sein, durch solche Kurven beliebig genau angenähert werden, die den zusätzlichen Bedingungen genügen. Diese Aufgabe hat Ähnlichkeit mit einer Minimalaufgabe für eine stetige Funktion in einem nicht abgeschlossenen Intervall, die im Innern des Intervalls kein Minimum besitzt. Der Nichtabgeschlossenheit des Intervalls entspricht aber im Funktionsraum keine auch so einfach zu formulierende Eigenschaft. Tatsächlich ist es zweckmäßiger, die Variationsaufgaben in Analogie zu Extremalaufgaben in nicht abgeschlossenen Intervallen zu betrachten.

32. Die Variationsableitung. Eine notwendige Bedingung dafür, daß eine stetig glatte Funktion in einem nicht abgeschlossenen Intervall ein Extremum annimmt, ist das Verschwinden ihrer Ableitung. Eine ganz ähnliche Voraussetzung erweist sich für die Lösung der Variationsaufgaben als notwendig, bei denen $y(x)$, $y'(x)$ und $L(x, y, y')$ stetig glatte Funktionen sind. Die Rolle der Ableitung übernimmt beim Funktional die sog. „Variationsableitung", ein Begriff, der im folgenden entwickelt werden soll.

Es sei angenommen, daß für das Variationsproblem, bei dem das Funktional

$$F = \int_a^b L(x, y, y')\,dx \qquad (32.1)$$

ohne weitere Nebenbedingungen zu einem Minimum gemacht werden soll, $y(x)$ schon die gesuchte Lösungsfunktion sei. Mit einer willkürlich gewählten Funktion $\eta(x)$ seien Vergleichsfunktionen

$$y(x) + \varepsilon\,\eta(x) \qquad (32.2)$$

betrachtet, wo ε ein willkürlicher Parameter ist. Man nennt dann

$$\delta y = \varepsilon\,\eta(x) \qquad (32.3)$$

eine „Variation" von $y(x)$ und den in ε linearen Teil der Änderung δF von F die Variation von F. Man denkt dabei an den Grenzübergang $\varepsilon \to 0$ und stellt die Variation δF in Analogie zum Differential einer gewöhnlichen Funktion. Es ist zweckmäßig, ε schon als infinitesimal vorauszusetzen, so daß man unter Vernachlässigung aller höheren Potenzen von ε als der ersten

$$F + \delta F = \int_a^b L(x, y + \varepsilon\eta,\ y' + \varepsilon\eta')\,dx \qquad (32.4)$$

schreiben kann. Dann wird

$$\delta F = \varepsilon \int_a^b \left(\frac{\partial L}{\partial y}\,\eta + \frac{\partial L}{\partial y'}\,\eta' \right) dx. \qquad (32.5)$$

Nach partieller Integration ergibt das

$$\delta F = \varepsilon \int\limits_a^b \left[\frac{\partial L}{\partial y} - \frac{d}{dx}\left(\frac{\partial L}{\partial y'}\right)\right] \eta \, dx + \varepsilon \left(\frac{\partial L}{\partial y'}\, \eta\right)_a^b. \tag{32.6}$$

Wenn nun die zusätzlichen Bedingungen auftreten, daß $y(x)$ an den Grenzen $x=a$, $x=b$ vorgegebene Werte annehmen soll, dann muß $\eta(x)$ an den Grenzen verschwinden, und es wird

$$\delta F = \int\limits_a^b \left[\frac{\partial L}{\partial y} - \frac{d}{dx}\left(\frac{\partial L}{\partial y'}\right)\right] \delta y \, dx. \tag{32.7}$$

Man schreibt dafür

$$\delta F = \int\limits_a^b \left(\frac{\delta L}{\delta y}\, \delta y\right) dx \tag{32.8}$$

und nennt

$$\frac{\delta L}{\delta y} = \frac{\partial L}{\partial y} - \frac{d}{dx}\left(\frac{\partial L}{\partial y'}\right) \tag{32.9}$$

die *Variationsableitung* von L. Diese ist unabhängig von ε und η. Wenn jedoch die zusätzlichen Randbedingungen wegfallen, gilt:

$$\delta F = \int\limits_a^b \left(\frac{\delta L}{\delta y}\, \delta y\right) dx + \left(\frac{\partial L}{\partial y'}\, \delta y\right)_a^b. \tag{32.10}$$

33. Die EULER-LAGRANGE-Gleichung. Der Ausdruck (32.4) ist eine stetig differenzierbare Funktion von ε und muß notwendig ein Extremum für $\varepsilon=0$ annehmen, wenn $y(x)$ schon die gesuchte Lösung der Variationsaufgabe ist. Dann muß aber die Ableitung dieses Ausdruckes nach ε für $\varepsilon=0$ verschwinden. Das heißt aber, es muß δF verschwinden. Diese Bedingung liefert eine wichtige Differentialgleichung für die gesuchte Lösungsfunktion $y(x)$.

Es sei zunächst der Fall betrachtet, daß $y(x)$ den Bedingungen unterworfen ist, daß es vorgegebene Randwerte für $x=a$, $x=b$ annehmen soll. Dann muß (32.7) für alle δy, die an den Intervallgrenzen verschwinden, identisch verschwinden, sobald $y(x)$ die Lösung der Aufgabe darstellt. Das ist aber nur dann der Fall, wenn

$$\frac{\delta L}{\delta y} \equiv \frac{\partial L}{\partial y} - \frac{d}{dx}\left(\frac{\partial L}{\partial y'}\right) = 0. \tag{33.1}$$

Diese Gleichung ist eine notwendige Bedingung dafür, daß $y(x)$ Lösung ist. Sie heißt EULER-LAGRANGE-*Gleichung* und ist eine Differentialgleichung zweiter Ordnung für $y(x)$:

$$y'' \frac{\partial^2 L}{\partial y'^2} + y' \frac{\partial^2 L}{\partial y' \partial y} + \frac{\partial^2 L}{\partial y' \partial x} - \frac{\partial L}{\partial y} = 0. \tag{33.2}$$

Die notwendige Bedingung bleibt auch dann bestehen, wenn keine Randbedingungen für $y(x)$ vorliegen. Zwar ist dann die Menge der zugelassenen Variationen δy größer, da diese nicht mehr am Rande verschwinden müssen. Wenn aber δF immer verschwinden soll, dann muß es sicher auch verschwinden, wenn man nur δy aus der Teilmenge der am Rande verschwindenden Variationen wählt, und die obigen Überlegungen bleiben gültig.

Die EULER-LAGRANGE-Gleichung besitzt als Differentialgleichung zweiter Ordnung eine Schar von Lösungen, unter denen sich notwendigerweise auch die Lösung des Variationsproblemes befinden muß, falls diese überhaupt existiert.

In vielen Fällen wird durch die beiden Randbedingungen die Lösung der Differentialgleichung schon eindeutig gemacht und stellt dann die Lösung des Variationsproblemes dar. Falls L von y' unabhängig ist, reduziert sich die Euler-Lagrange-Gleichung auf

$$\frac{\partial L}{\partial y} = 0. \tag{33.3}$$

Sie stellt dann keine Differentialgleichung, sondern eine gewöhnliche implizite Bestimmungsgleichung für $y(x)$ dar. Die Lösung kann dann nicht mehr willkürlichen Randbedingungen oder anderen Nebenbedingungen unterworfen werden. Aus diesem Grunde wird dieser Fall vielfach nicht mehr zu den eigentlichen Variationsproblemen gezählt.

34. Die zweite Variation. Im folgenden wird eine weitere notwendige Bedingung dafür aufgestellt, daß $y(x)$ das Funktional F zu einem Minimum macht, die aber genau so wenig wie die Euler-Lagrange-Gleichung hinreichend ist. Durch diese Bedingung wird jedoch die Schar der für das Variationsproblem in Frage kommenden Lösungen der Euler-Lagrangeschen Differentialgleichungen unter Umständen wesentlich eingeschränkt.

Die Euler-Lagrange-Gleichung wurde aus der notwendigen Bedingung abgeleitet, daß für die richtige Lösung $y(x)$ der in (32.4) vorkommende Ausdruck

$$\Phi(\varepsilon) = \int\limits_a^b L(x, y + \varepsilon\eta, y' + \varepsilon\eta')\, dx \tag{34.1}$$

als Funktion von ε für $\varepsilon = 0$ ein Minimum besitzt. Man muß sich allerdings klar machen, daß diese Bedingung nicht hinreichend ist, denn $\Phi(\varepsilon)$ ist nur für ein bestimmtes $\eta(x)$ erklärt und braucht für ein anders gewähltes $\eta(x)$ dann durchaus nicht mehr bei $\varepsilon = 0$ ein Extremum zu besitzen. Es ist

$$\delta F = \Phi'(0)\,\varepsilon. \tag{34.2}$$

Die notwendige Bedingung, die zur Euler-Lagrange-Gleichung führte, war das Verschwinden von $\Phi'(0)$. Eine notwendige Bedingung dafür, daß $\Phi(\varepsilon)$ bei $\varepsilon = 0$ ein Minimum besitzt, ist nun, daß $\Phi''(0)$ positiv ist. Man bezeichnet nun das in ε quadratische Glied von $\Phi(\varepsilon)$ als die zweite Variation von F:

$$\delta^2 F = \frac{\varepsilon^2}{2}\,\Phi''(0). \tag{34.3}$$

Diese muß also positiv sein:

$$\Phi''(0) = \int\limits_a^b \left(\frac{\partial^2 L}{\partial y^2}\,\eta^2 + 2\,\frac{\partial^2 L}{\partial y\,\partial y'}\,\eta\eta' + \frac{\partial^2 L}{\partial y'^2}\,\eta'^2\right) dx > 0. \tag{34.4}$$

Wenn nun diese Ungleichung für beliebiges $\eta(x)$ gelten soll, muß sicherlich im ganzen Intervall $a \le x \le b$

$$\frac{\partial^2 L}{\partial y'^2} \ge 0 \tag{34.5}$$

sein. Wäre das nämlich an einer Stelle x_0 des Intervalls nicht der Fall, so könnte man immer ein geeignetes $\eta(x)$ so konstruieren, daß $\Phi''(0)$ negativ wird. Dafür braucht das stetig glatte $\eta(x)$ nur die Funktion $\sqrt{\delta(x - x_0)}$ genügend anzunähern. Dann nähern mit $t = x - x_0$ ja η^2, $\eta\eta'$ und η'^2 die singulären Funktionen $\delta(t)$, $-\dfrac{1}{2t}\,\delta(t)$ bzw. $\dfrac{1}{4t^2}\,\delta(t)$ an, wie man mit (10.9) gewinnt.

Die Ungleichung (34.5) stellt also neben der Euler-Lagrange-Gleichung eine weitere notwendige Bedingung des Variationsproblemes dar, F zum Minimum zu machen. Man nennt sie die LEGENDRE*sche Bedingung*. Soll F zum Maximum gemacht werden, so lautet sie:

$$\frac{\partial^2 L}{\partial y'^2} \leqq 0. \tag{34.6}$$

35. Mehrere Variable und mehrere unbekannte Funktionen. Schon in Ziff. 30 wurde auf allgemeinere Typen von Variationsproblemen hingewiesen. Sowohl die Zahl der unabhängigen Variablen wie der unbekannten Funktionen kann größer als 1 sein. Statt der einen Variablen x kann ein System $x_1, x_2, \ldots, x_n$ von Variablen auftreten, für die ein gewisses Grundgebiet als Integrationsgebiet bei der Definition des Funktionals F festgelegt ist. Außerdem kann $y(x)$ durch ein System $y_\nu(x_1, \ldots, x_n)$ unbekannter Funktion ersetzt sein, wo der Index ν etwa von 1 bis N laufen möge. Die betrachteten Funktionale haben dann die Form

$$F = \int \cdots \int dx_1 \ldots dx_n\, L\left(x_1 \ldots x_n;\ y_1 \ldots y_N;\ \frac{\partial y_1}{\partial x_1},\ \frac{\partial y_1}{\partial x_2} \cdots \frac{\partial y_N}{\partial x_n}\right). \tag{35.1}$$

Dabei ist L wieder als Funktion der angeführten Argumente festgelegt und heißt „LAGRANGE-Funktion". Die Argumente sind die Variablen $x_1, x_2, \ldots, x_n$ sowie die dafür genommenen Funktionswerte und ihre ersten Ableitungen von y_1, $y_2, \ldots, y_N$. In abgekürzter Form sei im folgenden für (35.1) geschrieben:

$$F = \int dx\, L\left(x_k;\ y_\nu;\ \frac{\partial y_\nu}{\partial x_k}\right). \tag{35.2}$$

Die „Variationsableitung" läßt sich auch hier wieder einführen. Ändert man die Funktion y_ν um „Variationen"

$$\delta y_\nu = \varepsilon_\nu \eta_\nu, \qquad (\nu = 1, 2, \ldots, N), \tag{35.3}$$

wo η_ν willkürlich gewählte Funktionen im Grundgebiet und ε_ν voneinander unabhängige Zahlenparameter sind, so geht F von (35.2) über in

$$\Phi(\varepsilon_1, \ldots, \varepsilon_N) = \int dx\, L\left(x_k;\ y_\nu + \varepsilon_\nu \eta_\nu;\ \frac{\partial y_\nu}{\partial x_k} + \varepsilon_\nu \frac{\partial \eta_\nu}{\partial x_k}\right). \tag{35.4}$$

$\Phi(0, 0, \ldots, 0)$ ist gerade das frühere F. Der in den ε_ν lineare Anteil des Unterschiedes von $\Phi(\varepsilon_1, \ldots, \varepsilon_N)$ gegenüber $\Phi(0, \ldots, 0)$ ist

$$\delta F = \sum_{\nu=1}^{N} \left(\frac{\partial \Phi}{\partial \varepsilon_\nu}\right)_{\varepsilon_\nu = 0} \varepsilon_\nu = \int dx \sum_{\nu=1}^{N} \left(\frac{\partial L}{\partial y_\nu} \varepsilon_\nu \eta_\nu + \sum_{k=1}^{n} \frac{\partial L}{\partial \frac{\partial y_\nu}{\partial x_k}} \varepsilon_\nu \frac{\partial \eta_\nu}{\partial x_k}\right) \tag{35.5}$$

und wird als Variation δF von F bezeichnet. Bei infinitesimalen ε_ν stellt δF die gesamte Änderung des Funktionals bei Variation der y_ν um δy_ν dar. Mit Hilfe partieller Integration verwandelt man das letzte Glied in der Klammer von (35.5):

$$\int dx \sum_{k=1}^{n} \frac{\partial L}{\partial \frac{\partial y_\nu}{\partial x_k}} \frac{\partial \eta_\nu}{\partial x_k} = -\int dx \sum_{k=1}^{n} \frac{\partial}{\partial x_k}\left(\frac{\partial L}{\partial \frac{\partial y_\nu}{\partial x_k}}\right) \eta_\nu + \int dx \sum_{k=1}^{n} \frac{\partial}{\partial x_k}\left(\frac{\partial L}{\partial \frac{\partial y_\nu}{\partial x_k}} \eta_\nu\right). \tag{35.6}$$

Hier ist das letzte Glied nun ein Integral über einen Divergenzausdruck und läßt sich in ein Integral über den Rand des Integrationsgebietes verwandeln:

$$\int dx \sum_{k=1}^{n} \frac{\partial}{\partial x_k}\left(\frac{\partial L}{\partial \frac{\partial y_\nu}{\partial x_k}} \eta_\nu\right) = \sum_{k=1}^{n} \int_{\text{Rand}} d\sigma_k \left(\frac{\partial L}{\partial \frac{\partial y_\nu}{\partial x_k}} \eta_\nu\right). \tag{35.7}$$

Hierbei wurde der Gausssche Satz im n-dimensionalen Raum angewandt:

$$\int \sum_{k=1}^{n} \frac{\partial \Psi_k}{\partial x_k}\, dx = \int \sum_{k=1}^{n} \Psi_k\, d\sigma_k. \tag{35.8}$$

Dabei stellt der Integrand im Volumintegral der linken Seite eine n-dimensionale Divergenz dar, wenn man den x-Raum als kartesischen Raum deutet. Das Integral der rechten Seite stellt ein Oberflächenintegral über den Rand dar. Dieser ist eine Hyperfläche im n-dimensionalen Raum, die das Integrationsvolumen begrenzt, und bildet eine $(n-1)$-dimensionale Punktmannigfaltigkeit, die etwa durch eine Gleichung

$$\Phi(x_1, x_2, \ldots, x_n) = \text{const} \tag{35.9}$$

beschrieben werden könnte. Man kann diese so festlegen, daß wachsende Werte von Φ in das Außengebiet führen. Dann sei der Normalen-Einheitsvektor

$$n_k = \frac{\dfrac{\partial \Phi}{\partial x_k}}{\sqrt{\sum_{l=1}^{n} \left(\dfrac{\partial \Phi}{\partial x_l}\right)^2}} \tag{35.10}$$

eingeführt. Wenn $d\sigma$ das $(n-1)$-dimensionale Volumelement des Randes bezeichnet, also das „Flächenelement" der Hyperfläche (35.9), dann sei als Vektor das „gerichtete Flächenelement"

$$d\sigma_k = n_k\, d\sigma \tag{35.11}$$

eingeführt. Im Falle $n=2$ wird $d\sigma$ natürlich Linienelement der Randkurven und im Falle $n=1$ bekommt der Gausssche Satz die einfache Form

$$\int_a^b \frac{d\Psi}{dx}\, dx = \Psi(b) - \Psi(a). \tag{35.12}$$

Führt man nun die Variationsableitungen von L

$$\frac{\delta L}{\delta y_\nu} = \frac{\partial L}{\partial y_\nu} - \sum_{k=1}^{n} \frac{\partial}{\partial x_k}\left(\frac{\partial L}{\partial \dfrac{\partial y_\nu}{\partial x_k}}\right) \tag{35.13}$$

ein, die von der Wahl der ε_ν und η_ν, d.h. von den δy_ν unabhängig sind, so läßt sich schreiben:

$$\delta F = \int dx \left(\sum_{\nu=1}^{N} \frac{\delta L}{\delta y_\nu}\, \delta y_\nu\right) + \sum_{k=1}^{n} \int_{\text{Rand}} d\sigma_k \left(\sum_{\nu=1}^{N} \frac{\partial L}{\partial \dfrac{\partial y_\nu}{\partial x_k}}\, \delta y_\nu\right). \tag{35.14}$$

Falls bei dem Variationsproblem die Randwerte der y_ν vorgeschrieben sind, führen nur solche Variationen δy_ν zu zulässigen Vergleichsfunktionen $y_\nu + \delta y_\nu$, die am Rande verschwinden:

$$\delta y_\nu\big|_{\text{Rand}} = 0. \tag{35.15}$$

Für diese wird aber

$$\delta F = \int dx \left(\sum_{\nu=1}^{N} \frac{\delta L}{\delta y_\nu}\, \delta y_\nu\right). \tag{35.16}$$

Erst in dieser Gleichung wird die Bezeichnung „Variationsableitung" für (35.13) sinnvoll.

Wenn nun die y_ν die Lösungen des Variationsproblemes mit den Randbedingungen sind, muß sicherlich δF immer verschwinden, weil andernfalls F kein Extremum sein kann. Das heißt aber, da im Innern des Grundgebietes die δy_ν willkürlich und voneinander unabhängig wählbar sind, müssen notwendigerweise die N EULER-LAGRANGEschen Gleichungen

$$\frac{\delta L}{\delta y_\nu} \equiv \frac{\partial L}{\partial y_\nu} - \sum_{k=1}^{n} \frac{\partial}{\partial x_k}\left(\frac{\partial L}{\partial \frac{\partial y_\nu}{\partial x_k}}\right) = 0 \qquad (35.17)$$

gelten. Diese sind wieder Differentialgleichungen zweiter Ordnung für die y_ν. — Genau so wie im früher behandelten Fall von Ziff. 33 kann man wieder schließen, daß die EULER-LAGRANGE-Gleichungen auch dann wieder notwendig erfüllt sein müssen, wenn die Randbedingungen nicht auftreten und die Werte y_ν am Rande frei bleiben. Dann sind zwar die δy_ν auch am Rande frei wählbar, aber δF muß auch dann immer verschwinden, wenn man über die δy_ν so verfügt, daß sie am Rande verschwinden. Das führt aber wieder auf die Gln. (35.17).

36. Variationsprobleme mit Nebenbedingungen. Es sollen jetzt wichtige Typen von Variationsproblemen behandelt werden, bei denen, unabhängig von eventuellen Randbedingungen, welche die Randwerte der y_ν vorschreiben, noch andere Nebenbedingungen für die Lösungsfunktionen y_ν bestehen.

Ein solcher Fall lag beim *isoperimetrischen Problem* vor. Wie schon in Ziff. 31 erwähnt, bezeichnet man allgemeiner jedes Variationsproblem so, bei dem ein Funktional

$$F = \int_a^b L(x, y, y')\, dx \qquad (36.1)$$

zu einem Extremum unter der Nebenbedingung gemacht werden soll, daß ein anderes Funktional vom gleichen Typ

$$G = \int_a^b M(x, y, y')\, dx \qquad (36.2)$$

einen vorgegebenen Wert annimmt. Die mit der Nebenbedingung verträglichen Variationen können nicht mehr als $\delta y = \varepsilon\eta(x)$ mit beliebigen $\eta(x)$ und ε angesetzt werden. Man kann die Nebenbedingung, daß G konstant bleibt, erfüllen, indem man im Ansatz

$$\delta y = \varepsilon_1\eta_1(x) + \varepsilon_2\eta_2(x) \qquad (36.3)$$

mit willkürlichen $\eta_1(x)$, $\eta_2(x)$ die Parameter ε_1, ε_2 in geeigneter Weise zugleich verändert. Es besteht dann zwischen den infinitesimal gedachten Größen ε_1, ε_2 ein linearer Zusammenhang, der durch $\delta G = 0$ geliefert wird. Unabhängig davon, ob die Randwerte von y vorgeschrieben sind oder nicht, kann man sich auf solche η_1 und η_2 beschränken, die an den Rändern des Grundintervalls $a \leq x \leq b$ verschwinden. Dann werden die Variationen von F und G:

$$\delta F = \int_a^b \frac{\delta L}{\delta y}(\varepsilon_1\eta_1 + \varepsilon_2\eta_2)\, dx, \qquad (36.4)$$

$$\delta G = \int_a^b \frac{\delta M}{\delta y}(\varepsilon_1\eta_1 + \varepsilon_2\eta_2)\, dx. \qquad (36.5)$$

Wenn in (36.1), (36.2) nun y schon die gesuchte Lösung darstellt, hat man zu fordern, daß für $\varepsilon_1 = \varepsilon_2 = 0$ die Funktion

$$F + \delta F = \Phi(\varepsilon_1, \varepsilon_2) \tag{36.6}$$

unter der Nebenbedingung, daß

$$G + \delta G = \Psi(\varepsilon_1, \varepsilon_2) \tag{36.7}$$

einen fest vorgegebenen Wert beibehält, zum Extremum wird. Die Bedingung dafür ist nach den Regeln der gewöhnlichen Extremalaufgaben, daß mit einem geeigneten konstanten „Lagrange-Faktor" λ für $\varepsilon_1 = \varepsilon_2 = 0$ auch

$$\frac{\partial \Phi}{\partial \varepsilon_1} + \lambda \frac{\partial \Psi}{\partial \varepsilon_1} = 0, \tag{36.8}$$

$$\frac{\partial \Phi}{\partial \varepsilon_2} + \lambda \frac{\partial \Psi}{\partial \varepsilon_2} = 0 \tag{36.9}$$

wird. Beide Gleichungen führen für sich auf

$$\frac{\delta L}{\delta y} + \lambda \frac{\delta M}{\delta y} = 0. \tag{36.10}$$

Der Lagrange-Faktor λ wird durch die Nebenbedingung, d.h. durch den vorgeschriebenen Wert von G festgelegt. (36.10) ist eine Euler-Lagrange-Gleichung der Form (33.1), wenn dort L durch $L + \lambda M$ ersetzt wird, d.h. wenn das unabhängig von irgendwelchen Bedingungen zu variierende Funktional $F + \lambda G$ wird. Die Lösung y dieser Differentialgleichung hängt noch vom Parameter λ ab. Nur ein geeigneter Wert λ ist aber mit der Nebenbedingung für G verträglich, die so zur Bestimmungsgleichung von λ wird. — Im Ausnahmefall, daß $\frac{\delta M}{\delta y} = 0$ wird, versagt die Methode, und tatsächlich besitzt dann, wie hier nicht näher ausgeführt werden soll, das isoperimetrische Problem keine Lösung mehr.

Eine andere Form von Nebenbedingungen wird durch *Gleichungen zwischen den Lösungsfunktionen* geliefert, wenn mehrere unbekannte Lösungsfunktionen vorkommen. Es sei z.B. das Funktional

$$F = \int\limits_a^b L(x; y, z; y', z') \, dx, \tag{36.11}$$

der beiden unbekannten Funktionen $y(x)$, $z(x)$ unter der Nebenbedingung zum Extremum zu machen, daß eine Gleichung

$$M(x, y, z) = 0 \tag{36.12}$$

erfüllt werden soll. Geometrisch bedeutet das, daß die räumliche Kurve $y(x)$, $z(x)$ auf einer vorgegebenen Fläche liegen soll.

Im allgemeineren Fall kann an Stelle einer solchen „holonomen" Gl. (36.12), welche die Ableitungen von y, z nicht enthält, als Nebenbedingung auch eine *Differentialgleichung* auftreten. Häufig ist es der Fall, daß diese erster Ordnung ist:

$$M(x; y, z; y', z') = 0. \tag{36.13}$$

Eine solche Nebenbedingung stellt eine viel schärfere Forderung an die Funktionen dar, die beim Variationsproblem zum Vergleich mit y, z zugelassen sind, als die Nebenbedingung (36.2) beim isoperimetrischen Problem. Es muß ja notwendigerweise für ganz beliebige Funktionen $\lambda(x)$ auch

$$\int\limits_a^b \lambda(x) \, M(x; y, z; y', z') \, dx = 0 \tag{36.14}$$

bleiben, während in (36.2) nur für $\lambda = 1$ eine entsprechende Forderung bestand. Die mit (36.13) verträglichen Variationen δy, δz unterliegen der Bedingung

$$\frac{\partial M}{\partial y}\,\delta y + \frac{\partial M}{\partial z}\,\delta z + \frac{\partial M}{\partial y'}\,\delta y' + \frac{\partial M}{\partial z'}\,\delta z' = 0 \tag{36.15}$$

und können deshalb nicht mit willkürlichen Funktionen η_1, η_2 in der Form $\varepsilon_1\eta_1$, $\varepsilon_2\eta_2$ angesetzt werden. Man kann deshalb dieses Problem nicht so, wie das bei den früher behandelten Fällen möglich war, auf ein einfaches Extremalproblem mit den Variablen ε_1, ε_2 zurückführen. Man kann sich aber im Einklang mit (36.15) doch noch auf solche δy, δz beschränken, die an den Rändern des Grundintervalles verschwinden. Dann folgt aus (36.11), (36.14):

$$\delta F = \int\limits_a^b \left(\frac{\delta L}{\delta y}\,\delta y + \frac{\delta L}{\delta z}\,\delta z\right) dx, \tag{36.16}$$

$$\int\limits_a^b \lambda \left(\frac{\delta M}{\delta y}\,\delta y + \frac{\delta M}{\delta z}\,\delta z\right) dx = 0. \tag{36.17}$$

Wenn y, z schon die richtigen Lösungsfunktionen darstellt, muß δF verschwinden. Dann gilt

$$\int\limits_a^b \left[\left(\frac{\delta L}{\delta y} + \lambda\,\frac{\delta M}{\delta y}\right)\delta y + \left(\frac{\delta L}{\delta z} + \lambda\,\frac{\delta M}{\delta z}\right)\delta z\right] dx = 0. \tag{36.18}$$

Hierin ist δy durch die Wahl von δz nach der Nebenbedingung festgelegt. Dagegen ist $\lambda(x)$ vollkommen willkürlich. Man kann $\lambda(x)$ nun so wählen, daß identisch

$$\frac{\delta L}{\delta y} + \lambda\,\frac{\delta M}{\delta y} = 0 \tag{36.19}$$

wird. Da δy aber dann in (36.18) nicht mehr auftritt und δz für sich frei gewählt werden darf, kann Gl. (36.18) nur mehr dann erfüllt sein, wenn auch identisch

$$\frac{\delta L}{\delta z} + \lambda\,\frac{\delta M}{\delta z} = 0 \tag{36.20}$$

wird. (36.19) und (36.20) stellen als verallgemeinerte EULER-LAGRANGE-Gleichungen notwendige Bedingungen dafür dar, daß $y(x)$, $z(x)$ Lösungen des Variationsproblems sind. Sie sind zwei simultane Differentialgleichungen zweiter Ordnung für $y(x)$, $z(x)$. Ihre Lösungen hängen noch von $\lambda(x)$ ab, das aber nachträglich durch die Nebenbedingung (36.13) bestimmt wird.

Das Verfahren der LAGRANGE-Faktoren läßt sich auf den Fall verallgemeinern, daß allgemein N unbekannte Funktionen $y_\nu(x)$ auftreten und S Nebenbedingungen bestehen. Dabei muß aber $S < N$ sein, damit das Problem lösbar bleibt. Es solle

$$F = \int L(x, y_\nu, y'_\nu)\,dx, \qquad (\nu = 1, \dots, N), \tag{36.21}$$

zum Extremum gemacht werden unter den Nebenbedingungen:

$$M_\sigma(x, y_\nu, y'_\nu) = 0, \qquad (\sigma = 1, \dots, S). \tag{36.22}$$

Dann muß sicher gleichzeitig das Variationsproblem gelöst werden, bei dem L durch die geänderte LAGRANGE-Funktion

$$\widetilde{L} = L + \sum_{\sigma=1}^{S} \lambda_\sigma M_\sigma \tag{36.23}$$

ersetzt wird, wobei $\lambda_\sigma(x)$ beliebige Funktionen von x sein können. Das heißt, es muß für alle mit den Nebenbedingungen (36.22) verträglichen Variationen δy_ν

$$\int \sum_{\nu=1}^{N} \left(\frac{\delta \widetilde{L}}{\delta y_\nu} \, \delta y_\nu \right) dx = \int \sum_{\nu=1}^{N} \left(\frac{\delta L}{\delta y_\nu} + \sum_{\sigma=1}^{S} \lambda_\sigma \, \frac{\delta M_\sigma}{\delta y_\nu} \right) \delta y_\nu \, dx = 0 \qquad (36.24)$$

sein. Zwischen diesen Variationen bestehen die S Gleichungen

$$\sum_{\nu=1}^{N} \left(\frac{\partial M_\sigma}{\partial y_\nu} \, \delta y_\nu + \frac{\partial M_\sigma}{\partial y_\nu'} \, \delta y_\nu' \right) = 0 \qquad (\sigma = 1, \dots, S). \qquad (36.25)$$

Von den N Variationen δy_ν sind nur $N - S$ frei wählbar. Nun kann man aber die S Faktoren $\lambda_\sigma(x)$ so wählen, daß in (36.24) gerade die Faktoren der ersten S Variationen δy_ν in der Summe des Integranden verschwinden. Dann bleiben in der Summe nur noch $N - S$ frei wählbare δy_ν übrig, deren Faktoren aber auf Grund der Gleichung (36.24) selbst dann notwendig identisch verschwinden müssen. Dann gilt für alle $\nu = 1, \dots, N$:

$$\frac{\delta L}{\delta y_\nu} + \sum_{\sigma=1}^{S} \lambda_\sigma \, \frac{\delta M_\sigma}{\delta y_\nu} = 0. \qquad (36.26)$$

Die ersten S dieser N Gleichungen gelten auf Grund der Wahl der $\lambda_\sigma(x)$, die übrigen auf Grund von (36.24). — Die N Gleichungen (36.26) stellen die verallgemeinerten Euler-Lagrange-Gleichungen dar und sind eine notwendige Bedingung für die y_ν. Die $\lambda_\sigma(x)$ werden bei ihrer Lösung dann so bestimmt, daß die S Nebenbedingungen (36.22) erfüllt sind. — Die Betrachtungen gelten auch für den Fall, daß statt einer unabhängigen Variablen x mehrere $x_1, x_2, \dots, x_n$ auftreten. Dann treten in L und M entsprechend viele Ableitungen $\frac{dy_\nu}{dx_k}$ statt y_ν' auf. Die Euler-Lagrange-Gleichungen in der Form (36.26) gelten aber in gleicher Weise, wobei die in ihnen auftretenden Variationsableitungen jetzt gemäß (35.13) zu bilden sind.

Falls statt (36.22) isoperimetrische Bedingungsgleichungen auftreten:

$$\int M\left(x_k; \; y_\nu; \; \frac{\partial y_\nu}{\partial x_k} \right) dx = \text{const}, \qquad (36.27)$$

ändert sich nichts an der Betrachtung. Die λ_σ werden dann lediglich konstante Zahlen.

37. Invarianzeigenschaften der Euler-Lagrange-Gleichungen. Es sei das Funktional

$$F = \int L\left(x_k; \; y_\nu; \; \frac{\partial y_\nu}{\partial x_k} \right) dx \qquad (37.1)$$

vorgegeben, wo $dx = dx_1 \, dx_2 \dots dx_n$ bedeuten möge, $k = 1, 2, \dots, n$; $\nu = 1, 2, \dots, N$. Wenn die Koordinaten x_k einer Transformation unterworfen werden, bei der sie in neue unabhängige Koordinaten

$$\xi_k = \xi_k(x_1, x_2, \dots, x_n) \qquad (k = 1, 2, \dots, n) \qquad (37.2)$$

übergehen, möge jeweils identisch

$$y_\nu(x_1, \dots, x_n) = \eta_\nu(\xi_1, \dots, \xi_n), \qquad (37.3)$$

$$L\left(x_k; \; y_\nu; \; \frac{\partial y_\nu}{\partial x_k} \right) = \Lambda\left(\xi_k; \; \eta_\nu; \; \frac{\partial \eta_\nu}{\partial \xi_k} \right) \qquad (37.4)$$

sein. Die neuen Funktionssymbole η_ν, Λ tragen der Tatsache Rechnung, daß die funktionelle Abhängigkeit von den ξ_k anders ist als die ursprüngliche Abhängigkeit von den x_k. Mit der Abkürzung $d\xi = d\xi_1\, d\xi_2 \ldots d\xi_n$ wird

$$dx = D\, d\xi, \tag{37.5}$$

wenn

$$D = \frac{\partial(x_1,\, x_2,\, \ldots,\, x_n)}{\partial(\xi_1,\, \xi_2,\, \ldots,\, \xi_n)} = \mathrm{Det}\left(\frac{\partial x_k}{\partial \xi_l}\right) \tag{37.6}$$

die Funktionaldeterminante der Transformation darstellt. Es sei vorausgesetzt, daß diese im ganzen Grundgebiet nicht verschwindet. Mit ihr wird:

$$F = \int \Lambda D\, d\xi. \tag{37.7}$$

Wenn nun die $y_\nu(x)$ Lösungen des Variationsproblems sind, bei denen das Funktional (37.1) zum Extremum gemacht werden soll, müssen die $\eta_\nu(\xi)$ entsprechend das Funktional (37.7) zum Extremum machen; denn in beiden Fällen muß ja dann der Wert für F zum Extremum werden. Dann sind also jeweils die y_ν und die η_ν auch Lösungen der entsprechenden EULER-LAGRANGE-Gleichungen:

$$\frac{\delta L}{\delta y_\nu} \equiv \frac{\partial L}{\partial y_\nu} - \sum_{k=1}^{n} \frac{\partial}{\partial x_k}\left(\frac{\partial L}{\partial \frac{\partial y_\nu}{\partial x_k}}\right) = 0, \tag{37.8}$$

$$\frac{\delta(\Lambda D)}{\delta \eta_\nu} \equiv \frac{\partial(\Lambda D)}{\partial \eta_\nu} - \sum_{k=1}^{n} \frac{\partial}{\partial \xi_k}\left(\frac{\partial(\Lambda D)}{\partial \frac{\partial \eta_\nu}{\partial \xi_k}}\right) = 0. \tag{37.9}$$

Nun deckt sich aber die Lösungsmannigfaltigkeit des Variationsproblems im allgemeinen nicht mit der Lösungsmannigfaltigkeit der EULER-LAGRANGE-Gleichungen. Deshalb wäre damit zunächst noch nicht gezeigt, daß grundsätzlich immer dann $\eta_\nu(\xi)$ der Gl. (37.9) genügt, wenn $y_\nu(x)$ der Gl. (37.8) genügt. Dies zeigt erst folgende Betrachtung. — Es sei unter der Festlegung der Transformation (37.2) immer

$$\delta\eta_\nu(\xi) = \delta y_\nu(x), \qquad (\nu = 1, \ldots, N). \tag{37.10}$$

Weiter sei festgelegt, daß diese Variationen am Rande des Integrationsgebietes verschwinden. Dann ist

$$\delta F = \int \left(\sum_{\nu=1}^{N} \frac{\delta L}{\delta y_\nu}\, \delta y_\nu\right) dx = \int \left(\sum_{\nu=1}^{N} \frac{\delta(\Lambda D)}{\delta \eta_\nu}\, \delta\eta_\nu\right) d\xi. \tag{37.11}$$

Den letzten Ausdruck kann man nun mit den Transformationsgleichungen (37.2) wieder in eine Integration über die x_k verwandeln. Mit (37.10) und (37.5) wird dann

$$\delta F = \int \left(\sum_{\nu=1}^{N} \frac{1}{D}\, \frac{\delta(\Lambda D)}{\delta \eta_\nu}\, \delta y_\nu\right) dx. \tag{37.12}$$

Da nun die δy_ν im Innern des Integrationsgebietes willkürlich gewählt werden können, müssen die Koeffizienten der δy_ν in den Integralen über die x_k in den beiden letzten Gleichungen identisch sein:

$$\frac{\delta L}{\delta y_\nu} = \frac{1}{D}\, \frac{\delta(\Lambda D)}{\delta \eta_\nu}. \tag{37.13}$$

Daraus folgt aber sofort, daß grundsätzlich immer $\eta_\nu(\xi)$ eine Lösung der Gl. (37.9) wird, sobald $y_\nu(x)$ eine solche der Gl. (37.8) ist.

Gl. (37.13) gestattet eine wichtige Anwendung auf die Differentialoperationen zweiter Ordnung, die sich mit einer geeigneten „Lagrange-Funktion" $L\left(x_k; y_\nu; \dfrac{\partial y_\nu}{\partial x_k}\right)$ als Variationsableitungen darstellen lassen. Solche Differentialoperationen spielen in der Physik eine wichtige Rolle, wie später noch ausgeführt wird. Die Gl. (37.13) gibt nämlich an, wie diese Differentialoperationen abzuändern sind, wenn die unabhängigen Koordinaten x_k einer Transformation (37.3) unterworfen werden.

Als Beispiel sei der Laplace-*Operator* bei beliebiger Dimensionszahl betrachtet. In „kartesischen" Koordinaten x_k wird er durch

$$\Delta = \sum_{k=1}^{n} \frac{\partial^2}{\partial x_k^2} \tag{37.14}$$

definiert. Mit der Lagrange-Funktion

$$L\left(\psi, \frac{\partial \psi}{\partial x_k}\right) = -\frac{1}{2} \sum_k \left(\frac{\partial \psi}{\partial x_k}\right)^2 \tag{37.15}$$

läßt er sich für jede beliebige Funktion $\psi(x_1, \ldots, x_n)$ durch die Variationsableitung nach ψ darstellen:

$$\Delta \psi = \frac{\delta L}{\delta \psi}. \tag{37.16}$$

Wenn nun von den x_k zu neuen Koordinaten ξ_k übergegangen wird, ergibt sich mit $\psi(x) = \chi(\xi)$ die transformierte Lagrange-Funktion

$$\Lambda = -\frac{1}{2} \sum_{l,m=1}^{n} g^{lm} \frac{\partial \chi}{\partial \xi_l} \frac{\partial \chi}{\partial \xi_m}, \tag{37.17}$$

wobei

$$g^{lm} = \sum_{k=1}^{n} \frac{\partial \xi_l}{\partial x_k} \frac{\partial \xi_m}{\partial x_k} \tag{37.18}$$

bedeuten soll. Nach (37.13) wird dann

$$\Delta \psi = \frac{1}{D} \sum_{l,m=1}^{n} \frac{\partial}{\partial \xi_l} \left(D\, g^{lm} \frac{\partial \chi}{\partial \xi_m}\right). \tag{37.19}$$

Es sei noch darauf hingewiesen, daß es zweckmäßig ist, nach den Verfahren der allgemeinen Tensoranalysis[1] die Größen g^{lm} in Vergleich mit den Größen g_{lm} zu setzen, die durch

$$\sum_{k=1}^{n} dx_k^2 = \sum_{l,m=1}^{n} g_{lm}\, d\xi_l\, d\xi_m \tag{37.20}$$

definiert sind. Das bedeutet

$$g_{lm} = \sum_{k=1}^{n} \frac{\partial x_k}{\partial \xi_l} \frac{\partial x_k}{\partial \xi_m}. \tag{37.21}$$

Die daraus gebildete Determinante ist nämlich

$$\mathrm{Det}\,(g_{lm}) = D^2. \tag{37.22}$$

Weiter gilt

$$\sum_{l=1}^{n} g_{lm}\, g^{lm'} = \delta_{mm'}. \tag{37.23}$$

(Nach den Konventionen der Tensoranalysis müßte eigentlich x^k, ξ^k an Stelle x_k, ξ_k geschrieben werden.)

---

[1] Vgl. die eingehende Darstellung in dem Beitrag von H. Tietz zu Bd. II dieses Handbuches.

Besonders einfach werden die Verhältnisse bei sogenannten *orthogonalen Koordinaten* ξ_k, für die alle g_{lm} verschwinden, wenn $l \neq m$ ist. Das gilt dann auch für die g^{lm}. Die Linienelemente der Koordinatenlinien werden dann in jedem Punkt zueinander orthogonal. Dann ist

$$g^{ll} = \frac{1}{g_{ll}} \tag{37.24}$$

und

$$D = \sqrt{\prod_{l=1}^{n} g_{ll}} \, . \tag{37.25}$$

Der zuletzt erwähnte Fall liegt z.B. bei den *Kugelkoordinaten* r, ϑ, φ im dreidimensionalen Raum vor:

$$\left. \begin{aligned} x_1 &= r \sin \vartheta \cos \varphi, \\ x_2 &= r \sin \vartheta \sin \varphi, \\ x_3 &= r \cos \vartheta. \end{aligned} \right\} \tag{37.26}$$

Hier ist

$$\sum_k dx_k^2 = dr^2 + r^2 d\vartheta^2 + r^2 \sin^2 \vartheta \, d\varphi^2, \tag{37.27}$$

$$D = r^2 \sin \vartheta \tag{37.28}$$

und man erhält für

$$\psi(x_1, x_2, x_3) = \chi(r, \vartheta, \varphi) \tag{37.29}$$

den LAPLACE-Operator in Kugelkoordinaten:

$$\Delta \psi = \frac{1}{r^2} \frac{\partial}{\partial r} \left(r^2 \frac{\partial \chi}{\partial r} \right) + \frac{1}{r^2 \sin \vartheta} \frac{\partial}{\partial \vartheta} \left(\sin \vartheta \frac{\partial \chi}{\partial \vartheta} \right) + \frac{1}{r^2 \sin^2 \vartheta} \frac{\partial^2 \chi}{\partial \varphi^2} \, . \tag{37.30}$$

Für *Zylinderkoordinaten* r, φ, z, wo r jetzt andere Bedeutung hat,

$$\left. \begin{aligned} x_1 &= r \cos \varphi, \\ x_2 &= r \sin \varphi, \\ x_3 &= z \end{aligned} \right\} \tag{37.31}$$

ist

$$\sum_k dx_k^2 = dr^2 + r^2 d\varphi^2 + dz^2, \tag{37.32}$$

$$D = r \tag{37.33}$$

und man erhält für

$$\psi(x_1, x_2, x_3) = \omega(r, \varphi, z) \tag{37.34}$$

den LAPLACE-Operator in Zylinderkoordinaten:

$$\Delta \psi = \frac{1}{r} \frac{\partial}{\partial r} \left(r \frac{\partial \omega}{\partial r} \right) + \frac{1}{r^2} \frac{\partial^2 \omega}{\partial \varphi^2} + \frac{\partial^2 \omega}{\partial z^2} \, . \tag{37.35}$$

Die Erklärung des LAPLACE-Operators in den neuen Koordinaten ξ_k muß immer in den Raumpunkten versagen, wo die Funktionaldeterminante D verschwindet. Das ist bei Kugelkoordinaten im Koordinatenursprung und auf der x_3-Achse der Fall, bei Zylinderkoordinaten nur im Ursprung.

38. Freie Ränder. Wenn bei einem Variationsproblem mit dem Funktional

$$F = \int L \left(x_k, y_\nu, \frac{\partial y_\nu}{\partial x_k} \right) dx \tag{38.1}$$

die Funktionen $y_\nu(x_1, \ldots, x_n)$ keinerlei Randbedingungen unterworfen sind, nennt man den Rand „frei". Wie am Schluß von Ziff. 35 ausgeführt wurde, müssen auch bei freiem Rand die EULER-LAGRANGE-Gleichungen notwendig erfüllt sein, wenn die y_ν den Wert F zu einem Extremum machen, solange nicht etwa noch zusätzliche Nebenbedingungen bestehen.

Allgemein ist bei beliebigen Variationen δy_ν

$$\delta F = \int \sum_{k=1}^{n} \frac{\partial}{\partial x_k} \sum_{\nu=1}^{N} \left(\frac{\partial L}{\partial \frac{\partial y_\nu}{\partial x_k}} \delta y_\nu \right) dx + \int \sum_{\nu=1}^{N} \left(\frac{\delta L}{\delta y_\nu} \delta y_\nu \right) dx. \qquad (38.2)$$

Wenn nun y_ν die Lösungen des Variationsproblems sind, verschwindet auf Grund der Euler-Lagrange-Gleichungen (35.17) das zweite Integral und außerdem ist $\delta F = 0$, so daß auch das erste Integral notwendig für beliebige δy_ν verschwinden muß. Der Integrand im ersten Integral ist vom Typ einer allgemeinen Divergenz, und man kann den Gaußschen Satz (35.8) darauf anwenden. Das liefert für (38.2) im Falle, daß y_ν die Lösungsfunktionen des Variationsproblems sind, das Verschwinden des Randintegrals

$$\int d\sigma \sum_{\nu=1}^{N} \left(\sum_{k=1}^{n} \frac{\partial L}{\partial \frac{\partial y_\nu}{\partial x_k}} n_k \right) \delta y_\nu = 0. \qquad (38.3)$$

n_k ist der nach außen gerichtete Normaleneinheitsvektor auf die Randfläche. Nun muß (38.3) notwendig für ganz beliebige δy_ν gelten, deren Werte am Rande auch beliebig sind. Das ist aber nur dann möglich, wenn auf dem Rande

$$\sum_{k=1}^{n} \frac{\partial L}{\partial \frac{\partial y_\nu}{\partial x_k}} n_k = 0, \qquad (\nu = 1, 2, \ldots, N) \qquad (38.4)$$

ist. Man nennt diese Gleichungen die „*natürlichen Randbedingungen*". Sie stellen eine notwendige Bedingung für die y_ν dar, wenn diese sonst keinen Randbedingungen unterworfen sind. Im eindimensionalen Falle lauten sie

$$\frac{\partial L}{\partial y_\nu'} = 0, \qquad (\nu = 1, \ldots, N). \qquad (38.5)$$

Die Bezeichnung „freier Rand" wird auch auf einen andern Fall angewandt als den hier betrachteten, nämlich den, daß zunächst der Rand überhaupt noch nicht festgelegt ist und zugleich mit den Lösungsfunktionen y_ν auch noch der Rand gesucht werden soll, der das Funktional zu einem Extremum macht. Ein Variationsproblem dieser Art ist das folgende, bei dem ein Funktional im *eindimensionalen* Raum der einen Variablen x

$$F = \int_a^{x_0} L(x, y, y') \, dx \qquad (38.6)$$

zum Minimum gemacht werden soll, wenn a festliegt, der zweite Randpunkt x_0 aber noch auf einer vorgegebenen Kurve

$$G(x, y) = 0 \qquad (38.7)$$

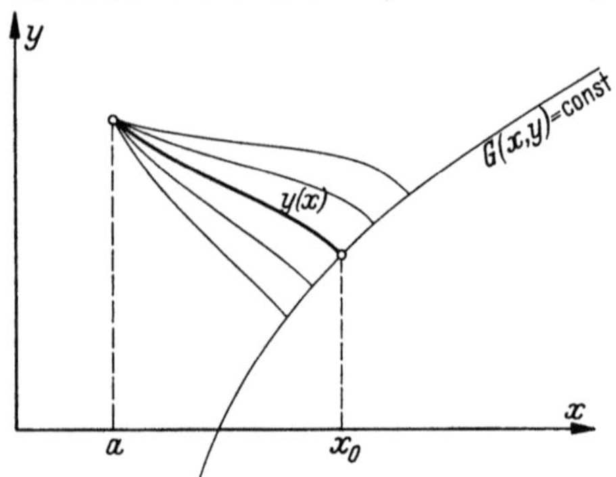

Fig. 3. Beispiel für einen freien Randpunkt bei $x = x_0$, dessen Lage durch die Kurve $G(x, y) = $ const vorgeschrieben ist. $y(x)$ sei die Lösung des Variationsproblems. Es sind noch andere zulässige Vergleichsfunktionen durch Kurven dargestellt, die durch den gleichen Anfangspunkt bei $x = a$ gehen und auf $G = $ const enden.

frei beweglich ist. Für $x = a$ habe y einen vorgegebenen Wert, für $x = x_0$ wird y durch (38.7) festgelegt (vgl. Fig. 3). Man kann dieses Variationsproblem auf ein solches mit festliegenden Rändern zurückführen, indem man sich als neue unabhängige Variable einen Kurvenparameter t so eingeführt denkt, daß dieser für $x=a$, $x=x_0$ aller zur Konkurrenz zugelassenen Kurven $y(x)$ feste Werte t_1 bzw. t_2 annimmt. Damit wird

$$F = \int_{t_1}^{t_2} L\left(x, y, \frac{\dot{y}}{\dot{x}}\right) \dot{x}\, dt. \tag{38.8}$$

Darin sind $x(t)$, $y(t)$ gesuchte Funktionen und $\dot{x}, \dot{y}$ deren Ableitungen nach t. Das Problem besitzt jetzt die LAGRANGE-Funktion

$$\widetilde{L}(x, y, \dot{x}, \dot{y}) = L\left(x, y, \frac{\dot{y}}{\dot{x}}\right) \dot{x}. \tag{38.9}$$

Eine Randbedingung schreibt für $t=t_1$ die Werte für x, y vor; d.h. bei $x=a$. Die zweite Randbedingung fordert, daß für $t=t_2$

$$G\big(x(t_2), y(t_2)\big) = 0 \tag{38.10}$$

wird. Die Variationen δx und δy müssen deshalb für $t=t_1$ verschwinden, für $t=t_2$ aber der Gleichung

$$\frac{\partial G}{\partial x}\, \delta x + \frac{\partial G}{\partial y}\, \delta y = 0 \tag{38.11}$$

genügen. Andererseits gilt

$$\delta F = \left(\frac{\partial \widetilde{L}}{\partial \dot{x}}\, \delta x + \frac{\partial \widetilde{L}}{\partial \dot{y}}\, \delta y\right)_{t_1}^{t_2} + \int_{t_1}^{t_2} \left(\frac{\delta \widetilde{L}}{\delta x}\, \delta x + \frac{\delta \widetilde{L}}{\delta y}\, \delta y\right) dt. \tag{38.12}$$

Nun müssen für $\widetilde{L}$ die EULER-LAGRANGE-Gleichungen erfüllt sein. Deshalb verschwindet das Integral in dieser Gleichung für die Lösungen $x(t)$, $y(t)$, die δF zum Verschwinden bringen. Der erste Summand der rechten Seite verschwindet mit δx, δy auch an der unteren Grenze $t=t_1$, und es bleibt für $t=t_2$:

$$\frac{\partial \widetilde{L}}{\partial \dot{x}}\, \delta x + \frac{\partial \widetilde{L}}{\partial \dot{y}}\, \delta y = 0. \tag{38.13}$$

Die Gl. (38.11) und (38.13) sind aber zugleich für nicht verschwindende δx, δy nur dann erfüllt, wenn für $t=t_2$

$$\frac{\partial G}{\partial x}\, \frac{\partial \widetilde{L}}{\partial \dot{y}} - \frac{\partial G}{\partial y}\, \frac{\partial \widetilde{L}}{\partial \dot{x}} = 0 \tag{38.14}$$

wird. Diese Gleichung stellt eine notwendige Bedingung für die Lösungen $x(t)$, $y(t)$ des Variationsproblems dar und heißt „*Transversalitätsbedingung*". Immer wenn diese Gleichung erfüllt ist, nennt man die Kurve $x(t)$, $y(t)$ „transversal" zu $G(x, y) = 0$. Diese Bedingungsgleichung (38.14) legt bei vorgegebenen $x(t)$, $y(t)$ die Richtung von $G(x, y) = 0$ fest. Das gilt aber im allgemeinen nicht umgekehrt. Bei dem Variationsproblem ist jedoch gerade $G(x, y) = 0$ vorgegeben und $x(t)$, $y(t)$ gesucht. Es gibt in der Regel eine ganze Schar von Lösungen $x(t)$, $y(t)$ der EULER-LAGRANGE-Gleichungen

$$\frac{\delta \widetilde{L}}{\delta x} = 0, \qquad \frac{\delta \widetilde{L}}{\delta y} = 0, \tag{38.15}$$

die zu $G=0$ transversal sind. Man hat als Lösung des Variationsproblems aus dieser Schar solche Kurven $x(t)$, $y(t)$ zu suchen, die durch den festen Anfangspunkt bei $t=t_1$ gehen. — Man kann sich nachträglich wieder vom Parameter t

freimachen mit Hilfe der Relationen

$$\frac{\partial \widetilde{L}}{\partial \dot{x}} = L - \frac{\dot{y}}{\dot{x}} \frac{\partial L}{\partial y'} = L - y' \frac{\partial L}{\partial y'}, \tag{38.16}$$

$$\frac{\partial \widetilde{L}}{\partial \dot{y}} = \frac{\partial L}{\partial y'} \tag{38.17}$$

und erhält die Transversalitätsbedingung in der Form

$$\left(L - y' \frac{\partial L}{\partial y'}\right) \frac{\partial G}{\partial y} - \frac{\partial L}{\partial y'} \frac{\partial G}{\partial x} = 0. \tag{38.18}$$

Daneben tritt die Euler-Lagrange-Gleichung

$$\frac{\partial L}{\partial y} - \frac{d}{dx}\left(\frac{\partial L}{\partial y'}\right) = 0. \tag{38.19}$$

Die Verallgemeinerung auf das analoge *dreidimensionale* Problem ergibt sich auf demselben Wege. Es sei eine Raumkurve $y(x)$, $z(x)$ so zu bestimmen, daß das Funktional

$$F = \int_a^b L(x; y, z; y', z')\, dx \tag{38.20}$$

zum Extremum wird, wenn ihr Anfangspunkt bei $x = a$ gegeben ist und ihr Endpunkt auf einer vorgegebenen Fläche

$$G(x, y, z) = 0 \tag{38.21}$$

liegt. Dann müssen notwendigerweise die Euler-Lagrange-Gleichungen

$$\frac{\delta L}{\delta y} = 0, \qquad \frac{\delta L}{\delta z} = 0 \tag{38.22}$$

und die „Transversalitätsbedingung"

$$\frac{\partial G}{\partial x} : \frac{\partial G}{\partial y} : \frac{\partial G}{\partial z} = \left(L - y' \frac{\partial L}{\partial y'} - z' \frac{\partial L}{\partial z'}\right) : \frac{\partial L}{\partial y'} : \frac{\partial L}{\partial z'} \tag{38.23}$$

erfüllt sein. Man gewinnt die letzte Bedingung aus

$$\frac{\partial G}{\partial x} : \frac{\partial G}{\partial y} : \frac{\partial G}{\partial z} = \frac{\partial \widetilde{L}}{\partial \dot{x}} : \frac{\partial \widetilde{L}}{\partial \dot{y}} : \frac{\partial \widetilde{L}}{\partial \dot{z}}, \tag{38.24}$$

wenn man analog zum obigen Verfahren

$$\widetilde{L}(x, y, z; \dot{x}, \dot{y}, \dot{z}) = L\left(x; y, z; \frac{\dot{y}}{\dot{x}}, \frac{\dot{z}}{\dot{x}}\right) \dot{x} \tag{38.25}$$

einführt.

Bei den geodätischen Linien ist nun „transversal" identisch mit orthogonal. Das heißt, die Lösungskurven stehen immer senkrecht auf der Fläche $G = 0$. Bei der Lichtausbreitung in der Beschreibung der Strahlenoptik sind die Strahlen die Lösungen der Euler-Lagrange-Gleichungen zum Variationsproblem des Fermatschen Satzes. Die Wellenfronten stellen eine zu den Strahlen transversale Flächenschar dar.

39. Das Ritzsche Verfahren. Um ein Variationsproblem zu lösen, wird man zunächst den klassischen Weg versuchen, die Euler-Lagrange-Gleichungen unter den vorgegebenen Randbedingungen zu lösen. Damit wird das Problem auf ein Randwertproblem zu Differentialgleichungen zurückgeführt. Diese Art von Randwertproblemen wird im nächsten Abschnitt IV behandelt werden. Selbst wenn dieser Weg gangbar ist, hat man sich nachträglich noch davon zu überzeugen, ob das so gewonnene Resultat auch tatsächlich eine Lösung des Variationsproblems darstellt; denn die EULER-LAGRANGE-Gleichungen stellen ja nur eine notwendige, aber keine hinreichende Bedingung dafür dar. Oft aber ist das Randwertproblem der zugehörigen EULER-LAGRANGE-Gleichung gar nicht zu lösen. Dann ist unter Umständen ein Näherungsverfahren gut brauchbar, das sogenannte RITZsche Verfahren. Es ist vor allem dann vorteilhaft, wenn die vorgegebenen Konstanten zahlenmäßig festliegen. Wie unten ausgeführt, nähert man damit den Extremalwert von F schneller an als die Lösungsfunktionen $y_\nu(x)$.

Es sei etwa
$$F = \int\limits_a^b L(x,\, y,\, y')\, dx \tag{39.1}$$

zum Minimum zu machen, wenn Randbedingungen für $y(x)$ vorliegen. — Man wählt bei dem RITZschen Verfahren als Näherungsansatz für $y(x)$ eine den Randbedingungen genügende, sonst beliebige Funktion $\eta(x;\, \alpha_1, \alpha_2, \ldots, \alpha_\varrho)$, die noch von irgendwelchen zunächst frei verfügbaren Parametern $\alpha_1, \alpha_2, \ldots, \alpha_\varrho$ abhängen möge. Als Beispiel kann sie etwa
$$\eta = \sum_{\sigma=1}^{\varrho} \alpha_\sigma\, \varphi_\sigma(x) \tag{39.2}$$

mit festliegenden Funktionen $\varphi_\sigma(x)$ sein. Oft wird man vorteilhaft ein Orthogonalsystem $\varphi_\sigma(x)$ im Grundintervall verwenden. Bildet man nun mit $\eta(x)$ das Funktional F, so wird es eine Funktion der $\alpha_1, \alpha_2, \ldots, \alpha_\varrho$:
$$J(\alpha_1, \alpha_2, \ldots, \alpha_\varrho) = \int\limits_a^b L\left(x,\, \eta,\, \frac{\partial \eta}{\partial x}\right) dx. \tag{39.3}$$

Diese wird im allgemeinen immer größer als das gesuchte Minimum von F bleiben. Man kann aber das Minimum von F so annähern, daß man das Minimum von $J(\alpha_1, \ldots, \alpha_\varrho)$ aufsucht, welches es für geeignete Werte $\alpha_1, \ldots, \alpha_\varrho$ annimmt, für die
$$\frac{\partial J}{\partial \alpha_\sigma} = 0, \qquad (\sigma = 1, 2, \ldots, \varrho) \tag{39.4}$$

wird, woraus man die α_σ berechnen kann. Jeder Parameter α_σ, der nun in η hinzugenommen wird, kann das gewonnene Minimum von J nur verbessern, d.h. näher an das gesuchte Minimum von F bringen oder höchstens unverändert lassen. Niemals kann er aber das Resultat für F verschlechtern. Dem Hinzunehmen neuer Parameter α_σ entspricht z.B. im Ansatz (39.2), daß man neue unabhängige Funktionen $\varphi_\sigma(x)$ in den Ansatz η mit aufnimmt.

Man wird nun erwarten, daß in der Regel $y(x)$ auch dann am besten durch η angenähert wird, wenn gerade die Werte für die α_σ eingesetzt werden, die J zum Minimum machen. Das braucht aber durchaus nicht immer der Fall zu sein. Man kann vielmehr Beispiele angeben, bei denen eine Folge $\eta_n(x)$ mit wachsendem n nicht gegen $y(x)$ konvergiert, obwohl die damit gebildeten Werte J_n gegen das gesuchte Minimum von F konvergieren. — Das RITZsche Verfahren ist überhaupt vorteilhafter zur Annäherung des Minimums F als der Lösungsfunktion $y(x)$, zumindest dann, wenn die Näherungsfunktion η tatsächlich die Lösungsfunktion schon mit einem entsprechend kleinen Fehler annähert. Dieser sei mit
$$\delta y = \eta - y \tag{39.5}$$

bezeichnet, und es sei vorausgesetzt, daß $|\delta y|$ sowie $|\delta y'|$ kleiner als eine Schranke ε seien. Diese sei schon so klein vorausgesetzt, daß man die Glieder vernachlässigen kann, die in δy, $\delta y'$ von höherer als zweiter Ordnung sind. Dann wird entsprechend den Bezeichnungen der Ziff. 32 und 34

$$J - F = \delta F + \delta^2 F. \tag{39.6}$$

Da F das Minimum darstellt, verschwindet δF, und es bleibt

$$J - F = \delta^2 F = \int_a^b \left(\frac{\partial^2 L}{\partial y^2} (\delta y)^2 + 2 \frac{\partial^2 L}{\partial y\, \partial y'} \delta y\, \delta y' + \frac{\partial^2 L}{\partial y'^2} (\delta y')^2 \right) dx. \tag{39.7}$$

Man ersieht daraus, daß sicher

$$|J - F| < M \varepsilon^2 \tag{39.8}$$

wird, wenn

$$\int_a^b \left(\left| \frac{\partial^2 L}{\partial y^2} \right| + 2 \left| \frac{\partial^2 L}{\partial y\, \partial y'} \right| + \left| \frac{\partial^2 L}{\partial y'^2} \right| \right) dx < M \tag{39.9}$$

ist. Während der Fehler in η linear von ε abhängt, hängt er in J erst quadratisch von ε^2 ab. Falls nun ε genügend klein ist, bedeutet das, daß bei Aufnahme von neuen Parametern die Approximation des Minimums F rascher als die der Lösungsfunktion $y(x)$ erfolgt.

Das Ritzsche Verfahren läßt sich ohne weiteres auch auf den Fall ausdehnen, daß mehrere unbekannte Funktionen y_ν und mehrere unabhängige Variable x_k auftreten.

40. Höhere Ableitungen im Variationsproblem. Bisher wurde immer vorausgesetzt, daß das Funktional F neben den unbekannten Funktionen y_ν nur deren Ableitungen in erster Ordnung enthält. Ein allgemeinerer Typ von Variationsproblemen ist der, bei dem auch Ableitungen höherer Ordnung auftreten:

$$F = \int_a^b L(x; y, y', y'', \ldots, y^{(n)})\, dx. \tag{40.1}$$

Dabei soll $y^{(n)}$ die Ableitung n-ter Ordnung von $y(x)$ nach x darstellen. Man kann hier als notwendige Bedingung dafür, daß $y(x)$ Lösung des Variationsproblemes mit oder ohne Randbedingungen ist, wieder eine verallgemeinerte Euler-Lagrange-Gleichung angeben. Es sei genau so wie bei der früheren Ableitung der Euler-Lagrange-Gleichung $y(x)$ in (40.1) durch $y(x) + \varepsilon \eta(x)$ ersetzt, wo $\eta(x)$ eine sonst beliebige Funktion ist, die mit allen Ableitungen bis einschließlich der $(n-1)$-ten an den Rändern des Integrationsgebietes verschwindet, und wo ε ein genügend kleiner Parameter sein soll. Dabei ändert sich das Funktional F um den Wert

$$\delta F = \varepsilon \int_a^b \left(\frac{\partial L}{\partial y} \eta + \frac{\partial L}{\partial y'} \eta' + \cdots + \frac{\partial L}{\partial y^{(n)}} \eta^{(n)} \right) dx. \tag{40.2}$$

Durch wiederholte partielle Integration gewinnt man, da $\eta, \eta', \ldots \eta^{(n-1)}$ an den Rändern verschwinden,

$$\delta F = \varepsilon \int_a^b \left[\frac{\partial L}{\partial y} - \frac{d}{dx} \left(\frac{\partial L}{\partial y'} \right) + \frac{d^2}{dx^2} \left(\frac{\partial L}{\partial y''} \right) - \cdots + (-1)^n \frac{d^n}{dx^n} \left(\frac{\partial L}{\partial y^{(n)}} \right) \right] \eta\, dx. \tag{40.3}$$

Mit $\varepsilon \eta = \delta y$ sei das in der Form geschrieben:

$$\delta F = \int_a^b \left(\frac{\delta L}{\delta y} \delta y \right) dx, \tag{40.4}$$

wobei der Ausdruck

$$\frac{\delta L}{\delta y} = \frac{\partial L}{\partial y} - \frac{d}{dx}\left(\frac{\partial L}{\partial y'}\right) + \frac{d^2}{dx^2}\left(\frac{\partial L}{\partial y''}\right) - \cdots + (-1)^u \frac{d^n}{dx^n}\left(\frac{\partial L}{\partial y^{(n)}}\right) \tag{40.5}$$

wieder als Variationsableitung bezeichnet wird. Wenn nun $y(x)$ Lösung des Variationsproblems ist, muß notwendigerweise für jedes δy, das schon als infinitesimal betrachtet sei, δF verschwinden. Das ist aber nur möglich, wenn die EULER-LAGRANGE-*Gleichung*

$$\frac{\delta L}{\delta y} = 0 \tag{40.6}$$

erfüllt ist. Diese stellt wieder eine Differentialgleichung für $y(x)$ dar. Die Ordnung dieser Differentialgleichung findet man bei Ausführung der Differentiationen im letzten Glied von (40.5). Man braucht nur das Glied zu betrachten, in dem die höchste Ableitung von y auftritt. Dieses ist bis auf das Vorzeichen, das für die Differentialgleichung ja beliebig festgelegt werden kann, gegeben durch

$$y^{(2n)}\,\frac{\partial^2 L}{\partial (y^{(n)})^2} \,. \tag{40.7}$$

Wenn nicht gerade der Koeffizient von $y^{(2n)}$ im speziellen Fall verschwindet, ist die EULER-LAGRANGE-Gleichung von der Ordnung $2n$ und linear in den Ableitungen $y^{(n+1)}$ bis $y^{(2n)}$. Die Mannigfaltigkeit der Integrationskonstanten ist jetzt immer größer als die der Randwerte von y. Deshalb können durchaus auch weitere Randbedingungen zugelassen werden, die außer den Werten für y auch solche für Ableitungen $y^{(\nu)}$ oder Kombinationen davon an den Rändern vorschreiben.

In den physikalischen Anwendungen treten meistens nur die schon früher behandelten Variationsprobleme auf, bei denen das Funktional nur die Ableitungen erster Ordnung enthält. Der Grund hierfür liegt in der Tatsache, daß auch die Differentialgleichungen zweiter Ordnung in der Physik eine bevorzugte Stellung einnehmen. Die Variationsprobleme stellen dann im allgemeinen nur eine andere Formulierung der Aufgabe dar, die Differentialgleichungen zu lösen, die als EULER-LAGRANGE-Gleichungen zu dem Problem gehören.

D. Randwertprobleme bei Differentialgleichungen der Physik.

I. Lineare Differentialgleichungen zweiter Ordnung.

41. Homogene und inhomogene Differentialgleichungen und Randbedingungen. Im folgenden werden wegen ihrer hervorragenden Rolle in der Physik gewöhnliche und partielle lineare Differentialgleichungen zweiter Ordnung behandelt, die in der unbekannten Funktion und deren Ableitung linear sind. Bezüglich der allgemeinen Theorie der gewöhnlichen sowie der partiellen Differentialgleichungen erster Ordnung sei auf den entsprechenden Artikel von J. LENSE in diesem Band des Handbuches verwiesen. — Wenn $\psi(x_1, x_2, \ldots, x_n)$ eine Funktion der n Variablen x_k ist, sei der allgemeinste homogene lineare Differentialoperator zweiter Ordnung mit

$$\mathscr{D}\psi = \sum_{k,l=1}^{n} A_{kl}\,\frac{\partial^2 \psi}{\partial x_k \partial x_l} + \sum_{k=1}^{n} B_k\,\frac{\partial \psi}{\partial x_k} + C\,\psi \tag{41.1}$$

bezeichnet. Dabei können die Koeffizienten A_{kl}, B_k, C selbst noch Funktionen der $x_1, x_2, \ldots, x_n$ sein.

Die allgemeinste *homogene* lineare Differentialgleichung zweiter Ordnung lautet dann:

$$\mathfrak{D}\psi = 0. \tag{41.2}$$

Jede Funktion ψ, die ihr identisch genügt, heißt Lösung der Differentialgleichung. Man erkennt sofort die Gültigkeit des *Superpositionsprinzips*, nach dem immer dann, wenn $\psi_1, \psi_2, \ldots, \psi_N$ Lösungen sind, auch eine beliebige Linearkombination

$$\psi = c_1\psi_1 + c_2\psi_2 + \cdots + c_N\psi_N \tag{41.3}$$

eine Lösung der Differentialgleichung ist. $c_1, c_2, \ldots, c_N$ sind beliebige Konstante. Genau so ist

$$\psi(x) = \int f(\alpha)\,\psi(x, \alpha)\,d\alpha \tag{41.4}$$

eine Lösung, wenn $\psi(x, \alpha)$ eine Lösung ist, die noch von irgendeinem Parameter α abhängt, der alle Werte seines Integrationsgebietes durchläuft. Hier ist wieder abkürzend x für den ganzen Satz $x_1, x_2, \ldots, x_n$ der Variablen geschrieben. In derselben Weise können statt eines einzigen Parameters α mehrere Parameter $\alpha_1, \alpha_2, \ldots \alpha_l$ auftreten, über die in (41.4) zu integrieren ist.

Als *inhomogene* lineare Differentialgleichung zweiter Ordnung bezeichnet man eine Gleichung

$$\mathfrak{D}\psi = f, \tag{41.5}$$

wo $f(x_1, \ldots, x_n)$ eine fest vorgegebene, nicht identisch verschwindende Funktion ist, die als „Inhomogenität" der Differentialgleichung bezeichnet wird. $\psi(x_1, \ldots, x_n)$ ist die unbekannte Funktion. Jede solche Funktion ψ, die (41.5) erfüllt, nennt man Lösung der Differentialgleichung. Wenn die Mannigfaltigkeit der Lösungen der Differentialgleichung durch eine Funktion der Variablen $x_1, \ldots, x_n$ und gewisse Parameter so repräsentiert werden kann, daß sie durch geeignete Wahl der Parameterwerte jede Lösung darstellt, nennt man diese Funktion die „allgemeinste Lösung" der Differentialgleichung. Für die inhomogene Differentialgleichung (41.5) gilt natürlich das Superpositionsprinzip nicht mehr. Man erkennt aber sofort die Gültigkeit folgenden Satzes: *Falls die inhomogene Differentialgleichung (41.5) zwei Lösungen ψ_1, ψ_2 besitzt, muß ihre Differenz*

$$\psi_0 = \psi_2 - \psi_1 \tag{41.6}$$

Lösung der homogenen Differentialgleichung (41.2) sein. Wegen dieser Verwandtschaft der beiden Differentialgleichungen nennt man (41.2) die zu (41.5) gehörige homogene Differentialgleichung. Der angegebene Satz läßt sich auch folgendermaßen formulieren: *Die allgemeinste Lösung der inhomogenen Differentialgleichung läßt sich immer als Summe einer speziellen Lösung der inhomogenen und der allgemeinsten Lösung der homogenen Differentialgleichung darstellen.* — In dieser Form ist der Satz von großer praktischer Bedeutung beim Aufsuchen der allgemeinsten Lösung. Übrigens gilt er genau so wie das Superpositionsprinzip für lineare Differentialgleichungen beliebig hoher Ordnung.

Im folgenden werden „*Randwertprobleme*" behandelt werden. Das bedeutet, daß nicht die allgemeinste Lösung der Differentialgleichung gesucht ist, sondern nur solche Lösungen, die durch Randbedingungen eingeschränkt sind. Dabei schreiben die Randbedingungen die Funktionswerte der Lösung oder ihre Ableitungen, bzw. Kombinationen daraus, am Rande eines Grundgebietes der unabhängigen Variablen $x_1, x_2, \ldots, x_n$ vor. Es ist nicht notwendig, daß die Werte auf dem ganzen Rand vorgeschrieben werden. Oft werden sie nur auf einem Teil des Randes festgelegt. Man unterscheidet zwischen homogenen und inhomogenen Randbedingungen. *Homogene* Randbedingungen sind solche, die immer dann für die Funktion $c_1\psi_1 + c_2\psi_2$ erfüllt sind, sobald sie für die beiden Funktionen ψ_1 und ψ_2 erfüllt sind und c_1, c_2 willkürliche Konstante darstellen. *Inhomogene* Randbedingungen sind solche, bei denen dieses „Superpositionsprinzip" nicht erfüllt ist. Zum Beispiel sind folgende Randbedingungen, die nur auf dem Rand oder einem Teil des Randes eines Grundgebietes zu gelten brauchen, inhomogen:

$$\psi = F, \tag{41.7}$$

$$\frac{\partial \psi}{\partial n} = G, \tag{41.8}$$

$$\alpha\,\psi + \beta\,\frac{\partial \psi}{\partial n} = H. \tag{41.9}$$

Dabei sind F, G, H vorgegebene, auf dem Rande nicht identisch verschwindende Funktionen, $\partial\psi/\partial n$ ist die Ableitung von ψ in Normalenrichtung auf den Rand, und α, β sind vorgegebene Konstante. Werden aber F, G, H als identisch verschwindend vorgegeben, dann sind die Randbedingungen homogen. — Wir beschränken uns auf Randbedingungen, bei denen nur solche Linearkombinationen von ψ und den Ableitungen von ψ vorgegeben werden und nicht etwa kompliziertere Funktionale. Dann ist zu einer inhomogenen Randbedingung in eindeutiger Weise immer eine dazugehörige homogene Randbedingung erklärt.

Wenn zwei Funktionen u, v derselben inhomogenen Randbedingung genügen, genügt dann ihre Differenz

$$\psi = u - v \tag{41.10}$$

immer der dazugehörigen homogenen Randbedingung. Deshalb kann man ein Randwertproblem für eine Differentialgleichung

$$\mathfrak{D}\,u = f_0 \tag{41.11}$$

mit inhomogenen Randbedingungen immer auf ein solches mit homogenen Randbedingungen reduzieren. Man braucht nur mit einer sonst beliebigen Funktion v, die auch den inhomogenen Randbedingungen genügt,

$$f = f_0 - \mathfrak{D}\,v \tag{41.12}$$

zu bilden, dann gilt für ψ nach (41.10) die inhomogene Differentialgleichung

$$\mathfrak{D}\,\psi = f \tag{41.13}$$

mit homogenen Randbedingungen für ψ. Speziell kann man bei $f_0 \equiv 0$ eine homogene Differentialgleichung mit inhomogenen Randbedingungen immer auf eine inhomogene Differentialgleichung mit homogenen Randbedingungen zurückführen. *Allgemein kann man immer ein Differentialgleichungsproblem mit inhomogenen Randbedingungen auf ein solches mit homogenen Randbedingungen zurückführen.* — Deshalb sollen im folgenden oft nur homogene Randbedingungen betrachtet werden. Folgende Typen von Randbedingungen seien besonders hervorgehoben.

CAUCHY*sche Randbedingungen* nennt man den Fall, daß die Werte ψ und $\partial\psi/\partial n$ zugleich vorgeschrieben sind. DIRICHLET*sche Randbedingungen* schreiben nur ψ, NEUMANN*sche Randbedingungen* schreiben nur $\partial\psi/\partial n$ und *gemischte Randbedingungen* schreiben $\alpha\,\psi + \beta\,\dfrac{\partial\psi}{\partial n}$ vor.

42. Charakteristiken. Die folgende Betrachtung beschränkt sich auf die Differentialgleichungen zweiter Ordnung

$$\mathfrak{D}\,\psi = 0, \tag{42.1}$$

bei denen $\psi(x, y)$ nur von zwei unabhängigen Variablen x, y abhängt, wo der Raum der unabhängigen Koordinaten also zweidimensional ist. Man kann aber zulassen, daß die Gleichung nicht linear ist, sofern der Differentialausdruck vom Typ

$$\mathfrak{D}\,\psi = A\,\frac{\partial^2\psi}{\partial x^2} + 2B\,\frac{\partial^2\psi}{\partial x\,\partial y} + C\,\frac{\partial^2\psi}{\partial y^2} + \Phi\left(x, y;\,\psi,\,\frac{\partial\psi}{\partial x},\,\frac{\partial\psi}{\partial y}\right) \qquad (42.2)$$

ist, wo A, B, C selbst Funktionen von x, y sind und Φ eine beliebige Funktion der angegebenen Argumente ist. Der spezielle Fall einer linearen Differentialgleichung liegt vor, wenn

$$\Phi\left(x, y;\,\psi,\,\frac{\partial\psi}{\partial x},\,\frac{\partial\psi}{\partial y}\right) = D\,\frac{\partial\psi}{\partial x} + E\,\frac{\partial\psi}{\partial y} + F\,\psi + G \qquad (42.3)$$

ist, wo die Koeffizienten D, E, F, G wieder Funktionen von x, y sein können.

Eine Lösung der Differentialgleichung kann man sich in einem dreidimensionalen Raum der Koordinaten x, y, z jeweils durch eine Fläche

$$z = \psi(x, y) \qquad (42.4)$$

dargestellt denken, eine „Lösungsfläche". Der Rand oder der Teil des Randes, auf dem Randbedingungen vorliegen mögen, ist eine Kurve in der x, y-Ebene, die etwa durch eine Parameterdarstellung

$$x = \xi(s), \qquad y = \eta(s) \qquad (42.5)$$

mit der Bogenlänge s als Kurvenparameter vorgegeben sei.

Die Dirichletschen *Randbedingungen* schreiben die Randwerte ψ vor, d.h. sie legen durch

$$z = \psi\big(\xi(s), \eta(s)\big) = \zeta(s) \qquad . \qquad (42.6)$$

über der Randkurve in der x, y-Ebene eine Raumkurve fest, durch die die Lösungsfläche gehen muß. — Die Neumannschen *Randbedingungen* legen dagegen die Randwerte

$$\frac{\partial\psi}{\partial n} = N(s) \qquad (42.7)$$

fest, d.h. nur die Neigung der Lösungsfläche normal zum Rand. — Die Cauchyschen *Randbedingungen* legen sowohl ψ, als auch $\partial\psi/\partial n$ fest. Diese Angaben legen über der ebenen Randkurve einen räumlichen „Streifen" fest, durch den die Lösungsfläche gehen muß. Das soll heißen, es ist nicht nur die Raumkurve festgelegt, durch die die Fläche gehen muß, sondern in jedem Punkt dieser Kurve auch die Tangentialebene an die Fläche. Mit den Randwerten ψ wird ja auch

$$\frac{\partial\psi}{\partial s} = \frac{\partial\zeta}{\partial s} \qquad (42.8)$$

festgelegt. Mit $\dfrac{\partial\psi}{\partial s}, \dfrac{\partial\psi}{\partial n}$ ist aber am Rande auch

$$\frac{\partial\psi}{\partial x} = p(s), \qquad \frac{\partial\psi}{\partial y} = q(s) \qquad (42.9)$$

vorgegeben. In der Regel werden nun mit diesen Funktionen durch die Differentialgleichung auch die höheren Ableitungen von ψ auf dem Rande festgelegt. Bei bestimmten Randkurven kann es jedoch vorkommen, daß bei willkürlichem ψ und $\partial\psi/\partial n$ die höheren Ableitungen überbestimmt sind. Dann sind auf diesen Randkurven die Cauchyschen Randbedingungen eben nicht mehr zu erfüllen. Solche Randkurven nennt man die *Charakteristiken* der Differentialgleichung. Dies soll im folgenden etwas ausführlicher dargelegt werden.

Für die zweiten Ableitungen von ψ gelten am Rande die Gleichungen

$$\dot{p} = \psi_{xx}\,\dot{\xi} + \psi_{xy}\,\dot{\eta}, \tag{42.10}$$

$$\dot{q} = \psi_{xy}\,\dot{\xi} + \psi_{yy}\,\dot{\eta}, \tag{42.11}$$

$$A\,\psi_{xx} + 2B\,\psi_{xy} + C\,\psi_{yy} + \Phi = 0. \tag{42.12}$$

Dabei ist abkürzend die Differentiation nach s durch einen Punkt und die Differentiation nach x, y durch die Indices angedeutet. Diese drei Gleichungen können aber nur dann Lösungen für die Ableitungen $\psi_{xx}, \psi_{xy}, \psi_{yy}$ haben, wenn die Koeffizientendeterminante

$$\begin{vmatrix} \dot{\xi} & \dot{\eta} & 0 \\ 0 & \dot{\xi} & \dot{\eta} \\ A & 2B & C \end{vmatrix} = C\,\dot{\xi}^2 - 2B\,\dot{\xi}\dot{\eta} + A\,\dot{\eta}^2 \tag{42.13}$$

nicht verschwindet. Diese Voraussetzung ist aber auch hinreichend dafür, daß alle höheren Ableitungen von $\psi(x, y)$ am Rande bestimmt sind, denn die Koeffizientendeterminante des linearen Gleichungssystems für die dritten und alle höheren Ableitungen ist immer wieder durch (42.13) gegeben. Man erhält z.B. durch Differentiation von (42.10), (42.11), (42.12) nach s bzw. x:

$$\dot{\psi}_{xx} = \psi_{xxx}\dot{\xi} + \psi_{xxy}\dot{\eta}, \tag{42.14}$$

$$\dot{\psi}_{xy} = \psi_{xxy}\dot{\xi} + \psi_{xyy}\dot{\eta}, \tag{42.15}$$

$$A_{xxx}\psi + 2B\,\psi_{xxy} + C\,\psi_{xyy} + (\Phi_x + A_x\psi_{xx} + \cdots) = 0. \tag{42.16}$$

Diese Gleichungen haben als lineares Gleichungssystem für $\psi_{xxx}, \psi_{xxy}, \psi_{xyy}$ wieder die Koeffizientendeterminante (42.13). Man erkennt leicht, daß sich das für die höheren Ableitungen fortsetzen läßt. — Wenn also (42.13) nicht verschwindet, sind alle Ableitungen beliebig hoher Ordnung von ψ am Rande durch die Differentialgleichung und die CAUCHYschen Randbedingungen festgelegt. Innerhalb des Konvergenzbereiches der TAYLOR-Reihe für ψ liegt dann aber ψ auch außerhalb des Randes fest. — Nun kann aber für gewisse Richtungen der Randkurve mit dem Linienelement (dx, dy) die Determinante (42.13) verschwinden:

$$C\,dx^2 - 2B\,dx\,dy + A\,dy^2 = 0. \tag{42.17}$$

Die Richtungen sind festgelegt durch

$$A\,\frac{dy}{dx} = B \pm \sqrt{B^2 - A\,C}. \tag{42.18}$$

Die Kurven in der x, y-Ebene, die in jedem Punkt diese Richtung haben, die also durch die Differentialgleichung (42.18) definiert werden, sind die *Charakteristiken* der Differentialgleichung, auf denen die CAUCHYschen Randbedingungen nicht zulässig sind. Man unterscheidet nun folgende Typen von Differentialgleichungen der behandelten Art. *Hyperbolische Differentialgleichungen:* Für sie ist überall

$$B^2 > A\,C, \tag{42.19}$$

und es existieren somit zwei reelle Scharen von Charakteristiken. In jedem Punkt x, y kreuzen sich zwei Charakteristiken der beiden verschiedenen Scharen. *Parabolische Differentialgleichungen:* Für sie ist überall

$$B^2 = A\,C, \tag{42.20}$$

und es gibt nur eine einparametrige Schar von Charakteristiken, so daß durch
jeden Punkt x, y eine Charakteristik geht. Dieser Fall stellt die Entartung des
vorhergehenden dar, wenn beide Scharen zusammenfallen. — *Elliptische Differentialgleichungen:* Für sie ist überall

$$B^2 < A\,C. \tag{42.21}$$

Es gibt keine reellen Charakteristiken. — Dadurch, daß der Typus der Differentialgleichung in allen Punkten x, y gleich sein soll, haben wir uns auf ganz spezielle
Differentialgleichungen beschränkt. Im allgemeinsten Fall kann die Differentialgleichung in verschiedenen Punkten x, y auch verschiedenen dieser drei Typen
angehören.

Wenn der Rand mit einer Charakteristik zusammenfällt, sind die Cauchyschen
Randbedingungen nicht mehr zulässig. Die Einschränkung der Lösungen ist zu
stark, so daß keine Lösung mehr existiert. Deshalb soll im folgenden untersucht
werden, welche Gestalt des Randes und welche Randbedingungen jeweils zu
einem der drei genannten Typen von Differentialgleichungen „passend" sind,
so daß sie die Lösung zwar festlegen, aber nicht in der Weise überbestimmen, daß
keine Lösung die Randbedingungen erfüllen kann. Es wird sich zeigen, daß zu
jedem der drei Typen andere Randbedingungen „passend" sind.

Die in der Physik wichtigsten und einfachsten Repräsentanten der drei besprochenen Typen von Differentialgleichungen sind folgende: die *Wellengleichung*

$$\frac{\partial^2 \psi}{\partial x^2} - \frac{1}{c^2}\frac{\partial^2 \psi}{\partial t^2} = 0 \tag{42.22}$$

als hyperbolische, die *Diffusions- oder Wärmeleitungsgleichung*

$$\frac{\partial^2 \psi}{\partial x^2} - \lambda^2 \frac{\partial \psi}{\partial t} = 0 \tag{42.23}$$

als parabolische, und die *Potentialgleichung*

$$\frac{\partial^2 \psi}{\partial x^2} + \frac{\partial^2 \psi}{\partial y^2} = 0 \tag{42.24}$$

als elliptische Differentialgleichung.

Die beiden ersten Gleichungen enthalten neben Ableitungen nach den Ortskoordinaten auch solche nach der Zeit t. Diese Gleichungen sind nicht symmetrisch in Orts- und Zeitkoordinaten, während die Potentialgleichung, die nur
Ableitungen nach Ortskoordinaten enthält, in diesen symmetrisch ist. Die Randbedingungen für die Potentialgleichung werden für eine Randkurve in der x, y-
Ebene vorgegeben, während sie für die beiden ersten Gleichungen auf einer
passenden „Randkurve" in der x, t-Ebene gegeben werden. Man unterscheidet
zwischen „eigentlichen Randbedingungen" für feste Werte der Ortskoordinaten
und „Anfangsbedingungen" für einen festen Zeitpunkt. Da sich diese Unterscheidung in den angegebenen physikalisch wichtigen Fällen mit der Unterscheidung der Typen passender Randbedingungen deckt, verallgemeinert man
die Bezeichnung „echte Randwertprobleme" und „Anfangswertprobleme" zur
Unterscheidung der passenden Typen von Randbedingungen je nachdem, ob
keine reellen Charakteristiken, oder ob reelle Charakteristiken existieren. Diese
Unterscheidung wird in den nächsten drei Ziffern erläutert werden.

43. Hyperbolische Differentialgleichungen. Es existieren zwei Scharen reeller
Charakteristiken

$$u(x, y) = \text{const}, \qquad v(x, y) = \text{const}. \tag{43.1}$$

In jedem Punkt x, y kreuzt sich je eine Charakteristik der einen Schar mit einer der anderen Schar. Die Größen u, v kann man als dem Problem besonders angepaßte Koordinaten ansehen, und tatsächlich bringt die Transformation auf diese Koordinaten die ursprüngliche Differentialgleichung (42.1) bzw. den Differentialausdruck (42.2) auf eine einfachere Normalform. Längs der Charakteristiken gilt ja

$$u_x \, dx + u_y \, dy = 0. \tag{43.2}$$

Hierbei sollen die Indices immer die Ableitung nach der jeweiligen Koordinate andeuten. Dann erhält aber die Gl. (42.17) der Charakteristiken, wenn man mit (43.2) dx, dy eliminiert, die Form

$$A u_x^2 + 2 B u_x u_y + C u_y^2 = 0. \tag{43.3}$$

In analoger Weise erhält man die Form

$$A v_x^2 + 2 B v_x v_y + C v_y^2 = 0. \tag{43.4}$$

Wenn man nun den Differentialausdruck (42.2) auf die Koordinaten u, v transformiert, erhalten die Ableitungen ψ_{uu} und ψ_{vv} als Koeffizienten gerade die linken Seiten von (43.3) bzw. (43.4), die also verschwinden. Die Differentialgleichung enthält als zweite Ableitung nur noch ψ_{uv} und zwar linear. Man kann die Differentialgleichung deshalb immer in die *Normalform*

$$\psi_{uv} = \Psi(u, v; \psi, \psi_u, \psi_v) \tag{43.5}$$

bringen. Im Falle der homogen linearen Differentialgleichung wird die Normalform zu

$$\psi_{uv} = P \psi_u + Q \psi_v + R \psi. \tag{43.6}$$

Ein wichtiger Spezialfall, dem nicht nur die Wellengleichung (42.22), sondern etwa auch die linearisierte Gleichung der stationären zweidimensionalen Überschallströmung

$$\frac{\partial^2 \psi}{\partial x^2} (1 - \beta^2) + \frac{\partial^2 \psi}{\partial y^2} = 0, \quad (\beta > 1) \tag{43.7}$$

angehört, liegt in der Normalform

$$\psi_{uv} = 0 \tag{43.8}$$

vor. Für sie wird die allgemeine Lösung

$$\psi = f(u) + g(v), \tag{43.9}$$

wo f und g willkürliche Funktionen eines einzigen Argumentes sein können.

Im speziellen Fall der *Wellengleichung* (42.22) ist

$$u = x - c\,t, \tag{43.10}$$

$$v = x + c\,t. \tag{43.11}$$

Die Charakteristiken bilden zwei Scharen von geraden Linien in der x, t-Ebene, die innerhalb je einer Schar parallel sind. Die allgemeine Lösung

$$\psi = f(x - c\,t) + g(x + c\,t) \tag{43.12}$$

nennt man die LAPLACEsche Lösung. Sie stellt die Summe einer nach der Richtung $+x$ nach rechts „auslaufenden" und einer davon unabhängigen nach der Richtung $-x$ von rechts „einlaufenden" Welle dar.

Die folgende Diskussion soll sich auf die Differentialgleichungen mit der Normalform (43.8) beschränken. Die Verhältnisse unterscheiden sich von denen der speziellen Wellengleichung nur darin, daß die Charakteristiken nicht notwendig gerade zu sein brauchen, sondern allgemeinere Kurven in der x, y-Ebene darstellen können. Die beiden Cauchyschen Randbedingungen, d. h. die Werte ψ und $\partial\psi/\partial n$ auf dem „Rande", legen die Funktionen $f(u)$ und $g(v)$ längs aller Charakteristiken fest, die die Randkurve schneiden. Dabei darf der Rand nicht selbst eine Charakteristik sein. — Wenn also der Rand die Charakteristiken beider Scharen höchstens einmal kreuzt (Fig. 4), wird die Lösung ψ in dem ganzen Gebiet, das von den Charakteristiken beider Scharen überdeckt wird, welche den Rand kreuzen, durch die Cauchyschen Randbedingungen bestimmt. — Wenn aber der Rand nur eine der beiden Scharen zweimal kreuzt (Fig. 5), zerfällt er in zwei Äste, die diese Schar nur einmal kreuzen. Auf einem der Äste können

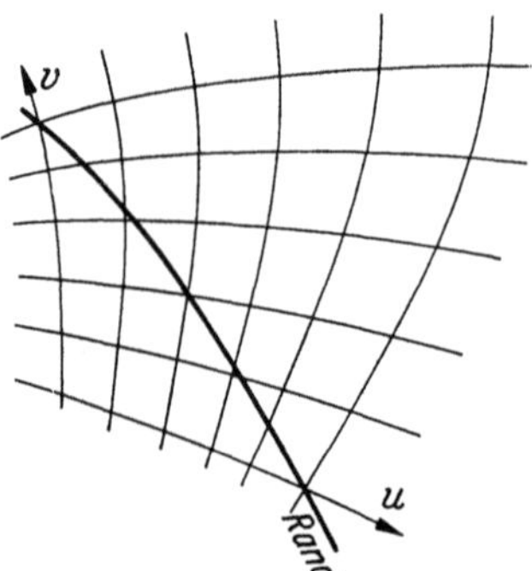

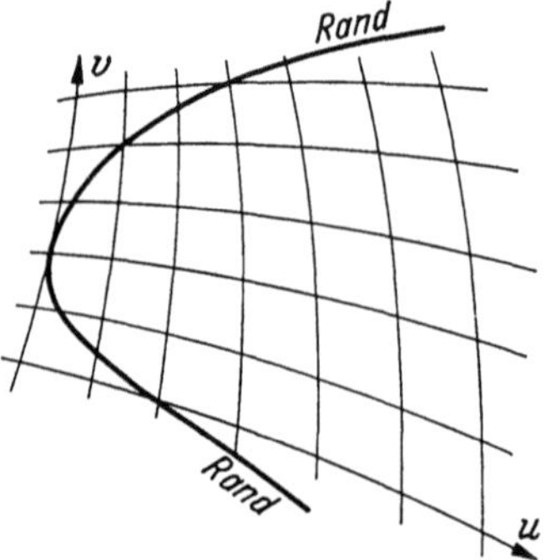

Fig. 4. Beispiel einer Randkurve, die im Netz der Charakteristiken $u=$ const, $v=$ const einer hyperbolischen Differentialgleichung jede Charakteristik höchstens nur einmal schneidet.

Fig. 5. Beispiel einer Randkurve, die im Gegensatz zum Fall der Fig. 4 einen Teil der Charakteristiken $v=$ const zweimal schneidet.

Cauchysche Randbedingungen vorgegeben werden, auf dem zweiten aber nur noch eine einzige Größe, entweder ψ oder $\dfrac{\partial\psi}{\partial n}$ oder etwa $\alpha\,\psi + \beta\,\dfrac{\partial\psi}{\partial n}$. — Wenn der Rand jedoch beide Scharen zweimal kreuzt, z. B. als geschlossene Randkurve, sind Cauchysche Randbedingungen nicht mehr möglich, da sie die Lösung überbestimmen würden. Andererseits bestimmen aber Dirichletsche, Neumannsche oder gemischte Randbedingungen die Lösung wieder nicht eindeutig. Ein geschlossener Rand ist überhaupt nicht passend für die Differentialgleichung. Dies wird weiter unten am Beispiel der Wellengleichung dargelegt und läßt sich dann auf den allgemeineren Fall leicht übertragen. — Eine besondere Stellung nimmt der Fall ein, daß der Rand mit einer Charakteristik zusammenfällt, etwa $u=$ const. Dann ist $f(u)$ für alle übrigen u-Werte völlig unbestimmt, wie auch die Randbedingungen lauten mögen. Cauchysche sind sogar unmöglich. Die Randbedingungen lassen die Lösung immer unbestimmt für alle übrigen u-Werte. Der Rand ist dann grundsätzlich nicht passend.

Es sollen jetzt die Verhältnisse für die spezielle Wellengleichung (42.22) der *schwingenden Saite* eingehender diskutiert werden. Die *Anfangswerte* werden für die Zeit $t=0$ vorgegeben, d. h. längs eines „Randes" in der x, t-Ebene, der auf der x-Achse liegt. Dieser schneidet beide Charakteristikenscharen, die nach (43.10), (43.11) durch $u=$ const, $v=$ const gegeben sind, je einmal. Es können auf ihm also Cauchysche Randbedingungen erfüllt werden, die ψ und $\partial\psi/\partial t$ vorgeben. Man nennt sie „Anfangsbedingungen". Durch sie werden die beiden entgegengesetzt laufenden Wellen $f(u)$, $g(v)$ festgelegt, die von jedem Punkt des Intervalls der x-Achse ausgehen, längs dem sich die Saite erstreckt. — Die

Randwerte im engeren Sinne werden an den Rändern dieses Intervalls, d.h. an den Enden der Saite, vorgegeben. Es sei etwa bei $x = 0$ die Saite eingespannt. Dann wird für alle t dort $\psi = 0$ gefordert. Dann stellt die positive t-Achse neben der positiven x-Achse einen zweiten Ast der Randkurve in der x, t-Ebene dar. Diese Randkurve schneidet aber die Charakteristiken $c = \text{const}$ zweimal, für die $g(v)$ durch die Anfangsbedingungen schon festgelegt ist. Deshalb kann neben den Randwerten ψ nicht auch noch $\partial\psi/\partial x$ für $x = 0$ vorgegeben werden. Um die Randbedingung $\psi = 0$ zu erfüllen, muß für $x = 0$ immer

$$f(-ct) = -g(ct) \tag{43.13}$$

sein. Damit ist $f(u)$ auch längs der Charakteristiken festgelegt, die die positive t-Achse dort schneiden, wo sie von den einlaufenden Wellen $g(v)$ getroffen wird, die durch die Anfangsbedingungen festgelegt wurden (Fig. 6). Diese Festlegung besagt, daß die in der negativen x-Richtung laufenden Wellen an dem Saitenende $x = 0$

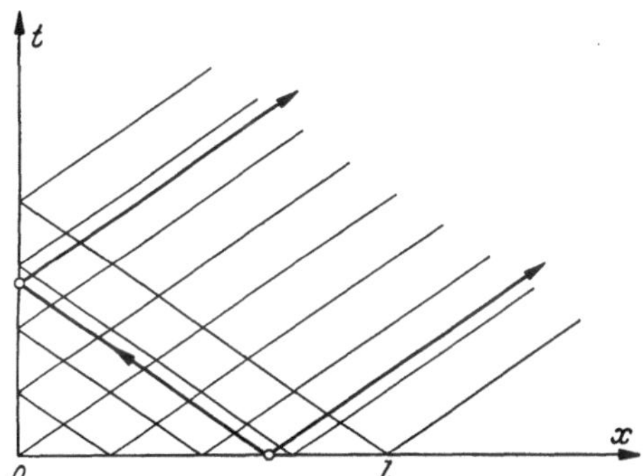

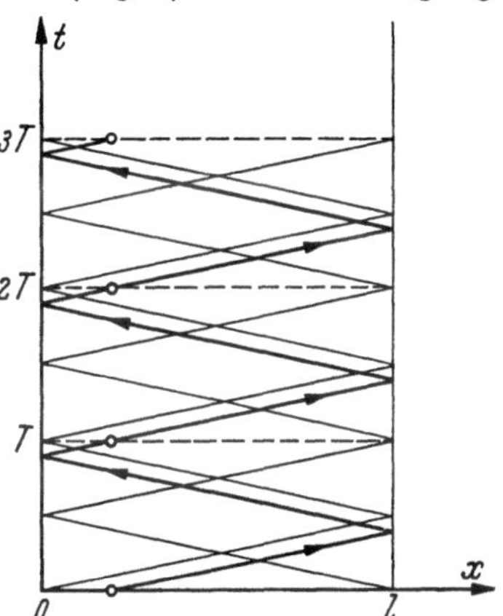

Fig. 6. Beispiel der einseitig bei $x = 0$ eingespannten Saite der Länge l. Durch CAUCHYsche Anfangsbedingungen wird die Lösung der Wellengleichung nur in dem Gebiet der x, t-Ebene festgelegt, das durch die eingezeichneten Charakteristiken zweifach überdeckt wird, in dem sich also die ursprünglich von links nach rechts laufenden und die bei $x = 0$ reflektierten Wellen mit den von rechts nach links laufenden Wellen kreuzen.

Fig. 7. Beispiel der beiderseitig bei $x = 0$ und $x = l$ eingespannten Saite. Die Wellen werden immer an beiden Enden reflektiert, und deshalb bestimmen CAUCHYsche Anfangsbedingungen die Lösung im Streifen der x, t-Ebene zwischen der t-Achse und der Parallelen dazu durch $x = l$ zu allen Zeiten $t > 0$. Die Lösung ist periodisch mit der Periodenlänge T.

so reflektiert werden, daß sich außer der Ausbreitungsrichtung auch das Vorzeichen der Schwingungselongation umkehrt. Wenn die Saite endlich ist, ist der weitere Bewegungsablauf nicht mehr festgelegt, solange nicht auch am andern Ende der Saite bei $x = l$ Randbedingungen bestehen. Die Anfangs- und Randbedingungen sind so noch nicht ausreichend und werden erst dann passend, wenn auch bei $x = l$ Randbedingungen auftreten. Das ist z.B. der Fall, wenn die Saite dort auch fest eingespannt ist, d.h. wenn auch dort $\psi = 0$ gefordert wird. — Hier gilt das Analoge wie beim Rande $x = 0$. Es kann neben ψ nicht auch noch $\partial\psi/\partial t$ vorgeschrieben werden, ohne daß die Lösung überbestimmt wäre. Die Wellen werden in der gleichen Weise bei $x = l$ reflektiert und umgekehrt, wie bei $x = 0$. Die Lösung wird damit aber zeitlich periodisch mit der Zeitperiode

$$T = \frac{2l}{c}, \tag{43.14}$$

und der Bewegungsablauf ist im ganzen weiteren Verlauf eindeutig festgelegt (Fig. 7). — Damit können aber nicht etwa auch noch „Endwerte" für ψ zu einer späteren Zeit $t = t_e$ beliebig vorgeschrieben werden. Man würde damit eine geschlossene Randkurve in der x, t-Ebene festlegen, die aber nicht mehr passend ist. Diese geschlossene Randkurve würde auch dann nicht passend sein, wenn man die Cauchyschen Anfangsbedingungen durch Dirichletsche ersetzen würde, also $\partial\psi/\partial t$ nicht vorgeben würde. Zum Beispiel könnte man die Bedingung $\psi=0$ auf der ganzen geschlossenen Randkurve nur dann erfüllen, wenn t_e zufällig gerade Vielfaches der Periode T wäre. Dann gäbe es aber auch sehr verschiedene Lösungen, die den Bedingungen genügen.

Hiermit ist am Beispiel gezeigt, daß nicht jede Randkurve passend ist, und daß zu einer passenden Randkurve nur bestimmte Typen von Randbedingungen passend sind. Als ein passender Rand hatte sich die U-förmige Randkurve in der x,t-Ebene erwiesen, die aus dem Intervall $(0, l)$ der x-Achse gebildet wird, längs dem Cauchysche Anfangsbedingungen zulässig sind, und aus der positiven t-Achse sowie der zu ihr parallelen Halbgeraden durch $x=l$, längs der wohl Dirichletsche, aber keine Cauchysche Randbedingungen passend sind. — Statt der Anfangsbedingungen hätten sehr wohl auch Cauchysche „Endbedingungen" zu einer Zeit t_e vorgegeben werden können, die die Lösung zu allen früheren Zeiten festgelegt hätten, weil die Umkehr der Zeitrichtung die Lösung wieder in eine Lösung überführt. Es werden dabei nur auslaufende mit einlaufenden Wellen vertauscht.

44. Parabolische Differentialgleichungen. Dieser Fall geht aus dem der hyperbolischen Differentialgleichung hervor, wenn die beiden Scharen von Charakteristiken zu einer einzigen Schar

$$u(x, y) = \text{const} \tag{44.1}$$

zusammenfallen. Mit (42.20) wird Gl. (42.18) zu

$$A\,dy = B\,dx. \tag{44.2}$$

Aus (44.1) folgt andererseits längs der Charakteristiken

$$u_x\,dx + u_y\,dy = 0. \tag{44.3}$$

Damit gilt aber

$$A\,u_x + B\,u_y = 0. \tag{44.4}$$

Bei den parabolischen Differentialgleichung gibt es neben u nicht eine zweite durch die Charakteristiken besonders ausgezeichnete Koordinate. Es soll deshalb eine Normalform gebildet werden, bei der statt x, y die neuen unabhängigen Koordinaten x, u verwendet werden. Bei der Transformation des Differentialausdrucks (42.2) auf diese neuen Koordinaten wird der Koeffizient von ψ_{xu} gerade die linke Seite von (44.4) und der Koeffizient von ψ_{uu} wird

$$A\,u_x^2 + 2B\,u_x u_y + C\,u_y^2 = \frac{1}{A}(A\,u_x + B\,u_y)^2 = 0. \tag{44.5}$$

In der letzten Gleichung ist (42.20) verwendet worden. Damit erhält aber die Differentialgleichung (42.1) in den Koordinaten x, u die Normalform:

$$\psi_{xx} = \Psi(x, u; \psi, \psi_x, \psi_u). \tag{44.6}$$

Dabei unterscheidet sich die Ableitung ψ_{xx} von der in (42.2) auftretenden dadurch, daß bei der partiellen Differentiation nicht y, sondern u als zweite unabhängige Variable aufzufassen und festzuhalten ist.

Falls die Differentialgleichung schon in der ursprünglichen Form homogen linear war, bleibt sie es auch in der Normalform

$$\psi_{xx} = P\,\psi_x + Q\,\psi_u + R\,\psi. \tag{44.7}$$

In einer solchen Form ist bereits die Diffusionsgleichung

$$\psi_{xx} = \lambda^2 \psi_t. \tag{44.8}$$

Sie soll im folgenden als typischer Repräsentant einer parabolischen Differentialgleichung diskutiert werden. Die Charakteristiken sind in der x, t-Ebene die zur x-Achse parallelen Geraden $t = \text{const}.$

Die Diffusionsgleichung ist im Gegensatz zur Wellengleichung nicht invariant gegenüber einer Umkehr der Richtung der Zeit t. Das drückt sich im Zeitablauf des Vorganges, den sie beschreibt, entscheidend aus. Diffusions- und Wärmeleitungsprozesse sind irreversibel. Dies zeigt sich physikalisch in der mit ihnen verbundenen Entropiezunahme. Bei der Wellengleichung war neben einer auslaufenden auch immer eine einlaufende Welle eine Lösung, die durch Umkehr der Zeitrichtung aus jener entstand. Die Diffusionsgleichung dagegen beschreibt einen Ausgleichsvorgang, wie man ihr in folgender Weise direkt ansieht. Auf Grund der Gl. (44.8) muß sich eine zur Zeit $t = 0$ vorgegebene Lösung $\psi(x)$ im weiteren Zeitablauf so ändern, daß an den Stellen eines Maximums, bei dem ψ_{xx} negativ ist, die Funktionswerte ψ immer kleiner werden. An den Stellen eines Minimums wird ψ aber immer größer. In beiden Fällen tritt an diesen Stellen x ein Ausgleich an die Funktionswerte der Nachbarschaft ein. Der Endzustand, der angestrebt wird, und allerdings erst nach unendlich langer Zeit erreicht werden kann, ist der, daß ψ_{xx} überall verschwindet und $\psi(x)$ geradlinig wird. Es gibt demnach sehr viele verschiedene Anfangszustände, die zu einem bestimmten Endzustand für $t \to \infty$ führen. Bei dem Ausgleichsvorgang gehen die individuellen Merkmale des Anfangszustandes schließlich so verloren, daß der Vorgang nicht umkehrbar sein kann. Die Umkehrbarkeit müßte ja im Gegensatz dazu auch eine eindeutige Zuordnung des Anfangs- zum Endzustand voraussetzen.

Nach dieser Diskussion kann man schon passende Randbedingungen angeben. Wegen der verschiedenen Rollen, die x und t bei der Differentialgleichung spielen, interessieren in erster Linie solche Ränder in der x, t-Ebene, die nicht krummlinig sind, sondern achsenparallel. Durch Vorgabe der Anfangswerte ψ zur Zeit $t = 0$ und durch Vorgabe etwa fester Randwerte an den Grenzen $x = 0$, $x = l$ eines Intervalls auf der x-Achse ist der weitere Ablauf in diesem Intervall eindeutig festgelegt. Die passende Randkurve ist wieder die U-förmige, wie sie in Fig. 7 für die Wellengleichung angegeben wurde. Aber hier würde die Randkurve nicht mehr passend sein, wenn man die Zeitrichtung umkehren würde, weil dann die Anfangsbedingungen in Endbedingungen übergehen würden, die die Lösung zu vorhergehenden Zeiten nicht festlegen können.

Man erkennt wieder, daß längs der Charakteristik $t = 0$ zwar DIRICHLETsche, aber nicht CAUCHYsche Anfangsbedingungen passend sind; denn mit der Vorgabe der Anfangswerte ψ ist ψ_{xx} und somit nach der Differentialgleichung auch ψ_t schon festgelegt und kann nicht auch noch beliebig vorgegeben werden. Als eigentliche Randbedingungen sind CAUCHYsche Bedingungen für einen einzigen Rand, etwa $x = 0$ durchaus möglich, wenn bei $x = l$ keine Randbedingungen mehr bestehen. Man kann aber an beiden Rändern $x = 0$ und $x = l$ nicht zugleich CAUCHYsche Randbedingungen fordern, wohl aber DIRICHLETsche. Die zeitlich etwa festgehaltenen Randwerte ψ an den Stellen $x = 0$, $x = l$ legen die geradlinige Lösungskurve $\psi(x)$ für $t \to \infty$ fest. Damit sind aber die Randwerte ψ_x auch festgelegt, die für $t \to \infty$ angestrebt werden. Das wäre aber nicht verträglich mit CAUCHYschen Randbedingungen, die diese Randwerte ψ_x unabhängig von ψ vorgeben würden. — Diese Diskussion zeigt auch, daß eine geschlossene Randkurve in der x, t-Ebene niemals passend sein kann, weil sie Endbedingungen vorschreiben würde, die ja sicher nicht passend sind.

19*

45. Elliptische Differentialgleichungen. Die Charakteristiken

$$u(x, y) = \text{const}, \qquad v(x, y) = \text{const} \tag{45.1}$$

sind jetzt nicht mehr reell. Die Funktionen u, v sind ja nur bis auf eine additive Konstante definiert und können so festgelegt werden, daß sie zueinander in jedem Punkt x, y konjugiert komplex sind. Dies zeigt (42.18) mit (42.21):

$$u = \xi + i\eta, \qquad v = \xi - i\eta. \tag{45.2}$$

Hierbei sind $\xi(x, y)$ und $\eta(x, y)$ reell. In der gleichen Weise wie in Ziff. 43 bei der hyperbolischen Differentialgleichung erhält man wieder die Normalform (43.5). Geht man jedoch zu den reellen unabhängigen Variablen ξ, η über, so gilt

$$\psi_u = \tfrac{1}{2}(\psi_\xi - i\,\psi_\eta), \tag{45.3}$$

$$\psi_v = \tfrac{1}{2}(\psi_\xi + i\,\psi_\eta), \tag{45.4}$$

$$\psi_{uv} = \tfrac{1}{4}(\psi_{\xi\xi} + \psi_{\eta\eta}), \tag{45.5}$$

und man erhält folgende Normalform:

$$\psi_{\xi\xi} + \psi_{\eta\eta} = \Omega(\xi, \eta; \psi, \psi_\xi, \psi_\eta). \tag{45.6}$$

Wenn die ursprüngliche Differentialgleichung homogen linear ist, wird diese Normalform zu

$$\psi_{\xi\xi} + \psi_{\eta\eta} = S\,\psi_\xi + T\,\psi_\eta + U\,\psi. \tag{45.7}$$

Falls diese Normalform in den zweiten Ableitungen homogen ist, ist sie identisch mit der Potentialgleichung

$$\psi_{\xi\xi} + \psi_{\eta\eta} = 0, \tag{45.8}$$

wo die Koordinaten ξ, η die Rolle von x, y in (42.24) übernommen haben. Dieser Typ soll hier diskutiert werden, und es mag deshalb einfach x, y statt ξ, η geschrieben werden.

Bei Betrachtung der hyperbolischen Differentialgleichung wurde für die Gleichung

$$\psi_{uv} = 0 \tag{45.9}$$

die allgemeine Lösung

$$\psi = f(u) + g(v) \tag{45.10}$$

angegeben, die jetzt auch

$$\psi = f(x + i\,y) + g(x - i\,y) \tag{45.11}$$

geschrieben werden kann. Wenn ψ reell ist, kann man immer festlegen, daß

$$\big(g(x - i\,y)\big)^* = f(x + i\,y) \tag{45.12}$$

wird. Durch Anbringen des Sternes soll dabei die zum Klammerausdruck konjugiert komplexe Größe gekennzeichnet werden. Das heißt aber, $\psi(x, y)$ ist der Realteil einer analytischen Funktion $F(z)$ der Variablen

$$z = x + i\,y. \tag{45.13}$$

Diese Tatsache gibt den aus der Funktionentheorie geläufigen Zusammenhang zwischen analytischen Funktionen und der Potentialgleichung

$$\psi_{xx} + \psi_{yy} = 0. \tag{45.14}$$

Nach dem CAUCHYSCHEN Integralsatz der Funktionentheorie ist aber die analytische Funktion $F(z)$ durch ihre Randwerte auf einer geschlossenen Randkurve der x, y-Ebene im eingeschlossenen Innengebiet eindeutig festgelegt. Das bedeutet hier, daß DIRICHLETsche Randbedingungen auf einer geschlossenen Randkurve die Lösung ψ im Innern eindeutig festlegen und somit passend sind. Dann können aber CAUCHYsche Randbedingungen für einen solchen Rand nicht mehr passend sein.

Diese Aussage läßt sich natürlich auch ohne die Mittel der Funktionentheorie beweisen. Dies wird z.B. in etwas allgemeinerer Form in der übernächsten Ziffer durchgeführt. Die Aussage wird aber auch in folgender Weise schon unmittelbar deutlich. Die Potentialgleichung (45.14) verbietet, daß ψ im Innern eines Gebietes, in dem diese Gleichung erfüllt ist, ein Maximum oder Minimum annimmt, weil dort ψ_{xx} und ψ_{yy} gleiches Vorzeichen haben müßten. Wenn die Randbedingungen am Rande $\psi = 0$ vorschreiben, muß ψ auch im Innern überall verschwinden. In der gleichen Weise muß dann aber auch die Differenz $\psi = \psi_2 - \psi_1$ von zwei Lösungen ψ_1, ψ_2 verschwinden, die gleiche Randwerte haben, denn diese Differenz ψ ist Lösung der Potentialgleichung mit verschwindenden Randwerten. Zu gleichen Randwerten können also niemals verschiedene Lösungen gehören. Dann können aber CAUCHYsche Randbedingungen sicher nicht mehr zulässig sein. Für die Potentialgleichung sind also DIRICHLETsche Randbedingungen auf einem geschlossenen Rand passend. Es läßt sich, wie hier nicht näher ausgeführt, zeigen, daß die Randwerte auch ganz beliebig sein dürfen, etwa unstetig. Auf einem nicht geschlossenen Rand können sie dann aber nicht mehr ausreichend zur eindeutigen Bestimmung der Lösung sein, weil die verschiedenen Möglichkeiten, den Rand zu schließen, auch verschiedene Lösungen zulassen müssen.

46. Mehr als zwei unabhängige Variable. Die Einteilung der behandelten Differentialgleichungen in die drei Grundtypen, nämlich hyperbolische, parabolische und elliptische, war auf den Fall beschränkt, daß nur zwei unabhängige Variable auftreten. Bei mehreren unabhängigen Variablen wird die Mannigfaltigkeit der Typen der Differentialgleichungen entsprechend der Mannigfaltigkeit reeller Charakteristiken größer. Als Charakteristiken bezeichnet man — analog zu der früheren Erklärung — diejenigen Hyperflächen, auf denen ψ und die ersten Ableitungen von ψ nicht die zweiten Ableitungen durch die Differentialgleichung festlegen.

Man kann aber die Einteilung in die drei erwähnten Grundtypen bei einer Klasse von Differentialgleichungen aufrecht erhalten, die in der Physik eine ausgezeichnete Stellung einnehmen. Das sind diejenigen, bei denen als unabhängige Koordinaten die drei kartesischen Raumkoordinaten x, y, z gleichartig und als vierte etwa die Zeit t auftritt. Wenn die Differentialgleichung Vorgänge in isotropen Medien oder Kraftfeldern beschreibt, darf keine Raumrichtung ausgezeichnet sein, und die drei Raumkoordinaten müssen symmetrisch in die Differentialgleichung eingehen. Als zweite Ableitungen nach den Ortskoordinaten kann die Differentialgleichung bei Drehinvarianz nur den LAPLACE-*Operator*

$$\Delta \psi = \frac{\partial^2 \psi}{\partial x^2} + \frac{\partial^2 \psi}{\partial y^2} + \frac{\partial^2 \psi}{\partial z^2} \tag{46.1}$$

enthalten. Man kann dann die Einteilung in die drei Grundtypen bezüglich irgendeiner der Ortskoordinaten und der Zeit beibehalten. Typische Repräsentanten der drei Grundtypen sind die räumlichen Verallgemeinerungen der schon früher behandelten Gleichungen: Die *Wellengleichung* als hyperbolische:

$$\Delta \psi - \frac{1}{c^2} \frac{\partial^2 \psi}{\partial t^2} = 0. \tag{46.2}$$

Die *Diffusions- oder Wärmeleitungsgleichung* als parabolische:

$$\Delta\psi - \lambda^2 \frac{\partial\psi}{\partial t} = 0. \tag{46.3}$$

Die *Potentialgleichung*, die nur Ableitungen nach den Ortskoordinaten enthält, wird man dann als elliptisch bezeichnen:

$$\Delta\psi = 0. \tag{46.4}$$

Bei Vorgängen in anisotropen Medien gehen die Ortskoordinaten nicht mehr symmetrisch in die Differentialgleichung ein, aber die Ableitungen gleicher Ordnung nach den Ortskoordinaten behalten in der Regel das gleiche Vorzeichen. Dadurch bleibt der Realitätscharakter der Charakteristikenflächen gewahrt. Dann wird aber der Grundtyp nicht verändert, und man kann die Dreiteilung der Typen auch noch aufrecht erhalten. Im allgemeinsten Fall treten jedoch, wie schon erwähnt, weitere Typen auf. So läßt sich z.B. eine Gleichung folgender Art

$$\frac{\partial^2\psi}{\partial x_1^2} + \frac{\partial^2\psi}{\partial x_2^2} - \frac{\partial^2\psi}{\partial x_3^2} - \frac{\partial^2\psi}{\partial x_4^2} = 0 \tag{46.5}$$

nicht mehr in einen der drei Typen einordnen.

Für die Wellengleichung im dreidimensionalen Raum ergibt sich ein ähnlicher Charakter der Lösung wie bei der eindimensionalen Wellengleichung (42.22) der schwingenden Saite, wenn man sich auf kugelsymmetrische Lösungen beschränkt. Diese setzen sich nämlich in analoger Weise aus einer auslaufenden und einer einlaufenden Kugelwelle zusammen. Diese Lösungen $\psi(r, t)$ sollen außer von t nur vom Abstand r des Koordinatenursprunges abhängen. Entsprechend (37.30) wird dann

$$\Delta\psi = \frac{1}{r^2} \frac{\partial}{\partial r}\left(r^2 \frac{\partial\psi}{\partial r}\right) = \frac{1}{r} \frac{\partial^2}{\partial r^2}(r\,\psi). \tag{46.6}$$

Für

$$\chi(r, t) = r\,\psi(r, t) \tag{46.7}$$

wird die Wellengleichung zu

$$\frac{\partial^2\chi}{\partial r^2} - \frac{1}{c^2} \frac{\partial^2\chi}{\partial t^2} = 0, \tag{46.8}$$

also direkt vom Typ (42.22). Man erhält daher die allgemeine Lösung

$$\psi(r, t) = \frac{f(r - c\,t)}{r} + \frac{g(r + c\,t)}{r}, \tag{46.9}$$

wo f und g willkürliche Funktionen eines einzigen Argumentes sind. Der erste Summand beschreibt eine vom Ursprung auslaufende, der zweite eine in den Ursprung einlaufende Welle. Die Wellenamplituden nehmen mit wachsendem Abstand r vom Ursprung mit r^{-1} ab.

Diese Überlagerung von zwei unabhängigen Wellen entgegengesetzter Ausbreitungsrichtung, die bis auf einen Faktor $r^{-\alpha}$ ihre Gestalt beibehalten, findet man aber nicht mehr bei der zentralsymmetrischen Lösung in einem Raum beliebig anderer Dimensionszahl n wieder. In der Wellengleichung (46.2) ist dann

$$\Delta\psi = \sum_{k=1}^{n} \frac{\partial^2\psi}{\partial x_k^2} \tag{46.10}$$

zu setzen, wenn x_1, x_2, ..., x_n die kartesischen Koordinaten des n-dimensionalen Raumes darstellen. Mit

$$r = \sqrt{x_1^2 + x_2^2 + \cdots + x_n^2} \qquad (46.11)$$

wird für eine zentralsymmetrische Lösung

$$\Delta \psi = \frac{\partial^2 \psi}{\partial r^2} + \frac{n-1}{r} \frac{\partial \psi}{\partial r}. \qquad (46.12)$$

Der Ansatz

$$\chi(r, t) = r^\alpha \psi(r, t) \qquad (46.13)$$

in der Wellengleichung führt dann auf eine Gleichung

$$\frac{\partial^2 \chi}{\partial r^2} - \frac{1}{c^2} \frac{\partial^2 \chi}{\partial t^2} + \frac{(1-n)(n-3)}{4 r^2} \chi = 0, \qquad (46.14)$$

die $\partial \chi / \partial r$ nicht mehr enthält, wenn, wie hier schon geschehen, $\alpha = \frac{1}{2}(1 - n)$ gesetzt wird. Man sieht sofort, daß nur bei den Dimensionszahlen $n = 1$ und $n = 3$ die Reduktion auf die Form (46.8) gelingt, die gerade die Überlagerung von einlaufender und auslaufender Welle ohne Gestaltsänderung — abgesehen vom Faktor $r^{-\alpha}$ — bedingt.

Daß die *Diffusionsgleichung* auch im Dreidimensionalen einen Ausgleichsvorgang darstellt, sieht man unmittelbar. An der Stelle eines Maximums muß $\Delta \psi$ negativ sein, da sowohl ψ_{xx}, ψ_{yy} wie ψ_{zz} negativ sein müssen. Dort muß aber ψ_t positiv sein, d.h. ψ abnehmen, bis nach unendlich langer Zeit $\Delta \psi$ verschwindet. Bei einem Minimum muß ψ entsprechend mit wachsender Zeit zunehmen. Man kann die Art des Ausgleichsvorganges noch deutlicher machen, wenn man den Ausdruck $\Delta \psi$ in folgender Weise interpretiert: In unmittelbarer Umgebung einer Stelle $x = y = z = 0$ mit $\psi = \psi^0$ kann man die TAYLOR-Entwicklung

$$\begin{aligned} \psi(x, y, z) = \psi^0 + x\,\psi_x^0 + y\,\psi_y^0 + z\,\psi_z^0 + \frac{x^2}{2}\psi_{xx}^0 + \frac{y^2}{2}\psi_{yy}^0 + \frac{z^2}{2}\psi_{zz}^0 + \\ + x\,y\,\psi_{xy}^0 + y\,z\,\psi_{yz}^0 + z\,x\,\psi_{zx}^0 + \cdots \end{aligned} \right\} \qquad (46.15)$$

mit den angeschriebenen Gliedern abbrechen. Bildet man durch Integration über einen kleinen achsenparallelen Würfel mit dem Ursprung als Zentrum den Mittelwert von ψ in diesem Würfelbereich, so tragen die linearen Glieder in x, y oder z nicht bei, und man erhält als Mittelwert

$$\bar{\psi} = \psi^0 + \frac{a^2}{24} \Delta \psi. \qquad (46.16)$$

Dabei ist a die Kantenlänge des Würfels. *$\Delta \psi$ stellt also ein Maß für die Abweichung des Mittelwertes $\bar{\psi}$ von ψ für die Umgebung des Argumentwertes dar.* Der Ausgleichsvorgang erfolgt also so, daß mit wachsender Zeit sich ψ immer mehr dem Mittelwert seiner benachbarten Funktionswerte annähert, der sich selbst natürlich auch mit der Zeit ändert; nach unendlich langer Zeit stimmen Funktionswerte und Mittelwerte überein.

Bei der *Potentialgleichung* ist die Lösung ψ überall gleich ihrem Mittelwert der Nachbarschaft. Sie kann deshalb im Innern eines Gebietes, in welchem die Gleichung erfüllt ist, niemals ein Maximum oder Minimum besitzen. Wenn die Lösung am ganzen Rande des Gebietes verschwindet, muß sie es auch im Innern. Damit ist wieder die eindeutige Bestimmung der Lösung im Innern durch DIRICHLETsche Randbedingungen auf einer geschlossenen Randfläche gewährleistet, analog zu den Ausführungen am Schluß der vorhergehenden Ziffer.

47. Die Greenschen Sätze. Der dreidimensionale Laplace-Operator, der in den angegebenen Gleichungen eine besondere Rolle spielt, läßt sich als

$$\Delta\psi = \operatorname{div}\operatorname{grad}\psi \tag{47.1}$$

deuten. Für ihn gelten wichtige Integralbeziehungen, die man aus dem Gaussschen Satz der Vektorrechnung

$$\int A_n\, dS = \int \operatorname{div} \boldsymbol{A}\, d\tau \tag{47.2}$$

ableitet. Das Integral der linken Seite ist ein Oberflächenintegral über eine geschlossene Randfläche eines Gebietes. Das Integral der rechten Seite ist das Volumintegral über das Gebiet selbst. dS ist Oberflächenelement, $d\tau$ Volumelement. A_n ist Komponente eines Vektorfeldes $\boldsymbol{A}$ in Richtung der nach außen gezählten Normalen auf die Oberfläche des Gebietes.

$$\operatorname{div}\boldsymbol{A} = \frac{\partial A_x}{\partial x} + \frac{\partial A_y}{\partial y} + \frac{\partial A_z}{\partial z} \tag{47.3}$$

ist die Divergenz des Feldes $\boldsymbol{A}$. Wird der Gausssche Satz auf den Gradienten der skalaren Funktion $\psi(x, y, z)$, nämlich

$$\boldsymbol{A} = \operatorname{grad}\psi = \left\{ \frac{\partial\psi}{\partial x},\, \frac{\partial\psi}{\partial y},\, \frac{\partial\psi}{\partial z} \right\} \tag{47.4}$$

angewandt, so erhält er die Form

$$\int \frac{\partial\psi}{\partial n}\, dS = \int \Delta\psi\, d\tau. \tag{47.5}$$

Wendet man ihn jedoch bei willkürlichen skalaren Funktionen φ, ψ auf

$$\boldsymbol{A} = \varphi\operatorname{grad}\psi \tag{47.6}$$

an, so erhält man den *ersten Greenschen Satz:*

$$\int \varphi\,\frac{\partial\psi}{\partial n}\, dS = \int \varphi\,\Delta\psi\, d\tau + \int \operatorname{grad}\varphi\operatorname{grad}\psi\, d\tau. \tag{47.7}$$

Subtrahiert man von dieser Gleichung die aus ihr durch Vertauschung von φ und ψ hervorgehende, so erhält man den *zweiten Greenschen Satz:*

$$\int \left(\varphi\,\frac{\partial\psi}{\partial n} - \psi\,\frac{\partial\varphi}{\partial n}\right) dS = \int (\varphi\,\Delta\psi - \psi\,\Delta\varphi)\, d\tau. \tag{47.8}$$

Alle diese Sätze gelten in analoger Weise bei beliebiger Dimensionszahl. Im Zweidimensionalen ist dS Linienelement der Randkurve und $d\tau$ Flächenelement des eingeschlossenen Gebietes.

Wendet man den ersten Greenschen Satz auf eine Lösung $\varphi = \psi$ der *Potentialgleichung* (46.4) an, so ergibt sich

$$\int \psi\,\frac{\partial\psi}{\partial n}\, dS = \int (\operatorname{grad}\psi)^2\, d\tau. \tag{47.9}$$

Im Integranden der linken Seite stehen die Randwerte für das betrachtete Gebiet. Wenn die Randwerte ψ verschwinden, muß also überall im Gebiet $\operatorname{grad}\psi$ verschwinden, d.h. ψ muß konstant sein. Dann muß ψ im Gebiet mit den Randwerten übereinstimmend verschwinden. Diese Aussage wurde ja zum Beweis der Eindeutigkeit der Dirichletschen Randbedingungen schon verwendet.

Mit Hilfe der letzten Gleichung kann man aber auch die NEUMANNschen Randbedingungen auf dem geschlossenen Rand diskutieren. Wenn sie am Rande speziell überall $\partial\psi/\partial n$ verschwindend vorschreiben, muß ψ im Innern konstant sein, braucht aber jetzt nicht zu verschwinden. Wendet man dieses Ergebnis auf die Differenz $\psi=\psi_2-\psi_1$ zweier Lösungen ψ_1, ψ_2 an, die die gleichen Randwerte $\partial\psi/\partial n$ haben, so ergibt sich der Satz: Zwei Lösungen der Potentialgleichung, die am Rande des Gebietes gleiche Randwerte $\partial\psi/\partial n$ haben, können sich nur um eine additive Konstante voneinander unterscheiden. NEUMANNsche Randbedingungen können also in dem Gebiet die Lösung nur bis auf eine additive Konstante bestimmen. — Nach dem GAUSSschen Satz (47.5) muß aber immer für die Lösung ψ bei Integration über den geschlossenen Rand

$$\int \frac{\partial\psi}{\partial n}\,dS = 0 \tag{47.10}$$

gelten. Die NEUMANNschen Randbedingungen dürfen also nicht willkürlich vorgegeben werden, denn wenn sie nicht dieser Gleichung genügen, können sie auch nicht passend sein.

II. Die GREENsche Funktion.

48. Allgemeine Erklärung. Es sei eine lineare Differentialgleichung

$$\mathscr{D}\psi = f \tag{48.1}$$

betrachtet, bei der der Differentialoperator zweiter Ordnung $\mathscr{D}$ homogen ist und somit $f(x)$ die Inhomogenität darstellt. $\psi(x)$ ist die gesuchte Lösungsfunktion. Dabei mag x wieder abkürzend einen ganzen Satz von unabhängigen Variablen x_1, x_2, ..., x_n bezeichnen. Wir wollen uns, wenn nicht anders vermerkt, im folgenden auf reelle ψ und f beschränken. Die Lösung sei passenden Randbedingungen auf einem passenden Rand unterworfen, so daß sie in einem gewissen Grundgebiet von x existiert. Wie weit das unabhängig von der Wahl von $f(x)$ möglich ist, kann zunächst noch offenbleiben. Es soll aber vorausgesetzt werden, daß die Lösung dann eindeutig existiert, wenn die Inhomogenität im Grundgebiet eine δ-Funktion ist. Die den Randbedingungen genügende Lösung G heiße GREENsche Funktion. Für sie gilt also

$$\mathscr{D}\,G = \delta(x - x'). \tag{48.2}$$

Hierbei ist x der Satz der laufenden Variablen, auf die der Differentialoperator $\mathscr{D}$ wirkt, und x' ein festgehaltener Punkt des Grundgebietes. Die GREENsche Funktion muß außer von x dann auch von x' abhängen:

$$G = G(x, x'). \tag{48.3}$$

Wenn man einmal annimmt, daß die GREENsche Funktion existiert, dann lassen sich mit ihr die Lösungen $\psi(x)$ der Differentialgleichung (48.1) bei beliebigen Inhomogenitäten $f(x)$ und gleichen Randbedingungen darstellen. Multipliziert man nämlich (48.2) beiderseitig mit $f(x')$ und integriert bezüglich x' über das Grundgebiet, so erhält man für alle Punkte des Grundgebietes die Beziehung

$$\int f(x')\,(\mathscr{D}\,G(x, x'))\,dx' = f(x). \tag{48.4}$$

$\mathscr{D}$ läßt sich aber als linear homogener Differentialoperator, der nur auf x, nicht auf x' wirkt, vor das Integral ziehen. Das heißt, es ist

$$\psi(x) = \int G(x, x')\,f(x')\,dx' \tag{48.5}$$

eine Lösung des Randwertproblems mit der Differentialgleichung (48.1). Diese Lösung ist aber auch die einzige, wenn, so wie vorausgesetzt wurde, die GREEN-sche Funktion durch (48.2) und die Randbedingungen eindeutig definiert wird. Wenn nämlich die GREENsche Funktion eindeutig ist, hat die homogene Gleichung

$$\mathscr{D}\,\psi_0 = 0 \tag{48.6}$$

keine nicht identisch verschwindende Lösung ψ_0, die den homogenen Randbedingungen genügt, welche zu den allgemeineren Randbedingungen gehören, denen ψ und G genügen. Dann muß aber auch die Lösung ψ eindeutig sein. Bei zwei verschiedenen Lösungen ψ_1, ψ_2 wäre sonst ja ihre Differenz $\psi_2 - \psi_1$ notwendig eine solche Lösung ψ_0 des homogenen Problems zu (48.6).

Gl. (48.5) läßt sich so interpretieren, daß man $G(x, x')$ als Kern einer linearen Integraltransformation G auffaßt, die den Zusammenhang zwischen Inhomogenität f und der Lösung des Randwertproblems liefert, welches durch die Randbedingungen und den Differentialoperator $\mathscr{D}$ charakterisiert ist. Das Grundgebiet des Randwertproblems definiert den Funktionsraum, in dem die Integraltransformation wirkt. In der symbolischen Schreibweise, die in Ziff. 11 eingeführt wurde, erhält (48.5) die Form

$$\psi = G \cdot f. \tag{48.7}$$

Die Umkehrtransformation zu G sei G^{-1} geschrieben. Dann ist die Integralgleichung erster Art für die unbekannte Funktion

$$G^{-1} \cdot \psi = f \tag{48.8}$$

identisch mit dem Randwertproblem zur Differentialgleichung (48.1). Gl. (48.2) erhält als „Matrixgleichung" die triviale Form

$$G^{-1} \cdot G = I. \tag{48.9}$$

Diese Bemerkung soll nur die Rolle der GREENschen Funktion deutlich machen. Die praktische Rückführung des Randwertproblems auf die Integralgleichung würde ja doch voraussetzen, daß man den Kern von G^{-1} kennt. In der Regel ist es zweckmäßiger, gleich die GREENsche Funktion zu suchen, mit der man dann die Lösung der Differentialgleichung direkt bilden kann.

49. Das adjungierte Randwertproblem. Man nennt den homogen linearen Differentialoperator zweiter Ordnung $\widetilde{\mathscr{D}}$ adjungiert zu $\mathscr{D}$, wenn für beliebige entsprechend differenzierbare Funktionen $u(x)$, $v(x)$

$$v\,\mathscr{D}\,u - u\,\widetilde{\mathscr{D}}\,v = \sum_{k=1}^{n} \frac{\partial}{\partial x_k} P_k(u, v) \tag{49.1}$$

wird, wobei $P_k(u, v)$ zwar von u, v und deren ersten Ableitungen, aber nicht mehr von deren zweiten Ableitungen abhängt. Die rechte Seite der Gleichung hat die Form einer Divergenz im n-dimensionalen kartesischen Raum. Bei Integration über ein Gebiet, in dem alle auftretenden Ableitungen von u, v stetig sind, verwandelt sich nach dem GAUSSschen Satz (35.8) das Integral dieses Ausdrucks in ein Oberflächenintegral, und man erhält

$$\int (v\,\mathscr{D}\,u - u\,\widetilde{\mathscr{D}}\,v)\,dx = \int \sum_{k=1}^{n} n_k P_k\,dS. \tag{49.2}$$

Dabei ist die linke Seite ein Volumintegral. $dx = dx_1 dx_2 \ldots dx_n$ ist das Volumenelement. Die rechte Seite ist ein Oberflächenintegral über die Oberfläche des

Gebietes. dS ist das Oberflächenelement und n_k der Normalen-Einheitsvektor auf die Oberfläche. Gl. (49.2) stellt eine Verallgemeinerung des zweiten GREEN-schen Satzes (47.8) dar, bei dem speziell $\mathfrak{D} = \widetilde{\mathfrak{D}} = \Delta$ war.

Echte Randwertprobleme nennt man solche, bei denen ein geschlossener Rand passend ist. Als geschlossen bezeichnet man den Rand auch dann noch, wenn er sich so ins Unendliche erstreckt, daß man ihn stetig aus einem im Endlichen geschlossenen Rand in der Weise deformiert denken kann, daß ein Teil des Randes ins Unendliche gerückt ist. Als Randbedingung für einen solchen Teil muß das asymptotische Verhalten der Lösung vorgeschrieben werden. Zu einem echten Randwertproblem für eine Differentialgleichung

$$\mathfrak{D}\psi = f \tag{49.3}$$

definiert man als adjungiertes Randwertproblem ein solches für die Differential-gleichung

$$\widetilde{\mathfrak{D}}\tilde{\psi} = f, \tag{49.4}$$

bei dem auf gleichem Rand die „adjungierten Randbedingungen" gestellt werden:

$$\sum_{k=1}^{n} n_k P_k(\psi, \tilde{\psi}) = 0. \tag{49.5}$$

Die adjungierten Randbedingungen ergeben nach (49.2) dann für die Lösungen $\psi, \tilde{\psi}$ bei Integration über das eingeschlossene Grundgebiet die Gleichung

$$\int (\tilde{\psi}\mathfrak{D}\psi - \psi\widetilde{\mathfrak{D}}\tilde{\psi})\,dx = 0. \tag{49.6}$$

Die adjungierte GREENsche Funktion $\widetilde{G}(x, x')$ erfüllt die adjungierte Rand-bedingung und die Differentialgleichung

$$\widetilde{\mathfrak{D}}\widetilde{G}(x, x') = \delta(x - x'). \tag{49.7}$$

Setzt man sie speziell für $\tilde{\psi}$ in (49.6) ein, so erhält man

$$\psi(x') = \int f(x)\widetilde{G}(x, x')\,dx. \tag{49.8}$$

Vergleicht man diese Gleichung mit

$$\psi(x) = \int G(x, x')f(x')\,dx' \tag{49.9}$$

und beachtet, daß beide für beliebige $f(x)$ gelten, so findet man die wichtige Relation:

$$\widetilde{G}(x, x') = G(x', x). \tag{49.10}$$

Falls $\mathfrak{D} = \widetilde{\mathfrak{D}}$ ist, nennt man den Differentialausdruck $\mathfrak{D}$, so wie auch die Differentialgleichung (49.3) „selbstadjungiert". Ein Randwertproblem zu dieser Differentialgleichung ist dann auch selbstadjungiert; denn das adjungierte Rand-wertproblem stimmt mit dem ursprünglichen völlig überein; auch die adjungierte Randbedingung ist identisch mit der ursprünglichen. Nach (49.2) muß nämlich bei selbstadjungiertem $\mathfrak{D}$ die linke Seite von (49.5) antisymmetrisch gegenüber einer Vertauschung von ψ und $\tilde{\psi}$ sein, also verschwinden, wenn die Randwerte von ψ und $\tilde{\psi}$ übereinstimmen. Dann liefert aber (49.10) den Satz: *Für eine selbstadjungierte Differentialgleichung ist die GREENsche Funktion symmetrisch:*

$$G(x, x') = G(x', x). \tag{49.11}$$

Aus Gl. (49.6) kann man einen weiteren wichtigen Satz ableiten:

Wenn die adjungierte homogene Differentialgleichung

$$\widetilde{\mathfrak{D}}\,\tilde{\psi} = 0 \qquad (49.12)$$

eine nicht identisch verschwindende Lösung $\tilde{\psi}$ hat, die den adjungierten Randbedingungen genügt, kann das Randwertproblem zur Differentialgleichung (49.3) überhaupt nur dann eine Lösung besitzen, wenn die Inhomogenität f orthogonal zu $\tilde{\psi}$ ist:

$$\int \tilde{\psi}\, f\, dx = 0. \qquad (49.13)$$

Bei einer selbstadjungierten Differentialgleichung muß also f orthogonal zu jeder den Randbedingungen genügenden Lösung ψ der dazugehörigen homogenen Differentialgleichung sein. Andernfalls kann keine Lösung ψ existieren.

Bei der Einführung der Greenschen Funktion muß also vorausgesetzt werden, daß keine solche Lösung $\tilde{\psi}$ existiert, die nicht identisch verschwindet, denn $\delta(x - x')$ ist dann natürlich nicht orthogonal zu $\tilde{\psi}(x)$.

Man kann jedoch bei homogenen Randbedingungen dann auch noch in abgeänderter Weise eine sogenannte Green*sche Funktion im erweiterten Sinne* definieren, wenn (49.12) doch nichtverschwindende Lösungen zu den Randbedingungen besitzt. Gibt es mehrere solche Lösungen $\tilde{\psi}_\nu(x)$, so ist auch jede Linearkombination aus ihnen eine Lösung. Man kann deshalb gleich voraussetzen, daß die voneinander linear unabhängigen Lösungen $\tilde{\psi}_\nu$ schon orthogonal zueinander und normiert seien. Dann ist aber

$$\delta(x - x') - \sum_\nu \tilde{\psi}_\nu(x)\,\tilde{\psi}_\nu(x') \qquad (49.14)$$

orthogonal zu jeder Lösung $\tilde{\psi}(x)$ und somit eine zulässige Inhomogenität der ursprünglichen Differentialgleichung (49.3). Man kann also als Greensche Funktion $G(x, x')$ im erweiterten Sinne die Lösung der Differentialgleichung (49.3) mit dieser Inhomogenität definieren:

$$\mathfrak{D}\,G(x, x') = \delta(x - x') - \sum_\nu \tilde{\psi}_\nu(x)\,\tilde{\psi}_\nu(x'). \qquad (49.15)$$

Unter der Voraussetzung, daß dieses $G(x, x')$ eindeutig existiert, ist dann für jedes f, das zu allen $\tilde{\psi}_\nu$ orthogonal ist, die Lösung von (49.3) gegeben durch

$$\psi(x) = \int G(x, x')\,f(x')\,dx'. \qquad (49.16)$$

Den Begriff der Selbstadjungiertheit verallgemeinert man auch auf den Fall komplexwertiger Funktionsräume. Und zwar nennt man $\mathfrak{D}$ *hermitisch*, wenn

$$\int \left(u^* \mathfrak{D}\,v - v(\mathfrak{D}\,u)^*\right) dx = 0 \qquad (49.17)$$

wird, sobald u und v die gleichen Randbedingungen erfüllen. Hier ist

$$\widetilde{\mathfrak{D}}\,u^* = (\mathfrak{D}\,u)^*. \qquad (49.18)$$

Jedes selbstadjungierte $\mathfrak{D}$ mit reellen Koeffizienten ist demnach auch hermitisch. Man findet für die Greensche Funktion eines hermitischen $\mathfrak{D}$:

$$G^*(x, x') = G(x', x). \qquad (49.19)$$

Sie ist also ein hermitischer Kern entsprechend der Definition von Ziff. 15. Wenn ψ Lösung der homogenen Gleichung ist, ist ψ^* eine Lösung der adjungierten

Gleichung, und es gilt an Stelle von (49.13) die Bedingung

$$\int \psi^* f \, dx = 0 \tag{49.20}$$

als Voraussetzung dafür, daß die inhomogene Gl. (49.3) lösbar wird. Entsprechend definiert man als GREENsche Funktion im erweiterten Sinn $G(x, x')$ durch:

$$\mathcal{D} \, G(x, x') = \delta(x - x') - \sum_{\nu} \psi_{\nu}^*(x') \psi_{\nu}(x). \tag{49.21}$$

50. GREENsche Funktion zweiter Art. Die GREENsche Funktion vermittelt als Kern einer Integraltransformation den Zusammenhang zwischen Inhomogenität und Lösung des Randwertproblems. Bei Randwertproblemen zu einer *homogenen* Differentialgleichung

$$\mathcal{D} \, \psi = 0 \tag{50.1}$$

kann man den Zusammenhang zwischen Randwerten und der Lösung $\psi(x)$ im Grundgebiet auch durch eine Integraltransformation ausdrücken, deren Kern man als GREENsche Funktion zweiter Art bezeichnet. Diese Transformation spielt sich aber nicht in ein und demselben Funktionsraum ab. Sie ordnet vielmehr Funktionen zweier verschiedener Funktionsräume einander zu. Es wird nämlich einer Funktion, die nur auf dem Rande definiert ist, eine im ganzen Grundgebiet definierte Funktion zugeordnet.

Es mögen etwa inhomogene DIRICHLET*sche Randbedingungen* vorschreiben, daß auf dem Rande $\psi(x)$ die Werte $g(S)$ annimmt. S ist dabei, wenn der x-Raum n-dimensional ist, ein Satz von $n - 1$ Parametern, die die Punkte der Randflächen umkehrbar eindeutig beschreiben. Die Integraltransformation hat dann die Gestalt

$$\psi(x) = \int \Gamma(x, S') \, g(S') \, dS', \tag{50.2}$$

wobei das Integral über die Randfläche zu erstrecken ist. $\Gamma(x, S')$ wird GREENsche Funktion zweiter Art genannt. Man ersieht unmittelbar, daß sie diejenige Lösung der homogenen Gl. (50.1) ist, die auf dem Rande die Randwerte $\delta(S, S')$ annimmt. S soll dabei auf der Fläche den Punkt beschreiben, der im n-dimensionalen Raum die Koordinaten x hat. $\delta(S, S')$ soll die δ-Funktion im $(n - 1)$-dimensionalen Raum der Koordinaten S, d.h. auf der Randfläche sein.

Nun kann man ja nach den Ergebnissen von Ziff. 41 das Randwertproblem der homogenen Differentialgleichung (50.1) mit inhomogenen Randbedingungen auf ein solches mit homogenen Randbedingungen und inhomogener Differentialgleichung zurückführen. Zwischen der adjungierten GREENschen Funktion dieses zweiten Problems und der GREENschen Funktion zweiter Art des ursprünglichen Problems besteht ein fester Zusammenhang, der in folgender Weise gewonnen wird. Es sei $\widetilde{G}(x, x'')$ die GREENsche Funktion, die der Gleichung

$$\widetilde{\mathcal{D}} \, \widetilde{G}(x, x'') = \delta(x - x'') \tag{50.3}$$

genügt und am Rande verschwindet. Wendet man nun den verallgemeinerten GREENschen Satz (49.2) auf das Grundgebiet an, wobei man

$$u(x) = \Gamma(x, S'), \tag{50.4}$$

$$v(x) = \widetilde{G}(x, x'') \tag{50.5}$$

setzt, so erhält man

$$\Gamma(x'', S') = - \int \sum_{k=1}^{n} n_k P_k\big(\Gamma(x, S'), G(x, x'')\big) \, dS. \tag{50.6}$$

Dieser allgemeine Zusammenhang wird in konkreten Fällen bei Beachtung der Randbedingungen für Γ und G oft wesentlich einfacher.

Als Beispiel sei der in der Physik besonders wichtige Fall

$$\mathfrak{D}\psi = \Delta\psi + a\,\psi \tag{50.7}$$

betrachtet, wo a noch Funktion von x sein kann. Nach dem zweiten Greenschen Satz ist hier

$$\sum_k n_k\,P_k(u,v) = u\,\frac{\partial v}{\partial n} - v\,\frac{\partial u}{\partial n}\,. \tag{50.8}$$

Demnach wird

$$\Gamma(x'',S') = -\,\frac{\partial\widetilde{G}(x',x'')}{\partial n'}\,, \tag{50.9}$$

wo x',n' zum Randpunkt S' gehören. Dieses Beispiel ist überdies selbstadjungiert, und man kann mit (49.10) schreiben

$$\Gamma(x,S') = -\,\frac{\partial G(x,x')}{\partial n'}\,. \tag{50.10}$$

Falls bei der homogenen Differentialgleichung (50.1) inhomogene Neumannsche Bedingungen vorliegen und passend sind, die für $\partial\psi/\partial n$ die Randwerte $N(S)$ vorschreiben, wird man die Greensche Funktion zweiter Art $\Gamma(x,S')$ durch

$$\psi(x) = \int \Gamma(x,S')\,N(S')\,dS' \tag{50.11}$$

definieren. Sie ist dann diejenige Lösung der homogenen Differentialgleichung, für die am Rande

$$\frac{\partial\Gamma(x,S')}{\partial n} = \delta(S,S') \tag{50.12}$$

wird. Für sie gilt auch Gl. (50.6), in der $\widetilde{G}(x,x'')$ jetzt diejenige Lösung von (50.3) sein soll, für welche $\partial\widetilde{G}/\partial n$ am Rande verschwindet.

Für den speziellen Fall (50.7) erhält man jetzt

$$\Gamma(x'',S') = \widetilde{G}(x',x'') = G(x'',x')\,. \tag{50.13}$$

Hierbei gehört wieder x' zum Randpunkt S'.

In Ziff. 56 werden die hier besprochenen Zusammenhänge am konkreten Beispiel der Potential- und Wellengleichung auftreten. Sie führen z.B. in der Elektrostatik dazu, daß Raumladungen bei gewissen Betrachtungen durch geeignete Oberflächenladungen ersetzt werden können.

51. Greensche Funktion der Potentialgleichung. $\alpha)$ *Dreidimensionale Potentialgleichung:*

$$\Delta\psi = 0\,. \tag{51.1}$$

Sie besitzt in jedem Gebiet, das den Koordinatenursprung nicht enthält, die kugelsymmetrische Lösung

$$\psi(\mathbf{r}) = \frac{q}{r} \tag{51.2}$$

mit

$$r = \sqrt{x^2 + y^2 + z^2} \tag{51.3}$$

und willkürlich konstantem q. Im Koordinatenursprung wird die Lösung singulär. Um die Singularität bezüglich $\Delta\psi$ zu untersuchen, sei der Gausssche Satz

$$\int \Delta\psi\,d\tau = \int \frac{\partial\psi}{\partial n}\,dS \tag{51.4}$$

auf eine Kugel um den Ursprung vom Radius r angewandt. Nach dem Bisherigen gilt der Satz zunächst nur für ein Gebiet, in dem überall ψ regulär bleibt. Das ist aber im Ursprung nicht der Fall, wo $\Delta\psi$ auch gar nicht erklärt ist. Man kann aber durch die Forderung, daß Gl. (51.4) auch für die Kugel um den Ursprung gilt, eine Erklärung von $\Delta\psi$ im Ursprung erhalten. Auf der Oberfläche der Kugel ist

$$\frac{\partial\psi}{\partial n} = \frac{\partial\psi}{\partial r} = -\frac{q}{r^2}, \tag{51.5}$$

und man erhält

$$\int \frac{\partial\psi}{\partial n}\, dS = 4\pi r^2 \left(-\frac{q}{r^2}\right) = -4\pi q \tag{51.6}$$

unabhängig vom Radius r der Kugel. $\Delta\psi$ verschwindet überall außerhalb des Ursprunges. Gl. (51.4) erhält dann einen Sinn, wenn man $\Delta\psi$ als eine im Ursprung singuläre Funktion erklärt, nämlich

$$\Delta\psi = -4\pi q\, \delta(\mathbf{r}) = -4\pi q\, \delta(x)\, \delta(y)\, \delta(z). \tag{51.7}$$

Die GREENsche Funktion der Potentialgleichung genügt der Gleichung

$$\Delta G(\mathbf{r},\mathbf{r}') = \delta(\mathbf{r}-\mathbf{r}'). \tag{51.8}$$

Demnach wird in (51.2) die Funktion $\psi(\mathbf{r}-\mathbf{r}')$ eine GREENsche Funktion, wenn man q so wählt, daß die δ-Funktion in (51.7) den Koeffizienten Eins erhält:

$$G(\mathbf{r},\mathbf{r}') = -\frac{1}{4\pi}\frac{1}{|\mathbf{r}-\mathbf{r}'|}. \tag{51.9}$$

Bei festgehaltenem $\mathbf{r}'$ verschwindet diese GREENsche Funktion wie r^{-1}. Damit sind die Randbedingungen beschrieben, zu denen sie gehört, nämlich asymptotisches Verschwinden wie r^{-1} im Unendlichen. Das Grundgebiet ist der ganze Raum.

Die Lösung der inhomogenen Gleichung, der POISSON*schen Gleichung*, die

$$\Delta\psi = -4\pi\varrho \tag{51.10}$$

geschrieben sei, besitzt also die zu diesen Randbedingungen gehörige Lösung [vgl. Gl. (13.1)]:

$$\varphi(\mathbf{r}) = \int \frac{\varrho(\mathbf{r}')\, d\tau'}{|\mathbf{r}-\mathbf{r}'|}. \tag{51.11}$$

Diese Lösung kann, wie man sofort sieht, nur dann den Randbedingungen genügen, nämlich wie r^{-1} verschwinden, wenn $\varrho(\mathbf{r})$ selbst hinreichend im Unendlichen verschwindet. — Außer in der Elektrostatik, wie in Ziff. 13 erwähnt, tritt die POISSONsche Gleichung allgemein in der Theorie wirbelfreier Vektorfelder auf, die sich als $-\operatorname{grad}\varphi$ darstellen lassen. $4\pi\varrho$ ist dann die Divergenz des Vektorfeldes, und die Aufgabe, das Feld aus seiner Divergenz zu berechnen, führt auf (51.10).

$\beta)$ *Dimensionszahl* $n > 3$: Da sich die eben durchgeführte Betrachtung zwanglos auf höher-dimensionale Räume übertragen läßt, sei dieser Fall auch erwähnt.

Für eine zentralsymmetrische Lösung $\psi(r)$ der Potentialgleichung mit

$$r = \sqrt{x_1^2 + x_2^2 + \cdots + x_n^2} \tag{51.12}$$

wird der LAPLACE-Operator durch (46.12) gegeben, und man findet die im Ursprung singuläre Lösung

$$\psi = q\, r^{-n+2}. \tag{51.13}$$

Um den Koeffizienten q für die Greensche Funktion zu berechnen, sei ohne Beweis angeführt, daß die Oberfläche der n-dimensionalen Kugel vom Radius r

$$F_n = \frac{n\,\pi^{\frac{n}{2}}}{\Gamma\left(\frac{n}{2} + 1\right)}\, r^{n-1} \tag{51.14}$$

ist. Man findet dann

$$q = -\frac{n}{n-2}\,\frac{\Gamma\left(\frac{n}{2}+1\right)}{\pi^{\frac{n}{2}}}. \tag{51.15}$$

Bezüglich der Berechnung von F_n sei etwa auf die Literatur über die Gegenbauerschen Polynome hingewiesen, die eine Verallgemeinerung der Kugelfunktionen auf den n-dimensionalen Raum darstellen. Man kann F_n mit Hilfe einer sinnvollen Verallgemeinerung der Polarkoordinaten berechnen.

γ) *Zweidimensionale Potentialgleichung*: Hier sei

$$r = \sqrt{x^2 + y^2} \tag{51.16}$$

geschrieben. Die Lösung (51.13) wird in diesem Falle eine Konstante, und man kann mit ihr keine Greensche Funktion bilden. Für eine zentralsymmetrische Lösung $\psi(r)$ wird die Potentialgleichung:

$$\frac{d^2\psi}{dr^2} + \frac{1}{r}\,\frac{d\psi}{dr} = 0. \tag{51.17}$$

Man findet an Stelle (51.13) hier die im Ursprung singuläre Lösung

$$\psi = q \log r. \tag{51.18}$$

Bei Anwendung des Gaußschen Satzes auf einen Kreis vom Radius r um den Ursprung wird analog zu (51.6) erhalten:

$$\int \Delta\psi \, dx \, dy = 2\pi q. \tag{51.19}$$

Man findet also als Greensche Funktion, die der Randbedingung genügt, daß im Unendlichen asymptotisches Verhalten wie $\log r$ vorgeschrieben ist, und zu der als Grundgebiet die ganze x, y-Ebene gehört:

$$G(\boldsymbol{r},\boldsymbol{r}') = \frac{1}{2\pi} \log |\boldsymbol{r} - \boldsymbol{r}'|. \tag{51.20}$$

52. Greensche Funktion der statischen Wellengleichung und Klein-Gordon-Gleichung. Sucht man sogenannte „stehende Wellen"

$$u(\boldsymbol{r}, t) = \psi(\boldsymbol{r})\, e^{-ikct} \tag{52.1}$$

als spezielle Lösungen der dreidimensionalen Wellengleichung

$$\Delta u - \frac{1}{c^2}\,\frac{\partial^2 u}{\partial t^2} = 0 \tag{52.2}$$

auf, wo k eine Konstante ist, so wird man auf die *statische Wellengleichung*

$$\Delta\psi + k^2\psi = 0 \tag{52.3}$$

geführt. Als kugelsymmetrische Lösungen, die im Ursprung singulär sind, findet man

$$\psi(\boldsymbol{r}) = \frac{q}{r}\, e^{\pm ikr}. \tag{52.4}$$

Das Pluszeichen im Exponenten ergibt eine auslaufende, das Minuszeichen eine einlaufende Kugelwelle u. Um die Singularität der linken Seite von (52.3) im Nullpunkt zu erfassen, sei das Integral

$$\int (\varDelta \psi + k^2 \psi)\, d\tau \tag{52.5}$$

über eine Kugel um den Ursprung vom Radius r betrachtet, der sehr klein sei und in der Grenze gegen Null gehen soll. Beim Grenzübergang trägt nur $\varDelta \psi$ bei, und man kann den Exponentialfaktor in (52.4) streichen. Es wird dann für genügend kleines r wieder Gl. (51.5) erfüllt, und man erhält

$$\varDelta \psi + k^2 \psi = - 4\pi q\, \delta(\boldsymbol{r}). \tag{52.6}$$

Man erhält also entsprechend dem Vorzeichen im Exponenten zwei GREENsche Funktionen:

$$G(\boldsymbol{r},\boldsymbol{r}') = - \frac{1}{4\pi} \frac{e^{\pm ik|\boldsymbol{r}-\boldsymbol{r}'|}}{|\boldsymbol{r}-\boldsymbol{r}'|}. \tag{52.7}$$

Beide genügen zwar der Randbedingung, daß sie sich im Unendlichen wie r^{-1} verhalten. Aber in dieser Form ist die Randbedingung noch nicht ausreichend zur eindeutigen Bestimmung der Lösung. Eindeutigkeit liefern erst folgende Randbedingungen: *Die Ausstrahlungsbedingung* schreibt asymptotisches Verhalten wie

$$\frac{1}{r} e^{+ikr} \tag{52.8}$$

vor und liefert auslaufende Wellen. Die *Einstrahlungsbedingung* dagegen schreibt asymptotisches Verhalten wie

$$\frac{1}{r} e^{-ikr} \tag{52.9}$$

vor und liefert einlaufende Wellen. Bei den meisten Anwendungen tritt aus physikalischen Gründen die Ausstrahlungsbedingung auf. Man kann aber auch Linearkombinationen aus den beiden GREENschen Funktionen (52.7) bilden, die wieder eine GREENsche Funktion darstellen. So etwa

$$G(\boldsymbol{r},\boldsymbol{r}') = - \frac{1}{4\pi} \frac{\cos k|\boldsymbol{r}-\boldsymbol{r}'|}{|\boldsymbol{r}-\boldsymbol{r}'|}, \tag{52.10}$$

wenn asymptotisches Verhalten wie $r^{-1} \cos k r$ gefordert wird. Dagegen ist

$$- \frac{1}{4\pi} \frac{\sin k|\boldsymbol{r}-\boldsymbol{r}'|}{|\boldsymbol{r}-\boldsymbol{r}'|} \tag{52.11}$$

in $\boldsymbol{r}=\boldsymbol{r}'$ analytisch und deshalb keine GREENsche Funktion, weil die Ableitungen zweiter Ordnung nicht singulär sind.

Bei der *zweidimensionalen* statischen Wellengleichung wird man beim Aufsuchen der GREENschen Funktion auf Zylinderfunktionen geführt. Es sei für diesen Fall r nach (51.16) definiert. Für zentralsymmetrische Lösungen erhält die Differentialgleichung die Gestalt

$$\frac{d^2\psi}{dr^2} + \frac{1}{r} \frac{d\psi}{dr} + k^2 \psi = 0. \tag{52.12}$$

Das ist die Gleichung der Zylinderfunktionen

$$\psi = Z_0(k r) \tag{52.13}$$

zum Index Null und mit dem Argument kr. Es gibt zwei linear unabhängige Lösungen, die man etwa durch ihr asymptotisches Verhalten für $r \to \infty$ charakterisieren kann. Die Lösungen, die gerade der auslaufenden und einlaufenden Welle entsprechen, sind die Hankelschen Funktionen $H_0^{(1)}(kr)$ bzw. $H_0^{(2)}(kr)$. Sie werden nämlich für große r asymptotisch gleich

$$H_0^{(1)}(kr) = \to \sqrt{\frac{2}{\pi k r}}\, e^{i\left(kr - \frac{\pi}{4}\right)}\,, \tag{52.14}$$

$$H_0^{(2)}(kr) = \to \sqrt{\frac{2}{\pi k r}}\, e^{-i\left(kr - \frac{\pi}{4}\right)}\,. \tag{52.15}$$

Das singuläre Verhalten im Nullpunkt wird durch die nur für kleine Werte $r \ll k^{-1}$ gültigen Ausdrücke

$$H_0^{(1)}(kr) \approx i\,\frac{2}{\pi}\log kr\,, \tag{52.16}$$

$$H_0^{(2)}(kr) \approx -i\,\frac{2}{\pi}\log kr \tag{52.17}$$

beschrieben. Um mit diesen Hankelschen Funktionen die Greenschen Funktionen zu bilden, muß man noch den passenden Normierungsfaktor bestimmen. Nun streben die Hankelschen Funktionen für kleines r gegen die Lösung (51.18) der Potentialgleichung. Nur das Verhalten bei $r = 0$ ist maßgeblich für diesen Faktor. Für kleine $|\boldsymbol{r} - \boldsymbol{r}'|$ muß also die Greensche Funktion gegen die der Potentialgleichung, also (51.20) streben. Demnach erhält man folgende Greensche Funktionen: Für die *Ausstrahlungsbedingung*:

$$G(\boldsymbol{r}, \boldsymbol{r}') = -\frac{i}{4} H_0^{(1)}(k|\boldsymbol{r} - \boldsymbol{r}'|)\,, \tag{52.18}$$

für die *Einstrahlungsbedingung*:

$$G(\boldsymbol{r}, \boldsymbol{r}') = \frac{i}{4} H_0^{(2)}(k|\boldsymbol{r} - \boldsymbol{r}'|)\,. \tag{52.19}$$

Wie man im eindimensionalen Falle die Greensche Funktion bildet, wird später bei der Behandlung der Sturm-Liouvilleschen Randwertprobleme in allgemeiner Weise angegeben werden.

Mit der statischen Wellengleichung verwandt ist die *statische* Klein-Gordon-*Gleichung*

$$\Delta\psi - \varkappa^2\psi = 0. \tag{52.20}$$

Sie beschreibt die zeitunabhängigen (statischen) Lösungen der allgemeinen Klein-Gordon-Gleichung:

$$\Delta\psi - \frac{1}{c^2}\frac{\partial^2\psi}{\partial t^2} - \varkappa^2\psi = 0. \tag{52.21}$$

Diese Gleichung spielt in der Theorie der Kernkräfte eine wichtige Rolle. Die statische Gleichung (52.20) tritt auch an anderer Stelle in der Physik auf, nämlich bei der Beschreibung „abgeschirmter" elektrostatischer Potentiale. Sie geht nämlich aus der Poissonschen Gleichung (51.10) hervor, wenn die Ladungsdichte ϱ nicht fest vorgegeben ist, sondern durch ψ beeinflußt wird, und zwar so, daß ϱ proportional zu $-\psi$ wird. Die im Nullpunkt singuläre Lösung

$$\psi = \frac{q}{r}\, e^{-\varkappa r} \tag{52.22}$$

beschreibt das elektrostatische Potential einer im Ursprung gelegenen Punktladung q, um die eine solche zu $-\Delta\psi$ proportionale Raumladung von entgegen-
gesetztem Vorzeichen gelagert ist. Diese schirmt die Kraftwirkung der Ladung q
mit wachsendem r nach außen hin immer stärker ab. Man nennt $\varkappa^{-1}$ den „Ab-
schirmradius". In der Theorie der Kernkräfte beschreibt (52.22) das „YUKAWA-
Potential".

Die Betrachtungen zur Bildung der GREENschen Funktion für die statische
Wellengleichung lassen sich alle übertragen, wenn man k durch $i\varkappa$ ersetzt. Neben
der Lösung (52.22) gibt es immer noch eine zweite, die im Exponenten $+\varkappa$ statt
$-\varkappa$ hat. In den erwähnten Anwendungen verlangen die Randbedingungen aus
physikalischen Gründen verschwindende Lösungen im Unendlichen, so daß diese
zweite Lösung nicht mehr in Frage kommt. Die GREENsche Funktion wird dann
im *Dreidimensionalen*:

$$G(\boldsymbol{r},\boldsymbol{r}') = -\frac{1}{4\pi}\frac{e^{-\varkappa|\boldsymbol{r}-\boldsymbol{r}'|}}{|\boldsymbol{r}-\boldsymbol{r}'|}. \tag{52.23}$$

Im *Zweidimensionalen* dagegen wird sie

$$G(\boldsymbol{r},\boldsymbol{r}') = -\frac{i}{4}H_0^{(1)}(i\varkappa|\boldsymbol{r}-\boldsymbol{r}'|). \tag{52.24}$$

53. Das Spiegelungsprinzip. Die folgende Betrachtung läßt sich für die Potentialgleichung sowie die statische Wellen- und KLEIN-GORDON-Gleichung durchführen, die man alle einheitlich als

$$\Delta\psi - a^2\psi = 0 \tag{53.1}$$

schreiben kann, wenn man entsprechend a gleich 0, $-ik$ oder $\varkappa$ setzt. Im ganzen
dreidimensionalen Raum stellt

$$G(\boldsymbol{r},\boldsymbol{r}') = -\frac{1}{4\pi}\frac{e^{-as}}{s} \tag{53.2}$$

mit

$$s = |\boldsymbol{r}-\boldsymbol{r}'| \tag{53.3}$$

die GREENsche Funktion dar, die im unendlich Fernen verschwindet. Bei der
Wellengleichung ist noch speziell die Ausstrahlungsbedingung erfüllt.

Jetzt soll aber das Grundgebiet abgeändert werden in den *Halbraum*, der
auf einer Seite einer Ebene liegt. Die GREENsche Funktion soll so gebildet werden,
daß sie auf dem Rande des Halbraumes, d.h. auf der Ebene, und im unendlich
fernen Teil des Halbraumes verschwindet. Das geschieht in einfacher Weise so,
daß man jedem Punkt $\boldsymbol{r}'$ einen Punkt $\boldsymbol{r}''$ im andern Halbraum durch Spiegelung
an der Ebene zuordnet und von der in $\boldsymbol{r}'$ singulären Lösung (53.2) eine gleichartige
in $\boldsymbol{r}''$ singuläre Lösung abzieht. Mit

$$s' = |\boldsymbol{r}-\boldsymbol{r}''| \tag{53.4}$$

gewinnt man

$$G(\boldsymbol{r},\boldsymbol{r}') = -\frac{1}{4\pi}\left(\frac{e^{-as}}{s} - \frac{e^{-as'}}{s'}\right). \tag{53.5}$$

Für das elektrostatische Potential liefert diese GREENsche Funktion das Spiegelungsprinzip in folgender Form: Um im Halbraum das Potential zu bilden, das
auf der Grenzebene, z.B. einer leitenden Oberfläche, und im Unendlichen verschwindet, braucht man nur das Potential im ganzen Raum zu bilden, wenn man
zu den vorhandenen Ladungen noch die an der Grenzebene gespiegelten entgegengesetzt gleichen Ladungen zufügt.

Im Zweidimensionalen gilt das Spiegelungsprinzip, daß durch Spiegelung an einer Geraden aus jeder Lösung der Gl. (53.1) wieder eine Lösung erhalten wird. Die Differenz zweier solcher Lösungen verschwindet dann auf dieser Geraden.

54. Multipole. Bei der Potentialgleichung, der statischen Wellen- und Klein-Gordon-Gleichung, die wieder gemeinsam als (53.1) geschrieben seien, ist mit einer Lösung $\psi(\boldsymbol{r})$ zugleich auch

$$(\boldsymbol{p}, \mathrm{grad})\,\psi \tag{54.1}$$

eine Lösung, wo $\boldsymbol{p}$ ein beliebiger ortsunabhängiger Vektor ist. So bildet man aus der dreidimensionalen Grundlösung

$$\psi_0(\boldsymbol{r}) = \frac{1}{r}\,e^{-ar} \tag{54.2}$$

die *Dipol-Lösung*:

$$\psi_1(\boldsymbol{r}) = -\,(\boldsymbol{p}, \mathrm{grad})\,\psi_0(\boldsymbol{r}). \tag{54.3}$$

Es soll $q\,\psi_0(\boldsymbol{r})$ die Lösung zur Punktquelle von der „Quellstärke" q heißen, die im Ursprung gelegen ist. Die Dipol-Lösung (54.3) kann man sich dann durch folgenden Grenzübergang aus zwei solchen Lösungen zu benachbarten entgegengesetzt gleichen Punktquellen entstanden denken. $\boldsymbol{l}$ sei der gerichtete Abstand von der Punktquelle $-q$ zu der Punktquelle $+q$. Beide Lösungen überlagert ergeben

$$\psi(\boldsymbol{r}) = q\,\big(\psi_0(\boldsymbol{r} - \boldsymbol{l}) - \psi_0(\boldsymbol{r})\big). \tag{54.4}$$

Es soll l nun so gegen null und q so gegen unendlich gehen, daß

$$q\,\boldsymbol{l} = \boldsymbol{p} \tag{54.5}$$

konstant bleibt. Dann wird in der Grenze ψ gleich ψ_1. Das Quellsystem, das man so erhält, wird als *Dipol* vom *Dipolmoment* $\boldsymbol{p}$ bezeichnet.

Die entsprechende singuläre Quellverteilung gewinnt man aus

$$\Delta\psi_0(\boldsymbol{r}) - a^2\,\psi_0(\boldsymbol{r}) = -\,4\pi\,\delta(\boldsymbol{r}) \tag{54.6}$$

durch beiderseitige Anwendung von $(\boldsymbol{p}, \mathrm{grad})$ direkt als

$$\varrho_1(\boldsymbol{r}) = -\,(\boldsymbol{p}, \mathrm{grad})\,\delta(\boldsymbol{r}). \tag{54.7}$$

Die Inhomogenität der Differentialgleichung für $\psi_1(\boldsymbol{r})$ ist $-4\pi\,\varrho_1(\boldsymbol{r})$. Damit ist $\psi_1(\boldsymbol{r})$ keine Greensche Funktion mehr, weil die Singularität der Inhomogenität der Differentialgleichung keine δ-Funktion ist. Das Raumintegral über $\psi_1(\boldsymbol{r})$ verschwindet.

Man kann nun so fortfahren und weitere nur im Ursprung singuläre Lösungen bilden, die im Unendlichen verschwinden, ohne jedoch Greensche Funktionen zu sein Man bildet mit beliebigen Vektoren $\boldsymbol{p}_1$, $\boldsymbol{p}_2$, ... die Lösungen:

$$\psi_1 = -\,(\boldsymbol{p}_1, \mathrm{grad})\,\psi_0, \tag{54.8}$$

$$\psi_2 = -\,(\boldsymbol{p}_2, \mathrm{grad})\,\psi_1, \tag{54.9}$$

$$\cdots\cdots\cdots\cdots\cdots$$

$$\psi_l = -\,(\boldsymbol{p}_l, \mathrm{grad})\,\psi_{l-1}. \tag{54.10}$$

Die entsprechenden Quellverteilungen mit der Quelldichte

$$\varrho_l(\boldsymbol{r}) = (-1)^l\,(\boldsymbol{p}_1, \mathrm{grad})\,(\boldsymbol{p}_2, \mathrm{grad})\ldots(\boldsymbol{p}_l, \mathrm{grad})\,\delta(\boldsymbol{r}) \tag{54.11}$$

nennt man *Multipole* der Ordnung 2^l oder 2^l-*Pole*. $\psi_l(\boldsymbol{r})$ nennt man die entsprechende Multipol-Lösung. Den Fall $l=0$ nennt man *Pol*, den Fall $l=1$ *Dipol*,

$l=2$ *Quadrupol*, $l=3$ *Oktopol*. — Ein 2^l-Pol kann immer durch den Grenzübergang gebildet werden, daß der Abstand zweier entgegengesetzt gleicher 2^{l-1}-Pole verschwindet und ihre Stärke entsprechend unendlich wird. Das zeigt die Verallgemeinerung der früher für den Dipol durchgeführten Betrachtung.

Man kann allgemein ψ_l immer nach Ableitungen von ψ_0 entwickeln:

$$\psi_l = (-1)^l (\boldsymbol{p}_1, \text{grad})(\boldsymbol{p}_2, \text{grad}) \dots (\boldsymbol{p}_l, \text{grad}) \psi_0 = \sum_{\lambda\mu\nu} Q^{(l)}_{\lambda\mu\nu} \frac{\partial^l \psi_0}{\partial x^\lambda \, \partial y^\mu \, \partial z^\nu}. \tag{54.12}$$

Dabei durchlaufen λ, μ, ν von Null an alle positiven Zahlen, für die

$$\lambda + \mu + \nu = l \tag{54.13}$$

ist. Die vom Ort unabhängigen Größen $Q^{(l)}_{\lambda\mu\nu}$ setzen sich aus den Komponenten der $\boldsymbol{p}_1, \boldsymbol{p}_2, \dots, \boldsymbol{p}_l$ zusammen und werden *Multipolmomente* genannt.

Die Entwicklung (54.12) führt zu einer wichtigen Interpretation des Feldes einer beliebigen Quellverteilung in größerer Entfernung. Die im Unendlichen verschwindende Lösung $\psi(\boldsymbol{r})$ der Gleichung

$$\Delta\psi - a^2\psi = -4\pi\varrho \tag{54.14}$$

lautet, da

$$G(\boldsymbol{r},\boldsymbol{r}') = -\frac{1}{4\pi}\,\psi_0(\boldsymbol{r}-\boldsymbol{r}') \tag{54.15}$$

die GREENsche Funktion ist:

$$\psi(\boldsymbol{r}) = \int \varrho(\boldsymbol{r}')\,\psi_0(\boldsymbol{r}-\boldsymbol{r}')\,d\tau'. \tag{54.16}$$

Die Integration ist dabei über den ganzen Raum auszuführen. Der Koordinatenursprung sei in das Gebiet gelegt, wo $\varrho(\boldsymbol{r})$ nicht verschwindet. Wenn nun $\varrho(\boldsymbol{r})$ nur in einem endlichen Volumen nicht verschwindet, kann man $\psi(\boldsymbol{r})$ in eine für genügend große r gut konvergierende Reihe entwickeln. Man geht von der TAYLOR-Reihe aus:

$$\psi_0(\boldsymbol{r}-\boldsymbol{r}') = \sum_{l=0}^{\infty} \frac{(-1)^l}{l!}\,(\boldsymbol{r}', \text{grad})^l \psi_0(\boldsymbol{r}), \tag{54.17}$$

$$\psi_0(\boldsymbol{r}-\boldsymbol{r}') = \sum_{l=0}^{\infty} \frac{(-1)^l}{l!} \sum_{\lambda\mu\nu} \frac{l!}{\lambda!\,\mu!\,\nu!}\, x'^\lambda y'^\mu z'^\nu \frac{\partial^l \psi_0(\boldsymbol{r})}{\partial x^\lambda \, \partial y^\mu \, \partial z^\nu}. \tag{54.18}$$

Die damit gebildete Reihe für $\psi(\boldsymbol{r})$ wird eine Entwicklung nach Multipolgliedern:

$$\psi(\boldsymbol{r}) = \sum_{l=0}^{\infty} \sum_{\lambda\mu\nu} Q^{(l)}_{\lambda\mu\nu} \frac{\partial^l \psi_0(\boldsymbol{r})}{\partial x^\lambda \, \partial y^\mu \, \partial z^\nu}. \tag{54.19}$$

Die Quellverteilung $\varrho(\boldsymbol{r})$ kann also in genügend großem Abstand durch ein System von Multipolen mit den Momenten

$$Q^{(l)}_{\lambda\mu\nu} = \frac{1}{\lambda!\,\mu!\,\nu!} \int \varrho(\boldsymbol{r}')\,x'^\lambda y'^\mu z'^\nu\,d\tau' \tag{54.20}$$

ersetzt werden, die im Koordinatenursprung gelegen sind. Der einfache Pol $l=0$ entspricht einer Punktquelle der Stärke

$$Q^{(0)} = \int \varrho(\boldsymbol{r}')\,d\tau'. \tag{54.21}$$

Der Dipol besitzt das Dipolmoment:

$$\boldsymbol{p} = \{Q^{(1)}_{100}, Q^{(1)}_{010}, Q^{(1)}_{001}\} = \int \boldsymbol{r}'\,\varrho(\boldsymbol{r}')\,d\tau'. \tag{54.22}$$

Im speziellen Falle der Potentialgleichung $(a = 0)$ wird allgemein

$$\psi_l(\boldsymbol{r}) = (-1)^l (\boldsymbol{p}_1, \text{grad}) \dots (\boldsymbol{p}_l, \text{grad}) \frac{1}{r}. \tag{54.23}$$

Ersetzt man hier $\boldsymbol{r}$ durch $\alpha\,\boldsymbol{r}$ mit einer beliebigen Konstanten α, so ergibt sich sofort

$$\psi_l(\alpha\,\boldsymbol{r}) = \alpha^{-l-1}\,\psi_l(\boldsymbol{r}). \tag{54.24}$$

Man kann daher schreiben

$$\psi_l(\boldsymbol{r}) = r^{-l-1}\,\psi_l\left(\frac{\boldsymbol{r}}{r}\right). \tag{54.25}$$

Als Argument der Funktion auf der rechten Seite steht der Einheitsvektor $\boldsymbol{r}/r$ in Richtung $\boldsymbol{r}$. Er ist eindeutig durch die Polarwinkel ϑ, φ festgelegt. In Kugelkoordinaten läßt sich also $\psi_l(\boldsymbol{r})$ in folgender Weise in zwei Faktoren separieren:

$$\psi_l(\boldsymbol{r}) = r^{-l-1}\,Y_l(\vartheta, \varphi). \tag{54.26}$$

Dabei ist Y_l vom Betrag r unabhängig. Diese Gleichung wird für genügend kleine r auch im Falle $a \neq 0$ der statischen Wellen- und Klein-Gordon-Gleichung in der Grenze erreicht, weil für kleine r ja auch ψ_0 in $1/r$ übergeht. Wie später in Ziff. 61 gezeigt wird, ist $Y_l(\vartheta, \varphi)$ eine Kugelfunktion der Ordnung l[1].

55. Einfache und doppelte Quellschichten. Bisher wurden nur Singularitäten der Inhomogenität $-4\pi\varrho$ in den Gleichungen vom Typ

$$\Delta\psi - a^2\psi = -4\pi\varrho \tag{55.1}$$

betrachtet, die sich auf einen Punkt oder einzelne Punkte des Raumes beschränken. Dies waren Quellpunkte und Multipole. Jetzt soll eine andere Art von Singularitäten betrachtet werden, die sich über eine ganze Fläche erstrecken, die „Quellschichten" und „Doppelschichten".

Unter einer *Quellschicht* der Flächendichte ω versteht man eine Fläche, längs welcher $\varrho(\boldsymbol{r})$ in der Weise singulär wird, daß das Volumintegral

$$Q = \int \varrho\,d\tau \tag{55.2}$$

für jedes Integrationsgebiet endlich bleibt, sobald dieses einen endlichen Teil der Fläche enthält. Das soll also auch dann der Fall sein, wenn bei einem Grenzübergang das Volumen V des Gebietes Null wird und sich dabei auf ein endliches Stück ΔS der Fläche zusammenzieht. Wenn dabei

$$\lim_{V \to 0} \int \varrho\,d\tau = \Delta Q \tag{55.3}$$

wird, nennt man ΔQ die Quellstärke des Flächenstückes ΔS. Der dann nachträglich gebildete Grenzwert

$$\lim_{\Delta S \to 0} \frac{\Delta Q}{\Delta S} = \omega \tag{55.4}$$

soll in jedem Punkt der Fläche existieren und wird als Flächendichte oder flächenhafte Quelldichte der Quellschicht in dem Punkt bezeichnet, auf den ΔS zusammengezogen wurde.

Als *Doppelschicht* bezeichnet man eine Fläche, auf der $\varrho(\boldsymbol{r})$ in der Weise singulär wird, daß man sie als Grenzfall zweier unendlich benachbarter entgegengesetzt gleicher Quellschichten mit den Flächendichten ω und $-\omega$ beschreiben

---

[1] Das Potential $\psi(\boldsymbol{r})$ bleibt ungeändert, wenn man $Q^{(2)}_{\lambda\mu\nu}$ durch

$$M^{(2)}_{\lambda\mu\nu} = Q^{(2)}_{\lambda\mu\nu} - (\delta_{\lambda 2} + \delta_{\mu 2} + \delta_{\nu 2})\,\tfrac{1}{3}(Q^{(2)}_{200} + Q^{(2)}_{020} + Q^{(2)}_{002})$$

ersetzt. Bei kugelsymmetrischem $\varrho(\boldsymbol{r})$ verschwinden diese Komponenten, deren Zahl durch die Einschränkung $M_{200} + M_{020} + M_{002} = 0$ um eins herabgesetzt ist. Die Komponentenzahl der höheren Multipole läßt sich durch geeignete Definition entsprechend stärker herabsetzen.

kann, wobei mit abnehmendem Abstand l der Grenzwert

$$\sigma = \lim_{l \to 0} \omega\, l \tag{55.5}$$

in jedem Punkt der Fläche endlich bleibt. Man nennt σ das „Moment der Doppelschicht", das sich von Punkt zu Punkt der Fläche ändern kann. Ein infinitesimales Flächenstück $\varDelta S$ der Doppelschicht besitzt dann das Dipolmoment

$$d\boldsymbol{p} = \boldsymbol{n}\,\sigma\,dS. \tag{55.6}$$

Dabei sei $\boldsymbol{n}$ der Normalen-Einheitsvektor auf die Fläche, der bei positivem σ von den negativen zu den positiven Quellen der Fläche zeigt.

Es soll nun das Verhalten der Lösung ψ auf einer Quellschicht und einer Doppelschicht betrachtet werden. Zunächst sei die einfache Quellschicht der Flächendichte ω behandelt. Sonst seien keine Quellen vorhanden. Es soll

$$\varphi = \frac{e^{-a\,r}}{r} \tag{55.7}$$

die Grundlösung bedeuten, und r soll der Abstand des Flächenelementes dS der Quellschicht vom „Aufpunkt" außerhalb der Fläche sein, in dem der Wert der Lösung durch

$$\psi = \int \omega\,\varphi\,dS \tag{55.8}$$

gegeben ist, wobei über die ganze Fläche zu integrieren ist. Es soll untersucht werden, wie ψ sich verhält, wenn der Aufpunkt beweglich gedacht ist und die Fläche in Normalenrichtung durchschreitet. Wenn man um den Durchgangspunkt eine kleine Kreisscheibe vom Radius ε der Schicht entfernen würde, bliebe für alle dS der Schicht $r > 0$, und ψ bliebe beim Durchgang stetig. Eine Unstetigkeit in ψ kann nur von der Quellschicht der Kreisscheibe herrühren und nur im Durchgangspunkt auftreten. Die Kreisscheibe sei so klein, daß ω auf ihr praktisch konstant ist. ω sei auf der Schicht stetig. Betrachtet man nur den Anteil ψ_ε von ψ, der von der Kreisscheibe herrührt, so kann man bei genügender Annäherung an den Durchgangspunkt φ durch r^{-1} ersetzen. Es sei z der auf der Flächennormalen gezählte Abstand vom Durchgangspunkt. Auf dieser ist

$$\psi_\varepsilon(z) = 2\pi\,\omega \int\limits_0^\varepsilon \frac{\xi\,d\xi}{\sqrt{\xi^2 + z^2}} = 2\pi\,\omega\left(\sqrt{\varepsilon^2 + z^2} - \sqrt{z^2}\right). \tag{55.9}$$

Dies ist eine stetige Funktion von z, deren Ableitung einen Sprung bei $z = 0$ um den Wert $-4\pi\omega$ macht. Das ergibt: ψ *bleibt beim Durchgang durch eine Quellschicht stetig, während $\partial\psi/\partial n$ dabei einen Sprung um den Wert*

$$\left(\frac{\partial\psi}{\partial n}\right)_2 - \left(\frac{\partial\psi}{\partial n}\right)_1 = -4\pi\,\omega \tag{55.10}$$

erleidet. Die Indices 1, 2 beziehen sich auf die Werte vor bzw. nach dem Durchgang.

Wenn jedoch statt der einfachen Quellschicht eine Doppelschicht vom Moment σ vorliegt, wird die zugehörige Lösung von (55.1) nach (55.3) gegeben durch

$$\tilde{\psi} = \int \sigma\,\frac{\partial\varphi}{\partial n}\,dS. \tag{55.11}$$

Auch hier kann eine Unstetigkeit im Durchgangspunkt nur von der Doppelschicht der kleinen Kreisscheibe vom Radius ε um den Durchgangspunkt herrühren. Der Beitrag dieser Scheibe zu $\tilde{\psi}$ ist auf der Flächennormalen in Richtung $\boldsymbol{n}$ gegeben durch

$$\tilde{\psi}_e(z) = \lim_{l \to 0}\left(\psi_\varepsilon(z - l) - \psi_\varepsilon(z)\right) = -\lim_{l \to 0}\frac{\partial\psi_\varepsilon}{\partial z}\,l. \tag{55.12}$$

Dabei ist $\psi_\varepsilon(z)$ der Ausdruck (55.9), in dem aber beim Grenzübergang ω so anwachsen soll, daß $\omega l = \sigma$ endlich bleibt. Es wird also

$$\tilde{\psi}_\varepsilon(z) = 2\pi\sigma\left(\frac{z}{\sqrt{z^2}} - \frac{z}{\sqrt{\varepsilon^2 + z^2}}\right). \tag{55.13}$$

Dies ist eine unstetige Funktion mit stetiger Ableitung im Punkt $z=0$. Im Punkt $z=0$ springt $\tilde{\psi}_\varepsilon$ um den Wert $4\pi\sigma$. Demnach gilt: *Beim Durchgang durch eine Doppelschicht springt die Lösung ψ der Differentialgleichung um*

$$\psi_2 - \psi_1 = 4\pi\sigma, \tag{55.14}$$

wobei $\partial\psi/\partial n$ stetig bleibt. Hierbei ist ψ_1 der Wert vor und ψ_2 nach dem Durchgang in Richtung n der Flächennormalen.

Die Aussagen über die Stetigkeitseigenschaften bzw. Unstetigkeiten der Lösung ψ beim Durchgang durch einfache oder doppelte Quellschichten bleiben auch erhalten, wenn außerhalb der Quellschicht noch eine stetige Quelldichte $\varrho(r)$ auftritt.

56. Randwerte und Quellschichten. Es sei der zweite Greensche Satz

$$\int(\psi\Delta\chi - \chi\Delta\psi)\,d\tau = \int\left(\psi\frac{\partial\chi}{\partial n} - \chi\frac{\partial\psi}{\partial n}\right)dS \tag{56.1}$$

auf eine im Integrationsgebiet erklärte Lösung ψ der Differentialgleichung

$$\Delta\psi - a^2\psi = -4\pi\varrho \tag{56.2}$$

und auf die Greensche Funktion für unendlich fernen Rand

$$\chi = -\frac{1}{4\pi}\frac{e^{-ar}}{r} = -\frac{1}{4\pi}\varphi \tag{56.3}$$

angewandt. Der Aufpunkt $r=0$ kann willkürlich im Innern des Integrationsgebietes gelegen sein. Man erhält dann in ihm den Wert

$$\psi = \int\varrho\,\varphi\,d\tau + \frac{1}{4\pi}\int\frac{\partial\psi}{\partial n}\,\varphi\,dS - \frac{1}{4\pi}\int\psi\frac{\partial\varphi}{\partial n}\,dS, \tag{56.4}$$

wo sich das erste Integral über das Innengebiet, die beiden anderen über den Rand erstrecken. In den Integranden ist in φ jeweils als r der Abstand des Volumelementes $d\tau$ bzw. des Oberflächenelementes dS vom Aufpunkt zu nehmen. Die Gleichung gilt für jeden beliebigen Aufpunkt im Innengebiet und gibt an, wie ψ sich aus den Randwerten ψ, $\partial\psi/\partial n$ berechnet.

Es ist zweckmäßig, diese Gleichung mit dem Ausdruck

$$\psi = \int\varrho\,\varphi\,d\tau + \int\omega\,\varphi\,dS + \int\sigma\,\frac{\partial\varphi}{\partial n}\,dS \tag{56.5}$$

zu vergleichen, der die im Unendlichen verschwindende Lösung darstellt, die aus der räumlichen Quelldichte ϱ im Innern, der einfachen Quellschicht mit der Flächendichte ω und der Doppelschicht mit dem Moment σ auf dem Rand entspringt. Man kann also bei der Berechnung von ψ im Innern eines Gebietes die Randwerte ψ und $\partial\psi/\partial n$ durch eine einfache Quellschicht und eine Doppelschicht auf dem Rande ersetzen, für welche

$$\omega = \frac{1}{4\pi}\frac{\partial\psi}{\partial n}, \tag{56.6}$$

$$\sigma = -\frac{1}{4\pi}\psi \tag{56.7}$$

ist. Die letzten beiden Gleichungen gelten aber nicht mehr für eine Lösung (56.5), bei der sowohl ω wie auch σ willkürlich vorgegeben sind. Dies wäre ja auch im Widerspruch zu dem in Ziff. 47 für die Potentialgleichung bewiesenen Satz, daß nicht gleichzeitig beide Randwerte ψ und $\partial\psi/\partial n$ willkürlich vorgegeben werden können. Wenn ω und σ willkürlich vorgegeben sind, stellt (56.5) zwar im Innern auch eine Lösung der Differentialgleichung (56.2) dar, für die aber bei Annäherung an den Rand die Werte ψ und $\partial\psi/\partial n$ nicht gegen $-4\pi\sigma$ bzw. $4\pi\omega$ konvergieren.

Gl. (56.4) zeigt, wie auch bei unstetigen Randbedingungen $\psi(\mathbf{r})$ im Innern des Gebietes samt den auftretenden Ableitungen stetig wird, sofern nur $\varrho(\mathbf{r})$ selbst diese Eigenschaften hat. Diese Tatsache, die schon für die zweidimensionale Potentialgleichung aus der Funktionentheorie entnommen wurde, zeigt wieder einen deutlichen Unterschied der elliptischen Differentialgleichung (56.2) gegenüber der hyperbolischen Wellengleichung. Bei der Wellengleichung pflanzt sich eine Unstetigkeit der Anfangswerte durch das raum-zeitliche Grundgebiet längs der Charakteristiken fort. Hier dagegen gibt es keine reellen Charakteristiken, und Unstetigkeiten der Randwerte setzen sich nicht in das Grundgebiet fort.

III. Eigenwertprobleme.

57. Problemstellung. Es soll vorausgesetzt werden, daß die lineare Differentialgleichung zweiter Ordnung

$$\mathfrak{D}_0\psi = f \qquad (57.1)$$

als passenden Rand einen geschlossenen Rand zuläßt, der als Oberfläche ein „Grundgebiet" abgrenzt. Es soll also ein „echtes" Randwertproblem vorliegen. Weiterhin sollen die Randbedingungen homogen sein. Die homogene Differentialgleichung

$$\mathfrak{D}_0\psi = 0 \qquad (57.2)$$

besitzt dann sicher zu den Randbedingungen die „triviale Lösung", nämlich identisch verschwindendes ψ. Diese Lösung wird als nicht normierbar nicht mehr zum Funktionsraum des Grundgebietes gezählt und interessiert nicht weiter. Es braucht nun im allgemeinen Fall keine weitere Lösung zu existieren. Vielmehr ist dies als Ausnahmefall anzusehen. Oft enthält aber $\mathfrak{D}_0$ noch einen freien Parameter λ. Dann kann es sein, daß für bestimmte Werte λ_ν des Parameters dieser Fall eintritt und neben der trivialen Lösung eine oder gar mehrere Lösungen ψ_ν existieren. Man nennt λ_ν dann *Eigenwerte* des Parameters und ψ_ν die dazu gehörigen *Eigenfunktionen*. Mit ψ_ν ist natürlich immer auch $c\psi_\nu$ eine Eigenfunktion, wo c eine Konstante ist. Diese beiden Lösungen werden aber nicht als wesentlich verschieden betrachtet, und man kann sich etwa auf normierte Eigenfunktionen beschränken. Im übrigen sollen hier zunächst nur reelle ψ und λ betrachtet werden.

Im Folgenden wird nun weiter vorausgesetzt, daß der Parameter λ nur in folgender Weise in $\mathfrak{D}_0$ als Koeffizient auftritt:

$$\mathfrak{D}_0\psi = \mathfrak{D}\psi + \lambda g\psi. \qquad (57.3)$$

g ist dabei eine vorgegebene Funktion der unabhängigen Variablen $x_1, x_2, \ldots, x_n$, für die wieder zusammenfassend x geschrieben wird und von denen auch ψ abhängt. λ ist dagegen ein einfacher Zahlenparameter. Der Differentialausdruck $\mathfrak{D}$ soll λ nicht mehr enthalten und somit fest vorgegeben sein. Dann steht das homogene Randwertproblem zur homogenen Differentialgleichung

$$\mathfrak{D}\psi + \lambda g\psi = 0 \qquad (57.4)$$

zur Diskussion. Das Aufsuchen der Eigenwerte λ_ν und der dazu gehörigen Eigenlösungen ψ_ν ist ein „Eigenwertproblem". Im speziellen Fall, daß g identisch -1 ist, also

$$\mathfrak{D}\psi = \lambda\psi, \tag{57.5}$$

nennt man die Eigenwerte λ_ν direkt die „Eigenwerte des Differentialoperators $\mathfrak{D}$" und die entsprechenden ψ_ν seine Eigenlösungen. Im folgenden soll vorausgesetzt werden, daß g im Grundgebiet normierbar ist und überdies sein Vorzeichen beibehält. Man kann es dann ohne Einschränkung positiv voraussetzen, da das Vorzeichen von λ ja noch offen bleibt.

58. Hermitische Eigenwertprobleme. Die Betrachtungen dieser Ziffer lassen sich ohne wesentliche Komplikationen auch auf den Fall ausdehnen, der z.B. in der Quantentheorie wichtig wird, daß auch komplexwertige Lösungen auftreten. Deshalb sollen diese Betrachtungen gleich in entsprechender Weise formuliert werden. So soll die Selbstadjungiertheit gleich in allgemeiner Weise als Hermitezität vorausgesetzt werden, wie in Ziff. 49 dargelegt wurde. Es soll $\mathfrak{D}$ ein hermitischer Differentialoperator sein, d.h. es soll gelten

$$\int \left(u^* \mathfrak{D} v - v (\mathfrak{D} u)^*\right) dx = 0, \tag{58.1}$$

sobald die Funktionen u, v den gleichen Randbedingungen genügen.

Im folgenden sei wieder ein Eigenwertproblem zur Differentialgleichung

$$\mathfrak{D}\psi + \lambda g \psi = 0 \tag{58.2}$$

betrachtet. Dafür gilt folgender wichtige Satz: *Wenn g reell ist, sind bei hermitischem $\mathfrak{D}$ alle Eigenwerte λ reell.* Man erhält diesen Satz, indem man in (58.1) bei Integration über das Grundgebiet $u = v = \psi$ setzt:

$$(\lambda - \lambda^*) \int g \psi^* \psi \, dx = 0. \tag{58.3}$$

ψ soll aber als Eigenfunktion normierbar sein, womit $\lambda^* = \lambda$ sein muß.

Setzt man jedoch in (58.3) zwei verschiedene Eigenfunktionen ψ_μ, ψ_ν an Stelle u, v, so ergibt sich

$$(\lambda_\nu - \lambda_\mu) \int g \psi_\mu^* \psi_\nu \, dx = 0. \tag{58.4}$$

Sobald die zugehörigen Eigenwerte verschieden sind, verschwindet

$$(\psi_\mu, \psi_\nu) = \int g \psi_\mu^* \psi_\nu \, dx . \tag{58.5}$$

Bei der Integralproduktdefinition tritt g als Gewichtsfaktor auf. Man erhält also unter dieser Festlegung den Satz: *Eigenfunktionen zu verschiedenen Eigenwerten sind zueinander orthogonal.*

Wenn aber mehrere Eigenwerte gleich sind, d.h. wenn zu ein und demselben Eigenwert mehrere voneinander unabhängige Eigenfunktionen gehören, dann ist auch jede Linearkombination aus ihnen eine Eigenfunktion. Der Eigenwert heißt dann *entartet.* Die Anzahl der linear unabhängigen Lösungen zu dem entarteten Eigenwert möge etwa r sein. Der Eigenwert heißt dann r-fach ·entartet, und r heißt sein „Entartungsgrad". (Auch hier ist, wie bei den Integralgleichungen die übliche Bezeichnungsweise nicht einheitlich, und oft heißt $r-1$ der Entartungsgrad, so daß ein einfach entarteter Eigenwert zwei unabhängige Eigenfunktionen besitzen soll.) Man kann die Gesamtheit der miteinander entarteten Eigenfunktionen in Analogie zu einem r-dimensionalen Vektorraum stellen und kann immer r zueinander orthogonale Lösungen als Basis der Eigenfunktionen zu dem Eigenwert wählen. *Man kann also immer alle wesentlich verschiedenen Eigenfunktionen, d. h. alle linear unabhängigen Lösungen des Eigenwertproblems, als ein Orthogonalsystem darstellen, sowohl die nichtentarteten wie auch die miteinander entarteten. Das Orthogonalsystem kann überdies normiert vorausgesetzt werden.*

Wenn man nun voraussetzen kann, daß für das Eigenwertproblem eine GREENsche Funktion $G(x, x')$ existiert, dann kann man es einem Integralgleichungsproblem gleichsetzen. Man kann dann vorteilhaft Sätze der Integralgleichungstheorie auf das Eigenwertproblem übertragen. Aus der Gleichung

$$\mathcal{D}\, G(x, x') = \delta(x - x') \tag{58.6}$$

folgt durch beiderseitige Multiplikation mit $\lambda g(x')\psi(x')$ und Integration bezüglich x' über das Grundgebiet, daß für die Lösung $\psi(x)$ der Eigenwertgleichung (58.2) gelten muß:

$$\psi(x) + \lambda \int G(x, x')\, g(x')\, \psi(x')\, dx' = 0. \tag{58.7}$$

Umgekehrt ist ψ sicher Eigenfunktion des Eigenwertproblems zur Differentialgleichung (58.2), wenn ψ dieser homogenen FREDHOLMschen Integralgleichung zweiter Art (58.7) genügt. λ ist in beiden Formulierungen des Problems der zu ψ gehörige Eigenwert.

Die Rückführung auf die Integralgleichung ist auch möglich, wenn $\mathcal{D}$ nicht hermitisch ist. Bei hermitischem $\mathcal{D}$ jedoch ist $G(x, x')$ ein hermitischer Kern entsprechend (49.19). Man kann dann die Integralgleichung in eine solche mit dem hermitischen Kern

$$K(x, x') = - \sqrt{g(x)}\, G(x, x')\, \sqrt{g(x')} \tag{58.8}$$

und den Eigenfunktionen

$$\varphi(x) = \sqrt{g(x)}\, \psi(x) \tag{58.9}$$

umschreiben:

$$\varphi(x) = \lambda \int K(x, x')\, \varphi(x')\, dx'. \tag{58.10}$$

Diese Tatsache bestätigt wieder die Realität der Eigenwerte und die Orthogonalität der Eigenfunktionen zu verschiedenen Eigenwerten. Für ψ muß man dann nur eine andere Definition des Skalarproduktes festlegen als für φ:

$$(\psi_\mu, \psi_\nu) = \int \psi_\mu^* \psi_\nu\, g\, dx = \int \varphi_\mu^* \varphi_\nu\, dx. \tag{58.11}$$

Wenn die GREENsche Funktion und somit auch $K(x, x')$ ein normierbarer Kern im Sinne der Definition von Ziff. 16 ist, ergibt sich aus dem Entwicklungssatz der Integralgleichung eine wichtige Aussage. Jede mit Hilfe $K(x, x')$ quellenmäßig darstellbare Funktion

$$F(x) = \int K(x, x')\, V(x')\, dx' \tag{58.12}$$

läßt sich ja nach dem System der Eigenfunktionen ψ_ν vollständig entwickeln. Setzt man

$$F = \sqrt{g}\, f, \tag{58.13}$$

$$V = - \sqrt{g}\, v, \tag{58.14}$$

so ergibt das, daß jede mit Hilfe der GREENschen Funktion quellenmäßig darstellbare Funktion

$$f(x) = \int G(x, x')\, v(x')\, dx' \tag{58.15}$$

sich nach dem System der Eigenfunktionen ψ_ν vollständig entwickeln läßt:

$$f(x) = \sum_\nu c_\nu \psi_\nu(x).\tag{58.16}$$

Es seien nur solche Funktionen f als „*zulässig*" zum Funktionsraum erklärt, für die

$$\mathscr{D} f = u\tag{58.17}$$

existiert. u ist identisch mit v in (58.15), wenn f den Randbedingungen genügt. Jede den Randbedingungen genügende zulässige Funktion ist also quellenmäßig mit Hilfe $G(x, x')$ darstellbar, und man erhält den Satz: *Jede „zulässige", den Randbedingungen genügende Funktion ist im Grundgebiet durch das System der Eigenfunktionen* ψ_ν *vollständig darstellbar.* — Weiter gilt nach Ziff. 16 die Entwicklung

$$K(x, x') = \sum_\nu \frac{\varphi_\nu(x)\,\varphi_\nu^*(x')}{\lambda_\nu}.\tag{58.18}$$

Das ergibt

$$G(x, x') = - \sum_\nu \frac{\psi_\nu(x)\,\psi_\nu^*(x')}{\lambda_\nu}.\tag{58.19}$$

Bisher wurde mit der Existenz von $G(x, x')$ implizite vorausgesetzt, daß die Gleichung

$$\mathscr{D}\psi = 0\tag{58.20}$$

keine den Randbedingungen genügende Lösung außer der trivialen besitzt. Das heißt, daß im Eigenwertproblem nicht $\lambda = 0$ als Eigenwert auftritt. Wenn jedoch dieser Eigenwert auftritt, kann man für $G(x, x')$ die Greensche Funktion im erweiterten Sinne nehmen, wie sie in Ziff. 49 definiert wurde. Dann gilt an Stelle von (58.6) die Gleichung

$$\mathscr{D} G(x, x') = \delta(x - x') - \sum_\mu \psi_{0\mu}(x)\,\psi_{0\mu}^*(x').\tag{58.21}$$

Hier ist die Summe über alle Eigenfunktionen $\psi_{0\mu}$ zum Eigenwert $\lambda = 0$ zu erstrecken. Die Integralgleichung (58.7) gilt jetzt nur für die Eigenwerte $\lambda_\nu \neq 0$ und die zugehörigen Eigenfunktionen. Es treten in der Entwicklung (58.19) für $G(x, x')$ jetzt nur die ψ_ν auf, die zu $\lambda_\nu \neq 0$ gehören. Jede den Randbedingungen genügende zulässige Funktion f läßt sich auch hier nach allen Eigenfunktionen vollständig entwickeln. Um das zu zeigen, denkt man sich f zerlegt in einen Anteil f_0 im Unterraum der $\psi_{0\mu}$ des Funktionsraumes und einen zu allen $\psi_{0\mu}$ orthogonalen Anteil f_1. Für diesen gilt aber, sobald

$$\mathscr{D} f_1 = v\tag{58.22}$$

überhaupt erklärt ist:

$$f_1(x) = \int G(x, x')\, v(x')\, dx'.\tag{58.23}$$

Er muß sich daher nach den ψ_ν vollständig entwickeln lassen, die zu nicht verschwindenden λ_ν gehören.

Die Sätze von Ziff. 16 über die Eigenwerte lassen sich bei normierbarem $G(x, x')$ auf die Eigenwerte $\lambda_\nu \neq 0$ des vorliegenden Eigenwertproblems mit endlichem Grundgebiet übertragen. Wenn $\lambda = 0$ auftritt, wird dieser Eigenwert ja durch die Integralgleichung nicht erfaßt. — Die Rückführung des Eigenwertproblems hat aber nicht nur den Nutzen, daß man die allgemeinen Sätze der Integralgleichungstheorie übertragen kann, sondern sie kann auch zur praktischen Lösung dienen. Wenn $G(x, x')$ bekannt ist, kann man die Lösungsmethoden der Integralgleichungstheorie anwenden.

59. Das Sturm-Liouvillesche Eigenwertproblem. Eine besonders wichtige Stellung nehmen die Eigenwertprobleme zu gewöhnlichen Differentialgleichungen ein, bei denen die Lösung $\psi(x)$ nur von einer einzigen Variablen x abhängt und der Koordinatenraum somit eindimensional ist. Die selbstadjungierten Eigenwertprobleme zu gewöhnlichen linearen Differentialgleichungen zweiter Ordnung heißen Sturm-Liouvillesche Eigenwertprobleme. Bei ihnen läßt sich eine allgemeine Methode angeben, die Greensche Funktion zu finden.

Es soll nun die allgemeinste Form eines selbstadjungierten linear homogenen Differentialausdruckes zweiter Ordnung bei nur einer unabhängigen Variablen x aufgesucht werden, d.h., es ist

$$\mathfrak{D}\psi = p\,\frac{d^2\psi}{dx^2} + s\,\frac{d\psi}{dx} + q\,\psi \tag{59.1}$$

so zu bestimmen, daß $\mathfrak{D}$ selbstadjungiert ist. Die Koeffizienten p, s, q sind Funktionen von x, die reell vorausgesetzt seien. Dann ist $\mathfrak{D}$ auch hermitisch. Es soll also

$$\varphi\,\mathfrak{D}\psi - \psi\,\mathfrak{D}\varphi = \frac{dP}{dx} \tag{59.2}$$

für beliebige φ, ψ gelten. P muß ein linear homogener Differentialausdruck erster Ordnung in φ sein und entsprechend auch in ψ. Bei Vertauschung von φ mit ψ muß er sein Vorzeichen ändern. Er kann also nur die Gestalt haben:

$$P = \gamma\left(\varphi\,\frac{d\psi}{dx} - \psi\,\frac{d\varphi}{dx}\right). \tag{59.3}$$

Man findet dann sofort, daß

$$\gamma = p, \tag{59.4}$$

$$\frac{d\gamma}{dx} = s \tag{59.5}$$

sein muß. Das heißt aber:

$$\mathfrak{D}\psi = \frac{d}{dx}\left(p\,\frac{d\psi}{dx}\right) + q\,\psi. \tag{59.6}$$

Die damit gebildete Eigenwertgleichung der Art (58.2) lautet:

$$\frac{d}{dx}\left(p\,\frac{d\psi}{dx}\right) + q\,\psi + \lambda\,g\,\psi = 0. \tag{59.7}$$

Sie heißt Sturm-Liouville-*Differentialgleichung*. Als Grundgebiet tritt ein festgelegtes Intervall der x-Achse auf. $g(x)$ soll im Innern des Intervalls nicht verschwinden. Dasselbe soll aber auch noch für $p(x)$ vorausgesetzt werden. Man definiert das Vorzeichen des Eigenwertes λ durch die Festsetzung, daß p und g positiv sind. In den Ziff. 64, 65 werden allgemeine Sätze über die Lage der Eigenwerte und Knoten der Eigenfunktionen für das Sturm-Liouville-Eigenwertproblem abgeleitet.

Die Bildung der Greenschen Funktion $G(x, x')$ für die Sturm-Liouvillesche Gleichung, d.h. für den Differentialoperator $\mathfrak{D}$ der Gl. (59.6) läßt sich in allgemeiner Weise angeben. Man muß voraussetzen, daß $\lambda = 0$ kein Eigenwert ist, daß also die Differentialgleichung

$$\mathfrak{D}\psi \equiv \frac{d}{dx}\left(p\,\frac{d\psi}{dx}\right) + q\,\psi = 0 \tag{59.8}$$

außer der trivialen keine Lösung ψ besitzt, die den Randbedingungen an den beiden Grenzen des Grundintervalles genügt. Wohl gibt es eine einparametrige

Lösungsschar $c_1 u(x)$, die nur an der unteren Grenze, und eine zweite Schar $c_2 v(x)$, die nur an der oberen Grenze die Randbedingungen erfüllt. Die beiden Lösungen u und v müssen aber voneinander linear unabhängig sein, d.h. es darf die Wronski-Determinante

$$W = \frac{du}{dx} v - \frac{dv}{dx} u \qquad (59.9)$$

nicht identisch verschwinden. Man kann als Greensche Funktion ansetzen:

$$G(x, x') = \begin{cases} c_1 u(x) & \text{für} \quad x < x', \\ c_2 v(x) & \text{für} \quad x > x'. \end{cases} \qquad (59.10)$$

Dabei sind die von x' abhängigen Koeffizienten c_1, c_2 so zu bestimmen, daß

$$\mathcal{D}\, G(x, x') = \delta(x - x') \qquad (59.11)$$

wird und $G(x, x')$ für $x = x'$ stetig bleibt. Die erste Forderung ist ja für $x \neq x'$ schon durch den Ansatz (59.10) erfüllt. Im Punkte $x = x'$ wird sie zweckmäßig so formuliert, daß man zunächst beide Seiten der Gl. (59.11) über ein Intervall $x' - \varepsilon$ bis $x' + \varepsilon$ in x integriert und nachher ε gegen Null gehen läßt. Man erhält dann

$$\lim_{\varepsilon \to 0} \left(p\, \frac{\partial G}{\partial x} \right)_{x = x' - \varepsilon}^{x = x' + \varepsilon} = 1. \qquad (59.12)$$

Diese Gleichung schreibt die Unstetigkeit $\partial G/\partial x$ im Punkte $x = x'$ vor. Sie ergibt

$$c_2\, \frac{dv(x')}{dx'} - c_1\, \frac{du(x')}{dx'} = \frac{1}{p(x')}. \qquad (59.13)$$

Die Stetigkeitsforderung für $G(x, x')$ ergibt:

$$c_2 v(x') - c_1 u(x') = 0. \qquad (59.14)$$

Beide Gleichungen bestimmen c_1, c_2:

$$c_1 = \frac{v(x')}{p(x')\, W(x')}, \qquad (59.15)$$

$$c_2 = \frac{u(x')}{p(x')\, W(x')}. \qquad (59.16)$$

Wenn jedoch $\lambda = 0$ als Eigenwert mit den Eigenfunktionen $\psi_{0\mu}$ auftritt, muß man die Greensche Funktion $G(x, x')$ in erweitertem Sinne bilden. Das ist aber die Greensche Funktion für den inhomogenen Differentialausdruck

$$\mathcal{D}_1 \psi = \mathcal{D}\psi + \sum_\mu \psi_{0\mu}^*(x')\, \psi_{0\mu}(x). \qquad (59.17)$$

Die Bildung von $G(x, x')$ erfolgt im Prinzip analog zu (59.10). Man sucht zwei Lösungen der Differentialgleichung $u(x)$ und $v(x)$ so, daß u die Randbedingungen an der unteren Grenze und v die an der oberen Grenze des Grundintervalls erfüllt. Die Lösungen u und v hängen dann aber noch von je einem Parameter ab. Diese Parameter werden durch die Forderung bestimmt, daß

$$G(x, x') = \begin{cases} u(x) & \text{für} \quad x < x', \\ v(x) & \text{für} \quad x > x' \end{cases} \qquad (59.18)$$

bei $x = x'$ stetig wird und (59.12) erfüllt wird. Die beiden Parameter sind jedoch nicht mehr Faktoren vor v, u, sondern gehen komplizierter in diese Funktionen ein.

Auch für die *Periodizitätsbedingung* läßt sich das Verfahren durchführen, nach dem die Greensche Funktion gebildet wird. Diese Bedingung stellt eine Art von Randbedingungen dar, die sich von den bisher behandelten unterscheidet. Bei ihr werden nicht die Randwerte selbst vorgeschrieben, sondern es werden Beziehungen zwischen den Werten an den beiden Grenzen des Grundintervalls festgelegt. Wenn a und b die x-Werte an den Grenzen sind, heißt die Periodizitätsbedingung:

$$\psi(a) = \psi(b), \tag{59.19}$$

$$\psi'(a) = \psi'(b). \tag{59.20}$$

$\psi'(x)$ ist dabei die Ableitung von $\psi(x)$.

Diese Randbedingungen sind im Sinne der in Ziff. 41 gegebenen Definition homogen. Kennt man nun zwei linear unabhängige Lösungen u_0, v_0 der Gl. (59.8), so kann man mit ihnen die Greensche Funktion in folgender Weise bilden. Man setzt zwei Linearkombinationen

$$u = u_0 + \alpha v_0, \tag{59.21}$$

$$v = \beta u_0 + \gamma v_0 \tag{59.22}$$

an, mit denen man

$$G(x, x') = \begin{cases} u(x)\,v(x') & \text{für} \quad x < x', \\ v(x)\,u(x') & \text{für} \quad x > x' \end{cases} \tag{59.23}$$

bildet. Die drei Koeffizienten α, β, γ werden durch die Bedingungen (59.19), (59.20) und (59.12) festgelegt. Sie werden damit Funktionen von x'.

Dieses Verfahren läßt sich allgemeiner anwenden, wenn auch irgend zwei andere Gleichungen an Stelle (59.19) und (59.20) die Randwerte beider Ränder miteinander verknüpfen, so daß sie homogene Randbedingungen im Sinne der Definition von Ziff. 41 darstellen. Das Aufsuchen einer Greenschen Funktion im erweiterten Sinne gestaltet sich ganz analog. Man bildet (59.23) mit zwei Lösungen u, v der inhomogenen Differentialgleichung (59.17), wobei man die Integrationskonstanten in diesen Lösungen durch die Bedingungen (59.19), (59.20) und (59.12) als Funktionen von x' festlegt.

60. Beispiele für die Sturm-Liouvilleschen Eigenwertprobleme. Die Sturm-Liouvillesche Differentialgleichung spielt als die allgemeinste selbstadjungierte homogen lineare gewöhnliche Differentialgleichung zweiter Ordnung in den physikalischen Anwendungen eine fundamentale Rolle. Durch das Verfahren der Separation der Variablen, das in der nächsten Ziffer behandelt wird, wird man auch bei der Behandlung von Randwertproblemen zu partiellen Differentialgleichungen immer wieder auf Sturm-Liouvillesche Differentialgleichungen geführt. Hier sollen nur einige Beispiele von Sturm-Liouvilleschen Eigenwertproblemen angeführt werden, durch die jeweils eine wichtige Funktionsklasse definiert wird.

Die Legendreschen *Polynome* $P_l(x)$ genügen der Differentialgleichung

$$\frac{d}{dx}\left[(1 - x^2)\,\frac{d\psi}{dx}\right] + \lambda\,\psi = 0, \tag{60.1}$$

wenn für λ speziell

$$\lambda = l(l + 1), \quad (l = 0, 1, 2, \ldots) \tag{60.2}$$

gesetzt wird. Das Grundintervall, in dem die Polynome durch die in Ziff. 4 aufgestellte Orthogonalitätsforderung und die Normierung $P_l(1) = 1$ definiert sind, liegt zwischen -1 und $+1$. An diesen Grenzen verschwindet

$$p = 1 - x^2. \tag{60.3}$$

Die Differentialgleichung hat außer den $P_l(x)$ allgemeinere Lösungen. Stellt man jedoch als Randbedingungen die Forderung auf, daß die Lösung an den Rändern des Grundintervalls, d.h. bei $x = \pm 1$ regulär bleibt, so gibt es bis auf einen Faktor nur die $P_l(x)$ als Lösungen und λ hat die Eigenwerte (60.2). Die Regularitätsforderung an den Rändern ersetzt deshalb homogene Randbedingungen, weil p dort verschwindet.

Analog liegen die Verhältnisse bei den *zugeordneten Legendreschen Funktionen* der Ordnung m:

$$P_l^m(x) = (1 - x^2)^{m/2} \frac{d^m}{dx^m} P_l(x). \tag{60.4}$$

Sie genügen der Differentialgleichung

$$\frac{d}{dx}\left[(1 - x^2)\frac{d\psi}{dx}\right] - \frac{m^2}{1 - x^2}\psi + \lambda\psi = 0 \tag{60.5}$$

und sind die durch die Regularitätsforderung an den Rändern des Grundintervalls zwischen -1 und $+1$ bis auf die Normierung festgelegten Lösungen. Die Eigenwerte sind wieder durch (60.2) gegeben.

Die *Jacobischen Polynome* stellen eine Verallgemeinerung der $P_l^m(x)$ dar und sind die im Grundintervall zwischen -1 und $+1$ definierten und durch die Regularitätsforderung an den Rändern dieses Intervalls bis auf die Normierung festgelegten Lösungen der Differentialgleichung

$$\frac{d}{dx}\left[(1 - x)^p(1 + x)^q x(1 - x)\frac{d\psi}{dx}\right] + \lambda(1 - x)^p(1 + x)^q\psi = 0. \tag{60.6}$$

p, q sind vorgegebene positive ganze Zahlen. Die Eigenwerte sind

$$\lambda = l(l + p), \qquad (l = 0, 1, 2, \ldots). \tag{60.7}$$

Die *Tschebyscheffschen Polynome* lösen im Grundintervall zwischen -1 und $+1$ das Eigenwertproblem, das Regularität an den Rändern vorschreibt, für die Differentialgleichung

$$\frac{d}{dx}\left(\sqrt{1 - x^2}\frac{d\psi}{dx}\right) + \frac{\lambda}{\sqrt{1 - x^2}}\psi = 0. \tag{60.8}$$

Die Eigenwerte sind

$$\lambda = n^2, \qquad (n = 0, 1, 2, \ldots). \tag{60.9}$$

Bei den *Hermiteschen Polynomen* $H_n(x)$ ist das Grundintervall die ganze reelle x-Achse. Die Hermiteschen Orthogonalfunktionen

$$\varphi_n(x) = e^{-\frac{x^2}{2}} H_n(x) \tag{60.10}$$

lösen das Eigenwertproblem zur Differentialgleichung

$$\frac{d^2\psi}{dx^2} + (1 - x^2)\psi + \lambda\psi = 0, \tag{60.11}$$

wenn Verschwinden im Unendlichen gefordert wird. Die Eigenwerte sind

$$\lambda = 2n, \qquad (n = 0, 1, 2, \ldots). \tag{60.12}$$

Die LAGUERREschen *Polynome* $L_n(x)$ sind im Grundintervall von 0 bis $+\infty$ definiert. Die LAGUERREschen Orthogonalfunktionen

$$\psi_n(x) = e^{-\frac{x}{2}} L_n(x) \tag{60.13}$$

lösen die Differentialgleichung

$$\frac{d}{dx}\left(x \frac{d\psi}{dx}\right) + \frac{1}{2}\left(1 - \frac{x}{2}\right)\psi + \lambda\psi = 0 \tag{60.14}$$

bei den Randbedingungen, die in $x=0$ Regularität und im Unendlichen Verschwinden fordern. Die Eigenwerte sind

$$\lambda = n, \qquad (n = 0, 1, 2, \ldots). \tag{60.15}$$

Ein Problem, bei dem die Eigenfunktionen nicht durch polynomischen Charakter hervorgehoben sind, ist etwa folgendes: Die *Zylinderfunktionen* $Z_n(\sqrt{\lambda}\,x)$ genügen der Differentialgleichung

$$\frac{d}{dx}\left(x \frac{d\psi}{dx}\right) - \frac{n^2}{x}\psi + \lambda\,x\,\psi = 0. \tag{60.16}$$

Für $x=0$, wo $p=g=x$ verschwindet, sei Regularität gefordert. Dadurch werden die BESSEL-*Funktionen*

$$\psi(x) = J_n(\sqrt{\lambda}\,x), \qquad (n \geq 0) \tag{60.17}$$

als Lösungen festgelegt. Wird nun etwa als zweite Randbedingung Verschwinden bei $x=1$ gefordert, so sind die Werte $\sqrt{\lambda}$ als die Nullstellen t_ν der BESSEL-Funktionen $J_n(t)$ festgelegt. — Es gibt unendlich viele positive und diskrete Werte t_ν bei rellem n. Damit sind die Eigenwerte durch

$$\lambda = t_\nu^2 \tag{60.18}$$

gegeben.

Bezüglich einer eingehenden Darstellung der Theorie der hier angeführten Funktionssysteme sei auf den Artikel über spezielle Funktionen von J. MEIXNER in diesem Bande des Handbuches verwiesen.

61. Das Separationsverfahren. Bei einer mehrdimensionalen Differentialgleichung ist es für die Auflösung eines Eigenwertproblemes vorteilhaft, wenn der Rand des Grundgebietes sich speziell aus Koordinatenflächen zusammensetzt. Andernfalls wird man versuchen, die Differentialgleichung auf solche Koordinaten $u_1, u_2, \ldots, u_n$ zu transformieren, daß der Rand sich aus Stücken von Koordinatenflächen $u_\nu = \text{const}$ zusammensetzt. Wird etwa Verschwinden von ψ auf dem Rande verlangt, dann sucht man zunächst spezielle Lösungen, die sich nach den $u_1, u_2, \ldots, u_n$ „separieren" lassen, d.h. die die Gestalt

$$\psi(u_1, u_2, \ldots, u_n) = \varphi_1(u_1)\,\varphi_2(u_2)\ldots\varphi_n(u_n) \tag{61.1}$$

haben. Aus der n-dimensionalen Differentialgleichung leitet man dann gewöhnliche Differentialgleichungen für die $\varphi_\mu(u_\mu)$ ab. Um das Verfahren deutlich zu machen, sei im Dreidimensionalen die Differentialgleichung

$$\Delta\psi - a^2\psi = 0 \tag{61.2}$$

nach verschiedenen Koordinaten u_ν separiert. Sie stellt die allgemeine Form dar, die sowohl die Potentialgleichung wie auch die statische Wellen- und KLEIN-GORDON-Gleichung umfaßt.

α) Separation nach kartesischen Koordinaten. Der Separationsansatz lautet

$$\psi = \varphi_1(x_1)\,\varphi_2(x_2)\,\varphi_3(x_3), \tag{61.3}$$

wo x_1, x_2, x_3 die kartesischen Koordinaten sein sollen. Durch Einsetzen in Gl. (61.2) und nachträgliche Division durch ψ erhält man:

$$\frac{\varphi_1''}{\varphi_1} + \frac{\varphi_2''}{\varphi_2} + \frac{\varphi_3''}{\varphi_3} = a^2. \tag{61.4}$$

Dabei bedeutet der doppelte Akzent zweifache Ableitung der jeweiligen Funktion nach ihrem Argument. Auf der linken Seite der letzten Gleichung steht die Summe dreier Funktionen je einer einzigen der unabhängigen Variablen x_1, x_2, x_3. Diese Summe kann nur dann konstant sein, wenn es jeder Summand ist:

$$\frac{\varphi_\mu''}{\varphi_\mu} = - k_\mu^2. \tag{61.5}$$

Dabei muß

$$k_1^2 + k_2^2 + k_3^2 = - a^2 \tag{61.6}$$

sein.

Diese Separation ist zweckmäßig, wenn der Rand die Oberfläche eines Quaders mit achsenparallelen Kanten ist. Es sei etwa das Verschwinden von ψ auf einem solchen Rande gefordert. Dann müssen die φ_μ immer mindestens zwei Nullstellen haben, nämlich gerade auf den Schnitten des Randes mit den Koordinatenachsen. Das ist aber nur möglich, wenn in der Differentialgleichung

$$\varphi_\mu'' + k_\mu^2\,\varphi_\mu = 0 \tag{61.7}$$

k_μ^2 positiv ist. φ_μ ist dann eine trigonometrische Funktion von $k_\mu x_\mu$ und kann an den Grenzen des Intervalls der Länge l_μ nur verschwinden, wenn

$$k_\mu = n_\mu \frac{\pi}{l_\mu} \tag{61.8}$$

ist. Dabei ist n_μ eine positive Zahl einschließlich der Null. Wenn der Koordinatenursprung in eine Ecke des Quaders gelegt wird, ist

$$\varphi_\mu = \sin k_\mu\, x_\mu. \tag{61.9}$$

Das Eigenwertproblem ist also nur im Falle der statischen Wellengleichung lösbar, wo

$$k^2 = - a^2 \tag{61.10}$$

positiv ist. Die Eigenwerte sind gegeben durch

$$k^2 = \pi^2 \left(\frac{n_1^2}{l_1^2} + \frac{n_2^2}{l_2^2} + \frac{n_3^2}{l_3^2} \right), \tag{61.11}$$

wo l_1, l_2, l_3 die Kantenlängen des Quaders und n_1, n_2, n_3 positive ganze Zahlen sind. Wenn aber $l_1 = l_2$ ist, sind im allgemeinen diese Eigenwerte k^2 entartet, weil Vertauschung von n_1 und n_2 wieder denselben Wert k^2 gibt, während die Lösung ψ dabei geändert wird, und zwar entsprechend einer Vertauschung der x_1- mit der x_2-Achse. Die Entartung wird also durch die Invarianz der Differentialgleichung (61.2) und des Randes gegenüber dieser Vertauschung bedingt. Allgemein muß eine Invarianz des Randwertproblems gegenüber einer Koordinatentransformation zu einer Entartung der Eigenwerte führen. Spezielle Eigenwerte können dabei aber einfach, d.h. nicht entartet bleiben. Im vorliegenden Beispiel gilt das für alle k^2 mit $n_1 = n_2$.

β) *Separation in Zylinderkoordinaten.* Nach den Ergebnissen von Ziff. 37 wird durch die Transformation (37.31) auf die Zylinderkoordinaten r, φ, z die Differentialgleichung (61.2) in die Form

$$\frac{1}{r}\frac{\partial}{\partial r}\left(r\frac{\partial \psi}{\partial r}\right) + \frac{1}{r^2}\frac{\partial^2 \psi}{\partial \varphi^2} + \frac{\partial^2 \psi}{\partial z^2} = a^2 \psi \qquad (61.12)$$

übergeführt. Der Separationsansatz

$$\psi = f(r)\,\Phi(\varphi)\,\zeta(z) \qquad (61.13)$$

führt dann auf

$$\frac{1}{rf}\frac{d}{dr}\left(r\frac{df}{dr}\right) + \frac{1}{r^2}\frac{1}{\Phi}\frac{d^2\Phi}{d\varphi^2} + \frac{1}{\zeta}\frac{d^2\zeta}{dz^2} = a^2. \qquad (61.14)$$

Die linke Seite kann nur dann unabhängig von r, φ, z sein, wenn

$$\frac{1}{\Phi}\frac{d^2\Phi}{d\varphi^2} = -m^2, \qquad (61.15)$$

$$\frac{1}{\zeta}\frac{d^2\zeta}{dz^2} = -q^2 \qquad (61.16)$$

Konstante sind. Damit nun $\Phi(\varphi)$ eine eindeutige Funktion im Raume bleibt, muß sie periodisch in φ mit der Periodenlänge 2π sein. Das heißt aber, es muß m reell und ganzzahlig sein. Man kann sich auf positive m beschränken:

$$m = 0, 1, 2, \ldots \qquad (61.17)$$

Φ ist dann trigonometrische Funktion von $m\varphi$:

$$\Phi(\varphi) = a_m \cos m\,\varphi + b_m \sin m\,\varphi. \qquad (61.18)$$

Negative ganzzahlige m ergeben keine neuen Lösungen, da die Konstanten a_m, b_m noch willkürlich sind. Wenn die Randbedingungen auf zwei Ebenen normal zur z-Achse im Abstand l etwa Verschwinden von ψ vorschreiben, oder wenn nur Periodizität mit der Periodenlänge $2l$ gefordert wird, muß

$$q = \frac{\pi}{l}\,p \qquad (61.19)$$

mit ganzzahligem p sein. $\zeta(z)$ ist dann eine trigonometrische Funktion von qz. Mit

$$q^2 + a^2 = -\varkappa^2 \qquad (61.20)$$

erhält man dann für $f(r)$ die gewöhnliche Differentialgleichung

$$\frac{d^2f}{dr^2} + \frac{1}{r}\frac{df}{dr} + \left(\varkappa^2 - \frac{m^2}{r^2}\right)f = 0. \qquad (61.21)$$

Das ist die Differentialgleichung (60.16) der Zylinderfunktionen $Z_m(\varkappa r)$ zum ganzzahligen Index m und mit dem Argument $\varkappa r$, sobald $\varkappa$ von Null verschieden ist. Wird etwa Regularität von ψ auf der z-Achse $r = 0$ gefordert, so ist f als

$$f(r) = J_m(\varkappa r) \qquad (61.22)$$

festgelegt. Fordert man noch Verschwinden auf dem Zylinder $r = R$, so muß $\varkappa R$ eine Nullstelle t_ν der BESSEL-Funktion $J_m(t)$ sein. Damit wird $\varkappa$ als reell festgelegt. Das ist aber nach (61.20) überhaupt nur für imaginäre a möglich, d.h. für die statische Wellengleichung.

Wenn jedoch das Grundgebiet die z-Achse nicht enthält, und etwa von einem Zylinder $r = R_0 < R$ als weiterer Randfläche gegen die z-Achse zu begrenzt wird, muß man neben $J_m(\varkappa r)$ als weitere linear unabhängige Zylinderfunktion die Neumannsche Funktion $N_m(\varkappa r)$ hinzuziehen:

$$f(r) = c_1 J_m(\varkappa r) + c_2 N_m(\varkappa r). \tag{61.23}$$

Wird Verschwinden von $f(r)$ auch auf dem inneren Zylinder gefordert, so bestimmt das Nullsetzen von $f(R_0)$ und $f(R)$ zugleich $\varkappa$ und das Verhältnis von c_1 zu c_2.

Um auch die Lösung eines Randwertproblemes für die *Potentialgleichung* vorzuführen, seien etwa für die Zylinder $r = R_0$ und $r = R$ die Randwerte vorgegeben:

$$\psi = \begin{cases} F_0(\varphi) & \text{für} \quad r = R_0, \\ F(\varphi) & \text{für} \quad r = R. \end{cases} \tag{61.24}$$

ψ sei unabhängig von z und soll im Zwischengebiet zwischen den Zylindern aufgesucht werden. Dann wird nach (61.20) $\varkappa = 0$ und es gilt

$$\frac{d^2 f}{dr^2} + \frac{1}{r} \frac{df}{dr} - \frac{m^2}{r^2} f = 0. \tag{61.25}$$

Diese Gleichung wird durch

$$f(r) = \alpha_m r^m + \beta_m r^{-m} \tag{61.26}$$

gelöst, wobei α_m, β_m willkürliche Konstante sind. Man hat also

$$\psi = \sum_{m=0}^{\infty} (\alpha_m r^m + \beta_m r^{-m})(a_m \cos m\varphi + b_m \sin m\varphi) \tag{61.27}$$

anzusetzen. Die Koeffizienten in den Fourier-Entwicklungen

$$F_0(\varphi) = \sum_{m=0}^{\infty} (A_m^0 \cos m\varphi + B_m^0 \sin m\varphi), \tag{61.28}$$

$$F(\varphi) = \sum_{m=0}^{\infty} (A_m \cos m\varphi + B_m \sin m\varphi) \tag{61.29}$$

bestimmen die Konstanten $\alpha_m, \beta_m, a_m, b_m$. Man erhält zu jedem Index m genau vier Gleichungen für diese Konstanten. Zum Beispiel liefert der Koeffizientenvergleich von $\cos m\varphi$ für $r = R$ die Gleichung:

$$A_m = (\alpha_m R^m + \beta_m R^{-m}) a_m. \tag{61.30}$$

Analog findet man die übrigen drei Gleichungen.

γ) *Separation in Kugelkoordinaten.* Die Transformation (37.26) auf Kugelkoordinaten r, ϑ, φ ergibt nach den Ergebnissen von Ziff. 37 die Form

$$\frac{1}{r^2} \frac{\partial}{\partial r}\left(r^2 \frac{\partial \psi}{\partial r}\right) + \frac{1}{r^2 \sin \vartheta} \frac{\partial}{\partial \vartheta}\left(\sin \vartheta \frac{\partial \psi}{\partial \vartheta}\right) + \frac{1}{r^2 \sin^2 \vartheta} \frac{\partial^2 \psi}{\partial \vartheta^2} = a^2 \psi \tag{61.31}$$

der Differentialgleichung (61.2). Der Separationsansatz

$$\psi = f(r) \, Y(\vartheta, \varphi) \tag{61.32}$$

ergibt:

$$\frac{1}{r^2} \frac{1}{f} \frac{d}{dr}\left(r^2 \frac{df}{dr}\right) + \frac{1}{r^2} \frac{1}{Y} \Lambda Y = a^2. \tag{61.33}$$

Dabei soll Λ folgender Differentialoperator sein:

$$\Lambda Y = \frac{1}{\sin\vartheta}\,\frac{\partial}{\partial\vartheta}\left(\sin\vartheta\,\frac{\partial Y}{\partial\vartheta}\right) + \frac{1}{\sin^2\vartheta}\,\frac{\partial^2 Y}{\partial\varphi^2}\,. \tag{61.34}$$

In (61.33) muß das allein von ϑ,φ abhängige Glied konstant sein:

$$\frac{1}{Y}\Lambda Y = -\lambda. \tag{61.35}$$

Die Lösungen $Y(\vartheta,\varphi)$, die dieser Differentialgleichung genügen und auf der Einheitskugel eindeutig und regulär sind, nennt man *Kugelfunktionen*. Die Forderung der Eindeutigkeit und Regularität ist nur für gewisse Eigenwerte λ erfüllt. Gl. (61.35), die explizit die Gestalt

$$\frac{1}{\sin\vartheta}\,\frac{\partial}{\partial\vartheta}\left(\sin\vartheta\,\frac{\partial Y}{\partial\vartheta}\right) + \frac{1}{\sin^2\vartheta}\,\frac{\partial^2 Y}{\partial\varphi^2} + \lambda Y = 0 \tag{61.36}$$

hat, heißt „Differentialgleichung der Kugelfunktionen". Setzt man darin

$$Y(\vartheta,\varphi) = \Theta(\vartheta)\,\Phi(\varphi), \tag{61.37}$$

so muß

$$\frac{1}{\Phi}\,\frac{\partial^2\Phi}{d\varphi^2} = -m^2 \tag{61.38}$$

konstant sein. Eindeutigkeit auf der Kugel läßt aber nur die Werte $m = 0, 1, 2, \ldots$ zu, wofür

$$\Phi(\varphi) = a_m \cos m\,\varphi + b_m \sin m\,\varphi \tag{61.39}$$

wird. Die Differentialgleichung für $\Theta(\vartheta)$ lautet

$$\frac{1}{\sin\vartheta}\,\frac{d}{d\vartheta}\left(\sin\vartheta\,\frac{d\Theta}{d\vartheta}\right) + \left(\lambda - \frac{m^2}{\sin^2\vartheta}\right)\Theta = 0. \tag{61.40}$$

Mit der Substitution

$$t = \cos\vartheta, \tag{61.41}$$

$$\Theta(\vartheta) = u(t) \tag{61.42}$$

erhält sie die Gestalt:

$$\frac{d}{dt}\left((1-t^2)\,\frac{du}{dt}\right) + \left(\lambda^2 - \frac{m^2}{1-t^2}\right)u = 0. \tag{61.43}$$

Das ist aber die Differentialgleichung (60.5) der zugeordneten LEGENDREschen Funktionen. Sie besitzt nur für die Eigenwerte

$$\lambda = l(l+1), \qquad (l = 0, 1, 2, \ldots) \tag{61.44}$$

Lösungen, die an den Rändern $t = \pm 1$ des Grundintervalls, d.h. in den Polen $\vartheta = 0$ und $\vartheta = \pi$ der Kugel regulär sind. Diese Lösungen sind bis auf einen Faktor die *zugeordneten LEGENDREschen Funktionen* $P_l^m(t)$. Es muß weiterhin $m \leq l$ sein, damit die Lösungen nicht identisch verschwinden, wie ja (60.4) zeigt, weil $P_l(t)$ ein Polynom l-ten Grades ist. Die allgemeinste Kugelfunktion zum Eigenwert (61.44) ist demnach

$$Y(\vartheta,\varphi) = \sum_{m=0}^{l} P_l^m(\cos\vartheta)\,(a_m \cos m\,\varphi + b_m \sin m\,\varphi) \tag{61.45}$$

mit willkürlichen Konstanten a_m, b_m. Es gibt zu einem Werte l insgesamt $2l+1$ linear unabhängige Kugelfunktionen. Die von φ unabhängigen $P_l(\cos\vartheta)$ heißen „zonale Kugelfunktionen".

Für die zu einer separierten Lösung

$$\psi = f(r)\, Y_l(\vartheta, \varphi) \tag{61.46}$$

gehörige „Radialfunktion" $f(r)$ gilt folgende Differentialgleichung, die man aus (61.33) direkt gewinnt:

$$\frac{d^2 f}{dr^2} + \frac{2}{r}\frac{df}{dr} - \left(\frac{l(l+1)}{r^2} + a^2\right) f = 0. \tag{61.47}$$

Setzt man

$$f(r) = \frac{1}{\sqrt{r}}\, \chi(r), \tag{61.48}$$

so gilt

$$\frac{d^2\chi}{dr^2} + \frac{1}{r}\frac{d\chi}{dr} - a^2\chi - \frac{(l+\frac{1}{2})^2}{r^2}\chi = 0. \tag{61.49}$$

Das ist die Differentialgleichung der *Zylinderfunktionen*

$$\chi(r) = Z_{l+\frac{1}{2}}(k\,r), \tag{61.50}$$

wo

$$k = i\,a \tag{61.51}$$

gesetzt ist. Falls Regularität im Ursprung verlangt wird, ist

$$f(r) = \frac{1}{\sqrt{r}}\, J_{l+\frac{1}{2}}(k\,r). \tag{61.52}$$

Das Verschwinden auf einer Kugel $r = R$ als weitere Randbedingung kann wieder nur für reelles k, d.h. für die statische Wellengleichung, gefordert werden. Durch diese Bedingung werden die Eigenwerte festgelegt.

Fordert man Verschwinden auf den beiden Kugeln $r = R_0$ und $r = R$, so gilt als Lösung im dazwischenliegenden Bereich:

$$f(r) = \frac{1}{\sqrt{r}}\left(c_1\, J_{l+\frac{1}{2}}(k\,r) + c_2\, J_{-l-\frac{1}{2}}(k\,r)\right). \tag{61.53}$$

Durch beide Bedingungen wird k und das Verhältnis $c_1 : c_2$ festgelegt.

Es sei auch hier das Beispiel für die *Potentialgleichung* angegeben, daß die Lösung zwischen den Kugeln $r = R_0$ und $r = R$ aufgesucht werden soll, wenn die Randwerte auf diesen Kugeln vorgegeben sind:

$$\psi = \begin{cases} F_0(\vartheta, \varphi) & \text{für} \quad r = R_0, \\ F(\vartheta, \varphi) & \text{für} \quad r = R. \end{cases} \tag{61.54}$$

Mit $a = 0$ wird die Differentialgleichung (61.47) für $f(r)$ zu

$$\frac{d^2 f}{dr^2} + \frac{2}{r}\frac{df}{dr} - \frac{l(l+1)}{r^2}f = 0 \tag{61.55}$$

mit der Lösung

$$f(r) = \alpha_l\, r^l + \beta_l\, r^{-l-1}. \tag{61.56}$$

Die Lösung ψ muß also die Gestalt

$$\psi = \sum_{l=0}^{\infty}(\alpha_l\, r^l + \beta_l\, r^{-l-1}) \sum_{m=0}^{l} P_l^m(\cos\vartheta)(a_{lm}\cos m\varphi + b_{lm}\sin m\varphi) \tag{61.57}$$

haben. Die Konstanten $\alpha_l, \beta_l, a_{lm}, b_{lm}$ werden durch Koeffizientenvergleich der Reihen für $r = R_0$ und $r = R$ mit den Entwicklungen von $F_0(\vartheta, \varphi)$ und $F(\vartheta, \varphi)$

nach Kugelfunktionen gewonnen. Die Kugelfunktionen stellen nämlich ein vollständiges Orthogonalsystem auf der Kugel dar, so daß z.B. für F eine Entwicklung

$$F(\vartheta, \varphi) = \sum_{l=0}^{\infty} \sum_{m=0}^{l} P_l^m (\cos \vartheta) (A_{lm} \cos m \varphi + B_{lm} \sin m \varphi) \qquad (61.58)$$

möglich ist. Bezüglich der Orthogonalitätseigenschaften der Kugelfunktionen sowie auch der Zylinderfunktionen sei wieder auf den Artikel von J. MEIXNER über spezielle Funktionen der mathematischen Physik in diesem Bande des Handbuches verwiesen. — Bei entsprechenden Randwertaufgaben für die KLEIN-GORDON-Gleichung führt $f(r)$ auf Zylinderfunktionen $Z_{l+\frac{1}{2}}(i\varkappa r)$ mit imaginärem Argument.

Das allgemeine *Multipol-Potential* wurde in (54.26) als

$$\psi_l = r^{-l-1} Y_l(\vartheta, \varphi) \qquad (61.59)$$

angegeben. Nach den jetzt gewonnenen Ergebnissen muß hierin $Y_l(\vartheta, \varphi)$ eine Kugelfunktion der Ordnung l sein, weil ψ_l ja eine nach r separierte Lösung der Potentialgleichung ist. Demnach muß es $2l+1$ linear unabhängige 2^l-Pol-Potentiale geben.

IV. Eigenwertprobleme und Variationsrechnung.

62. Die LAGRANGE-Funktion der selbstadjungierten Differentialgleichungen. *Eine selbstadjungierte homogen lineare Differentialgleichung zweiter Ordnung läßt sich immer als EULER-LAGRANGE-Gleichung eines Variationsproblemes auffassen, bei dem ein Funktional*

$$F = \int \cdots \int L\left(x_1, \ldots, x_n; \psi; \frac{\partial \psi}{\partial x_1}, \ldots, \frac{\partial \psi}{\partial x_n}\right) dx_1 \ldots dx_n \qquad (62.1)$$

zum Extremum gemacht werden soll. Das soll im folgenden gezeigt werden. Zunächst erkennt man sofort, daß die in ψ und $\frac{\partial \psi}{\partial x_k}$ bilineare LAGRANGE-Funktion

$$L\left(x; \psi; \frac{\partial \psi}{\partial x_k}\right) = \sum_{k,l=1}^{n} a_{kl} \frac{\partial \psi}{\partial x_k} \frac{\partial \psi}{\partial x_l} + q \psi^2 \qquad (62.2)$$

sicher auf eine lineare Differentialgleichung als EULER-LAGRANGE-Gleichung

$$\frac{\delta L}{\delta \psi} \equiv \frac{\partial L}{\partial \psi} - \sum_{l=1}^{n} \frac{\partial}{\partial x_l}\left(\frac{\partial L}{\partial \frac{\partial \psi}{\partial x_l}}\right) = 0 \qquad (62.3)$$

führt. Die Koeffizienten a_{kl}, q können von $x_1, \ldots, x_{kl}$ abhängen. a_{kl} kann symmetrisch in k und l vorausgesetzt werden. Man erhält als EULER-LAGRANGE-Gleichung

$$-\frac{1}{2} \frac{\delta L}{\delta \psi} \equiv \mathfrak{D} \psi \equiv \sum_{k,l=1}^{n} \frac{\partial}{\partial x_l}\left(a_{kl} \frac{\partial \psi}{\partial x_k}\right) - q \psi = 0. \qquad (62.4)$$

Das ist aber auch die allgemeinste Form einer selbstadjungierten homogen linearen Differentialgleichung zweiter Ordnung. Man findet dies leicht aus dem allgemeinen Ansatz einer homogen linearen Differentialgleichung dieser Ordnung, wenn man für sie fordert, daß sie selbstadjungiert ist, daß also für alle beliebigen Funktionen ψ, φ immer

$$\varphi \mathfrak{D}\psi - \psi \mathfrak{D}\varphi = \sum_{l=1}^{n} \frac{\partial}{\partial x_l}\left[a_{kl}\left(\varphi \frac{\partial \psi}{\partial x_k} - \psi \frac{\partial \varphi}{\partial x_k}\right)\right] \tag{62.5}$$

wird.

Im zweidimensionalen Fall $n = 2$ ist das Vorzeichen der Determinante von a_{kl} maßgebend für den Typ der Differentialgleichung. Ist die Determinante positiv im ganzen Grundgebiet, so wird die Differentialgleichung *elliptisch*; ist sie negativ, bzw. verschwindet sie identisch, dann wird die Differentialgleichung entsprechend *hyperbolisch* und *parabolisch*. Die Typenbezeichnung läßt sich also aus dem geometrischen Charakter der Fläche

$$\sum_{k,l} a_{kl}\xi_k\xi_l = \text{const} \tag{62.6}$$

in einer ξ_1, ξ_2-Ebene herleiten. Bei der elliptischen Differentialgleichung ist (62.6) für reelle ξ_1, ξ_2 immer positiv. Dann ist also auch das in den Ableitungen von ψ quadratische Glied der Lagrange-Funktion immer positiv.

Unter den elliptischen Differentialgleichungen seien besonders diejenigen hervorgehoben, bei denen die Ellipsen zu Kreisen entarten. Man kann sie auf beliebige Dimensionszahl n verallgemeinert schreiben als

$$\mathfrak{D}\psi \equiv \sum_{k=1}^{n} \frac{\partial}{\partial x_k}\left(p \frac{\partial \psi}{\partial x_k}\right) + q\psi = 0. \tag{62.7}$$

Diese Differentialgleichung sei entsprechend der Fläche (62.6) im folgenden „isotrop" genannt. Sie liegt in der Physik oft vor. Man erhält dafür

$$L\left(x;\ \psi;\ \frac{\partial \psi}{\partial x_k}\right) = p \sum_{k=1}^{n} \left(\frac{\partial \psi}{\partial x_k}\right)^2 - q\psi^2. \tag{62.8}$$

63. Das Variationsprinzip für die Eigenwerte. Es seien Eigenwertprobleme zu Differentialgleichungen

$$\mathfrak{D}\psi + \lambda g\psi = 0 \tag{63.1}$$

betrachtet, die im Sinne der Definition, die am Schluß von Ziff. 62 gegeben wurde, „isotrop" sind:

$$\mathfrak{D}\psi = \sum_{k=1}^{n} \frac{\partial}{\partial x_k}\left(p \frac{\partial \psi}{\partial x_k}\right) + q\psi. \tag{63.2}$$

p und q sollen im Grundgebiet nirgends verschwinden und können dann immer als positiv festgelegt werden. Diese Differentialgleichungen besitzen keine reellen Charakteristiken, und man kann deshalb voraussetzen, daß auf einem geschlossenen Rand, der das Grundgebiet einschließt, homogene Randbedingungen vorgegeben sind. Mit der Lagrange-Funktion

$$L = p \sum_{k=1}^{n} \left(\frac{\partial \psi}{\partial x_k}\right)^2 - q\psi^2 \tag{63.3}$$

kann man die Differentialgleichung in der Form

$$\frac{\delta L}{\delta \psi} - \lambda g\psi = 0 \tag{63.4}$$

schreiben. Man kann deshalb das Eigenwertproblem in ein Variationsproblem überführen.

Wenn die Randbedingung am Rande $\psi = 0$ vorschreibt, ist diese Gleichung identisch mit der EULER-LAGRANGE-Gleichung des Variationsproblems, welches bei der gleichen Randbedingung und bei Integration über das Grundgebiet fordert, daß

$$F = \int L \, dx \qquad (63.5)$$

unter der Nebenbedingung

$$\int g \, \psi^2 \, dx = 1 \qquad (63.6)$$

zum Minimum gemacht wird. (-2λ) ist dabei ein LAGRANGE-Faktor. Sicher wird ein Minimum von F existieren, wogegen kein absolutes Maximum zu erwarten ist, weil durch die Nebenbedingung das Integral über das zweite Glied von L in (63.3) beschränkt wird, während das Integral über das erste Glied durch geeignete Wahl von ψ noch immer beliebig groß gemacht werden kann. Auf Grund der Randbedingung findet man, durch Multiplikation von (63.1) mit ψ, Integration über das Grundgebiet und Division durch $\int g \, \psi^2 \, dx$:

$$\lambda = \frac{\int L \, dx}{\int g \, \psi^2 \, dx} . \qquad (63.7)$$

Da die Lösung des Variationsproblemes eine Eigenfunktion des Eigenwertproblems sein muß, wird das Minimum von F bei der Nebenbedingung (63.6) gerade gleich dem kleinsten Eigenwert λ, der λ_1 heißen möge. ψ wird die dazugehörige Eigenfunktion.

Wenn die Randbedingung $\frac{\partial \psi}{\partial n} = 0$ lautet, ist sie nach Ziff. 38 gerade die „natürliche" Randbedingung (38.4) für das Variationsproblem. Man braucht also den Vergleichsfunktionen im Variationsproblem dann keinerlei Randbedingungen aufzuerlegen. Wenn jedoch die gemischte Randbedingung

$$\frac{\partial \psi}{\partial n} + \sigma \psi = 0 \qquad (63.8)$$

vorliegt, formuliert man das Variationsprinzip so, daß

$$F = \int L \, dx + \int \sigma \, p \, \psi^2 \, dS \qquad (63.9)$$

unter der Nebenbedingung (63.6), aber ohne Randbedingungen zum Minimum gemacht werden soll. dS ist Flächenelement des Randes, über den sich das zweite Integral erstrecken soll. Dann ergibt sich nämlich (63.8) als natürliche Randbedingung, weil sich bei beliebiger Variation $\delta\psi$ von ψ das Funktional F um

$$\delta F = \int \left(\frac{\delta L}{\delta \psi} \, \delta\psi \right) dx + 2 \int \left[p \left(\frac{\partial \psi}{\partial n} + \sigma \psi \right) \delta\psi \right] dS \qquad (63.10)$$

ändert.

In der bisherigen Formulierung liefert das Variationsprinzip immer den tiefsten Eigenwert λ_1 und die dazugehörige Eigenfunktion ψ_1. Es soll zunächst davon abgesehen werden, daß λ_1 entartet sein könnte, und vorausgesetzt werden, daß zu ihm nur eine Eigenfunktion ψ_1 gehört. Um den nächsthöheren Eigenwert λ_2 zu gewinnen, erlegt man dem Variationsprinzip für die gesuchte Lösungsfunktion die Nebenbedingung

$$(\psi_1, \psi) = \int g \, \psi_1 \psi \, dx = 0 \qquad (63.11)$$

auf. Sie bedeutet, daß ψ zu ψ_1 orthogonal sein soll, wenn bei der Definition des Skalarproduktes der Gewichtsfaktor g zugrunde gelegt wird. Die EULER-

Lagrange-Gleichung wird mit einem weiteren Lagrange-Faktor 2μ zu

$$\frac{\delta L}{\delta \psi} - 2\lambda\, g\, \psi + 2\mu\, g\, \psi_1 = 0. \tag{63.12}$$

Das heißt:

$$\mathfrak{D}\psi + \lambda\, g\, \psi = \mu\, g\, \psi_1. \tag{63.13}$$

Zunächst ist diese Gleichung nicht identisch mit der Eigenwertgleichung (63.1). ψ soll aber der gleichen Randbedingung genügen wie ψ_1, so daß auf Grund des verallgemeinerten Greenschen Satzes gilt:

$$\int (\psi_1\, \mathfrak{D}\psi - \psi\, \mathfrak{D}\psi_1)\, dx = 0. \tag{63.14}$$

Setzt man hierin $\mathfrak{D}\,\psi$ nach (63.13) und

$$\mathfrak{D}\psi_1 = -\lambda_1\, g\, \psi_1 \tag{63.15}$$

ein und beachtet die Orthogonalität von ψ_1 und ψ, so gewinnt man

$$\mu \int g\, \psi_1^2\, dx = 0. \tag{63.16}$$

Das bedeutet aber, daß der Lagrange-Faktor μ gerade den Wert Null erhält. Gl. (63.13) wird damit zur Eigenwertgleichung (63.1). Das Variationsproblem liefert dann den tiefsten Eigenwert λ_2, der mit der Nebenbedingung (63.11) verträglich ist.

Allgemein wird die ν-te Eigenfunktion ψ_ν zum Eigenwert λ_ν erhalten, wenn man in das Variationsproblem die Nebenbedingungen aufnimmt, daß ψ zu allen vorhergehenden ψ_μ orthogonal ist:

$$(\psi_\mu, \psi) = \int g\, \psi_\mu\, \psi\, dx = 0, \qquad (\mu = 1, 2, \ldots, \nu - 1). \tag{63.17}$$

Dabei sind die Eigenwerte λ_ν der Größe nach geordnet, so daß λ_1 der tiefste ist. In dieser Formulierung kann man nun auch den Fall zulassen, daß entartete Eigenwerte auftreten. Das bedeutet nur, daß in der gewonnenen Reihe der λ_ν mehrere zusammenfallen. Die dazugehörigen miteinander entarteten Eigenfunktionen werden als zueinander orthogonale Lösungen des Variationsproblemes erhalten. Sie werden also schon durch das Verfahren von selbst orthogonal gemacht.

Das beschriebene Variationsproblem ermöglicht sofort die Anwendung des in Ziff. 39 besprochenen *Ritzschen Verfahrens* zur näherungsweisen Berechnung von Eigenwerten und Eigenfunktionen. Es ist dabei vorteilhaft, sich von der Normierungsbedingung (63.6) freizumachen und das Minimum von (63.7) zu suchen, ohne daß ψ normiert zu sein braucht. Bei der praktischen Anwendung muß man beachten, daß z.B. beim Aufsuchen des tiefsten Eigenwertes ein unglücklich gewählter Ansatz für ψ trotz variabler Parameter so eingeschränkt sein kann, daß er immer orthogonal zu ψ_1 bleibt. Das Verfahren wird in einem solchen Falle wohl λ_2, aber nicht λ_1 annähern. Das Entsprechende gilt für die Berechnung jedes anderen Eigenwertes. Man muß sich also immer überzeugen, daß der Ansatz für ψ durch Änderung der Parameter auch hinreichend variabel ist. Nach dem in Ziff. 39 Gesagten wird durch das Ritzsche Verfahren der Eigenwert besser angenähert als die Eigenfunktion.

64. Einfluß des Randes auf die Eigenwerte. Das in Ziff. 63 entwickelte Variationsproblem läßt eine Reihe von Aussagen darüber zu, in welcher Weise sich die Änderung des Grundgebietes auf die Größe der Eigenwerte auswirkt. Man wendet folgenden Satz an, der schon in der obigen Betrachtung die Reihenfolge der Eigenwerte nach ihrer Größe ergab: Das Minimum eines Funktionals, das in einem Variationsproblem aufgesucht werden soll, kann durch Hinzufügen weiterer Nebenbedingungen, die die Mannigfaltigkeit der zulässigen Vergleichsfunktionen verringern, sicher nicht verkleinert, wohl aber vergrößert werden.

Für das betrachtete Eigenwertproblem zu einer Differentialgleichung

$$\sum_{k=1}^{n} \frac{\partial}{\partial x_k}\left(p\,\frac{\partial \psi}{\partial x_k}\right) + q\,\psi + \lambda\,g\,\psi = 0 \tag{64.1}$$

ergibt sich damit: *Der ν-te Eigenwert λ_ν kann durch weitere einschränkende Nebenbedingungen, denen ψ unterworfen wird, zwar vergrößert, aber niemals verkleinert werden.*

Bei der Randbedingung $\psi = 0$ kann durch Einengung des Grundgebietes auf ein Teilgebiet der ν-te Eigenwert λ_ν zwar vergrößert, aber niemals verkleinert werden. Der letzte Satz ergibt sich sofort daraus, daß man ja der Einengung des Grundgebietes im Variationsproblem für das ursprüngliche Grundgebiet dadurch Rechnung tragen kann, daß man zusätzlich das Verschwinden von ψ außerhalb des eingeengten Gebietes verlangt. Der Satz gilt nicht etwa auch für die Randbedingung $\partial\psi/\partial n = 0$. Denn für die „isotrope" Differentialgleichung (64.1) ist sie ja gerade die „natürliche Randbedingung" des Variationsproblems, wie sie durch (38.4) definiert wurde. Sie muß für die Lösung des Variationsproblems notwendig erfüllt sein, wenn sonst keine anderen Randbedingungen vorgeschrieben sind. Eine Einschränkung des Grundgebietes bedeutet dann, daß die Mannigfaltigkeit der Vergleichsfunktionen vergrößert wird, denn sie brauchen nicht mehr im ganzen ursprünglichen Grundgebiet stetig zu sein und können auf dem neuen Rand auch etwa einen Sprung machen. Man erhält also den Satz: *Bei der Randbedingung $\partial\psi/\partial n = 0$ kann eine Einengung des Grundgebietes jeden Eigenwert λ_ν der Differentialgleichung (64.1) zwar verkleinern, aber nicht vergrößern.*

Es soll hier bei der homogen gemischten Randbedingung

$$\frac{\partial \psi}{\partial n} + \sigma\,\psi = 0 \tag{64.2}$$

mit konstantem positiven σ ohne Beweis vorausgesetzt sein, daß λ_ν von σ monoton abhängt. Dann muß λ_ν nach dem Vorhergehenden mit wachsendem σ auch wachsen, weil jede Abweichung von der natürlichen Randbedingung λ_ν höchstens vergrößern kann. Das ergibt: *Bei gleichem Rand liegt der ν-te Eigenwert λ_ν von (64.1) bei der gemischten Randbedingung (64.2) zwischen dem Eigenwert für $\partial\psi/\partial n = 0$ und dem für $\psi = 0$ als Randbedingung, wobei der letztere der größere ist.*

Für die Differentialgleichung (64.1) kann man aus dem Variationsprinzip auch leicht noch weitere Aussagen ableiten. So gilt der Satz: *Wird g oder q im ganzen Grundgebiet vergrößert, so werden bei gleichen Randbedingungen die Eigenwerte kleiner. Wird jedoch p im ganzen Grundgebiet vergrößert, so werden die Eigenwerte vergrößert.* Der Beweis ergibt sich direkt aus (63.7).

In Anwendung dieses Satzes kann man speziell zum Vergleich g und q durch ihre Maxima g_M, q_M im Grundgebiet dagegen p durch sein Minimum p_m ersetzen. Die Differentialgleichung erhält dann konstante Koeffizienten und soll die Eigenwerte λ'_ν haben. Wird jedoch g und q durch sein Minimum g_m bzw. q_m, dagegen p durch sein Maximum p_M ersetzt, so sollen die Eigenwerte λ''_ν heißen. Es muß dann

$$\lambda'_\nu \leqq \lambda_\nu \leqq \lambda''_\nu \tag{64.3}$$

sein. Vergleicht man die λ'_ν für das Grundgebiet mit den sicher nicht größeren Eigenwerten derselben Differentialgleichung mit den Koeffizienten p_M, q_m, g_m

für ein umschriebenes würfelförmiges Grundgebiet, so müssen die letzteren kleiner als die λ'_ν sein. Sie wachsen aber, da sie zu trigonometrischen Basisfunktionen einer Fourier-Entwicklung gehören, mit wachsendem ν unbegrenzt an. Deshalb gilt:

Mit wachsendem ν muß λ_ν unbegrenzt wachsen. Bei endlichem Grundgebiet sind die Eigenwerte der Fourier-Entwicklung diskret, und man erhält: *Bei endlichem Grundgebiet kann es nur endlich viele negative Eigenwerte λ_ν geben.*

65. Asymptotische Eigenwerte der Sturm-Liouvilleschen Differentialgleichung. Die Sturm-Liouvillesche Differentialgleichung

$$\frac{d}{dx}\left(p\,\frac{d\psi}{dx}\right) + q\,\psi + \lambda\,g\,\psi = 0, \tag{65.1}$$

auf die alle Sätze der beiden letzten Ziffern anwendbar sind, läßt sich durch eine Transformation

$$t = \int\limits_a^x \sqrt{\frac{g}{p}}\,dx, \tag{65.2}$$

$$\varphi(t) = (p\,g)^{\frac{1}{4}}\,\psi(x) \tag{65.3}$$

auf die Form

$$\frac{d^2\varphi}{dt^2} - (\lambda - w(t))\,\varphi = 0 \tag{65.4}$$

bringen. Man muß nur voraussetzen, daß im Grundintervall $a \leqq x \leqq b$ einschließlich der Ränder die Funktionen p, q, g regulär bleiben. Das Grundintervall für t hat die Länge

$$l = \int\limits_a^b \sqrt{\frac{g}{p}}\,dx. \tag{65.5}$$

Für genügend große Eigenwerte kann man w gegenüber λ vernachlässigen. Die Lösungen φ werden dann in dieser Näherung trigonometrische Funktionen:

$$\varphi(t) \approx \alpha \sin \sqrt{\lambda}\,t + \beta \cos \sqrt{\lambda}\,t. \tag{65.6}$$

Wenn die Randbedingungen das Verschwinden von ψ fordern, werden die Eigenwerte λ_ν für genügend große ν asymptotisch gleich

$$\lambda_\nu = \to \nu^2\,\frac{\pi^2}{l^2}. \tag{65.7}$$

Wichtig wird allerdings der Fall, daß am Rande des Grundgebietes *Singularitäten* der Koeffizienten p, q, g auftreten. Man kann dann nicht in der gleichen Weise schließen. Jedoch läßt sich auch dann das asymptotische Verhalten (65.7) zeigen. Wie der Beweis dann zu führen ist, sei am Beispiel der Differentialgleichung der Zylinderfunktionen $Z_n(\sqrt{\lambda}\,x)$ gezeigt:

$$\frac{d}{dx}\left(x\,\frac{d\psi}{dx}\right) - \frac{n^2}{x}\,\psi + \lambda\,x\,\psi = 0. \tag{65.8}$$

Wird das Verschwinden von ψ an den Rändern $x = 0$ und $x = 1$ des eingeschlossenen Grundintervalles verlangt, so sind die Werte $\sqrt{\lambda}$ gerade die Nullstellen der Bessel-Funktionen $J_n(t)$. Das ergab sich nach Ziff. 60. Hier ist

$$q = -\frac{n^2}{x} \tag{65.9}$$

im Randpunkt $x = 0$ singulär. Das gleiche gilt für

$$w = \frac{n^2 - \frac{1}{4}}{x^2}, \tag{65.10}$$

das deshalb nicht gegen noch so große λ_ν vernachlässigt werden kann. Man kann aber den Schluß zuerst auf ein Intervall anwenden, bei dem die untere Grenze durch $x = \varepsilon > 0$ ersetzt wurde. Auf dieses Intervall läßt sich (65.7) anwenden. Die asymptotischen Eigenwerte dafür werden

$$\lambda_\nu' = \to \nu^2 \frac{\pi^2}{(1 - \varepsilon)^2}. \tag{65.11}$$

Hier darf man aber ε wie $\nu^{-\frac{1}{2}}$ gegen Null gehen lassen und für genügend großes ν wird λ_ν' groß gegen w bleiben. Man erhält dann in der Grenze die asymptotischen Eigenwerte für das volle Grundintervall zwischen 0 und 1:

$$\lambda_\nu = \to \nu^2 \pi^2. \tag{65.12}$$

Damit ist also ein asymptotischer Ausdruck der Nullstellen der BESSEL-Funktionen für große ν erhalten. Die Ableitung zeigt auch, daß der asymptotische Ausdruck mit wachsendem ν für kleinen Index n der BESSEL-Funktionen früher gültig wird als für großen Index.

An dieser Stelle soll noch ein Zusammenhang zwischen der Größe des Eigenwertes λ_ν und der *Lage der Nullstellen* der Lösung bei der STURM-LIOUVILLESchen Differentialgleichung angegeben werden. Man erhält für zwei Werte λ, λ_1 mit zugehörigem ψ und ψ_1 die Relation

$$p \left(\psi \frac{d\psi_1}{dx} - \psi_1 \frac{d\psi}{dx} \right) = (\lambda - \lambda_1) \int\limits_a^x g \, \psi \psi_1 \, dx, \tag{65.13}$$

sobald ψ und ψ_1 zwei Lösungen der Differentialgleichung sind, die eine homogene Randbedingung

$$\alpha \, \psi + \beta \frac{d\psi}{dx} = 0 \tag{65.14}$$

im unteren Randpunkt a erfüllen. α, β können dabei beliebige Konstante sein, so daß auch die DIRICHLETsche oder NEUMANNsche Randbedingung mit erfaßt wird.

Ist x_0 eine Nullstelle von ψ_1, dann gilt

$$\left(p \, \psi \frac{d\psi_1}{dx} \right)_{x = x_0} = (\lambda - \lambda_1) \int\limits_a^{x_0} g \, \psi \, \psi_1 \, dx. \tag{65.15}$$

Es sei nun λ so gewählt, daß es größer als λ_1, aber so nahe an λ_1 ist, daß

$$\int\limits_a^{x_0} g \, \psi \psi_1 \, dx > 0 \tag{65.16}$$

bleibt. Für $\lambda \to \lambda_1$ soll ψ in ψ_1 übergehen. Wenn $\psi(x_0)$ positiv festgelegt ist, muß auch die Ableitung von ψ_1 an der Stelle x_0 positiv sein. Dann muß aber $\psi_1(x)$ unmittelbar vor seiner Nullstelle x_0 negativ sein. Die benachbarte Nullstelle von $\psi(x)$, die für $\lambda \to \lambda_1$ in x_0 übergeht, muß also vor x_0 liegen. Man erhält so den Satz: *Mit wachsendem λ werden die Nullstellen von $\psi(x)$ kleiner.* Auf das Eigenwertproblem angewandt, bei dem auch beim oberen Rand $x = b$ Randbedingungen vorgeschrieben sind, ergibt das: *Die Zahl der Nullstellen einer Eigenfunktion ψ_ν im Grundintervall ist um so größer, je größer λ_ν ist.*

66. Asymptotische Eigenwerte der Wellengleichung und verwandter Differential-gleichungen. Die *statische Wellengleichung* im Dreidimensionalen

$$\Delta \psi + k^2 \psi = 0 \tag{66.1}$$

hat bei der Randbedingung, die das Verschwinden von ψ auf der Oberfläche eines achsenparallelen Würfels der Kantenlänge l fordert, die Eigenfunktionen

$$\psi(x_1, x_2, x_3) = \sin k_1 x_1 \, \sin k_2 x_2 \, \sin k_3 x_3, \tag{66.2}$$

wobei die

$$k_\nu = n_\nu \frac{\pi}{l}, \qquad (\nu = 1, 2, 3) \tag{66.3}$$

durch positiv ganzzahliges n_ν einschließlich Null ausgezeichnet sind. Der Koordi-naten-Ursprung ist dabei in eine Ecke des Würfels gelegt. Die Randbedingung, die das Verschwinden von $\partial \psi / \partial n$ an Stelle ψ fordert, führt auf die Eigenfunktionen

$$\psi(x_1, x_2, x_3) = \cos k_1 x_1 \, \cos k_2 x_2 \, \cos k_3 x_3. \tag{66.4}$$

In beiden Fällen sind die Eigenwerte k_ν dieselben und müssen es nach den Er-gebnissen von Ziff. 64 auch für die gemischte homogene Randbedingung (64.2) bleiben. Die Eigenwerte der Gl. (66.1) sind also bei dem würfelförmigen Rand

$$k^2 = k_1^2 + k_2^2 + k_3^2 = (n_1^2 + n_2^2 + n_3^2) \frac{\pi^2}{l^2}. \tag{66.5}$$

Zu jedem Zahlentripel (n_1, n_2, n_3) ganzer positiver Zahlen gehört eine Eigen-funktion ψ. Im folgenden wird oft auch k als Eigenwert bezeichnet werden.

Die Anzahl $N(k)$ der Eigenfunktionen, deren Eigenwerte kleiner oder gleich einem vorgegebenen k sind, ist der Anzahl der ganzzahligen Tripel (n_1, n_2, n_3) gleich, für die

$$n_1^2 + n_2^2 + n_3^2 \leq \frac{l^2}{\pi^2} k^2 = R^2 \tag{66.6}$$

ist. In einem Bildraum der Koordinaten n_1, n_2, n_3 liegen die Bildpunkte der ganzzahligen Tripel, für welche die Ungleichung (66.6) gilt, als Gitterpunkte eines kubischen Gitters mit der Gitterkonstanten 1 in dem Oktanten einer Kugel vom Radius R um den Ursprung. Für genügend große R ist die Zahl der Gitter-punkte asymptotisch gleich dem Volumen dieses Kugeloktanten:

$$N(k) = \rightarrow \frac{\pi}{6} R^3 = \frac{1}{6\pi^2} l^3 k^3. \tag{66.7}$$

Man kann auf der Zahlengeraden k für genügend große Werte auch eine Dichte $\varrho(k)$ der Eigenwerte k zu verschiedenen Eigenfunktionen einführen. Für ein Intervall zwischen k und $k + \Delta k$ wird die Zahl der zugehörigen Eigenfunktionen asymptotisch gleich

$$\Delta N = \rightarrow \frac{1}{2\pi^2} l^3 k^2 \Delta k, \tag{66.8}$$

sobald Δk schon sehr klein gegenüber k ist und wie ein Differential behandelt werden kann, andererseits aber noch so groß, daß ΔN groß gegenüber 1 wird. Die Dichte der Eigenwerte k wird dann durch

$$\varrho(k) = \frac{\Delta N}{\Delta k} = \rightarrow \frac{1}{2\pi^2} l^3 k^2 \tag{66.9}$$

definiert. Das gilt natürlich für jedes würfelförmige Grundgebiet der Kanten-länge l. Von der Wahl des Koordinatenursprunges und der Richtung der Koordinatenachsen werden zwar die Eigenfunktionen, aber nicht die Eigenwerte k abhängig.

Wenn sich das Grundgebiet aus mehreren würfelförmigen Teilgebieten mit den Kantenlängen $l_1, l_2, \ldots$ zusammensetzt, kann man nach den Ergebnissen von Ziff. 64 in folgender Weise schließen. Verlangt man, daß die Randbedingung auch auf den Rändern der Teilgebiete erfüllt ist, so wird die Zahl der Eigenfunktionen mit Eigenwerten unterhalb k gleich

$$\sum_i N_i(k) = \rightarrow \frac{1}{6\pi^2} k^3 \sum_i l_i^3. \tag{66.10}$$

Die Summation läuft über die Teilgebiete. Verlangt die Randbedingung das Verschwinden von ψ, so ist die Forderung, daß sie auch auf den Rändern der Teilbereiche erfüllt sein soll, eine Einschränkung der Vergleichsfunktionen beim Variationsproblem. Die Anzahl $N(k)$ der Eigenfunktionen, die nur am Rande des Gesamtgebietes verschwinden, mit Eigenwerten unterhalb k kann deshalb nicht kleiner als (66.10) sein. Andererseits kann sie nicht größer als die entsprechende Anzahl der Eigenfunktionen sein, wenn statt des Verschwindens von ψ das Verschwinden von $\partial\psi/\partial n$ gefordert wird. Diese Anzahl muß aber wieder kleiner sein als die entsprechende Anzahl der Eigenfunktionen, für die auch auf den Rändern der Teilgebiete $\partial\psi/\partial n$ verschwindet, die aber dort unstetig sein dürfen. Deren Anzahl ist aber auch durch (66.10) gegeben. Es muß also auch für das Gesamtgebiet asymptotisch gelten:

$$N(k) = \rightarrow \frac{1}{6\pi^2} k^3 V. \tag{66.11}$$

V ist dabei das Volumen des gesamten Grundgebietes.

Das gilt auch noch für ein beliebig gestaltetes Grundgebiet vom Volumen V. Man ersieht das sofort, wenn man das Gebiet durch zwei Folgen von Gebieten eingeschachtelt denkt, die aus würfelförmigen Teilgebieten aufgebaut sind. Mit ständiger Verfeinerung der Würfeleinteilung soll die eine Folge das Grundgebiet von innen, die andere Folge von außen her beliebig genau approximieren. Die Sätze von Ziff. 64 über den Einfluß der Einengung eines Grundgebietes auf die Eigenwerte liefern dann sofort den Beweis. Der asymptotische Ausdruck (66.11) für $N(k)$ sowie der für die Dichte

$$\varrho(k) = \rightarrow \frac{1}{2\pi^2} k^2 V \tag{66.12}$$

ist unabhängig davon, ob am Rande das Verschwinden von ψ oder von $\partial\psi/\partial n$ oder aber einer Linearkombination daraus vorgeschrieben wird.

Die asymptotischen Ausdrücke für $N(k)$ und $\varrho(k)$ lassen sich auch noch durch Verallgemeinerung des entwickelten Gedankenganges auf die Eigenwerte k der allgemeinen isotropen Gleichung

$$\sum_{\mu=1}^{3} \frac{\partial}{\partial x_\mu}\left(p\,\frac{\partial\psi}{\partial x_\mu}\right) + q\,\psi + k^2 g\,\psi = 0 \tag{66.13}$$

angeben, wenn p, q, g im Grundgebiet regulär sind. p, g sollen nirgendwo verschwinden und können als positiv festgelegt werden. Bei würfelförmigem Grundgebiet kann man die Abschätzung (64.3) heranziehen, die hier sinngemäß auf k übertragen lautet:

$$k_\nu' \leqq k_\nu \leqq k_\nu''. \tag{66.14}$$

Dabei gehören asymptotisch die Eigenwerte k'_ν und k''_ν zu den Differentialgleichungen

$$\Delta\psi + k'^2\,\frac{g_M}{p_m}\,\psi = 0, \tag{66.15}$$

$$\Delta\psi + k''^2\,\frac{g_m}{p_M}\,\psi = 0. \tag{66.16}$$

Die entsprechenden Anzahlen $N'(k)$ und $N''(k)$ der Eigenfunktionen mit Eigenwerten kleiner als k werden wieder durch (66.7) gegeben, wenn man dort l ersetzt durch

$$l' = \sqrt{\frac{g_M}{p_m}}, \tag{66.17}$$

$$l'' = \sqrt{\frac{g_m}{p_M}}. \tag{66.18}$$

Bei der Verfeinerung der würfelförmigen Teilgebiete zur Approximation des Grundgebietes gehen in jedem genügend kleinen Teilgebiet die Maximal- und Minimalwerte von g und p schließlich in den lokalen Wert von g und p selbst über. Dann ist V in (66.11) und (66.12) durch das über das Grundgebiet erstreckte Integral

$$V = \iiint \left(\frac{g}{p}\right)^{\frac{3}{2}} dx_1\, dx_2\, dx_3 \tag{66.19}$$

zu ersetzen.

67. Unendliche Grundgebiete. Bei vielen Problemen der Physik treten unendlich große Grundgebiete auf, z.B. bei der Lösung der Schrödinger-Gleichung. Wenn die potentielle Energie im Unendlichen hinreichend verschwindet, und wenn die Randbedingungen hinreichend starkes Verschwinden von ψ verlangen, nämlich so, daß die Integrale in (63.7) endlich bleiben, läßt sich das Variationsprinzip noch zur Bestimmung der Eigenwerte anwenden. Das ist z.B. bei den negativen Energieniveaus des Wasserstoffatoms der Fall. Bei den positiven Energieniveaus verhalten sich die Lösungen ψ nicht mehr so, sondern bleiben im Unendlichen endlich. Die positiven Energien sind auch nicht mehr diskret, sondern nehmen kontinuierliche Werte an.

Wenn, wie beim Coulomb-Potential, die Funktion q in (64.1) nicht beschränkt bleibt, braucht es natürlich auch nicht mehr nur endlich viele negative Eigenwerte zu geben. Tatsächlich besitzen die Wasserstoffterme bei der Energie Null einen Häufungspunkt. Wenn jedoch die Singularität von q im Ursprung so beschaffen ist, daß sie stärker als r^{-2} für kleine r unendlich wird, braucht es überhaupt keine kleinsten Energiewerte zu geben. Die Eigenwerte bilden dann eine nach unten unbegrenzte Folge.

Insgesamt ist der Charakter des „Eigenwertspektrums" wesentlich von den besonderen Verhältnissen abhängig. Bei der Schrödinger-Gleichung wird er entscheidend durch das Verhalten des Potentials, d.h. der Funktion q mitbestimmt. Man kann deshalb nur für ganz bestimmte Klassen von Problemen jeweils allgemeinere Aussagen machen. In der Praxis geht man meistens so vor, daß man zunächst ein genügend großes, aber endliches Grundgebiet als „Normierungsvolumen" festlegt und das Eigenwertproblem dafür löst. Nachträglich kann man dann den Grenzübergang zu unendlich großem Grundgebiet jeweils an den Ergebnissen untersuchen. — In der nächsten Ziffer wird ein Beispiel eines Eigenwertproblems mit unendlichem Grundgebiet gegeben, das sich auf ein angepaßtes Variationsprinzip zurückführen läßt.

68. Das SCHWINGERsche Variationsverfahren. Hier soll an einem für die Anwendung bedeutsamen Beispiel gezeigt werden, daß auch bei einem unendlichen Grundgebiet ein Eigenwertproblem unter Umständen auf ein Variationsproblem zurückgeführt werden kann, bei dem die Eigenfunktionen im Unendlichen nicht verschwinden. Es handelt sich um das SCHWINGERsche Variationsverfahren[1], das zur Berechnung der Streuung von Materiewellen an einem zentralsymmetrischen Kraftfeld kurzer Reichweite von großem Vorteil ist. Ausgangspunkt ist die SCHRÖDINGER-Gleichung eines Teilchens in einem Zentralkraftfeld:

$$\Delta\chi + k^2\chi = U\chi. \tag{68.1}$$

$U(r)$ ist bis auf einen Faktor die potentielle Energie der Zentralkraft. r ist der Abstand vom Streuzentrum. k^2 ist proportional der Energie der gestreuten Teilchen und besitzt als positiver Eigenwert ein kontinuierliches Spektrum. Die Separation nach Kugelkoordinaten

$$\chi = \frac{1}{r}\,\psi_l(r)\,Y_l(\vartheta, \varphi) \tag{68.2}$$

führt entsprechend Ziff. 61 auf die STURM-LIOUVILLEsche Differentialgleichung

$$\mathfrak{D}\psi_l \equiv \frac{d^2\psi_l}{dr^2} + \left(k^2 - \frac{l(l+1)}{r^2}\right)\psi_l = U\psi_l. \tag{68.3}$$

Die beiden linear unabhängigen Lösungen der Differentialgleichung

$$\mathfrak{D}\psi_l = 0 \tag{68.4}$$

für ein vorgegebenes k sind

$$u_l(r) = \sqrt{\frac{\pi}{2}\,k\,r}\;J_{l+\frac{1}{2}}(k\,r), \tag{68.5}$$

$$v_l(r) = \sqrt{\frac{\pi}{2}\,k\,r}\;J_{-l-\frac{1}{2}}(k\,r). \tag{68.6}$$

Die Normierungsfaktoren sind dabei so gewählt, daß diese Lösungen für große r asymptotisch in

$$u_l(r) = \rightarrow \sin\left(k\,r - l\,\frac{\pi}{2}\right), \tag{68.7}$$

$$v_l(r) = \rightarrow \cos\left(k\,r - l\,\frac{\pi}{2}\right) \tag{68.8}$$

übergehen. Die allgemeinste Lösung ist eine Linearkombination daraus und muß sich asymptotisch verhalten wie

$$\psi_l(r) = \rightarrow C_l\sin\left(k\,r - l\,\frac{\pi}{2} + \delta_l\right) \tag{68.9}$$

mit willkürlichen Konstanten C_l, δ_l. Es soll nun vorausgesetzt werden, daß $U(r)$ mit wachsendem r so stark verschwindet, daß die allgemeinste Lösung von (68.3) sich asymptotisch genau so verhält. Das bedeutet, daß die gestreuten Materieteilchen bei genügend großer Entfernung vom Streuzentrum praktisch nicht mehr der Zentralkraft unterliegen und sich wie kräftefreie Teilchen verhalten.

Aus physikalischen Gründen, die hier nicht näher erläutert werden sollen, muß immer bei einem Zentralkraftfeld jede Lösung einer SCHRÖDINGER-Gleichung

---

[1] J. SCHWINGER: Phys. Rev. **78**, 138 (1950). Vgl. auch S. FLÜGGE u. H. MARSCHALL: Rechenmethoden der Quantentheorie, 2. Aufl., Teil 1. Berlin-Göttingen-Heidelberg: Springer 1952.

so beschaffen sein, daß $\psi_l(r)$ im Nullpunkt verschwindet. Damit ist ψ_l einer Randbedingung unterworfen, die bei vorgegebenem k das asymptotische Verhalten (68.9) der Lösung mitbestimmt. C_l ist nur eine Normierungskonstante, während δ_l charakteristisch für den Streuvorgang ist. Bei einem Näherungsverfahren, bei dem k nicht als zu groß vorausgesetzt werden soll, sind nur die ersten Glieder einer Entwicklung der gesamten Streuwelle nach $l=0, 1, 2, \ldots$ wesentlich. Dann liegt nämlich bei höherem l der Schwerpunkt der Funktion $\psi_l(r)$ schon außerhalb des wesentlichen Wirkungsbereiches von $U(r)$. Die Berechnung des meßbaren Wirkungsquerschnittes reduziert sich dann auf die Berechnung der ersten asymptotischen Phasenverschiebungen δ_l, die durch die Zentralkraft verursacht werden. Das Schwingersche Verfahren führt nun die Berechnung der δ_l auf ein Variationsprinzip zurück.

Eine Greensche Funktion, die der Randbedingung genügt, bei $r=0$ zu verschwinden, ist

$$G(r, r') = \begin{cases} -\dfrac{1}{k}\, u_l(r)\, v_l(r') & \text{für } r < r', \\[2mm] -\dfrac{1}{k}\, v_l(r)\, u_l(r') & \text{für } r > r'. \end{cases} \tag{68.10}$$

Sie ist nach dem in Ziff. 59 beschriebenen Verfahren gebildet und ist nicht die einzige diese Art, weil ja das Verhalten am zweiten Rand, d.h. das asymptotische Verhalten für große r, noch nicht vorgeschrieben war.

Nun ist

$$\mathfrak{D}\int_0^\infty G(r, r')\, U(r')\, \psi_l(r')\, dr' = U(r)\, \psi_l(r). \tag{68.11}$$

Das Integral der linken Seite genügt als Funktion von r der Randbedingung, die Verschwinden im Ursprung fordert. Da auch die Gl. (68.4) eine der Randbedingung genügende Lösung $u_l(r)$ besitzt, kann man aus dem Vergleich von (68.3) und (68.11) noch nicht schließen, daß das Integral in (68.11) gleich der Lösung $\psi_l(r)$ selbst ist, wohl aber, daß gilt:

$$\psi_l(r) = u_l(r) + \int_0^\infty G(r, r')\, U(r')\, \psi_l(r')\, dr'. \tag{68.12}$$

Da die Normierung von ψ_l noch offen war, kann man den Faktor von u_l als 1 festsetzen, denn ψ_l tritt in den übrigen Gliedern der Gleichung auf.

In dieser Form ist das Problem, $\psi_l(r)$ aufzusuchen, auf eine Integralgleichung zurückgeführt. Eine derartige Formulierung des Randwertproblemes hat den Vorteil, daß die Randbedingung nicht wie bei der Differentialgleichung als Zusatzbedingung auftritt, sondern schon in der Integralgleichung einbezogen ist. Deshalb legt die Integralgleichung allein schon das asymptotische Verhalten von $\psi_l(r)$ fest. Wenn $U(r')$ mit wachsendem r' hinreichend rasch verschwindet, wird für große r asymptotisch der Integrand nur für Werte r' beitragen, die kleiner als r sind. Nach (68.10) wird dann asymptotisch

$$\psi_l(r) = \to u_l(r) - \frac{1}{k}\, v_l(r) \int_0^\infty u_l(r')\, U(r')\, \psi_l(r')\, dr'. \tag{68.13}$$

Das heißt aber mit den asymptotischen Ausdrücken für u_l, v_l, ψ_l:

$$\left. \begin{aligned} &C_l \sin\left(k\, r - l\, \frac{\pi}{2} + \delta_l\right) \\[2mm] &= \sin\left(k\, r - l\, \frac{\pi}{2}\right) - \frac{1}{k} \cos\left(k\, r - l\, \frac{\pi}{2}\right) \int_0^\infty u_l(r')\, U(r')\, \psi_l(r')\, dr'. \end{aligned} \right\} \tag{68.14}$$

Das besagt aber

$$\tan \delta_l = - \frac{1}{k} \int\limits_0^\infty u_l(r)\, U(r)\, \psi_l(r)\, dr = - \frac{1}{k}\, F_1. \qquad (68.15)$$

Das Funktional F_1 hängt noch von der unbekannten Funktion ψ_l ab. Mit der Integralgleichung (68.12) kann man auch schreiben

$$- k \tan \delta_l = \int\limits_0^\infty U(r)\, \psi_l(r)^2\, dr - \int\limits_0^\infty \int\limits_0^\infty \psi_l(r)\, U(r)\, G(r,r')\, U(r')\, \psi_l(r')\, dr\, dr' = F_2. \qquad (68.16)$$

In der Form

$$k \tan \delta_l = F_2 - 2 F_1 \qquad (68.17)$$

führt aber das Variationsproblem, $k\tan\delta_l$ zu einem Extremum zu machen, direkt auf die Integralgleichung (68.12) als notwendige Bedingung für die unbekannte Funktion $\psi_l(r)$. Für eine beliebige Variation $\delta\psi_l$ von ψ_l muß nämlich dann gelten:

$$\delta(F_2 - 2F_1) = 2 \int\limits_0^\infty dr\, U(r)\, \delta\psi_l(r) \left[\psi_l(r) - \int\limits_0^\infty dr'\, G(r,r')\, U(r')\, \psi_l(r') + u_l(r) \right] = 0. \qquad (68.18)$$

Um Normierungsfragen zu umgehen, ist es zweckmäßiger, von der Variation des Funktionals

$$- \frac{1}{k} \cot \delta_l = \frac{F_2}{F_1} \qquad (68.19)$$

auszugehen. Das Extremalprinzip dafür führt auf dieselbe Integralgleichung wie das frühere Extremalprinzip. Es ist das SCHWINGERsche *Variationsprinzip: Die Lösung $\psi_l(r)$ der Integralgleichung (68.12) macht den Ausdruck*

$$\cot \delta_l = k\, \frac{- \int\limits_0^\infty U(r)\, \psi_l(r)^2\, dr + \int\limits_0^\infty \int\limits_0^\infty \psi_l(r)\, U(r)\, G(r,r')\, U(r')\, \psi_l(r')\, dr\, dr'}{\left[\int\limits_0^\infty u_l(r)\, U(r)\, \psi_l(r)\, dr \right]^2} \qquad (68.20)$$

zu einem Extremum.

Dieses Prinzip ermöglicht es nun, nach dem RITZschen Verfahren mit Hilfe von Näherungssätzen für $\psi_l(r)$ bei vorgegebenem Wert k, den Ausdruck $\cot\delta_l$ näherungsweise zu berechnen. Man kann so die Phasenverschiebungen δ_l in den Streuwellen auch dann ermitteln, wenn die Differentialgleichung nicht explizit gelöst werden kann. — Das Prinzip setzt allerdings die kurze Reichweite der Zentralkraft voraus, d.h. hinreichend rasches Verschwinden von $U(r)$ mit wachsendem r. Das gilt für die phänomenologischen Ansätze der Kernkräfte. Es gilt aber nicht mehr für die Wechselwirkung zwischen geladenen Teilchen, wo $U(r)$ asymptotisch als COULOMB-Potential wie r^{-1} abnimmt.

V. Die Ausbreitungsfunktionen bei Anfangswertproblemen.

69. Die Ausbreitungsfunktion der Diffusionsgleichung. In Ziff. 48 wurde bei der Definition der GREENschen Funktion nur vorausgesetzt, daß sie durch Randbedingungen in einem gewissen Grundgebiet des Variablenbereiches eindeutig erklärt wird. Dabei ist es nicht notwendig, daß der Rand geschlossen ist und das Grundgebiet umschließt. Die Definition beschränkt sich also nicht nur auf den Fall eines „echten Randwertproblems". Vielmehr läßt sich der Begriff der GREENschen Funktion auch auf nicht geschlossene Randkurven übertragen, wie sie bei Anfangswertproblemen vorliegen. Allerdings nennt man diese Funktion dann oft nicht mehr „GREENsche Funktion", und sie soll bei Anfangswertproblemen auch „Ausbreitungsfunktion" genannt werden.

Zunächst sei die Diffusions- oder Wärmeleitungsgleichung behandelt. Da dies ohne weiteren Aufwand möglich ist, soll von einer etwas allgemeineren Gleichung ausgegangen werden

$$\mathfrak{D}\psi \equiv \Delta\psi - \lambda^2 \frac{\partial\psi}{\partial t} - \alpha\psi = f. \tag{69.1}$$

Sie unterscheidet sich von der gewöhnlichen Diffusionsgleichung durch die Inhomogenität f und das Glied, das den Koeffizienten α enthält. Bei der Diffusionsgleichung bedeutet ψ etwa die Konzentration der diffundierenden Substanz. Die Änderungsgeschwindigkeit $\partial\psi/\partial t$ setzt sich zusammen aus einem Teil, der proportional $\Delta\psi$ ist und der eigentlichen Diffusion Rechnung trägt; ein zweiter Teil ist proportional f und entspricht einer vorgegebenen Vernichtung oder Nachlieferung der Substanz; ein dritter Teil ist proportional ψ und tritt etwa dann auf, wenn durch einen chemischen Prozeß eine Abnahme der Substanz proportional ψ wird. Im folgenden ist zunächst auch noch zulässig, daß α keine Konstante ist, sondern von x, t abhängt.

Die Betrachtung soll sich nicht auf den dreidimensionalen Raum beschränken, da in den Anwendungen oft auch ein- oder zweidimensionale Probleme interessieren. Es soll vielmehr der beliebig n-dimensionale Fall betrachtet werden. x soll als Abkürzung für $x_1, x_2, \ldots, x_n$ stehen, und der LAPLACE-Operator soll

$$\Delta\psi = \sum_{k=1}^{n} \frac{\partial^2\psi}{\partial x_k^2} \tag{69.2}$$

bedeuten. Entsprechend soll abkürzend die n-dimensionale δ-Funktion

$$\delta(x - x') = \delta(x_1 - x_1')\,\delta(x_2 - x_2')\ldots\delta(x_n - x_n') \tag{69.3}$$

eingeführt werden und dx das n-dimensionale Volumelement bedeuten.

Als passende Randbedingung sei auf der geschlossenen Oberfläche eines Grundgebietes im x-Raum eine homogene Bedingung vorgegeben. Es sei das Verschwinden von ψ oder $\partial\psi/\partial n$ gefordert. Als Anfangsbedingung sei ψ in dem Grundgebiet zur Zeit $t=0$ vorgegeben. Diese Rand- und Anfangsbedingungen bestimmen die Lösung $\psi(x, t)$ im Grundgebiet zu allen folgenden Zeiten. Mit $\psi(x, t)$ ist aber nicht auch zugleich

$$\tilde{\psi}(x, t) = \psi(x, -t) \tag{69.4}$$

eine Lösung der Differentialgleichung. Die Differentialgleichung geht bei Umkehr der Zeitrichtung in die adjungierte Differentialgleichung

$$\tilde{\mathfrak{D}}\tilde{\psi} \equiv \Delta\tilde{\psi} + \lambda^2 \frac{\partial\tilde{\psi}}{\partial t} - \alpha\tilde{\psi} = f \tag{69.5}$$

über. Diese beschreibt keinen Ausgleichsvorgang, sondern den gegenteiligen Prozeß. Hier bestimmt der Zustand zur Zeit $t=0$ die zeitlich vorherliegenden Zustände.

Für zwei beliebige Funktionen u und v von x, t gilt der verallgemeinerte GREENsche Satz (49.2) in der Form

$$\int\limits_{t_0}^{t_1} dt \int dx \, (u\,\widetilde{\mathfrak{D}}\,v - v\,\widetilde{\mathfrak{D}}\,u) = \int\limits_{t_0}^{t_1} dt \int dS \left(u\,\frac{\partial v}{\partial n} - v\,\frac{\partial u}{\partial n} \right) + \\ + \lambda^2 \int dx \, [(u\,v)_{t_1} - (u\,v)_{t_0}], \tag{69.6}$$

die für die folgenden Betrachtungen verwendet wird.

dx ist Volumelement und dS Flächenelement im x-Raum. Die entsprechenden Integrale erstrecken sich über das Grundgebiet bzw. dessen Oberfläche. t_0, t_1 sind beliebige Zeitpunkte, von denen t_0 früher liegt. Im letzten Integral deuten die Indices an, daß die Funktionswerte für diese Zeitpunkte zu nehmen sind.

Die GREENsche Funktion oder *Ausbreitungsfunktion* wird definiert als diejenige Lösung $G(x, t; x', t')$ der Differentialgleichung

$$\widetilde{\mathfrak{D}}\,G(x, t; x', t') = \delta(x - x')\,\delta(t - t'), \tag{69.7}$$

die auf der Oberfläche des Grundgebietes im x-Raum der homogenen Randbedingung für ψ genügt, und die für alle $t < t'$ verschwindet. Die zweite Bedingung entspricht einer Anfangsbedingung. $G(x, t; x', t')$ beschreibt eine retardierte Wirkung zur Zeit t am Ort x, die von einer Ursache am Ort x' zur früheren Zeit t' ausgeht. Es sei nun die verallgemeinerte GREENsche Formel (69.6) auf die beiden Funktionen

$$u(x, t) = G(x, t; x', t'), \tag{69.8}$$

$$v(x, t) = G(x, -t; x'', -t'') \tag{69.9}$$

angewandt. Die Funktion v geht durch Umkehr der Zeitrichtung aus $G(x, t; x'', t'')$ hervor und ist GREENsche Funktion der adjungierten Differentialgleichung (69.5). Sie verschwindet für $t > t''$ und beschreibt formal eine avancierte „Wirkung" zur Zeit t, die einer später liegenden „Ursache" entspricht. Eine retardierte Wirkung läßt sich für die adjungierte Differentialgleichung genau so wenig definieren wie eine avancierte Wirkung für die ursprüngliche Differentialgleichung. Wenn man nun in Gl. (69.6) $t_0 < 0$ und $t_1 = \infty$ setzt, so ergibt sich daraus das *Reziprozitätstheorem* der GREENschen Funktion:

$$G(x, t; x', t') = G(x', -t'; x, -t). \tag{69.10}$$

Bei der Ableitung dieser Gleichung ist nachträglich x'', t'' durch x, t ersetzt worden. Wenn $\widetilde{\mathfrak{D}}'$ der auf die Variablen x', t' statt auf x, t wirkende Differentialoperator der Gl. (69.5) ist, gilt also

$$\widetilde{\mathfrak{D}}'\,G(x, t; x', t') = \delta(x - x')\,\delta(t - t'). \tag{69.11}$$

In (69.6) seien jetzt x', t' als Integrationsvariable gesetzt und speziell

$$u(x', t') = \psi(x', t'), \tag{69.12}$$

$$v(x', t') = G(x, t; x', t') \tag{69.13}$$

gewählt. Als Grenzen für t' seien $t_0 = 0$ und $t_1 > t$ genommen. Man erhält dann

$$\psi(x, t) = \int\limits_0^t dt' \int dx' \, G(x, t; x', t')\,f(x', t') - \lambda^2 \int dx' \, G(x, t; x', 0)\,\psi(x', 0). \tag{69.14}$$

Diese Gleichung gibt an, wie sich die Lösung $\psi(x, t)$ aus den Anfangswerten $\psi(x', 0)$ und den Werten der Inhomogenität $f(x', t')$ zu früheren Zeiten entwickelt. Die Ausbreitungsfunktion G beschreibt, wie sich die retardierten Wirkungen der Inhomogenität und der Anfangswerte ausbreiten, die von den Punkten x' zu früheren Zeiten ausgingen und die zusammen den Wert $\psi(x, t)$ ergeben.

70. Entwicklung der Ausbreitungsfunktion für Diffusion nach Eigenfunktionen. Nach dem Entwicklungssatz von Ziff. 58 ist jede den Randbedingungen im x-Raum genügende Funktion in einer Entwicklung nach dem Orthogonalsystem der Eigenlösungen eines entsprechenden Eigenwertproblemes darstellbar. Um die Ausbreitungsfunktion $G(x, t; x', t')$ der verallgemeinerten Diffusionsgleichung (69.1) zu entwickeln, sei das Orthogonalsystem der Lösungen $u_\nu(x)$ der Differentialgleichung

$$\Delta u_\nu + k_\nu^2 u_\nu = 0 \tag{70.1}$$

gewählt, die den vorgeschriebenen Randbedingungen in x genügen. k_ν^2 seien die Eigenwerte. Es sei im folgenden immer vorausgesetzt, daß in (69.1) die Größe α eine von x, t unabhängige Konstante sei. Die Definition von $G(x, t; x', t')$ der vorigen Ziffer zeichnet den Zeit-Nullpunkt nicht aus, so daß die Ausbreitungsfunktion zeitlich nur von der Differenz $t - t'$ abhängt. Man kann also nach dem Entwicklungssatz ansetzen:

$$G(x, t; x', t') = \sum_\nu \gamma_\nu(x', t - t')\, u_\nu(x), \tag{70.2}$$

wo die Entwicklungskoeffizienten $\gamma_\nu(x', t - t')$ von x unabhängig sind. Setzt man in Gl. (69.7)

$$\delta(x - x') = \sum_\nu u_\nu^*(x')\, u_\nu(x) \tag{70.3}$$

und wendet $\mathcal{D}$ aus (69.1) explizit auf (70.2) an, so erhält man

$$-\sum_\nu \left(k_\nu^2 + \lambda^2 \frac{\partial}{\partial t} + \alpha \right) \gamma_\nu(x', t - t')\, u_\nu(x) = \delta(t - t') \sum_\nu u_\nu^*(x')\, u_\nu(x). \tag{70.4}$$

Die Orthogonalität der u_ν liefert dann sofort:

$$\left(\lambda^2 \frac{\partial}{\partial t} + k_\nu^2 + \alpha \right) \gamma_\nu(x', t - t') = - u_\nu^*(x')\, \delta(t - t'). \tag{70.5}$$

Um der Bedingung zu genügen, daß G für alle $t < t'$ verschwindet, muß das gleiche von den γ_ν verlangt werden. Diese sind aber dann durch die Gl. (70.5) eindeutig festgelegt:

$$\gamma_\nu(x', t - t') = \begin{cases} -\dfrac{1}{\lambda^2} u_\nu^*(x')\, e^{-\frac{k_\nu^2 + \alpha}{\lambda^2}(t - t')} & \text{für} \quad t > t', \\ 0 & \text{für} \quad t < t'. \end{cases} \tag{70.6}$$

Die Ausbreitungsfunktion wird damit für $t > t'$:

$$G(x, t; x', t') = -\frac{1}{\lambda^2} e^{-\frac{\alpha}{\lambda^2}(t - t')} \sum_\nu e^{-\frac{k_\nu^2}{\lambda^2}(t - t')}\, u_\nu(x)\, u_\nu^*(x'). \tag{70.7}$$

Wendet man dieses Ergebnis z.B. auf die Lösung (69.14) der homogenen Differentialgleichung an, bei der f identisch verschwindet, so ergibt sich bei vorgegebenen Anfangswerten

$$\psi(x, 0) = \sum_\nu c_\nu u_\nu(x) \tag{70.8}$$

zu späteren Zeiten $t > 0$ die Lösung:

$$\psi(x, t) = e^{-\frac{\alpha}{\lambda^2}t} \sum_{\nu} c_{\nu} u_{\nu}(x) e^{-\frac{k_{\nu}^2}{\lambda^2}t} . \tag{70.9}$$

71. Ausbreitungsfunktion für Diffusion bei unendlichem Grundgebiet. Das Ergebnis der vorhergehenden Ziffer läßt sich auch auf den Fall übertragen, daß der ganze n-dimensionale Raum als Grundgebiet auftritt. Die Entwicklung (70.2) wird dann zu einem FOURIER-Integral im x-Raum. Da aber die Anwendung des Entwicklungssatzes von Ziff. 58 dann problematisch wird, soll in der folgenden Überlegung auf ihn verzichtet werden. Da jetzt bei unendlich fernem Rand genau so wie kein Zeit-Nullpunkt auch kein Raumpunkt $x = 0$ bei der Definition der Ausbreitungsfunktion ausgezeichnet ist, hängt diese nur von $x - x'$ und von $t - t'$ ab:

$$G(x, t; x', t') = g(x - x', t - t'). \tag{71.1}$$

Für diese Funktion sei nun das FOURIER-Integral

$$g(x, t) = \frac{1}{(2\pi)^{n+1}} \int\limits_{-\infty}^{\infty} d\omega \int (d\mathbf{k})\, \gamma(\mathbf{k}, \omega)\, e^{i(\mathbf{k}\mathbf{r} - \omega t)} \tag{71.2}$$

mit zunächst unbekannter Spektralfunktion $\gamma(\mathbf{k}, \omega)$ gebildet. Dabei soll

$$\mathbf{k}\mathbf{r} = k_1 x_1 + k_2 x_2 + \cdots + k_n x_n, \tag{71.3}$$

$$(d\mathbf{k}) = dk_1 dk_2 \ldots dk_n \tag{71.4}$$

bedeuten, und die Integration bezüglich $(d\mathbf{k})$ soll sich über den ganzen n-dimensionalen $\mathbf{k}$-Raum der $k_1, k_2, \ldots, k_n$ erstrecken. Es gilt

$$\mathfrak{D}\, g(x, t) = \delta(t)\, \delta(x) = \frac{1}{(2\pi)^{n+1}} \int\limits_{-\infty}^{\infty} d\omega \int (d\mathbf{k})\, e^{i(\mathbf{k}\mathbf{r} - \omega t)}. \tag{71.5}$$

Für die Spektralfunktion $\gamma(\mathbf{k}, \omega)$ erhält man damit aber, wenn $\mathfrak{D}$ nach (69.1) definiert ist:

$$(-k^2 + i\omega\lambda^2 - \alpha)\, \gamma(\mathbf{k}, \omega) = 1, \tag{71.6}$$

wo

$$k^2 = k_1^2 + k_2^2 + \cdots + k_n^2 \tag{71.7}$$

bedeutet. Es sei jetzt die Konstante α als positiv oder verschwindend vorausgesetzt. In $g(x, t)$ tritt das Integral

$$F(k, t) = \frac{1}{2\pi} \int\limits_{-\infty}^{\infty} \frac{e^{-i\omega t}}{i\omega\lambda^2 - k^2 - \alpha}\, d\omega \tag{71.8}$$

auf, das sich nach dem Residuensatz leicht auswerten läßt. Der Integrand besitzt in der unteren Halbebene der komplexen ω-Ebene den einfachen Pol

$$\omega = -i\frac{k^2 + \alpha}{\lambda^2} \tag{71.9}$$

und ist sonst im Endlichen überall regulär. Für $t < 0$ verschwindet aber das längs der reellen ω-Achse genommene Integral (71.8). Der Integrationsweg läßt sich nämlich, ohne das Integral zu ändern, über die obere Halbebene ins Unendliche ziehen, wo das Integral wegen des Exponentialfaktors sicher verschwindet. Für $t > 0$ verschwindet es aber, wenn der Integrationsweg über die untere

Halbebene ins Unendliche gezogen wird, und (71.8) wird deshalb gleich dem negativen Residuum des Poles (71.9):

$$F(k, t) = \begin{cases} -\dfrac{1}{\lambda^2}\, e^{-\frac{k^2+\alpha}{\lambda^2}t} & \text{für } t > 0, \\ 0 & \text{für } t < 0. \end{cases} \tag{71.10}$$

$g(x, t)$ verschwindet also dann für $t < 0$, wie es die Definition von $G(x, t; x', t')$ ja fordert. Für $t > 0$ ist

$$g(x, t) = -\frac{1}{\lambda^2}\, e^{-\frac{\alpha}{\lambda^2}t}\, \frac{1}{(2\pi)^n} \int (d\,\boldsymbol{k})\, e^{-\frac{k^2}{\lambda^2}t + i\,\boldsymbol{k}\,\boldsymbol{r}}. \tag{71.11}$$

Nun ist

$$\frac{1}{2\pi} \int\limits_{-\infty}^{\infty} dk_1\, e^{-\frac{k_1^2}{\lambda^2}t + i\,k_1\,x_1} = \frac{\lambda}{\sqrt{4\pi t}}\, e^{-\frac{\lambda^2}{4t}x_1^2}. \tag{71.12}$$

Die übrigen Integrale über k_2, k_3, ..., k_n gehen daraus einfach durch entsprechende Vertauschung der Indices mit dem Index 1 hervor. Mit

$$r^2 = x_1^2 + x_2^2 + \cdots + x_n^2 \tag{71.13}$$

wird daher

$$g(x, t) = -\left(\frac{\lambda}{\sqrt{4\pi t}}\right)^n \frac{1}{\lambda^2}\, e^{-\frac{\alpha}{\lambda^2}t - \frac{\lambda^2}{4}\frac{r^2}{t}}. \tag{71.14}$$

n ist die Dimensionszahl des x-Raumes, und α verschwindet im Falle der gewöhnlichen Diffusions- oder Wärmeleitungsgleichung. Um $G(x, t; x', t')$ zu erhalten, ist in (71.14) t durch $t - t'$ und r^2 durch

$$|\boldsymbol{r} - \boldsymbol{r}'|^2 = \sum_{k=1}^{n} (x_k - x_k')^2 \tag{71.15}$$

zu ersetzen. Das Raumintegral über g wird

$$\int g(x, t)\, dx = -\frac{1}{\lambda^2}\, e^{-\frac{\alpha}{\lambda^2}t}. \tag{71.16}$$

Für $t \to 0$ wird $g(x, t)$ im Nullpunkt $x = 0$ singulär und verschwindet für alle anderen Punkte x. Der Vergleich mit (69.14) zeigt, daß

$$\psi(x, t) = \left(\frac{\lambda}{\sqrt{4\pi t}}\right)^n e^{-\frac{\alpha}{\lambda^2}t - \frac{\lambda^2}{4}\frac{r^2}{t}} \tag{71.17}$$

gerade diejenige Lösung ist, die der Anfangsbedingung

$$\psi(x, 0) = \delta(x) \tag{71.18}$$

genügt. Im Fall $\alpha = 0$ nennt man sie einen „*Wärmepol*", und sie genügt dem Erhaltungssatz, daß ihr Raumintegral zeitlich konstant bleibt. Dieser Erhaltungssatz überträgt sich dann auch auf jede andere Lösung der homogenen Diffusionsgleichung. Man kann ihn aus der Diffusionsgleichung auch direkt mit Hilfe des Gaussschen Satzes gewinnen.

72. Die Ausbreitungsfunktion der Wellen- und Klein-Gordon-Gleichung. Die Differentialgleichung

$$\mathfrak{D}\psi \equiv \Delta\psi - \frac{1}{c^2}\frac{\partial^2\psi}{\partial t^2} - \varkappa^2\psi = f \tag{72.1}$$

mit konstantem $\varkappa$ spielt in der Theorie der Elementarteilchen eine wichtige Rolle. Die homogene Gleichung für $f \equiv 0$ nennt man die zeitabhängige KLEIN-GORDON-Gleichung. Im Spezialfalle $\varkappa = 0$ wird sie zur Wellengleichung. Sie sei wieder im n-dimensionalen x-Raum betrachtet. Als passende Randbedingung sei eine homogene Bedingung vorgegeben, die das Verschwinden von ψ oder $\partial \psi / \partial n$ am abgeschlossenen Rande eines Grundgebietes im n-dimensionalen x-Raume verlangt, analog zu den Randbedingungen der Diffusionsgleichung von Ziff. 69. Als Anfangsbedingungen seien sowohl ψ als auch $\partial \psi / \partial t$ zur Zeit $t = 0$ im Grundgebiet vorgegeben.

Als *Ausbreitungsfunktion* definiert man diejenige Lösung $G(x, t; x', t')$ der Differentialgleichung

$$\mathcal{D}\, G(x, t; x', t') = \delta(x - x')\, \delta(t - t'), \tag{72.2}$$

die der räumlichen homogenen Randbedingung genügt und die die Anfangsbedingung erfüllt, daß sie für $t < t'$ identisch verschwindet. Bezüglich der Definition der δ-Funktion im x-Raum und der Schreibweise der im folgenden gebrauchten Integrale sei auf Ziff. 69 verwiesen.

Der Differentialoperator $\mathcal{D}$ ist im Gegensatz zu dem der Diffusionsgleichung selbstadjungiert und invariant gegen Umkehr der Zeitrichtung, d.h. gegenüber Vertauschung von t mit $-t$. Die verallgemeinerte GREENsche Formel (49.2) lautet jetzt für zwei beliebige Funktionen u, v:

$$\int_{t_0}^{t_1} dt \int dx\, (u\,\mathcal{D}\,v - v\,\mathcal{D}\,u) = \int_{t_0}^{t_1} dt \int dS \left(u\, \frac{\partial v}{\partial n} - v\, \frac{\partial u}{\partial n} \right) - \left. - \frac{1}{c^2} \int dx \left[\left(u\, \frac{\partial v}{\partial t} - v\, \frac{\partial u}{\partial t} \right)_{t_1} - \left(u\, \frac{\partial v}{\partial t} - v\, \frac{\partial u}{\partial t} \right)_{t_0} \right]. \right\} \tag{72.3}$$

Sie sei wieder angewandt auf die Funktionen

$$u(x, t) = G(x, t; x', t'), \tag{72.4}$$

$$v(x, t) = G(x, -t; x'', -t''), \tag{72.5}$$

wobei $t_0 < 0$ und $t_1 = \infty$ gesetzt und über das Grundgebiet integriert werden soll, so daß das Randintegral auf Grund der Randbedingungen verschwindet. Es gilt ja

$$\mathcal{D}\, v = \delta(x - x'')\, \delta(t - t''), \tag{72.6}$$

und man erhält das *Reziprozitätstheorem* wie bei der Diffusionsgleichung:

$$G(x, t; x', t') = G(x', -t'; x, -t). \tag{72.7}$$

Bei der Ableitung dieser Gleichung ist wieder nachträglich x'', t'' durch x, t ersetzt worden. Wenn $\mathcal{D}'$ den Differentialoperator der Gl. (72.1) darstellt, falls er auf x', t' an Stelle x, t wirkt, gilt also neben (72.2) auch

$$\mathcal{D}'\, G(x, t; x', t') = \delta(x - x')\, \delta(t - t'). \tag{72.8}$$

Nun sei die verallgemeinerte GREENsche Formel (72.3) auf die Funktionen

$$u(x', t') = \psi(x', t'), \tag{72.9}$$

$$v(x', t') = G(x, t; x', t') \tag{72.10}$$

angewandt, wobei x', t' jetzt die Integrationsvariablen sein mögen. ψ sei die Lösung der Gl. (72.1), die den Rand- und Anfangsbedingungen genügt. Es sei jetzt $t_1 = \infty$, $t_0 = 0$ gewählt. Dann ergibt sich für alle $t > 0$ die Gleichung:

$$\psi(x, t) = \int\limits_0^t dt' \int dx'\, G(x, t; x', t')\, f(x', t') + \\ + \frac{1}{c^2} \int dx' \left[\psi(x', 0) \left(\frac{\partial G(x, t; x', t')}{\partial t'} \right)_{t'=0} - G(x, t; x', 0) \left(\frac{\partial \psi(x', t')}{\partial t'} \right)_{t'=0} \right]. \tag{72.11}$$

Diese Gleichung gibt wieder an, wie sich $\psi(x, t)$ aus den vorgegebenen Anfangswerten von ψ und $\partial \psi/\partial t$ und der vorgegebenen Inhomogenität f bildet. $G(x, t; x', t')$ beschreibt die retardierte Wirkung in x zur Zeit t, die von einer Ursache in x' zur früheren Zeit t' herrührt.

Da aber $\mathfrak{D}$ jetzt im Gegensatz zum Differentialoperator der Diffusionsgleichung invariant gegenüber der Umkehr der Zeitrichtung ist, geht $\psi(x, t)$ bei einer solchen Umkehr wieder in eine Lösung der Differentialgleichung (72.1) über. Man kann deshalb statt der Anfangsbedingungen auch „Endbedingungen“ vorgeben. Das heißt aber, die Lösung $\psi(x, t)$ wird durch die Werte ψ und $\partial \psi/\partial t$ zur Zeit $t = 0$ im Grundgebiet auch zu den früheren Zeiten $t < 0$ festgelegt. Um das entsprechende Bildungsgesetz der Lösung aus den Endwerten in Analogie zu (72.11) zu gewinnen, definiert man eine *avancierte Ausbreitungsfunktion* $G_A(x, t; x' t')$. Sie genügt auch der Differentialgleichung (72.2) und den räumlichen Randbedingungen. Sie genügt aber nicht den für G geforderten Anfangsbedingungen, sondern den Endbedingungen, daß G_A für $t > t'$ identisch verschwindet. Setzt man jetzt in der verallgemeinerten Greenschen Formel (72.3)

$$v(x', t') = G_A(x, t; x', t') \tag{72.12}$$

an Stelle (72.10) und $t_1 = -\infty$, so erhält man für alle $t < 0$:

$$\psi(x, t) = \int\limits_t^0 dt' \int dx'\, G_A(x, t; x', t')\, f(x', t') - \\ - \frac{1}{c^2} \int dx' \left[\psi(x', 0) \left(\frac{\partial G_A(x, t; x', t')}{\partial t'} \right)_{t'=0} - G_A(x, t; x', 0) \left(\frac{\partial \psi(x', t')}{\partial t'} \right)_{t'=0} \right]. \tag{72.13}$$

Die avancierte Ausbreitungsfunktion verknüpft $\psi(x, t)$ mit den zeitlich später liegenden Endwerten und Inhomogenitäten im Punkt x'. Wenn man die vorgegebenen Endwerte und die vorgegebene Inhomogenität wieder als „Ursache“ für $\psi(x, t)$ interpretieren wollte, würde die avancierte Ausbreitungsfunktion G_A eine aus der Zukunft in die Vergangenheit rückläufige Wirkung beschreiben. Die retardierte Ausbreitungsfunktion dagegen würde in dieser Interpretation die normale Verknüpfung zwischen Ursache in der Vergangenheit mit der Wirkung in der Zukunft liefern, wie sie dem kausalen Ablauf entspricht.

73. Eigenfunktionsentwicklung der Ausbreitungsfunktion für Wellen- und Klein-Gordon-Gleichung. Analog zu der Betrachtung von Ziff. 70 sei jetzt die Ausbreitungsfunktion der Wellen- und Klein-Gordon-Gleichung nach den Eigenfunktionen $u_\nu(x)$ der zeitunabhängigen Wellengleichung

$$\Delta u_\nu + k_\nu^2 u_\nu = 0 \tag{73.1}$$

entwickelt, die im x-Raum derselben Randbedingung genügen, der die Ausbreitungsfunktion unterworfen ist. k^2 seien die entsprechenden Eigenwerte. Die Ausbreitungsfunktion hängt wieder zeitlich nur von der Differenz $t - t'$ ab, da kein Zeitnullpunkt bei ihrer Definition ausgezeichnet wurde. Man setzt also an:

$$G(x, t; x', t') = \sum_\nu \gamma_\nu(x', t - t')\, u_\nu(x). \tag{73.2}$$

Für die Entwicklungskoeefizienten $\gamma_\nu(x', t-t')$ liefert (72.2) mit der Orthogonal-
entwicklung (70.3) der δ-Funktion die Differentialgleichung:

$$-\left(k_\nu^2 + \frac{1}{c^2}\frac{\partial^2}{\partial t^2} + \varkappa^2\right)\gamma_\nu(x', t-t') = \delta(t-t')\, u_\nu^*(x')\,. \tag{73.3}$$

Verlangt man, um G als retardierte Ausbreitungsfunktion zu erhalten, daß γ_ν
für $t < t'$ identisch verschwindet, so wird die Lösung dieser Differentialgleichung
eindeutig, wenn man sie noch stetig im Punkt $t = t'$ fordert:

$$\gamma_\nu(x', t-t') = \begin{cases} -c^2\,\dfrac{\sin\omega_\nu(t-t')}{\omega_\nu}\, u_\nu^*(x') & \text{für}\quad t > t', \\[2mm] 0 & \text{für}\quad t < t', \end{cases} \tag{73.4}$$

wobei die Abkürzung

$$\omega_\nu = c\,\sqrt{k_\nu^2 + \varkappa^2} \tag{73.5}$$

verwendet wurde. Die retardierte Ausbreitungsfunktion, die für $t < t'$ verschwindet, gewinnt man für $t > t'$ daher in der Entwicklung:

$$G(x, t; x', t') = -c^2 \sum_\nu \frac{\sin\omega_\nu(t-t')}{\omega_\nu}\, u_\nu(x)\, u_\nu^*(x')\,. \tag{73.6}$$

Die avancierte Ausbreitungsfunktion ergibt sich daraus durch Umkehr der
Zeitrichtung. Sie verschwindet für $t > t'$ und wird für $t < t'$ gegeben durch

$$G_A(x, t; x', t') = c^2 \sum_\nu \frac{\sin\omega_\nu(t-t')}{\omega_\nu}\, u_\nu(x)\, u_\nu^*(x')\,. \tag{73.7}$$

Die Summen erstrecken sich über alle Eigenfunktionen.

**74. Die Ausbreitungsfunktionen für Wellen- und Klein-Gordon-Gleichung
bei unendlichem Grundgebiet.** Es gilt hier das Gleiche, was zu Beginn von Ziff. 71
bei der analogen Betrachtung für die Diffusionsgleichung gesagt wurde. Die
Ausbreitungsfunktion hängt nur von $x - x'$ und $t - t'$ ab:

$$G(x, t; x', t') = g(x - x', t - t')\,. \tag{74.1}$$

Es sei wieder das Fourier-Integral im n-dimensionalen x-Raum

$$g(x, t) = \frac{1}{(2\pi)^{n+1}} \int\limits_{-\infty}^{\infty} d\omega \int (d\boldsymbol{k})\, \gamma(\boldsymbol{k}, \omega)\, e^{i(\boldsymbol{k}\boldsymbol{r} - \omega t)} \tag{74.2}$$

angesetzt und die Spektralfunktion $\gamma(\boldsymbol{k}, \omega)$ bestimmt. Über die Schreibweise
des n-dimensionalen Integrales über $(d\boldsymbol{k})$ gilt das in Ziff. 71 Gesagte. Mit dem
Differentialoperator

$$\mathscr{D} = \Delta - \frac{1}{c^2}\frac{\partial^2}{\partial t^2} - \varkappa^2 \tag{74.3}$$

liefert die Gleichung

$$\mathscr{D}\, g(x, t) = \delta(x)\,\delta(t) = \frac{1}{(2\pi)^{n+1}} \int\limits_{-\infty}^{\infty} d\omega \int (d\boldsymbol{k})\, e^{i(\boldsymbol{k}\boldsymbol{r} - \omega t)} \tag{74.4}$$

für die Spektralfunktion den Ausdruck

$$\gamma(\boldsymbol{k}, \omega) = \frac{1}{\dfrac{\omega^2}{c^2} - k^2 - \varkappa^2}\,. \tag{74.5}$$

Mit der Abkürzung

$$\omega_0 = c \sqrt{k^2 + \varkappa^2} \tag{74.6}$$

wird also

$$g(x, t) = \frac{c^2}{(2\pi)^{n+1}} \int\limits_{-\infty}^{\infty} d\omega \int (d\boldsymbol{k}) \, \frac{e^{i(\boldsymbol{k}\boldsymbol{r}-\omega t)}}{\omega^2 - \omega_0^2}. \tag{74.7}$$

Dieses Integral hat aber zunächst noch keinen eindeutigen Sinn. Es sei zunächst die Integration über ω allein betrachtet:

$$F(k, t) = \frac{1}{2\pi} \int\limits_{-\infty}^{\infty} \frac{e^{-i\omega t}}{\omega^2 - \omega_0^2} \, d\omega. \tag{74.8}$$

Der Integrand hat hierin auf der reellen ω-Achse, die den Integrationsweg darstellt, zwei Pole, nämlich $\omega = \omega_0$ und $\omega = -\omega_0$; sonst ist der Integrand in der komplexen ω-Ebene im Endlichen überall regulär. Da aber der Integrationsweg durch die beiden Pole hindurchgeht, kann das Integral auf verschiedene Weise erklärt werden. Die Erklärungen unterscheiden sich dadurch, daß in der komplexen ω-Ebene der Integrationsweg unmittelbar oberhalb oder unmittelbar unterhalb der Pole vorbeigeführt werden kann, oder daß etwa der Hauptwert genommen werden kann. Man erhält jedes Mal einen anderen Wert für das Integral. Das entsprechende Integral über ω im Fourier-Integral der δ-Funktion in Gl. (74.4) ist jedoch unabhängig von diesen Unterscheidungen, da sein Integrand im Endlichen keine Pole besitzt. Deshalb erhält man bei den verschiedenartigen Erklärungen des Integrals (74.8) immer wieder Lösungen der Differentialgleichung (74.4). Die Mehrdeutigkeit des Integrals (74.8) entspricht eben der Tatsache, daß die Differentialgleichung mehrere Lösungen besitzt, nämlich die retardierte und die avancierte Lösung, bzw. Linearkombinationen aus diesen. Es sei $F(k, t)$ in Integrale mit je einem Pol zerlegt:

$$F(k, t) = \frac{1}{4\pi\omega_0} \left[\int\limits_{-\infty}^{\infty} \frac{e^{-i\omega t}}{\omega - \omega_0} \, d\omega - \int\limits_{-\infty}^{\infty} \frac{e^{-i\omega t}}{\omega + \omega_0} \, d\omega \right]. \tag{74.9}$$

Wie in Ziff. 10 ausgeführt, hat das Integral (10.22), d.h.

$$-\frac{1}{2\pi i} \int\limits_{-\infty}^{\infty} \frac{e^{-izt}}{z} \, dz = \varepsilon(t) \tag{74.10}$$

je nach dem Integrationsweg beim Pol $z = 0$ in der komplexen z-Ebene, folgende Bedeutungen. Wird unmittelbar oberhalb des Poles vorbei integriert, so ergibt das Integral:

$$\varepsilon_+(t) = \left\{ \begin{array}{ll} 1 & \text{für } \ t > 0, \\ 0 & \text{für } \ t < 0. \end{array} \right\} \tag{74.11}$$

Wird die Integration unterhalb des Poles vorbeigeführt, so ergibt es:

$$\varepsilon_-(t) = \left\{ \begin{array}{ll} 0 & \text{für } \ t > 0, \\ 1 & \text{für } \ t < 0. \end{array} \right\} \tag{74.12}$$

Die Bildung des Hauptwertes jedoch ergibt:

$$\varepsilon_0(t) = \tfrac{1}{2}\left[\varepsilon_+(t) + \varepsilon_-(t)\right] = \left\{ \begin{array}{ll} \tfrac{1}{2} & \text{für } \ t > 0, \\ -\tfrac{1}{2} & \text{für } \ t < 0. \end{array} \right\} \tag{74.13}$$

Es wird deshalb

$$F(k, t) = \frac{i}{2\omega_0} \left[\varepsilon_1(t)\, e^{i\omega_0 t} - \varepsilon_2(t)\, e^{-i\omega_0 t} \right], \tag{74.14}$$

wobei $\varepsilon_1(t)$ diejenige der eben erklärten Stufenfunktionen ist, die durch den Integrationsweg beim ersten Pol $\omega = -\omega_0$, und $\varepsilon_2(t)$ diejenige, die entsprechend beim zweiten Pol $\omega = \omega_0$ erklärt wird.

Wird der Integrationsweg oberhalb beider Pole geführt, so wird (74.14) gleich

$$F_R(k, t) = -\,\varepsilon_+(t)\,\frac{\sin \omega_0 t}{\omega_0} \tag{74.15}$$

und liefert für $g(x, t)$ die retardierte Lösung, die für $t < 0$ verschwindet. Wird der Integrationsweg jedoch unterhalb beider Pole geführt, so erhält man statt dessen

$$F_A(k, t) = -\,\varepsilon_-(t)\,\frac{\sin \omega_0 t}{\omega_0}, \tag{74.16}$$

das für $g(x, t)$ die avancierte Lösung ergibt, die für $t > 0$ verschwindet. In den relativistisch invarianten Feldtheorien, vor allem im Zusammenhang mit der Renormalisierungstechnik der Quantentheorie der Wellenfelder, haben sich für die Ausbreitungsfunktionen einheitliche Bezeichnungen eingebürgert, die auch hier verwendet werden sollen. Sie unterscheiden sich von den hier zunächst eingeführten Funktionen $g(x, t)$ um den hinzugefügten Faktor $-\frac{1}{c}$. In dieser Bezeichnungsweise stellt

$$D_R(x, t) = \frac{c}{(2\pi)^n}\,\varepsilon_+(t) \int (d\boldsymbol{k})\,\frac{\sin \omega_0 t}{\omega_0}\, e^{i\boldsymbol{k}\boldsymbol{r}} \tag{74.17}$$

die *retardierte* Ausbreitungsfunktion dar. Die *avancierte* ist

$$D_A(x, t) = \frac{c}{(2\pi)^n}\,\varepsilon_-(t) \int (d\boldsymbol{k})\,\frac{\sin \omega_0 t}{\omega_0}\, e^{i\boldsymbol{k}\boldsymbol{r}}. \tag{74.18}$$

Man definiert nun in den Feldtheorien noch weitere „Ausbreitungsfunktionen", die zum Teil keine GREENschen Funktionen mehr sind, weil sie nicht mehr der inhomogenen Differentialgleichung (75.4) genügen, sondern Lösungen der homogenen Wellen- bzw. KLEIN-GORDON-Gleichung sind. Eine GREENsche Funktion ist noch

$$\overline{D}(x, t) = \frac{1}{2}\,(D_R + D_A) = \frac{c}{(2\pi)^n}\,\varepsilon_0(t) \int (d\boldsymbol{k})\,\frac{\sin \omega_0 t}{\omega_0}\, e^{i\boldsymbol{k}\boldsymbol{r}}. \tag{74.19}$$

Man gewinnt sie, indem man bei der ω-Integration durch die beiden Pole $\pm\omega_0$ die Hauptwerte bildet. Dagegen ist

$$D(x, t) = -\frac{c}{(2\pi)^n} \int (d\boldsymbol{k})\,\frac{\sin \omega_0 t}{\omega_0}\, e^{i\boldsymbol{k}\boldsymbol{r}} \tag{74.20}$$

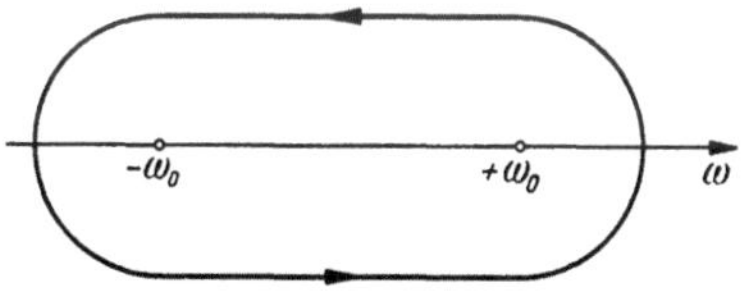

keine GREENsche Funktion mehr, sondern genügt der homogenen Differentialgleichung. Sie wird aus $-\frac{1}{c}\,g(x, t)$ nach Gl. (74.7) gewonnen,

Fig. 8. Ein geschlossener Integrationsweg in der komplexen ω-Ebene, der im FOURIER-Integral der Ausbreitungsfunktionen für Wellen- und KLEIN-GORDON-Gleichung zu $D(x, t)$ führt.

wenn man den Integrationsweg in der ω-Ebene nicht von $-\infty$ bis $+\infty$ wählt, sondern als geschlossene Kurve, die beide Pole im positiven Drehsinn umschließt. Der Integrationsweg wird von einem reellen $\omega < -\omega_0$ unterhalb beider Pole vorbeigeführt und dann oberhalb beider Pole zurückgeführt (vgl. Fig. 8). Jeder geschlossene Integrationsweg muß zu einer

Lösung der homogenen Gleichung führen. Man muß ja nur auf der rechten Seite von (74.4) die ω-Integration längs desselben Weges führen, um die entsprechende Differentialgleichung zu gewinnen. Bei einem geschlossenen Integrationsweg verschwindet aber nun die rechte Seite von (74.4). Es gilt:

$$D = D_A - D_R. \tag{74.21}$$

Eine zweite linear unabhängige Lösung der homogenen Differentialgleichung gewinnt man, wenn man den Integrationsweg so schließt, daß er den Pol $\omega = -\omega_0$ in positivem und den Pol $\omega = +\omega_0$ in negativem Drehsinn umläuft (vgl. Fig. 9). Wird im Ausdruck $\frac{i}{c} g(x, t)$ der Integrationsweg von $-\infty$ bis $+\infty$ durch diesen Weg ersetzt, so erhält man:

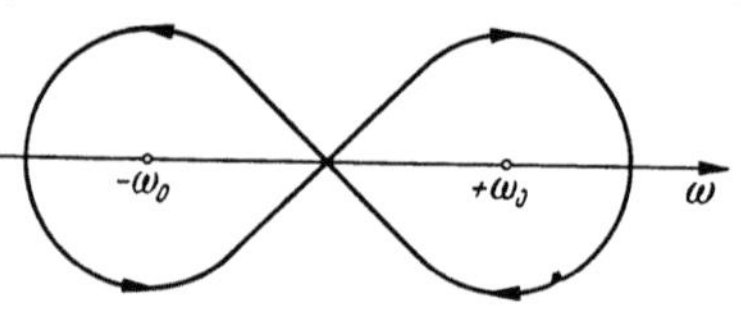

Fig. 9. Ein geschlossener Integrationsweg, der im Gegensatz zum Falle der Fig. 8 zur Ausbreitungsfunktion $D^1(x, t)$ führt.

$$D^1(x, t) = \frac{c}{(2\pi)^n} \int (d\boldsymbol{k}) \frac{\cos \omega_0 t}{\omega_0} e^{i\boldsymbol{k}\boldsymbol{r}}. \tag{74.22}$$

Die beiden Lösungen D und D^1 unterscheiden sich wesentlich durch ihre Anfangswerte für $t = 0$:

$$D = 0, \qquad -\frac{1}{c}\frac{\partial D}{\partial t} = \delta(x), \tag{74.23}$$

$$D^1 \neq 0, \qquad \frac{\partial D^1}{\partial t} = 0. \tag{74.24}$$

Oft werden zwei andere linear unabhängige Lösungen der homogenen Differentialgleichung definiert:

$$D^+(x, t) = \frac{1}{2}(D - iD^1) = \frac{1}{2i}\frac{1}{(2\pi)^n} \int (d\boldsymbol{k}) \frac{1}{\omega_0} e^{i(\boldsymbol{k}\boldsymbol{r}-\omega_0 t)}, \tag{74.25}$$

$$D^-(x, t) = \frac{1}{2}(D + iD^1) = -\frac{1}{2i}\frac{1}{(2\pi)^n} \int (d\boldsymbol{k}) \frac{1}{\omega_0} e^{i(\boldsymbol{k}\boldsymbol{r}+\omega_0 t)}. \tag{74.26}$$

Bei D^+ stellt der Integrand eine in Richtung $\boldsymbol{k}$ „auslaufende", bei D^- eine in Richtung $-\boldsymbol{k}$ „einlaufende" Welle dar.

Im *dreidimensionalen Raum $n = 3$* erhält man für die Klein-Gordon-*Gleichung* bei expliziter Ausführung der Integrationen die im folgenden angegebenen Ausdrücke. Innerhalb des „Lichtkegels", d.h. für

$$c^2 t^2 - r^2 \geqq 0 \tag{74.27}$$

wird

$$D(x, t) = \frac{\delta\left(t + \dfrac{r}{c}\right) - \delta\left(t - \dfrac{r}{c}\right)}{4\pi c r} \pm \frac{\varkappa}{4\sqrt{c^2 t^2 - r^2}} J_1\left(\varkappa\sqrt{c^2 t^2 - r^2}\right). \tag{74.28}$$

Dabei steht das Pluszeichen für positive t, das Minuszeichen für negative t. Außerhalb des Lichtkegels, d.h. für

$$c^2 t^2 - r^2 < 0 \tag{74.29}$$

verschwindet $D(x, t)$ identisch. Der „Lichtkegel" ist die Charakteristikenfläche durch den Nullpunkt, für die die linke Seite von (74.27) verschwindet. $D^1(x, t)$ verschwindet dagegen auch außerhalb des Lichtkegels nicht identisch. Es gilt innerhalb des Lichtkegels

$$D^1(x, t) = \frac{\varkappa}{4\pi} \frac{N_1\left(\varkappa\sqrt{c^2 t^2 - r^2}\right)}{\sqrt{c^2 t^2 - r^2}} \tag{74.30}$$

außerhalb dagegen:

$$D^1(x, t) = \frac{\varkappa}{4\pi} \frac{K_1\left(\varkappa\sqrt{c^2 t^2 - r^2}\right)}{\sqrt{c^2 t^2 - r^2}} . \tag{74.31}$$

J_1, N_1 sind die BESSEL- und NEUMANN-Funktionen zum Index eins. K_1 ist die modifizierte BESSEL-Funktion zum selben Index. Allgemein gilt

$$K_\nu(z) = \frac{i\pi}{2} e^{i\frac{\nu\pi}{2}} H_\nu^{(1)}(i z), \tag{74.32}$$

wo $H_\nu^{(1)}$ erste HANKELsche Funktion ist.

Im Falle der *optischen Wellengleichung* ist $\varkappa = 0$, und man erhält im *dreidimensionalen Raum*:

$$D(x, t) = \frac{1}{4\pi c} \frac{\delta\left(t + \dfrac{r}{c}\right) - \delta\left(t - \dfrac{r}{c}\right)}{r} , \tag{74.33}$$

$$D^1(x, t) = \frac{1}{2\pi^2} \frac{1}{r^2 - c^2 t^2} . \tag{74.34}$$

Mit den allgemein gültigen Beziehungen

$$D_R(x, t) = - \varepsilon_+(t) D(x, t), \tag{74.35}$$

$$D_A(x, t) = - \varepsilon_-(t) D(x, t) \tag{74.36}$$

gewinnt man

$$D_R(x, t) = \frac{1}{4\pi c} \cdot \frac{\delta\left(t - \dfrac{r}{c}\right)}{r} , \tag{74.37}$$

$$D_A(x, t) = \frac{1}{4\pi c} \frac{\delta\left(t + \dfrac{r}{c}\right)}{r} . \tag{74.38}$$

Diese beiden Funktionen verschwinden genau so wie D nur auf der Fläche des Lichtkegels nicht, wo sie singulär sind. D^1 wird auch auf dem Lichtkegel singulär, verschwindet aber nirgends im Endlichen. Die einfachen Verhältnisse, daß D, D_R, D_A auch im Innern des Lichtkegels verschwinden, gelten nicht mehr für die KLEIN-GORDON-Gleichung, wo z.B. die retardierte Kugelwelle D_R eine zeitlich abklingende „Spur" in dem Raumgebiet hinterläßt, das von der Wellenfront überstrichen wurde. Die einfachen Verhältnisse, daß keine solche Spur zurückbleibt, werden für die optische Wellengleichung auch nicht mehr bei beliebiger Dimensionszahl gelten. Das zeigt die Betrachtung von Ziff. 46, wo die Dimensionszahl $n = 3$ in Gl. (46.14) ausgezeichnet war. Bei anderen Dimensionszahlen verändert sich die Gestalt der Kugelwelle während der Ausbreitung. Die Ausbreitungsfunktionen D, D_R, D_A verlieren dann den Charakter der δ-Funktionen. D_R hinterläßt dann auch eine „Spur" innerhalb des Lichtkegels.

So wird z.B. im *zweidimensionalen* Fall innerhalb des Lichtkegels die retardierte Ausbreitungsfunktion mit der ursprünglichen Normierung der Gl. (74.4) für $t > 0$ gleich

$$g(x, t) = - c D_R = - \frac{c}{2\pi\sqrt{c^2 t^2 - r^2}} , \tag{74.39}$$

während sie außerhalb und für $t < 0$ verschwindet. Im *eindimensionalen* Fall erhält man

$$g(x, t) = - c D_R = - \frac{c}{2} \varepsilon_+\left(t - \frac{1}{c}|x|\right). \tag{74.40}$$

Literatur.

Bateman, H.: Partial Differential Equations of Mathematical Physics. Cambridge u. New York 1932.

Bieberbach, L.: Theorie der Differentialgleichungen. Berlin 1930.

Carathéodory, C.: Variationsrechnung. Leipzig 1935.

Collatz, L.: Eigenwertprobleme und ihre numerische Behandlung. Leipzig 1945.

Courant, R., u. D. Hilbert: Methoden der mathematischen Physik, Bd. I. Berlin 1931. Bd. II. Berlin 1937.

Frank, P., u. R. v. Mises: Differential- und Integralgleichungen der Mechanik und Physik. Braunschweig 1935.

Hamel, G.: Integralgleichungen. Berlin-Göttingen-Heidelberg 1949.

Hoheisel, G.: Integralgleichungen. Berlin u. Leipzig 1936.

— Gewöhnliche Differentialgleichungen. Berlin 1951.

— Partielle Differentialgleichungen. Berlin 1953.

Hopf, L.: Differentialgleichungen der Physik. Berlin u. Leipzig 1933.

Iwanenko, D., u. A. Sokolow: Klassische Feldtheorie. Berlin 1953.

Kamke, E.: Differentialgleichungen. Lösungsmethoden und Lösungen. Leipzig 1942.

— Differentialgleichungen reeller Funktionen. Leipzig 1945.

Kellogg, O. D.: Foundation of Potential Theory. Berlin 1929.

Kowalewski, G.: Integralgleichungen. Berlin u. Leipzig 1930.

Lense, G.: Reihenentwicklung in der mathematischen Physik. Berlin 1953.

Madelung, E.: Die mathematischen Hilfsmittel des Physikers. Berlin-Göttingen-Heidelberg 1953.

Morse, P., and H. Feshbach: Methods of Theoretical Physics. New York 1953.

Sauer, R.: Anfangswertprobleme bei partiellen Differentialgleichungen. Berlin-Göttingen-Heidelberg 1953.

Sauter, F.: Differentialgleichungen der Physik. Berlin 1950.

Schmeidler, W.: Integralgleichungen mit Anwendungen in Physik und Technik, Bd. I. Lineare Integralgleichungen. Leipzig 1950.

Sommerfeld, A.: Partielle Differentialgleichungen der Physik. Leipzig 1947.

Titchmarsh, F. C.: Introduction to the Theory of Fourier Integrals. Oxford u. New York 1937.

Webster, A. G.: Partial Differential Equations of Mathematical Physics. New York 1933.

Whittaker, E. T., and G. N. Watson: A Course of Modern Analysis. Cambridge 1946.

Wiarda, G.: Integralgleichungen. Leipzig u. Berlin 1930.

Dieses Literaturverzeichnis stellt nur eine Auswahl von Lehrbüchern dar. Weitere Literaturhinweise findet man in diesen Werken.

Sachverzeichnis.
(Deutsch-Englisch.)

Bei gleicher Schreibweise in beiden Sprachen sind die Stichwörter nur einmal aufgeführt.

Subject Index.

(English-German.)

Where English and German spelling of a word is identical the German version is omitted.

MIX
Papier aus verantwortungsvollen Quellen
Paper from responsible sources
FSC® C105338

If you have any concerns about our products,
you can contact us on
ProductSafety@springernature.com

In case Publisher is established outside the EU,
the EU authorized representative is:
Springer Nature Customer Service Center GmbH
Europaplatz 3, 69115 Heidelberg, Germany

Printed by Libri Plureos GmbH
in Hamburg, Germany